“十四五”时期水利类专业重点建设教材
“大国三农”系列规划教材

水利工程施工

主　编　中国农业大学　李淑芹
副主编　内蒙古农业大学　于建楠
西北农林科技大学　刘志明
四川农业大学　杨　敏
塔里木大学　张旭贤

中国水利水电出版社
www.waterpub.com.cn
·北京·

内 容 提 要

本书内容共九章，包括绪论、施工水流控制、工程爆破技术、地基处理技术、土石方工程施工、混凝土工程施工、地下建筑工程施工、施工组织与计划、施工管理。

全书系统阐述了水利工程施工技术与组织管理的基本理论和方法，吸纳了国内外最新的研究成果与实践经验、最新技术规范、典型工程施工案例，为高等院校水利工程学科本科专业新形态教材，也可作为水利工程技术人员的参考书。

图书在版编目（CIP）数据

水利工程施工 / 李淑芹主编. -- 北京 : 中国水利水电出版社, 2022.12(2025.1重印).
"十四五"时期水利类专业重点建设教材 "大国三农"系列规划教材
ISBN 978-7-5226-1230-0

Ⅰ. ①水… Ⅱ. ①李… Ⅲ. ①水利工程－工程施工－高等学校－教材 Ⅳ. ①TV5

中国版本图书馆CIP数据核字(2022)第256520号

书　　名	"十四五"时期水利类专业重点建设教材 "大国三农"系列规划教材 **水利工程施工** SHUILI GONGCHENG SHIGONG
作　　者	主　编　中国农业大学　李淑芹 副主编　内蒙古农业大学　于建楠　西北农林科技大学　刘志明 四川农业大学　杨敏　塔里木大学　张旭贤
出版发行	中国水利水电出版社 （北京市海淀区玉渊潭南路1号D座　100038） 网址：www.waterpub.com.cn E-mail：sales@mwr.gov.cn 电话：(010) 68545888（营销中心）
经　　售	北京科水图书销售有限公司 电话：(010) 68545874、63202643 全国各地新华书店和相关出版物销售网点
排　　版	中国水利水电出版社微机排版中心
印　　刷	天津嘉恒印务有限公司
规　　格	184mm×260mm　16开本　23.5印张　572千字
版　　次	2022年12月第1版　2025年1月第2次印刷
印　　数	2001—5000册
定　　价	**69.00**元

凡购买我社图书，如有缺页、倒页、脱页的，本社营销中心负责调换

前言

本教材是水利工程类本科专业人才培养的核心课程教材，是推进一流专业建设和“大国三农”一流本科课程（金课）建设项目的重要成果之一。

针对一流专业人才培养与信息化时代学习的需要，本教材特别注重知识的系统性、实用性、科学性、先进性，突出在方便阅读和增强感性认识的基础上加强对知识内容理解的特色。

本教材的编写具有以下几方面的特点：

（1）夯实基础，提升能力，价值引领。党的二十大报告中指出，高质量发展是全面建设社会主义现代化国家的首要任务。水利是实现高质量发展的基础性支撑和重要带动力量。“水利工程施工”课程作为水利行业发展的重要支撑，面向一流专业人才培养。本教材编写秉持“学思互馈，知行合一”的教学理念；以“夯实基础、提升能力、培养素质”为目标，把知识内容与典型工程案例相结合，实现知识内容情境化和情感价值观引领。

（2）突出教材对专业培养的贡献。依据工程教育专业认证的理念，“水利工程施工”课程在专业培养目标达成中所发挥的作用主要体现在：围绕水利工程施工技术方案、机械设备等资源优化配置、施工组织与管理等内容的教学，开展多角度、多层面、立体综合思维能力培养，使学习者学会分析问题和解决问题的方法，具备从事水利工程施工技术与组织管理等工作的基本能力，具有综合应用所学专业知识融通方法解决复杂工程问题的实践能力，为提升专业综合素质奠定坚实基础。

（3）依据教学目标确定编写内容。水利工程施工是以设计为基础、实现为目的、方法为手段的学科。因此，其知识内容要围绕水工建筑物设计成果的实现介绍施工方法和组织与管理方法。而就通用性水工建筑物的类型划分则包括挡水、泄水、取水、输水等各种建筑物。依据水利工程施工课程的教学目标，本教材的主要内容包括：反映学科突出特点的施工水流控制；水利枢纽工程和各单项工程施工中都有应用的工程爆破技术和地基处理技术；建筑物施工则选择了具有代表性的土石坝、混凝土坝、地下建筑（平洞）等典型工程；反映时空安排与配合的施工组织与计划；以及现代化施工管理等。就知识内容的深浅而言，则强调知识的基础性、素材的先进性、案例的典型性，即知识内容注重基本概念、基本原理和基本方法；素材采用新技术、新材料、新工序、新方法、新理论；案例选择具有代表性的典型工程。通过增强形象、具体、典型的感性化认知达到深入浅出、易学易懂的效果。

(4) 遵循认知规律安排知识内容编写顺序。尽管水工建筑物的类型多、结构型式各异、建造材料不同，但在从设计变实体的过程中，都要对施工水流进行控制，对基础存在缺陷进行处理，都要做好材料的准备、机械设备的选取、人力与资源的配备、现场组织与安排等，显然，这是水利工程施工共性的知识内容。而土石坝、混凝土坝、地下建筑（平洞）等典型建筑物施工则具有个性的特征。本教材在知识内容的编写顺序方面，遵照由浅入深、先易后难的认知规律，进行了先共性后个性的编排，同时兼顾了知识的规律性和承上启下逻辑关系，以及相关课程之间前导后续的相关关系，合理架构知识体系，避免知识内容不必要的重复，方便读者形成完整的知识脉络。

(5) 适应信息化时代读者学习对教材的需要。该新形态教材不是纸质教材文本的简单电子化，而是在重要知识点嵌入大量数字资源，这些资源包括视频、照片、动画、工程案例、虚拟仿真实验等。这些资源的嵌入，可以使读者在方便阅读的同时，增加感性认知，加深对知识内容的理解，有效缩短理论与实践的距离，提高学习效率。

(6) 数字资源多为实地拍摄的著名工程施工现场。本教材在重要知识点嵌入的大量图片和视频等数字资源多为主编在三峡工程、水布垭水电站、向家坝水电站、溪洛渡水电站、乌东德水电站等著名现代化工程施工现场拍摄的，代表性强，对读者理解知识点有很好的帮助作用。

(7) 知识要求明确，能力目标清晰，学习内容具体。本教材以工程教育专业认证思想为指导，每个章节都明确提出了知识要求与能力目标和拟学习的知识内容，可以帮助读者在把握知识重点的同时更加高效达成知识学习与能力提升的目的。

(8) 技术用语规范，文字简练易读，素材新颖经典。整个教材的编写力求在方便读者阅读的同时能有很好的辅助学习的作用。因此，在编写内容方面力求详略得当，层次分明，重点突出。在技术用语方面符合相关规范要求。文字描述言简意赅、通俗易懂。选用的素材力求新颖经典有代表性，引用的技术规范均为现行。

本教材内容包括绪论、施工水流控制、工程爆破技术、地基处理技术、土石方工程施工、混凝土工程施工、地下建筑工程施工、施工组织与计划、施工管理。绪论、施工水流控制、施工组织与计划等由中国农业大学李淑芹编写；工程爆破技术、混凝土工程施工由内蒙古农业大学于建楠编写；地基处理技术、土石方工程施工由西北农林科技大学刘志明编写；地下建筑工程施工、施工管理由四川农业大学杨敏编写；塔里木大学张旭贤参与了部分资料搜集和整理工作。全书由中国农业大学李淑芹主编并统稿。在编写过程中得到了北京清河水利建设集团有限公司的大力支持。

由于编者水平有限，书中难免存在缺点和错误，敬请读者批评指正。

编者

2022 年 4 月

数 字 资 源 清 单

续表

资源编号	名　称	资源类型	资源页码
资源 3-2-5	循环式灌浆	动画	107
资源 3-2-6	自上而下分段钻灌法	动画	109
资源 3-2-7	自下而上分段钻灌法	动画	109
资源 3-2-8	孔口封闭灌浆法	动画	109
资源 3-3-1	打管灌浆法	动画	113
资源 3-3-2	套管灌浆法	动画	113
资源 3-3-3	循环钻灌法	动画	114
资源 3-3-4	预埋花管灌浆法	动画	115
资源 3-4-1	防渗墙的结构型式	动画	116
资源 3-4-2	泥浆系统	动画	117
资源 3-4-3	钻劈法	动画	119
资源 3-4-4	钻抓法	动画	119
资源 3-4-5	分层钻进法	动画	119
资源 3-4-6	铣削法	动画	120
资源 3-4-7	混凝土防渗墙浇筑的直升导管法	动画	122
资源 3-5-1	静压注浆法加固砂土地基	图片	126
资源 3-5-2	高压喷射灌浆加固地基	图片	127
资源 4-2-1	环刀	图片	132
资源 4-2-2	超径块石的处理	图片	137
资源 4-2-3	弃渣场	图片	138
资源 4-3-1	正向铲挖掘机	图片	139
资源 4-3-2	反向铲挖掘机	图片组	139
资源 4-3-3	抓铲挖掘机	图片	139
资源 4-3-4	拉铲挖掘机	图片	139
资源 4-3-5	采砂船	图片	140
资源 4-3-6	斗轮式挖掘机	图片	140
资源 4-3-7	自卸汽车	图片组	141
资源 4-3-8	带式运输机	图片	141
资源 4-3-9	推土机	图片	143

续表

续表

资源编号	名　　称	资源类型	资源页码
资源5-3-6	棒磨机	图片组	186
资源5-3-7	螺旋式洗砂机	图片组	188
资源5-3-8	骨料加工系统布置	图片组	188
资源5-4-1	混凝土拌和系统	图片组	193
资源5-4-2	混凝土垂直运输设备与布设	图片组	196
资源5-4-3	自卸汽车卸料给混凝土立罐	图片组	196
资源5-4-4	门机与布设	图片组	196
资源5-4-5	塔机与布设	图片组	196
资源5-4-6	乌东德工程大坝下游左右岸混凝土护坡浇筑塔机布置与控制范围	视频	197
资源5-4-7	混凝土运输缆机系统	图片组	197
资源5-4-8	乌东德大坝混凝土浇筑缆机运输系统	视频	197
资源5-4-9	塔带机运输系统	图片组	198
资源5-4-10	乌东德大坝混凝土运输浇筑	视频	199
资源5-4-11	仓面准备	图片组	199
资源5-4-12	乌东德工程大坝混凝土浇筑——入仓铺料	图片	201
资源5-4-13	乌东德工程大坝混凝土浇筑——智能喷雾养护	图片	204
资源5-5-1	混凝土坝的分缝分块	图片组	205
资源5-5-2	横缝与纵缝设置	图片组	206
资源5-5-3	起重设备其他吊运工作	图片组	207
资源5-5-4	栈桥	图片组	207
资源5-5-5	坝内的通水冷却管布设	图片组	217
资源5-6-1	三峡工程碾压混凝土围堰施工——带式运输机	图片	221
资源5-6-2	三峡工程碾压混凝土围堰施工——通仓碾压	图片	222
资源5-6-3	三峡工程碾压混凝土质量检查	图片	223
资源6-1-1	地下建筑工程施工	图片组	230
资源6-2-1	乌东德工程地下建筑工程施工支洞	图片组	231
资源6-2-2	水电站引水隧洞开挖程序案例（1）	工程案例	234
资源6-2-3	爬罐法	拓展资料	236
资源6-2-4	水电站引水隧洞开挖程序案例（2）	工程案例	237
资源6-2-5	地下厂房施工	视频	237

续表

资源编号	名　　称	资源类型	资源页码
资源6-2-6	水电站地下厂房施工程序案例	工程案例	239
资源6-3-1	地下建筑工程的施工教学虚拟仿真实验介绍	课件	239
资源6-3-2	我国部分工程直孔掏槽主要参数	拓展资料	241
资源6-3-3	洞内空气卫生标准	拓展资料	247
资源6-4-1	Robbins $\phi 8.0m$ 型敞开式全断面掘进机	拓展资料	251
资源6-4-2	TB880HTS型护盾式全断面掘进机	拓展资料	251
资源6-5-1	乌东德工程地下工程喷锚支护	图片组	258
资源6-5-2	机械手	图片组	262
资源6-6-1	针梁式钢模台车示意图	图片	267
资源6-7-1	盾构隧道掘进机	图片	270
资源6-7-2	盾构工作井	图片	273
资源6-8-1	工作井	图片	276
资源6-8-2	顶管掘进机	图片	276
资源6-8-3	顶管千斤顶	图片	276
资源6-8-4	顶管导轨	图片	276
资源6-8-5	顶管后背	图片	277
资源6-8-6	顶管顶铁	图片	277
资源6-8-7	吊装行车	图片	278
资源6-8-8	吊装吊车	图片	278
资源6-8-9	顶管通风设备	图片	278
资源6-8-10	顶管工作井开挖	图片	279
资源6-8-11	顶管管节安装	图片	281
资源6-8-12	顶管中继间	图片	282
资源6-9-1	塌方处理方法案例	工程案例	288
资源7-2-1	流水施工的案例	工程案例	296
资源7-3-1	工程项目基本建设程序简图	拓展资料	296
资源7-4-1	施工总体布置图	图片组	305
资源7-4-2	临时加工厂所需面积参考指标表	拓展资料	308
资源7-4-3	现场作业棚所需面积参考指标表	拓展资料	309
资源7-4-4	现场机械停放场所需面积参考指标	拓展资料	309

续表

资源编号	名　称	资源类型	资源页码
资源 7-4-5	临时生活用房屋设施建筑面积参考指标	拓展资料	309
资源 7-5-1	某水库工程施工总进度横道图	图片	320
资源 7-5-2	应用计算机软件编制的施工进度计划	拓展资料	328
资源 7-5-3	工程形象进度图示例	拓展资料	329
资源 8-1-1	施工目标管理	拓展资料	330
资源 8-1-2	施工安全管理	拓展资料	330
资源 8-1-3	施工招投标与合同管理	拓展资料	330
资源 8-2-1	锦屏一级水电站工程项目进度控制	工程案例	336
资源 8-4-1	长江三峡工程施工质量控制	工程案例	352

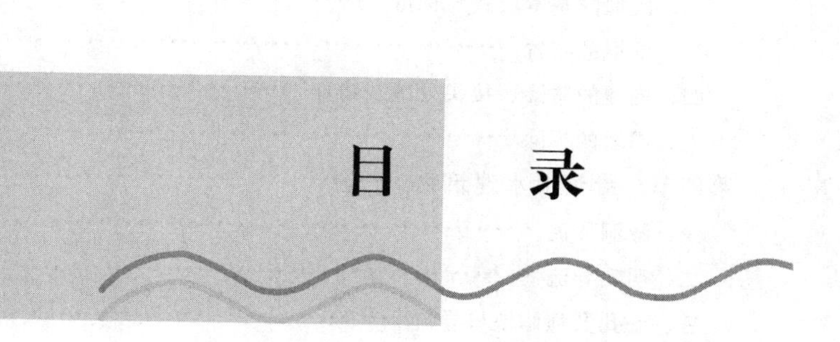

目 录

绪论

第一节　成就与发展

知识要求与能力目标：

(1) 了解水利工程施工取得的成就与科技发展；

(2) 提高对水利工程施工在经济社会发展中所起作用的认识。

学习内容：

(1) 水利工程施工取得的成就；

(2) 水利工程施工的科技发展。

一、水利工程施工取得的成就

纵观古今，人类社会的发展史也是一部人类与洪水的斗争史。为了生存与发展，人类从未停止过治水活动。无论是防洪、灌溉、供水、发电、航运，还是其他任何目的的水利工程，都要经过水利工程施工的过程，才能使工程目的得以实现。在这个过程中，我国劳动人民发挥了各种聪明才智，积累了丰富的施工经验，修建了许多举世闻名的水利工程。

公元前246年兴建的郑国渠位于陕西省泾阳县西北25km泾河北岸，属于最早在关中建设的大型水利工程，它西引泾水东注洛水，长达124km，灌溉面积约18万hm^2。2016年11月8日申遗成功，成为陕西省第一处世界灌溉工程遗产。

公元前214年凿成通航的灵渠，位于广西兴安县境内，将兴安县东面的海洋河和兴安县西面的大溶江相连，是世界上最古老的运河之一，有着“世界古代水利建筑明珠”的美誉。灵渠上的“陡门”被称为“世界船闸之父”，是“运河船闸的始祖”。

公元前256年由蜀郡太守李冰父子组织修建的大型水利工程都江堰位于四川省成都平原西部岷江上，整个枢纽由分水鱼嘴、飞沙堰、宝瓶口等部分组成，按“深淘滩、低作堰”“乘势利导、因时制宜”“遇弯截角、逢正抽心”等原则施工，两千多年来一直发挥着防洪和灌溉的巨大效益，被誉为“世界水利文化的鼻祖”，是全世界迄今为止年代最久、唯一留存、以无坝引水为特征的宏大生态水利工程。该工程不仅在结构布局、施工措施、维修管理制度等方面为后人留下了宝贵的技术财富，而且闪烁着人水和谐共处的治水智慧光辉。

从先秦时期到南北朝，中国古代劳动人民开凿了大量运河，其分布地区几乎遍及大半个中国。西到关中，南达广东，北到华北大平原，都有人工运河。这些人工运河与天然河流连接起来可以由河道通达中国的大部分地区，开创了水利工程建设史上一个又一个奇迹。

新中国成立后，我国有计划有步骤地开展了大江大河的综合治理；修建了一大批综合利用的水利枢纽工程和大型水电站；建成了一些大型灌区和机电灌区；中小型水利水电工程也得到了蓬勃的发展。如：标志着我国具备自主设计、制造、施工能力的第一座大型水电站——新安江水电站，于1957年开工建设，历经18年建成；第一座超过百万千瓦级的水电站——刘家峡水电站，于1975年建成。这都是新中国水电建设史上具有里程碑意义的工程。

改革开放后，水利建设事业迅速发展，继葛洲坝水电站、龙羊峡水电站之后，岩滩、漫湾、隔河岩、白山、水口、五强溪、李家峡、天生桥一级、天生桥二级、二滩、万家寨、小浪底等100万kW级大型骨干水电站均已建成。

进入21世纪以后，我国的水利建设事业取得了世人瞩目的成就，世界第一大水电站——长江三峡工程完工之后，澜沧江小湾水电站、糯扎渡水电站，红水河龙滩水电站，清江水布垭水电站，雅砻江锦屏水电站，金沙江向家坝水电站和溪洛渡水电站等巨型水电站相继建成并投产发电，金沙江白鹤滩水电站和乌东德水电站已全部投产发电。这些工程的建设，为我国积累了丰富的高坝建筑、高水头大流量泄洪消能、大型地下洞室群开挖与支护、高边坡综合治理以及大容量机组制造安装等经验和技术。这些大国重器的横空出世，有如水电发展史上的一座座丰碑，筑牢了我国水电强国的地位。

古往今来，水利工程的建设一直与经济社会的发展息息相关，属于国家重要的基础设施建设，为改善民生、推动经济社会发展发挥了不可替代的作用。而水利工程施工是项目建设绕不过去的重要环节。

二、水利工程施工的科技发展

水利工程施工的科技发展主要体现在以下四个方面。

1. 水利工程施工技术的发展

（1）在施工水流控制方面。深水大流量截流、高挡水标准、巨大填筑量、围堰高混凝土防渗墙、戗堤保护、龙口基底处理、挡水泄水、拦洪度汛、施工期通航、提前发电等方面都积累了丰富的经验。三峡工程大江截流最大流量为11600m^3/s，抛投水深60m，截流落差5.3m，施工中采用了77t自卸汽车运料，抛投最大块石达10t，克服了堤头坍塌、深水龙口预平抛垫底、截流期航运和跟踪预报等技术难题，就是最有说服力的例证。

（2）在土石方工程施工方面。挖方量、土石方平衡、高边坡治理与加固技术取得了举世瞩目的成就。20世纪50年代后期至90年代，据统计，我国先后建成的50余座大型水电站，各种土石方开挖共4.45亿m^3，其中开挖量在500万m^{3}以上的有23座、1000万m^{3}以上的有6座，年开挖强度超过1000万m^{3}的工程有葛洲坝和小浪底工程。进入21世纪以来，随着我国一大批世界级巨型水利枢纽的建设，土石方开挖强度和开挖量明显提升：小湾水电站主要建筑物土石明开挖1918万m^3，石方洞开挖450万m^3；锦屏一级土石方总开挖量1100万m^3；三峡工程土石方总挖填量高达

1.25亿m^3。

挖方工程和填方工程中，为实现快速经济施工，需对土石方平衡进行设计与规划。随着工程规模的日益增大，料物数量越来越多，土石方平衡问题在工程建设中所起的作用日趋重要。清江水布垭工程，土石方开挖量2886万m^3，总填筑量1816万m^3，通过建立运输问题数学模型，计算机求解，在满足大坝填筑料要求的前提下，科学地进行建筑物开挖料的利用规划，带来了巨大的经济收益。

然而，土石方开挖也带来了很多复杂高边坡问题，发展高边坡治理与加固技术极其必要。许多大型工程均采用了有效的高边坡处理技术。例如，在三峡工程五级永久船闸建设中，采用边坡锚固技术及新型无黏结锚索结构，保证了船闸高边坡的整体稳定性；在拉西瓦水电站边坡防护工程中，采用以高强钢丝网为主要构件的一种较新的柔性防护网，取得了良好的效果，保证了工程的安全施工；在南水北调中线古运河枢纽工程中，对边坡实施“倒梯形”的注浆土钉布置与钢筋网锚喷混凝土支护，保证了明暗挖段分界施工的正常进行。

（3）在基础处理技术方面。20世纪50年代末至70年代，我国相继在深厚覆层中建造混凝土防渗墙取得成功；80年代以后，高压喷射灌浆成墙技术广泛用于围堰和坝基覆盖层的防渗；80—90年代，革新了造墙机具和墙体材料，提高了施工效率和墙体质量，地下连续墙的造墙技术达到一个更高的水平，四川南桠河冶勒水电站工程完成了深达100m的造墙试验。90年代初，地基振冲加密技术得到广泛应用，随着技术的不断改进与优化，设备机械化、自动化程度大幅度提高，并成功应用于三峡围堰堰体地基处理。进入21世纪，GIN（grouting intensity number）控制性灌浆技术、化学灌浆技术、高压旋喷连续防渗墙以及新材料湿磨细水泥-化学复合灌浆技术等得到广泛应用。黄河小浪底水利枢纽由于复杂的地质条件和工程结构被誉为世界水利工程史上最具挑战性的项目之一，其基础处理采用高强缓凝型混凝土防渗墙、GIN控制性灌浆等技术，最大造墙深度达到82m，取得了满意的地基改善效果。

（4）在土石坝施工方面。基本上经历了三个发展阶段：20世纪50—70年代，我国以人力为主修建了一批均质土坝、黏土心墙和斜墙砂砾石坝，并将定向爆破筑坝技术成功应用于一批中小型工程，这段时间具有代表性的土石坝工程有松涛均质土坝（坝高80.1m），定向爆破堆石坝南水工程（坝高80.2m）；70年代以后，通过引进吸收国际上的先进筑坝技术和经验，并开发了多种大型土石方施工机械，使以碾压堆石为主的混凝土面板堆石坝和土质心墙堆石坝在我国得到迅速发展，代表性的工程分别有关门山大黏土心墙坝和鲁布革风化料心墙坝；进入21世纪以来，随着坝体施工技术的提高，土石方调配动态平衡系统的开发和应用，施工全过程质量实时监控技术和混凝土面板滑模施工技术的推广，一批高土石坝和超高土石坝相继建成，其中，以糯扎渡砾石土心墙坝（最大坝高261.5m）、水布垭混凝土面板堆石坝（最大坝高233.0m）和雅砻江两河口砾石土心墙堆石坝（坝高295m）为代表。

（5）在混凝土坝施工方面。无论是筑坝技术、筑坝材料、混凝土制备还是模板应用方面，均达到了世界先进或领先水平。

在筑坝技术上，施工综合机械化程度不断提高。由塔带机、胎带机，配合皮带机供料线构成的连续混凝土浇筑系统，创造了新的浇筑纪录。

在混凝土制备方面，通过引入水冷、风冷以及加冰拌和等预冷工艺，构建一体化、自动化、大容量的混凝土拌和楼，为保障混凝土连续浇筑，降低大体积混凝土水化热方面，做出了积极的贡献。

在筑坝材料上，随着水电建设逐步向西部地区和各流域上游转移，当地天然砂石料资源渐趋短缺；20世纪70年代，乌江渡工程建成了以灰岩为料源的大型人工砂石料系统，开始向解决当地天然砂石料短缺问题迈出了重要的一步；90年代，二滩水电站建成了以正长岩为料源的人工砂石料系统；长江三峡工程以花岗石为料源，并大量利用开挖料，建成了当今世上规模最大的人工砂石料系统；进入21世纪，锦屏一级水电站组织科研攻关，成功解决了当地大理岩骨料石粉含量偏高的问题。

在模板工程方面，进入21世纪，我国模板工程施工逐步向系列化、标准化方向发展，如引水工程中渡槽槽身、支墩采用定型钢模板；双曲拱坝采用定型翻转模板，施工缝之间设多能球形键槽模板；大面积混凝土外露面采用多卡模板，以及悬臂翻转模板的广泛应用，各种系列化模板在水利工程施工中得到迅速推广。

此外，仓面通水冷却技术、振捣方式以及缝面处理措施的改进，都为混凝土坝的安全、优质、快速施工提供了保证。

(6) 在碾压混凝土坝施工方面。我国的碾压混凝土坝坝型、数量、成套施工技术水平居国际领先地位，形成了高掺粉煤灰、低稠度、短间歇、薄层全断面碾压、快速连续上升的碾压混凝土施工特点。2009年全部机组投产发电的龙滩水电站碾压混凝土坝坝高216.5m，标志着我国碾压混凝土筑坝技术已经跨进200m级水平。

(7) 在地下洞室施工方面。2012年底投产发电的锦屏二级水电站，采用钻孔爆破法和TBM相结合的施工方案，4条引水隧洞单洞长16.7km，开挖直径为12.4～12.6m，最大埋深2525m，是迄今为止世界上规模最大、综合技术难度最大的水工隧洞群，在解决超埋深、高地应力等方面积累了经验。目前，地下洞室群正朝着单机大容量、洞室大跨度、施工大规模、安全要求高方向发展。预裂爆破和光面爆破技术、大型先进开挖机械、先进支护方法的应用极大提高了洞室施工的效率。

2. *水利工程施工机械的发展*

近年来，我国水利工程施工技术的发展与施工机械的装备能力迅速增长相辅相成，已具有高强度快速施工的能力。例如，在土石坝工程施工方面，我国黄河小浪底水利枢纽工程大坝为壤土斜心墙堆石坝，最大坝高为154m，土石填筑方量为5570万m^3，施工中堆石料填筑选用10.3m^3挖掘机装料，65t自卸汽车运料，17t光面振动碾压实；心墙料填筑选用10.7m^3装载机装料，65t或36t自卸汽车运料，17t凸块碾压实，创造出月最高上坝强度达101.03万m^3，日最高上坝强度达4.19万m^3的纪录。

在混凝土运输与浇筑方面，三峡、二滩和小浪底工程的混凝土运输都采用塔带运输机，三峡工程混凝土总浇筑量2800万m^3，高峰年1999—2001年分别浇筑混凝土方量458万m^3、548万m^3和402万m^3，连续三年浇筑的混凝土远远超过苏联古比雪夫水电站创造的364万m^3的世界纪录。向家坝水电站混凝土总浇筑量约1400万m^3，仅用三峡工程建设时期一半的施工设备，年浇筑混凝土超过 400 万 m^3；小浪底工程混凝土消力塘浇筑中强度高达 5 万 m^3。

在地下建筑工程开挖施工方面，天生桥二级引水洞、引大入秦和引黄入晋工程的长隧洞开挖，均采用了全断面掘进机和双护盾掘进机等设备，最大开挖断面直径为 10.8m，创造了日最高进尺 113m 的纪录。小浪底、三峡水利枢纽工程在混凝土防渗墙施工中采用了对地层适应性较强的冲击式正、反循环钻机及双轮铣槽钻机，一台 BC30 型铣槽钻机一个枯水期就完成了 8 万 m^3 的防渗墙造孔任务。

3. 水利工程施工组织与管理的发展

我国在施工组织与管理方面也取得了一些新的科研成果。如新开发的水利水电工程施工网络计划软件包、施工总进度计划和施工总布置 CAD 系统都已投入应用，并接近国际先进水平。

经过几十年的发展，我国的施工管理技术与水平得到了很大的提高。项目法人制、招标投标制、建设监理制、合同管理制全面实施；先进的工程管理理论与方法得到应用，实行施工计划、质量和经济核算的综合管理水平逐步提高。例如，三峡集团公司用于工程进度、质量和投资管理的 TGPMS 系统，糯扎渡水电站融 GPS、GIS 和 GPRS 技术一体的施工全过程质量实时监控系统，溪洛渡水电站混凝土浇筑仓位分布式光纤温度监测系统等，从技术手段提升了管理效率。

4. 水利工程施工信息化、数字化、智能化发展

美国胡佛大坝开启了现代机械化施工；我国的三峡工程和糯扎渡工程在继承现代机械化施工的基础上，引入了信息化管理；溪洛渡拱坝开创了智能化建设的先河；在建的乌东德和白鹤滩水电站实施大坝智能建造，拟形成智能建造理论体系、实施方案，构建中国坝工智能建造标准和规范，引领水电技术发展，打造国际一流品牌。信息化、数字化、可视化、智慧化等技术与学科的交叉融合与应用已成为行业发展的新动向。

总结我国水利工程建设取得的成就及水利工程施工的科技发展，是为了更好地面向未来。随着社会可持续发展、生物多样性保护、人与自然和谐相处等现代观念的形成，水利工程施工更加需要新理论、新技术、新材料、新装备等方面的创新。在施工组织与管理方面，与国际著名的大型承包商相比，我国在管理机制、管理手段和管理人才等方面还存在一定差距。因此，未来的发展机遇与挑战并存。

第二节　学　科　认　知

知识要求与能力目标：

（1）理解水利工程施工的基本概念；

（2）熟悉水利工程施工的学科构成与研究内容；

（3）了解水利工程施工在建设程序中的地位与作用；

（4）明确水利工程施工的任务、特点和应遵循的基本原则。

学习内容：

（1）水利工程施工的基本概念；

(2) 水利工程施工的学科构成与研究内容；

(3) 水利工程施工在建设程序中的地位与作用；

(4) 水利工程施工的任务、特点和应遵循的基本原则。

一、水利工程施工的基本概念

水利工程是人类为了利用天然水资源兴水利、除水害所修建的工程。而水利工程施工正是这种目的达成的必要途径。因此，水利工程施工就应该是按照设计的规格和要求建造水利工程的过程。施工的目的是设计的实现和运用的需要。施工的依据是规划设计成果。施工的特征体现为实践性与综合性。实践性是指只有通过施工实践，才能把设计成果付诸实施，规划设计方案是否合理可行也只有通过实践才能得到检验。综合性是指在施工过程中，既要领会规划设计者的意图和主管部门的要求，又要根据现实的施工条件与施工环境和相关的各种政策法规，统筹施工对水资源综合利用的影响，只单纯依靠工程技术难以实现规划设计的目的，需要综合运用自然科学、社会科学及水利工程建设有关的知识和经验。施工的目标要追求安全、优质、高效、快速与经济，主要表现在质量与进度上。以人为本、质量第一、安全高效、生态环保应该成为施工的核心理念。

二、水利工程施工的学科构成与研究内容

1. 水利工程施工的学科构成

水利工程施工由施工技术、施工机械、施工组织与管理三个主要分支学科构成。这三个分支相辅相成，密切相关，其发展变化体现了水利工程施工的发展水平。

在以人力施工为主的时代，施工技术主要研究工种的施工工艺。随着科学的发展与技术的进步，现代施工更加讲究施工机械与施工工艺及各种建筑物施工方案的协调与配合，同时，对施工的科学组织与系统管理提出了更高的要求。信息化和智能化及可视化与各种施工技术的交叉与融合成为水利工程施工学科发展新的方向。

2. 水利工程施工学科的研究内容

水利工程施工是在总结人类用水、治水、兴利、除害的经验和相关科学知识的基础上，从施工技术、施工机械、施工组织与管理等方面，探究如何多快好省地进行水利工程建设的一门学科。它是研究水利工程建设的施工方法、管理方法及其基本规律的科学。施工方法包括各类建筑物的施工程序及施工方案与要求，各工种施工的技术方法和施工机械与工艺。管理方法包括施工组织与计划，施工招标与投标（包括工程估算、概算和预算、工程量清单计价），施工管理与体系。

工程建设项目不同，施工方法与管理方法的复杂程度有所不同。水利工程项目通常可划分为单项工程、单位工程、分部工程和分项工程，以满足不同建设阶段的管理需要。在一个工程系统中，单项工程是指建成后可以独自发挥生产能力或效益的工程，又称扩大单位工程，如拦河坝、发电厂房、引水工程等。按照单项工程中工程项目的性质不同或能否独立施工，又可将每个单项工程划分为若干个单位工程，如引水工程可划分为进水口、引水隧洞、引水渠工程等。按照施工工艺的不同还可以将每个单位工程划分为若干个分部工程，如引水隧洞可分为土方开挖、石方开挖、混凝土浇

筑、灌浆工程等。按照结构部位的不同，最后可将每个分部工程划分为若干个分项工程，如引水隧洞的混凝土工程可划分为底板、边墙和顶拱工程。因此，工程建设项目规模越大，单项工程越多，建筑物组成及结构越复杂，施工方案与施工组织及管理的复杂程度就越高。

三、水利工程施工在建设程序中的地位与作用

1. 水利工程建设程序

按照我国的基本建设管理规定，只有工程建设项目列入政府规划，有了同意的项目建议书以后，才能进行初步查勘和可行性研究；只有可行性研究报告经过审核通过，才可根据已编制的设计任务书，落实勘测设计单位，开展相应的勘测、设计和科研工作；只有当开工准备已具有相当程度，场内外交通已基本解决，主要施工场地已经清理平整，风、水、电供应和其他临建工程已能满足初期施工要求，才能提出开工报告，转入主体工程施工。水利工程建设是国家基本建设的重要组成部分，必须严格遵守国家的基本建设程序。

根据水利工程项目建设的特点，建设过程从实施顺序上划分为规划、设计、施工三个主要阶段，每个阶段与工作流程之间的关系如图 0－1 所示。从图中可以看出，水利工程建设过程阶段有先后，工作流程或顺序搭接或平行推进，所有工作环环相扣、密切相关，构成了一个有机整体。每个阶段既有分工，又有联系，相辅相成，充分反映了水利工程建设的内在基本规律。

2. 施工在建设程序中的地位和作用

在整个水利工程建设项目实施过程中，施工是必不可少的关键环节，只有通过这一环节的工作，才能把规划与设计阶段的成果变成看得见摸得着的工程实体。工程实施时期的主要工作包括开工准备、组织施工、生产准备，其中的每一项工作都真实、具体，都会占用一定的时间，耗费一定的资源，都需要面向工程实际解决问题，需要用科学的理论作为指导。

施工单位负责工程施工，工作的开展需要与工程建设单位和设计单位及材料设备供应单位保持密切沟通与协调配合。需要建设单位按时进行工程结算，以获得资金财务上的支持；需要设计单位及时提供图纸，以保证按设计成果施工；需要材料、设备供应单位按质按量适时供应所需的材料和设备，以保证施工的顺利开展与进行。

四、水利工程施工的任务、特点和应遵循的基本原则

1. 水利工程施工的任务

（1）在项目建议书、可行性研究、初步设计、开工准备和施工阶段，应根据建设项目的不同要求、工程结构的特点、工程所在地区的自然条件、社会经济发展状况、设备与材料的供应情况、人力与资源成本等，编制切实可行的施工组织设计和投标计价。

（2）应用先进的管理理念与方法，建立现代化项目管理体系；按照施工组织设计，做好施工准备，有计划地组织施工，加强施工管理，保证施工质量，科学统筹人力与物力、合理使用建设资金，确保优质、高效、快速、经济地全面完成施工任务。

（3）在施工过程中开展观测、试验和科学研究，注重应用、总结和推广先进施工

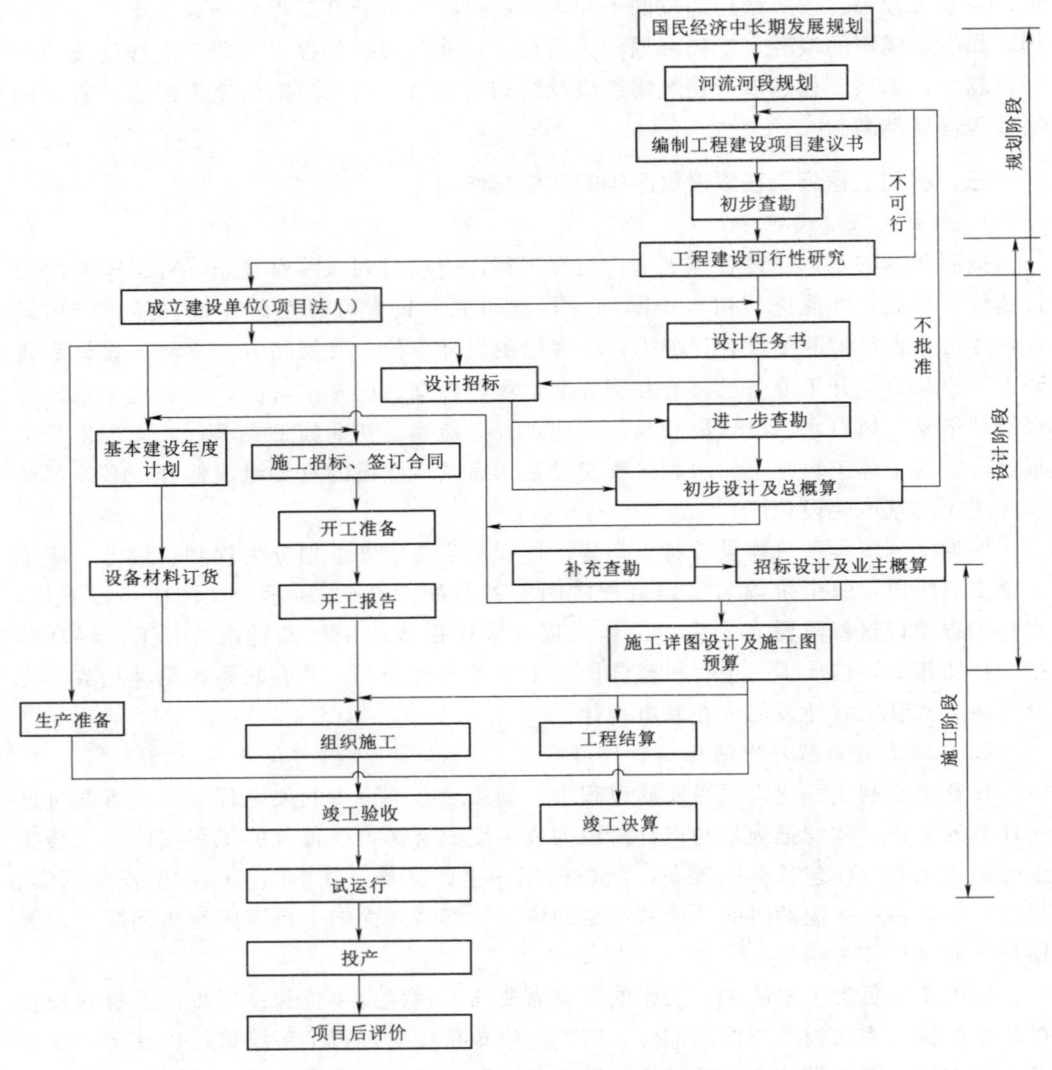

图 0-1　水利工程项目建设基本程序

技术与组织管理经验，为促进水利工程施工科学技术的发展与不断创新提供理论依据。

(4) 在生产准备、竣工验收和项目后评价阶段，完善工程附属设施及施工缺陷部位，并完成相应的施工报告和验收文件。

2. 水利工程施工的特点

(1) 对水流的控制，贯穿水利工程建设项目施工过程始终。这也是水利工程施工区别于其他工程项目施工最突出的特点。

(2) 受自然条件和社会经济发展状况及施工环境等因素影响大。水利工程多为露天工程，建筑物施工常在河流上进行，受水文、气象、地形、工程地质和水文地质等自然条件因素影响很大；工程项目所在地的社会经济发展、原材料供应、人力成本等直接关系到项目施工的成本；对外交通、工农业生产布局及当地的文化习俗与生活习惯等施工环境都会对施工产生影响。

（3）需要统筹协调多方利益，减少对施工的制约。在河流上修建水利工程，常涉及许多部门的利益，在一定程度上增加了施工的复杂性，协调不好就会对施工构成制约因素，因此，必须全面规划、统筹兼顾，既要保证施工的顺利进行，又要把施工对各部门的影响降到可以接受的程度。

（4）项目工程量大、施工期长、投资多。如长江三峡水利枢纽工程，仅混凝土浇筑总量就达 2820 万 m^3，施工总工期长达 17 年，工程静态投资 900 多亿元，动态投资 2000 多亿元。加快工程施工进度，缩短建设周期，降低工程造价，对水利工程建设意义重大。

（5）施工准备工作量大，临建设施多。水利工程多建在荒山峡谷河道，往往交通不便，人烟稀少，不仅要修建场内外交通道路，还要为施工服务修建辅助工厂与设施、办公室和生活用房等，这些都加大了施工的难度。要求必须十分重视施工准备工作的组织，使之既满足施工要求又减少工程投资。

（6）施工质量要求高。在河流上修建的水工建筑物多为挡水和泄水建筑物，工程的安危关系着下游千百万人民的生命财产安全，因此，工程施工质量必须有保证。

（7）施工现场相互干扰大。水利枢纽工程常由许多单项工程所组成，布置相对集中、工程量大、工种多、施工强度高，加上地形方面的限制，容易发生施工干扰。因此，需要统筹规划，重视现场施工的组织和管理，运用系统工程学的原理，因时因地选择最优的施工方案。

（8）安全问题突出。水利工程施工过程中爆破作业、地下作业、水上水下作业和高空作业等，常常平行交叉进行，对施工安全非常不利。因此，必须高度重视安全施工，防止事故发生。

（9）组织管理难度大。水利工程施工不仅项目自身工程量大、工作环节多、工种多，工作复杂，涉及的利益部门多，而且施工过程中还会对周边的经济、社会、生态环境等产生影响，因此，施工组织与管理必须采取科学的系统管理与分析方法，统筹兼顾，整体优化。

3. 水利工程施工应遵循的基本原则

（1）严格按照基本建设程序办事的原则。水利工程施工应严格按照经过批准的施工组织设计与设计图纸，在做好施工准备的基础上进行施工。施工过程中，如需要变动工程规模、工程结构和技术标准等，应事先取得有关部门的书面同意和批准。要坚决杜绝边勘测、边设计、边施工的现象。

（2）坚持信守合同的原则。水利工程施工要严格遵守承包合同的各项约定，努力提高企业的信誉度，按承包合同中规定的工期、资金额度、施工技术标准等施工，保证按工期完成建设任务，使工程如期发挥效益。

（3）坚持“质量第一”的原则。水利工程建设是百年大计，关乎国计民生，关乎人民的生命财产安全，应全面贯彻全面质量管理的理念与方法，加强施工过程管理，落实岗位责任制，层层严把工程质量关。

(4) 坚持“以人为本，安全第一”的原则。建立完善的安全保证制度，强有力的落实政策及劳动保护措施，做好安全教育与培训，确保施工人员的安全，实现安全生产。

(5) 坚持文明施工、生态环境保护的原则。建立完善的文明施工措施，减少施工对周围环境的影响和破坏；严格执行生态环境保护的相关法律法规。

(6) 坚持尊重科学、求实创新原则。所有的施工活动都必须根据当时当地的自然条件与施工环境，实事求是、因地制宜采取措施；同时，注重技术革新，科技引领，不断创新，推广应用新技术，减轻劳动强度，提高劳动生产率和施工的现代化水平。

(7) 坚持科学组织和系统管理的原则。由于水利工程施工的复杂性，需要应用系统工程和科学管理的方法，把工程施工看作一个大的系统工程，把施工的所有工作都纳入系统中，围绕同一目标开展活动，使所有活动在总体上达到最优化。这就要求施工与经济社会各用水部门之间，主体与附属和配套工程施工之间，主体工程各单项工程、单位工程、分部工程和分项工程之间，建筑工程与安装工程之间，前方现场施工与后方辅助生产、后勤供应之间等，要构成一个有机的整体。

(8) 实行科学管理。建立健全各种规章制度，明确岗位责任，做好人力、物力和财力的综合平衡，实现均衡、连续、有节奏的施工。

第三节　课程性质与内容

知识要求与能力目标：

(1) 了解水利工程施工课程的性质与学习的必要性；

(2) 了解水利工程施工课程的教学目标与教学内容及能力要求。

学习内容：

(1) 水利工程施工课程的性质；

(2) 水利工程施工课程的教学目标与教学内容。

一、水利工程施工课程的性质

水利工程施工是水利水电工程和农业水利工程等水利工程类本科专业的一门非常重要的专业课，在整个专业培养课程体系中占有重要地位。该课程具有理论性、实践性与综合性都很强的特征。本着前导后续的原则，该课程的学习需要学习者具备工程力学、工程水文学、水力学、工程地质与水文地质、土力学与地基基础、水工建筑物、建筑材料等课程的基本知识。

水利工程施工作为一个学科有其内在的发展规律和知识体系要求，探索水利工程施工学科的内在本质与外在联系，掌握其基本理论知识与方法应用，对于增强解决复杂工程问题的能力是十分必要的。

二、水利工程施工课程的教学目标

通过本课程的学习，学习者应明确水利工程施工在工程建设中的地位、所发挥的作用、工作任务与特点、应遵循的基本原则、所取得的成就及未来的发展趋势；在理解的基础上，掌握水利工程施工的基本概念、基本原理、基本方法、基本施工工艺及流程，典型建筑物的基本施工方法与质量控制，施工组织与管理的基本内容和技术方法；熟悉常用的施工机械及设备能力计算方法，以及现行规范的有关规定与应用；了解水利工程施工相关的法律法规、安全生产与文明施工要求，以及经济社会发展、生态安全、环境保护等制约因素对水利工程施工的影响和施工本身对周边环境造成的影响；了解水利工程施工的最新科技发展，特别是信息化和智能化及可视化与各种施工技术的交叉与融合趋势，所面临的机遇与挑战；具备从事水利工程施工技术与组织管理等工作的基本能力；具有综合应用所学专业知识解决复杂工程问题的实践能力。

三、水利工程施工课程的教学内容与要求

依据该课程的教学目标和对专业培养要求的支撑，该课程学习的主要内容包括：第一章施工水流控制，以水利枢纽为对象，探究在河流上修建水工建筑物时如何解决水流干扰的问题，在为施工创造条件的同时把施工期间对水资源综合利用的影响降到最低；第二章工程爆破技术，解决如何利用炸药爆炸所产生的破坏效应达成提高施工作业效率的目的问题，从而实现地基的开挖、料场的开采、建筑物的空间开拓、定向筑坝、围堰拆除等工程目的；第三章地基处理技术，针对地基存在的渗漏、承载能力不足、均匀性不够、抗水流长期侵蚀性差等不符合水工建筑物对地基要求的缺陷问题，探究处理解决方案；第四章土石方工程施工，主要以土石坝施工为例学习土石方工程施工的基本方法；第五章混凝土工程施工，主要以混凝土坝施工为例学习混凝土工程施工的基本方法；第六章地下建筑工程施工，主要以平洞施工为例学习地下建筑工程施工的基本方法；第七章施工组织与计划，以水利枢纽为对象，探究如何编制切实可行的施工组织设计，创造性提出反映时空安排与资源合理配置的施工方案，实现对工程施工全过程的组织和管理；第八章施工管理，重点学习现代施工管理的基本方法。其中第四章～第六章属于典型水工建筑物施工。

学习时，学习者应着眼于基本概念、基本原理、基本方法等基本知识的掌握与应用，力求使基本知识与工程实际相联系，深刻理解水利工程施工的复杂性和工程实践对生态环境、社会可持续发展的影响；以及社会和外部环境对水利工程施工的影响；能够应用规范和行业标准进行合理性分析；探究在符合社会、经济、健康、安全、法律、文化以及环境等要求的基础上如何满足用户需求的施工方案，提升多角度、多层面、立体综合思维能力，以及融通方法有效解决复杂工程问题的能力。

思考题

0－1　水利工程施工所取得的成就与科技发展给你的启发是什么？

0－2　为什么要学习水利工程施工？

0－3　水利工程施工学科由哪些分支构成？

0－4　水利工程施工在基本建设程序中处于什么地位？如何发挥作用？

0－5　水利工程施工的任务是什么？有何特点？应遵循怎样的工作原则？

第一章

施工水流控制

第一节 概 述

知识要求与能力目标：

(1) 掌握施工水流控制的概念、目的、采取的工程措施；

(2) 理解施工水流控制的必要性和重要性；

(3) 明确施工水流控制的设计任务。

学习内容：

(1) 施工水流控制的概念；

(2) 施工水流控制的必要性和重要性；

(3) 施工水流控制的设计任务。

一、施工水流控制的概念

1. 基本概念

在河流上修建水工建筑物，施工期间不可避免地会受到各种水流的影响，为了保证工程能在干地上施工，必须为原来河道的水流安排好出路；同时，还要考虑施工期间水资源综合利用的要求，以减少施工对灌溉、供水、水电站运行、生态环境保护与维护等水资源综合利用的影响；这就是施工过程中的水流控制，也称为施工导流，即为了创造必要的干地施工条件和尽量满足施工期间各部门用水的要求，人为地将原河流各个时期的来水，按预定的方式、时间、地点、部分或全部安全地导向下游或拦蓄起来。

2. 控制措施

在整个水利工程施工过程中，对水流的控制可采用“导、截、拦、蓄、泄”等工程措施，即修筑围堰维护基坑、拦截水流，修建泄水通道往下游宣泄河水，修建临时断面拦蓄汛期洪水等，实现对水流的引导与控制。

3. 主要内容

施工过程中的水流控制包括以下主要内容：确定施工导流和截流方案；选择上下游横向围堰和分期纵向围堰形式；制定坝址区和厂址区的安全度汛和冰凌影响及防护工程措施；统筹好施工期间发电及施工期通航、灌溉、下游供水、生态环境与保护等水资源综合利用的要求；拟定建筑物施工的基坑排水，导流建筑物拆除，导流泄水建筑物封堵等方案。

二、施工水流控制的必要性和重要性

1. 必要性

施工期间对水流控制的必要性主要体现在以下三个方面：①水利枢纽工程中的主

体建筑物一般都是在河流中兴建，并要求在干地上施工；②施工期间河道的来水会源源不断顺势流向下游，对工程施工产生影响；③施工期间河水可能有通航、发电、灌溉、供水、生态环境维护与保护等综合利用的需求，要统筹兼顾。

2．重要性

施工期间对水流的控制是贯穿任何一项水利工程施工过程始终的重要工作，这也是水利工程施工区别于其他工程施工最突出的特点。其重要性主要体现在：①影响枢纽布置与永久建筑物形式的选择，如坝址、坝型的选择和施工布置的合理性；②影响施工总组织，如施工布置、进度计划、工程投资等；③影响工程施工的安危，如施工过程中围堰失事，将给工程施工造成严重影响和损失；④对国民经济和水资源的综合利用有直接影响。

三、施工水流控制的设计任务

对施工水流进行控制是做好水利工程施工的前提和基础，在水利工程建设中具有特殊地位和作用。其设计任务主要包括以下几点：

（1）划分导流时段、选定导流标准，确定导流设计流量。

（2）选择导流方案及导流挡水、泄水建筑物形式，确定导流建筑物的布置、构造与尺寸。

（3）拟定导流挡水建筑物的修建、拆除与泄水建筑物的堵塞方法以及河流截流、拦洪度汛和基坑排水方案等。

做好施工水流控制设计，必须首先掌握施工项目所在地区的气象水文资料、坝区地形地质条件、水工建筑物设计资料、当地建筑材料资料和其他（如枢纽布置、施工条件）等资料。具体要求参见《水利水电工程施工导流设计规范》（SL 623—2013）和《水利水电工程围堰设计规范》（SL 645—2013）。

第二节　施工导流方式与方法

知识要求与能力目标：

（1）理解施工导流方式的概念；

（2）掌握施工导流的基本方法；

（3）能够根据工程建设的实际情况具体选择施工导流方法。

学习内容：

（1）施工导流方式；

（2）施工导流的基本方法。

资源 1-2-1
初期导流

一、施工导流方式

施工导流按照永久挡水建筑物的施工进度以及其担负挡水任务的时段分为初期导流和后期导流两种方式。初期导流主要是指由围堰担负施工挡水任务，永久挡水建筑物在基坑内展开施工时段的导流方式，该时期的导流方法主要包括全段围堰法和分段围堰法，必要时也可以采用淹没基坑的方法。后期导流是指永久挡水建筑物已经具备拦洪度汛的挡水条件，基坑淹没对永久建筑物施工不会产生影响的导流方式。后期导

资源 1-2-2
后期导流

流按泄水建筑物形式的不同主要可以分为大坝底孔导流、坝体缺口导流、未完建的电站厂房导流、完建的部分闸孔导流等。

二、施工导流的基本方法

1. 全段围堰法

资源 1-2-3 全段围堰法导流

全段围堰法导流，就是在河床主体工程的上下游一定范围内各建一道拦河围堰，使河流来水改道经由此段河床以外的临时泄水道或永久泄水建筑物下泄，如图 1-1 所示。主体工程建成或接近建成已经能够担负挡水任务时，再将临时泄水道封堵。由于此法初期的导流泄水建筑物多位于河床以外，因此也称为河床外导流。

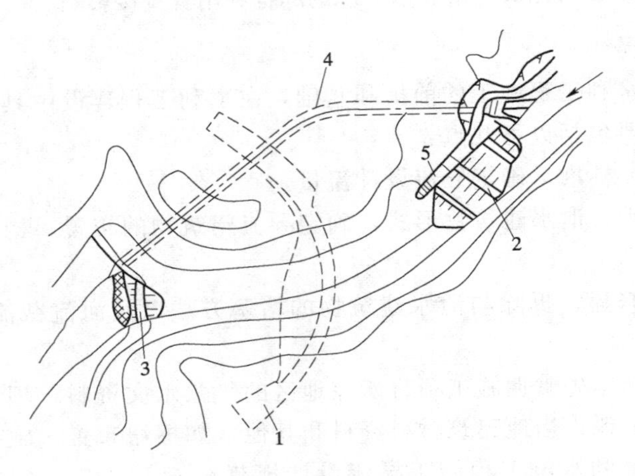

图 1-1　全段围堰法导流示意

1—主坝；2—上游围堰；3—下游围堰；4—导流隧洞；5—临时性溢洪道

当在大湖泊出口处修建闸或坝时，有可能只修筑上游围堰，将施工期间的全部来水拦蓄在湖泊中；另外，在坡降很陡的山区河道上，若泄水道出口的水位低于基坑处河床高程时，也无须修建下游围堰。

全段围堰法导流，其泄水道的类型前期主要有隧洞导流、明渠导流、涵管导流、渡槽导流等几种，后期主要有底孔导流和坝体缺口导流以及未完建的电站厂房导流等。有关这几种形式的导流泄水建筑物将在本章第四节中叙述。

全段围堰法导流的优点在于，整个基坑用上下游围堰围成，河床内的永久建筑物在一次性围堰的维护下建造，工作面受临时工程拆除改建等施工影响相对较少，河水由枢纽河床外的隧洞、明渠、渡槽、涵管等导向下游，如果能够与永久泄水建筑物相结合，可大大节约工程投资。按照河道断流时间的不同，全段围堰法导流可以分为全年断流和枯水期断流两种类型。全年断流采用高围堰，基坑内全年施工，而枯水期断流则采用低围堰挡枯水，汛期由坝体挡水。两岸陡峻、地形狭窄的河道多采用全段围堰法导流。例如，金沙江上的溪洛渡水电站、白鹤滩水电站、乌东德水电站等工程施工中都采用了这种导流方法。

2. 分段围堰法

资源 1-2-4 分段围堰法导流

分段围堰法亦称分期围堰法，就是用围堰将拟建的永久水工建筑物分段分期围护起来进行施工的方法。常见的两段两期导流示意如图 1-2 所示。

所谓分段，就是在空间上用围堰将拟建的水工建筑物分成若干施工段进行施工。所谓分期，就是在时间上将导流分为若干时期。图 1-3 所示为围堰分段和导流分期的几种情况，从图中可以看出，围堰的分段数和导流的分期数并不一定相同。因为在同一导流分期中，建筑物可以在一段围堰内施工，也可以同时在两段围堰中施工。必

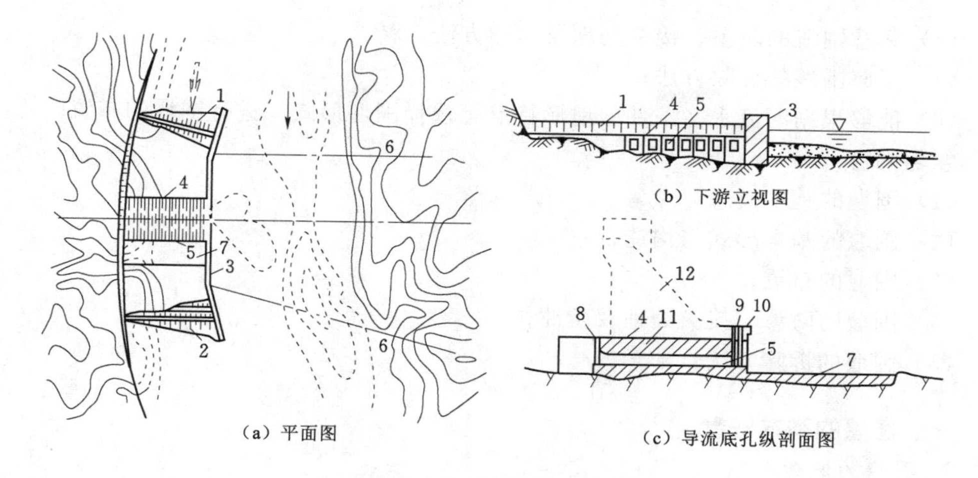

图1-2 两段两期导流示意
1—一期上游横向围堰；2—一期下游横向围堰；3—一期、二期纵向围堰；4—预留缺口；5—导流底孔；6—二期上下游围堰轴线；7—护坦；8—封堵闸门槽；9—工作闸门槽；10—事故闸门槽；11—已浇筑的混凝土坝体；12—未浇筑的混凝土坝体

须指出，段数分得愈多，围堰工程量愈大，施工也愈复杂；同样，期数分得愈多，工期有可能拖得愈长。因此，在工程实践中，两段两期导流方法采用得最多。只有在比较宽阔的通航河道上施工，不允许断航或其他特殊情况下，才采用多段多期的导流方法。

分段围堰法导流，前期都利用束窄的原河道宣泄河流来水，后期要通过事先修建的泄水通道或未完建的永久性建筑物进行导流，常见的泄水道类型有大坝底孔和坝体缺口等。分段围堰法导流一般适用于河床宽、流量大、施工期较长、有河心岛可以利用的工程，尤其是在有通航、过木、排冰等要求的河流上。这种导流方法的导流费用较低，国内外一些大、中型水利水电工程采用较广。例如，我国湖北省葛洲坝、江西省万安、辽宁省桓仁、浙江省富春江、湖北省的三峡、金沙江上的向家坝等枢纽工程施工中，都采用过这种导流方法。

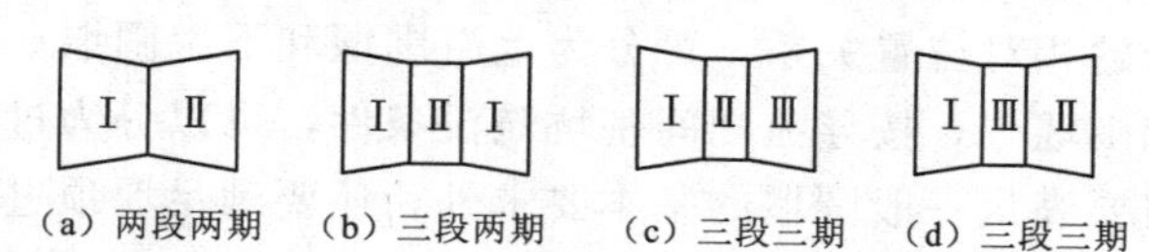

图1-3 围堰分段和导流分期示意

近年来，随着经济社会发展对水环境和水功能要求的提升，分段围堰法导流在水利工程改扩建及城市水利建设中也获得了广泛的应用。

第三节 围 堰 工 程

知识要求与能力目标：

(1) 掌握围堰的概念、工作特点、分类、形式选择原则与方法；

(2) 掌握围堰的基本形式与结构特点及适用条件；

(3) 掌握围堰的平面布置与堰顶高程的确定方法；

(4) 熟悉围堰的防渗、接头处理及防冲方法；

(5) 了解围堰的拆除方法；

(6) 能够根据河流水文条件、地形特点等选择围堰形式，进行围堰的布置。

学习内容：

(1) 围堰的基本概念；

(2) 围堰的基本形式与构造；

(3) 围堰的布置；

(4) 围堰的防渗、接头处理及防冲；

(5) 围堰的拆除方法。

一、围堰的基本概念

1. 围堰的概念

围堰是用来截断施工期水流，围护基坑，以保证水工建筑物能在干地上施工的临时性挡水建筑物。在导流任务完成以后，如果围堰对永久建筑物的运行有妨碍或没有考虑作为永久建筑物的一部分时，应予以拆除。

2. 围堰的分类

水利工程施工中经常采用的围堰有多种分类方法：按其所使用的建造材料，可以分为土石围堰、草土围堰、混凝土围堰、钢板桩格型围堰、桩膜围堰等；按围堰与水流方向的相对位置关系，可以分为横向围堰和纵向围堰；按围堰与永久挡水建筑物轴线的相对位置关系，可分为上游围堰和下游围堰；按施工分期，可分为一期围堰和二期围堰等；按导流期间基坑淹没条件，可以分为过水围堰和不过水围堰。过水围堰除需要满足一般围堰的基本要求外，还要满足堰顶过水的专门要求。工程实践中，为了更加明确地表达围堰的基本特点，常用组合方式对围堰命名，如一期上游横向土石围堰、二期混凝土纵向围堰、三期上游碾压混凝土横向围堰等。

3. 围堰形式选择原则

选择围堰形式时，应按照《水利水电工程围堰设计规范》（SL 645—2013）的要求，根据当时当地具体条件，在满足下述基本要求的原则下，通过技术经济比较后加以选定。

(1) 具有足够的稳定性、防渗性、抗冲性和一定的强度。

(2) 就地取材，造价便宜，构造简单，修建、拆除都方便。

(3) 围堰的布置应力求使水流平顺，不发生严重的局部冲刷。

(4) 围堰接头和岸坡联结要安全可靠，不至于因集中渗漏等破坏作用而引起围堰失事。

(5) 在必要时，应设置抵抗冰凌、船筏冲击破坏的设施。

资源 1-3-1 向家坝工程二期上、下游土石围堰

二、围堰的基本形式与构造

(一) 土石围堰

1. 不过水土石围堰

水利工程施工中不过水土石围堰是应用最广泛的一种围堰形式，常见的形式如图 1-4 所示。其优点在于能充分利用当地材料或废弃的土石方，可在动水或深水中进

行填筑，构造简单，施工方便，对地基适应性强。但其体型大，工程量大，堰身沉陷变形也较大。若当地有足够数量的渗透系数小于10^{-4}cm/s的防渗料（如砂壤土），土石围堰可以采用图1-4（a）、（b）两种形式。其中图1-4（a）适用于基岩河床；图1-4（b）适用于覆盖层厚度不大的场合。若当地没有足够数量的防渗料或覆盖层较厚时，土石围堰可以采用图1-4（c）、（d）两种形式，用混凝土防渗墙、高喷墙、自凝灰浆墙或帷幕灌浆来解决基础和堰体的防渗问题。

土石围堰是施工期的临时挡水建筑物，其断面形式类似于土石坝，但两者在施工条件及质量要求等方面有很大的不同，工程实践中，土石围堰多数在水中填筑完成，断面形式不可能单一或标准化。土石围堰堰顶宽度应满足施工和防汛抢险要求，一般以4～12m为宜，边坡稳定安全系数应根据围堰的级别进行选择，3级应不小于1.2，4～5级应不小于1.05。

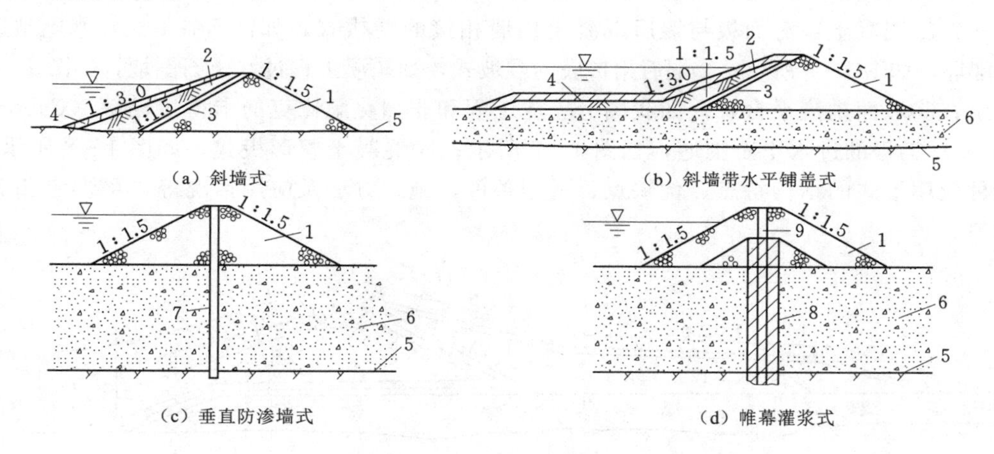

图1-4 不过水土石围堰示意

1—堆石体；2—黏土斜墙、铺盖；3—反滤层；4—护面；5—隔水层；6—覆盖层；7—垂直防渗墙；8—帷幕灌浆；9—黏土心墙

2. 过水土石围堰

土石围堰是散粒体结构，在一般条件下是不允许过水的。因为土石围堰过水时，一般受到两种破坏作用：一是水流沿下游坡面下泄，动能不断增加，冲刷堰体表面；二是由于过水时水流渗入堆石体所产生的渗透压力，引起下游坡连同堰顶一起深层滑动，最后导致溃堰的严重后果。因此，过水土石围堰的下游坡面及堰脚应采取可靠的加固保护措施。近些年来，过水土石围堰发展很快，成功解决了一些导流难题。允许土石围堰堰顶过水的关键，在于对堰面及堰脚附近的地基能否采取简易可靠的加固保护措施。目前采取的主要措施有混凝土板护面、大块石护面、加筋与钢丝网护面等，其中混凝土板护面应用较为普遍。

（1）混凝土板护面过水土石围堰。常用的混凝土护面板有现浇和预制两种形式，就面板本身而言，截面形式有矩形和楔形，表面有设排水孔和不设排水孔的，面板与面板之间可以采用重叠搭接或者平顺连接的方式。面板与围堰下游坡面之间需要设置垫层，以利于面板的稳定与平整。对于面板的形式、厚度、垫层结构、围堰下游坡度、堰脚保护形式和范围以及围堰的整体稳定性能，可以参考类似工程的经验，并结合工程的具体情况进行相关的设计与计算，必要时应进行模型试验。

现浇混凝土护面板的施工应采取错缝、跳仓的方法，施工顺序应从下游面坡脚向堰顶进行。预制混凝土护面板可以提前制作，以缩短工期，其施工制作、安装也较方便，并可以重复利用。

20 世纪 50 年代以来，混凝土护面板有逐渐变薄的趋势。一般情况下，混凝土护面板的厚度取 0.4～2.5m，边长取 2.5～8.0m，目前在大流速、大单宽流量下多采用这种护面形式，如天生桥一级水电站上游过水围堰、江西上犹江水电站过水围堰、湖北堵河黄龙滩水电站上游过水土石围堰、湖北清江水布垭水电站上游过水土石围堰等。

工程实践中，根据护面结构及消能方式的不同，这种围堰又可分为四种具体应用形式：①混凝土溢流面板与堰后混凝土挡墙相接的陡槽式，如江西省上犹江水电站过水围堰，如图 1－5 所示；②堰后用护底的顺坡式，如柘溪工程过水土石围堰，如图 1－6 所示；③坡面挑流平台式，如我国七里泷工程和非洲莫桑比克的卡博拉巴萨（Cabora Bassa）工程的过水土石围堰，如图 1－7 所示；④混凝土楔形板式，如图 1－8 所示。每种应用形式的结构特点、优缺点、适用条件、施工方法及应用情况等，可参考相关资料。

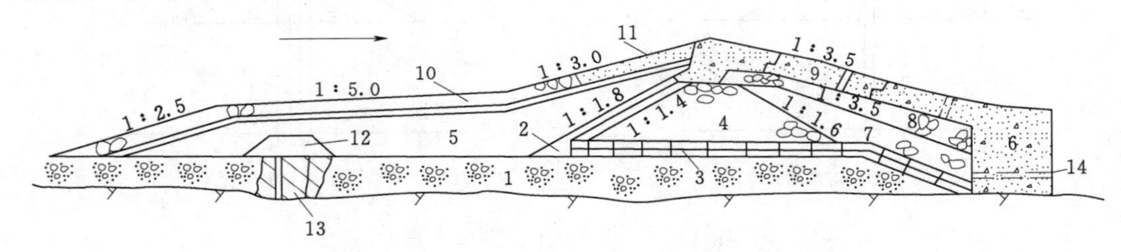

图 1－5　江西省上犹江水电站的过水围堰

1—砂砾地基；2—反滤层；3—柴排护底；4—堆石体；5—黏土防渗斜墙；6—毛石混凝土挡墙；7—回填块石；8—干砌块石；9—混凝土溢流面板；10—块石护面；11—混凝土护面；12—黏土顶盖；13—水泥灌浆；14—排水孔

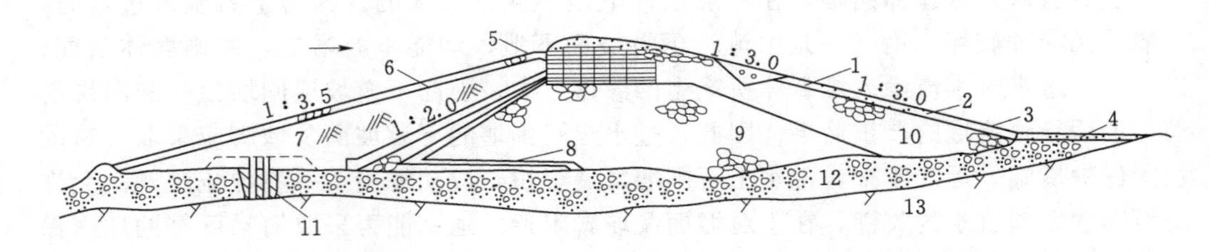

图 1－6　柘溪工程过水土石围堰

1—混凝土溢流面板；2—钢筋骨架铅丝笼护面；3—竹笼护面；4—竹笼护底；5—木笼；6—块石护面；7—黏土斜墙；8—过渡带；9—水下抛石；10—回填块石；11—帷幕灌浆；12—覆盖层；13—基岩

（2）大块石护面过水土石围堰。大块石护面过水土石围堰是一种比较古老的围堰形式，我国在小型水利工程中采用较为普遍，作为大型水利水电工程的过水围堰国内

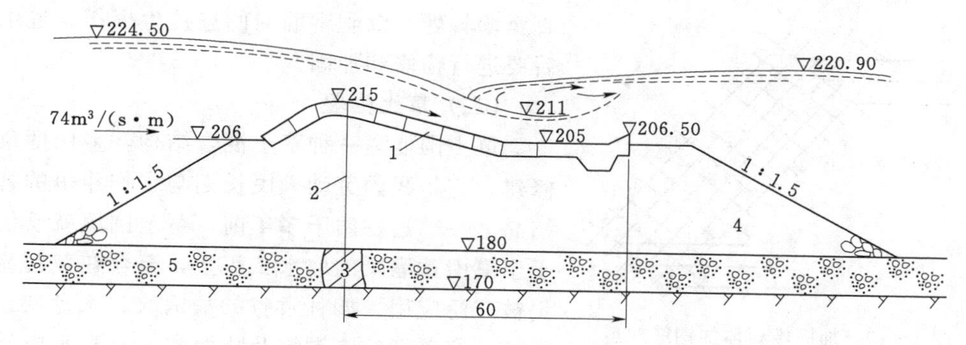

图 1-7　卡博拉巴萨工程的过水土石围堰（单位：m）
1—混凝土溢流面板；2—钢板桩；3—灌浆；4—抛石体；5—覆盖层

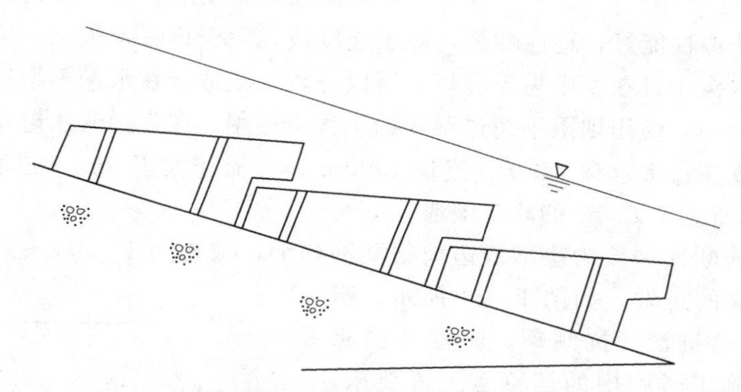

图 1-8　混凝土楔形板式过水土石围堰的下游坡面结构

很少采用。这种堰型用大块石作为土石围堰下游坡面及堰顶的护面材料来满足堰顶溢流条件，适用于坡面溢流流速不大的情况。

（3）加筋过水土石围堰。加筋过水土石围堰是在围堰的下游坡面上铺设钢筋网，防止坡面块石被冲走，并在下游部位的堰体内埋设水平向主锚筋以防下游坡连同堰顶一起滑动，如图 1-9 所示。下游面采用钢筋网护面，可使护面块石的尺寸减小，下游坡坡角加大，其造价低于混凝土板护面过水土石围堰。20 世纪 50 年代以来，国内外已成功地修建了 20 多座加筋过水土石围堰。特别是堆石坝采用钢筋网和锚筋加固溢流面较好地解决了施工度汛过水问题，为解决好土石围堰过水提供了新的思路。钢筋网及水平向主钢筋的构造如图 1-10 所示，其施工方法、受力分析等，可参考有关资料。

需要特别注意的是：①加筋过水土石围堰的钢筋网应保证质量，不然过水时随水挟带的石块会切断钢筋网，使土石料被水流淘刷成坑，造成塌陷，导致溃口等严重事故；②过水时堰身与两岸接头处的水流比较集中，钢筋网与两岸的连接应牢固可靠，一般需回填混凝土

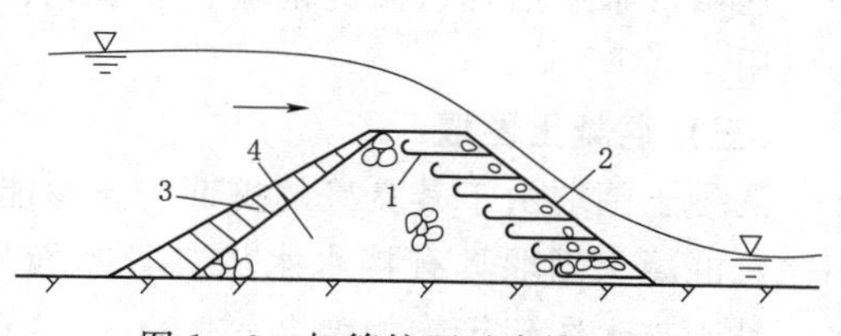

图 1-9　加筋护面过水堆石围堰
1—水平向主筋；2—钢筋网；3—防渗体；4—堆石体

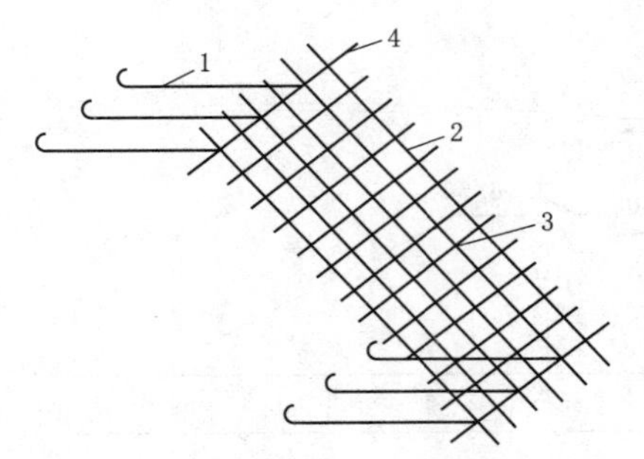

图 1-10　加固堆石体的钢筋构造
1—水平向主锚筋；2—纵向主筋；
3—横向构造筋；4—横向加强筋

直至堰脚处，以利钢筋网的连接生根；③过水以后要进行检修和加固。

（二）草土围堰

草土围堰是一种草土混合结构，多用捆草法修建。它是我国劳动人民长期与水作斗争的智慧结晶之一。远在两千多年前，草土围堰就已使用于宁夏引黄灌渠的取水工程上，至今在黄河流域仍被广泛应用。如甘肃省的盐锅峡、八盘峡、刘家峡，宁夏区的青铜峡及陕西省的石泉水电站等都先后应用过草土围堰。

草土围堰具有就地取材，结构简单，施工方便，造价低，防渗性能好，适应性强，施工速度快，便于拆除等优点。但这种围堰不能承受较大的水头，且在水中易于腐烂，所以一般比较适合在水深不超过 6～8m，流速不超过 3～5m/s，使用期限不超过两年的工程中使用。在青铜峡水电站施工中，只用 40d 时间，就在最大水深 7.8m、流量 1900m^3/s、流速大于 3m/s 的条件下，建成长 580m、工程量达 7 万 m^3 的草土围堰。

草土围堰的断面一般为矩形或边坡很陡的梯形，坡比为 1∶0.2～1∶0.3，是在施工中自然形成的边坡，如图 1-11 所示。断面尺寸除应满足抗滑、抗倾覆、防渗等要求外，还须考虑施工过程中的运草运土等要求。根据实践经验，草土围堰的宽高比，在岩基河床上为 2～3，在软基河床上为 4～5。堰顶超高通常采用 1.5～2.0m。

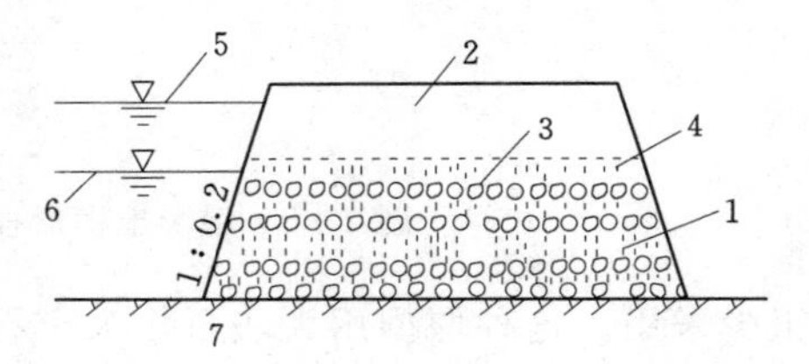

图 1-11　草土围堰
1—水下堰体；2—水上加高部分；3—草捆；
4—散草铺土层；5—设计挡水位；
6—施工水位；7—河床

草土围堰的施工，由压草、铺散草、铺土等主要施工过程所组成。具体施工方法可参考相关资料与案例。

草土围堰还有袋装土式，即用袋子装土修建围堰，其基本断面为梯形，由袋装土叠放而成。土袋一种是用草编制而成的，另一种是用聚丙烯编织布缝制而成的。袋装土围堰就是用这种具有一定规格的草袋或编织袋作为软体模板，用泥浆泵充填砂性土，经过泌水密实而成的土方工程。该种围堰具有整体性好，稳定性强，机械化施工快速，地基适应性广，并能抵抗一定风浪的优点，比较适用于工期较短或临时性工程。在城市水系治理、河堤抢险、水景观、生态水利建设等中小型水利工程施工中多有应用。

资源 1-3-2 三峡工程三期上游碾压混凝土围堰

（三）混凝土围堰

混凝土围堰由于其良好的抗冲与防渗能力，获得了比较广泛的应用。与土石围堰相比，混凝土围堰具有挡水水头高，断面尺寸与工程量相对较小，必要时还可以过水，易于与永久建筑物相结合等优点。

混凝土围堰按结构型式与受力特点可分为拱形和重力式两种主要类型。国内外多采用拱形混凝土围堰作横向围堰（如浙江的紧水滩、贵州的乌江渡、云南的大朝山、湖南的凤滩、湖北的隔河岩等水利工程），而纵向围堰一般都采用重力式混凝土围堰（如三门峡、丹江口等水利工程）。但也有两种形式相结合应用的案例，如西班牙的维勒工程，在堆石体上修建重力式拱形围堰。一般情况下，堰顶处宽高比 $L/H \leqslant 3.0$ 时（L 为堰顶河谷宽度，H 为最大堰高），适宜于拱形围堰；L/H 为 3.0～4.0 时，适宜于重力式拱形围堰；$L/H \geqslant 4.0$ 时，适宜采用重力式围堰。

就筑堰材料而言，近年来，碾压混凝土（RCC）围堰获得了广泛应用，较常态混凝土其具有施工速度快、造价低、过水时安全性高等优点。实践中，在可能的条件下应优先选用 RCC 围堰。当筑堰坝址的河谷狭窄且地质条件良好时，可采用 RCC 拱围堰作为横向围堰，如广西岩滩上下游 RCC 拱围堰（高 52.3m）、湖北清江隔河岩上游过水 RCC 拱围堰（高 40m）；而 RCC 重力式围堰对地基有着更为广泛的适用性，如广西龙滩 RCC 重力式围堰（高 87.6m，如图 1－12 所示）、三峡工程三期上游 RCC 重力式围堰（高 121m，如图 1－13 所示），并且施工期仅为 4 个月，具有世界先进水平，福建水口的纵向导墙也应用了 RCC。

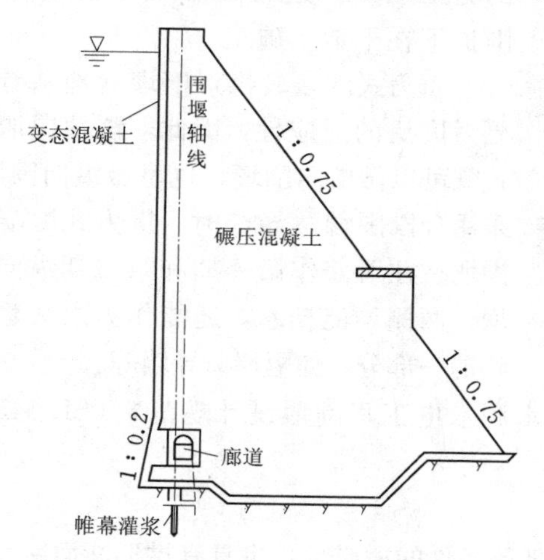

图 1－12　龙滩上游 RCC 重力式围堰剖面图

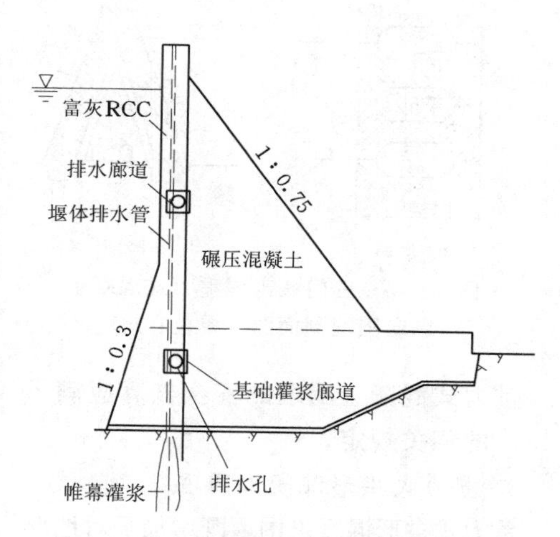

图 1－13　三峡工程三期上游 RCC 重力式围堰剖面图

1. 拱形混凝土围堰

拱形混凝土围堰如图 1－14 所示，由于其利用了混凝土抗压强度较高的特点，相比重力式围堰，具有断面较小、可节省混凝土工程量的优点。但其对地形和地质条件的要求与拱坝相类似，一般适用于两岸陡峻、地基岩石坚硬完整的山区河流。作为临时的挡水建筑物，常与隧洞导流或者辅以允许基坑淹没为导流方案。

围堰的拱座通常设在枯水位以上。对围堰的基础处理，当河床的覆盖层较薄时，常进行水下清基，若覆盖层较厚，可灌注水泥浆防渗加固。堰体基础部位的混凝土浇筑往往需要进行水下施工，具有比较高的施工难度。

混凝土拱围堰的稳定安全系数及应力控制指标可分别按照《混凝土拱坝设计规范》（SL 282—2018）和《砌石坝设计规范》（SL 25—2006）的有关规定选取。

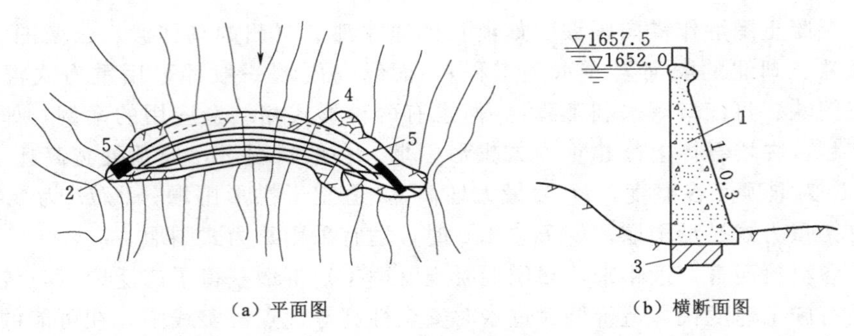

(a) 平面图　　(b) 横断面图

图 1-14 甘肃刘家峡水电站上游拱形混凝土围堰（高程：m）

1—拱身；2—拱座；3—帷幕灌浆；4—溢流段；5—非溢流段

2. 重力式混凝土围堰

重力式混凝土围堰的断面形式与非溢流重力坝类似，有实体式，也可做成空心式，如图 1-15 所示。为了保证混凝土的施工质量，通常需在低水土石围堰围护下在干地上施工。

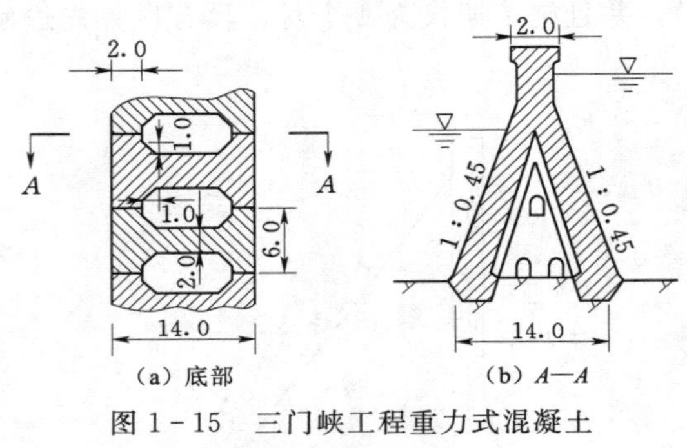

(a) 底部　　(b) A—A

图 1-15 三门峡工程重力式混凝土纵向围堰剖面图（单位：m）

重力式围堰较拱形围堰对地基有着更为广泛的适应性，因此，该种围堰形式既可以做横向围堰，也可做纵向围堰。采用分段围堰法导流时，重力式混凝土围堰往往可兼作第一期和第二期纵向围堰，两侧均能挡水，还能作为永久建筑物的一部分，如隔墙、导墙等。

重力式混凝土围堰的安全核算应满足《水利水电工程围堰设计规范》（SL 645—2013）的相关规定。

3. 重力式拱形混凝土围堰

重力式拱形混凝土围堰既增加了对地形与地质条件的适应性，也具有拱形断面减少工程量的优势，在一些分期导流中常有应用。以西班牙维勒工程为例，如图 1-16 所示，像这种在堆石体上修建的重力式拱形围堰，通常是从岸边沿围堰轴线向水中抛填砂砾石或石渣进占，出水后进行灌浆，使抛填的砂砾石体或石渣体固结形成整体，并使灌浆帷幕穿透覆盖层直至基岩；然后在砂砾石体或石渣体上浇筑重力式拱形混凝土围堰。

（四）钢板桩格型围堰

钢板桩格型围堰是由一系列彼此相连的格体构成的，是重力式挡水建筑物。格体是由许多钢板桩通过锁口互相连接而拼成框架，其内部用土石料充填构成的联合体结构。按格体的平面形状，可分为圆筒形格体、扇形格体及花瓣形格体等，如图 1-17 所示。这些格体形式适用于不同挡水高度，应用较多的是圆筒形格体。

钢板桩格型围堰具有坚固、抗冲、抗渗、边坡垂直、断面小、占地少、便于机械化施工、钢板桩的回收率高（可达 70%以上）、安全可靠等优点，适用于岩基和不含大量孤石及漂砾的软基，束窄度大的河床作为纵向围堰。其最大挡水水头不宜大于

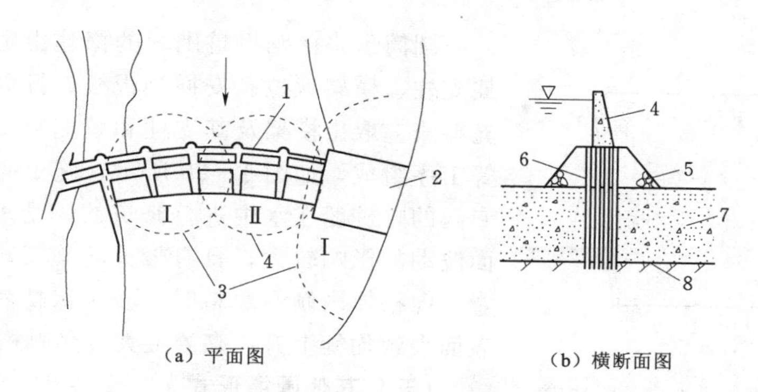

（a）平面图　　（b）横断面图

图 1-16 维勒工程的重力式拱形混凝土围堰

1—主体建筑物；2—水电站；3——期混凝土围堰；4—二期混凝土围堰；5—抛石体；6—帷幕灌浆；7—覆盖层；8—基岩

30m；对于细砂砾石层地基，可用打入式钢板桩围堰，但其最大水头不宜大于 20m。

这种围堰形式，由于需要大量的钢材，且施工技术要求高，在国外一些大、中型水利水电工程中应用得比较广泛。如美国田纳西河流域梯级开发工程中有 14 个工程采用过钢板桩格型围堰。我国目前仅用于大型水利工程中。长江葛洲坝工程应用圆筒形格体钢板桩围堰作为纵向围堰的一部分。

圆筒形格体钢板桩围堰（图 1-18）由"一"字形钢板桩拼装而成，由一系列圆筒形主格体和联弧段所构成，格体内填充透水性较强的填料（如砂、砂卵石或石渣等）。一般适用的挡水高度不超过 18m，也可作过水围堰应用。但其不是一个刚性体，而是一个柔性结构，格体挡水时允许产生一定幅度的变位，如图 1-19 所示。提高圆筒内填料自身的抗剪强度及填料与钢板间的抗滑能力，有助于提高抗剪稳定性。

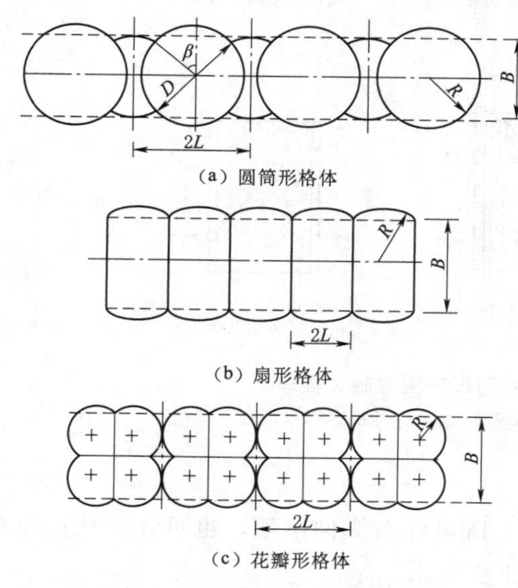

（a）圆筒形格体

（b）扇形格体

（c）花瓣形格体

图 1-17 钢板桩格型围堰平面形状

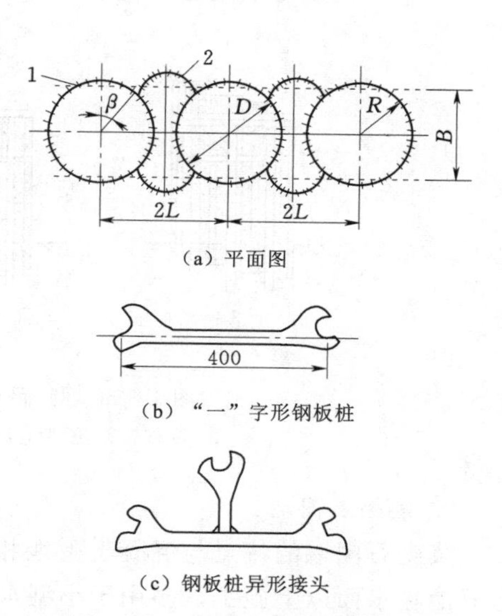

（a）平面图

（b）"一"字形钢板桩

（c）钢板桩异形接头

图 1-18 圆筒形格体钢板桩围堰

1—主格体；2—联弧段

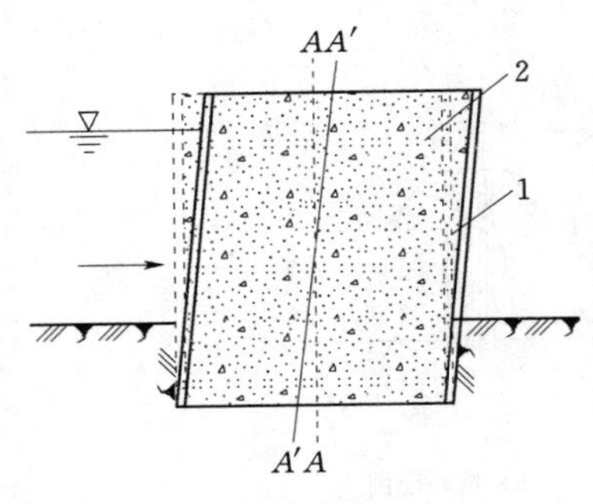

图 1-19　格体挡水时变位示意
1—钢板桩；2—填料

圆筒形格体钢板桩围堰的修建由定位、打设模架支柱、模架就位、安插钢板桩、打设钢板桩、填充料渣、取出模架及其支柱和填充料渣到设计高度等工序组成，如图 1-20 所示。施工时一般是利用专门的打桩船在水中进行修筑的，受水位变化和水面波动的影响较大，具有较大的施工难度。应当注意，向格体内倾注填料时，必须保持各格体的填料表面大致均衡上升，高差太大会影响格体变形。

（五）其他围堰形式

1. 桩膜围堰

资源 1-3-3
桩膜围堰

桩膜围堰是以立桩及立桩背面斜撑为支撑保证稳定性，以铺板挡水，以防渗膜布防渗的新型围堰技术。它适用于水流平缓、水深较浅（3m 以下）的河流或湖泊的疏浚清淤治理等工程；其具有施工简单、用料经济、拆除方便、侵占过水断面小、可重复使用、环保等特点；桩膜围堰的组成、施工与拆除工艺参见数字资源。

资源 1-3-4
桩膜围堰的
组成、施工
与拆除工艺

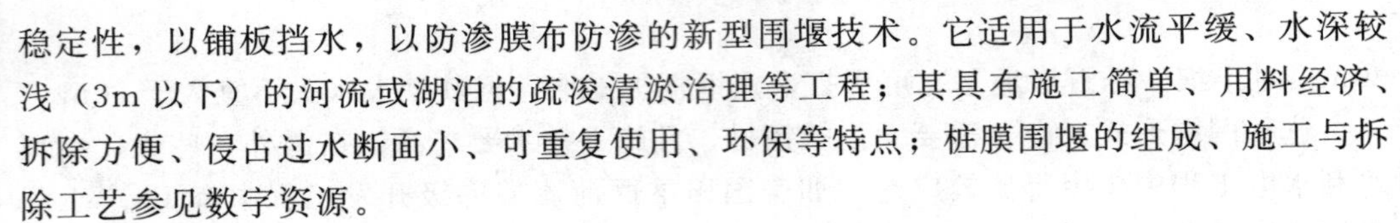

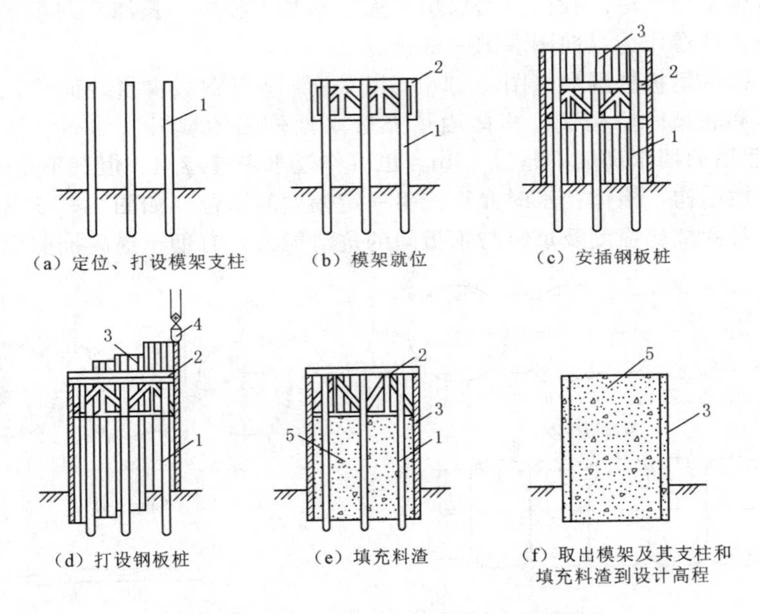

图 1-20　圆筒形格体钢板桩围堰施工程序
1—支柱；2—模架；3—钢板桩；4—打桩机；5—填料

2. 浆砌石围堰

浆砌石围堰的特点与混凝土围堰相似，既可作为纵向围堰，也可作为横向围堰，但只能在水面以上施工，多用于小型水利工程施工。

3. 钢筋石笼护面过水土石围堰

这种堰型是用钢筋石笼作为土石围堰下游坡及堰顶的护面材料来满足堰顶溢流条

件的，钢筋石笼可在坡面上叠加铺设，也可在坡面上平铺，适用于大块石不多且坡面流速不太大的情况。

4. 框格填石围堰

框格填石围堰一般用圆木或钢筋混凝土柱叠搭并填入石料而成。木框格可在水下水上施工，消耗木材多，适用于盛产木材的地区。混凝土框格一般只能在水上施工，消耗钢筋较多。但两者都具有结构简单、施工快、拆除容易，可过水、抗冲能力强，且能重复利用等优点。

三、围堰的布置

（一）围堰的平面布置

围堰的平面布置是一个很重要的课题，如果平面布置不当，围护基坑的面积过大，会增加排水设备容量；过小，会妨碍主体工程施工，影响工期；更有甚者，会造成水流宣泄不顺畅而冲刷围堰及其基础，影响主体工程施工安全。

围堰的平面布置主要包括堰内基坑范围的确定和围堰轮廓的布置，如图 1-21 所示。

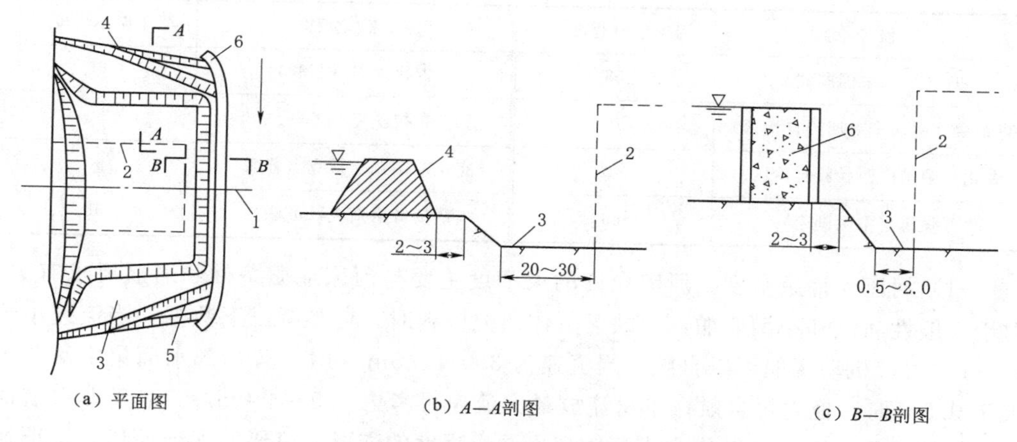

图 1-21　围堰布置与基坑范围示意（单位：m）

1—主体工程轴线；2—主体工程轮廓；3—基坑；4—上游横向围堰；5—下游横向围堰；6—纵向围堰

1. 围堰内基坑范围的确定

资源 1-3-5 三峡三期工程上游碾压混凝土围堰与大坝的位置关系

当采用全段围堰法导流时，基坑是由上、下游横向围堰和两岸围成的。当采用分段围堰法导流时，围护基坑的还有纵向围堰。在上述两种情况下，上、下游横向围堰的布置都取决于主体工程的轮廓；通常，基坑坡趾离主体工程轮廓的距离一般为 20～30m，以便布置排水设施、交通运输道路及堆放材料和模板等，如图 1-21（b）所示。至于基坑开挖边坡的大小，则与地质条件有关。

当纵向围堰不作为永久建筑物的一部分时，纵向基坑坡趾离主体工程轮廓的距离一般不大于 2.0m，以供布置排水系统和堆放模板。如果无此要求，只需留 0.5m 左右即可，如图 1-21（c）所示。

此外，布置围堰时，应尽量利用有利地形，以减少围堰的高度与长度，从而减少围堰的工程量。同时，还应结合泄水建筑物的布置来考虑围堰的布置，以保证围堰不被冲刷。一些重要的大中型水利工程的围堰平面布置，要结合导流方案的选择，通过水工模型试验的验证来确定。

2. 分期导流纵向围堰布置

采用分段围堰法导流时，纵向围堰布置与施工是关键问题。选择纵向围堰位置，也就是确定适宜的河床束窄程度。所谓束窄度就是天然河流过水面积被围堰束窄的程度，一般河床束窄程度可用下式表示

$$K=\frac{A_2}{A_1}\times 100\% \tag{1-1}$$

式中：K 为河床束窄程度，简称束窄度，%；A_1为原河床的过水断面面积，m^2；A_2为围堰和基坑所占的过水断面面积，m^2。

按现行规范要求，一期围堰对河床的束窄程度可控制在40%～60%，而国内外一些实际工程的 K 值取用范围为40%～70%，见表1-1。

表1-1　一些工程河床束窄程度值

工程名称	河床束窄程度/%	工程名称	河床束窄程度/%
丹江口（中国湖北）	58	古比雪夫（苏联）	60
青铜峡（中国宁夏回族自治区）	70	布拉茨克（苏联）	65
大化（中国广西壮族自治区）	40	克拉斯诺亚尔斯克（苏联）	50
五强溪（中国湖南）	66	萨扬舒申斯克（苏联）	58

(1) 河床允许束窄度。河床允许的束窄度主要与河床地质条件和通航要求有关。对于一般性河流和小型船舶，当缺乏具体研究资料时，可参考以下数据：当流速小于2.0m/s时，机动木船可以自航；当流速为3.0～3.5m/s时，且局部水面集中落差不大于0.5m时，拖轮可自航；木材流放最大流速可考虑3.5～4.0m/s。对于非通航河道，如河床易冲刷，一般均允许河床产生一定程度的变形，只要能保证河岸、围堰堰体和基础免受淘刷即可。束窄流速通常可允许达到3m/s左右。岩石河床允许束窄度主要视岩石的抗冲流速而定。

围堰束窄河床后，水流形态发生改变，在围堰上游会产生水位壅高，如图1-22所示。其壅水高度 z 值可采用近似公式［式（1-2）］试算。

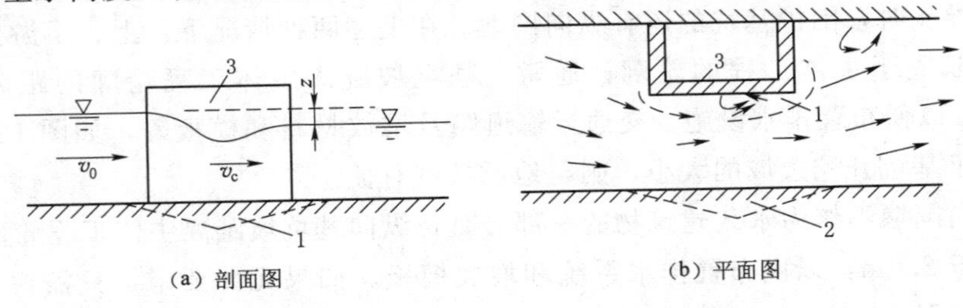

图1-22　分段围堰束窄河床水力计算简图

1、2—冲刷地段；3—围堰

$$z=\frac{v_c^2}{2g\varphi^2}-\frac{v_0^2}{2g} \tag{1-2}$$

式中：z 为水位壅高，m；v_0 为行近流速，m/s；g 为重力加速度，取 9.81m/s^2；v_c 为束窄河床平均流速，m/s；φ 为流速系数，与围堰的平面布置形式有关，见表 1-2。

表 1-2　　**不同围堰平面布置的 φ 值**

布置形式	矩形	梯形	梯形且有导水墙	梯形且有上导水坝	梯形且有顺流丁坝
布置简图					
φ	0.75～0.85	0.80～0.85	0.85～0.90	0.70～0.80	0.80～0.85

（2）束窄河床段的平均流速。

$$v_c=\frac{Q}{\varepsilon(A_1-A_2)} \tag{1-3}$$

式中：v_c 为束窄河床平均流速，m/s；Q 为导流设计流量，m^3/s；ε 为侧收缩系数，一侧收缩时采用 0.95，两侧收缩时采用 0.90；A_1、A_2 符号意义同式（1-1）。

（3）施工强度均衡要求。纵向围堰位置的布置应使各期基坑中的施工强度尽量均衡。一期工程施工强度可以比二期低一些，但不宜相差太大。如有可能，分期分段数应尽量少一些。导流布置应满足总工期的要求。

（4）导流过水要求。进行一期导流布置时，不但要考虑束窄河道的过流条件，还要考虑二期截流与导流的要求。主要应解决好两个问题：一是一期基坑中要留足空间用以布置二期导流的泄水建筑物；二是由一期转入二期施工时的截流落差不能太大。

（5）地形地质条件。河心洲、浅滩、小岛、岩基露头等都是可供布置纵向围堰的有利条件，这些部位便于施工，工程量省并有利于防冲保护。例如，三门峡工程曾巧妙地利用了河道内的几个礁岛布置纵、横围堰，如图 1-23 所示。葛洲坝工程施工初期，也曾利用江心洲（葛洲坝）作为天然的纵向围堰。三峡工程则利用江心洲（中堡岛）作为纵向围堰的一部分。

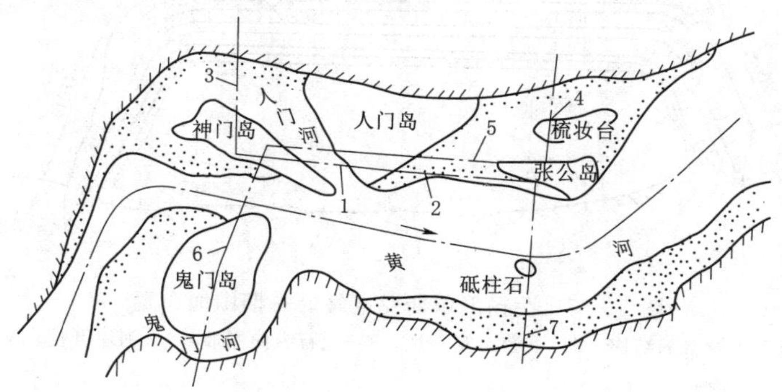

图 1-23　三门峡工程的围堰布置

1、2—一期纵向低水围堰；3—一期上游横向高水围堰；4—一期下游横向高水围堰；5—纵向混凝土围堰；6—二期上游横向围堰；7—二期下游横向围堰

(6) 枢纽工程布置。应尽可能利用厂、坝、闸等建筑物之间的永久导墙作为纵向围堰的一部分。例如，葛洲坝工程就是利用厂闸间导墙，三峡、三门峡、丹江口工程则利用厂坝间导墙，作为二期纵向围堰的一部分。

(7) 纵向围堰的平面布置形状。以上几个方面仅仅是选择纵向围堰位置时应该考虑的主要问题。如果天然河道呈对称形状，没有明显的有利地形地质条件可供利用，可以通过经济比较方法选定纵向围堰的适宜位置，使一、二期总的导流费用最小。

分段围堰法导流时，上、下游横向围堰一般不与河床中心线垂直，如图 1-21 (a) 所示，其平面布置常呈梯形，既可保证水流顺畅，同时也便于运输道路的布置和衔接。当采用全段围堰法导流时，上、下游围堰一般不存在突出的绕流问题，为了减少工程量，围堰多与主河道垂直。

常用的纵向围堰的平面布置形状如图 1-24 和图 1-25 所示。

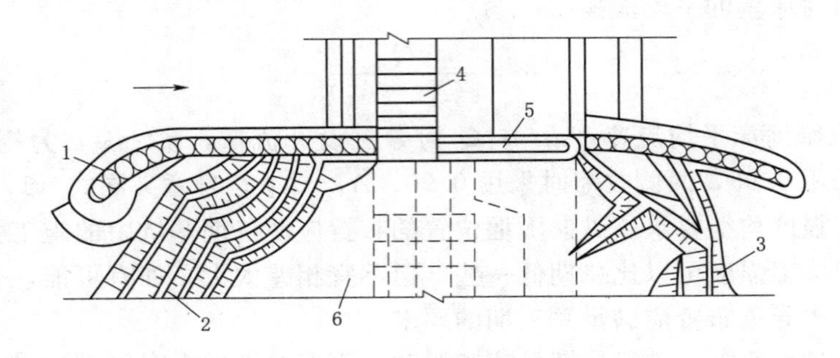

图 1-24 葛洲坝工程二期纵向围堰布置

1—钢板桩格型围堰；2—二期上游横向土石围堰；3—二期下游游横向土石围堰；4—泄水闸；5—厂闸间的混凝土导墙；6—二期基坑

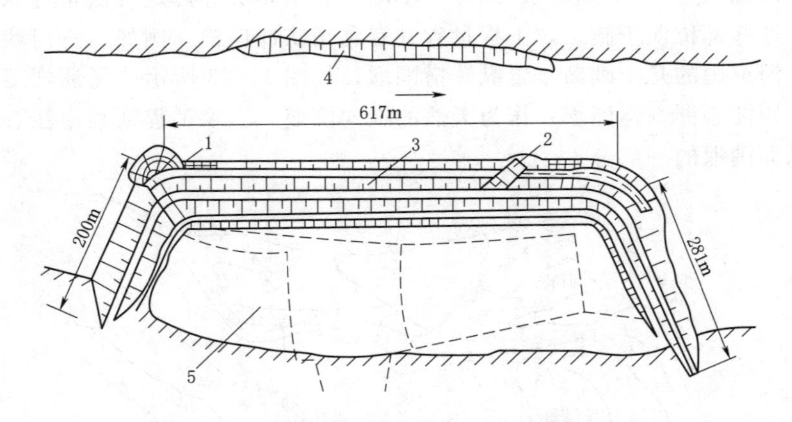

图 1-25 萨扬舒申斯克电站的一期围堰布置

1—上游挑流丁坝及首部结构；2—下游木笼丁坝；3—土石纵向围堰；4—河岸开挖；5—一期基坑

(二) 堰顶高程确定

堰顶高程的确定，取决于导流设计流量及围堰的工作条件。

下游围堰的堰顶高程可按式 (1-4) 计算：

$$H_d=h_d+h_a+\delta \tag{1-4}$$

式中：H_d 为下游围堰堰顶高程，m；h_d为下游水位，m；可以直接由原河道的水位-流量关系曲线中查得；h_a为波浪爬高，m，可参照《水工建筑物荷载设计规范》（SL 744—2016）计算，一般情况可以不计，但应适当增加安全超高 δ；δ 为围堰的安全超高，m，对于不过水围堰可按表 1-3 确定，对于过水围堰可取 0.2～0.5m。

表 1-3　　不过水围堰堰顶安全超高下限值　　单位：m

围堰形式	围堰级别	
	Ⅲ	Ⅳ～Ⅴ
土石围堰	0.7	0.5
混凝土围堰	0.4	0.3

上游围堰的堰顶高程由式（1-5）确定：

$$H_u=h_d+h_a+\delta+z \tag{1-5}$$

式中：H_u 为上游围堰堰顶高程，m；z 为上下游水位差，m；其余符号意义同式（1-4）。

必须指出，当围堰要拦蓄一部分水流时，则堰顶高程应通过水库调洪计算来确定。

纵向围堰的堰顶高程，要与束窄河段宣泄导流设计流量时的水面曲线相适应。因此，纵向围堰的顶面往往做成阶梯形或倾斜状，其上游部分与上游围堰同高，下游部分与下游围堰同高。

四、围堰的防渗、接头处理及防冲

（一）围堰的防渗

围堰防渗的基本要求和一般挡水建筑物无大差异，主要区别在于施工条件和技术要求不同。前面已提到土石围堰的防渗一般采用斜墙、斜墙接水平铺盖、垂直防渗墙或灌浆帷幕等措施。围堰一般需在水中修筑，因此如何保证斜墙和水平铺盖的水下施工质量是一个关键课题。但只要施工方法得当，施工质量是能够保证的。如柘溪水电站土石围堰的斜墙和铺盖是在 10～20m 深水中，用人工手铲抛填的方法施工的。施工时注意了滑坡、颗粒分离及坡面平整等的控制。抛填 3 个月后经取样试验，填土密实度均匀，防渗性能良好，干容重均在 1.45t/m^3 以上，无显著分层沉积现象，土坡稳定。上部坡高 8～9m 范围内，坡度为 1∶2.5～1∶3.0；下部坡度较平，一般均在 1∶4.0 以上。

（二）围堰的接头处理

围堰的接头是指围堰与围堰、围堰与其他建筑物及围堰与岸坡等的连接。围堰的接头处理与其他水工建筑物接头处理的要求并无多大区别，所不同的仅在于围堰是临时建筑物，使用期不长，因此接头处理措施可适当简便。如混凝土纵向围堰与土石横向围堰的接头，一般采用刺墙形式，如图 1-26 所示，以增加绕流渗径，防止引起有害的集中渗漏。为降低造价，使施工和拆除方便，在基础部位可用混凝土刺墙，上接双层 2.5cm 厚木板，中夹两层沥青油膏及一层油毛毡的木板刺墙。木板刺墙与混凝土纵向围堰的连接处设厚 2mm 的白铁片止水。木板刺墙与混凝土刺墙的接触处则用

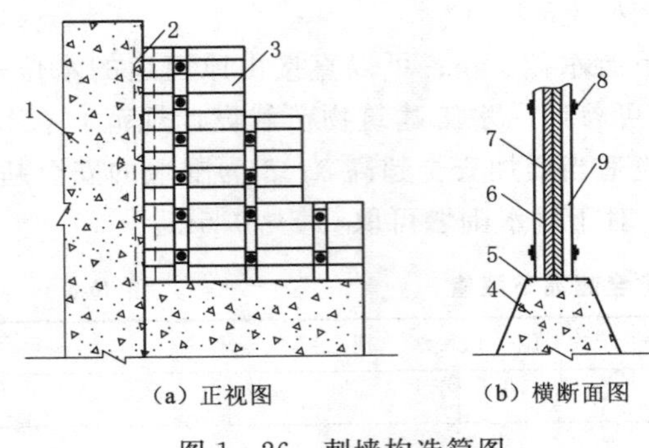

图 1-26　刺墙构造简图

1—混凝土纵向围堰；2—白铁皮止水；3—木板刺墙；4—混凝土刺墙；5——一层油毛毡和两层沥青麻布；6—两层沥青油膏及一层油毛毡；7—木板；8—螺栓；9—木围令

一层油毛毡和两层沥青麻布防渗。

（三）围堰的防冲

1. 围堰遭受冲刷的原因分析

围堰遭受冲刷在很大程度上与其平面布置有关。尤其在分段围堰法导流时，水流进入围堰区受到束窄，流出围堰区又突然扩散，这样就不可避免地在河底引起动水压力的重新分布，流态发生急剧改变。此时在围堰的上下游转角处会产生很大的局部压力差，局部流速显著增高，形成螺旋状的底层涡流，流速方向自下而上，从而淘刷堰脚及地基基础。为了避免由局部淘刷而导致溃堰的严重后果，必须采取堰脚及护底措施。

2. 围堰防冲措施

（1）抛石护脚。抛石护脚就是用抛投石料的措施来保护堰脚及其基础的局部免受水流的冲刷。该法施工简便，但当使用期较长，抛石会随着堰脚及其基础的淘刷而下沉，需要定期补充抛石，因此所需费用较大。

围堰护脚的范围及抛石尺寸的计算目前还没有成熟的方法，实践中主要通过水工模型试验确定。抛石护脚的范围取决于可能产生冲坑的大小。护脚的长度大约为围堰纵向段长度的 1/2 即可。根据新安江、富春江等工程的经验，纵向围堰外侧防冲护底的长度可取局部冲刷计算深度的 2～3 倍。

（2）柴排护脚。柴排护脚的整体性、柔韧性、抗冲性都较好。丹江口工程一期土石纵向围堰的基础防冲采用柴排保护，经受了近 5m/s 流速的考验，效果较好。但是柴排需要大量柴筋，拆除较为困难。沉排时要求流速不超过 1m/s，并需要人工配合专用船施工，多用于中小型工程。

（3）钢筋混凝土柔性排护脚。单块混凝土板容易失稳而使整个护脚遭受破坏，因此，可将混凝土板块用钢筋串接成柔性排。当堰脚范围外侧的地基覆盖层被冲刷后，混凝土板块组成的柔性排可逐步随覆盖层冲刷而下沉，进而将堰脚覆盖层封闭，防止堰基进一步被淘刷。如葛洲坝工程一期土石纵向围堰曾采用这种钢筋混凝土柔性排护脚。

五、围堰的拆除

围堰是临时挡水建筑物，导流任务完成以后，应按设计要求进行拆除，以免影响永久建筑物的施工与运行。

例如，在采用分段围堰法导流时，第一期横向围堰的拆除如果不合要求，势必会增加上、下游水位差，从而增加截流工作的难度，增加截流料物的重量及数量。这类经验教训在国内外都不少，如苏联的伏尔谢水电站截流时，上下游总水位差是 1.88m，其中由于引渠和围堰没有拆除干净，造成的水位差就有 1.73m。如果下游横向围堰拆除不干净，会抬高尾水位，影响水轮机的利用水头，富春江水电站曾受此影响，降低了水轮机出力，造成不应有的损失。

土石围堰相对来说断面较大，拆除工作一般是在运行期限的最后一个汛期过后，随着上游水位的逐渐下降，从围堰的背水坡开始分层拆除下游坡面及水上部分，如图1-27所示。但必须保证依次拆除后所残留的断面能继续挡水和维持稳定，以免发生安全事故，使基坑过早淹没，影响施工。土石围堰的拆除一般可采用挖土机或爆破等方法。

草土围堰的拆除比较容易，一般水上部分用人工拆除、水下部分可在堰体挖一缺口，让其过水冲毁或用爆破法炸除。钢板桩格型围堰的拆除，首先要用抓斗或吸石器将填料清除，然后用拔桩机起拔钢板桩。混凝土围堰的拆除，一般只能用爆破法炸除，但应注意，必须使主体建筑物或其他设施不受爆破危害。

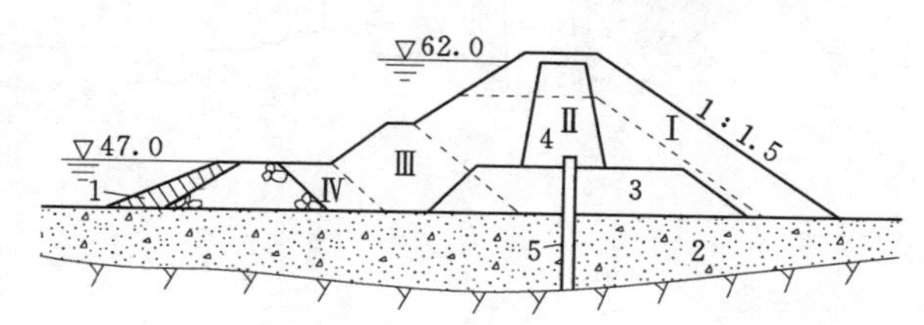

图1-27　葛洲坝工程一期土石围堰拆除示意（高程：m）
1—黏土斜墙；2—覆盖层；3—堆渣；4—心墙；5—防渗墙；
Ⅰ～Ⅳ—拆除顺序

第四节　导流泄水建筑物

知识要求与能力目标：

（1）掌握主要类型泄水建筑物的形式、特点、适用条件；

（2）熟悉主要泄水建筑物的布置方式与要求；

（3）理解主要类型泄水建筑物的关键问题；

（4）能够结合工程实际，正确选择导流泄水建筑物形式，并对影响因素做出分析。

学习内容：

（1）隧洞导流；

（2）明渠导流；

（3）底孔及坝体缺口导流；

（4）涵管导流；

（5）其他导流泄水建筑物。

一、隧洞导流

隧洞导流是在河岸中开挖隧洞，在基坑上下游修筑围堰，使河水改道经由隧洞下泄，如图1-28所示。

资源1-4-1
溪洛渡工程
隧洞导流

1. 隧洞导流的适用条件

隧洞导流适用于山区河流，流量不大，坝址河谷狭窄、两岸地形陡峻、一岸或两岸山岩坚实、地质情况良好的情况。由于隧洞的泄水能力有限，汛期洪水的宣泄通常还需借助其他泄水建筑物，如允许基坑淹没或与其他导流建筑物联合泄流。我国目前断面最大的导流隧洞工程，如亚洲横断面最大的二滩导流隧洞工程（宽×高为

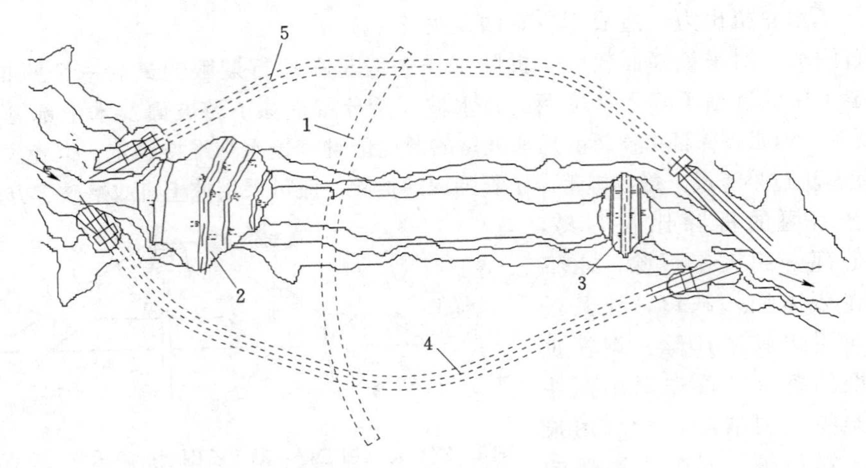

图 1-28　雅砻江二滩水电站隧洞导流

1—混凝土拱坝；2—上游围堰；3—下游围堰；
4—右导流隧洞；5—左导流隧洞

17.5m×23m，两条洞长度分别为 1.03km 和 1.1km，设计流量为 $13500m^3/s$）；导流量最大的金沙江溪洛渡导流隧洞工程（6 条隧洞总长度达 9.39km，标准断面达 18m×20m，设计流量为 $27000m^3/s$）。

工程实践中，为了减少导流费用，导流洞常与永久隧洞相结合。在山区河流上兴建土石坝枢纽，常布置永久泄水隧洞或放空隧洞。因此，土石坝枢纽采用隧洞导流更为普遍，如图 1-29（a）所示。在山区河流上修建混凝土坝，特别是拱坝枢纽时，也常采用隧洞导流，如图 1-29（b）所示。

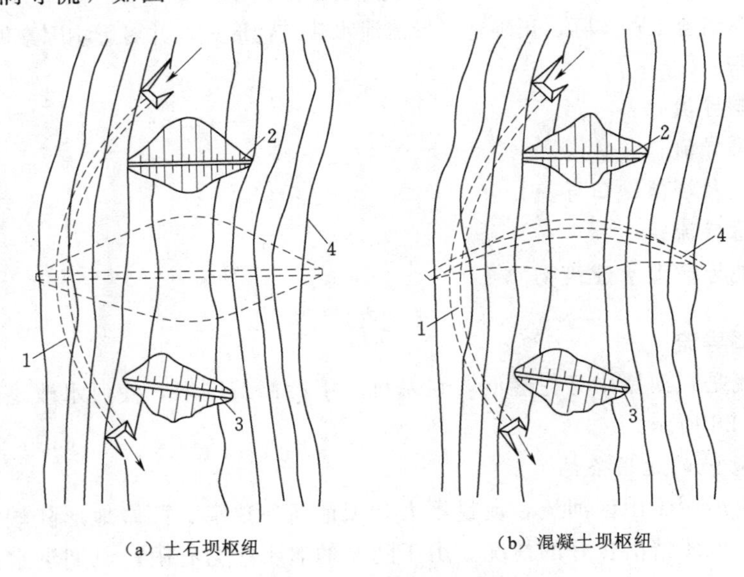

（a）土石坝枢纽　　（b）混凝土坝枢纽

图 1-29　隧洞导流示意

1—导流隧洞；2—上游围堰；3—下游围堰；4—主坝

2. 导流隧洞的布置

导流隧洞的布置分为平面布置和高程布置，决定于地形、地质、枢纽布置以及水流条件等因素，具体要求和水工隧洞相似。但必须指出，为了提高隧道的泄流能力，减小洞径，应注意改善隧洞的过流条件。

(1) 隧洞的平面布置主要指隧洞的路线选择。影响隧洞布置的因素很多，选线时应特别注意地质条件和水力条件，一般可参照以下原则。

1) 应将隧洞布置在完整、新鲜的岩石中，避免洞轴线与岩层、断层、破碎带平行，洞轴线与岩石层面的夹角最好在45°以上，层面倾角也以不小于45°为宜。

2) 隧洞线路尽量顺直，当河岸弯曲时，隧洞宜布置在凸岸。

3) 对于高流速无压隧洞，应尽量避免转弯。有压隧洞和低流速无压隧洞，若必须转弯，则转弯半径应大于5倍洞宽，转弯折角应小于60°。在弯道的上下游应设置直线段过渡，长度应大于5倍洞宽。否则，因离心力作用会产生横波，或因流线折断而产生局部真空，影响隧洞泄流。

4) 隧洞进出口引渠轴线与河床主流流向的交角不宜太大，出口交角宜小于30°，上游进口可酌情放宽。

5) 当需要采用两条以上的导流隧洞时。可将它们布置在一岸或两岸。一岸双线隧洞间的岩壁厚度一般不应小于开挖洞径的2倍。

6) 隧洞进出口距上下游围堰坡脚应有足够的距离，一般要求50m以上，以防隧洞进出口水流冲刷围堰的迎水面。

(2) 隧洞的高程布置主要包括进出口位置和高程的确定。隧洞围岩应有足够的厚度，并与永久性建筑物有足够的施工间距，以避免受到基坑渗水和爆破开挖的影响。施工进洞处顶部岩层厚度通常在1～3倍洞径。进洞位置也可以通过经济技术比较确定。

进出口底部高程应考虑洞内流态、截流、放木等要求。进口高程多由截流控制，出口高程由下游消能控制，洞底按需要设计成缓坡或急坡，避免出现反坡。一般出口底部高程与河床齐平或略高，有利于洞内排水和防止淤积影响。对于有压隧洞，底坡为1‰～3‰者居多，这样有利于施工和排水；无压隧洞的底坡主要取决于过流要求。

3. 导流隧洞断面设计

隧洞的断面形式主要取决于地质条件、设计流态、隧洞工作状况（有压或无压）及施工条件。洞身常用断面形式有圆形、马蹄形、城门洞形，如图1-30所示，圆形多用于有压洞，马蹄形多用于地质条件不良的无压洞，城门洞形有利于截流和施工。

隧洞断面尺寸的大小，取决于设计流量、地质和施工条件，洞径应控制在施工技术和结构安全允许范围内，目前国内单洞断面尺寸多在200m^{2}以下，单洞泄量不超过2500m^3/s。

4. 导流隧洞设计的关键问题与影响因素

在洞身设计中，糙率n值的选择是十分重要的问题，其值大小直接影响过水断面的大小，而衬砌与

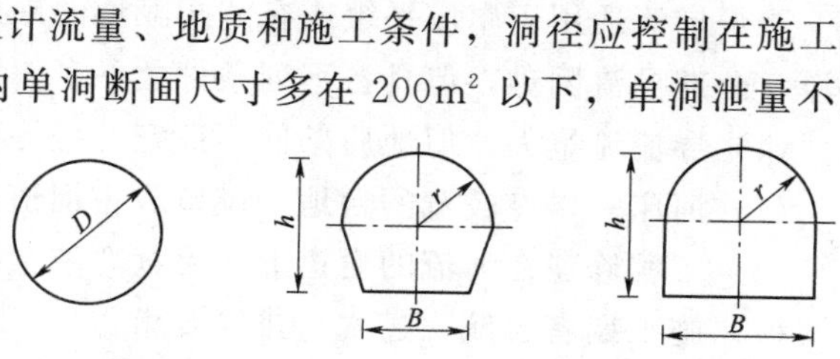

(a) 圆形　(b) 马蹄形　(c) 城门洞形

图1-30　隧洞断面形式

否、衬砌的材料和施工质量、开挖的方法和质量是影响糙率大小的因素。一般混凝土衬砌糙率值为0.014～0.025；不衬砌隧洞的糙率变化较大，光面爆破时为0.025～0.032，一般钻孔爆破时为0.035～0.044。设计时根据具体条件，查阅有关手册，选取设计的糙率值。对重要的导流隧洞工程，应通过水工模型试验验证其糙率的合理性。

导流隧洞设计要考虑后期封堵要求，布置封堵闸门门槽及启闭平台设施。

隧洞是造价比较高昂和施工比较复杂的建筑物。所以，有条件者，导流隧洞应与永久性隧洞相结合，统一布置，统筹进行设计，以节省工程投资（如中国小浪底工程的3条导流隧洞，后期改建为3条孔板消能泄洪洞）。一般高水头枢纽，导流隧洞只可能部分与永久性隧洞相结合，中低水头枢纽则有可能全部相结合。通常永久隧洞的进口高程较高，而导流隧洞的进口高程比较低，此时，可开挖一段较低高程的导流隧洞，使之与永久隧洞在较低高程部位相连，导流任务完成后将导流隧洞进口段封堵，不影响永久隧洞运行。这种布置俗称“龙抬头”。例如我国云南省毛家村水库的导流隧洞就与永久泄洪隧洞结合起来进行布置，如图1-31所示。只有当条件不允许时，才专为导流开挖隧洞，导流任务完成后还需将其封堵。

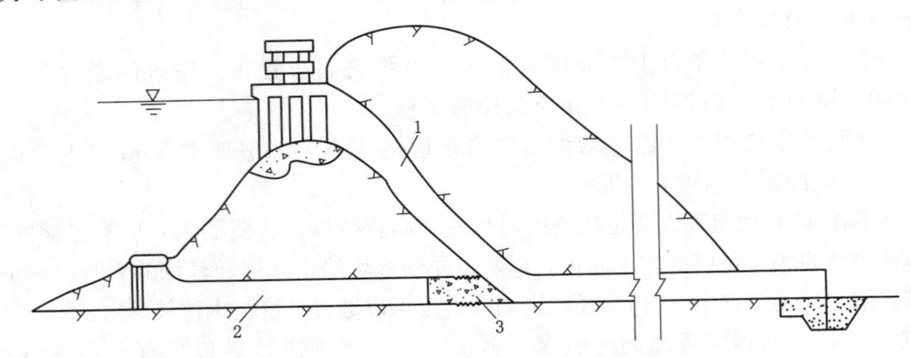

图1-31　毛家村水库的导流隧洞布置

1—永久隧洞；2—导流隧洞；3—混凝土堵头

二、明渠导流

资源1-4-2
三峡工程二期施工明渠导流

明渠导流是在河岸或滩地上开挖渠道，在基坑上下游修筑围堰，使天然河道的来水经由河床外开挖的渠道下泄，如图1-32所示。

1. 明渠导流的适用条件

明渠导流适用于岸坡平缓或有宽阔滩地的平原河道。如坝址处河床较窄或覆盖层深厚，分期导流困难，但具备下列条件之一者，可考虑采用明渠导流。

（1）导流流量大，但地质条件不适宜开挖导流隧洞。

（2）河床一岸有较宽的台地、垭口或古河道。

（3）工程修建在河流的弯道上，可裁弯取直开挖明渠。

（4）施工期有通航、过木、排冰要求。

工程实践中，当明渠和隧洞均可以作为导流泄水建筑物时，一般都优先采用明渠导流，因为明渠在施工方面比隧洞具有机械设备作业条件好的优势，可以加快施工进

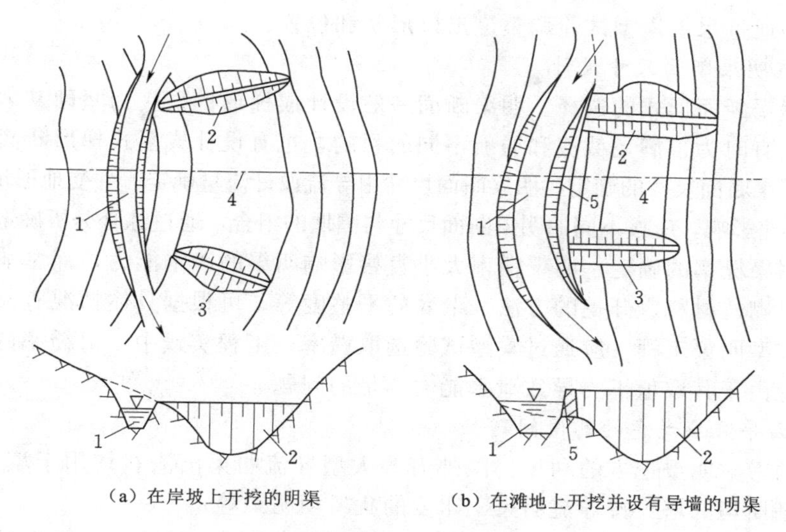

图 1-32　明渠导流示意

1—导流明渠；2—上游围堰；3—下游围堰；4—坝轴线；5—明渠外导墙

度，降低工程成本。在有条件的情况下，应尽可能与永久建筑物相结合。如埃及的阿斯旺就是利用了水电站的引水渠和尾水渠进行施工导流。此时，采用明渠导流比较经济合理。

2. 导流明渠布置

(1) 布置形式。导流明渠布置分为在岸坡上和滩地上两种布置形式，如图 1-32 所示。

(2) 布置要求。

1) 尽量利用有利地形，布置在较宽的台地、垭口或者古河道一岸，使明渠工程量最小，但伸出上下游围堰外坡脚的水平距离要满足防冲要求，一般为 50～100m；尽量避免渠线通过不良地质区段，特别应注意滑坡崩塌体，保证边坡稳定，避免高边坡开挖。在河滩上开挖明渠，一般均需设置外侧墙，其作用与纵向围堰相似。外侧墙必须布置在可靠的地基上，并尽量能使其直接在干地上施工。

2) 明渠轴线应顺直，以使渠内水流顺畅平稳，应避免 S 形弯道。明渠进出口应分别与上下游水流相衔接，与河道主流的交角以 30°左右为宜。为保证水流畅通，明渠转弯半径应大于 5 倍渠底宽。对于软基上的明渠，渠内水面与基坑水面之间的最短距离，应大于两水面高差的 2.5～3.0 倍，以免发生渗透破坏。

3) 导流明渠应尽量与永久性明渠相结合。当枢纽中的混凝土建筑物采用岸边式布置时，导流明渠常与电站引水渠和尾水渠相结合。

3. 导流明渠进出口位置和高程的确定

明渠进口高程按截流设计选择；出口高程一般由下游消能控制；进口高程和渠道水流流态应满足施工期通航、过木和排冰要求。在满足上述条件下，应尽可能抬高进出口高程，以减少水下开挖量。其目的在于力求明渠进出口不冲、不淤和不产生回流，还可以通过水工模型试验调整进出口形状和位置。

4. 导流明渠断面尺寸设计

（1）明渠断面形式的选择。明渠断面一般设计成梯形；渠底为坚硬基岩时，可设计成矩形；有时为了满足截流和通航不同的目的，也有设计成复式梯形断面。

（2）明渠断面尺寸的确定。明渠断面尺寸由导流设计流量确定，并受地形地质条件和允许抗冲流速影响，应按不同的明渠断面尺寸与围堰的组合，通过综合分析确定。

（3）明渠糙率的确定。明渠糙率大小直接影响明渠的泄水能力，而影响糙率大小的因素有衬砌的材料、开挖的方法、渠底的平整度等。可根据具体情况查阅有关手册确定，对大型明渠工程，应通过模型试验选取糙率。工程实践中，对糙率的大小应予重视，避免由于其取值不当导致泄水能力不足的问题。

5. 明渠导流应考虑的其他问题

（1）须考虑明渠挖方的利用。国外有些大型导流明渠出渣料均用于填筑土石坝。例如，巴基斯坦的塔贝拉导流明渠、印度的犹凯坝明渠等。

（2）防冲问题。在良好岩基中开挖出的明渠，可能无须衬砌，但应尽量减小糙率。有时为了尽量增大较小过水断面的泄流能力，即使是良好岩基上的明渠，也要进行混凝土衬砌，软基上的明渠，应有可靠的衬砌防冲措施。此外，出口消能问题也要特别重视。

（3）在明渠设计中，应考虑可能采用的封堵措施。因明渠施工是在干地上进行的，应同时布置闸墩，以方便导流结束时采用下闸封堵方式。但实际工程中，往往对此考虑不周，导致封堵困难，影响工期进度和工程效益的按期发挥，对此应予重视。

资源1-4-3
向家坝工程二期底孔与坝体缺口导流

三、底孔及坝体缺口导流

1. 底孔导流

底孔导流是利用预先设置在一期混凝土坝体中的临时底孔作为泄水通道，二期施工时让导流设计流量全部或者部分通过底孔往下游宣泄，以保证后期工程施工。工程实践中，应尽量考虑与永久底孔相结合，以降低导流工程费用。如系临时底孔，则在工程接近完工或蓄水前要加以封堵。导流底孔的布置形式如图1-33所示。

底孔导流的优点是挡水建筑物上部的施工可不受水流干扰，有利于均衡施工，对高坝特别有利。缺点是：坝内设置临时底孔，使钢材用量增加；如果封堵质量不好，会削弱坝体的整体性，还可能漏水；导流过程中有被堵塞的危险；封堵时，水头高，安放闸门及止水困难。

（1）孔口尺寸与布置方式。底孔的尺寸、数目和布置要通过相应的水力计算确定，其中底孔的尺寸在很大程度上取决于导流的任务以及水工建筑物的结构特点和封堵用闸门设备的类型。坝高70m以下，底孔宽应小于坝段宽60%，坝高70m以上，底孔宽应小于坝段宽50%；导流底孔形状多为方形或城门洞形，高宽比2：1～1.5：1。按水工结构要求，孔口尺寸应尽量小，但有些工程由于导流流量较大，只好采用较大的底孔。

底孔的布置要满足截流、围堰工程以及本身封堵的要求。如底坎高程布置较高，截流时落差就大，围堰也高，但封堵时水头低，封堵措施容易。一般底孔底坎高程布置在枯水位以下，以保证枯水期泄水。当底孔数目较多时，可把底孔布置在不同的高

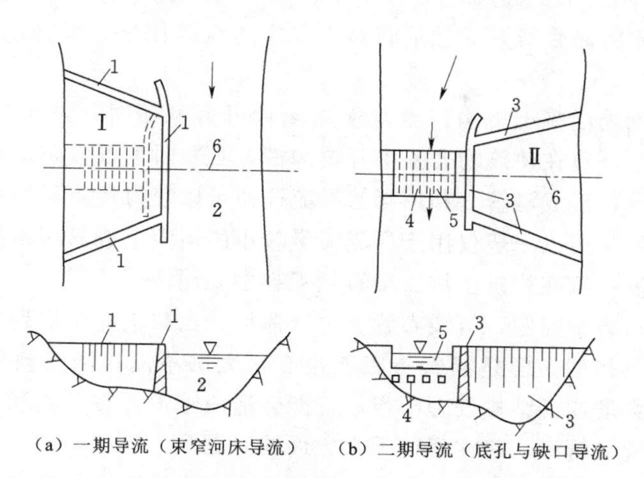

图 1-33　底孔及坝体缺口导流示意

1—一期围堰；2—束窄河床；3—二期围堰；4—导流底孔；5—坝体缺口；6—坝轴线

程，封堵时从最低高程的底孔堵起，这样可以减少封堵时所承受的水压力。

(2) 孔口高程。导流底孔高程一般比最低下游水位低一些，一般布置在枯水位之下 2～4m 或接近原河床，主要根据通航、过木及截流要求通过水力计算确定。

2. 坝体缺口导流

混凝土坝在施工过程中，其他导流建筑物不足以宣泄全部流量时，为了不影响坝体的施工进度，使坝体在涨水时仍能继续施工，可以在未完建的坝体上预留缺口，如图 1-34 所示，以配合其他导流建筑物宣泄洪峰流量，待洪峰过后，上游水位回落，再继续修筑缺口。坝体缺口导流适用于河水暴涨暴落，用其他泄水方式不够宣泄洪水，且只适用坝身允许过水的混凝土坝和浆砌石坝。该方法的优点是泄流量大，简单经济，大体积混凝土重力坝施工时常采用此法与底孔联合泄洪。

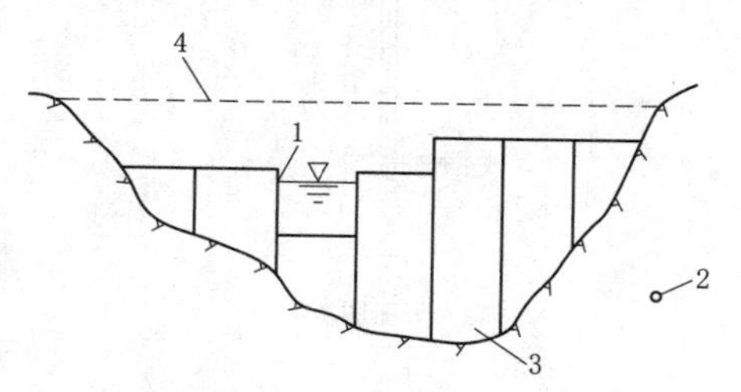

图 1-34　坝体缺口过水示意

1—过水缺口；2—导流隧洞；3—坝体；4—坝顶

所留缺口尺寸与高程取决于导流设计流量、其他导流建筑物的泄水能力、主体建筑物的结构特点和施工条件，需由水力计算确定。当缺口采用不同底坎高程时，为避免高低缺口单宽流量相差过大，产生从高缺口向低缺口的侧向卷流，从而引起水压力分布不均，需要控制高低缺口的高差。根据柘溪工程的经验，相邻缺口高差以不超过 4～6m 为宜。当坝体采用分缝分块浇筑法时，纵缝未进行接缝灌浆处理时过水，如果流量大、水头高，应校核单个坝块的稳定。在轻型坝上采用缺口泄洪时，应校核支墩的侧向稳定。如缺口位于底孔之上，孔顶板厚度应大于 3m。

四、涵管导流

涵管通常布置在河岸岩滩上，其位置常在枯水位以上，这样可在枯水期不修围堰或只修小围堰而先将涵管筑好，然后再修上、下游全段围堰，将河水引经涵管下泄，如图1-35所示。

涵管一般是钢筋混凝土结构。当有永久涵管可资利用时，采用涵管导流是合理的。在某些情况下，可在建筑物岩基中开挖沟槽，必要时加以衬砌，然后封上混凝土或钢筋混凝土顶盖，形成涵管。利用涵管导流往往可以获得经济可靠的效果。由于涵管的泄水能力较低，所以一般仅用于导流流量较小的河流上或只用来担负枯水期的导流任务。涵管导流一般在修筑土坝、堆石坝工程中采用。

涵管导流的水力学问题，管线布置、进口体形、出口消能等问题的考虑，均与底孔导流和隧洞导流相似。但是涵管与底孔也有很大的不同，涵管被压在土石坝体下面，如果布置不合理或者结构处理不当，可能会造成管道开裂、渗漏，导致土石坝失事。因此，在布置涵管时，应注意以下几方面的问题。

（1）应使涵管坐落在基岩上。大中型涵管应有一半高度埋入为宜。

（2）为了防止涵管外壁与坝身防渗体之间的接触渗流，可在涵管外壁每隔一定距离设置截流环，以延长渗径，降低渗透坡降，减少渗流的破坏作用，如图1-36所示。环间距可取10～20m，环高1～2m，厚0.5～0.8m。

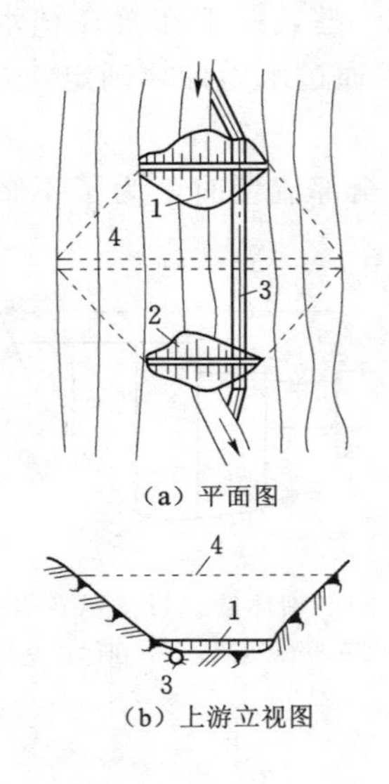

图1-35　涵管导流示意

1—上游围堰；2—下游围堰；3—涵管；4—坝体

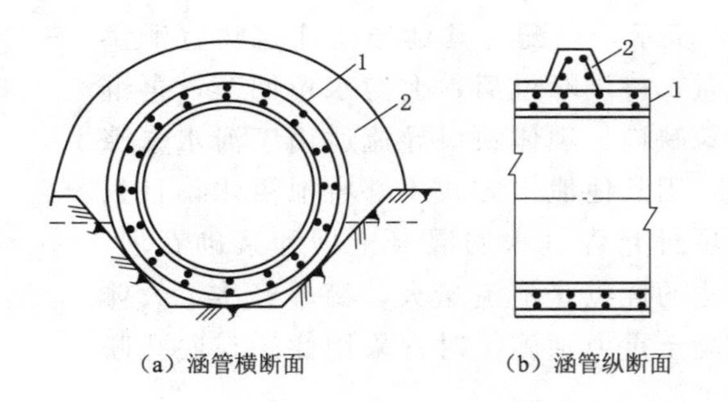

图1-36　截流环示意

1—涵管管壁；2—截流环

（3）必须严格控制涵管外壁防渗体填料的压实质量。

（4）涵管管身的温度缝或沉陷缝中的止水也必须认真修筑。

（5）大型涵管断面也常用城门洞形，如上部土体荷载较大，顶拱宜采用抛物线形。

五、其他导流泄水方式

实际工程中所采用的泄水建筑物，除了上述几种外，还有其他多种形式。例如渡槽导流，其多采用全段围堰法。渡槽一般为木质或装配式钢筋混凝土矩形槽，用支架架设在上下游围堰之间，具有结构简单、建造快捷等特点。一般只用于小型水利工程的枯水期导流，导流流量通常不超过 30m^3/s，个别工程也有达 100m^3/s 的。湖南金江水库采用了木渡槽导流，设计流量达 146m^3/s。再如，在平原河道河床式水电枢纽中，可利用电站厂房导流；在有船闸的枢纽中，可以利用船闸导流等。

第五节　施工导流标准

知识要求与能力目标：

（1）掌握导流标准、导流时段、导流设计流量的概念；

（2）熟悉导流标准的确定方法，了解导流时段划分的影响因素；

（3）能够结合导流标准和导流时段的分析确定导流设计流量。

学习内容：

（1）导流标准的选择；

（2）导流时段的划分；

（3）导流设计流量的确定。

一、导流标准的选择

广义地说，导流标准是选择导流设计流量进行施工导流设计的标准，包括初期导流标准、坝体拦洪度汛标准、孔洞封堵标准等。

施工期可能遭遇的洪水是随机事件，导流标准的确定受很多随机因素的影响。如果标准太低，不能保证工程施工的安全；反之，则会使导流工程设计规模过大，不仅增加导流费用，而且可能因其规模太大以致无法按期完成，造成工程施工的被动局面。因此，导流设计标准的确定，实际上就是在经济性与风险性之间进行的抉择，必要时应进行风险度分析。

施工初期导流标准的确定应满足《水利水电工程施工组织设计规范》（SL 303—2017）的相关要求。在确定导流设计标准时，需首先根据导流建筑物的保护对象、失事后果、使用年限和围堰工程规模等指标，将导流建筑物划分为 3～5 级，见表 1-4；再根据导流建筑物的级别和类型，在表 1-5 中规定幅度内选定相应的洪水标准。

对于特殊情况，经过分析论证后可适当调整导流建筑物级别，详细情况参见《水利水电工程施工组织设计规范》（SL 303—2017）中有关条文规定。对于失事后果严重的工程，要考虑对超标准洪水的应急措施。

对于导流建筑物与永久建筑物结合的情况，导流建筑物的设计级别和洪水标准仍按表 1-4 和表 1-5 执行；但作为永久建筑物的结构设计应采用永久建筑物的级别标准。

在下列情况下，导流建筑物洪水标准可用表 1-5 中的上限值：①河流水文实测资料系列较短（小于 20 年），或工程处于暴雨中心区；②采用新型围堰结构型式；③处于关键施工阶段，失事后可能导致严重后果；④工程规模、投资和技术难度用上限值与下限值相差不大；⑤在导流建筑物级别划分中属于同级别上限。

表 1－4　　导流建筑物级别划分

项目级别	保护对象	失事后果	使用年限/年	围堰工程规模	
				堰高/m	库容/亿 m^3
3	有特殊要求的Ⅰ级永久建筑物	淹没重要城镇、工矿企业、交通干线、推迟工程总工期或第一台（批）机组发电、造成重大灾害和损失	＞3	＞50	＞1.0
4	Ⅰ、Ⅱ级永久建筑物	淹没一般城镇、工矿企业、交通干线、推迟工程总工期或第一台（批）机组发电而造成较大经济损失	1.5～3	15～50	0.1～1.0
5	Ⅲ、Ⅳ级永久建筑物	淹没基坑，但对总工期或第一台（批）机组发电影响不大，经济损失较小	＜1.5	＜15	＜0.1

注　1. 当导流建筑物根据表中指标分属不同级别时，应以其中最高级别为准。但列为 3 级导流建筑物时，至少应有两项指标符合要求。
2. 导流建筑物包括挡水和泄水建筑物，两者级别相同。
3. 表列四项指标均按施工阶段划分。
4. 有、无特殊要求的永久建筑物均系针对施工期而言，有特殊要求的Ⅰ级永久建筑物系指施工期不允许过水的土坝及其他有特殊要求的永久建筑物。
5. 使用年限系指导流建筑物每一施工阶段的工作年限，两个或两个以上施工阶段共用的导流建筑物，如分期导流一期、二期共用的纵向围堰，其使用年限不能叠加计算。
6. 围堰工程规模一栏中，堰高指挡水围堰最大高度，库容指堰前设计水位所拦蓄的水量，两者必须同时满足。

表 1－5　　导流建筑物洪水标准划分

导流建筑物类型	导流建筑物级别		
	3	4	5
	洪水重现期/年		
土石结构	50～20	20～10	10～5
混凝土结构	20～10	10～5	5～3

二、导流时段的划分

在工程施工过程中，不同阶段可以采用不同的施工导流方法和挡水、泄水建筑物。不同导流方法组合的顺序，通常称为导流程序。

导流时段就是按照导流程序所划分的各施工阶段的延续时间。导流设计中具有重要意义的导流时段通常指由围堰挡水而保证基坑干地施工的时段，也称挡水时段或施工时段。

（1）划分导流时段的目的。划分导流时段其目的在于，合理选择导流设计流量，分阶段选择导流方法和导流建筑物形式，确定对应于不同时段的导流设计流量。

施工前，若能预报整个施工期的水情变化，据以拟定导流设计流量，最符合经济与安全施工的原则。但这种长期预报，目前还不是很准确，不能作为确定导流设计流量的依据。

（2）导流时段的选择。我国河流全年流量变化过程如图 1－37 所示。按河流的水文特征可分为枯水期、中水期和洪水期。在不影响主体工程施工条件下，若导流建筑物只负担枯水期的挡水泄水任务，显然可大大减少导流建筑物的工程量，改善导流建筑物的工作条件，具有明显的技术经济效果。因此，合理划分导流时段，明确不同时段导流建筑物的工作条件，是既安全又经济地完成导流任务的基本要求。

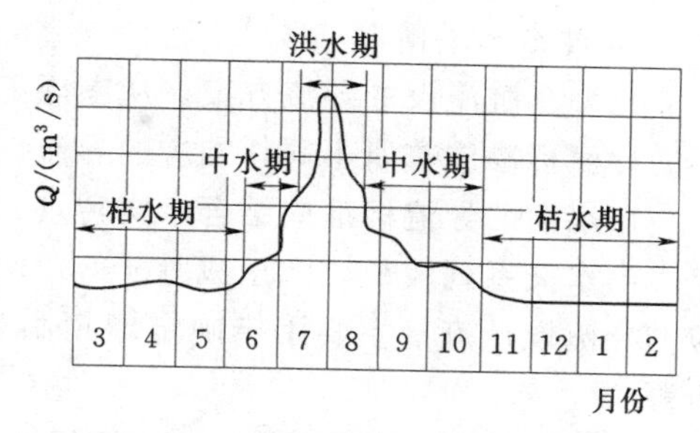

图 1－37　全年流量变化过程线

导流时段的划分与河流的水文特征、水工建筑物的布置和形式、导流方案、施工进度等有关。

如土坝、堆石坝和支墩坝一般不允许过水，因此当施工期较长，而洪水来临前又不能完建时，导流时段就要考虑以全年为标准，其导流设计流量就应按导流标准选择相应洪水重现期的年最大流量。若安排的施工进度能够保证在洪水来临前使坝身起拦洪作用，则导流时段应为洪水来临前的施工时段，导流设计流量则为该时段内按导流标准选择相应洪水重现期的最大流量。当采用分段围堰法导流，中后期用临时底孔泄流来修建混凝土坝时，一般宜划分为三个导流时段：第一时段，河水由束窄的河床通过，进行第一期基坑内的工程施工；第二时段，河水由导流底孔下泄，进行第二期基坑内的工程施工；第三时段，坝体全面升高，可先由导流底孔下泄，底孔封堵以后，则河水由永久泄水建筑物下泄，也可部分或完全拦蓄在水库中，直至工程完建。在各时段中，围堰和坝体的挡水高程和泄水建筑物的泄水能力，均应按相应时段内相应洪水重现期的最大流量作为导流设计流量进行设计。

对于山区型河流，其特点是水位变幅大，洪水期流量特别大，历时短，而枯水期流量则特别小。如果按照一般导流标准要求设计导流建筑物，则会出现要么围堰修得很高，要么泄水建筑物尺寸很大，而使用期很短，这显然是不经济的。对于这种情况，可以考虑允许基坑淹没的导流方案，就是洪水期允许围堰过水淹没基坑，河床部分停工，待洪水退落，围堰挡水时，基坑再继续施工。这种方案中，由于基坑淹没引起的停工天数不多，施工进度能够保证，而导流总费用（导流建筑物费用与淹没基坑损失费用之和）会比较节省，因此是比较合理的。

三、导流设计流量的确定

导流设计流量是指所选择的某一时段内相应洪水重现期的最大流量。它是选择导流方案、设计导流建筑物的主要依据，需结合导流标准和导流时段的分析来确定。

1．不过水土石围堰

导流设计流量应根据划分的导流时段确定。如果围堰挡全年洪水，其导流设计流量就是选定导流标准的年最大流量，导流挡水与泄水建筑物的设计流量相同；如果围堰只挡某一枯水时段的洪水，则按该挡水时段内同频率洪水作为围堰和该时段泄水建筑物的设计流量，但确定泄水建筑物总规模的设计流量，应按坝体施工期临时度汛洪水标准决定。

2. 过水土石围堰

允许基坑淹没的导流方案，从围堰工作情况看，有挡水期和过水期之分，显然它们的导流标准应有所不同，相应的导流设计流量也有所区别。

挡水期的导流标准应结合水文特点、施工工期及挡水时段，经技术经济比较后选定。当水文系列较长，大于或等于 30 年时，也可根据实测流量资料分析选用。其相应的导流设计流量主要用于确定堰顶高程、导流泄水建筑物的规模及堰体的稳定分析等。

过水期的导流标准应与不过水围堰挡全年洪水时的标准相同，可用频率法和实测资料法确定。其相应的导流设计流量主要用于围堰过水情况下，加固保护措施的结构设计和稳定分析，也用于校核导流泄水道的过水能力。但是应当强调，对于围堰稳定分析和结构计算而言，最危险的过水状况不一定发生在最大洪水期，因此，在过水围堰设计过程中，应找出围堰过水时控制稳定的流量作为设计依据。这种控制流量一般是通过水力学计算或水工模型试验确定的。近年来也有学者指出，可以把围堰过水时上下游水位差与单宽流量的乘积所形成的最大溢流功率所对应的流量作为此控制流量。

过水围堰的挡水标准选择一般以枯水期不过水为原则，关键问题是标准选择的是否合理。要在保证施工条件和取得较好经济效益方面做出全面的分析。允许基坑淹没导流方案的技术经济比较，可以在研究工程所在河流水文特征及历年逐月实测最大流量的基础上，通过下述程序实现。

（1）根据河流的水文特征，假定一系列流量值，分别求出泄水建筑物上、下游的水位。

（2）根据这些水位，决定导流建筑物的主要尺寸和工程量，估算导流建筑物的费用。

（3）估算由于基坑淹没一次所引起的直接和间接损失费用。属于直接损失的有：基坑排水费，基坑清淤费，围堰及其他建筑物损坏的修理费，施工机械撤离和返回基坑的费用及受到淹没影响的修理费，道路和线路的修理费，劳动力和机械的窝工损失费等；属于间接损失的有：由于有效施工时间缩短而增加的劳动力、机械设备、生产企业规模和临时房屋等费用。

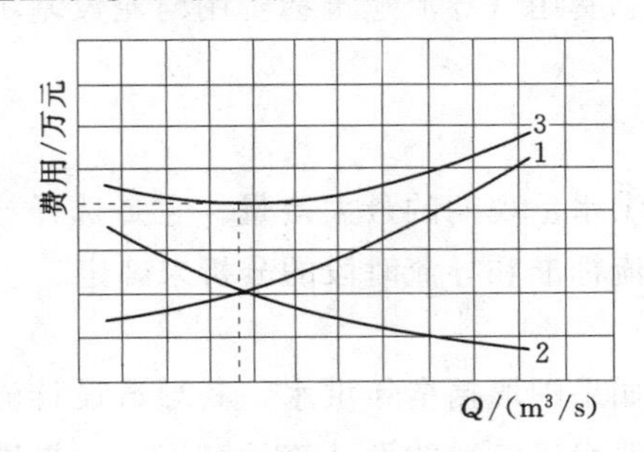

图 1-38　导流建筑物费用、基坑淹没损失费用、导流总费用与导流设计流量的关系

1—导流建筑物费用曲线；2—基坑淹没损失费用曲线；3—导流总费用曲线

（4）根据历年实测水文资料，统计超过上述假定流量的总次数，除以统计年数得年平均超过次数，亦即年平均淹没次数。根据主体工程施工的跨汛年数，即可算得整个施工期内基坑淹没的总次数及淹没损失总费用。

（5）绘制导流设计流量与导流建筑物费用、基坑淹没损失费用的关系曲线，如图 1-38 中的曲线 1 和 2，并将它们叠加求得流量与导流总费用的关系曲线 3。显然，曲线 3 上的最低点，即为围堰挡水期导流总费用最低时的初选导流设计流量。

（6）计算施工有效时间，试拟控制性进度计划，以验证按初选的导流设计流量，是否现实可行，以便最终确定一个既经济又可行的挡水期和导流设计流量。

第六节　施工导流方案

知识要求与能力目标：

（1）掌握导流方案的概念；

（2）明确导流方案选择的主要影响因素；

（3）能够根据实际工程建设条件，选择适宜的施工导流方案。

学习内容：

（1）导流方案的概念；

（2）选择导流方案时应考虑的主要因素；

（3）导流方案选择的方法与步骤；

（4）导流方案工程实例。

一、导流方案的概念

水利枢纽工程施工，从开工到完建至少也要经历一个水文年度，河流来水在水文年度内有枯水期和洪水期的变化，为取得最佳的技术效果和经济效益，施工导流通常是几种导流方式的组合。这种不同导流时段不同导流方式的组合，通常就称为导流方案。

导流方案的选择受各种因素的影响。一个合理的导流方案，必须在周密研究各种影响因素的基础上，拟定几个可能的方案，进行技术经济比较，从中选择技术经济指标优越的方案。

二、选择导流方案时应考虑的主要因素

1. 河流水文特性

河流的流量大小、水位变化的幅度、全年流量的变化情况、枯水期的长短、汛期洪水的延续时间、冬季的流冰及冰冻情况等，均直接影响导流方案的选择。一般来说，对于河床宽、流量大的河流，宜采用分段围堰法导流。对于水位变化幅度大的山区河流，可采用允许基坑淹没的导流方法，在一定时期内通过过水围堰和基坑来宣泄洪峰流量。对于枯水期较长的河流，充分利用枯水期安排工程施工是十分必要的。但对于枯水期不长的河流，如果不利用洪水期进行施工，就会拖延工期。对于有流冰的河流，应充分注意流冰的宣泄问题，以免流冰壅塞，影响泄流，造成导流建筑物失事。

2. 枢纽地形条件

枢纽附近的地形条件，对导流方案的选择影响很大。对于河床宽阔的河流，尤其在施工期间有通航、过筏要求的河流，宜采用分段围堰法导流。当河床中有天然石岛或沙洲时，采用分段围堰法导流，更有利于导流围堰的布置，特别是纵向围堰的布置，例如黄河三门峡水利枢纽的施工导流，就曾巧妙地利用黄河激流中的人门岛、神门岛及其他石岛来布置一期围堰，取得了良好的技术经济效果。在河段狭窄、两岸陡

峻、山岩坚实的地区，宜采用隧洞导流。至于平原河道，河流的两岸或一岸比较平坦，或有河湾、老河道可资利用时，则宜采用明渠导流。

3. 地质及水文地质条件

河道两岸及河床的地质条件对导流方案的选择与导流建筑物的布置有直接影响。若河流两岸或一岸岩石坚硬、风化层薄且抗压强度足够时，则选用隧洞导流较为有利。如果岩石的风化层厚且破碎，或有较厚的沉积滩地，则适合于采用明渠导流。当采用分段围堰法导流时，由于河床的束窄，减小了过水断面的面积，水流流速增大。这时为了河床不受过大的冲刷，避免把围堰基础淘空，应根据河床地质条件来决定河床可能束窄的程度。对于岩石河床，抗冲刷能力较强，河床允许束窄程度较大，甚至有的达到88%，流速增加到7.5m/s；但对覆盖层较厚的河床，抗冲刷能力较差，其束窄程度大多不到30%，流速仅允许达到3.0m/s。此外，选择围堰形式，基坑能否允许淹没，能否利用当地材料修筑围堰等，也都与地质条件有关。水文地质条件则对基坑排水工作和围堰形式的选择有很大关系。因此，为了更好地进行导流方案的选择，要对地质和水文地质勘测工作提出专门要求。

4. 枢纽建筑物的形式及其布置

水工建筑物的形式和布置与导流方案选择相互影响。因此，在决定水工建筑物形式和布置时，应该同时考虑并拟定导流方案，而在选定导流方案时，则应该充分利用建筑物形式和枢纽布置方面的特点。一般情况下，就枢纽建筑物形式而言，分段围堰法导流主要适用于混凝土坝枢纽，而土石坝枢纽多采用全段围堰法。在设计永久泄水建筑物的断面尺寸并拟定其布置方案时，应该充分考虑施工导流的要求。

5. 导流建筑物与永久建筑物可能结合的情况

为了降低导流建筑物的造价，通常应尽可能使导流建筑物与永久建筑物相结合。当采用分段围堰法修建混凝土坝枢纽时，应当充分利用水电站与混凝土坝之间或混凝土坝溢流段和非溢流段之间的隔墙，将其作为纵向围堰的一部分。如果枢纽组成中有隧洞、渠道、涵管、泄水孔等永久泄水建筑物，在选择导流方案时应该尽可能加以利用。

6. 施工期间河水的综合利用要求

施工期间，为了满足通航、筏运、供水、灌溉、渔业、水电站运行、生态环境保护与维护等方面的要求，需要统筹考虑导流问题。分段围堰法导流和明渠导流方式比较容易满足通航、筏运、排冰、过鱼、供水等方面的要求。对于通航，要求河流在束窄以后，流速和水深等仍能满足船只通行的要求。对于有筏运要求的河流，要避免木材壅塞泄水建筑物的进口，或者堵塞束窄河床。在施工后期，水库拦洪蓄水时，要注意满足下游供水、灌溉、水电站运行和生态用水的要求。有时为了保证渔业的要求，还要修建临时的过鱼设施，以便鱼群能正常地洄游。

7. 施工进度和施工方法及施工场地布置

施工进度和施工方法及施工场地布置与导流方案密切相关。在施工导流过程中，对施工进度起控制作用的关键性时段主要有导流建筑物的完工期限，截断河床水流的时间，坝体拦洪的期限，封堵临时泄水建筑物的时间，以及水库蓄水发电的时间等。因此，通常根据导流方案安排控制性施工进度计划。

各项工程的施工方法和施工进度直接影响各时段中导流任务的合理性和可能性。例如，在混凝土坝枢纽中，采用分段围堰法导流时，若导流底孔没有建成，就不能截断河床水流和全面修建第二期围堰；若坝体没有达到一定高程和没有完成基础及坝身纵缝接缝灌浆，就不能封堵底孔和水库蓄水等。因此，施工进度与导流方案是密切相关的。而施工方法得当与否直接关系到施工进度的完成。此外，施工场地的布置与导流方案的选择亦相互影响。例如，在混凝土坝施工中，当混凝土生产系统布置在一岸时，以采用全段围堰法导流为宜。若采用分段围堰法导流，则应以混凝土生产系统所在的一岸作为第一期工程，因为这样两岸施工交通运输问题比较容易解决。

在选择导流方案时，除了综合考虑以上各方面因素以外，还应使主体工程尽可能及早发挥效益，简化导流程序，降低导流费用，使导流建筑物既简单易行，又适用可靠。

三、导流方案选择的方法与步骤

1. 初拟导流方案

初步导流方案的拟定，需根据枢纽工程建设地点的地形、地质、水工建筑物的结构与形式等，认真分析工程特点与建设条件，因地制宜，拟定几种基本可行的导流方案。具体做法可以参考以下基本思路。

首先考虑可能采用的导流方式。如果采用分期导流，应研究分几段几期，先围左岸还是右岸，以及后期导流方式（底孔、坝体缺口或未完建厂房等）。如果采用一次拦断的方式，则应研究河床外导流的方式（隧洞、明渠、涵管还是渡槽等）与布置（如隧洞或明渠布置在左岸还是右岸）。另外，无论是分段分期还是一次拦断，基坑是否允许被淹没，是否要采用过水围堰等。

当导流方式基本确定后，还要将基本方案进一步细化。例如，某工程只可能采用一次拦断的隧洞导流方式，但究竟是采用高围堰、小隧洞，还是低围堰、大隧洞，是采用一条大直径隧洞，还是采用几条较小直径的隧洞。当有两条以上隧洞时，是采用多线一岸集中布置，还是采用两岸分开布置；在高程上是采用多层布置，还是同层布置等。

在全面分析的基础上，排除明显不合理的方案，保留几种可行方案或可能的方案，以供进一步比较选择。

2. 技术经济指标的分析与计算

在进行方案比较时，应着重从以下几个方面进行论证：导流工程费用及其经济性；施工强度的合理性；劳动力、设备、施工负荷的均衡性；施工工期，特别是截流、安装、蓄水发电或其他受益时间的保证性；施工过程中河水综合利用的可行性；施工导流方案实施的可靠性等。为此，在方案比较时，还应进行以下几方面的工作。

（1）水力计算。通过水力计算确定导流建筑物尺寸，大中型工程尚需进行导流模型试验。对主要比较方案，通过试验对其流态、流速、水位、压力和泄水能力等进行比较，并对可能出现的水流脉动、气蚀、冲刷等问题进行重点论证。

（2）工程量计算与费用计算。对拟定的比较方案，根据水力计算所确定的导流挡水建筑物和泄水建筑物尺寸，按相同精度计算主要的工程量，例如土方和石方的挖、填方量，砌石方量，混凝土工程量，金属结构安装工程量等。在方案比较阶段，费用计算方法可适当简化，例如可采用折算混凝土工程量法。这样求出的费用等经济指标虽然难以完全准确，但只要能保证各方案在相同基础上比较即可。

（3）拟定施工进度计划。不同的导流方案，施工进度安排是不一样的。首先，应分析研究施工进度的各控制时点，如开工、截流、拦洪、封孔、第一台机组发电时间或其他工程受益时间等。抓住这些控制时点，就可以安排出施工控制性进度计划。然后，根据控制性进度计划和各单项工程进度计划，编制或调整枢纽工程总进度计划，据此论证各方案所确定的工程受益时间和完建时间。

资源1-6-1
长江三峡水利枢纽工程施工导流方案

（4）施工强度指标计算与分析。根据施工进度计划，可绘制出各种施工强度曲线。首先，应分析各施工阶段的有效工日。计算有效工日时，主要是扣除法定节假日和其他停工日。停工日因工种而异，例如在土石坝施工过程中，降雨强度超过一定值则需停工；冬季气温过低，也可能需要停工；混凝土坝浇筑过程中，因气温过高、气温过低或降雨强度过大，也可能需要停工。当采用过水围堰淹没基坑导流方案时，还要扣除基坑过水所影响的工作日。

资源1-6-2
四川白龙江宝珠寺水电站工程施工导流方案

（5）河水综合利用的可能性与效果分析。对于不同的导流方式，河水综合利用的可能性与效果相差很大。除定性分析外，应尽可能做出定量分析。在进行技术经济指标分析与计算时，要按科学规律办事，切忌主观夸大某一方案的优缺点。

3. 导流方案的比较与选择

根据上述技术经济指标，综合考虑各种因素，权衡利弊，分清主次，既做定性分析，也做定量比较，最后选择出技术上可靠、经济上合理的导流方案。

资源1-6-3
辽宁省大伙房水库施工导流方案

在导流方案比较中，应以规定的完工期限作为统一基准，以整体经济效益最优为原则。进行技术经济比较时，既要重视经济上的合理性，也要重视技术上的可行性和进度的可靠性。

在导流方案选择时，除综合考虑以上各方面因素外，还应使主体工程尽可能及早发挥效益，简化导流程序，降低导流费用，使导流建筑物既简单易行，又适用可靠。

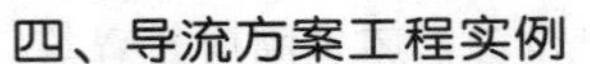

四、导流方案工程实例

（1）长江三峡水利枢纽工程施工导流方案。

（2）四川白龙江宝珠寺水电站工程施工导流方案。

（3）辽宁省大伙房水库施工导流方案。

（4）我国部分已建水利水电枢纽工程的施工导流方案。

资源1-6-4
我国部分已建水利水电枢纽工程的施工导流方案

第七节　截　流　施　工

知识要求与能力目标：

（1）掌握截流的基本概念、截流施工过程；

（2）熟悉截流的基本方法与适用条件；

（3）掌握截流日期的选择和截流标准的确定方法；

（4）了解龙口位置选择和宽度要求；

（5）明确截流水力计算的目的，熟悉其计算方法；

（6）了解截流材料和备用量要求；

(7) 能够根据实际工程施工条件进行截流设计。

学习内容：

(1) 截流的基本概念；

(2) 截流的基本方法；

(3) 截流日期选择和截流设计流量确定；

(4) 龙口位置和宽度；

(5) 截流水力计算；

(6) 截流材料及备料量选择。

一、截流的基本概念

1. 基本概念

施工导流只有截断原河床水流，才能最终把河水引向导流泄水建筑物下泄，在河床中全面开展主体建筑物的施工，这就是截流，如图 1-39 所示。在大江大河中截流是一项难度比较大的工作。

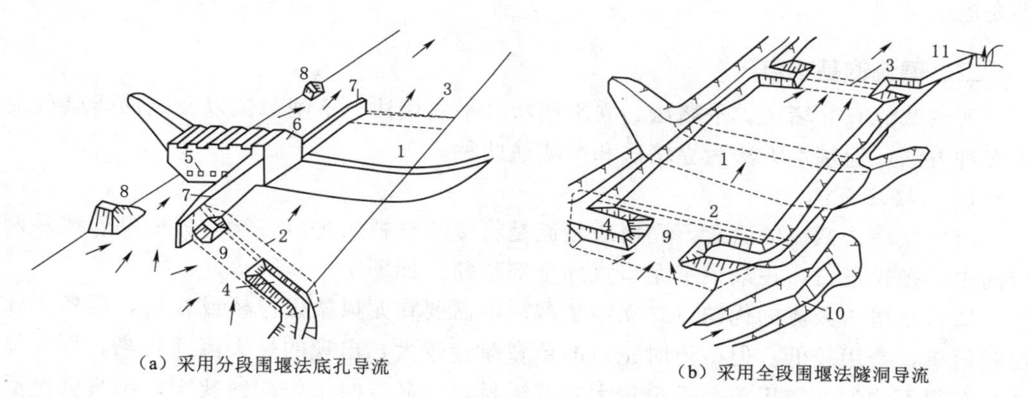

(a) 采用分段围堰法底孔导流　　(b) 采用全段围堰法隧洞导流

图 1-39　截流布置示意

1—大坝基坑；2—上游围堰；3—下游围堰；4—戗堤；5—底孔；6—已浇筑混凝土坝体；7—二期纵向围堰；8—期围堰残留部分；9—龙口；10—导流隧洞进口；11—导流隧洞出口

一般说来，截流施工的过程为：先在河床的一侧或两侧向河床中填筑截流戗堤，这种向水中筑堤的工作称为进占。戗堤填筑到一定程度，把河床束窄，形成了流速较大的缺口，称为龙口。封堵龙口的工作称为合龙。在合龙开始以前，为了防止龙口河床被冲刷或戗堤端部被冲毁，须采取护底与防冲措施对其进行加固，称为裹头。龙口合龙以后，龙口部位的戗堤虽已高出水面，但其本身依然漏水，因此须在其迎水面设置防渗设施。在戗堤全线上设置防渗设施的工作称为闭气。所以，整个截流过程包括戗堤的进占、龙口范围的加固、合龙和闭气等工作。截流以后，再在这个基础上，对戗堤进行加高培厚，修成围堰。

2. 截流的重要性

截流在施工导流中占有重要的地位，如果截流不能按时完成，就会延误整个河床部分建筑物的开工日期；如果截流失败，失去了以水文年计算的良好截流时机，则可能拖延工期达一年。所以在施工导流中，常把截流看作一个关键性问题，它是影响施工进度的一个控制性项目。

截流之所以被重视，还因为截流本身无论在技术上和施工组织上都具有相当的艰巨性和复杂性；为了胜利截流，必须充分掌握河流的水文特性和河床的地形、地质条件，掌握在截流过程中水流的变化规律及其对截流的影响。为了顺利地进行截流，必须在非常狭小的工作面上以相当大的施工强度在较短的时间内进行截流的各项工作，为此必须严密组织施工。对于大河流的截流工程，事先必须进行周密的设计和水工模型试验，对截流工作做出充分的论证。此外，在截流开始之前，还必须切实做好材料、设备和组织上的充分准备。

3. 截流的发展水平

长江葛洲坝工程于1981年1月仅用了35.6h，在4720m^3/s流量下成功截流，为在大江大河上进行截流积累了宝贵的经验。而1997年11月三峡工程大江截流和2002年11月三峡工程三期导流明渠截流的成功，标志着我国截流工程的实践已经处于世界先进水平。

二、截流的基本方法

河道截流有立堵法、平堵法、立平堵法、平立堵法、下闸截流以及定向爆破截流等多种方法，但基本方法为立堵法和平堵法两种。

资源1-7-1 三峡工程导流明渠上游土石围堰修筑（立堵法截流）

1. 立堵法截流

（1）立堵法截流的概念。立堵法截流是将截流材料从龙口一端向另一端，或从两端向中间抛投进占，逐渐束窄龙口直到全部拦断，如图1-40所示。

（2）立堵法截流的优缺点。立堵法截流不需要在龙口架设浮桥或栈桥，准备工作比较简单，费用较低。但截流时龙口的单宽流量较大，出现的最大流速较高，而且流速分布很不均匀，需用单个重量较大的截流材料。截流时工作前线狭窄，抛投强度受到限制，施工进度受到影响。

（3）立堵法截流的适用条件。根据国内外截流工程的实践和理论研究，立堵法截流一般适用于大流量、岩基或覆盖层较薄的岩基河床。对于软基河床只要护底措施得当，采用立堵截流法也同样有效。如青铜峡工程截流时，河床覆盖层厚达8～12m，采用护底措施后，最大流速虽达5.52m/s，但未遇特殊困难而取得立堵截流的成功。立堵法截流是我国的一种传统方法，新中国成立以来较大的44个截流工程基本都采用了立堵法截流；美国自20世纪50年代以来的15个大、中型截流工程中有8个用立堵法截流；俄罗斯自50年代以来的45个大、中型截流工程中有34个用立堵法截流。由此可见，立堵法截流在国内外得到了广泛的应用。

立堵法截流分为单戗、双戗和多戗。单戗适用于截流落差不超过3m的情况。

2. 平堵法截流

（1）平堵法截流的概念。平堵法截流是沿龙口全线均匀地逐层抛投截流材料，直至抛石堆体高出水面将河流截断，如图1-41所示。

（2）平堵法截流的优缺点。平堵法截流事先要在龙口架设浮桥或栈桥，用自卸汽

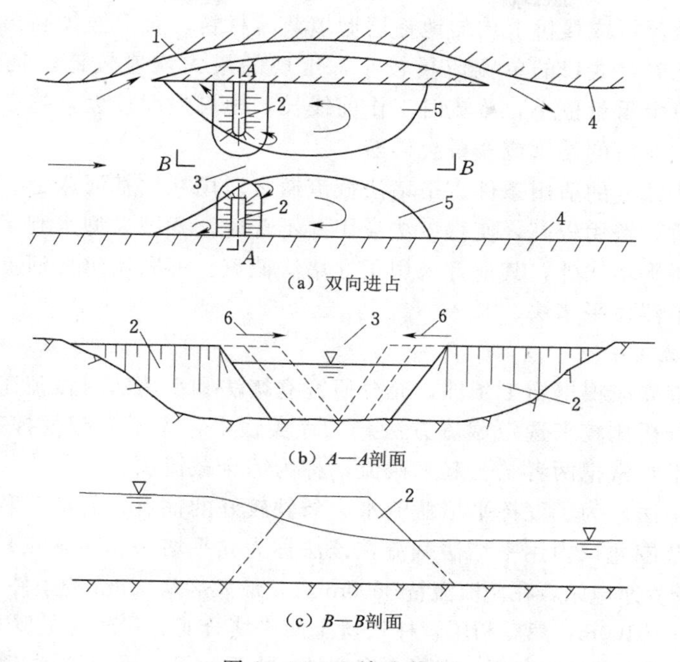

图 1-40　立堵法截流

1—分流建筑物；2—截流戗堤；3—龙口；4—河岸；5—回流区；6—进占方向

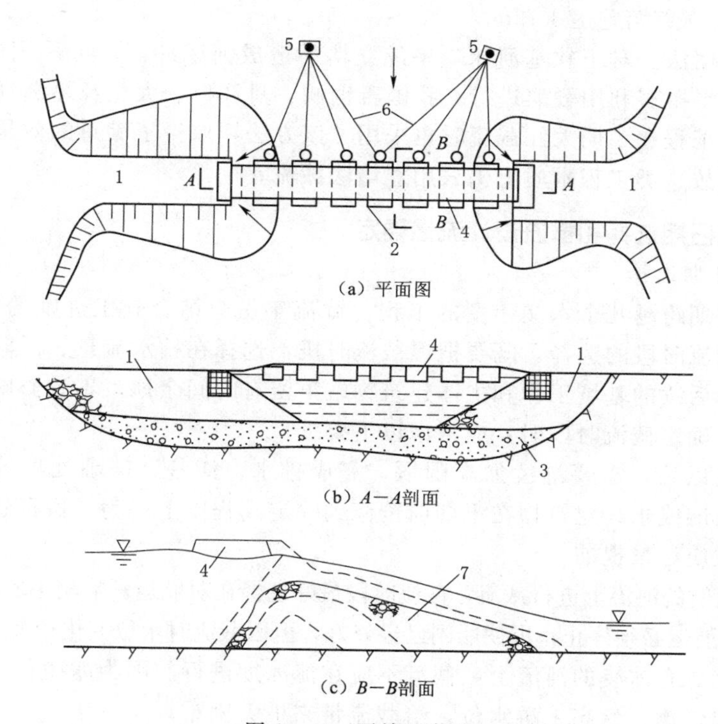

图 1-41　平堵法截流

1—截流戗堤；2—龙口；3—覆盖层；4—浮桥；5—锚墩；6—钢缆；7—平堵截流抛石体

车沿龙口全线从浮桥或栈桥上均匀地逐层抛填截流材料，直至戗体高出水面为止。因此，平堵法截流时，龙口的单宽流量较小，出现的最大流速较低，且流速分布比均匀，截流材料单个重量也小，截流时工作前线长，抛投强度较大，施工进度较快。但在通航河道上，龙口的浮桥或栈桥会碍航。

（3）平堵法截流的适用条件。平堵法截流通常适用在软基河床上。但由于平堵法需架栈桥或浮桥，费用较高，使得该法应用并不普遍。我国大型水利工程除大伙房水库采用了木栈桥平堵法外，其他都采用了立堵法截流。苏联伏尔加河上的一些水利枢纽工程都采用了浮桥平堵法。

3. 综合截流法

截流设计首先应根据施工条件，充分研究立堵法和平堵法对截流工作的影响，通过试验研究和分析比较来选定截流方法。工程实践中，为了充分发挥其各自的优势，在可能的情况下，常把两者结合起来截流，称为综合截流法。

（1）立平堵法。为了发挥平堵截流水力条件较好的优点，有的工程先用立堵法进占，而后在小范围龙口内用平堵法截流，该法称为立平堵法。其缺点是龙口较窄。

苏联布拉茨克水电站，在截流流量 3600m^3/s、最大落差 3.5m 的条件下，采用先立堵进占，缩窄龙口至 100m，然后利用管柱栈桥全面平堵合龙。多瑙河上罗马尼亚和南斯拉夫两国合建的铁门水利枢纽工程，经过方案比较，也采用了立平堵法。其做法是，立堵进占结合管柱栈桥平堵。立堵段首先进占，完成长度 149.5m，平堵段龙口 100m，由栈桥上抛投完成截流，最终落差达 3.72m。

（2）平立堵法。对于软基河床，单纯立堵易造成河床冲刷，可采用先平抛护底，再立堵合龙。平抛多利用驳船进行。我国青铜峡、丹江口、大化及葛洲坝等工程均采用此法，三峡工程在二期大江截流时也采用了该方法，取得了满意的效果。由于护底均为局部性，故这类工程本质上仍采用立堵法截流。

三、截流日期选择和截流设计流量确定

1. 截流日期选择

对于施工期跨越几个水文年度的工程，截流年份应结合施工进度的安排来确定。截流年份内截流时段的选择，既要把握截流时机，选择在枯水流量、风险较小的时段进行；又要为后续的基坑工作和主体建筑物施工留有时间余地，不致影响整个工程的施工进度。在确定截流时段时，应考虑以下要求：

（1）截流以后，需要继续加高围堰，完成排水、清基、基础处理等大量基坑工作，并应把围堰或永久建筑物在汛期前抢修到一定高程以上。为了保证这些工作的完成，截流时段应尽量提前。

（2）在通航的河流上进行截流，截流时段最好选择在对航运影响较小的时段内。因为截流过程中，航运必须停止，即使船闸已经修好，但因截流时水位变化较大，亦须停航。

（3）在北方有冰凌的河流上，截流不应在流冰期进行。因为冰凌很容易堵塞河道或导流泄水建筑物，壅高上游水位，给截流带来极大困难。

此外，在截流开始前，应修建好导流泄水建筑物，并做好过水准备。如清除影响泄水建筑物运用的围堰或其他设施，开挖引水渠，完成截流所需的一切材料、设备、

交通道路的准备等。

如上所述，截流日期多选在枯水期初始时期，河水流量已有明显下降的时候，而不一定选在流量最小的时刻，我国一些工程的截流日期见表1-6。但是，在截流设计时，根据历史水文资料确定的枯水期和截流流量与截流时的实际水文条件往往有一定出入。因此，在实际施工中，还须根据当时的水文气象预报及实际水情分析进行修正，最后确定截流日期。

表1-6　　截　流　日　期

工程名称	河流最枯时段	截流日期	工程名称	河流最枯时段	截流日期
水口水电站	11月至次年1月	9月下旬	丹江口水电站	1—2月	11月下旬
白山水电站	12月至次年1月	10月中旬	葛洲坝水电站	1月下旬至2月下旬	1月上旬
大化水电站	1—2月	10月中旬	西津水电站	1—2月	11月中旬
新安江水电站	10—12月	10月下旬			

2. 截流设计流量确定

截流设计流量是指某一确定的截流时段内相应洪水重现期的设计流量。它是指导截流施工的主要依据，需结合截流标准和截流时段的分析来决定。

龙口合龙所需的时间往往很短，一般从数小时到几天。为了估计在此时段内可能发生的水情，做好截流的准备，须选择合理的截流设计流量。

根据现行规范，截流设计流量的标准可采用截流时段重现期为5～10年的月或旬平均流量。也可用统计资料分析方法（根据多年实测流量资料统计整理分析，取具有典型性的流量并留有安全裕度）、预报法（一种水文气象预报值比照某一频率值确定另一种水文气象预报值加安全裕度的值）等方法。如水文资料不足，可用短期的水文观测资料或根据条件类似的工程来选择截流设计流量。无论用什么方法确定截流设计流量，都必须根据当时实际情况和水文气象预报加以修正，按修正后的流量进行各项截流的准备工作，作为指导截流施工的依据。采用不同方法确定截流设计流量的工程实例，见表1-7。

表1-7　　不同方法确定的截流设计流量

工程名称	截流设计流量/(m^3/s)	实测截流流量/(m^3/s)	确定方法
柘溪水电站	200	80	统计资料分析方法
盐锅峡水电站	1600	447	频率法
石泉水电站	200	80	频率法
刘家峡水电站	220	210	预报值比照频率法
龚嘴水电站	600	426	预报值加安全裕度

四、龙口位置和宽度

龙口位置的选择，与截流工作能否顺利进行密切相关。选择龙口位置时，应着重考虑地质条件、地形条件和水力条件。

（1）从地质条件来看，龙口应尽量选在河床抗冲刷能力强的地方，如岩基裸露或覆盖层较薄。

(2) 从地形条件来看，龙口河底不宜有顺流向陡坡和深坑；龙口周围应有较宽阔的场地，离料场和特殊截流材料堆场近些，便于施工布置和组织。

(3) 从水力条件来看，对于有通航要求的河流，预留龙口一般均布置在深槽主航道处。

原则上龙口宽度应尽可能窄些，这样合龙的工程量就小些，截流的延续时间也短些，但以不引起龙口及其下游河床的冲刷为限。为了提高龙口的抗冲能力，减少合龙的工程量，须对龙口加以保护。龙口的保护包括护底和裹头。护底一般采用抛石、沉排、竹笼、柴石枕等。裹头就是用石块、钢筋石笼、黏土麻袋包或草包、竹笼、柴石枕等把戗堤的端部保护起来，以防被水流冲坍。裹头多用于平堵戗体两端或立堵进占端对面的戗堤。龙口宽度及其防护措施，可根据相应的流量及龙口的抗冲流速来确定。在通航河道上，当截流准备期通航设施尚未投入运用时，船只仍需在截流前由龙口通过。这时龙口宽度便不能太窄，流速也不能太大，以免影响航运。如葛洲坝工程的龙口，由于考虑通航流速不能大于3.0m/s，所以龙口宽度达220m。

五、截流水力计算

1. 截流水力计算的目的

截流水力计算的目的是确定龙口诸水力参数的变化规律。它主要解决两个问题：一是确定截流过程中龙口各水力参数，如单宽流量 q、水位落差 z、流速 v 等的变化规律；二是由此确定截流材料的尺寸或重量及相应的数量等。这样，在截流前，可以有计划、有目的地准备各种尺寸或重量的截流材料及其用量，规划截流现场的场地布置，选择起重、运输设备；在截流时，能预先估计不同龙口宽度的截流参数，何时何处应抛投何种尺寸或重量的截流材料及其方量等。

2. 水量平衡计算

截流时的水量平衡方程为

$$Q_0 = Q_1 + Q_2 \tag{1-6}$$

式中：Q_0 为截流设计流量，m^3/s；Q_1 为导流泄水建筑物的泄流量，m^3/s；Q_2 为龙口的泄流量，可按宽顶堰计算，m^3/s。

随着截流戗堤的进占，龙口逐渐被束窄，因此，经由导流泄水建筑物和龙口的下泄流量是变化的，但两者之和恒等于截流设计流量。其变化规律是：截流开始时，大部分截流设计流量经由龙口下泄，随着截流戗堤的进占，龙口断面不断缩小，上游水位不断上升，经由龙口下泄的流量越来越小，而经由导流泄水建筑物下泄的流量则越来越大。龙口合龙闭气以后，截流设计流量全部经由导流泄水建筑物下泄。

3. 截流水力计算方法

为了方便计算，可采用图解法。图解时，先绘制上游水位 H_u 与导流泄水建筑物泄流量 Q_1 的关系曲线和上游水位与不同龙口宽度 B 下泄流量 Q_2 的关系曲线，如图1-42所示。在绘制曲线时，下游水位视为常量，可根据截流设计流量由下游水位与流量关系曲线上查得。这样，在同一上游水位情况下，当导流泄水建筑物泄流量与某宽度龙口泄流量之和为 Q_0 时，即可分别得到 Q_1 和 Q_2。

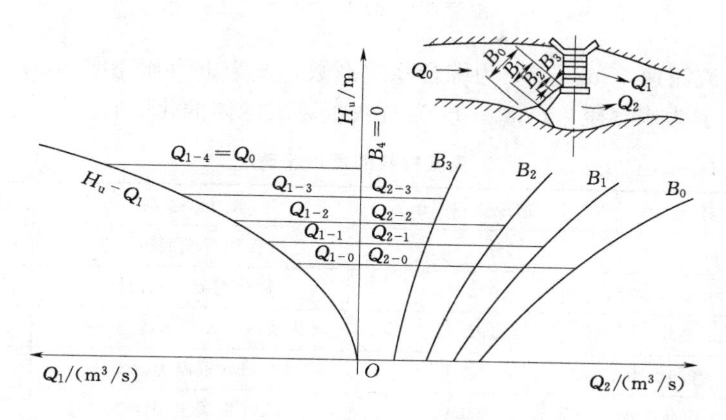

图 1-42　Q_1 与 Q_2 图解法（立堵法截流）

根据图解法可同时求得不同龙口宽度时上游水位 H_u 和 Q_1、Q_2 值，由此再通过水力学计算即可求得截流过程中龙口诸水力参数的变化规律，如图 1-43 所示。

六、截流材料及备料量

1. 截流材料类型

截流材料类型的选择，主要取决于截流时可能发生的流速及开挖、起重、运输设备的能力，一般应尽可能就地取材。国内外大江大河截流的实践证明，块石是截流的最基本材料。此外，当截流水力条件较差时，还必须使用人工块体，如混凝土六面体、四面体、四脚体及钢筋混凝土构架等，如图 1-44 所示，以减少截流材料的流失。

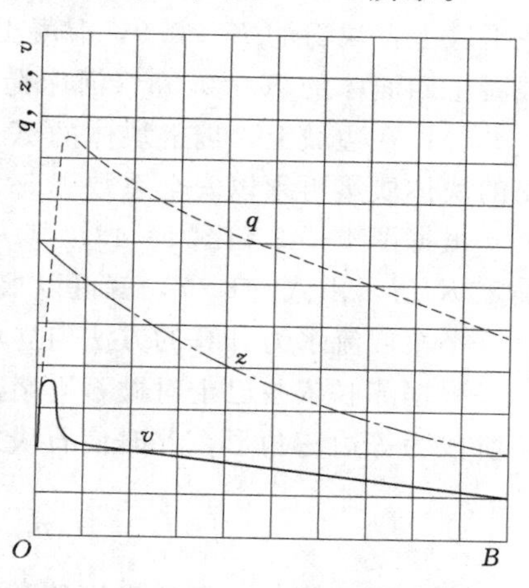

图 1-43　龙口水力参数变化特性

2. 截流材料尺寸

在截流中，合理地选择截流材料的尺寸或重量，对于截流的成败和截流费用的节省具有很大意义。截流材料的尺寸或重量取决于龙口的流速。各种不同材料的适用流速，即抵抗水流冲动的经验流速可参照表 1-8 进行选择。

立堵法截流时截流材料抵抗水流冲动的流速可按式（1-7）估算：

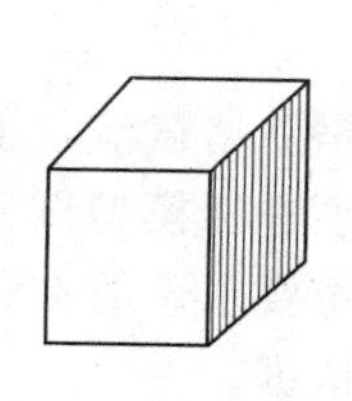

（a）混凝土六面体

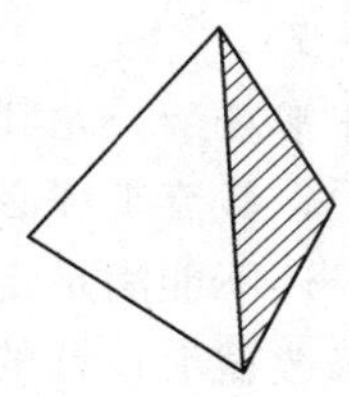

（b）混凝土四面体

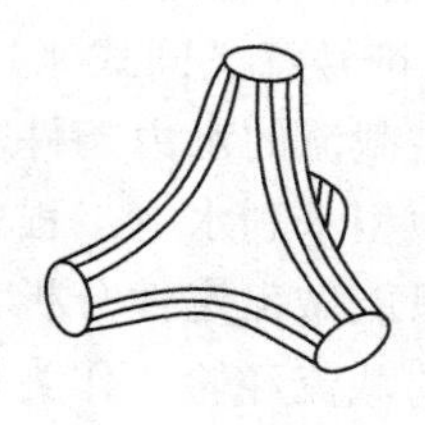

（c）混凝土四脚体

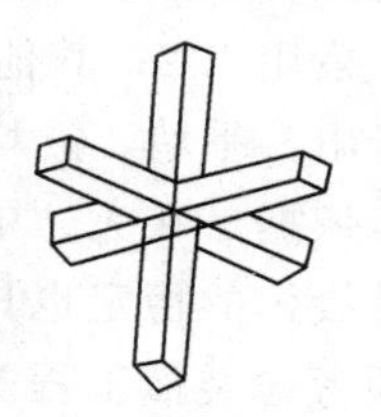

（d）钢筋混凝土构架

图 1-44　人工截流材料类型

$$v=K\sqrt{2gD\frac{\gamma_1-\gamma}{\gamma}} \tag{1-7}$$

式中：v 为水流流速，m/s；K 为综合稳定系数；g 为重力加速度，m/s^2；γ_1 为石块容重，t/m^3；γ 为水容重，t/m^3；D 为石块折算成球体的化引直径，m。

表 1-8 截流材料的适用流速

截流材料	适用流速/(m/s)	截流材料	适用流速/(m/s)
土料	0.5～0.7	3t 大块石或钢筋石笼	3.5
20～30kg 石块	0.8～1.0	4.5t 混凝土六面体	4.5
50～70kg 石块	1.2～1.3	5t 大块石、大石串或钢筋石笼	4.5～5.5
装土麻袋（0.7m×0.4m×0.2m）	1.5	12～15t 混凝土四面体	7.2
ϕ0.5m×2m 装石竹笼	2.0	20t 混凝土四面体	7.5
ϕ0.6m×4m 装石竹笼	2.0～3.0	ϕ1.0m×15m 柴石枕	7～8
ϕ0.8m×6m 装石竹笼	3.5～4.0		

采用立堵法截流时，不同的抛投位置及抛投材料，其稳定系数的选取是不同的。在平底上，块石的 $K=0.9$，混凝土六面体的 $K=0.57\sim0.59$（河床糙率小于 0.33），混凝土四面体的 $K=0.53$（河床糙率小于 0.03）和 $K=0.68\sim0.70$（河床糙率小于 0.035）；在边坡上，以上块体的 $K=1.02\sim1.08$。一般选用平底 K 值计算，计算得出的块体质量再乘以安全系数 1.5 为设计采用的块体的质量。

根据图 1-42 和图 1-43、某一龙口宽度的 v 值，再根据材料类型查阅相关资料确定 K 值，由式（1-7）就可以求得抛投体的化引直径 D。

平堵截流水力计算的方法与立堵法类似。

根据苏联依兹巴士对抛石平堵截流的研究，抛石平堵截流所形成的戗堤断面在开始阶段为等边三角形，此时使石块发生移动所需要的最小流速为

$$v_{min}=K_1\sqrt{2gD\frac{\gamma_1-\gamma}{\gamma}} \tag{1-8}$$

龙口流速增加，石块发生移动之后，戗堤断面逐渐变成梯形，此时石块不致发生滚动的最大流速为

$$v_{max}=K_2\sqrt{2gD\frac{\gamma_1-\gamma}{\gamma}} \tag{1-9}$$

式中：K_1 为石块在石堆上的抗滑稳定系数，采用 0.9；K_2 为石块在石堆上的抗滚动稳定系数，采用 1.2；其他符号意义同式（1-7）。

应该指出，平堵、立堵截流的水力条件非常复杂，尤其是立堵截流，上述计算只能作为初步依据。在大、中型水利水电工程中，截流工程必须进行模型试验。但模型试验时对抛投体的稳定也只能做出定性分析，还不能满足定量要求。故在试验的基础上，还必须考虑类似工程的截流经验，作为修改截流设计的依据。

3. 截流材料备料量

为确保截流既安全顺利，又经济合理，正确计算截流材料的备料量是十分必要

的。备料量通常按设计的戗堤体积再增加一定裕度。主要是考虑到堆存、运输中的损失，水流冲失，戗堤沉陷以及可能发生比设计更坏的水力条件而预留的备用量等。

目前国内外大多数工程的统计情况是备料量超过实际用量，少的剩余50%，多的达400%，特别是人工块体。其原因有三个方面：①模型试验、截流设计、施工备料层层增加富裕度；②水下地形不太准确，计算戗堤体积时取偏大安全值；③设计截流流量大于实际出现的流量。人工材料的大量弃置，既浪费资金又影响环境，因此，如何正确估算截流材料的备用量，是一个很重要的课题。

第八节　拦洪度汛与封堵蓄水

知识要求与能力目标：

(1) 熟悉坝体拦洪度汛标准、拦洪高程的确定方法；

(2) 了解混凝土坝、土石坝等坝型的度汛措施；

(3) 熟悉初期蓄水的概念和导流泄水建筑物封堵的技术措施。

学习内容：

(1) 坝体拦洪度汛；

(2) 封堵与蓄水。

一、坝体拦洪度汛

水利枢纽中后期的施工导流，往往需要由坝体挡水或拦洪。坝体能否可靠拦洪与安全度汛，直接影响工程进度计划的执行与建设安全。因此，坝体拦洪度汛是整个工程施工进度安排中的一个控制性环节，必须慎重对待。

(一) 坝体拦洪标准

在主体工程为混凝土坝的枢纽中，若采用两段两期围堰法导流，当第二期围堰放弃以后，未完建的混凝土建筑物，就不仅要负担宣泄导流设计流量的任务，而且还要起一定的挡水作用。在主体工程为土坝或堆石坝的枢纽中，若采用全段围堰隧洞或明渠导流，则在河床断流以后，常常要求在汛期到来以前，将坝体填筑到拦蓄相应洪水流量的高程，也就是拦洪高程，以保证坝身能安全度汛。此时，主体建筑物开始投入运用，已不需要围堰保护，水库亦拦蓄有一定水量。显然，其导流标准与临时建筑物挡水时应有所不同。这就是坝体施工期拦洪度汛的两种情况：一种是坝体高程修筑到无须围堰保护或围堰已失效时的临时挡水度汛；另一种是导流泄水建筑物封堵后，永久泄水建筑物已初具规模，但尚未具备设计的最大泄洪能力，坝体尚未完建的度汛。这一施工阶段，通常称为水库蓄水阶段或大坝施工期运用阶段。

坝体施工期临时度汛的导流标准，视坝型和拦洪库容的大小，根据《水利水电工程等级划分及洪水标准》(SL 252—2017) 中的规定确定，可按表1-9选用。

若导流泄水建筑物已经封堵，而永久泄洪建筑物尚未具备设计泄洪能力，此时，坝体度汛的导流标准，应视坝型及其级别，按表1-10选用。显然，汛前坝体上升高度应满足拦洪要求，帷幕灌浆及接缝灌浆高程应能满足蓄水要求。

表 1-9　　坝体施工期临时度汛洪水标准

坝　型	拦洪度汛库容/亿 m^3			
	≥10	<10，≥1.0	<1.0，≥0.1	<0.1
	洪水重现期/年			
土石坝	≥200	200～100	100～50	50～20
混凝土坝	≥100	100～50	50～20	20～10

表 1-10　　导流泄水建筑物封堵后坝体度汛洪水标准

大坝类型		大 坝 级 别		
		1	2	3
		洪水重现期/年		
混凝土坝	设计	200～100	100～50	50～20
	校核	500～200	200～100	100～50
土石坝	设计	500～200	200～100	100～50
	校核	1000～500	500～200	200～100

根据上述洪水标准，通过调洪计算，可确定相应的坝体挡水或拦洪高程。

（二）拦洪高程的确定

一般情况下，导流泄水建筑物的泄水能力远不及原河道大。坝体挡水或拦洪高程的确定，可以通过调洪计算求得。

洪水进入施工河段的流量和泄水建筑物宣泄洪水的过程线，如图 1-45 所示。t_1～t_2 时段，进入施工河段的洪水流量大于泄水建筑物的泄量，使部分洪水暂时存蓄在水库中，上游水位升高，形成一定库容。此时，泄水建筑物的泄量随着上游水位的升高而增大，达到洪峰流量 Q_m。入库的洪峰流量达到峰值后（即 t_2～t_3 时段），入库流量逐渐减少，但入库流量仍大于泄量，蓄水量继续增大，库水位继续上升，泄量 q 也随之增加，直到 t_3 时刻，入库流量与泄流量相等时，水库蓄水容积达到最大值 V_m，相应的上游水位达最高值 H_m，即坝体挡水或拦洪水位，泄水建筑物的泄量也达最大值 q_m（即泄水建筑物的设计流量）。t_3 时刻以后，入库流量 Q 继续减少，库水位逐渐下降，q 也开始减少，但此时库水位较高，泄量 q 仍较大，且大于入库流量 Q，水库存蓄的水量仍继续宣泄，直到 t_4时刻，入库的蓄水全部泄完，回复到洪水来临前的状态。从以上水库调节洪水的过程可以看出，由于水库的这种调节作用，削减了通过泄水建筑物的最大泄量，由 Q_m削减为 q_m，但却抬高了坝体上游的水位。因此，要确定坝体的挡水或拦洪高程，可以通过调洪计算，求得相应的最大泄量 q_m与上游最高水位 H_m。

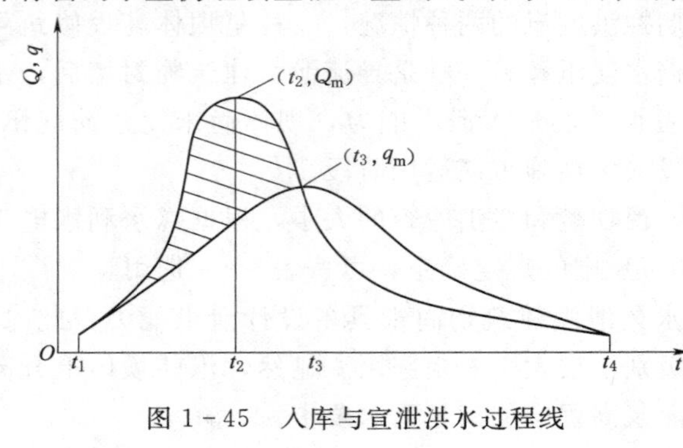

图 1-45　入库与宣泄洪水过程线

上游最高水位 H_m再加上安全

超高便是坝体的挡水或拦洪高程，用公式表示为

$$H_f = H_m + \delta \tag{1-10}$$

式中：H_f为拦洪高程，m；H_m为上游最高水位，m；δ为安全超高，m，依据坝的级别而定，1级，$\delta \geqslant 1.5$，2级，$\delta \geqslant 1.0$，3级，$\delta \geqslant 0.75$，4级，$\delta \geqslant 0.5$。

（三）拦洪度汛措施

根据施工进度安排，如果汛期到来之前坝身还不能修筑到拦洪高程，则必须采取一定工程措施，确保安全度汛。尤其当主体建筑物为土坝或堆石坝且坝体填筑又相当高时，更应给予足够的重视，因为一旦坝身过水，就会造成严重的溃坝后果。

1. 混凝土坝的拦洪度汛措施

混凝土坝一般是可以过水的，若坝身在汛前不可能浇筑到拦洪高程，为了避免坝身过水时造成停工，可以在坝面上预留缺口度汛，待洪水过后，水位回落，再封堵缺口，全面上升坝体。另外，如果根据混凝土浇筑进度安排，虽然在汛前坝身可以浇筑到拦洪高程，但一些纵向施工缝尚未灌浆封闭时，可考虑用临时断面挡水，但必须进行充分论证，采取相应措施，以消除应力恶化的影响。如湖南柘溪工程的大头坝，如图1-46所示，为提前挡水就采取了调整纵缝位置、提高初期灌浆高程和改变纵缝形式等措施。

2. 土石坝的拦洪度汛措施

土坝、堆石坝一般是不允许过水的。若坝身在汛前不可能填筑到拦洪高程时，一般可以考虑降低溢洪道高程、设置临时溢洪道、用临时断面挡水，或经过论证采用临时坝面保护措施过水。

(1) 临时断面挡水。采用临时断面挡水时，应注意以下几点：

1) 在拦洪高程以上，顶部应有足够的宽度，以便在紧急情况下仍有余地抢筑子堰，确保安全。

2) 临时断面的边坡应保证稳定，其安全系数一般应不低于正常设计标准。为防止施工期间由于暴雨冲刷和其他原因而坍坡，必要时应采取简单的防护措施和排水措施。

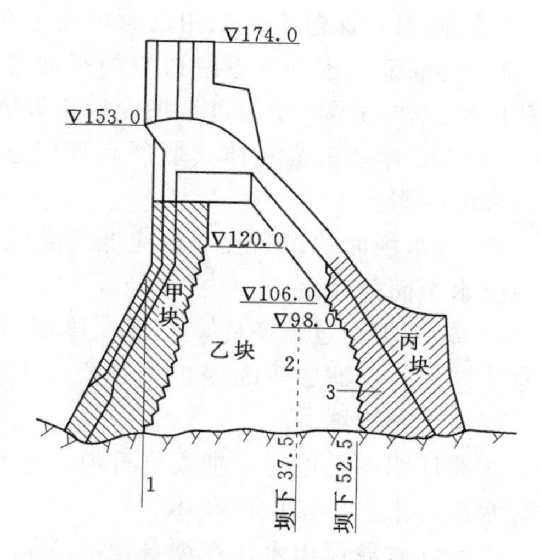

图1-46　混凝土坝拦洪的临时断面图（单位：m）
1—坝轴线；2—原设计纵缝；3—修改后的纵缝

3) 斜墙坝或心墙坝的防渗体一般不允许采用临时断面。

4) 上游垫层和石块护坡应按设计要求筑到拦洪高程。如果不能达到要求，则应考虑临时防护措施。下游坝体部位，为满足临时断面的安全要求，在基础清理完毕后，应按全断面填筑几米高以后再收坡，必要时应结合设计的反滤排水设施统一安排考虑。

采用临时度汛断面的指导思想是“挡”。如万一“挡”不成功，亦应有后备方案。

如采取临时防冲措施，让未完建的土石坝溢洪，或预留危害程度较轻的溢流口，过流以后，做好修复工作，确保坝身的质量，以免留下隐患。

土石坝的临时断面形式与坝型有关。浙江省青田工程心墙坝的两个临时断面度汛方案，如图1-47所示，其中图（a）是拦河坝施工度汛临时斜墙挡水方案，图（b）是修筑永久心墙度汛挡水方案。

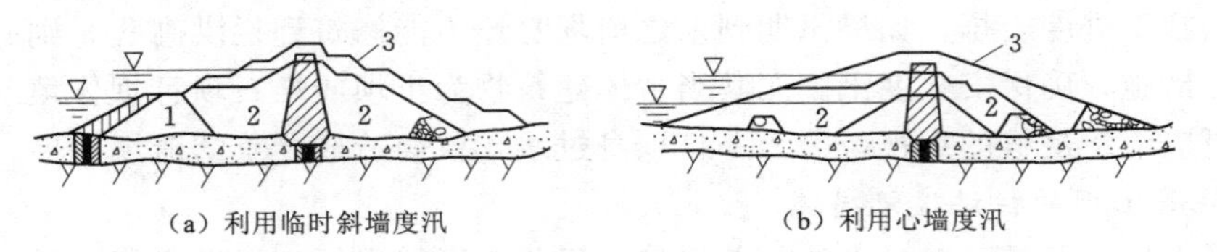

（a）利用临时斜墙度汛　　（b）利用心墙度汛

图1-47　心墙式土坝临时度汛断面示意图

1—施工度汛断面；2—初期发电临时挡水断面；3—完建坝体断面

两个临时度汛挡水方案中，前者增加了临时斜墙的施工，但不影响汛期坝体的加高。基于这一优点，云南省毛家村水库、四川省升钟水库、甘肃省碧口水电站等土石坝均采用这种方案度汛。后者利用部分永久心墙挡水，虽然省掉了临时斜墙的工作量，但是汛期坝体，特别是心墙的加高，受到影响。

（2）临时坝面过水。采用临时坝面过水时，应注意以下几点：

1）为保证过水坝面下游边坡的抗冲稳定，应加强保护或做成专门的溢流堰，例如利用反滤体加固后作为过水坝面溢流堰体等，并注意堰体下游的防冲保护。

2）靠近岸边的溢流体其堰顶高程应适当抬高，以减小坝面单宽流量，减轻水流对岸坡的冲刷。

3）过水坝面的顶高程一般应低于溢流堰体顶高程0.5～2.0m或做成反坡式，以避免过水坝面的冲淤。

4）根据坝面过流条件，合理选择坝面保护形式，防止淤积物渗入坝体，特别要注意防渗体、反滤层等的保护。必要时上游设置拦污设施，防止漂木、杂物淤积坝面，撞击下游边坡。

实践证明，无论是土坝或堆石坝，只要防冲措施得当，事后处理合宜，大多数工程过水后并未发生实质性破坏。

黑龙江省龙凤山水库在坝身预留70m宽的临时溢洪道，其上铺砌40cm以上的大块石，通过$140m^3/s$的春汛洪水，单宽流量为$2.0m^3/(s \cdot m)$，最大流速为5.0m/s，效果很好。

堆石坝采用未完建断面过水度汛，据不完全统计，在国外至今已有35座之多，大多在澳大利亚。其过水的保护措施是采用加筋。

二、封堵与蓄水

在施工后期，当坝体已修筑到拦洪高程以上，能够发挥挡水作用时，其他工程项目，如混凝土坝已完成了基础灌浆和坝体纵缝灌浆，库区清理、水库坍岸和渗漏处理均已完成，建筑物质量和闸门设施等也都检查合格，这时，整个工程就进入了所谓完建期。应根据施工的总进度计划、主体工程或控制性建筑物的施工进度、导流建筑物的封堵条件、天然河流的水文特征、发电、航运、灌溉和下游用水等国民经济各部门所提出的综合要求，确定竣工运用日期，有计划地进行导流泄水建筑物的封堵和水库的蓄水工作。

（一）导流泄水建筑物的封堵

1. 封孔日期及设计流量

封孔日期与初期蓄水计划有关。导流孔洞的封堵，一般在枯水期进行。下闸封堵导流临时泄水建筑物的设计流量，应根据河流水文特征及封堵条件，采用封堵时段5～10年重现期的月或旬平均流量，或按实测水文统计资料分析确定。封堵工程施工阶段的导流设计标准，则应根据工程重要性、失事后果等因素在该时段5～20年重现期范围内选定。

2. 封堵方式及措施

导流孔洞最常用的封堵方式是首先下闸封孔，然后浇筑混凝土塞封堵。

(1) 下闸封孔。常见的封孔闸门有钢闸门、钢筋混凝土叠梁闸门、钢筋混凝土整体闸门和组合闸门等。

1) 钢闸门封孔。这种封孔方法通常与永久性水工闸门结合使用。对临时性导流泄水建筑物，当全段或部分封堵完毕后，再把钢闸门提出来作为其他永久性闸门使用；对全部与永久性建筑物结合的导流泄水建筑物，一般直接利用永久性钢闸门关闭蓄水，待水库投入运行后，为了排砂，泄洪或放空，随时都可以将闸门重新开启。当然，如果客观条件不允许封孔闸门与永久性水工闸门结合使用，或因封孔后填塞工作量大，重新启用闸门反而影响坝体施工进度或质量者，也可不结合，即钢闸门被永远埋入坝体内。

2) 钢筋混凝土叠梁闸门封孔。这种封孔方法是将预制好的钢筋混凝土叠梁沉放入预留的门槽内。叠梁断面多为矩形。采用钢筋混凝土叠梁封孔时，一般应在导流泄水建筑物进口设置工作平台，平台顶部高程按封孔施工设计流量演算，保证叠梁沉放结束并闭气后，操作人员和设备能全部撤离，不受影响。平台上架设起重设备以安放叠梁。叠梁可在岸边预制，也可在工作平台上预制，就地起吊。在岸边预制叠梁需运至封孔平台，如在工作平台上预制叠梁，其面积应满足堆放叠梁的要求。

3) 钢筋混凝土整体闸门封孔。这种闸门有平板形和拱形两种，前者制作简便，沉放较为容易，国内外采用较多。用钢筋混凝土整体闸门封孔时，应先在孔顶上方的坝面上焊接支撑闸门的钢支架，闸门在工作平台上预制，坝面预埋有固定转向滑轮组的锚固装置。

对于此类闸门，国外多用同步电动卷扬机沉放。我国新安江水电站工程的导流底孔封堵，成功地应用了多台5～10t手摇绞车，顺利沉放了质量达321t的钢筋混凝土整体闸门，如图1-48所示。这种封孔方式断流快，水封好，方便可靠，特别是库水位上升较快时，广泛用于最后封孔。

为了减轻封孔闸门重量，也有采用空心闸门或分节式闸门的。一般来说，这种闸门不宜用作最后封孔。对于无须过木、排冰的导流孔洞，可在洞进口处设中墩，以便减少封孔闸门重量，国内外许多工程采用该法。

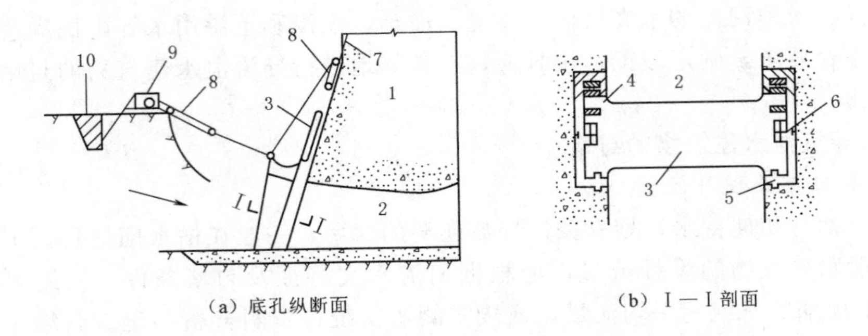

(a) 底孔纵断面 (b) Ⅰ—Ⅰ剖面

图1-48 新安江水电站导流底孔封堵示意

1—坝体；2—底孔；3—闸门；4—坝面承压板；5—止水槽；6—侧向导轮；7—预埋铁吊环；8—滑轮组；9—手摇绞车；10—锚锭

4）组合闸门封孔。当导流泄水建筑物孔口尺寸较大，或高度比较大时，也可用组合闸门封孔，如孔的底部用钢闸门封孔，中部用钢筋混凝土叠梁封孔，上部用钢筋混凝土整体闸门封孔。

(2) 浇筑混凝土塞。导流底孔一般为坝体的一部分，因此封堵时需全孔堵死；而导流隧洞或涵管并不需要全孔堵死，只浇筑一定长度的混凝土塞，就足以起到永久挡水作用。混凝土塞的最小长度可根据极限平衡条件由式（1-11）求出：

$$l=\frac{KP}{A\gamma gf+\lambda c} \tag{1-11}$$

式中：K 为安全系数，一般取1.1～1.3；P 为作用水头之推力，N；A 为导流隧洞或涵管的断面面积，m^2；γ 为混凝土重度，kg/m^3；f 为混凝土与岩石（或混凝土）的摩阻系数，一般取0.6～0.65；g 为重力加速度，m/s^2；λ 为导流隧洞或涵管的周长，m；c 为混凝土与岩石（或混凝土）的黏结力，一般取 $(5\sim20)\times10^4$Pa。

常用的混凝土塞为楔形，也有采用拱形和球壳形的。为了保证混凝土塞与洞壁之间有足够的抗剪力，通常采用与键槽结合的方法。当混凝土塞体积较大时，为防止因温度变化而引起开裂，应分段浇筑。必要时还需埋设冷却水管降温，待混凝土塞达到稳定温度时，再进行接缝灌浆，以保证混凝土塞与围岩的连接，如图1-49所示。此外，堵塞导流底孔时深水堵漏问题应予以重视。

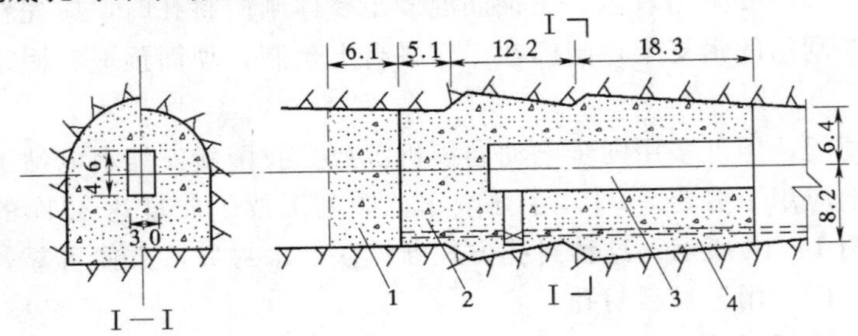

图1-49 导流隧洞的堵头（单位：m）

1—混凝土墙；2—混凝土塞；3—冷却和灌浆用坑道；4—冷却水管

（二）初期蓄水

大型水利枢纽的工程量大、工期长，为了满足国民经济发展需要，往往边施工边蓄水，以便使枢纽提前发挥效益。国内已建的许多大型工程，如新安江、柘溪、乌江渡、丹江口、葛洲坝、三峡等工程均在施工期间开始蓄水。

水库施工期蓄水又称初期蓄水，通常是指临时导流建筑物封堵后至水库开始发挥效益为止的时期内水库的蓄水。水库开始发挥效益，一般是指达到发电或灌溉所要求的最低水位。

初期蓄水需要做好蓄水计划和蓄水准备工作，进行规划时应考虑河道综合利用要求。

蓄水计划是施工后期进行施工导流，安排施工进度的主要依据。

水库的蓄水与临时导流泄水建筑物的封堵密切相关，只有将导流用的临时泄水建筑物封堵后，才有可能进行水库蓄水。因此，必须制定一个积极可靠的蓄水计划，既能保证发电、灌溉及航运等方面的要求，如期发挥工程效益，又要力争在比较有利的条件下封堵导流用的临时泄水建筑物，使封堵工作得以顺利进行。

在进行施工期蓄水历时计算时，要综合考虑经济社会各部门（灌溉、发电、通航、用水、下游生态基流等）的用水要求，经计算分析确定。施工期蓄水历时的计算方法常用频率法和典型年法。同时，水库蓄水要解决的主要问题如下：

（1）确定蓄水历时计划，并据以确定水库开始蓄水的日期，即导流用临时泄水建筑物的封堵日期。水库蓄水计划可按保证率为75%～85%的月平均流量过程线来制定。可以从发电、灌溉及航运等方面所提出的运用期限和水位要求，反推出水库开始蓄水的日期。具体做法是根据各月的来水量减去下游要求的供水量，得出各月留蓄在水库的水量，将这些水量依次累计，对照水库容积与水位关系曲线，就可绘制水库蓄水高程与历时关系曲线，如图1－50中曲线1所示，这样就可以制定出水库蓄水计划。

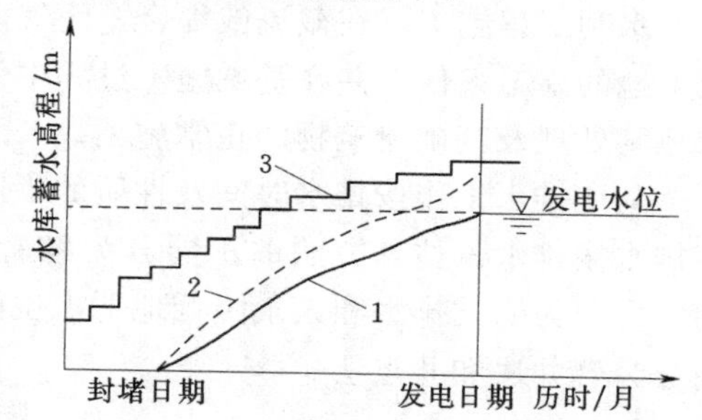

图1－50　水库蓄水高程与历时曲线

1—水库蓄水高程与历时关系曲线；2—导流泄水建筑物封堵后坝体度汛水库蓄水高程与历时关系曲线；3—坝体全线浇筑高程过程线

（2）校核库水位上升过程中大坝施工的安全性，并据以拟定大坝浇筑的控制性进度计划和坝体纵缝灌浆的进程。大坝施工安全校核的洪水标准，通常可选用20年一遇月平均流量。核算时，以导流用临时泄水建筑物封堵日期为起点，按选定洪水标准的月平均流量过程线，用顺推法绘制水库蓄水过程线，如图1－50中曲线2所示。曲线3为坝体全线浇筑高程过程线。它应包络曲线2，否则，应采取措施加快混凝土浇筑进度，或利用坝身永久底孔、溢流坝段、岸坡溢洪道或泄洪隧洞放水，调节并限制库水位上升。

资源1－8－1　某水电站下闸蓄水计划

蓄水计划的制定案例请参阅相关文献。

第九节 基 坑 排 水

知识要求与能力目标：

（1）掌握基坑排水的概念；

（2）掌握基坑初期排水的概念与排水设备容量的确定方法；

（3）明确基坑经常性排水的来源与排除方法；

（4）熟悉人工降低地下水位的方法；

（5）能够根据施工条件分析设计基坑排水方案，进行排水设备选型与数量确定。

学习内容：

（1）基坑排水；

（2）初期排水；

（3）经常性排水；

（4）人工降低地下水位。

一、基坑排水的概念

水利工程施工，在截流戗堤合龙闭气以后，就要排除基坑内的积水和渗水，以形成干地的施工条件，并在基坑施工过程中保持其基本处于干燥状态，以利于基坑开挖和地基处理及基础建筑物的正常施工。

基坑排水工作按排水时间及性质的不同，一般可分为初期排水和经常性排水。初期排水按排水量估算方法的不同分为经验法和试抽法。经常性排水按排水方法的不同，可分为明式排水和人工降低地下水位两种。而人工降低地下水位按抽水原理的不同分为管井法和井点法。

二、初期排水

1. 排水设备容量的确定

初期排水的主要来源包括开挖前基坑内的积水、围堰与基坑的渗水、天然降水。对于降水，因为初期排水是在围堰或者截流戗堤合龙闭气后立即进行的，时间通常为枯水期，而该时期内降水很少，因此可以不予考虑。围堰与基坑的渗水量，由于此时缺乏必要的资料，通常不单独估算，而是将其与积水排除流量合并在一起，参考实际工程的经验，按式（1-12）进行估算：

$$Q=k\frac{V}{T} \tag{1-12}$$

式中：Q 为初期排水流量，m^3/s；V 为基坑的积水体积，m^3；T 为初期排水时间，s；k 为经验系数，主要与围堰的类型、防渗措施、地质情况、工程等级、工期长短及施工条件等因素有关，根据国内外一些工程的统计，k 取 2～3。

排水时间 T 主要受基坑水位下降速度的限制。基坑水位允许下降速度视围堰形式、地基特性及基坑内水深而定。水位下降太快，则围堰或基坑边坡中动水压力变化过大，容易引起塌坡；下降太慢，则影响基坑开挖时间。一般下降速度限制在 0.5～

1.5m/d以内，对于土围堰取下限值，混凝土围堰取上限值。初期排水时间对大型基坑可采用5～7d，中型基坑不超过3～5d。

根据经验公式［式（1-12）］估算的初期排水量，即可确定所需的排水设备容量，但与实际情况往往存在一定出入。对此，实际工作中，可以采用试抽法进行校核与调整。试抽时可能会出现以下三种情况：①水位下降很快，显然是排水设备容量过大，这时，可关闭一部分排水设备，以控制水位下降速度；②水位不变，则可能是排水设备容量过小或有较大的渗漏通道存在，这时，应增加排水设备容量或找出渗漏通道予以堵塞，然后再进行抽水；③水位降至一定深度后就不再下降，这说明此时排水流量与渗透流量相等，只有增大排水设备容量或堵塞渗漏通道，才能将积水排除。据此可估算出需要增加的设备容量。

排水设备一般用离心式水泵。为方便运行，宜选择容量不同的离心式水泵，以便组合运用。

2. 排水设备的布置

确定排水设备容量后，要妥善布置水泵站。如果水泵站布置不当，不仅降低排水效果，影响其他工作，甚至水泵运转时间不长，又被迫转移，造成人力、物力及时间上的浪费。一般初期排水可以用固定的或浮动的水泵站。当水泵的吸水高度（一般水泵吸水高度为4.0～6.0m）足够时，水泵站可布置在围堰上，如图1-51（a）所示。水泵的出水管口最好设在水面以下，这样可利用虹吸作用减轻水泵的工作负担。在水泵排水管上应设置止回阀，以防水泵停止工作时，倒灌基坑。

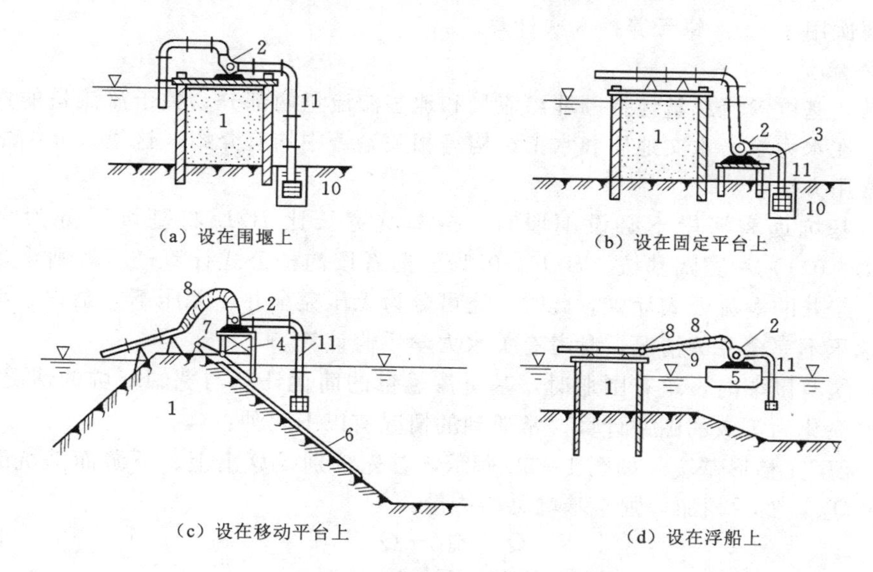

图1-51　基坑排水泵站布置

1—围堰；2—水泵；3—固定平台；4—移动平台；5—浮船；6—滑道；7—绞车；8—橡胶水管；9—铰接桥；10—集水井；11—吸水管

当基坑较深，超过水泵吸水高度时，需随基坑水位下降将水泵逐次下放，这时可以将水泵逐层安放在基坑内较低的固定平台上，如图1-51（b）所示；也可以将水泵放在沿滑道移动的平台上，如图 1-51（c）所示，用绞车操纵逐步下放；还可以将水泵放在浮船上，如图 1-51（d）所示。

三、经常性排水

经常性排水的主要来源包括基坑开挖及建筑物施工过程中，围堰和基坑的渗水、降水、地层含水、地基岩石冲洗及混凝土养护用的废水等。

基坑内初期积水排干后，围堰内外的水位差增大，此时渗透流量相应增大，围堰内坡、基坑边坡和底部的动水压力加大，容易引起管涌或流土，造成塌坡和基坑底隆起的严重后果。因此，在经常性排水期间，应进行周密的排水系统布置、渗透流量的计算和排水设备的选择，并注意观察围堰的内坡、基坑边坡和基坑底面的变化，保证基坑工作顺利进行。

（一）排水量估算

1. 降雨量

在基坑排水设计中，对降雨量的确定尚无统一的标准。大型工程可采用 20 年一遇 3 日降雨中最大的连续 6h 雨量，再减去估计的径流损失值（每小时 1mm），作为降雨强度；也有的工程采用日最大降雨强度。基坑内的降雨量可根据上述计算降雨强度和基坑集雨面积求得。

2. 施工废水

一般冲洗基岩的废水由吸泥泵排除。所以，施工废水主要考虑混凝土养护用水，其用水量估算，应根据气温条件和混凝土养护的要求而定。一般初估时可按每立方米混凝土每次用水 5L，每天养护 8 次计算。

3. 渗流量

通常，基坑渗流总量包括围堰渗流量和地基渗流量两部分。关于渗流量的详细计算方法，在水力学、水文地质和水工结构等相关论著中均有介绍，这里仅介绍估算渗流量的常用方法。

（1）基坑远离河岸不必设围堰时。按基坑宽长比 B/L 将基坑区分为窄长基坑（$B/L \leqslant 0.1$）和宽阔基坑（$B/L > 0.1$）。前者按沟槽公式计算；后者则化为等效的圆井，按井的渗流公式计算。此时，还可分为无压完全井、无压不完全井、承压完全井、承压不完全井等情况，参考有关水力学手册计算。

（2）筑有围堰时。筑有围堰时，基坑渗透量的简化计算与宽阔基坑的情况相仿，也将基坑简化为等效的圆井计算。常遇到的情况有以下两种：

1）无压完整形基坑。如图 1-52 所示，首先分别计算出上、下游面基坑的渗流量 Q_{1s} 和 Q_{2s}，然后相加，则得基坑总渗透量：

$$Q_s = Q_{1s} + Q_{2s} \tag{1-13}$$

$$Q_{1s} = \frac{1.365}{2} \times \frac{K_s(2s_1 - T_1)T_1}{\lg \dfrac{R_1}{r_0}} \tag{1-14}$$

$$Q_{2s} = \frac{1.365}{2} \times \frac{K_s(2s_2 - T_2)T_2}{\lg \dfrac{R_2}{r_0}} \tag{1-15}$$

式中：K_s 为地基的渗透系数，m/h；s_1、T_1、s_2、T_2 含义如图 1-52 所示；R_1、R_2 为降水曲线的影响半径，m；r_0 为将实际基坑简化为等效圆井时的半径。

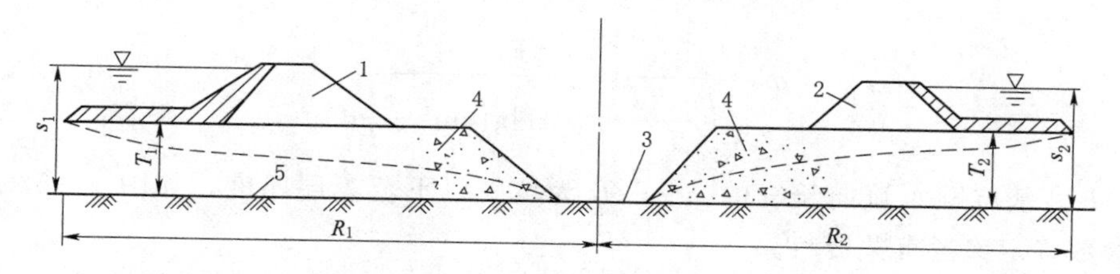

图 1-52　有围堰时的无压完整形基坑

1—上游围堰；2—下游围堰；3—基坑；4—基坑覆盖层；5—隔水层

式（1-14）和式（1-15）分别适用于 $R_1>2s_1\ (s_1K_s)^{1/2}$ 和 $R_2>2s_2\ (s_2K_s)^{1/2}$。R_1、R_2 取值主要与土质有关。根据经验，细砂的 $R=100\sim200$m，中砂的 $R=250\sim500$m，粗砂的 $R=700\sim1000$m。R 值也可按照各种经验公式估算，例如按库萨金公式：

$$R=575s\sqrt{HK_s} \tag{1-16}$$

式中：R 为降水曲线的影响半径，m；H 为含水层厚度，m；s 为水面降落深度，m；K_s 为渗透系数，m/h，与土的种类、结构、孔隙率等因素有关，一般应通过现场试验确定，当缺乏资料时，各类手册中所提供的数据也可供初估时参考。

对于不同形状的基坑，r_0 计算如下：

对于不规则形状的基坑：

$$r_0=\sqrt{\frac{F}{\pi}} \tag{1-17}$$

式中：F 为基坑面积，m^2。

对于矩形基坑：

$$r_0=\eta\frac{L+B}{4} \tag{1-18}$$

式中：B、L 为基坑宽度、长度，m；η 为基坑形状系数，与 B/L 值有关，见表 1-11。

表 1-11　　基坑形状系数 η 值

B/L	0	0.2	0.4	0.6	0.8	1.0
η	1.0	1.12	1.16	1.18	1.18	1.18

2）无压不完整形基坑。如图 1-53 所示，在此情况下，除坑壁渗透流量 Q_{1s} 和 Q_{2s} 仍按完整形基坑公式计算外，尚需计入坑底渗透流量 q_1 和 q_2。基坑总渗透流量 Q_s 为

$$Q_s=Q_{1s}+Q_{2s}+q_1+q_2 \tag{1-19}$$

其中，Q_{1s} 和 Q_{2s} 仍按式（1-14）和式（1-15）计算。q_1 和 q_2 则按以下两式计算：

$$q_1=\frac{K_s T s_1}{\frac{R_1-l}{T}-1.47\lg\left(\sinh\frac{\pi l}{2T}\right)} \tag{1-20}$$

$$q_2=\frac{K_s T s_2}{\frac{R_2-l}{T}-1.47\lg\left(\sinh\frac{\pi l}{2T}\right)} \tag{1-21}$$

式中：l 为基坑顺水流向长度的1/2；T 为坑底以下覆盖层厚度，如图1-53所示；其他参数确定参考有关资料。

式（1-20）和式（1-21）分别适用于 $R_1 \geqslant l+T$ 和 $R_2 \geqslant l+T$ 的情况。

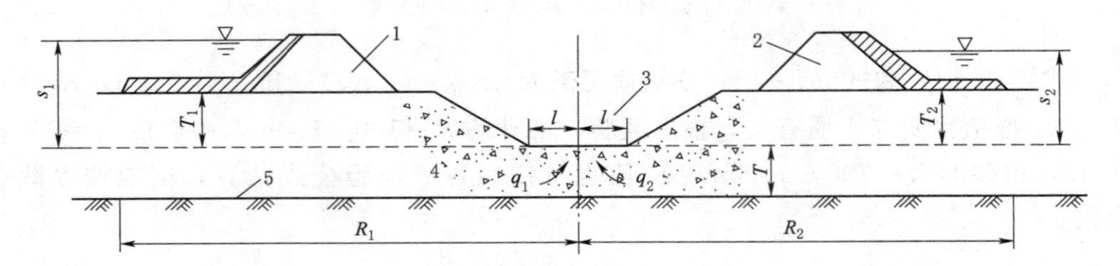

图1-53　有围堰的无压不完整形基坑

1—上游围堰；2—下游围堰；3—基坑；4—基坑覆盖层；5—隔水层

3）考虑围堰结构特点的渗透计算：以上两种简化方法，是把宽阔基坑，甚至连同围堰在内，化为等效圆井计算。这显然是十分粗略的。当基坑为窄长形，且需考虑围堰结构特点时，渗水量的计算可分为围堰和基础两部分，分别计算后予以叠加。

按这种方法计算时，采用以下简化假定：计算围堰渗流时，假定基础是不透水的，计算基础渗流时，则认为围堰是不透水的。也可将围堰和基础一并考虑，选用相应的计算公式。由于围堰的种类很多，各种围堰的渗透计算公式，可查阅有关《水工设计手册》和《水力计算手册》。

应当指出，应用各种公式估算渗流量的可靠性，不仅取决于公式本身的精度，而且还取决于计算参数的正确选择。特别是像渗透系数这类物理常数，对计算结果的影响很大。但是，在初步估算时，往往不可能获得较详尽而可靠的渗透系数资料。此时，也可采用如下的简便方法估算，当基坑在透水地基上时，可按照表1-12所列的参考指标来估算整个基坑的渗透流量。

表1-12　　1m水头下 $1m^2$ 基坑面积的渗透流量

土类	细砂	中砂	粗砂	砂砾石	有裂缝的岩石
渗透流量/(m^3/h)	0.16	0.24	0.30	0.35	0.05～0.10

（二）基坑排水系统的布置

（1）基坑开挖过程中的排水系统布置。基坑开挖过程中的排水系统布置，应以不妨碍开挖和运输工作为原则。一般常将排水干沟布置在基坑中部，以利两侧出土，如图1-54所示。随着基坑开挖工作的进展，逐渐加深排水干沟和支沟。通常保持干沟深度为1.0～1.5m，支沟深度为0.3～0.5m。集水井多布置在建筑物轮廓线外侧，井底应低于干沟沟底。但是，由于基坑坑底高程不一，有的工程就采用层层设截流沟、分级抽水的办法，即在不同高程上分别布置截水沟、集水井和水泵站，进行分级抽水。

（2）建筑物施工时的排水系统布置。如图1-55所示，排水沟和集水井都应布置在建筑物轮廓线外侧，且距离基坑边坡坡脚不少于0.3～0.5m。排水沟的断面尺寸和底坡大小，取决于排水量的大小。一般排水沟底宽不小于0.3m，沟深不大于1.0m，底坡不小于2‰。在密实土层中，排水沟可以不用支撑，但在松土层中，则需用木板或装石渣麻袋来加固。

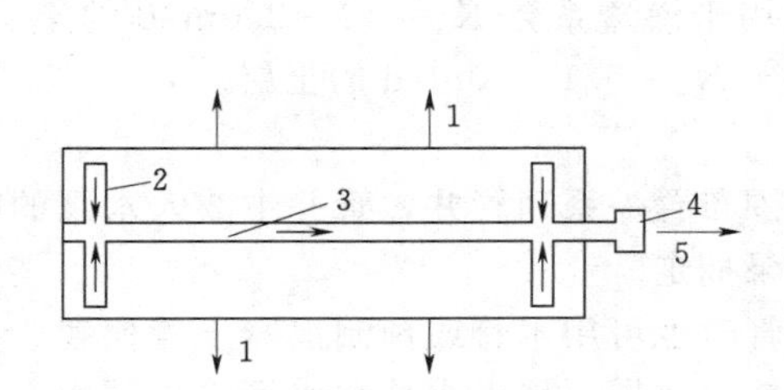

图1-54 基坑开挖过程中的排水系统布置
1—运土方向；2—支沟；3—干沟；
4—集水井；5—水泵抽水

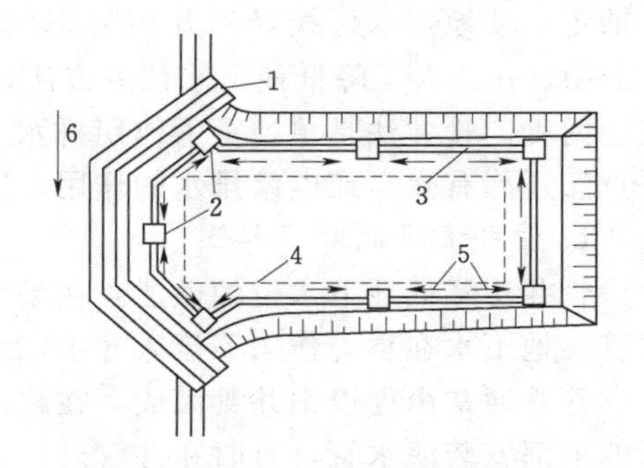

图1-55 建筑物施工时的排水系统布置
1—围堰；2—集水井；3—排水沟；
4—建筑物轮廓线；5—水流方向；6—河流

基坑内的水经由排水沟汇入集水井后，利用在井边设置的水泵站抽排至基坑外。集水井布置在建筑物轮廓线以外较低的地方，它与建筑物外缘的距离必须大于井的深度。井的容积至少要能保证水泵停止抽水10～15min，井水不致漫溢。集水井可为长方形，边长1.5～2.0m，井底高程应低于排水沟底1.0～2.0m。在土中挖井，井底应铺填反滤料；在密实土中，井壁用框架支撑；在松软土中，利用板桩加固。如板桩接缝漏土，尚需在井壁外设置反滤层。集水井不仅用来汇集排水沟的水量，而且还应有澄清水的作用，因为水泵的使用年限与水中含沙量的大小有关。为了保护水泵，集水井宜稍为偏大偏深一些。

为防止降雨时地面径流进入基坑而增加抽水量，通常在基坑外缘边坡上挖截水沟，以拦截地面水。截水沟的断面及底坡应根据流量和土质而定，一般沟宽和沟深不小于0.5m，底坡不小于2‰，基坑外地面排水系统最好与道路排水系统相结合，以便自流排水。为了降低排水费用，当基坑渗水水质符合饮用水或其他施工用水要求时，可将基坑排水与生活、施工用水、环境保护、绿化美化等相结合。

明式排水系统最适用于岩基开挖，对砂砾石或粗砂覆盖层，当渗透系数K_s>172.8m/d时，围堰内外水位差不大的情况也可用。在实际工程中也有超出上述界限的，例如丹江口的细砂地基，渗透系数约为17.3m/d，采取适当措施后，明式排水也取得了成功。不过，一般认为，当K_s<86.4m/d时，以采用人工降低水位法为宜。

四、人工降低地下水位

日常排水过程中，为了保持基坑开挖工作始终在干地进行，常常要多次降低排水沟和集水井的高程，变换水泵站的位置，影响开挖工作的正常进行。此外，在开挖细砂土、砂壤土一类地基时，随着基坑底面的下降，坑底与地下水位的高差愈来愈大，在地下水渗透压力作用下，容易产生边坡塌滑、坑底隆起等事故，甚至危及邻近建筑物的安全，对开挖工作带来不良影响。人工降低地下水位，可以改变基坑内的施工条件，防止流砂现象的发生，基坑边坡可以陡些，从而可以大大减少挖方量。

人工降低地下水位的基本做法：在基坑周围钻设一些井，地下水渗入井中，随即被抽走，使地下水位线降到开挖的基坑底面以下，一般应使地下水位降到基坑底下0.5～1.0m。人工降低地下水位的方法，按排水工作原理的不同，可分为管井法和井点法两种。管井法是单纯重力作用排水，适用于渗透系数 $K_s=10\sim250$m/d 的土层；井点法还附有真空或电渗排水的作用，适用于 $K_s=0.1\sim50$m/d 的土层。

1. 管井法降低地下水位

管井法降低地下水位的做法：在基坑周围布置一系列管井，管井中放入水泵的吸水管，地下水在重力作用下流入井中，由水泵抽走。

管井通常由埋设钢井管而成，在缺乏钢管时也可用木管或预制混凝土管代替。井管的下部安装滤水管，有时在井管外还需设置反滤层，地下水从滤水管进入井内，水中的泥沙则沉淀在沉淀管中。滤水管是井管的重要组成部分，其构造对井的出水量和可靠性影响很大。要求其透水能力强，进入的泥沙少，有足够的强度和耐久性。滤水管的构造如图1-56所示。

井管埋设可采用射水法、振动射水法或钻孔法。射水法是先用高压水冲土下沉套管，较深时可配合锤击或振动（振动射水法），下沉到设计深度后，在套管中插入井管，最后在套管与井管的间隙里边填反滤层边拔套管，逐层上拔，直至完成。

管井抽水可应用各种抽水设备，但主要用普通离心泵、潜水泵和深井泵，分别可降低水位3～10m、6～20m和20m以上，一般采用潜水泵较多。用普通离心泵抽水，由于吸水高度的限制，当要求降低地下水位较深时，要分层设置管井，分层进行排水，如图1-57所示。

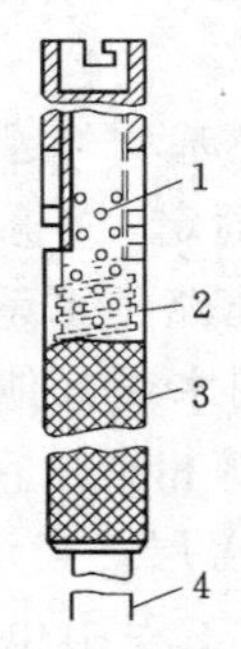

图1-56　滤水管构造简图

1—多孔管，钻孔面积占总面积的20%～25%；
2—绕成螺旋状的铁丝，ϕ3～4mm；
3—铅丝网，1～2层；4—沉淀管

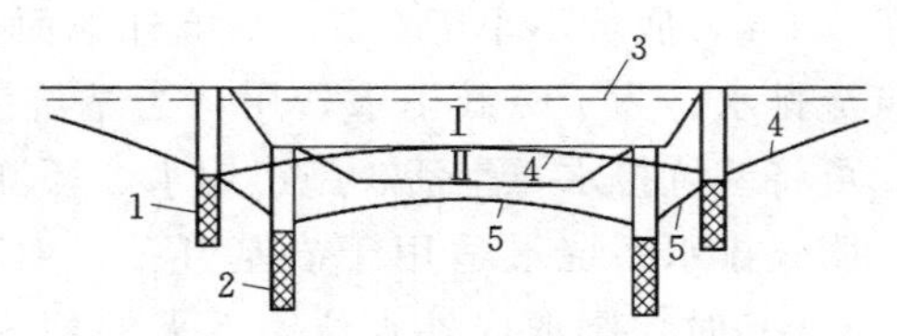

图1-57　分层降低地下水位

Ⅰ—第一层；Ⅱ—第二层；
1—第一层管井；2—第二层管井；3—天然地下水位；
4—第一层水面降落曲线；5—第二层水面降落曲线

在要求大幅度降低地下水位的深井中抽水时，最好采用专用的深井泵。每个深井泵都是独立工作的，井的间距也可以加大，深井泵一般工作深度大于20m，排水效果好，需要井数少。

2. 井点法降低地下水位

井点法降低地下水位与管井法不同，它把井管和水泵的吸水管合二为一，简化了井的构造。井点法的设备，按其降深能力分为轻型井点系统和深井点系统等，以轻型井点系统最为常用。

轻型井点系统由管路系统和抽水设备两部分组成。管路系统包括滤水管、井点管、弯联管及集水总管；抽水设备包括离心泵、真空泵和水气分离器等，如图1-58所示。

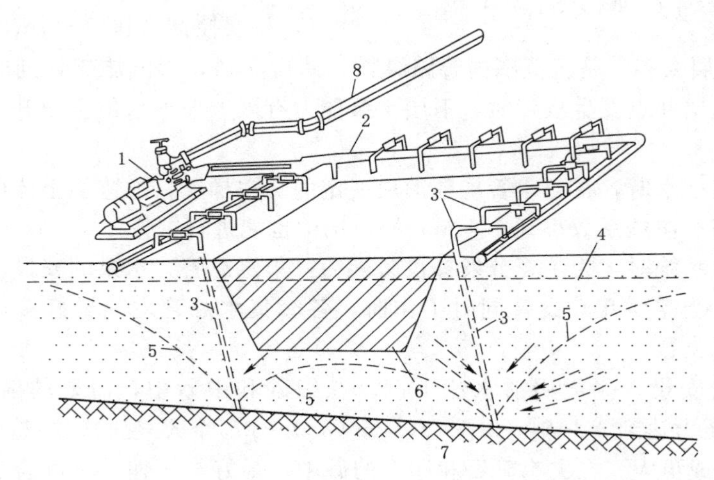

图1-58　轻型井点系统

1—带真空泵和集水箱的离心式水泵；2—集水总管；3—井点管；4—原地下水位；5—排水后水面降落曲线；6—基坑；7—不透水层；8—排水管

滤水管是进水设备，构造是否合理对抽水效果影响很大。滤水管为直径38～50mm、长1.0～1.5m的钢管，管壁有直径13～19mm的圆孔，外包粗细两层滤网，为使流水通畅，滤水管与管壁间用塑料管或铅丝隔开。

井点管直径同滤水管，长5～7m，可整根或分节组成，上端用弯联管与集水总管相连，弯联管上装有阀门，用于检修井点。

集水总管为直径100～127mm的钢管，每段长4m，上面装有与井点管连接的短接头，间距0.8～1.2m，集水总管要设置2.5‰～5‰的坡度，坡向泵房。一套抽水设备可带100～120m集水总管，如采用多套抽水设备时，井点系统要分段，各段长度应大致相等。

轻型井点系统的工作原理如图1-59所示。开始工作时，先开动真空泵，排除系统内的空气，待集水井内的水面上升到一定高度后，再启动水泵排水。地下水从井点管下端的滤水管借真空泵和水泵的抽吸作用流入管内，沿井点管上升汇入集水总管，流入集水箱，由水泵排出。水泵开始抽水后，为了保持系统内的真空度，仍需真空泵

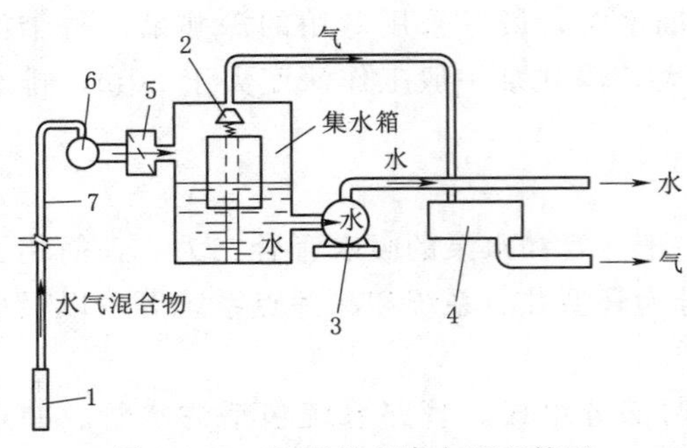

图 1-59　轻型井点降水原理简图

1—滤水管；2—水气分离器；3—水泵；4—真空泵；5—过滤箱；6—集水总管；7—井点管

配合水泵工作。这种井点系统也称真空井点。

井点法降低地下水位的下降深度，取决于集水箱内的真空度与管路的漏气和人为损失。一般集水箱内真空度为53～80kPa（400～600mmHg），相应的吸水高度为5～8m，扣去各种损失后，地下水位的降低深度为4～5m。

当要求地下水位降低的深度超过4～5m时，可以像管井一样分层布置井点，每层控制范围3～4m，但以不超过3层为宜。分层太多，基坑范围内管路纵横，妨碍交通，影响施工，同时也增加挖方量，而且当上层井点发生故障时，下层水泵能力有限，地下水位会回升，基坑有被淹没的可能。

真空井点抽水时，在滤水管周围形成一定的真空梯度，加速了土体中水的排出速度，所以即使在渗透系数小到0.1m/d的土层中也能进行工作。

布置井点系统时，为了充分发挥设备能力，集水总管，水泵的安设应尽量接近天然地下水位。当需要几套设备同时工作时，各套集水总管之间最好接通，并安装闸阀，以便相互支援。

井点管的安设，一般用射水法下沉。在细砂和中砂中，需要的射水量为25～30m^3/h，水压力达到3×10^5～3.5×10^5Pa（3.0～3.5个大气压）。在粗砂中，流量需增大40m^3/h或更大。在夹有砾石和卵石的砂中，最好与压缩空气配合进行冲射。在黏性土中，水压需增大到5×10^5～8×10^5Pa（5～8个大气压），并回填砂砾石作为滤层。回填反滤层时供水仍不停止，但水压可略降低。距孔口1.0m范围的井点管与土体之间，应用黏土封闭，以防漏气。排水工作完成后，可利用杠杆将井点管拔出。

深井点与轻型井点的不同，在于它的每一根井管上都装有扬水器（水力扬水器或压气扬水器），所以它不受吸水高度的限制，有较大的降低地下水位的能力。

深井点有喷射井点（图1-60）和压气扬水井点（图1-61）两种。

喷射井点由集水池、高压水泵、输水干管和喷射井管等组成。通常一台高压水泵能为30～35个井点服务，其最适宜的降水位范围为5～18m。喷射井点的排水效率不高，一般用于渗透系数为3～50m/d，渗流量不大的场合。

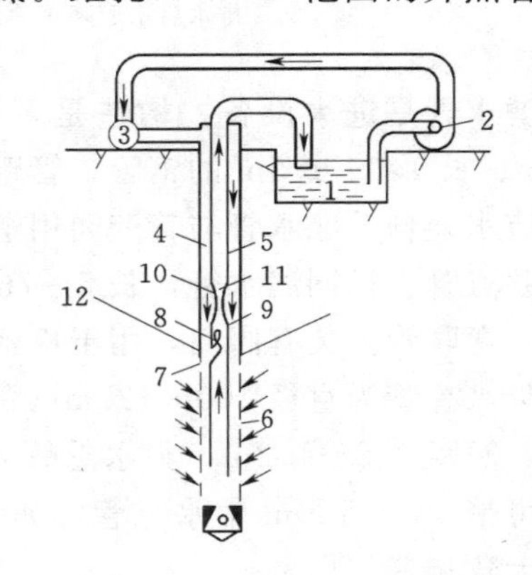

图 1-60　喷射井点装置示意

1—集水池；2—高压水泵；3—输水干管；4—外管；5—内管；6—滤水管；7—进水孔；8—喷嘴；9—混合室；10—喉管；11—扩散管；12—水面降落曲线

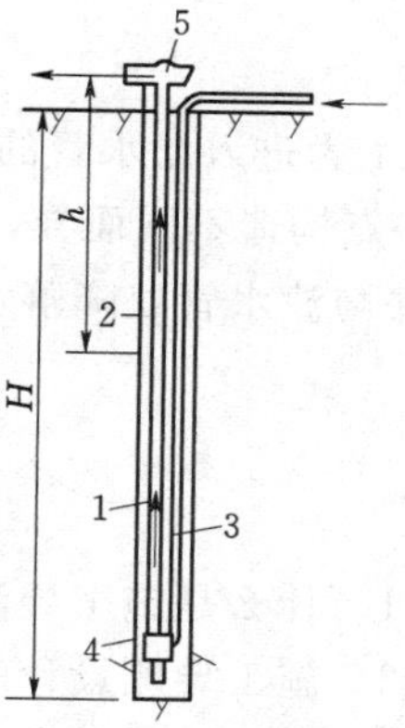

压气扬水井点是用压气扬水器进行排水的。排水时压缩空气由输气管送来，由喷气装置进入扬水管。于是管内重度较轻的水气混合液在管外水压力的作用下，沿水管上升到地面排走。为达到一定的扬水高度，就必须将扬水管沉入井中足够的潜没深度，使扬水管内外有足够的压力差。压气扬水井点降低地下水位最大可达40m。

图1-61　压气扬水井点装置示意
1—扬水管；2—井；3—输气管；4—喷气装置；5—管口

3. 人工降低地下水位的设计与计算

进行人工降低地下水位施工时，应根据要求的地下水位下降深度、水文地质条件、施工条件以及设备条件等，确定排水总量（即总渗流量），计算管井或井点的需要数，选择抽水设备，进行抽排系统的布置。

总渗流量的计算，可参考前面所介绍的方法和其他有关方法。

管井和井点数目 n，可根据总渗流量 Q_s 和单井集水能力 q_{max} 确定，即

$$n=\frac{Q_s}{0.8q_{max}} \tag{1-22}$$

单井的集水能力，取决于滤水管的表面积和通过滤水管的允许流速，即

$$q_{max}=2\pi r_0 l v_p \tag{1-23}$$

$$v_p=65\sqrt[3]{K_s}$$

式中：r_0 为滤水管的半径，m，当滤水管四周不设反滤层时，取滤水管半径，设反滤层时，半径应包括反滤层在内；l 为滤水管长度，m；v_p 为通过滤水管的允许流速，m/d；K_s 为滤水管的渗透系数，m/d。

以上计算确定的 n 值，若考虑抽水过程中有些井管可能被堵塞，还可增加5%～10%。

管井或井点的间距 d(m)，可根据排水系统的周线长度 L(m) 来确定，即

$$d=\frac{L}{n} \tag{1-24}$$

在进行具体布置时，还应考虑 d 需要满足下列要求：为了使井的侧面进水不过分减少，井的间距不宜过小，要求轻型井点 $d\approx(5\sim10)\pi r_0$，深井点 $d\approx(15\sim25)\pi r_0$；在渗透系数小的土层中，若间距过大，地下水位降低时间太长，要以抽水降低地下水位时间要求来控制井的间距；井的间距要与集水总管三通的间距相适应；在基坑四角和靠近地下水流方向一侧，间距宜适当缩短。

井的深度可按式（1-25）进行计算：

$$H=s_0+\Delta s+\Delta h+h_0+l \tag{1-25}$$

$$\Delta s=\frac{0.8q_{max}}{2.73K_s l}\lg\frac{1.32l}{r_0} \tag{1-26}$$

式中：Δh 为进入滤水管的水头损失，取 0.5～1.0m；h_0 为要求的滤水管沉没深度，m，视井点构造不同而异，多小于 2.0m；s_0 为原地下水位与基坑底的高差，m；Δs 为基坑底与滤水管处降落水位的高差，m；其他符号意义同前。

思　考　题

1-1　什么是施工导流？

1-2　施工导流设计的主要任务是什么？

1-3　施工导流的基本方法有哪些？分别适用于什么条件？

1-4　围堰的工作特点是什么？如何根据围堰的工作特点做好围堰的设计工作？

1-5　围堰设计应满足哪些基本要求？堰顶高程如何确定？

1-6　围堰有哪些类型？各自的优缺点是什么？

1-7　应用分段围堰法导流时，纵向围堰位置的确定需要考虑哪些因素？

1-8　导流泄水建筑物有哪些类型？各适用于什么条件？

1-9　如何确定导流泄水建筑物的进出水口高程以及过水断面的尺寸？

1-10　导流临时建筑物与永久水工建筑物可能结合的情况有哪些？

1-11　什么是导流标准？如何确定施工导流标准？

1-12　划分导流时段的意义何在？划分依据是什么？

1-13　什么是导流设计流量？如何确定导流设计流量？

1-14　什么是施工导流方案？选择导流方案时需要考虑哪些主要因素？

1-15　施工导流方案与控制性施工进度有何关系？

1-16　如何确定施工导流方案？

1-17　截流的施工过程包括哪些主要环节？截流的基本方法有哪些？

1-18　如何确定截流日期？如何确定截流设计流量？

1-19　截流水力计算的目的是什么？龙口的水力参数有哪些？如何计算这些水力参数？

1-20　坝体拦洪度汛的主要措施有哪些？

1-21　如何制订蓄水计划？

1-22　经常性排水有哪些水量来源？排水方法有哪些？

第二章

工程爆破技术

第一节 概　　述

知识要求与能力目标：

（1）理解工程爆破的概念；

（2）了解工程爆破技术在水利工程建设中的应用。

学习内容：

（1）工程爆破的概念；

（2）工程爆破技术在水利工程建设中的应用。

一、工程爆破的概念

爆破是利用炸药爆炸所产生的能量对周围的岩石、混凝土或土体等介质进行破碎、抛掷或压缩，从而达到预定的开挖、填筑或处理等工程目的的技术。在水利工程施工中，爆破是一种非常有效的施工方法。爆破技术广泛应用于基坑开挖、筑坝材料开采以及定向筑坝、围堰拆除、水下爆夯等特殊的施工任务。因此，理解爆破机理，正确应用各种爆破技术，对加快施工进度、提高工程质量、降低工程成本具有非常重要的意义。

资源 2－1－1 乌东德爆破施工炸药布设

二、工程爆破技术在水利工程建设中的应用

中华人民共和国成立前，我国的水利水电工程建设十分落后，国内第一座水电站为1912年建成的石龙坝水电站，其后陆续建成一些小型水电站。由于这些水电站规模较小，当时的爆破水平较低，施工中主要采用裸露药包、手风镐钻孔爆破等爆破方法。

中华人民共和国成立后，水利水电工程建设飞速发展，工程规模不断扩大。原有的开挖方式和爆破技术无法满足工程建设的需要，促使爆破技术得到了快速的发展和提高。如：20世纪50年代末和60年代，三门峡水电站开始采用深孔爆破，但其规模较小。70年代，葛洲坝水利枢纽工程经过试验研究后，采用了毫秒延时雷管、多临空面的深孔爆破技术以及预裂爆破技术，获得非常好的爆破效果。90年代，堆石坝筑坝材料的开采开始采用洞室爆破技术进行。21世纪，三峡水利枢纽工程三期上游混凝土围堰拆除爆破装药量达190t，延时近13s，本次爆破总体上实现了一次性成功拆除，且非常有效地控制了爆破的不利影响。

第二节 爆　破　器　材

知识要求与能力目标：

（1）了解炸药的种类及适用条件；

（2）掌握炸药的基本性能指标及其概念；

（3）熟悉起爆器材、起爆方法及各自的优缺点和适用条件。

学习内容：

（1）炸药种类及主要性能；

（2）起爆器材与起爆方法。

一、炸药种类及主要性能

1. 炸药的种类

凡是能发生化学爆炸的物质均可称之为炸药。炸药爆炸的三个基本特征包括：反应的放热性、反应的高速性和生成大量气体产物，又称为爆炸的三要素。水利工程施工中常用的工业炸药主要有以下几种。

（1）TNT。TNT 也称三硝基甲苯，是一种烈性单质炸药。工业 TNT 呈淡黄色鳞片状，几乎不溶于水，常用于水下爆破。TNT 爆炸后呈负氧平衡，产生 CO，不适用于地下工程爆破。工业上常用 TNT 作为硝铵类炸药的敏化剂。

（2）硝化甘油炸药，即三硝酸酯丙三醇 $C_3H_3(ONO_2)_3$，为无色或微黄色澄清油状液体，不溶于水，在水中不失去爆炸性能。该炸药有毒，应注意避免与皮肤接触。在 50℃时产生挥发现象，13.2℃时出现冻结现象。冻结后极为敏感，安全性差。

（3）黑索金，即环三亚甲基三硝铵 $(CH_2)_3(NNO_2)_3$，是一种单质猛炸药，有一定毒性。由于其爆炸威力较大、爆速快，工业上常用黑索金制作雷管的加强药以及导爆索的药芯。

（4）铵梯炸药。铵梯炸药的主要成分是硝酸铵、TNT 和少量木粉。其中硝酸铵是氧化剂；TNT 是还原剂和敏化剂；木粉主要起疏松作用，还可防止硝酸铵颗粒的黏结。在工业炸药中，铵梯炸药敏感度较低，相对比较安全；但该炸药吸湿性强，易结块，使爆力与敏感度下降，且吸潮结块后的炸药爆炸时生成的有毒气体量会显著增加。由于铵梯炸药中的 TNT 组分对人体健康产生很大危害，在生产、存储、使用时对环境的污染较为严重。公安部等部门于 2008 年下发文件要求停止生产铵梯炸药。因此，铵梯炸药已经是淘汰品种。

（5）铵油炸药。铵油炸药是一种由硝酸铵和柴油混合而成的炸药。在其中适量添加木粉可以有效防止炸药结块。铵油炸药原料来源丰富，安全性好，加工方便，有利于机械加工。但该炸药抗水性差，敏感度较低，威力小且产生有毒气体量较大，使得其应用受到一定限制。铵油炸药的容许存储期限通常为 15d，潮湿环境下为 7d。

（6）浆状炸药。浆状炸药是以氧化剂（硝酸铵）水溶液为主要成分，并加入敏化剂与胶凝剂组成的糨糊状含水炸药。该炸药具有抗水性强、炸药密度大、流动性好、原料来源广泛、爆炸威力大、使用安全等特点。但其敏感度较低，一般需要猛炸药制作的起爆药进行起爆，主要用于岩石坚硬的深孔爆破中。当浆状炸药中含有水溶性胶凝材料时又称水胶炸药。

（7）乳化炸药。乳化炸药也称乳胶炸药，是 20 世纪 70 年代发展起来的含水型工业炸药。它以硝酸铵等氧化剂的水溶液与不溶于水、可液化的油类为基质，借助乳化剂与敏化剂的作用制成的一种油包水型乳脂状混合炸药。乳化炸药具有原材料广泛，加工工艺简单；抗水性能良好，加工使用安全；爆炸性能好；组分中无有毒物质等优点，是目前应用最为广泛的工业炸药。

2. 炸药的性能指标

炸药的基本性能指标主要包括安定性、敏感度、爆力、猛度、殉爆距离、氧平衡、爆速、最佳密度等。这些指标综合反映了炸药的爆炸性能。

(1) 安定性。安定性是炸药在一定时期内承受一定的外界影响后，不改变原有的物理性质和化学性质的能力，可分为物理安定性及化学安定性。炸药的安定性直接关系着储存、运输和使用的安全。

(2) 敏感度。敏感度反映了炸药在外界能量作用下起爆的难易程度。当炸药起爆所需的外界能量较大时，该炸药的敏感度低，反之则敏感度高。炸药的敏感度主要包括热感度、机械感度、火焰感度、冲击感度、爆轰感度等。同一种炸药对于不同形式的外界能量作用以及外界环境变化表现出的敏感度有所不同。

(3) 爆力。爆力反映了炸药爆炸所生成的气体产物膨胀做功的能力，用单位 mL 表示。生成的气体体积越大，爆力值越大，对介质产生的破坏能量就越大。通常采用铅柱扩孔法（图 2-1）对爆力值进行测定。

(4) 猛度。猛度是指爆炸瞬间爆轰波和爆炸气体产物直接对与之接触介质的做功能力，用单位 mm 表示。猛度值的大小主要取决于炸药的爆速，爆速愈高，猛度愈大。通常采用铅柱压缩法（图 2-2）对猛度值进行测定。

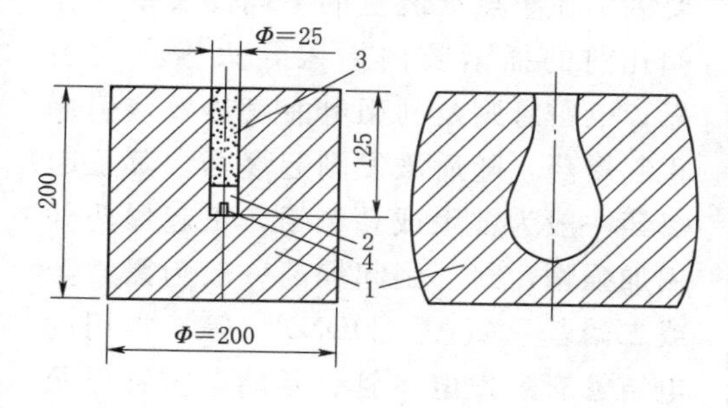

图 2-1　铅柱扩孔法示意

1—铅柱；2—铅柱孔；3—标准砂；4—雷管

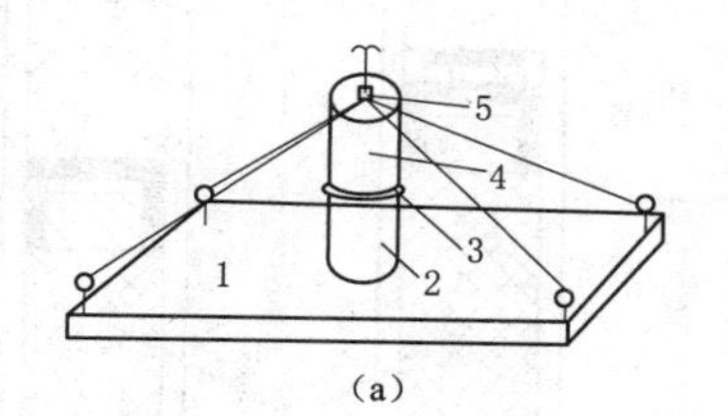

(a)

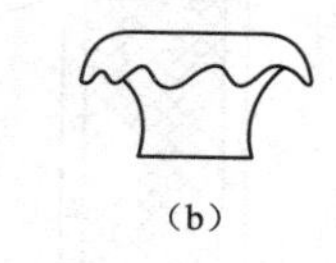

(b)

图 2-2　铅柱压缩法示意

1—钢板；2—铅柱；3—圆钢片；4—药柱；5—雷管

(5) 殉爆距离。殉爆距离是炸药药包爆炸引起相邻不接触药包起爆的最大距离，其实验方法如图 2-3 所示。在设计施工中，殉爆距离是确定安全距离、分段装药参数和盲炮处理等的主要依据。

(6) 氧平衡。氧平衡是炸药中含氧量与充分氧化炸药中可燃元素需氧量之间的关系，通常用氧平衡值或氧平衡率表示。常用的工业炸药的分子通式可表达为 $C_aH_bO_cN_d$，当爆炸产物中含有 CO、H_2 等气体，甚至出现固体碳时，

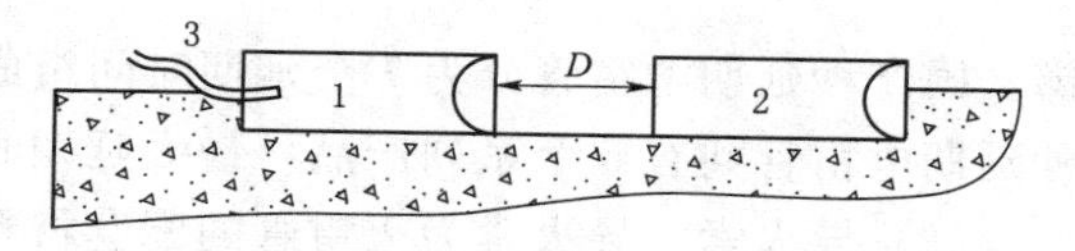

图 2-3　殉爆距离实验示意

1—主动药包；2—被动药包；3—起爆器材；D—殉爆距离

说明炸药内含氧量不足以使可燃元素被充分氧化，放热量不充分，称为负氧平衡。当爆炸产物中出现 NO、NO_2 等气体时，可燃元素被充分氧化，放出最大热量。但生成氮元素氧化物为吸热反应，会降低爆炸的放热量，且生成的气体具有强烈毒性，说明炸药内含氧量将可燃元素完全氧化后仍有剩余，称为正氧平衡。当炸药内的含氧量恰好将可燃元素完全氧化时，称为零氧平衡。这种氧平衡会释放出最大热量，且不会产生有毒气体。因此在配制炸药时，应尽可能使其氧平衡接近于零氧平衡，但是考虑到炸药包装材料等燃烧时的需氧量，炸药可配置成微量的正氧平衡。

（7）爆速。爆速是爆轰波的传播速度，单位为 m/s。理想状态下，同一种炸药的爆速应为一个常量。但在实际使用过程中，由于装药直径、装药密度、装药外壳等因素的影响，爆速也在发生变化。当装药密度使得爆速达到最大值时，称为最佳密度。此时，爆破效果最好。

二、起爆器材与起爆方法

1. 起爆器材

为了能够更好地利用炸药爆炸的能量，必须采用一定的器材和方法。根据起爆方式和起爆能源的不同，起爆器材也多种多样。施工中常用的起爆器材主要包括雷管、导火索、导爆索、导爆管等。

（1）雷管。雷管是引爆炸药的器材，其构造如图 2-4 所示。工程爆破中常用的工业雷管有火雷管、电雷管。两者的主要区别在于点火装置的不同。火雷管在帽孔前的插索腔内插入导火索点火引爆；电雷管则是利用电能发热效应引爆正起爆药，随后激发副起爆药。其正起爆药一般为雷汞或叠氮铅，正起爆药外用加强帽密封。副起爆药一般为黑索金或二硝基重氮酚（DDNP）等。常用的电雷管有瞬发电雷管、延期电雷管以及特殊电雷管等。其中，延期电雷管又分为秒延期和毫秒延期电雷管。瞬发电雷管与延期电雷管的不同之处在于点火药头与起爆药之间多了一段缓燃剂。其中秒延期电雷管的缓燃剂为精致导火索，而毫秒延期电雷管的延期药多用硅铁和铅丹的机械混合物，并掺入适量的硫化锑。国产秒延期电雷管分为 7 个延期时间组成系列，每个系列延期时间为 1s。国产毫秒延期电雷管共有 5 个系列产品，最大延期时间可达 2000ms。

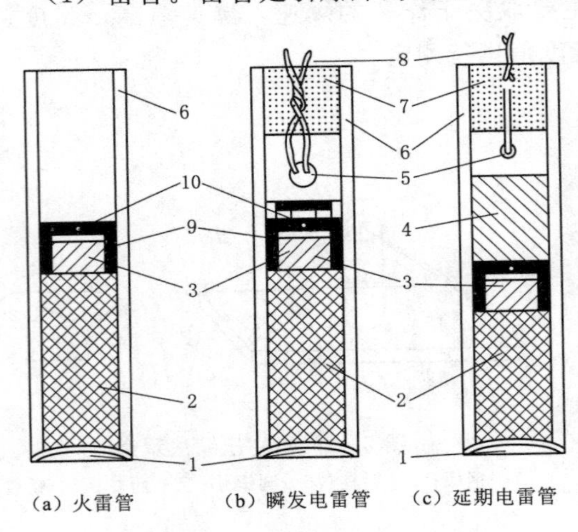

图 2-4 雷管的构造

1—聚能穴；2—副起爆药；3—正起爆药；4—缓燃剂；5—点火桥丝；6—雷管外壳；7—密封胶；8—脚线；9—加强帽；10—帽孔

（2）导火索。导火索为火雷管的配套材料，用于激发火雷管。导火索以黑火药为药芯，外包内层线、内层纸、中层线、沥青、外层纸、外层线和涂料层，缠成索状。

工业导火索的结构如图 2-5 所示。国产普通导火索的燃烧速度为 100～125m/s。按照使用场合不同，导火索分为普通型、防水型和安全型三种。

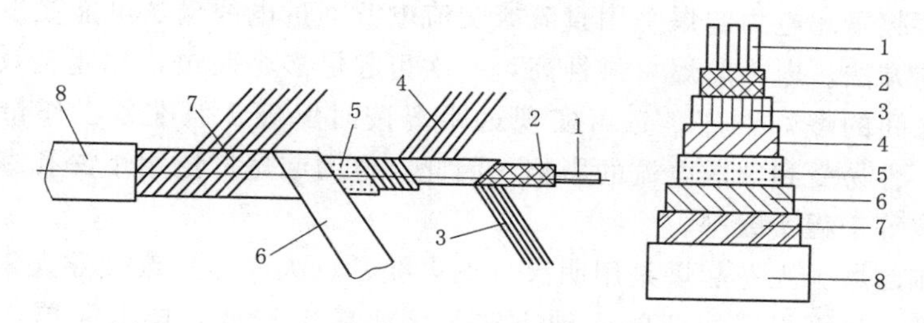

图 2-5　工业导火索结构示意

1—芯线；2—索芯；3—内层线；4—中层线；5—防潮层；6—纸条层；7—外线层；8—涂料层

(3) 导爆索。导爆索通过雷管起爆，经导爆索传爆后引爆另一端的炸药。其构造类似于导火索，但导爆索的药芯以猛炸药黑索金为主，外表涂成红色，用以和导火索区分。导爆索分为安全导爆索和露天导爆索，水利工程中常用后者。普通导爆索具有一定的防水性能和耐热性能，传爆速度可达 6500～7000m/s，线装药密度为 12～14g/m。合格的导爆索在 0.5m 深的水中浸泡 24h 后，其敏感度和传爆性能不变。

(4) 导爆管。导爆管主要用于导爆管起爆网络中的冲击波传递，需用雷管引爆，其结构如图 2-6 所示。它是一种内壁涂有混合单质炸药的高压聚乙烯塑料软管，外径 3mm，内径 1.4mm，装药量为 14～16mg/m，传爆速度一般为 1600～2000m/s。当导爆管被激发后，管内产生冲击波并传播，管壁内的炸药随冲击波的传播发生爆炸，释放出的能量维持冲击波的强度，且冲击波传过后，管壁完好无损。导爆管的可靠性较高，安全性好，可作为非危险品进行运输。

(5) 导爆雷管。在火雷管前端加装消爆室后，再用塑料卡口塞与导爆管连接即成导爆雷管。消爆室的主要作用在于降低导爆管口泄出的高温气流压力，防止在火雷管发火前卡口塞破裂或脱开。消爆室后无延迟药者为瞬发导爆雷管，有延迟药者为毫秒导爆雷管。秒延迟雷管与电雷管一样，其延迟时间也用精制导火索控制。其构造如图 2-7 所示。

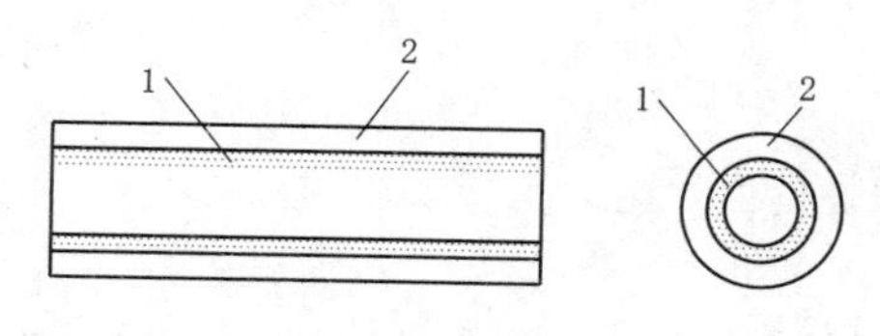

图 2-6　塑料导爆管结构示意

1—炸药粉末；2—塑料管

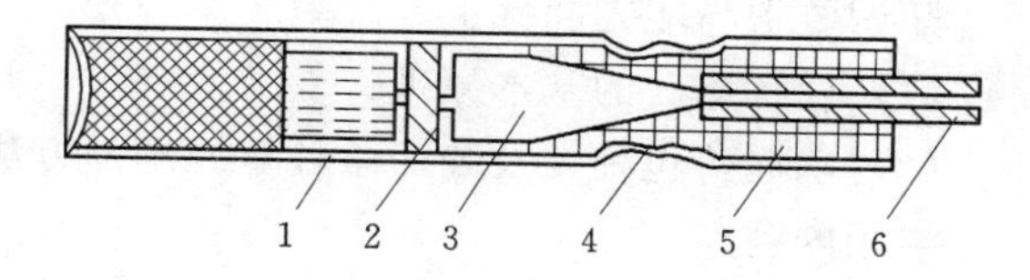

图 2-7　导爆雷管构造示意

1—火雷管；2—延迟药；3—消爆室；4—卡痕；5—卡口塞；6—导爆管

2. 起爆方法

起爆方法是起爆所采用的工艺、操作和技术的总称。目前，常用的起爆方法主要分为两类：电力起爆法和非电起爆法。前者使用电能起爆炸药，如电雷管起爆法；后者采用非电能引爆炸药，根据其所用起爆器材的不同又分为火花起爆、导爆索起爆和导爆管起爆。工程实践中，应考虑作业环境、爆破规模、安全标准等因素合理选择起爆方法。

（1）电力起爆。电力起爆采用直流或交流电源通过电线输送电能激发电雷管，继而起爆炸药的方法。电力起爆可靠性高，一次可起爆多个药包，并能有效控制起爆时间和药包群之间的爆炸顺序，且可实现远距离按时爆破。但准备工作量大，操作复杂，成本高，容易受到杂散电流的影响。因此，电力起爆广泛用于深孔爆破、洞室爆破、拆除爆破等工程实践中。

（2）火花起爆。火花起爆是用明火（点火线、点火筒等）点燃导火索，通过导火索引爆火雷管，进而引爆炸药的一种方法。该法成本较低，技术简单，但传导速度低，误差较大。目前仅应用于小型工程的浅孔爆破和裸露爆破等。

（3）导爆索起爆。导爆索起爆法是利用导爆索传递爆轰波并起爆炸药的一种方法。由于导爆索本身需要由雷管引爆，因此在爆破作业时，从装药、堵塞到连线等施工程序上都无须雷管，实施爆破前才连接起爆雷管进行起爆。从安全性来讲，导爆索起爆法优于其他方法，而且操作简单，容易掌握，节省雷管，可有效消除雷电及杂散电流的影响，在工程爆破中应用广泛。

（4）导爆管起爆。爆破工程中，通常采用雷管冲击激发源轴向激发导爆管，在管内形成稳定传播的爆轰波，导致末端的导爆雷管起爆而引起药包的起爆，是一种新型的非电起爆方法。导爆管起爆法操作简单安全，不受静电或其他杂散电流的影响，同时导爆管不会因一般的机械冲击而发爆，具有较高的安全性能。

除上述常见起爆方法外，还有数码电子雷管起爆法、电磁雷管起爆法、中继药包起爆法、电磁波起爆法、水下超声波起爆法以及混合起爆法等。如三峡水利枢纽三期上游碾压混凝土围堰拆除爆破采用的是数码电子雷管起爆法。

资源 2-2-1
钻孔机具

三、钻孔机具

受篇幅限制，钻孔机具请参见数学资源。

第三节　爆破的基本原理与装药量计算

知识要求与能力目标：

（1）理解爆破的基本原理；

（2）掌握药包种类及装药量计算原理与方法。

学习内容：

（1）爆破的基本原理；

（2）药包种类与装药量计算。

一、爆破的基本原理

岩土介质的爆破破碎是炸药爆炸所产生的爆轰气体膨胀的准静态能量和冲击波或应力波的动态能量共同作用的结果。炸药爆炸后，在瞬间产生高温高压气体，对邻近介质产生巨大的冲击作用，并以冲击波的形式向四周传播能量，从而造成介质的破坏。传播介质为空气时，称为空气冲击波；传播介质为岩土时，则称为地震波。

1. 无限均匀介质中的爆破作用

为了研究方便，通常假定爆破作用的介质是无限均匀介质，且认为药包为一个球形药包。当爆炸发生时，爆炸能量将以药包中心为球心，呈同心球向四周传播。此时可将爆破作用的影响范围划分为以下几个部分，如图 2-8 所示。

(1) 压缩圈（粉碎圈）。最靠近药包的介质，受到膨胀压力最大。介质若为塑性体，会被压缩成一个球形空腔，称为压缩圈；介质若为脆性体，会被压缩粉碎，称为粉碎圈。相应的半径称为压缩半径。

(2) 抛掷圈。压缩圈外具有抛掷势能的介质。这部分介质具有逸出的临空面时，常发生抛掷，这个范围称为抛掷圈，相应的半径称为抛掷半径。

(3) 松动圈。抛掷圈外围的一部分介质，爆破的作用只能使其产生破裂松动，因此这一范围称为松动圈，相应的半径称为松动半径。

(4) 震动圈。松动圈以外的介质，随着冲击波的进一步衰减，只能使这部分介质产生震动，故称为震动圈，相应的半径称为震动半径。

以上各范围的划分仅是为了说明爆破作用，并无明显界限。各个作用范围半径的大小与炸药的特性和用量、药包结构、起爆方式以及介质特性等有关。

2. 有限均匀介质中的爆破作用

当药包在介质中埋置较浅，爆破作用能够达到自由面时，除了能够将介质破坏以外，还会将一部分破碎的介质抛掷，形成一个倒立的圆锥形爆破坑，形状如漏斗，称为爆破漏斗，如图 2-9 所示。

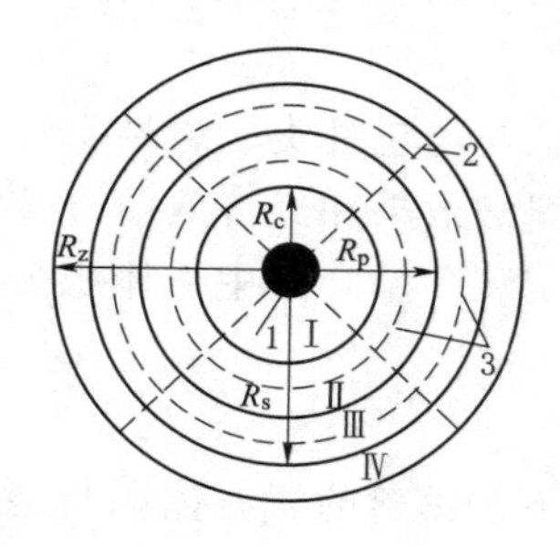

图 2-8　无限介质中爆破原理示意

Ⅰ—压缩圈；Ⅱ—抛掷圈；Ⅲ—松动圈；Ⅳ—震动圈；1—药包；2—径向裂缝；3—环向裂缝；R_c—压缩半径；R_p—抛掷半径；R_s—松动半径；R_z—震动半径

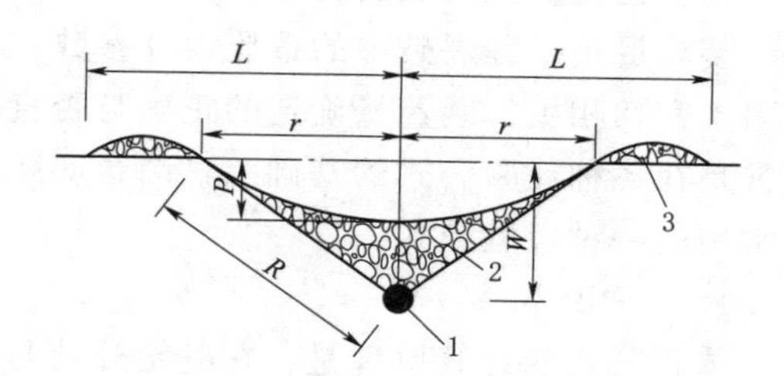

图 2-9　爆破漏斗示意

1—药包；2—飞渣回落充填体；3—坑外堆积体

爆破漏斗是工程爆破中重要参数设计的基础，其主要的几何特征参数如下：

(1) 自由面，也称临空面，是指被爆破的介质与空气的接触面。

(2) 爆破漏斗底半径 r。漏斗底圆中心到该圆周上任意点的距离，即漏斗底圆半径。

(3) 爆破作用半径 R，即药包中心到漏斗底圆边缘上任意点的距离。

(4) 最小抵抗线 W，即药包中心到自由面的最短距离，表示爆破时介质在该方向上抵抗破坏的能力最小，是爆破作用与介质移动的主导方向。

（5）爆破漏斗可见深度 P，即爆破漏斗中介质表面最低点到自由面的最短距离。

（6）爆破抛掷距离 L，即爆破中抛掷堆积体距药包中心的最大距离。

以上参数充分反映了药包重量与埋深的关系、爆破作用的影响范围。除上述参数外，爆破作用指数 n 也是工程爆破设计中极为重要的参数。该参数的变化直接影响爆破漏斗的大小、介质的破碎程度与抛掷效果，反映爆破漏斗的几何特征。爆破作用指数为爆破漏斗底半径 r 与最小抵抗线 W 的比值，即

$$n=\frac{r}{W} \tag{2-1}$$

根据爆破作用指数 n 值的不同，可以将爆破漏斗分为以下四种类型。

（1）标准抛掷爆破漏斗。该爆破漏斗的底圆半径 r 与最小抵抗线 W 相等，爆破作用指数 $n=r/W=1.0$，漏斗张开角 $\theta=90°$。常用标准抛掷爆破漏斗的容积来确定不同种类岩石的单位炸药耗药量以及不同炸药爆炸性能的比较。

（2）加强抛掷爆破漏斗。其爆破作用指数 $n>1$，$r>W$，漏斗张开角 $\theta>90°$。当 $n>3$ 时，爆破漏斗的有效破坏范围不再随装药量的增加而明显增大，炸药的能量此时主要消耗于破碎介质的抛掷。因此工程爆破中加强抛掷爆破漏斗的爆破作用指数为 $1<n<3$。加强抛掷爆破漏斗是露天抛掷爆破以及定向爆破的常用漏斗形式。

（3）减弱抛掷爆破漏斗。$0.75\leqslant n<1$，$r<W$，漏斗展开角 $\theta<90°$。减弱抛掷爆破漏斗又被称为加强松动漏斗，是井巷掘进时常用的漏斗形式。

（4）松动爆破漏斗。其爆破作用指数 $n<0.75$。药包爆破后，爆破漏斗内的介质破裂、松动，但不抛掷出坑外。从表面看，没有明显的漏斗出现，是控制爆破的常用形式。

二、药包种类与装药量计算

装药量是工程爆破中的重要设计参数，其计算方法与药包种类、岩性、炸药品种等因素密切相关。装药量确定的正确与否直接关系到爆破效果和经济效益。技术人员通常是在各种经验公式的基础上，结合实践经验来确定装药量。其中，体积公式是较为常用的一种经验公式。

1. 体积公式

体积公式的计算原理是：在一定炸药与岩石条件下，爆落的岩石体积与装药量的多少成正比，即

$$Q=q_0V \tag{2-2}$$

式中：Q 为装药量，kg；q_0 为单位耗药量，kg/m^3，即爆破单位体积的岩石（介质）所需的炸药消耗量；V 为被爆落的岩石（介质）体积，m^3。

2. 单个集中药包装药量计算

在工程实践中，人们通常根据药包形状将所用药包分为集中药包与延长药包。若药包的最长边与最短边的长度分别是 L 和 a，当 $L/a\leqslant4$ 时，为集中药包；$L/a>4$ 时，为延长药包。根据体积公式计算原理可知，对于单个集中药包，其装药量计算公式如下：

$$Q=KW^3f(n) \tag{2-3}$$

式中：K 为规定条件下标准抛掷爆破的单位耗药量，kg/m^3；W 为最小抵抗线，m；$f(n)$ 为爆破作用指数函数。

$f(n)$ 计算公式如下：

标准抛掷爆破：$$f(n)=1$$

加强抛掷爆破：$$f(n)=0.4+0.6n^3$$

减弱抛掷爆破：$$f(n)=\left(\frac{4+3n}{7}\right)^3$$

松动爆破：$$f(n)=n^3$$

3. 延长药包装药量计算

对于钻孔爆破，一般采用延长药包，其装药量计算公式如下：

$$Q=q_{延}V \tag{2-4}$$

式中：Q 为装药量，kg；$q_{延}$ 为钻孔爆破条件下的单位耗药量，kg/m³；V 为钻孔爆破所需爆落的方量，m³。

必须指出，式（2-4）中的 $q_{延}$ 与单个集中药包的单位耗药量 K 是有区别的。钻孔爆破中的 $q_{延}$ 值是一次群药包爆破总药量与总爆落方量的比值。因为在钻孔爆破中，其爆落体积不仅计入了爆破漏斗中的介质体积，而且还包括相邻漏斗间由于药包群共同作用所爆落的体积。

可以看出，单位耗药量也是一个重要的经济技术指标，是工程爆破中的重要参数之一。还需注意的是，上述计算公式是在一个自由面的前提下提出的，而在实际工程中，为了获得更好的爆破效果，常利用多个自由面。因此在计算装药量时，还应考虑自由面数量的影响。一般认为，随自由面数量的增加，炸药的单位耗药量降低。

在确定炸药单位耗药量时，如果采用非标准炸药，须用换算系数 e 对单位耗药量进行修正。我国以 2 号岩石铵梯炸药为标准炸药，其爆力值 B_0 与猛度值 M_0 分别为 320mL 和 12mm。若实际采用非标准炸药的爆力值与猛度值分别为 B 和 M，那么换算系数 e 可表示为

$$e=\frac{B_0}{B} \tag{2-5}$$

$$e=\frac{1}{2}\left(\frac{B_0}{B}+\frac{M_0}{M}\right) \tag{2-6}$$

工程实践中，装药量的多少受多种因素的影响，上述公式并没有完全反映影响爆破的主要因素和爆破质量等要求，在具体应用时还必须结合实际情况加以修正。

第四节　爆　破　方　法

知识要求与能力目标：

（1）掌握钻孔爆破、预裂爆破与光面爆破的概念、适用条件、参数设计；

（2）熟悉定向爆破与岩塞爆破的适用条件、布置要求，以及拆除爆破的施工要点；

（3）了解洞室爆破的特点、适用条件与布置要求，以及岩塞爆破的特点；

（4）能够根据工程实际条件与要求制定合理的爆破施工方案。

学习内容：

（1）钻孔爆破；

（2）洞室爆破；

（3）预裂爆破与光面爆破；

（4）定向爆破；

（5）岩塞爆破；

（6）拆除爆破。

一、钻孔爆破

资源 2-4-1 下岸溪料场骨料开采钻孔爆破台阶布置与钻孔作业

钻孔爆破根据孔径、孔深的不同，可分为深孔爆破和浅孔爆破。通常将孔径大于75mm，孔深大于5m的钻孔爆破称为深孔爆破；反之，则为浅孔爆破。无论深孔爆破还是浅孔爆破，施工中均须在事先修好的台阶上进行，如图2-10所示，每个台阶有水平和倾斜两个自由面，这样有利于提高爆破效果，降低成本，也便于组织钻孔、装药、爆破和出渣的流水作业，避免干扰，加快进度。

图2-10　钻孔爆破布孔示意

W—最小抵抗线；W_d—前排炮孔的底盘抵抗线；L—钻孔深度；H—台阶高度；ΔH—超深；a—孔距；b—排距

浅孔爆破主要用于露天土石方开挖，如开挖路堑、沟槽、采石、开挖基础等工程，是目前我国铁路、公路、水电、小型矿山开采等的主要爆破手段。而深孔爆破则主要应用于露天开采工程、水电闸（坝）基础开挖、港口建设等大规模、高强度的工程。

（一）浅孔爆破

1. 炮孔布置参数

浅孔爆破的炮孔参数需根据施工现场条件采用工程类比法进行设计，并需通过实践检验及修正。为了提高爆破效果，应尽量利用自由面较多的地形；还需提高堵塞质量，防止冲天炮的出现。炮孔布置的主要参数如下：

（1）最小抵抗线 W。

$$W=K_w d \tag{2-7}$$

式中：K_w 为岩质系数，一般为15～30，坚硬岩石取小值，松软岩石取大值；d 为钻孔直径，mm。

（2）台阶高度 H。应大于最小抵抗线，以免出现冲天炮，影响爆破效果，同时炮孔深度不能太大，以防止炮孔装药不均匀。兼顾以上两点，台阶高度可按下式确定：

$$H=(1.2\sim2.0)W \tag{2-8}$$

（3）炮孔深度 L。对于不同硬度的岩石，应采用不同的炮孔深度，以保证爆破后的新台阶面能够符合设计高程的要求，避免超挖或欠挖。

对于坚硬岩石：

$$L=(1.1\sim1.15)H \qquad (2-9)$$

对于松软岩石：

$$L=(0.85\sim0.95)H \qquad (2-10)$$

对于中硬岩石：

$$L=H \qquad (2-11)$$

(4) 孔距 a 与排距 b。同排炮孔的中心距离为孔距，相邻两排炮孔间的中心距离为排距。合理的孔距与排距是保证爆破后岩块均匀的前提，通常有

$$a=(1.0\sim2.0)W \qquad (2-12)$$

$$b=(0.8\sim1.0)W \qquad (2-13)$$

(5) 堵塞长度 L_1。浅孔爆破通常采用连续装药的装药结构，其装药长度通常为孔深的 1/3～1/2，孔口需要用炮泥堵塞，长度不小于孔长的一半。堵塞对爆破作用的影响如图 2-11 所示。

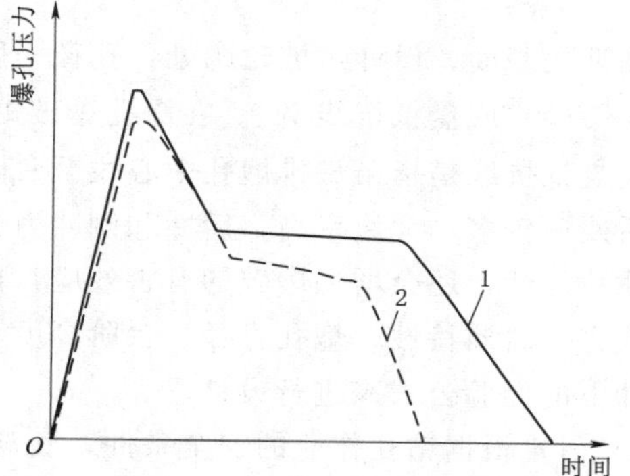

图 2-11　堵塞对爆破作用的影响

1—有堵塞；2—无堵塞

2. 装药量

浅孔爆破常用松动爆破，其装药量 Q 可按下式计算：

$$Q=q_{浅}aWH \qquad (2-14)$$

式中：$q_{浅}$ 为浅孔爆破单位耗药量，一般为 $0.2\sim0.6\text{kg/m}^3$，可根据岩性不同从相关资料中选取；其他符号意义同前。

3. 起爆网路

浅孔爆破一般采用电力起爆或导爆管起爆网路，进行毫秒延迟起爆。常用的起爆网路形式主要有排间微差起爆和 V 形微差起爆，如图 2-12 所示。

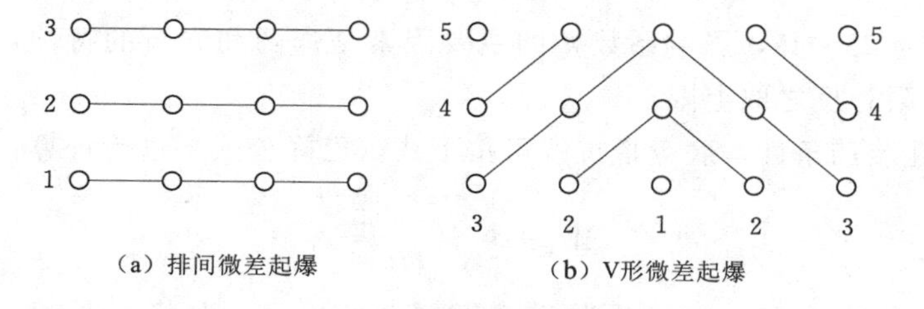

图 2-12　浅孔爆破微差间隔起爆方式

1～5—雷管段别

(二) 深孔爆破

深孔爆破的炮孔分为垂直孔和倾斜孔两种类型，如图 2-13 所示。倾斜孔通常与坡面平行，爆破后岩块均匀，大块率低，底部残埂少，爆堆形状容易控制，有利于提高出渣效率；同时保持一定的台阶坡角，有利于保持爆破后的坡面稳定。但倾斜孔钻孔难度高，装药较为困难。深孔爆破设计参数的选择原则与浅孔爆破类似。

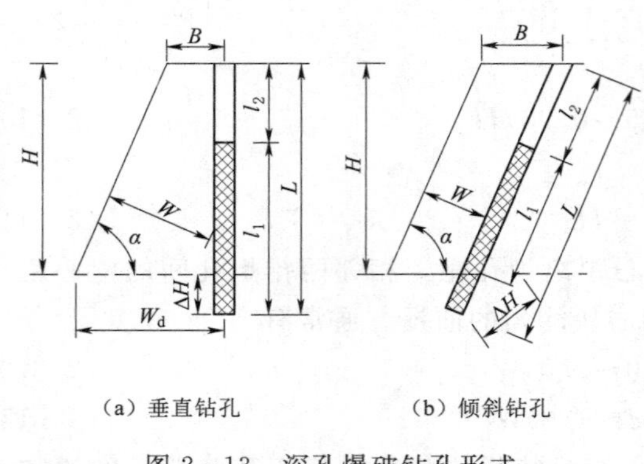

(a) 垂直钻孔　　(b) 倾斜钻孔

图 2-13　深孔爆破钻孔形式

1. 炮孔布置参数

(1) 台阶高度 H。台阶高度是深孔爆破的重要参数，应满足施工总布置的要求，有利于机械设备的配套运行，同时应保证开挖质量与作业安全。我国水利水电工程基坑开挖时采用的深孔爆破台阶高度一般为 6～16m，但以 8～12m 居多。

(2) 钻孔直径 d。钻孔直径由所采用的钻机决定。水工建筑物基础开挖中，钻孔直径一般不超过 150mm；在临近建基面、设计边坡轮廓处，孔径一般不大于 110mm。

(3) 底盘抵抗线 W_d。在深孔爆破中采用底盘抵抗线代替最小抵抗线来进行设计。底盘抵抗线是指第一排炮孔中心线至台阶坡脚的水平距离。底盘抵抗线过大时，爆破后残埂较多，大块率高，后冲和侧冲力大；底盘抵抗线过小时，既增加钻孔工作量又浪费炸药，还会增加爆破的有害效应，比如噪声、冲击波等。底盘抵抗线主要与炸药威力、岩质特性、炮孔直径、台阶高度、台阶坡度等因素有关。在设计中可用类似条件下的经验公式来进行设计。

1) 根据钻孔作业的安全条件，底盘抵抗线可按下式进行计算：

$$W_d \geqslant H\cos\alpha + B \tag{2-15}$$

式中：α 为台阶坡角，一般为 60°～75°；H 为台阶高度，m；B 为炮孔中心至坡顶线的安全距离，$B \geqslant 2.0 \sim 3.0$m。

2) 按台阶高度和炮孔直径计算底盘抵抗线，其计算公式如下：

$$W_d = (0.6 \sim 0.9)H \text{ 或 } W_d = kd \tag{2-16}$$

式中：k 一般为 25～45，影响系数 k 的主要因素是炸药和岩石的特性，当矿岩致密、坚硬时，取下限，反之取上限。

3) 按每孔装药条件，底盘抵抗线可按下式（巴隆公式）进行计算：

$$W_d = d\sqrt{\frac{7.85\Delta\tau}{mq_{深}}} \tag{2-17}$$

式中：d 为炮孔直径，m；Δ 为装药密度，kg/m^3；τ 为装药长度系数，一般为 0.35～0.65；$q_{深}$ 为深孔爆破单位耗药量，kg/m^3；m 为炮孔密集系数，即孔距与排距之比。

(4) 超钻深度 ΔH。超钻主要是为了降低装药中心的位置，从而克服底盘阻力，避免残埂，获得符合设计要求的底盘。可按下式确定：

$$\Delta H = (0.15 \sim 0.35)W_d \tag{2-18}$$

式中括号内系数，在台阶高度大，抵抗线大或岩石坚硬时取大值；反之，取小值。

(5) 孔长 L。

$$L=\frac{H+\Delta H}{\sin\alpha} \tag{2-19}$$

式中：α 为钻孔倾角，一般与台阶坡面角相同，对于垂直钻孔，$\alpha=90°$。

（6）孔距 a 和排距 b。孔距和排距布置的合理与否对形成的新台阶的平整度和爆落岩块的均匀度有直接影响，一般取

$$a=(1.0\sim2.0)W_d \tag{2-20}$$

$$b=(0.8\sim1.0)W_d \tag{2-21}$$

（7）堵塞长度 l_2。深孔爆破的堵塞长度可参考下式综合确定：

$$l_2\geqslant0.75W_d \tag{2-22}$$

$$l_2=(20\sim30)d \tag{2-23}$$

$$l_2=(0.2\sim0.4)L \tag{2-24}$$

2. 装药量计算

前排炮孔的单孔装药量为

$$Q=q_{深}\,aW_dH \tag{2-25}$$

式中：$q_{深}$ 为深孔爆破的单位耗药量，kg/m^3，取值范围与岩性有关，一般软岩为 $0.15\sim0.30kg/m^3$，中硬岩为 $0.3\sim0.45kg/m^3$，硬岩为 $0.45\sim0.6kg/m^3$；其他符号意义同前。

后排炮孔的单孔装药量为

$$Q=q_{深}\,abH \tag{2-26}$$

关于装药量的计算，无论深孔爆破还是浅孔爆破，最终确定的装药量都必须满足药量平衡原理。即每个炮孔爆除其所承担的一定方量岩体所需的药量与最佳堵塞条件下孔内所装入的药量必须相等。

（三）钻孔爆破施工技术要点

1. 装药结构

钻孔爆破常采用的装药结构有连续装药结构、间隔装药结构、孔底间隔装药结构以及混合装药结构，如图 2-14 所示。

（1）连续装药结构。炸药从孔底按设计装药量进行装填，顶部进行堵塞，是一种沿炮孔轴向的连续装药，施工方法简单。连续装药结构上部堵塞段较长，在台阶较高、上部岩石坚硬时，爆破后上部岩体出现大块的比例较大。

（2）间隔装药结构。将药柱分为若干段，用空气、岩渣等隔开，是根据殉爆的原理对炮孔内炸药的能量进行合理分配的一种装药方法。该方式提高了装药高度，炸药能量分布更均匀，减小了孔口部位大块率，但施工较为复杂。

（3）孔底间隔装药结构。为了保证爆破后底部岩石不受破坏，在炮孔底部留出一段柔性材料或空气柱的间隔，爆破时减弱能量对底部岩石的破坏。该方式可有效降低爆破震动的峰值质点振速、降低大块率和减少根底。

（4）混合装药结构。在同一深孔内装入不同种类或不同直径的炸药，孔底用大直径或高威力、高爆速的炸药，孔上部用小直径或威力较低的炸药。此装药结构可充分发挥底部高威力炸药的作用，减小台阶底部的根坎，同时又可以避免口部岩石过度破

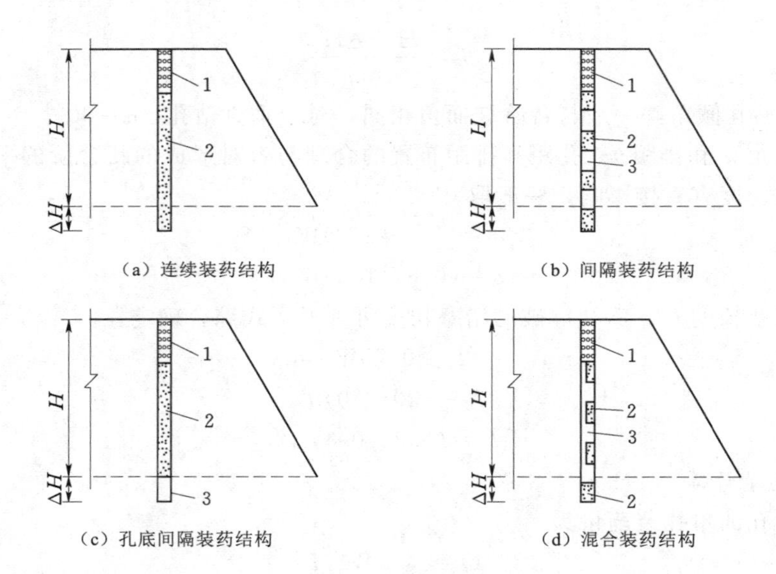

图 2-14　装药结构示意

1—堵塞；2—炸药；3—空气

碎或产生飞石。

2. 堵塞

堵塞的长度与堵塞材料、堵塞质量有关，当堵塞材料密度大，堵塞质量好时，可适当减小堵塞长度，我国钻孔爆破多采用钻屑作为堵塞材料，国外则多用 4～9mm 的砂和砾石作为堵塞材料。

3. 起爆

钻孔爆破通常采用台阶式多排毫秒延期起爆，起爆顺序可分为排间、孔间和孔内延期等。多排毫秒延期起爆的原理包括：相邻孔的应力波相互叠加，增强破碎效果；先爆孔为后爆孔创造新的自由面；爆落岩块相互碰撞增强破碎；减小单段药量控制爆破振动。

（四）提高钻孔爆破效果的方法与措施

改善爆破效果归根结底是要提高爆破有效能量的利用，并针对不同情况采取不同措施。

(1) 合理利用或创造人工自由面。充分利用多临空面地形，或人工创造自由面，有利于降低爆破单位耗药量。适当增加梯段高度或采用斜孔爆破，均有利于提高爆破效率。

(2) 采用毫秒微差挤压爆破。毫秒微差挤压爆破是利用孔间微差迟发不断创造临空面使岩石内的应力波与先期产生残留在岩体内的应力相叠加，并利用爆破工作面前的堆渣对顺序起爆的岩石运动起阻碍作用，使岩石在运动中互相碰撞、挤压，达到岩石的二次破碎，从而提高爆破的能量利用率。

(3) 采用分段装药爆破。常规孔眼爆破药包位于孔底爆能集中，爆后块度不匀。为改善爆破效果沿孔长分段装药，使爆能均匀分布且延长爆炸气体的作用时间。

（4）采用不耦合装药。药包和孔壁（洞壁）间留一定空气间隙，形成不耦合装药结构。由于药包四周存在空隙，降低了爆炸的峰压，从而降低或避免了过度粉碎岩石；同时使爆压作用时间增长，增大了爆破冲量，提高了爆破能量利用率。

（5）保证堵塞长度和堵塞质量。实践证明，当其他条件相同时，堵塞良好的爆破效果及能量利用率较堵塞不良的可以成倍提高。

二、洞室爆破

洞室爆破是将大量炸药放入专门的巷道或洞室内进行爆破的方法。由于其一次爆破的装药量和爆落方量较大，又被称为大爆破。

洞室爆破按照工程爆破的目的、要求和效果可分为松动爆破和抛掷爆破。最常见的抛掷爆破为定向爆破，它既要求对岩石进行破碎和松动，还要求将破碎后的岩石抛掷堆积成具有一定形状和尺寸的堆积体。

（一）洞室爆破的特点及适用条件

1. 洞室爆破的特点

（1）一次爆破方量大，工作效率高，施工进度快。

（2）施工机具简单，对地形及气候的适应性强，成本较低。

（3）当采用抛掷爆破时，可以抛代运，减少装运机械的工作量，减少施工费用。

（4）凿岩工作量减少，相应的机具设备、材料和动力供应等消耗也随之减少。

（5）地下洞室的施工条件较差。

（6）一次爆破装药量大，其爆破时对周围环境的影响也较大，对安全防护的要求较高。

（7）爆破时，炸药能量作用不均匀，导致爆破后岩石破碎程度不均匀，大块率较高，增加了二次爆破的工作量。

2. 洞室爆破的适用条件

洞室爆破主要适用于挖方量大且集中，需要短时期内发挥效益的工程；以及山势陡峻，不利于钻孔爆破安全作业的场合。自 20 世纪 50 年代开始，我国水利水电行业开始逐步采用洞室爆破技术进行导流明渠和大坝基坑开挖、定向筑坝、面板堆石坝筑坝材料的开采，以及滑坡体的卸载等。

（二）药包布置与爆破参数

1. 药包布置

洞室爆破采用的药包类型主要有三种：集中药包、条形药包和条形药包结合集中药包。药包布置是洞室爆破设计的核心。工程爆破中，需要根据地质地形条件以及工程要求，确定药包的具体布置，以此来获得较好的爆破效果。洞室爆破药包主要布置方式如下：

（1）平坦地面扬弃爆破的药包布置。所谓扬弃爆破，是指横向坡度小于 30°的加强抛掷爆破，可用于溢洪道与沟渠的土石方开挖。此时，根据开挖断面的深度和宽度之间的关系，可布置单层单排药包、单层多排药包或者双层多排药包等形式，如图 2 - 15 所示。

（2）斜坡地形的药包布置。当地形平缓、爆破高度较小，最小抵抗线与药包埋置深

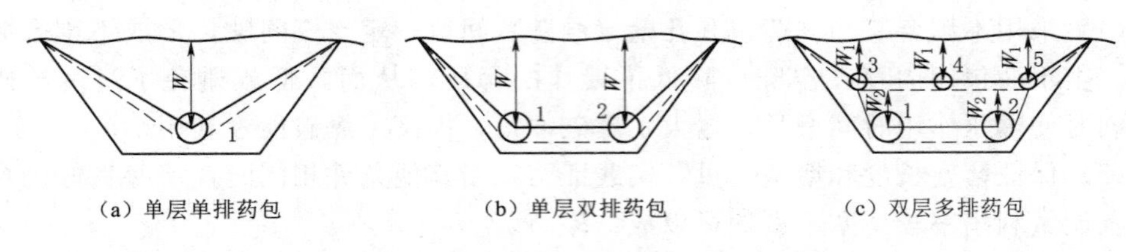

(a) 单层单排药包　　(b) 单层双排药包　　(c) 双层多排药包

图 2-15　扬弃爆破药包布置示意

1～5—药包；W、W_1、W_2—最小抵抗线

度之比 $W/H=0.6\sim0.8$ 时，可布置单层单排或多排的单侧作用药包，如图 2-16 (a)、(b) 所示。当地形陡，$W/H<0.6$ 时，可布置单排多层单侧药包，如图 2-16 (c) 所示。

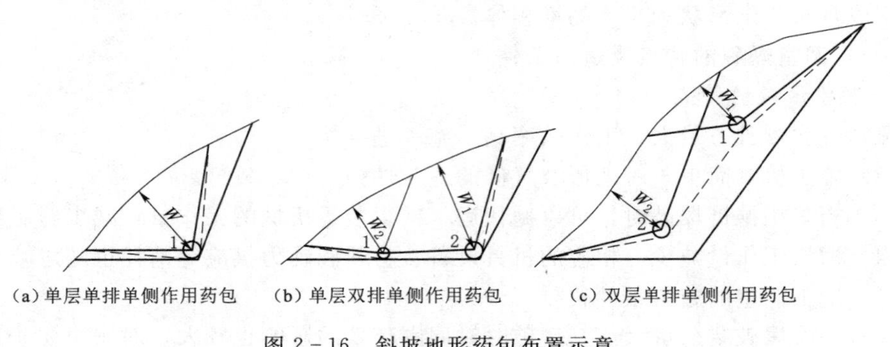

(a) 单层单排单侧作用药包　　(b) 单层双排单侧作用药包　　(c) 双层单排单侧作用药包

图 2-16　斜坡地形药包布置示意

1、2—药包；W、W_1、W_2—最小抵抗线

(3) 山脊地形的药包布置。当山脊两侧地形较陡时，可布置单排双侧作用药包，药包两侧的最小抵抗线应相等，如图 2-17 (a) 所示。当地形下部坡度较缓时，可在主药包两侧布置辅助药包，如图 2-17 (b) 所示，或者布置双排并列单侧作用药包，如图 2-17 (c) 所示。

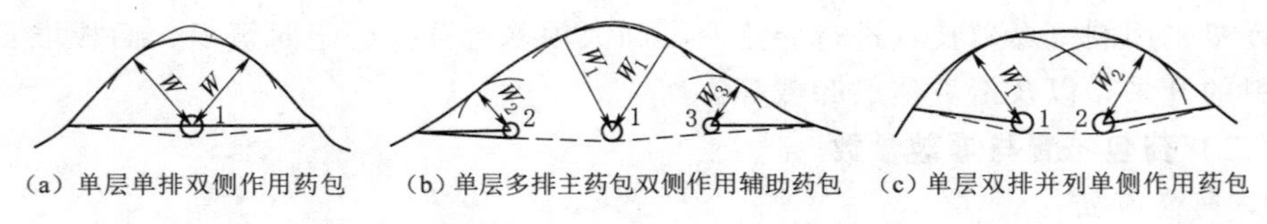

(a) 单层单排双侧作用药包　　(b) 单层多排主药包双侧作用辅助药包　　(c) 单层双排并列单侧作用药包

图 2-17　山脊地形药包布置示意

1、2、3—药包；W、W_1、W_2—最小抵抗线

(4) 当工程要求一侧松动、一侧抛掷（或一侧加强松动、一侧松动）时，可布置单排双侧不对称作用药包，如图 2-18 (a) 所示，或布置双排单侧作用的不等量药包，如图 2-18 (b) 所示。

2. 爆破参数

洞室爆破的主要设计参数如下：

(1) 最小抵抗线 W。洞室爆破中，最小抵抗线的方向决定了爆破抛掷的主导方向。随着最小抵抗线值的增大，爆破大块率增加，爆破地震效应增强。

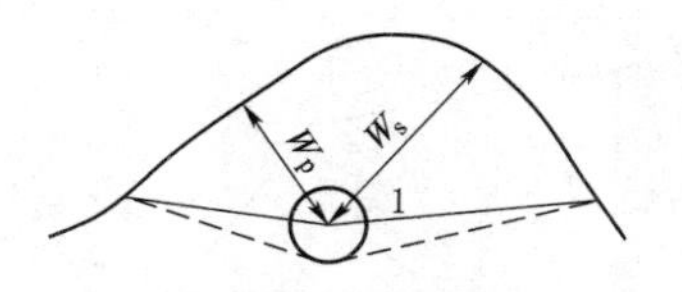

（a）单层单排双侧不对称作用药包

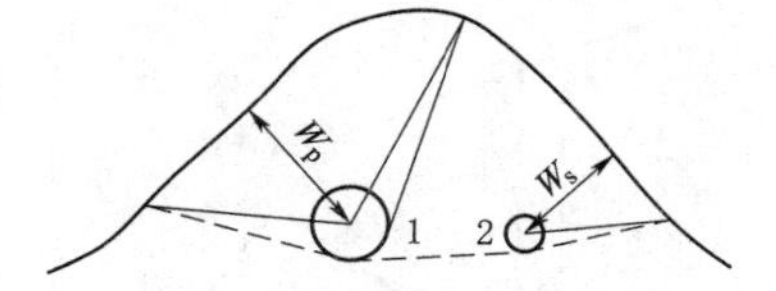

（b）单层双排单侧不等量作用药包

图 2－18　一侧松动、一侧抛掷药包布置示意

1、2—药包；W_s—松动爆破最小抵抗线；W_p—抛掷爆破最小抵抗线

W 值的大小主要取决于爆落以及抛掷方量的大小；同时，同次爆破各个药包的 W 应根据药包所处的具体位置而定；最小抵抗线与台阶高度之比 W/H 一般控制在 0.6～0.8；对于双侧作用药包两侧 n 值不同时，两侧的最小抵抗线还应满足以下关系：

集中药包：

$$W_1^3 f(n_1)=W_2^3 f(n_2) \tag{2-27}$$

条形药包：

$$W_1^2 f(n_1)=W_2^2 f(n_2) \tag{2-28}$$

（2）爆破作用指数 n。爆破作用指数关系到炸药的单位耗药量、破碎程度、爆破方量、抛掷距离以及爆堆形状等。一般根据爆破类型和地形条件来对 n 值进行确定，n 值一般采用 0.7～1.75。如多面临空地形的抛掷爆破，取 $n=1.0\sim1.25$，加强松动爆破，取 $n=0.7\sim0.8$；陡峭地形的抛掷爆破，取 $n=0.8\sim1.0$，加强松动爆破，$n=0.65\sim0.75$。

（3）药包间距 a 与药包层间距 b。药包间距指同高程、同排的相邻药包之间的距离；而药包层间距指分层布置药包时，层与层之间的距离。应分别满足如下关系：

$$0.5W(n+1)\leqslant a\leqslant nW \tag{2-29}$$

$$nW\leqslant b\leqslant W\sqrt{1+n^2} \tag{2-30}$$

3. 施工要点

（1）导洞设计。导洞是连接地表与药室的井巷，一般分为竖井和平洞两类，如图 2－19 所示。导洞的布置要充分考虑通风、施工出渣、排水等要求，以掘进和堵塞工程量小、施工快速为原则进行设计。

（2）药室设计。

1）集中药包的药室设计。集中药包的药室容积可按下式进行计算：

$$V_k=K_v\frac{Q}{\rho} \tag{2-31}$$

式中：V_k为药室体积，m^3；Q 为装药量，t；ρ 为装药密度，t/m^3；K_v为药室扩大系数，药室无支护时取 1.1～1.25，袋装取大值，散装取小值，有支护时取 1.5～1.8。

集中药包的药室多为正方形与长方形，也可采用 T 形、“十”字形或“回”字形布置。

2）条形药包的药室设计。条形药包根据地形条件的不同，一般可设计成直线形

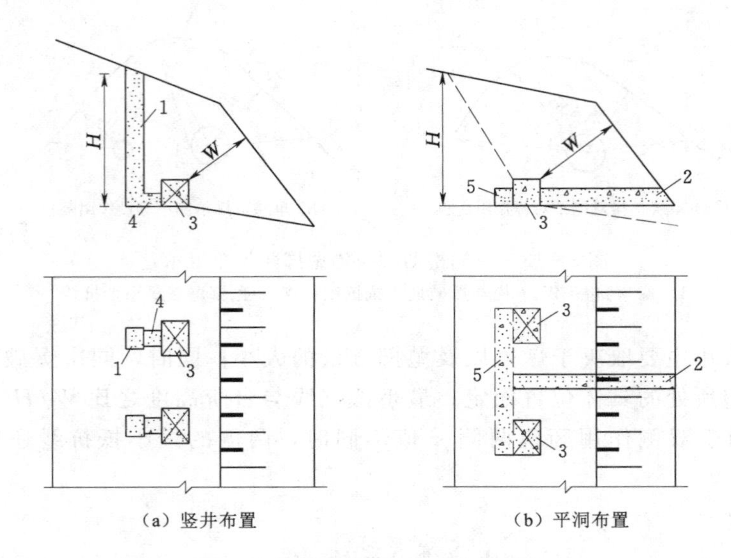

（a）竖井布置　　（b）平洞布置

图 2-19　洞室爆破洞室布置示意

1—竖井；2—平洞；3—药室；4—通道；5—横巷

或折线形。多利用与自由面平行的平洞进行装药，无须开挖专门药室。条形药包多采用不耦合装药，不耦合系数（即药室断面面积与药包断面面积之比）通常为 2～10。

（3）装药与堵塞。药室验收合格后方可进行装药。装药时，应把符合使用要求的炸药放在药室中部，并把起爆药包放置在中间。装药完成后应立即进行堵塞。堵塞时，可先用木板封闭药室，再用黏土填塞 3～5m，最后用石渣料堵塞。总堵塞长度不应小于最小抵抗线长度的 1.2～1.5 倍，并确保堵塞质量符合设计要求。堵塞的作用是防止炸药能量损失，并使爆炸气体不先从导洞冲出，提高能量利用率。

三、预裂爆破与光面爆破

工程爆破中，为了获得稳定平整的开挖面，防止围岩破坏，需控制能量释放来控制破裂的方向与范围，这种爆破技术称为轮廓控制爆破技术。常用的轮廓控制爆破技术主要有预裂爆破和光面爆破两种。所谓预裂爆破，就是沿开挖边界布置密集炮孔，采取不耦合装药，应用低威力炸药，在主爆区之前起爆，从而在爆区与保留区之间形成一道预裂缝，以减弱主爆孔爆破对保留岩体的破坏并形成平整轮廓面的爆破作业；光面爆破同样是沿开挖边界布置密集炮孔，采取不耦合装药，采用低威力炸药，但其要在主爆区之后起爆，以形成平整轮廓面的爆破作业。

预裂爆破多用于坝基、边坡等明挖作业，而光面爆破广泛应用于隧洞及地下厂房等洞挖工程。

（一）预裂爆破与光面爆破特点

预裂爆破与光面爆破的特点如下：

（1）两者都能够控制能量的释放，控制破裂的方向与范围，以获得平整的轮廓面。

（2）预裂爆破在主爆区爆破之前进行，光面爆破在主爆区爆破后进行。

(3) 预裂爆破是在一个自由面条件下的爆破，所受夹制作用大。光面爆破是在两个自由面条件下的爆破，受到的夹制作用小。

(4) 由于起爆顺序的差异，预裂爆破能够有效地削弱主爆孔起爆对保留岩体的影响，而光面爆破的防震及防裂缝伸入到保留区的能力较预裂爆破要稍差。

（二）成缝机理

预裂爆破和光面爆破均属于轮廓线控制爆破，两者的成缝机理基本一致。以预裂爆破为例讨论其成缝机理。

(1) 采用不耦合装药。所谓不耦合装药是指药包与孔壁之间存在环状空气间隔。爆破时，爆轰波通过空气介质传播到孔壁岩石中，空气间隔层如同气垫，可以将爆轰初始产物的部分能量储存起来，削弱了炮孔初始压力峰值。而后受压气垫又将大量储存的能量释放出来做功，延长了爆轰气体产物作用时间，实现了减弱爆破。减弱爆破是爆破后能留下半个炮孔痕迹，使围岩免受损伤的前提。

(2) 相邻炮孔连心线上应力加强。如图 2-20 所示，单排成组药包齐发爆破时，相邻两药包在炮孔连心线上的应力得到加强，而在炮孔连心线中心两侧附近则会出现应力降低区。

(3) 相邻炮孔互为导向空孔。由于采用不耦合装药，装药孔也具有空孔的性质。在爆破时，装药孔互为空孔起到应力集中作用，使裂隙只朝向距离较近的空孔发展，并使其他方向上的裂隙受到抑制。

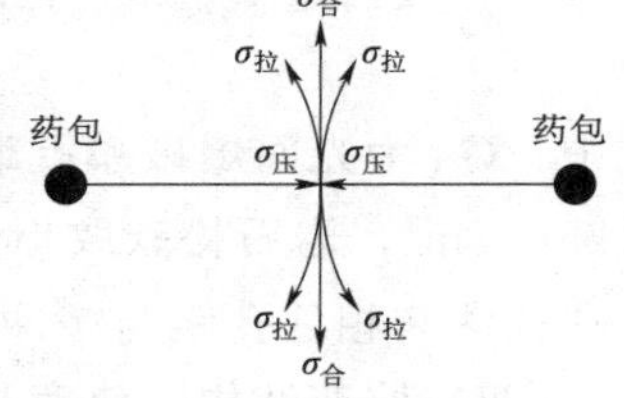

图 2-20　应力加强分析

(4) 同时起爆预裂孔出现应力叠加。预裂孔同时起爆时，炮孔连心线上才可获得很好的应力叠加作用，有利于定向裂隙的形成。同时起爆的效果最好，微差爆破次之，同段秒延期起爆效果更差。

（三）爆破参数设计

预裂爆破和光面爆破的参数设计一般采用工程类比法进行，并通过现场试验最终确定。

1. 预裂爆破参数

(1) 钻孔直径 d。钻孔直径主要取决于台阶高度和钻机性能，一般情况下，预裂孔孔径以 80～110mm 为宜，当开挖质量要求较高时，钻孔直径应适当减小。

(2) 钻孔间距 a。钻孔间距与岩石特性、钻孔直径、炸药性质、装药情况等有关。一般为孔径的 7～12 倍，质量要求高、岩石软弱破碎、裂隙发育时取小值，反之取大值。

(3) 不耦合系数 K_d。不耦合系数为钻孔直径与药卷直径的比值。K_d 值大时，药卷与孔壁的间隙较大，爆破后孔壁的破坏较小；相反孔壁的破坏较大。一般不耦合系数取 2～5。

(4) 线装药密度 $q_{线}$。线装药密度为单位长度炮孔的平均装药量。由于预裂爆破的影响参数众多，理论上很难推导出严格的计算公式，因此可根据已完成的类似工程资料，结合经验公式来进行装药量计算。常用的线装药密度经验公式如下：

$$q_{线}=K(\sigma_c)^{\alpha}a^{\beta}d^{\gamma} \tag{2-32}$$

式中：σ_c 为岩石的极限抗压强度，MPa；a 为炮孔间距，m；d 为钻孔直径，mm；K、α、β、γ 为经验系数。

工程实践中，预裂爆破的线装药密度随岩性的不同，一般为200～500g/m。孔底段应加大线装药密度到2～5倍，以克服岩石的夹制作用。

2. 光面爆破参数

(1) 最小抵抗线 $W_{光}$。最小抵抗线为光爆层厚度。$W_{光}$ 是影响光面爆破效果的最主要因素，还影响围岩的稳定。一般为炮孔直径的10～20倍，完整、坚硬的岩石取大值。

(2) 孔距 a。孔距主要取决于围岩硬度以及破碎程度。围岩软弱破碎时可适当调大，而坚硬完整时，孔距则可适当调小。当孔距过大时，难以爆破出平整的开挖面；而孔距过小，则会增加爆破费用。孔距一般为最小抵抗线 $W_{光}$ 的0.75～0.9倍。

(3) 孔径 d 与不耦合系数 K_d。可参考预裂爆破选用。

(4) 装药量 $Q_{光}$。单孔装药量 $Q_{光}$ 可按下式计算：

$$Q_{光}=q_{光}L \tag{2-33}$$

式中：$Q_{光}$ 为光面爆破单孔装药量，kg；$q_{光}$ 为光面爆破的炸药单耗，一般为0.15～0.25kg/m³，岩石松软取小值，岩石坚硬取大值；L 为光面爆破单孔爆破方量，为光爆孔孔深与相邻孔距与缓冲孔孔距的乘积，m³。

（四）装药结构、堵塞与起爆

1. 装药结构

预裂爆破常采用不耦合装药，其预裂孔装药结构主要有连续装药、均匀等距离装药和分段装药三种形式，如图2-21所示。无论何种装药结构，孔底部0.5～1.5m处均为加强装药段，装药量应比计算装药量有所增加。

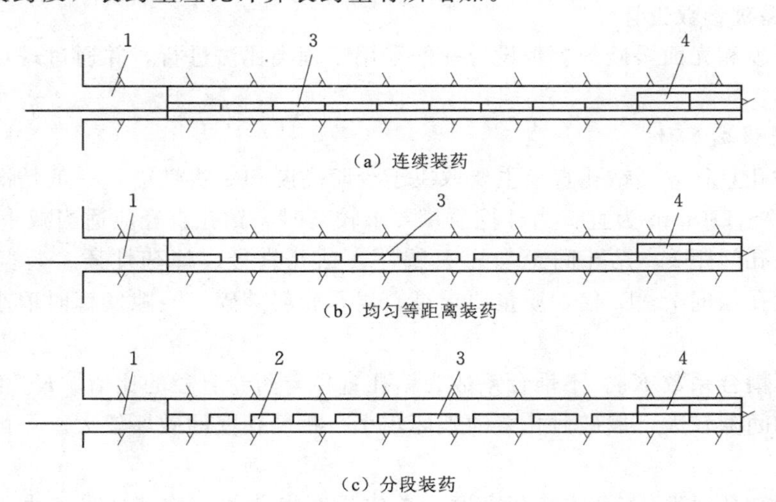

图2-21　预裂孔装药结构示意

1—堵塞段；2—顶部减弱装药段；3—正常装药段；4—底部增强装药段

2. 堵塞

良好的堵塞可以使得炸药能量被充分利用，同时减少爆破的有害效应。实际工程中可用砂子、泥土等材料进行逐层捣实堵塞，确保堵塞质量。

3. 起爆

为了保证同时起爆，以获得较好的应力加强效果，预裂爆破与光面爆破一般均采用导爆索起爆，起爆网路一般为分段并联法。

（五）质量控制标准

（1）开挖壁面岩石的完整性可用岩壁上的半孔率衡量。半孔率是指开挖壁面上炮孔痕迹总长与炮孔总长的百分比。在水利水电工程中，一般要求：节理裂隙发育的岩体，半孔率需达到10%～50%；节理裂隙中等发育的岩体，半孔率应达50%～80%；节理裂隙不发育的岩体则应达到80%以上。

资源2-4-2
三峡工程预裂爆破后的半孔

（2）围岩壁面起伏差的允许值为±15cm。

（3）在临空面上，预裂缝宽度一般不宜小于1cm。

四、定向爆破

定向爆破是利用炸药爆炸的作用，把某一地点的土石方抛掷到指定的地点，并大致堆积成所需形状的一种爆破技术。主要用于筑坝、筑路、建筑物拆除等工程，其在水利工程中的应用主要为定向爆破筑坝。

定向爆破筑坝是利用陡峻的岸坡进行炸药布置，实现定向松动崩塌或抛掷爆落岩石至预定位置，拦断河道，然后通过人工修整达到坝的设计轮廓的筑坝技术。

1. 适用条件

采用定向爆破技术筑坝时，对地形、地质以及水工建筑物都有一些基本要求。

（1）地形。坝址应选在河谷狭窄、岸坡倾角大于40°的陡峭河岸段，最好为对称河谷；山高山厚应为设计坝高的2倍以上，如为单岸爆破，要求2倍以上，如为双岸爆破，则要求在2.5倍以上。

（2）地质及水文地质。此方面要求爆区岩性均匀、构造简单、风化较弱、覆盖较薄、强度较高、地下水位较低且渗水量较小。

（3）水工建筑物。要求在施爆时确保水工建筑物安全的前提下，应使枢纽工程的总投资最少。如坝体防渗要求严格，多采用斜墙防渗；如防渗要求不是很严格，则可将爆破后岩体抛成宽体堆石坝，不另设防渗体。泄水建筑物的布置应能满足爆破安全要求。

2. 药包布置

定向爆破筑坝施工时可采用双岸爆破和单岸爆破两种形式，如图2-22所示。前者主要应用于河谷对称，地质、地形条件较好的情况。采用该方法可以缩短抛掷距离、增加爆破方量、减少人力施工工作量。当河谷狭窄，一岸山体雄厚且爆破方量满足要求时，则可采用单岸爆破。进行药包布置时，在满足工程安全的前提下，应尽量提高抛掷方量；药包布置应充分利用天然凹岸，保证药包位于正常水位以上，且大于垂直破坏半径；药包与坝肩的水平距离应大于水平破坏半径。当地形临空面较差时，需在前排布置若干辅助药包，通过辅助药包的爆破，为后排药包创造出凹弧形临空面，使得主药包的爆破岩体能指向定位中心抛出，从而达到爆堆集中堆填的目的。

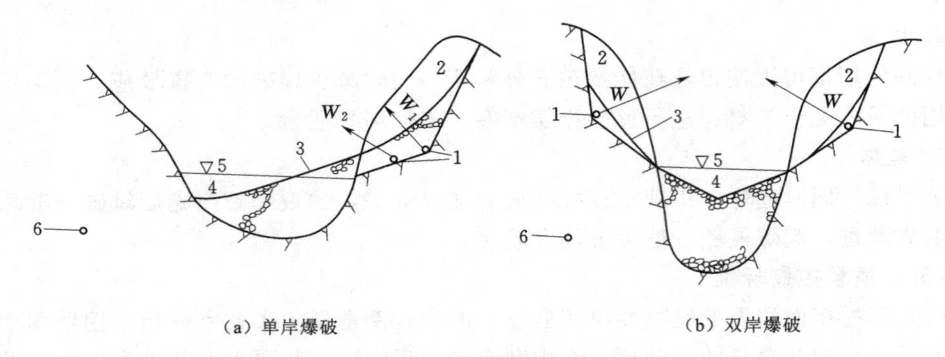

图 2-22　定向爆破筑坝药包布置示意

1—药包；2—爆破漏斗；3—爆堆顶部轮廓线；4—鞍点；5—坝顶高程；6—导流隧洞

截至 1983 年我国已完成 40 余项定向爆破筑坝工程。其中南水水电站拦河坝设计坝高 80.2m，总库容为 12.18 亿 m^3，于 1960 年底用炸药 1394t，一次爆破堆筑坝体平均高度为 62.5m（最低点 46.4m），为设计坝高的 77.9%；爆落岩石方量 167 万 m^3，有效上坝石方为 100 万 m^3。1973 年石砭峪定向爆破筑坝工程，总装药量达 1589t，爆破方量 236.5 万 m^3，抛掷方量 143.7 万 m^3，共布置 19 个药室，其中单个药室最大装药量为 236.5t，是我国规模最大的定向爆破筑坝工程。

五、岩塞爆破

岩塞爆破是一种水下爆破。在修建好的水库或天然湖泊中修建隧洞达到发电、取水、灌溉、泄洪排淤等目的时，隧洞进水口往往处于水库或湖泊较深水位处，如采用围堰，其工程量巨大，技术复杂，拆除困难。为了解决这一问题，施工时，可先从隧洞出口处逆水流方向开挖，在隧洞进口处预留一定厚度的岩体，待工程完工验收后采用爆破手段将预留岩体一次炸除，使得隧洞与水库或湖泊相连通。岩塞爆破只允许一次爆破成功，是一种特殊的控制爆破。

岩塞爆破起源于挪威，我国 1969 年在清河水库进行了第一次岩塞爆破工程，至今已完成岩塞爆破工程 30 余个，其中以 1979 年丰满水库的岩塞爆破规模最大，共 3 个洞室，总药量达 4075.6kg。

（一）岩塞布置与石渣处理

1. 岩塞布置

岩塞布置应考虑地质、地形、隧洞的使用要求等因素，通常选在地形较缓、整体性好且稳定的山体，应避免设置在山沟或陡崖处。后者会影响后期围岩的稳定性，且对加固处理的要求较高。岩塞处岩体完整、岩性单一、覆盖层较薄、节理裂隙不发育的地段较为适宜。

2. 石渣处理

岩塞爆破的石渣通常采用集渣和泄渣两种方式进行处理，如图 2-23 所示。

（1）集渣处理是在洞内正对岩塞的下方设置与岩塞体积相当的集渣坑，爆破后使石渣全部进入集渣坑，且运行期间隧洞内不允许石渣通过。主要用于引水发电隧洞。

（2）泄渣处理则是将爆落的石渣借助高速水流全部冲出隧洞。如岩塞体积较大则

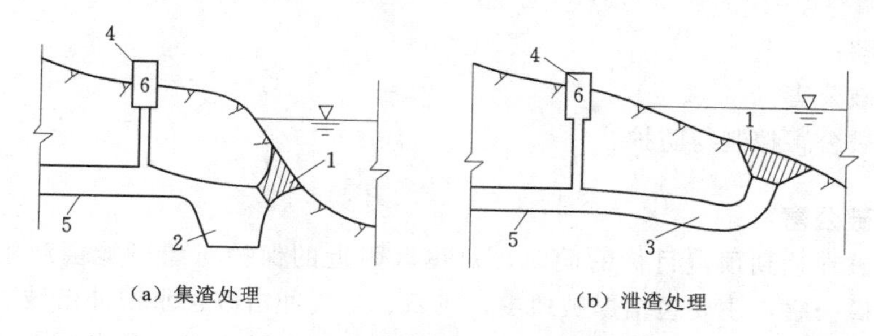

图 2－23　岩塞爆破岩塞布置示意

1—岩塞；2—集渣坑；3—缓冲坑；4—闸门井；5—引水隧洞；6—操控室

可设置流线型缓冲坑。当岩塞体积较小时，可不设置缓冲坑。

（二）装药及起爆

岩塞爆破为水下控制爆破，需考虑水荷载对爆破效果的影响，其装药量比常规抛掷爆破的装药量要增大20%～30%。岩塞爆破装药量Q_s计算公式如下：

$$Q_s=(1.2\sim1.3)KW^3(0.4+0.6n^3) \tag{2-34}$$

式中符号的意义同前，n一般取1.0～1.5。

岩塞爆破根据岩塞尺寸的大小，可采用洞室岩塞爆破、钻孔岩塞爆破或两种手段相结合的方式进行。洞室岩塞爆破设置集中药包，爆破作用比较明确，起爆网路简单。但施工难度较大，爆破岩块不均匀，且爆破有害效应较大，施工安全性差。而钻孔岩塞爆破施工简单、速度快、有害效应较小、施工安全性较好。但采用钻孔爆破时一般采用电雷管起爆网络，网路较为复杂。

六、拆除爆破

拆除爆破是指为了控制有害效应而采取措施，按设计要求用爆破方法拆除建（构）筑物的作业。在水利水电工程中，主要应用于水工建筑物、围堰、堤坝以及岩坎等的拆除，这些结构具有断面大、体积大且承受水荷载的特点，爆破施工较为复杂。

拆除爆破应严格控制炸药量、爆破边界、倒塌方向、爆渣爆堆及有害效应。

围堰的爆破拆除须确保相邻水工建筑物安全的前提下，按设计要求分期分区一次完成爆破，有导流要求时还应满足过流条件。

在进行围堰拆除爆破时，可采用聚渣和泄渣两种方式进行爆渣处理。聚渣方式主要应用于上游围堰的拆除；而泄渣方式则主要用于导流明渠、下游围堰的拆除。围堰拆除爆破为水下爆破，需选择具有一定防水、抗压性能的雷管。可采用钻孔爆破、洞室爆破或两者结合的方法进行爆破；在起爆网路上则多采用一维线型和二维平面型两种导爆管起爆网路。

第五节　爆破公害与安全控制

知识要求与能力目标：

（1）熟悉爆破公害的种类；

（2）熟悉爆破公害的控制与防护方法。

学习内容：

（1）爆破公害；

（2）爆破公害控制与防护。

一、爆破公害

工程爆破在达到预定目标的同时，对爆区附近的保护对象可能会产生影响和危害，称为爆破公害，主要包括爆破地震、飞石、空气冲击波、水中冲击波、粉尘、有毒气体和噪声等。水利水电工程中上述公害的影响可概括为以下几点：①爆破地震对坝体、厂房、边坡、地下洞室的影响；②水中冲击波对水中生物、船舶、闸门等其他水工建筑物的影响；③飞石、有毒气体、空气冲击波等对施工人员、机械设备等的影响。因此，在工程爆破中，需研究爆破公害的发生机理，通过合理的爆破参数设计，采取先进可靠的施工工艺，以确保被保护对象的安全。

1. 爆破地震

在岩石爆破过程中，爆炸能量除用于介质的破碎、松动外，还有很大一部分能量以地震波的形式向四周传播，导致地面振动，即爆破地震。当爆破地震达到一定强度时，将会引起建筑物破坏、边坡失稳等问题。爆破地震与自然地震的不同之处在于：①自然地震震源很深，释放的能量大，而爆破地震一般在浅层，且释放的能量有限；②自然地震属于低频振动，主频在2～5Hz，且与建筑物的自振频率比较接近，而爆破地震属于高频振动，主频在10～300Hz；③自然地震持续时间长，一次持续10～40s，而爆破地震持续时间短，一次只有0.1～2s；④自然地震振幅大、衰减慢，影响范围广，爆破地震振幅小、衰减快。

根据大量的工程实践，目前多采用质点振动速度作为爆破地震的衡量标准。我国《爆破安全规程》（GB 6722—2014）中对一些建（构）筑物的爆破震动安全允许标准作出了具体规定，见表2-1。质点振动速度的大小与炸药量、距离、介质特性、地形条件等因素有关。常采用萨道夫斯基经验公式进行估算，具体公式如下：

$$v=K\left(\frac{\sqrt{Q}}{R}\right)^{a} \tag{2-35}$$

式中：v为质点振动速度，cm/s；Q为药量，齐发爆破时取总药量，分段爆破时取最大一段药量，kg；R为爆源到观测点距离，m；K为与地质条件、爆破类型及爆破参数有关的系数；a为与传播途径、距离、地形等因素有关的系数，见表2-2。

表2-1　爆破震动安全允许标准

保护对象类别	安全允许质点振动速度 v/(cm/s)		
	$f\leqslant$10Hz	10Hz$<f\leqslant$50Hz	$f>$50Hz
土窑洞、土坯房、毛石房屋	0.15～0.45	0.45～0.9	0.9～1.5
一般民用建筑物	1.5～2.0	2.0～2.5	2.5～3.0
工业与商业建筑物	2.5～3.5	3.5～4.5	4.2～5.0
一般古建筑与古迹	0.1～0.2	0.2～0.3	0.3～0.5

续表

保护对象类别		安全允许质点振动速度 v/(cm/s)		
		$f \leqslant 10$Hz	$10\text{Hz} < f \leqslant 50$Hz	$f > 50$Hz
运行中的水电站及发电厂中心控制设备		0.5～0.6	0.6～0.7	0.7～0.9
水工隧道		7～8	8～10	10～15
交通隧道		10～12	12～15	15～20
矿山巷道		15～18	18～25	20～30
永久性岩石高边坡		5～9	8～12	10～15
新浇大体积混凝土（C20）	龄期：初凝～3d	1.5～2.0	2.0～2.5	2.5～3.0
	龄期：3～7d	3.0～4.0	4.0～5.0	5.0～7.0
	龄期：7～28d	7.0～8.0	8.0～10.0	10.0～12.0

注 1. 表中质点振动速度为三分量中的最大值，振动频率为主振频率。

2. 频率 f 范围根据现场实测波形确定或按如下数据选区：洞室爆破，$f < 20$Hz；露天深孔爆破，$f = 10 \sim 60$Hz；露天浅孔爆破，$f = 40 \sim 100$Hz；地下深孔爆破，$f = 30 \sim 100$Hz；地下浅孔爆破，$f = 60 \sim 300$Hz。

3. 爆破振动监测应同时测定质点振动互相垂直的三个分量。

2. 空气冲击波与水中冲击波

表 2-2 不同岩性的 K、a 值

岩性	K	a
坚硬岩石	50～150	1.3～1.5
中硬岩石	150～250	1.5～1.8
软岩石	250～350	1.8～2.0

炸药爆炸产生的高温高压气体，部分直接压缩周围空气，部分通过岩体裂隙及药室通道冲入大气并对其压缩形成空气冲击波。当空气冲击波超压达到一定量值后，则会对建筑物造成破坏，对人体器官造成损伤。为了避免这种情况出现，《爆破安全规程》（GB 6722—2014）中规定：露天地表爆破一次爆破炸药量不超过 25kg 时，应按下式确定空气冲击波对在掩体内避炮作业人员的安全距离。

$$R_k = 25\sqrt{Q} \tag{2-36}$$

式中：R_k 为空气冲击波对掩体内人员的最小允许距离，m；Q 为一次爆破 TNT 炸药当量，秒延时爆破为最大一段药量，毫秒延时爆破为总药量，kg。

当爆破在水中进行时，则会产生水中冲击波。因此，需要针对水中工作人员以及施工船舶、鱼类等保护对象按相关规定确定最小安全距离。以工作人员为例，《爆破安全规程》（GB 6722—2014）中规定：在水深不大于 30m 的水域进行水下爆破，对人员的水中冲击波安全允许距离按表 2-3 确定。

表 2-3 对人员的水中冲击波安全允许距离 单位：m

装药及人员情况		炸药量/kg		
		$Q \leqslant 50$	$50 < Q \leqslant 200$	$200 < Q \leqslant 1000$
水中裸露装药	游泳	900	1400	2000
	潜水	1200	1800	2600
钻孔或药室装药	游泳	500	700	1100
	潜水	600	900	1400

3. 爆破飞石

（1）洞室爆破。洞室爆破个别飞散物的安全距离，可参照下式进行计算：

$$R_f = 25K_f n^2 W \tag{2-37}$$

式中：R_f 为爆破飞石安全距离，m；K_f 为与地形、风向、风速和爆破类型有关的安全系数，一般取 1.0～1.5；n 为爆破作用指数；W 为最小抵抗线，m。

（2）钻孔爆破。目前尚无公式对钻孔爆破的飞散物安全距离进行计算，《爆破安全规程》（GB 6722—2014）中有相关规定，见表 2-4。

表 2-4　　爆破个别飞散物对人员的最小允许安全距离

爆破类型和方法		最小允许安全距离/m
露天岩石爆破	裸露药包爆破法破大块	400
	浅孔爆破法破大块	300
	浅孔爆破	200（复杂地质条件下或未形成台阶工作面时不小于 300）
	深孔爆破	按设计，但不小于 200
	洞室爆破	按设计，但不小于 300
水下爆破	水深小于 1.5m	与露天岩石爆破相同
	水深 1.5～6m	由设计确定
	水深大于 6m	可不考虑飞石对地面或水面以上人员的影响
破冰爆破	爆破薄冰凌	50
	爆破覆冰	100
	爆破阻塞的流冰	200
	爆破厚度大于 2m 的冰层或爆破阻塞流冰一次用药量超过 300kg	300
拆除爆破、城镇浅孔爆破及复杂环境深孔爆破		由设计确定

二、爆破公害控制与防护

爆破公害的控制与防护可从爆源、公害传播途径以及保护对象三个方面采取措施。

1. 在爆源控制公害强度

（1）合理采用爆破参数、炸药单耗和装药结构。

（2）采用深孔台阶微差爆破技术。

（3）合理布置岩石爆破中最小抵抗线方向。

（4）保证炮孔的堵塞长度与质量、针对不良地质条件采取相应的爆破控制措施，对消减爆破公害的强度也是非常重要的方面。

2. 在传播途径上削弱公害强度

（1）在爆区的开挖线轮廓进行预裂爆破或开挖减震槽，可有效降低传播至保护区岩体中的爆破地震波强度。

（2）对爆区临空面进行覆盖、架设防波屏可削弱空气冲击波强度，阻挡飞石。

3. 保护对象的防护

(1) 当爆破规模确定，且传播途径上的防护措施尚不能满足要求时，可对保护对象直接进行防护。具体措施主要有防震沟、防护屏以及表面覆盖等。

(2) 严格爆破作业的规章制度，对施工人员进行安全教育也是保证安全施工的重要环节。

思　考　题

2-1　什么是爆破？工程爆破中常用的爆破器材有哪些？

2-2　常用的工业炸药有哪些？炸药的基本性能指标有哪些？

2-3　什么是爆破漏斗？其几何特征参数有哪些？

2-4　常用的爆破方法有哪些？适用条件如何？

2-5　钻孔爆破设计主要参数有哪些？如何改善深孔爆破的爆破效果？

2-6　洞室爆破的特点是什么？

2-7　预裂爆破与光面爆破的成缝机理是什么？

2-8　工程爆破中的爆破公害有哪些？如何对爆破公害进行控制与防护？

2-9　水利水电工程施工中常涉及哪些主要爆破技术？

2-10　爆破设计应确定哪些参数？

第三章 地基处理技术

第一节 概　　述

知识要求与能力目标：

(1) 掌握地基与基础的概念；

(2) 理解水工建筑物对地基的要求；

(3) 了解地基处理的基本方法和施工特点。

学习内容：

(1) 地基处理的基本概念；

(2) 地基处理的目的与方法。

一、地基处理的基本概念

承受建筑物荷载的岩土体称为地基。按地质情况分类，有覆盖层地基（简称土基）和岩石地基（简称岩基）；按设计施工情况分类，有天然地基和人工地基。不需要进行人工处理而改善其原有的物理力学性能就能满足设计要求的地基称为天然地基，否则属于人工地基。直接承受所施加荷载的地基层称为持力层，下伏的岩土层称为下卧层，持力层顶面称为建基面。

建筑物与岩土直接接触的部分（包括下部和四周）称为基础。基础是建筑物的组成部分，其作用是将上部结构荷载分散，减小地基应力强度并将荷载传给地基。

地基与基础的关系非常密切。建筑物的稳定不仅取决于地基与基础的强度和稳定性，关键还在于地基与基础对建筑物的适宜性，也就是地基与基础适应于建筑物的要求。地基处理与基础工程就是要根据建筑物的类型及对地基的不同要求、地基的特点，从勘察、设计和施工等各方面综合优选地基处理方案及基础形式，保证建造的基础和地基在满足运用要求的条件下，又兼具经济性。

水工建筑物要求地基有足够的强度、抗压缩性和整体均匀性，能承受建筑物的压力，保证抗滑稳定，且不产生过大的位移和沉陷；有足够的抗渗性和耐久性，减少坝基扬压力和渗漏量，不在长期侵蚀下劣化。天然地基一般较难满足上述要求，故需进行地基处理。

二、地基处理的目的与方法

地基处理，就是为提高地基的承载与抗渗能力，防止过量或不均匀沉陷，对地基的缺陷而采取的加固和改善措施。地基处理的方法视地基情况和建筑物对地基的要求而不同，水工建筑物地基处理的目的主要是防渗和加固。

天然地基的性状复杂多样，不同类型水工建筑物，对地基的要求也各有不同，因而在实践中，存在各种不同的地基处理方案与技术措施。其中最通用可靠的地基处理方法是采用开挖等措施将不符合要求的天然地基挖除，以形成符合设计要求的建基面。但天然地基的缺陷仅仅依靠开挖的方法，很难彻底处理和改善，为了取得符合设计要求的地基与基础，往往需要对建基面下更大范围的地基采用各种技术措施进行处理。由于地基处理在地基中进行，其施工过程及处理的实际效果无法直观掌握，故地基处理具有隐蔽性的施工特点。

资源 3-1-1
坝基开挖

随着水利工程建设事业的发展，越来越多的新材料、新工艺、新技术在地基处理中得到应用。本章重点介绍水利水电工程施工中常用的几种地基处理技术，包括岩石地基灌浆、砂砾石地基灌浆、混凝土防渗墙。对强夯法、旋喷法、振冲法等其他地基处理技术只做简单介绍。

第二节　岩　基　灌　浆

知识要求与能力目标：

(1) 理解岩基灌浆的目的及分类；

(2) 了解岩基灌浆材料与应用；

(3) 掌握岩基灌浆的施工工艺和主要技术要求。

学习内容：

(1) 岩基灌浆的分类；

(2) 岩基灌浆材料；

(3) 岩基灌浆施工。

一、岩基灌浆的分类

岩石地基灌浆简称岩基灌浆，是将某种按照设计要求配置的具有流动性和胶凝性的浆液，利用灌浆设备通过钻孔压入岩层的空隙中，待浆液胶结硬化后形成结石，从而提高岩基强度，加强岩基整体性和抗渗性的有效技术措施。

岩基灌浆按目的不同，一般分为帷幕灌浆、固结灌浆和接触灌浆三种。岩基灌浆如图 3-1 所示。

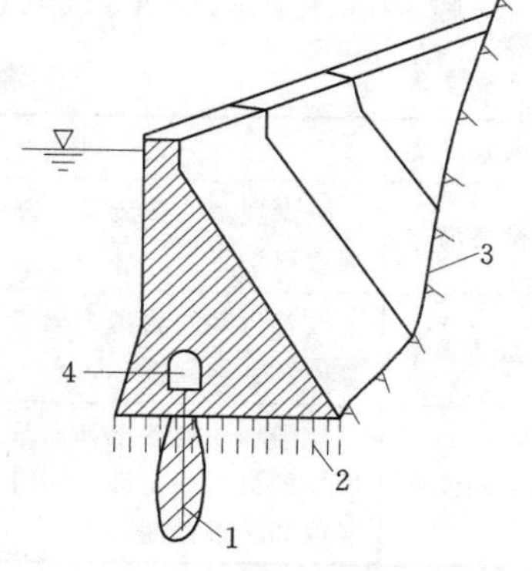

图 3-1　岩基灌浆示意
1—帷幕灌浆；2—固结灌浆；3—接触灌浆；4—灌浆廊道

1. 帷幕灌浆

帷幕灌浆是减少坝基的渗流量、降低坝底渗透压力，保证地基渗透稳定性的必要措施。帷幕灌浆一般布置在靠近上游坝体迎水面一侧的地基内，通过灌浆形成一道连续的垂直或倾斜的防渗帷幕。帷幕灌浆多采用单孔灌浆，其灌浆孔较深，灌浆压力较大。采用斜幕时灌浆效果比直幕好，但施工难度大。对于主要部位的帷幕灌浆，应在水库蓄水前完成，否则较大的坝基扬压力不仅增加施工难度还易造成浆液损失，影响帷幕的整体性和密实性。为了解决帷幕灌浆和混凝土浇筑之间的施工干扰问题，通常在坝体预留的灌浆廊道内进行灌浆施工。向家坝水电站工程为了减小坝基扬压力，提高坝体稳定性，坝基防渗采用“以防为主、阻排并举”的原则，对高程300m以下的坝基采取抽排措施，帷幕灌浆在平面上分区进行。

2. 固结灌浆

固结灌浆是改善岩基的物理力学性能，提高岩基整体性与强度，降低基础透水性，减少基础开挖深度的处理措施。固结灌浆实施部位与范围由岩基的地质条件和地基岩石破碎情况决定。当岩基地质条件较好时，可在坝基上、下游应力较大的局部进行固结灌浆，当岩基地质条件较差且坝体较高时，应对整个坝基甚至超出坝基一定范围进行固结灌浆。固结灌浆的孔深较小，一般为5～8m，也有的深达15～40m。灌浆孔在平面上呈网格交错布置，通常采用群孔冲洗，分序加密灌浆。

固结灌浆通常在坝基开挖和基础部位混凝土浇筑等工序间穿插进行，因此施工干扰大，应合理安排各施工工序。为了保证灌浆质量，有的工程要求固结灌浆分期进行，在混凝土浇筑前先进行一期低压灌浆，待基础混凝土浇筑后再进行二期中压灌浆。向家坝水电站大坝坝基应力整体较低，大坝坝基齿槽底部200m高程Ⅳ～Ⅴ类围岩区域附加最大主压应力不超过0.8MPa；其余区域附加最大主压应力不超过2MPa；齿槽下部20m，高程180m部位坝基附加最大主压应力均已衰减至1.5MPa以下。根据坝基受力特点、地质条件，开挖体型，并考虑固结灌浆对施工进度的影响，固结灌浆按深度共分为6个区，最大深度30m。

3. 接触灌浆

接触灌浆是为了加强坝体混凝土与岸坡或地基之间的结合能力，提高坝体的抗滑稳定性而采取的技术措施。灌浆部位为坝体混凝土与地基的结合面。通过混凝土钻孔压浆或在接触面上预埋灌浆盒及相应的管道系统进行灌浆，其灌浆方法与固结灌浆相同。

接触灌浆应在坝体混凝土温度稳定后进行，以防止混凝土冷缩拉裂。向家坝水电站工程右岸非溢流坝段右非3～右非8坝段侧坡坡比均为1：0.3，由于开挖坡比较陡，采取了预埋管灌浆法对坝体混凝土侧面与基岩接触面进行接触灌浆。

帷幕灌浆、固结灌浆和接触灌浆的作用、灌浆位置及灌浆时间见表3-1。

表3-1　灌浆种类、作用、位置及灌浆时间

灌浆种类	作　用	位　置	灌浆时间
帷幕灌浆	减少坝基的渗流量，降低渗透压力，保证地基的渗透稳定	在上游坝踵处	在灌浆廊道建成后进行
固结灌浆	改善岩基的物理力学性能，提高地基的强度、整体性、均匀性	坝基与地基结合处	在坝基开挖完或浇筑几层混凝土后进行
接触灌浆	加强坝体混凝土和地基之间的结合能力，提高坝体的抗滑稳定性。同时，也能提高地基的固结强度和防渗性能	坝基与岸坡结合处	在坝体达到稳定温度时进行

二、灌浆材料

岩基灌浆材料常用水泥浆液，由水泥与水按一定比例配制而成，水泥浆液呈悬浮状态，硬化后与素混凝土类似。水泥灌浆具有灌浆效果可靠，灌浆设备与工艺简单，经济性能优越等优点。

配制水泥浆液所采用的水泥品种，应根据灌浆目的和环境水的侵蚀作用等因素确定，通常可采用普通硅酸盐水泥或硅酸盐大坝水泥。如有耐酸性等要求时，可采用抗硫酸盐水泥，在环境水有侵蚀作用的灌浆工程中可使用矿渣水泥与火山灰质硅酸盐水泥，但应考虑其析水快、稳定性差、早期强度低等缺点的不利影响。

水泥颗粒的细度对灌浆的效果有较大影响。水泥颗粒越细，越容易灌入细微的裂隙中，水泥的水化作用也越完全。帷幕灌浆对水泥细度的要求为通过 80μm 方孔筛的筛余量不大于 5%。对于岩体裂隙宽度较小的地基（小于 200μm），为了提高水泥浆液的效果，可采用超细水泥进行灌浆。

在水泥浆液中掺入适量外加剂（如速凝剂、减水剂、早强剂及稳定剂等）可以调节或改善水泥浆液的某些性能，满足工程对浆液的特定要求，提高灌浆效果，外加剂的种类及掺入量应由试验确定。

在水泥浆液里掺入黏土、砂或粉煤灰，制成水泥黏土浆、水泥砂浆、水泥粉煤灰浆等，可用于灌浆量大而对结石强度要求不高的岩石地基灌浆，可节省水泥用量，降低施工成本。

当遇到一些特殊的地质条件，采用水泥浆液灌注难以达到工程要求的防渗性能或强度时，可采用符合环境要求的化学浆液灌注。化学灌浆材料成本较高，灌浆工艺较复杂，在岩石地基处理中，化学灌浆一般作为辅助灌浆方式，在水泥灌浆的基础上进行化学灌浆，可提高灌浆质量和经济性。目前化学灌浆材料主要有防渗堵漏和加固补强两大类，近年来应用较多的是水玻璃、聚氨酯和环氧树脂浆材。

在水利工程中，化学灌浆主要用于大坝、水库、涵闸等基础防渗帷幕、地基破碎带泥化夹层加固，大堤、渠道、渡槽等的防渗堵漏及加固。

大岗山水电站工程建设过程中，经过对大坝基础详细的勘探研究，发现Ⅴ类辉绿岩脉和河床承压热水区岩体的存在，对局部防渗帷幕灌浆效果影响较大，对该地质缺陷采用了化学灌浆处理，并进行了压水检测及取芯检测。压水试验结果表明，灌后地基透水率满足设计防渗标准；根据取芯结果，化学灌浆结石清晰，充填饱满且黏结牢固。

资源 3-2-1
化学灌浆检测岩芯

浆液的性能指标主要包括流动性、稳定性、析水率、凝结时间、结石的力学性能等，需要通过试验加以确定。

岩基灌浆的浆液材料应具有流动性和胶凝性，通常应该满足如下要求：

（1）浆液应具有良好的流动性和可灌性，以利于施工和增大浆液的灌注范围，使浆液在一定灌浆压力作用下能充填密实受灌地基的裂隙或孔洞。

（2）浆液应具有较好的稳定性，较低的析水率。

（3）浆液硬化成结石后，应具有良好的抗渗性、较高的强度和黏结力。

三、岩基灌浆施工

在进行岩基灌浆处理前，一般需进行现场灌浆试验。通过灌浆试验，了解岩石地基的可灌性、确定合理的施工程序与工艺、提供科学的灌浆参数等，为进行灌浆设计与编制施工技术文件提供主要依据。

岩基灌浆的主要施工程序包括：钻孔、钻孔及裂隙冲洗、压水试验、灌浆、质量检查等。下面着重对这些主要技术环节与相应要求进行介绍。

(一) 钻孔

钻孔的质量与灌浆的质量密切相关。施工中，对钻孔的质量要求包括：①孔位、孔向、孔深符合设计要求；②孔径上下均一，孔壁平顺；③钻进过程中产生的岩粉细屑较少。钻孔的方向与深度是保证帷幕灌浆质量的关键。如果孔向偏斜或孔深不足，将使灌浆帷幕留下漏水通道，如图3-2所示，从而影响帷幕的灌浆质量，降低防渗效果。孔径均一，孔壁平顺，可使灌浆栓塞卡紧卡牢，灌浆时不致产生返浆。钻进过程中如果出现过多的岩粉细屑，容易堵塞孔壁的缝隙，影响灌浆的效果。

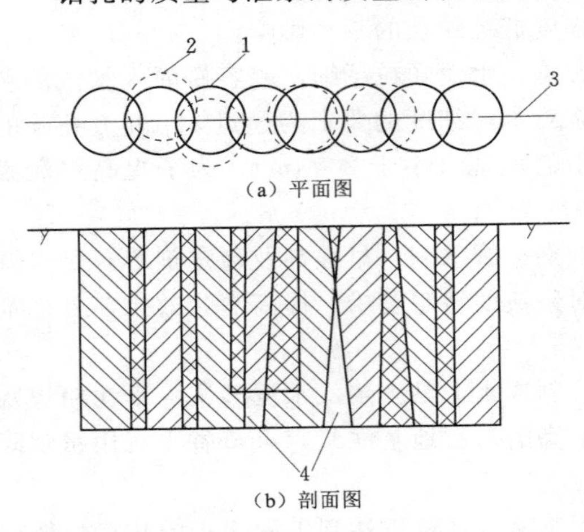

图3-2 钻孔质量对灌浆帷幕的影响
1—孔顶灌浆范围；2—孔底灌浆范围；3—帷幕轴线；4—漏水通道

孔深可通过钻杆的钻进深度来加以控制，而孔向的控制则较为困难，特别是钻设深孔或斜孔时。根据《水工建筑物水泥灌浆施工技术规范》（SL 62—2020）对灌浆孔应进行孔斜测量，垂直的或倾角小于5°的灌浆孔，孔底的偏差不得大于表3-2的规定，发现钻孔偏斜值超过设计规定时应及时纠正或采取补救措施。倾角大于5°的斜孔，孔底最大允许偏差值可根据实际情况按表3-2的规定进行适当放宽。灌浆孔孔深大于60m时，孔底最大允许偏差值应根据工程实际情况确定，并不宜大于钻孔间距。

帷幕灌浆的钻孔宜采用回转式钻机和金刚石或硬质合金钻头。这类钻机钻进效率高，不受孔深、孔向、孔径和岩石硬度的限制，还可钻取岩芯，固结灌浆的钻孔可根据工程实际，选用各种适宜的钻机和钻头。钻孔的孔径应根据地质条件、钻孔深度、钻孔方法和灌浆方法确定，帷幕灌浆的孔径不得小于46mm，固结灌浆的孔径不宜小于38mm。

表3-2 灌浆孔孔底允许偏差 单位：m

孔深	20	30	40	50	60
单排孔	0.25	0.45	0.70	1.00	1.30
多排孔	0.25	0.50	0.80	1.15	1.50

(二) 钻孔（裂隙）冲洗

钻孔结束后，需要对钻孔（裂隙）进行冲洗。钻孔冲洗是将残留在孔底和黏滞在孔壁的岩粉冲洗出来；岩层裂隙冲洗是将岩层裂隙和孔洞中的充填物冲出孔外，使浆液结石与基岩能更好地胶结成整体，从而保证灌浆质量。在断层、破碎带、软弱夹层和细微裂隙等复杂地基中灌浆，裂隙冲洗程度直接影响浆液与岩体的胶结质量，并最终影响灌浆效果，必要时应进行现场试验。

1. 钻孔冲洗

钻孔冲洗是将钻杆下到孔底，利用钻杆通入大流量压力水，使孔内回水的流速足以将残留在孔内的岩粉铁屑冲出孔外，冲孔至回水变清 5～10min 后方可结束冲洗。

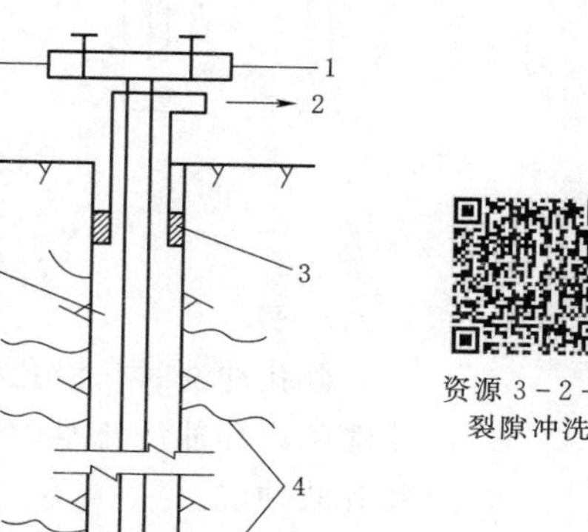

资源 3-2-2
钻孔冲洗

资源 3-2-3
裂隙冲洗

2. 裂隙冲洗

裂隙冲洗是在孔中安装灌浆塞，将冲洗管插入钻孔内，用灌浆泵将高压水压入孔内循环管路进行冲洗，如图 3-3 所示。也可采用压力水和压缩空气轮换冲洗或压力水和压缩空气混合冲洗的方法。冲洗至回水变清，孔内残存杂质沉积厚度不超过 20cm 时，可结束冲洗。裂隙的冲洗方法可根据地质条件、灌浆种类而选定，有单孔冲洗和群孔冲洗两种。

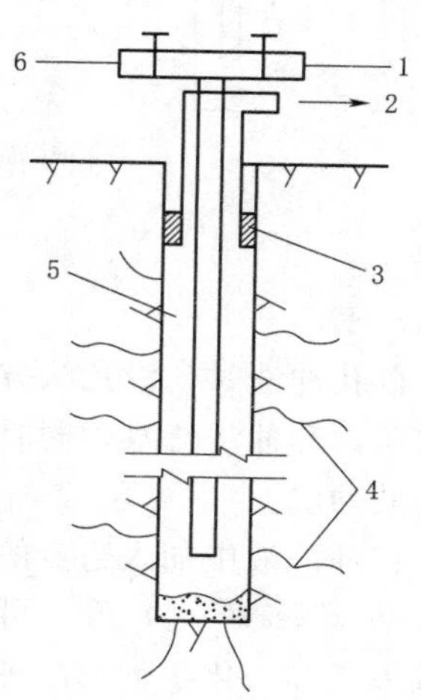

图 3-3　裂隙冲洗示意
1—压力水进口；2—出口；3—阻塞器；4—岩层裂隙；5—灌浆孔；6—压缩空气进口

单孔冲洗时，裂隙中的充填物被压力水挤至灌浆范围以外或仅能冲掉钻孔本身及其周围小范围裂隙中的充填物，一般适用于岩石比较完整和岩层裂隙较少的情况。单孔冲洗方法有高压水冲洗、高压脉动冲洗和扬水冲洗三种。群孔冲洗适用于岩层破碎、节理裂隙比较发育且在钻孔之间互相串通的地基。

(1) 单孔冲洗。

1) 高压水冲洗。在钻孔内通高压水，在高压下水作用下裂隙中的充填物沿着加压的方向推移和压实。冲洗压力可取为同段灌浆压力的 70%～80%，且不大于 1MPa。当回水洁净且流量稳定 20min 后可停止冲洗。

2) 高压脉动冲洗。即采用高压低压水反复变换冲洗。先用高压水冲洗，冲洗压力为灌浆压力的 80%，经过 5～10min，将孔口压力在几秒内骤降至零，形成反向脉动水流，将裂隙中的碎屑带出，此时回水多呈浑浊状。再将冲洗压力升高到原来的压力，维持几分钟又突然降到零，通过如此循环升降压力，对裂隙进行反复冲洗，直到回水洁净后，再延续 10～20min 后就可结束冲洗。新安江、古田溪等工程实践表明，高压脉动的压力差越大，裂隙冲洗的效果越好。

3) 扬水冲洗。对于地下水位较高和地下水补给条件好的钻孔，可采用扬水冲洗。冲洗时先将冲洗管下至钻孔底部，上端接风管通入压缩空气。孔内水气混合后，由于比重减小，在地下水压力作用下，加之压缩空气的释压膨胀与返流作用，挟带孔隙内的碎屑喷出孔外。连续地通气喷水，直到将裂隙冲洗干净。宁夏青铜峡工程曾用此法进行裂隙冲洗。

(2) 群孔冲洗。群孔冲洗是将两个或两个以上的钻孔组成孔群，轮换地向某个钻孔或几个钻孔压进压力水或压力水气混合物，从另外的钻孔排出浊水，如此反复交替冲洗，直至各个钻孔出水洁净，如图 3-4 所示。

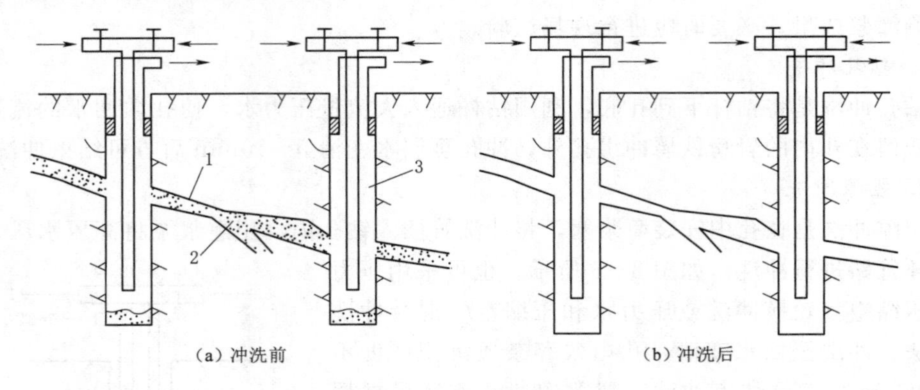

图 3-4 群孔冲洗示意
1—裂隙；2—填充物；3—钻孔

群孔冲洗时，沿孔深方向冲洗段的划分不宜过长，否则冲洗段内裂隙过多将分散冲洗压力和冲洗流量，同时水量相对集中在先贯通的裂隙中流动，导致其他裂隙得不到有效冲洗。

在冲洗液中加入适量的化学剂，如碳酸钠（Na_2CO_3）、氢氧化钠（NaOH）或碳酸氢钠（$NaHCO_3$）等，可以促进裂隙内泥质充填物的溶解，提高钻孔（裂隙）的冲洗效果。加入化学剂的品种和掺量，宜通过试验确定。

对岩溶、断层、大型破碎带、软弱夹层等地质条件复杂地段，以及有专门设计要求的地段，裂隙冲洗应按设计要求进行或通过现场试验确定。

采用高压水或高压水气冲洗时要注意观测，防止冲洗范围内岩层的抬动和变形。

（三）压水试验

在钻孔冲洗完成后灌浆施工开始前，需对灌浆地基进行压水试验。压水试验可以测定地基的渗透特性，为灌浆施工提供必要的技术资料。同时，压水试验也是检查地基灌浆质量的主要方法。

压水试验的原理：在一定的水头压力下，通过钻孔将水压入孔壁四周的缝隙中，根据压入的水量和压水的时间，计算出代表岩层渗透特性的技术参数。

岩层的渗透特性一般采用透水率 q 来表示。透水率即在单位压力作用下，单位时间内压入单位长度试验孔段的水量，可按下式计算：

$$q=\frac{Q}{PL} \tag{3-1}$$

式中：q 为地基的透水率，Lu（吕荣）；Q 为单位时间内试验段的总注水量，L/min；P 为作用于试验段内的全压力，MPa；L 为压水试验段的长度，m。

压水试验应按照《水电工程钻孔压水试验规程》（NB/T 35113—2018）中的有关规定进行。

灌浆施工时的压水试验，使用的压力一般为同段灌浆压力的 80%，且不大于

1MPa。试验时，可在稳定压力下，每隔 3～5min 记录一次压入流量的读数，连续四次读数中最大值与最小值之差小于最终值的 10%，或最大值与最小值之差小于 1L/min 时，本阶段试验即可结束，取最终值作为计算值，再按式（3-1）计算该地基的透水率 q。

压水试验应自上而下分段进行，同一试验段不宜跨越透水性差异较大的地基，确保试验资料具有代表性。试验孔段长度与灌浆段长度应一致，一般为 5～6m。固结灌浆压水试验孔数不宜小于总灌浆孔数的 5%。

对于构造破碎带、裂隙密集带、岩层接触带以及岩溶洞穴等透水性较强的岩层，应根据具体情况确定试验段的长度。另外，对于有岩溶泥质充填物和遇水性能易劣化的地基，在灌浆前可不进行裂隙冲洗，也不宜做压水试验。

（四）灌浆

压水试验完成后就可进行灌浆施工，灌浆施工必须注意以下技术问题。

1. 灌浆方式

按照灌浆时浆液灌注和流动的特点，灌浆方式有纯压式和循环式两种。

（1）纯压式灌浆。在灌注过程中，浆液从灌浆机向钻孔单向流动注入岩层缝隙，不再回浆，如图 3-5（a）所示。纯压式灌浆设备简单，操作简便，但灌浆段内的浆液无法循环流动，灌注一段时间后，浆液注入率逐渐减小易于沉淀并堵塞裂隙，影响浆液扩散。纯压式灌浆多用于吸浆量大，大裂隙，孔深不超过 12～15m 的情况。浅孔固结灌浆可以考虑采用纯压式灌浆。

资源 3-2-4
纯压式灌浆

（2）循环式灌浆。灌浆机把浆液压入钻孔后，浆液一部分被压入岩层缝隙中，另一部分由回浆管返回拌浆桶中，如图 3-5（b）所示。循环式灌浆可使浆液在灌浆段始终保持流动状态，减少浆液的沉淀，此外，还可以根据进浆与回浆浆液比重的差别判断岩层的吸浆情况，并作为衡量灌浆结束的一个条件。但长时间灌注浓浆时，回浆管在孔内易被凝住。

资源 3-2-5
循环式灌浆

由于循环式灌浆对灌浆质量比较有保证，目前工程中帷幕灌浆多采用这种灌浆方式。

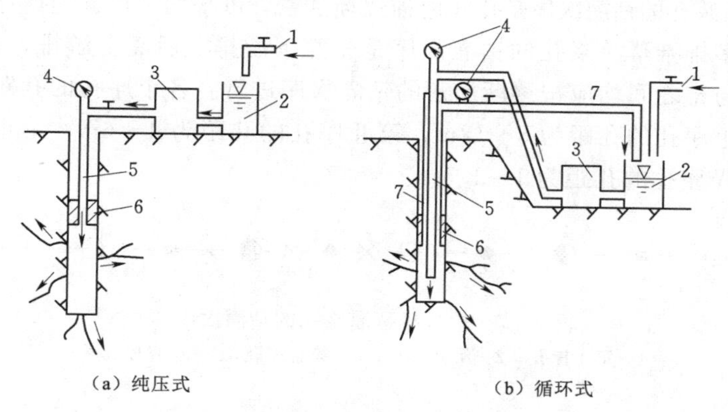

图 3-5　纯压式和循环式灌浆示意

1—进水口；2—拌浆桶；3—灌浆泵；4—压力表；5—灌浆管；6—灌浆塞；7—回浆管

2. 钻灌次序

岩基的钻孔与灌浆应遵循分序加密的原则。灌浆分序逐渐加密，既可以提高浆液结石的质量，又可以通过对后序孔透水率和单位吸浆量的分析，推断前序孔的灌浆效果，还有利于减少相邻孔串浆现象。由于深层帷幕灌浆的灌浆压力远高于浅层固结灌浆的压力，一般按照先固结、后帷幕的灌浆顺序，这样可以利用先固结的浅层地基，抑制深层高压灌浆时的地表抬动和冒浆。

固结灌浆宜在建筑物盖重覆盖的情况下进行，必须在相应部位的混凝土达到设计强度的50%后方可开始，以防止地表抬动和冒浆。对于孔深5m左右的浅孔固结灌浆，一般采用两序孔作业，即排间内插加密，相邻排的孔错开布置，其钻灌次序如图3－6（a）、（b）、（d）所示。对于孔深10m以上的深孔固结灌浆，则以采用三序孔作业为宜，即增加孔间内插加密，钻灌次序如图3－6（c）、（e）所示。国内外固结灌浆最后序孔的孔距和排距多为3～6m。

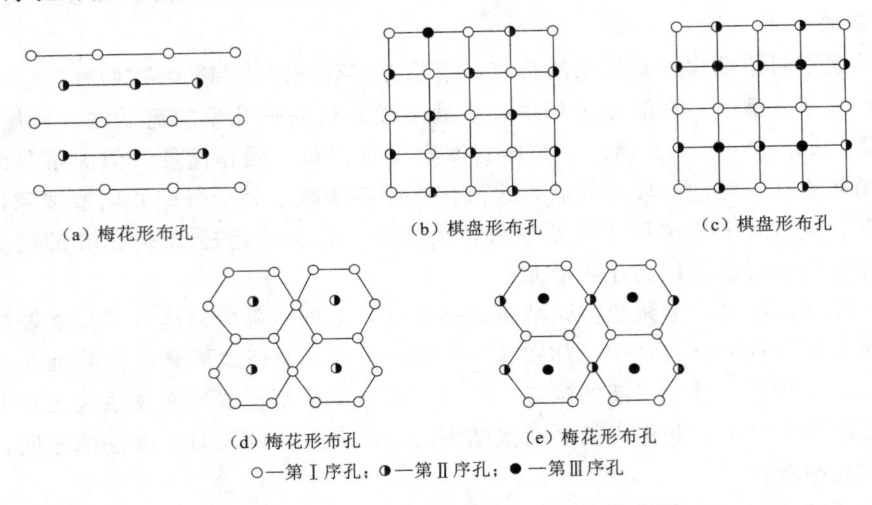

图3－6　固结灌浆孔的布孔方式和钻灌次序

单排帷幕灌浆孔的钻灌次序是孔间内插逐渐加密，可采用三序甚至四序，如图3－7所示。双排和多排帷幕灌浆孔的钻灌次序是先灌下游排，后灌上游排，再灌中间排；同一排内或排与排之间均应按逐渐加密的钻灌次序进行。各个序孔的孔距视基岩情况而定，一般第Ⅰ序孔的孔距为8～12m，第Ⅱ序孔的孔距为4～6m，第Ⅲ序孔的孔距为2～3m，第Ⅳ序孔的孔距为1～1.5m。

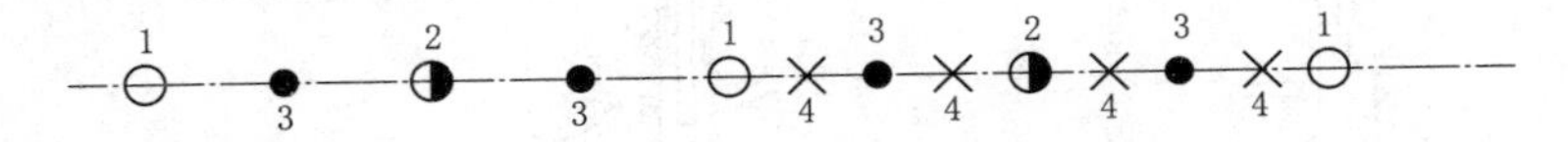

图3－7　单排帷幕灌浆孔的钻灌次序

1—第Ⅰ序孔；2—第Ⅱ序孔；3—第Ⅲ序孔；4—第Ⅳ序孔

3. 钻灌方法

按照同一钻孔内的钻灌顺序，有全孔一次钻灌和全孔分段钻灌两种方法。

全孔一次钻灌是将灌浆孔一次钻至设计深度，全孔段一次灌浆。这种钻灌方法施工简便，多用于孔深度不超过 6m、地质条件良好、基岩较为完整的情况。

全孔分段钻灌法根据岩层裂隙的分布情况，将灌浆孔进行孔段划分，使每一孔段的裂隙分布均匀，以便于施工和提高灌浆质量，依施工顺序的不同，分为自上而下法、自下而上法、综合钻灌法及孔口封闭法四种。

（1）自上而下分段钻灌法。向下钻一段，灌一段，凝一段，再钻灌下一段，钻、灌作业交替进行，直至设计孔深，如图 3－8 所示。自上而下分段钻灌时由于上部岩层已经灌浆固结，下部岩层灌浆时不易产生地表抬动和地面冒浆；下部孔段的灌浆压力可以随深度增加，提高灌浆质量；分段钻灌，分段进行压水试验，压水试验成果准确性高，有利于估算灌浆材料需用量。但该方法钻灌时钻孔与灌浆交替进行，设备搬移影响施工进度。此方法适于地质条件不良，岩层破碎，竖向节理裂隙发育的情况。

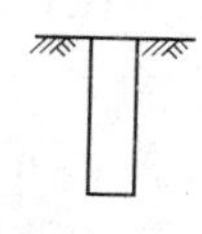
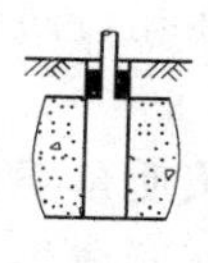
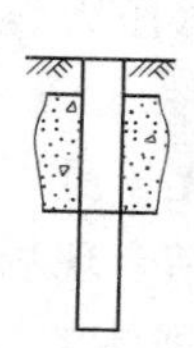
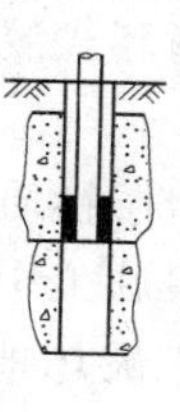
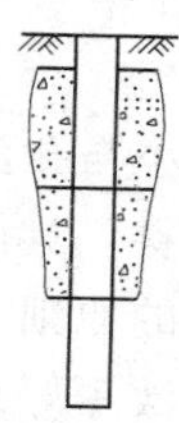
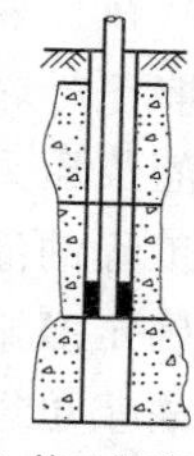

（a）第一段钻孔　（b）第一段灌浆　（c）第二段钻孔　（d）第二段灌浆　（e）第三段钻孔　（f）第三段灌浆

图 3－8　自上而下分段钻灌法

资源 3－2－6
自上而下分段钻灌法

（2）自下而上分段钻灌法。一次将孔钻至设计深度，然后自下而上分段灌浆，如图 3－9 所示。该方法的优缺点与自上而下分段钻灌法刚好相反，一般多用于岩层比较完整或上部有足够压重，不易产生岩层抬动的情况。

资源 3－2－7
自下而上分段钻灌法

（3）综合钻灌法。在工程实际中，接近地表的岩石通常较为破碎，而深部岩石则相对完整。在进行深孔灌浆时，可结合前述两种钻灌法的优点，上部孔段采用自上而下灌浆法钻灌，下部孔段采用自下而上灌浆法钻灌。

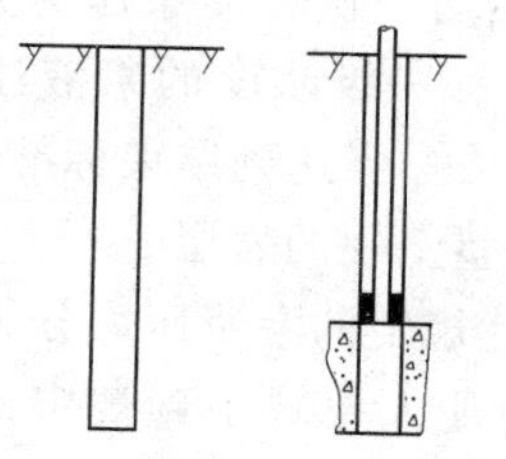
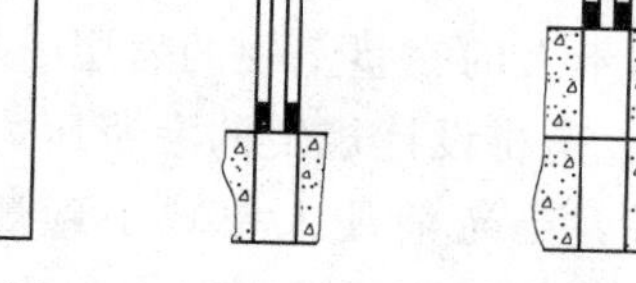
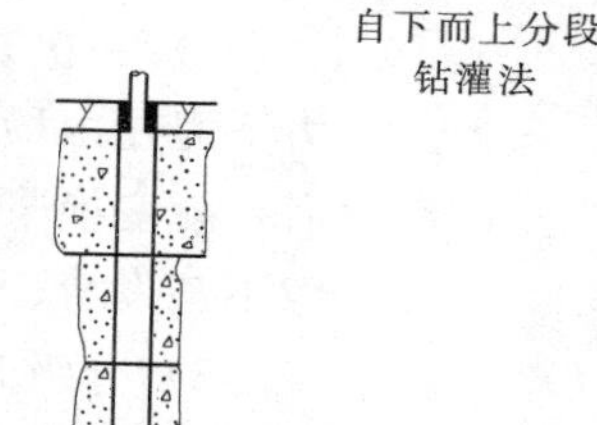
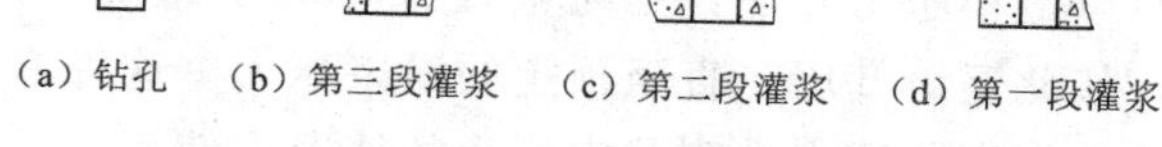

（a）钻孔　（b）第三段灌浆　（c）第二段灌浆　（d）第一段灌浆

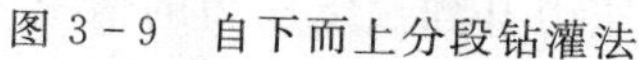

图 3－9　自下而上分段钻灌法

（4）孔口封闭灌浆法。孔口封闭灌浆法先在孔口镶铸不小于 2m 的孔口管，安设孔口封闭器，自上而下逐段钻孔灌浆，上段灌后不待凝，进行下段的钻灌，如此循环，直至终孔。孔口封闭灌浆法孔内不需下入灌浆塞、工艺简便、成本低、效率高、灌浆效果好。但当灌注时间较长时，容易造成灌浆管被水泥浆凝住的现象。该法对孔口封闭器的质量要求较高，以保证灌浆管灵活转动和上下活动。

资源 3－2－8
孔口封闭灌浆法

孔口封闭灌浆法适用于最大灌浆压力大于 3MPa 的帷幕灌浆工程，小于 3MPa 的帷幕灌浆工程可参照应用。钻孔孔径一般为 56～76mm，灌浆必须采用循环式自上而下分段钻灌方法，各灌浆段灌浆时灌浆管管口距段底不得大于 50cm。

《水工建筑物水泥灌浆施工技术规范》（SDJ 210—1983）首次将孔口封闭灌浆法列入规范。孔口封闭灌浆法具有一套完整的施工工艺，在乌江渡、长江三峡、龙羊峡、隔河岩等工程中相继得到应用。

4. 灌浆压力控制和浆液稠度变换

（1）灌浆压力。它是控制灌浆质量，提高灌浆经济效益的重要因素，通常是指作用在灌浆段中部的压力值，可按下式确定：

$$P=P_1+P_2\pm P_f \tag{3-2}$$

式中：P 为灌浆压力，MPa；P_1 为灌浆管路中压力表的指示压力，MPa；P_2 为计入地下水位影响后的浆液自重压力，浆液的密度按最大值计算，MPa；P_f 为浆液在管路中流动时的压力损失，MPa。

计算 P_f 时，应注意根据灌浆方式取值，纯压式灌浆时（压力表安设在孔口进浆管上）在计算公式中取负号，循环式灌浆时（压力表安设在孔口回浆管上）在计算公式中取正号。

灌浆压力的大小与孔深、岩层性质、有无压重以及灌浆质量要求等有关。可参考类似工程的灌浆资料，具体灌浆施工中还需结合现场灌浆试验成果进行必要的调整。

确定灌浆压力的原则是在不破坏地基和坝体的前提下，尽可能采用较高的压力。高压灌浆可以使浆液更好地压入细小缝隙内，增大浆液扩散半径，析出多余的水分，提高灌注材料的密实度。但是，过高的灌浆压力可能扩大地基裂隙，增大浆液使用量，甚至造成地基或坝体的破坏。

（2）灌浆压力控制与浆液稠度变换。在灌浆过程中，合理控制灌浆压力并适时变换浆液稠度是提高灌浆质量的重要保证。实践中，对灌浆压力的控制主要有一次升压法和分级升压法两种。

1）一次升压法。灌浆开始后一次将灌浆压力升高到设计预定压力，并在这个压力下灌注由稀到浓的浆液，当每一级浓度的浆液注入量和灌注时间达到一定限度以后，就变换浆液配比，逐级加浓，当达到结束标准时就结束灌浆。这种方法适用于裂隙不甚发育、透水性不大的完整坚硬的岩层。

2）分级升压法。是将设计规定的灌浆压力分为几个阶段，逐级升压到预定压力。灌浆以最小压力开始，当浆液注入率减小到规定的下限时，将压力升高一级继续灌注，如此逐级升压，直至预定的灌浆压力。这种方法在岩层吸浆量大、吸水性强、难以快速将灌浆压力升到预定压力的情况下使用。

分级升压法的压力分级不宜过多，一般不超过三级，例如可以选定三级压力分别为 $0.4P$，$0.7P$ 和 P，P 为该灌浆段的预定灌浆压力。浆液注入率的上、下限根据岩层透水性、灌浆部位和灌浆次序确定，一般上限可以设为 80～100L/min，下限为 30～40L/min。在灌浆过程中，若灌浆压力或注入率发生突变，应查明原因并加以解决。

在灌浆过程中，应根据灌浆压力和浆液注入率的变化情况，适时调整浆液的稠度，提高灌浆质量及效率，浆液的浓度变换应遵循由稀到浓的原则，这是由于稀浆具有较好的流动性，能先灌入细小裂隙，随着浆液稠度增大逐渐灌注其他较宽的裂隙。

帷幕灌浆的浆液配比即水灰体积比，可采用5∶1、3∶1、2∶1、1∶1、0.8∶1、0.5∶1六个比级进行稠度变换。帷幕灌浆浆液变换应注意，当灌浆压力不变而浆液注入率持续减少时，或当浆液注入率不变而灌浆压力持续升高时，不得调整浆液浓度；当某一比级浆液的灌入量已达300L以上或灌注时间已超过1h，而灌浆压力和注入率均无明显变化时，应将浆液稠度加浓一级。当注入率大于30L/min时，可根据现场灌浆情况越级变浓。固结灌浆的浆液比级按2∶1、1∶1、0.8∶1、0.5∶1四个比级进行稠度变换。

5. *灌浆结束和灌浆封孔*

一般用残余吸浆量和闭浆时间两个指标来作为灌浆结束的条件。残余吸浆量又称最终吸浆量，指灌浆至最后的限定吸浆量；闭浆时间是指在残余吸浆量不变的情况下，保持设计规定灌浆压力的延续时间。一般在设计规定的灌浆压力下，无论帷幕灌浆或固结灌浆，当灌浆孔段的浆液注入率不大于1L/min后，再延续灌入30～60min，即可结束灌浆。

灌浆结束以后，应立即清理灌浆孔并进行封孔作业，特别是对已经蓄水大坝的帷幕灌浆孔，封孔应及时，否则孔壁易产生水锈，导致封堵不密实降低帷幕的工作性能。

对于帷幕灌浆孔，宜先采用浓浆灌浆填实，再用水泥砂浆填充密实。对于固结灌浆孔，孔深小于10m时，可采用机械压浆法将灌浆管下至钻孔底部，用泵将砂浆或水泥浆压入，浆液由孔底逐渐上升将孔内积水顶出，随着浆面上升缓慢抬升灌浆管，直至孔口冒浆。当固结灌浆孔深大于10m时，其封孔方法与帷幕灌浆孔相同。

（五）灌浆的质量检查

岩基灌浆属于隐蔽工程，必须对灌浆质量加强检查并采取质量控制措施。首先，应根据规范认真做好灌浆施工的记录工作，严格按照灌浆施工的工艺要求做好施工控制，杜绝违规操作；其次，在某一灌浆区段灌浆结束后，应进行灌浆质量检查并对灌浆质量进行鉴定。灌浆施工原始记录资料、质量检查报告作为工程验收的重要依据。

灌浆质量检查的方法很多，常用的有：压水试验，钻孔、岩芯检查，地球物理勘探技术检测等。

对帷幕灌浆，其灌浆质量检查的方法是在已灌区段钻设检查孔，通过压水试验或钻取岩芯进行检查，结合施工记录和相关资料进行综合质量评定，检查孔的数量宜为灌浆孔总数的10%。对于固结灌浆，一般按灌浆孔数量的5%钻取检查孔，钻取岩芯和进行压水试验，测试岩石透水率，也可采用测量岩体弹性波速或静弹性模量的方法，结合对竣工资料和测试成果的分析，对比这些参数在灌浆前后的变化，综合评定灌浆质量。灌浆质量检查结束后，均应按技术要求对检查孔进行灌浆和封孔。

第三节 砂砾石地基灌浆

知识要求与能力目标：

（1）了解砂砾石地基特点；

（2）理解砂砾石地基可灌性概念；

（3）了解砂砾石地基的灌浆材料；

（4）熟悉砂砾石地基的钻灌方法与适用条件。

学习内容：

（1）砂砾石地基的特点；

（2）砂砾石地基的可灌性；

（3）砂砾石地基的灌浆材料；

（4）砂砾石地基的钻灌方法。

一、砂砾石地基的特点

砂砾石地基具有结构松散、空隙率大、透水性强的特点。在砂砾石地基上修建水工建筑物需要对地基进行灌浆处理，以形成防渗帷幕。但其与岩基不同，由颗粒材料组成的砂砾石地基在钻孔时孔壁容易坍塌，成孔较为困难，对灌浆效果具有较大影响。因此，砂砾石地基灌浆的技术要求和施工工艺与岩基灌浆有所不同。在砂砾石地基建造防渗帷幕的优点是：灌浆帷幕体对基础的变形具有较好的适应性，施工的灵活性大，较其他方法在深厚砂砾石地基施工相对简便和经济。

二、砂砾石地基的可灌性

砂砾石地基的可灌性是指砂砾石地基能否接受灌浆材料灌入的一种特性，是决定灌浆效果的先决条件。砂砾石地基的可灌性主要取决于地基的颗粒级配、灌浆材料的细度、灌浆压力、浆液稠度及灌浆工艺等因素。常用以下指标来衡量砂砾石地基可灌性。

1. 可灌比 M

M 计算公式如下：

$$M=D_{15}/d_{85} \tag{3-3}$$

式中：M 为可灌比；D_{15} 为砂砾石地基颗粒级配曲线上含量为15%的粒径，mm；d_{85} 为灌浆材料颗粒级配曲线上含量为85%的粒径，mm。

可灌比 M 值越大，地基接受颗粒灌浆材料的可灌性越好。一般 $10\leqslant M<15$ 时，适宜灌注水泥黏土浆；当 $M\geqslant15$ 时，可以灌水泥浆。显然，可灌比是对由颗粒材料组成的灌浆材料而言的，化学灌浆不存在可灌比的问题。

2. 渗透系数 K

渗透系数与砂砾石地基的有效粒径之间存在下列关系：

$$K=\alpha D_{10}^{2} \tag{3-4}$$

式中：K 为渗透系数，m/s；D_{10} 为有效粒径，指砂砾石地基颗粒级配曲线上含量为10%的粒径，cm；α 为系数。

渗透系数 K 越大，砂砾石地基的可灌性越好，一般认为，当 $K>3\times10^{-4}$ m/s 时，表示地基具有可灌性。当 $K>3\times10^{-2}$ m/s 时，可以灌注水泥黏土浆；当 $K>3\times10^{-1}$ m/s 时，可以灌水泥浆。

3. 砂砾石地基的不均匀系数 η

$$\eta=D_{60}/D_{10} \tag{3-5}$$

式中：D_{60}、D_{10} 分别为砂砾石地基颗粒级配曲线上含量为60%、10%的粒径，mm。

不均匀系数 η 反映了砂砾石地基中颗粒级配情况，可作为地基可灌性分析的参考。

对于砂砾石地基可灌性的认识，现在仍属于半经验阶段，尚未形成完善的理论体系。工程实践中，应根据具体情况对上述几种指标进行综合分析，在砂砾石地基灌浆施工前，应选择具有代表性的地基做灌浆试验，以综合评价地基的可灌性和防渗效果。

三、砂砾石地基的灌浆材料

砂砾石地基灌浆多用于修筑防渗帷幕，主要目的是提高地基的防渗性能，对浆液固结硬化后的强度要求不高。一般采用水泥黏土浆，帷幕体的渗透系数降至 10^{-4}cm/s 以下，28d 结石强度达到 0.4～0.5MPa 即可满足要求。

配置水泥黏土浆所使用的黏土，要求在遇水以后应能迅速崩解分散，吸水膨胀，并具有一定的稳定性和黏结力。浆液的配比根据帷幕设计要求而定，工程实践中，常用的配比为水泥：黏土=1：1～1：4（重量比），水和干料的比例多为水：料=3：1～1：1（重量比）。为了改善浆液的性能，可在需要时加入少量的膨润土和其他外加剂。

水泥黏土浆的稳定性和可灌性指标均优于纯水泥浆，经济性良好。其缺点是：析水率低，排水固结较慢、浆液结石强度低、抗渗性与抗冲性较差。因此，多用于低水头临时建筑物的地基防渗。

对于灌浆材料的选用、浆液的配比以及浆液稠度的分级等问题，应根据地基特性及灌浆设计参数，通过试验综合确定。

四、砂砾石地基的钻灌方法

砂砾石地基灌浆除打管外均为铅直向钻孔，容易出现塌孔现象，其钻孔、灌浆方法与岩基灌浆方法不同，主要有打管灌浆、套管灌浆、循环钻灌和预埋花管灌浆等方法。

1. 打管灌浆法

打管灌浆就是将带有灌浆花管的厚壁无缝钢管打入受灌地基中，并利用它进行灌浆，如图 3-10 所示。打管灌浆时首先在受灌地基中将钢管打入到设计深度［图 3-10（a）］；然后用压力水将进入管内的砂土冲洗干净［图 3-10（b）］；随后用灌浆泵进行压力灌浆（或利用浆液自重进行自流灌浆）；灌完一段以后，将钢管起拔一个灌浆段高度，再进行冲洗和灌浆，如此自下而上，拔一段灌一段，直至灌浆结束［图 3-10（c）］。

资源 3-3-1
打管灌浆法

打管灌浆方法的优点是所需设备及操作方法简单，缺点是在砂砾石颗粒较大的地基打管较为困难，灌浆形成的帷幕体防渗性能一般。因此，打管灌浆法适用于砂砾石结构松散、颗粒不大、容易打管和拔管的浅层地基，多用于临时性工程（如施工围堰）的防渗帷幕。

2. 套管灌浆法

套管灌浆法如图 3-11 所示。其施工程序是：钻孔的同时下护壁套管直到受灌地基设计深度［图 3-11（a）］；用压力水将管内冲洗干净，并将灌浆管插入套管［图 3-11（b）］；起拔套管到第一灌浆段顶部，安设止浆塞，灌注第一段孔段［图 3-11（c）］；将套管再拔起一个灌浆段高度，安设止浆塞再进行第二孔段灌浆［图 3-

资源 3-3-2
套管灌浆法

11（d)]；如此自下而上依次完成各孔段的灌浆。

由于套管灌浆法有套管护壁，灌浆过程中不会发生孔壁坍塌。但是，由于套管外壁与孔壁之间无止浆措施，在灌浆过程中浆液容易沿着套管外壁向上流动，甚至发生地表冒浆。如果灌浆时间较长，浆液容易胶结套管造成套管起拔困难。

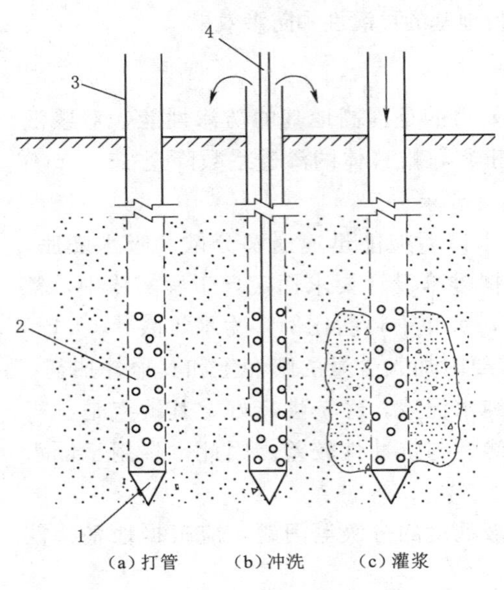

图 3-10　打管灌浆法

1—管锥；2—带孔花管；3—钢管；4—冲洗管

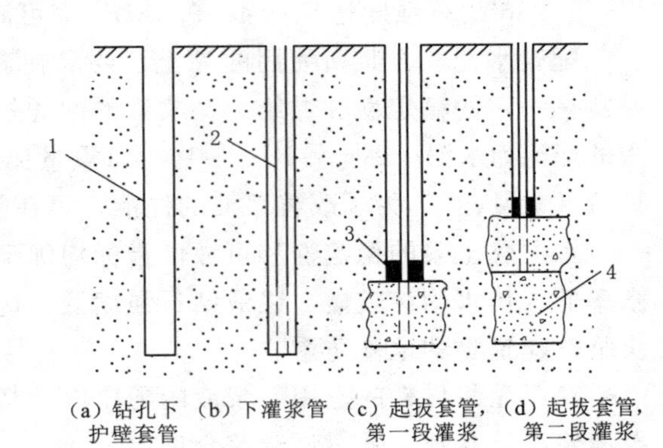

图 3-11　套管灌浆法

1—套管；2—灌浆管；3—灌浆塞；4—已灌段

3. 循环钻灌法

资源 3-3-3
循环钻灌法

循环钻灌法是自上而下，钻一段灌一段，无须待凝，钻孔与灌浆循环进行的灌浆施工方法，如图 3-12 所示。该法可在地表埋设护壁管，无须在孔内打入套管，钻孔时用黏土浆或最稀一级水泥黏土浆固壁。各灌浆段的长度视孔壁稳定和砂砾石层渗透特性而定，一般为 1～2m，孔壁容易坍塌和渗漏严重的地基，孔段长度可适当取短些，反之则取长一些。灌浆时钻杆可作灌浆管。

循环钻灌法是我国自主创新的灌浆方法，其应用于四川冶勒水电站超过 100m 深度的砂砾石地基中修筑防渗帷幕，取得了较好的效果。该法灌浆不设灌浆塞，并有利于提高灌浆质量，但必须做好孔口封闭，防止地面抬动和地表冒浆。

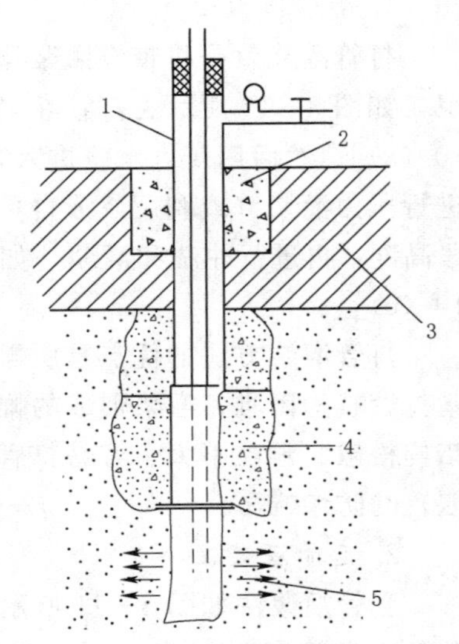

图 3-12　循环钻灌法

1—护壁管；2—混凝土；3—盖重层；4—灌浆体；5—灌浆浆液

4. 预埋花管灌浆法

预埋花管灌浆法是在钻孔内预先下入带有射浆孔的灌浆花管，在花管与孔壁之间的环状空间注入填料，在灌浆管内用双层阻浆器分段灌浆，如图 3－13 所示。该方法在国际上比较通用，其施工程序如下：

（1）用回转式钻机或冲击式钻机钻孔，同时下护壁套管，一次直至孔底。

（2）钻孔结束后，立即进行清孔，清除孔内残渣。

（3）在护壁套管内安设花管。花管直径一般为 73～108mm，沿花管长度方向隔 33～50cm 钻一排（3～4 个）孔径 1cm 的射浆孔，用橡皮圈将射浆孔外部箍紧。花管底部要封闭严密牢固，花管应垂直对中安设，不得偏向套管的一侧。

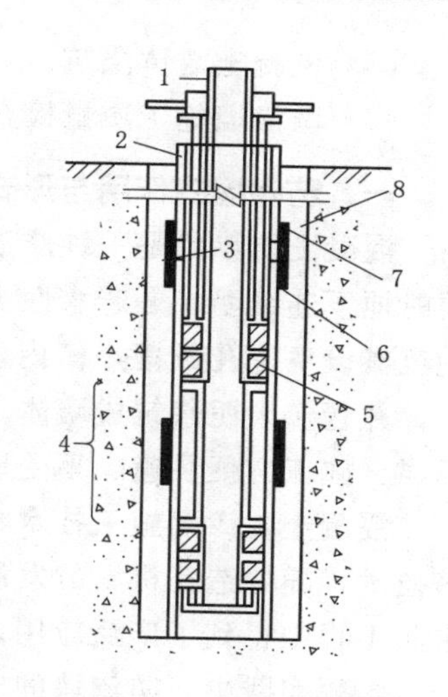

图 3－13　预埋花管灌浆法
1—灌浆管；2—花管；3—射浆孔；4—灌浆段；5—双栓灌浆塞；6—防滑环；7—橡皮圈；8—填料

资源 3－3－4
预埋花管灌浆法

（4）在花管与套管之间的空隙内灌注填料（由水泥、黏土和水配置而成），边下填料边起拔套管，连续灌注，直至全孔段灌满套管拔出。

（5）待填料凝固 5～15d 具有一定强度后，将花管与孔壁之间的环形圈封闭严密。

（6）在花管中下入双栓灌浆塞，灌浆塞的出浆孔要对准花管上预先钻设的射浆孔。然后用清水或稀浆逐渐升压，压开花管外的橡皮圈，压穿填料，形成通路，为浆液进入砂砾石层创造条件，称为开环。开环以后，继续用稀浆或清水灌注 5～10min，然后开始灌浆。每排射浆孔为一个灌浆段。灌完一段，移动双栓灌浆塞，使其出浆孔对准另一排射浆孔，进行另一灌浆段的开环与灌浆。

由于双栓灌浆塞的构造特点，可以在任一灌浆段进行开环灌浆，必要时还可以进行复灌，比较机动灵活。同时，由于有填料阻止浆液沿孔壁和管壁上升，很少发生冒浆、串浆现象，灌浆压力亦可相对提高，能较好地保证灌浆质量，国内外比较重要工程的砂砾石层灌浆多采用此方法。其缺点是灌浆后花管被填料胶结无法起拔回收，管材耗费较多。

第四节　混凝土防渗墙

知识要求与能力目标：

（1）理解防渗墙的概念与应用；

（2）熟悉防渗墙施工的准备工作内容；

（3）掌握泥浆固壁原理、防渗墙造孔成槽方法、清孔换浆目的、泥浆下浇筑混凝土的要求与方法。

学习内容：

（1）防渗墙的作用与形式；

（2）防渗墙施工的准备作业；

（3）防渗墙的成槽方法；

（4）终孔验收与清孔换浆；

（5）混凝土墙体浇筑；

（6）防渗墙施工质量检查。

一、防渗墙的作用与形式

混凝土防渗墙是一种修建在松散透水地基或土石坝、土石围堰、堤防中起防渗作用的地下连续墙，是透水性土基防渗处理的一种有效措施。混凝土防渗墙是利用专用的机械设备造孔成槽，槽内注入泥浆支撑孔壁，在泥浆中用导管向槽孔中浇筑混凝土，并置换出泥浆筑成墙体。混凝土防渗墙具有结构可靠、防渗效果好、对地基适应性强、施工方便快速、不受地下水位影响、造价较低等优点。

混凝土防渗墙施工技术20世纪50年代起源于欧洲，我国于1957年从苏联引进该技术，随着造孔机具的发展和造孔成槽技术的不断提高，防渗墙施工技术在国内外水利工程中得到了广泛应用。

工程实践中，防渗墙的实际应用已远远超出了控制地下渗流、减少渗透流量、保证地基渗透稳定的防渗作用范围，还有以下几个方面应用：①防止泄水建筑物下游基础冲刷；②加固病险土石坝及堤防工程；③作为一般水工建筑物基础的承重结构；④拦截地下潜流，抬高地下水位，形成地下水库。

防渗墙的类型较多，按墙体材料的不同可分为混凝土防渗墙、黏土混凝土防渗墙、钢筋混凝土防渗墙、粉煤灰混凝土防渗墙、塑性混凝土防渗墙、自凝灰浆防渗墙和固化灰浆防渗墙等。

资源3-4-1 防渗墙的结构型式

按结构型式可分为：槽孔（板）型防渗墙、桩柱型防渗墙和板桩灌注型防渗墙。其中槽孔（板）型防渗墙是水利工程中应用最为广泛的防渗墙形式。

防渗墙是垂直防渗体系，从立面布置形式可分为封闭式与悬挂式两种。封闭式防渗墙的墙体深入到基岩或相对不透水层一定深度，能全面截断渗流。悬挂式防渗墙的墙体只深入到地基一定深度，无法完全截断渗流，只能延长渗径。

防渗墙的厚度主要由防渗水头要求、抗渗耐久性、墙体的应力与强度、施工设备等因素确定。其中，防渗墙的耐久性是指抵抗渗流侵蚀和化学溶蚀的性能，这两种破坏作用均与水力梯度有关。目前，防渗墙的厚度主要根据水力梯度确定。

$$\delta = H/J_P \tag{3-6}$$

$$J_P = J_{max}/K \tag{3-7}$$

式中：δ 为防渗墙的厚度，m；H 为防渗墙的工作水头，m；J_P 为防渗墙的允许水力梯度；J_{max}为防渗墙破坏时的最大水力梯度；K 为安全系数。

不同墙体材料具有不同的抗渗耐久性，其允许水力梯度 J_P 值也不相同。如普通混凝土防渗墙的 J_P 值一般在80～100，而塑性混凝土因其抗化学溶蚀性能较好，J_{max} 可达300。通常情况下的水力梯度 J_P 值为50～60。

大型水电工程土石围堰的混凝土防渗墙厚度一般在80～120cm。

二、防渗墙施工的准备作业

水利水电工程中应用较多的槽孔型混凝土防渗墙，是由多段槽孔套接而成的地下连续墙。混凝土防渗墙尽管在应用范围、构造形式和墙体材料等方面存在差异，但其施工程序与工艺基本类似，主要包括：造孔前的准备工作；造孔成槽；终孔验收与清孔换浆；墙体混凝土浇筑；质量检查与验收等。

做好造孔前的准备工作对确保防渗墙施工质量具有重要意义。造孔前应根据防渗墙的设计要求和槽孔段长度的划分，做好槽孔的定位、定向；铺设钻机轨道；架设动力和照明线路；布置泥浆制备与供水供浆管路，做好排水排浆系统；配置混凝土制备、运输和浇筑系统。造孔前的准备工作内容较多，以下仅对导向槽的修筑和固壁泥浆与泥浆系统做简要介绍。

1. 修筑导向槽

导向槽是用以控制造孔方向、支撑上部孔壁的临时构筑物，沿防渗墙轴线设置在槽孔上方，它对于保证造孔质量，预防孔壁坍塌具有重要作用。

导向槽可用木料、条石或混凝土等材料修筑。常用导向槽的形式有直板形、倒 L 形、L 形、槽形，如图 3-14 所示。

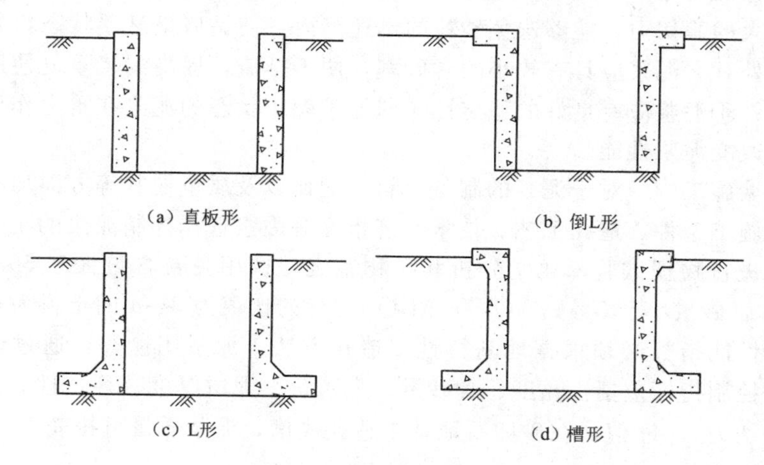

图 3-14 常用导向槽的形式

导向槽的净宽一般等于或略大于防渗墙的设计厚度，高度以 1.5～2.0m 为宜。为了维持槽孔的稳定，导向槽底部高程应高出地下水位 0.5m 以上。为了防止地表积水流入槽孔和便于自流排浆，其顶部高程要高于两侧地面高程。

2. 泥浆固壁及泥浆系统

在松散透水地基中造孔成槽时，如何维持槽壁稳定是防渗墙施工的关键技术难题。工程实践中，常采用泥浆固壁来解决这一问题。

(1) 泥浆固壁原理。泥浆固壁原理如图 3-15 所示。孔壁上任意一点土体侧向稳定的极限平衡条件为

$$P_1 = P_2 \tag{3-8}$$

即

$$\gamma_e H = \gamma h + [\gamma_0 a + (\gamma_w - \gamma) h] k \tag{3-9}$$

其中

$$k = \tan^2\left(45° - \frac{\varphi}{2}\right) \tag{3-10}$$

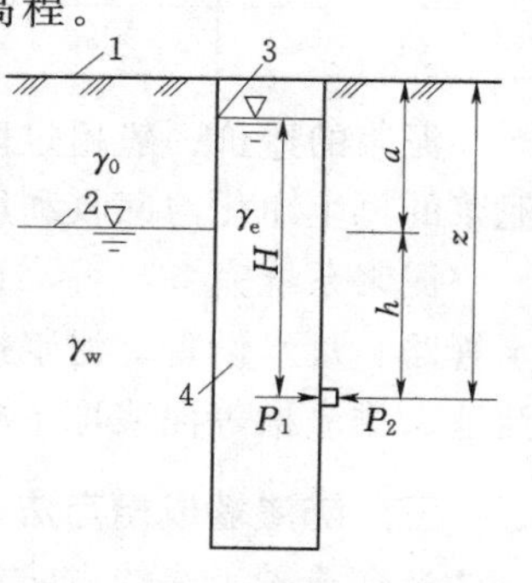

图 3-15 泥浆固壁原理

1—地面；2—地下水面；3—泥浆液面；4—泥浆

资源 3-4-2 泥浆系统

式中：P_1 为泥浆压力，kN/m^2；P_2 为地下水压力和土压力之和，kN/m^2；γ_e 为泥浆容重，kN/m^3；γ 为水容重，kN/m^3；γ_0 为土的干容重，kN/m^3；γ_w 为土的饱和容重，kN/m^3；k 为土的侧压力系数；φ 为土的内摩擦角。

(2) 泥浆的作用。由于槽孔内的泥浆压力大于地基的水压力，压力差使泥浆渗入槽壁介质中，其中较细的颗粒进入空隙，较粗的颗粒附着在孔壁上形成泥皮。泥皮阻止地下水流动，使槽孔内的泥浆与地基被隔开。泥浆一般具有较大的密度，所产生的侧压力通过泥皮作用在孔壁上，从而保证了槽壁的稳定。泥浆除了具有固壁作用外，在造孔过程中还具有悬浮和携带岩屑、冷却润滑钻头的作用；防渗墙成墙以后，渗入孔壁的泥浆和胶结在孔壁的泥皮，还具有防渗作用。

(3) 泥浆的要求。一般固壁泥浆应满足以下要求：①泥浆应具有良好的物理性能，能在孔壁上形成一定厚度的密实泥皮维持孔壁稳定，且泥皮不宜太厚，以免减小有效孔径；②泥浆应具有良好的流变性，流动时近于流体，静止时迅速转为凝胶状态，有足够大的静切力，能够避免砂粒的迅速沉淀，使钻屑呈悬浮状态，并且随循环泥浆带至孔外；③泥浆应具有较小的含砂率，便于排渣，提高泥浆重复使用率，减少泥浆的损耗；④泥浆应有良好的稳定性，即处于静止状态的泥浆在重力作用下，不致离析沉淀而改变泥浆性能。

在防渗墙施工中，对于泥浆的制备土料、配比以及质量控制等方面均有严格的要求，应根据施工条件、造孔工艺、技术经济指标等因素选择拌制泥浆的土料。拌制泥浆的土料应进行物理试验、化学分析和矿物鉴定，选用黏粒含量大于50%、塑性指数大于20、含砂量小于5%、SiO_2 和 Al_2O_3 含量的比值为3～4的土料为宜。

泥浆的性能指标必须根据地基特性、造孔方法、泥浆用途等，通过试验加以确定。其质量控制指标包括：黏度、含砂量、失水量、泥饼厚度、稳定性、胶体率、相对密度、静切力、pH值。在砂卵石地基中造孔成槽，泥浆质量可按表3-3所列指标进行控制。

表3-3　造孔泥浆控制指标

漏斗黏度/s	含砂量/%	失水量/(mL/30min)	泥饼厚度/mm	稳定性/[g/(cm³·d)]	胶体率/%	相对密实度	1min静切力/Pa	pH值
18～25	≤5	≤30	2～4	≤0.03	≥96	1.15～1.25	2.0～5.0	7.0～9.5

泥浆的造价一般超过防渗墙总造价的15%。因此在防渗墙施工中，应尽量做到泥浆的再生净化与回收利用，以降低工程造价，同时也利于环境保护。

泥浆系统完备与否，直接影响防渗墙造孔的质量。泥浆系统主要包括：料仓、供水管路、量水设备、泥浆搅拌机、储浆池、泥浆泵以及废浆池、振动筛、旋流器、沉淀池、排渣槽等泥浆再生净化设施。

三、防渗墙成槽方法

造孔成槽工序约占防渗墙施工工期的一半，槽孔的成孔精度直接影响防渗墙的成墙质量。选择合适的造孔机具与开槽方法对提高防渗墙的施工质量、加快施工速度至关重要。用于防渗墙槽孔开挖的机具主要有冲击式钻机、回转式钻机、抓斗和液压铣槽机等。它们的工作原理、适用的地基条件及工作效率有一定差别。对于复杂地质条件的地基，一般要多种机具配套使用。

槽孔开挖时，为了提高工效，通常先将槽孔分段，然后在各槽孔段内划分主孔和副孔，采用钻劈法、钻抓法、分层钻进法和铣削法等造孔成槽。

1. 钻劈法

资源 3-4-3
钻劈法

钻劈法又称“主孔钻进，副孔劈打”法。如图 3-16 所示，它是利用钢丝绳将冲击式钻机提升到一定高度后靠其自重自由下落，先冲击钻凿主孔到一定深度后形成临空面，再用冲击钻头劈打副孔两侧。碎渣可用泵吸设备连同泥浆一起吸出槽外，泥浆经再生处理后循环使用；或用抽砂筒及接砂斗出渣，钻进与出渣间歇作业。这种方法一般要求主孔先导 8～12m，适用于砂卵石或其他地基。

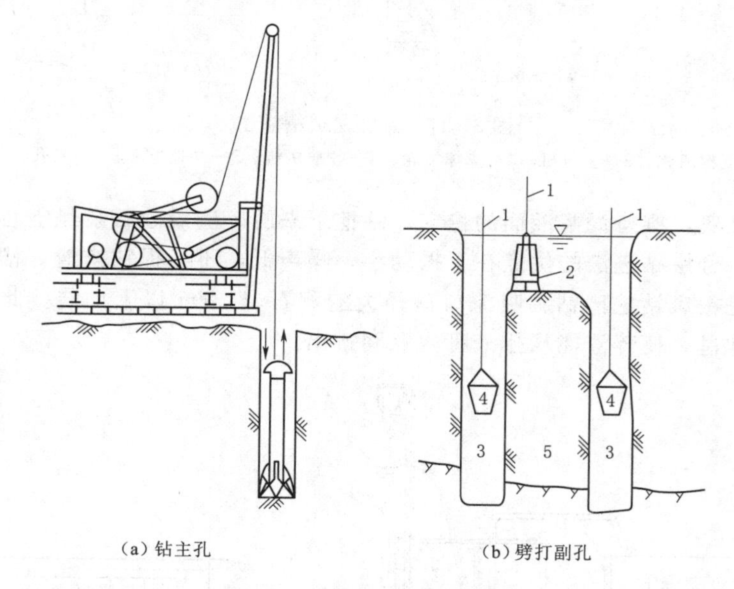

(a) 钻主孔　　(b) 劈打副孔

图 3-16　钻劈法造孔成槽

1—钢丝绳；2—钻头；3—主孔；4—接砂斗；5—副孔

2. 钻抓法

资源 3-4-4
钻抓法

钻抓法又称“主孔钻进，副孔抓取”法，如图 3-17 所示。它是先用冲击钻或回转钻钻凿主孔，然后用抓斗抓挖副孔，主孔的间距应小于抓斗的有效抓取长度。钻抓法能充分发挥钻机和抓斗的优势，钻机可钻进较深的地基，抓斗效率较高，成槽形状好，孔壁光滑，施工时对泥浆扰动小，废浆排放量少。但成槽施工时需合理协调各种机械交叉作业，相对造价会较高。钻抓法适用于粒径较小的松散软弱地基。

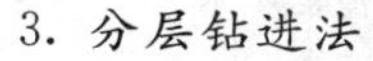

3. 分层钻进法

资源 3-4-5
分层钻进法

对于地质条件较好的地基，可用反循环回转式钻机造孔，分层成槽。如图 3-18 所示，分层成槽时，槽孔两端应先钻进导向槽或设置护筒。护筒内的水位要高出地下水位 2m 以上从而保护孔壁不坍塌。钻机工作时，利用钻具的重力和钻头的回转切削作用，按一定程序分层下挖。在钻进过程中，冲洗浆液连续地从钻杆与孔壁间的环状

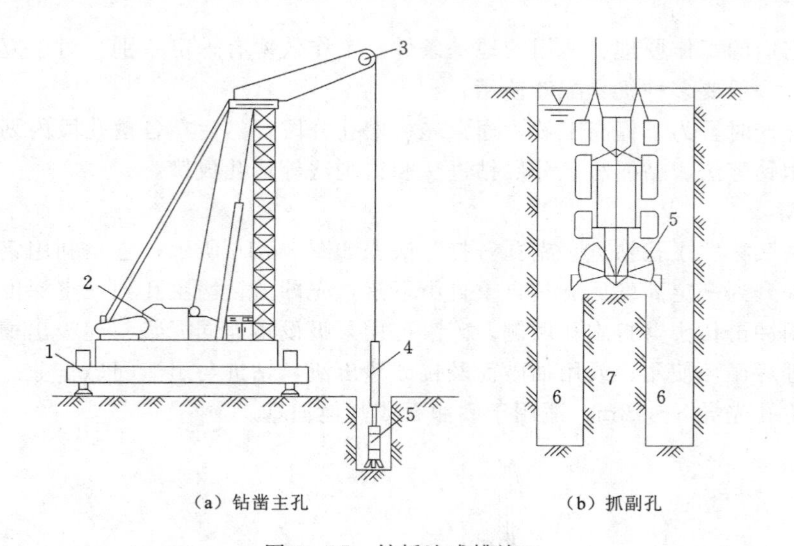

（a）钻凿主孔

（b）抓副孔

图 3-17 钻抓法成槽施工

1—行走支撑机构；2—主电机；3—支撑滑轮；4—收放机构；5—冲抓挖斗；6—主孔；7—副孔

间隙中流入孔底，维持泥浆液面的稳定，钻挖下来的碎渣用砂石泵经空心钻杆连同泥浆排出槽孔。分层钻进法的优点在于振动小，噪声低，不必提钻排渣，槽孔深浅易于掌握；缺点是很难钻挖比钻头吸泥口口径大的卵石（15cm 以上）层。此法适用于均质细颗粒的地基，使碎渣能从排渣管内顺利排出。

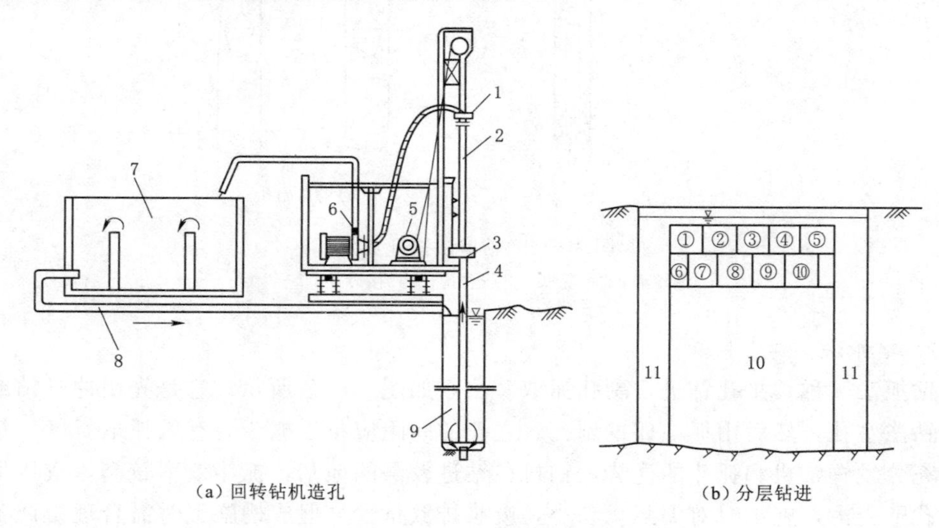

（a）回转钻机造孔

（b）分层钻进

图 3-18 回转分层钻进成槽法

1—水龙头；2—主动钻杆；3—回转转盘；4—钻杆；5—卷扬机；6—泥浆泵；
7—泥浆沉淀池；8—回浆管；9—槽机；10—分层平挖部分；11—端孔

资源 3-4-6
铣削法

4. 铣削法

采用液压双轮铣槽机，先从槽段一端开始铣削，然后逐层下挖成槽。液压双轮铣槽机是目前较为先进的防渗墙施工机械，它带有液压和电气控制系统的钢制框架，底部安装3个液压马达，两边水平马达分别带动两个装有铣齿的铣切刀轮。铣槽时，两个相向旋转的铣切刀轮利用铣齿铣削破碎地基，这样可以抵消地基的反作用力，保持铣槽机的稳定性。中间液压马达驱动泥浆泵，通过铣轮中间的吸浆口将铣切出的碎屑与泥浆排出地面，泥浆集中净化处理后返回槽段内重复利用，如此往复循环直至终孔成槽。

铣削法施工效率高、成槽质量好、成槽过程环境影响小，但成本较高，多用于砾石以下细颗粒松散地基和软弱岩层。

上述各种造孔成槽方法都是在泥浆液面下钻挖成槽。在造孔成槽过程中，要严格按操作规程施工，防止掉钻、卡钻、埋钻等事故发生；必须经常注意泥浆液面的稳定，发现严重漏浆时，要采取有效的止漏措施并及时补充泥浆；要定时监控泥浆的性能指标；应及时排除废水、废浆、废渣，不得在槽口两侧堆放重物以免影响施工作业甚至造成孔壁坍塌；要保证孔位、孔向、孔深、孔宽以及槽孔搭接厚度、嵌入基岩的深度等满足规定要求，防止漏钻漏挖和欠钻欠挖。

四、终孔验收与清孔换浆

防渗墙造孔成槽后要进行终孔验收，验收合格后方可进行清孔换浆，然后才能进行混凝土的浇筑。终孔验收的项目和要求见表3-4。

表3-4　　终孔验收项目与要求

终孔验收项目	终孔验收要求	终孔验收项目	终孔验收要求
槽带允许偏差	±3cm	一期、二期槽孔搭接孔位中心偏差	≤1/3设计墙厚
槽宽要求	≥设计墙厚	槽孔水平断面上	没有梅花孔、小墙
槽孔孔斜	≤4‰	槽孔嵌入基岩深度	满足设计要求

清孔换浆的目的是要清除回落到孔底的沉渣，换上新鲜泥浆，以保证混凝土和不透水层连接的质量。清孔换浆应该达到的标准是：经过1h后，孔底淤积厚度不大于10cm，孔内泥浆比重不大于1.3g/cm^3，黏度不大于30s，含砂量不大于10%。一般要求混凝土浇筑应在清孔换浆后4h内开始进行，如果不能按时浇筑，应采取保护措施防止孔底落淤。否则，需重新清孔换浆后方可浇筑混凝土。

五、混凝土墙体浇筑

由于混凝土防渗墙的浇筑是在泥浆液面下进行的，除满足常规混凝土浇筑的要求外，还应满足以下要求：①不允许泥浆与混凝土掺混形成泥浆夹层；②确保混凝土与基础以及先浇混凝土的结合；③混凝土的浇筑应保持连续性。

泥浆下浇筑混凝土常用直升导管法，浇筑混凝土的导管沿槽孔轴线布置，如图3-19所示。导管由若干节管径为20～25cm的钢管连接而成，相邻导管的间距不宜大于3.5m，一期槽孔两端的导管距孔端以1.0～1.5m为宜，二期槽孔两端的导管距孔端以0.5～1.0m为宜，当孔底高差大于25cm时，导管中心应布置在该导管控制范围内。这样布置导管，有利于全槽混凝土面的均衡上升，有利于一期、二期混凝土的结合，并可防止混凝土与泥浆掺混。

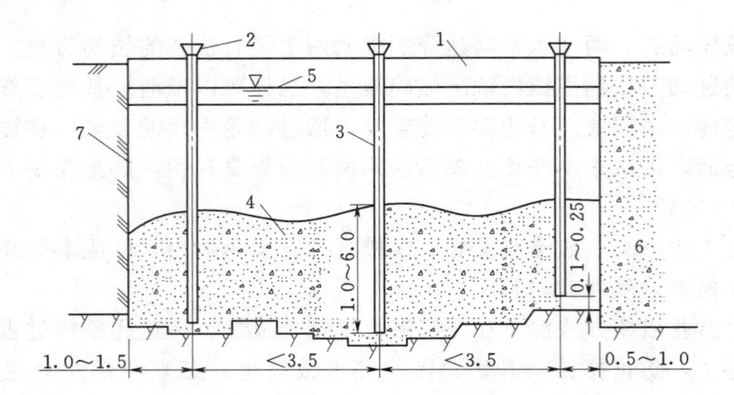

资源3-4-7
混凝土防渗墙浇筑的直升导管法

图3-19　导管布置图（单位：m）

1—导向槽；2—受料斗；3—导管；4—混凝土；5—泥浆液面；6—已浇槽孔；7—未挖槽孔

混凝土浇筑前，先在导管内下入导注塞并灌入适量的水泥砂浆，准备好足够数量的混凝土。开始浇筑后，混凝土由受料斗注入导管，混凝土在重力作用下将导注塞压到导管底部，使管内泥浆挤出管外。然后将导管稍微上提，使导注塞浮出，泄出的砂浆和混凝土埋住导管底端，保证后续浇筑的混凝土不致与泥浆掺混，保证混凝土的整体性。在浇筑过程中，应保证连续供料，保持导管埋入混凝土的深度不小于1m，但不超过6m，以防泥浆掺混和埋管，维持全槽混凝土面均衡上升，上升速度不应小于2m/h，高差控制在0.5m范围内。直升导管法浇筑混凝土如图3-20所示。

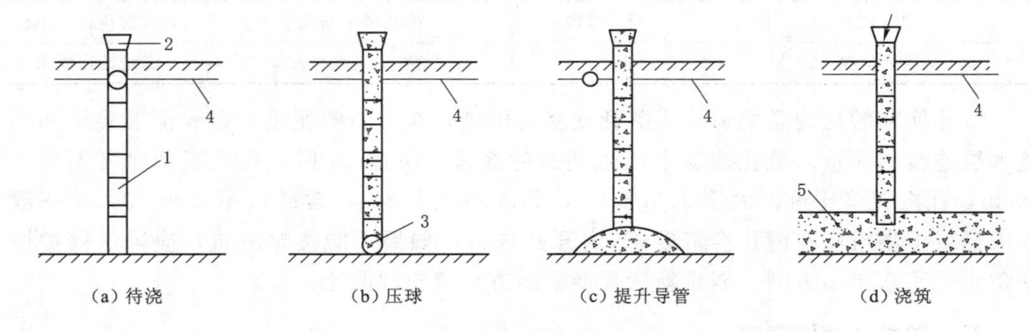

图3-20　混凝土防渗墙直升导管法浇筑示意

1—导管；2—受料斗；3—导注塞；4—泥浆液面；5—已浇混凝土

槽孔浇筑应严格遵循先深后浅的原则，即从最深的导管开始，由深至浅依次开浇，待全槽混凝土面浇平以后，再全槽均衡上升。混凝土上升到距孔口10m左右时，常因沉淀砂浆含砂量大，稠度增大，压差减小，增加浇筑难度。这时可用空气吸泥器、砂泵等抽排浓浆以便浇筑顺利进行。

在混凝土正式浇筑前，应做好浇筑准备工作，拟定合理可行的浇筑方案，具体包括：①槽孔墙体的纵剖面图、横断面图及导管布置图；②计划浇筑方量、浇筑高程；③混凝土导管等灌注器具的布置及组合；④人力资源配置；⑤浇筑时间、顺序；⑥墙体材料配合比，原材料品种、用量、储存；⑦冬季、夏季、雨季的施工安排；⑧防止浇筑过程中堵管、埋管、导管漏浆和泥浆掺混等事故发生的预防和处理措施。

六、防渗墙施工质量检查

防渗墙施工属于隐蔽工程，施工质量控制和检查极为重要，对混凝土防渗墙的质量检查应按《水利水电工程混凝土防渗墙施工技术规范》（SL 174—2014）及设计要求，主要从以下几个方面进行：

（1）槽孔检查，包括孔位、孔斜、孔宽和入岩深度等。

（2）清孔检查，包括槽段接头刷洗、孔底淤积厚度、清孔质量等。

（3）墙体材料检查，包括原材料、新拌混凝土的物理力学性能等。

（4）墙体质量检测，主要通过钻孔取芯与压水试验、超声波及地震透射层析成像技术等方法全面检查墙体的质量。

第五节　其他地基处理方法

知识要求与能力目标：

（1）理解强夯法、振冲法加固原理及施工工艺；

（2）掌握强夯法、旋喷法、振冲法的施工工艺。

学习内容：

（1）强夯法；

（2）旋喷法；

（3）振冲法。

一、强夯法

1. 强夯法概述

强夯法又名动力固结法或动力压实法。该方法是反复将质量为10～40t的夯锤，以10～40m的高度使其自由落下，给地基以冲击和振动能量，从而提高地基的强度并降低其压缩性，改善地基砂土的抗液化性能，消除湿陷性黄土的湿陷性等。同时，夯击能还可提高地基上层的均匀程度，减少可能出现的不均匀沉降。

法国Menard技术公司于1969年首次应用强夯法对滨海填土进行夯实。最初强夯法多用于加固砂土和碎石地基，但随着施工方法的改进，其应用范围已扩展到细粒土地基。工程实践表明，强夯法对用于处理碎石土、砂土、低饱和度的粉土、黏性土、湿陷性黄土、杂填土和素填土等地基，均能取得较好的效果，但强夯法对于软土地基处理效果不显著。

强夯法具有加固效果显著、适用土类广、设备简单、施工方便、节省劳力、施工期短、施工费用低等优点，故在地基处理上的应用极为广泛。

2. 强夯法加固原理

强夯法是利用强大的夯击能给地基冲击力，并在地基中产生冲击波，在冲击力作用下对上部土体进行冲切，破坏土体结构形成夯坑，并对周围土进行动力挤压，从而达到地基处理的目的。目前，强夯法加固地基有三种不同的加固机理：动力密实、动力固结和动力置换。

（1）动力密实。强夯法加固处理多孔隙、粗颗粒、非饱和土体，是利用动力密实的机理。通过强夯给土体施加冲击荷载，夯击能使土的骨架变形，土体孔隙减小而变得密实。非饱和土的夯击过程，就是土中的空气被挤出的过程。动力密实作用可提高土的密实度和抗剪强度。

工程实践表明，在冲击动能作用下，地面会产生沉降，一般夯击一遍后，其夯坑深度可达0.6～1m，夯坑底部形成一层超压密硬壳层，承载力比夯前可提高2～3倍。非饱和土在中等夯击能量作用下，主要产生冲切变形，在加固深度范围内气相体积最大可减小60%。

（2）动力固结。用强夯法处理细颗粒饱和土时，则是借助动力固结的理论。巨大的冲击能量在土中产生较大的应力波，破坏土体原有的结构，使土体局部发生液化并产生许多孔隙，增加的排水通道利于使孔隙水顺利排出，待超孔隙水压力消散后，土体固结强度得到增长。

（3）动力置换。动力置换是指在冲击能量作用下，在夯坑内置入碎石，强行将碎石挤填到饱和软土层中，置换饱和软土，形成密实的砂、石层或桩柱。

3. 强夯法的设计

（1）有效加固深度。强夯法的有效加固深度既是选择地基处理方法的重要依据，又是反映处理效果的重要参数。可采用修正的Menard公式来估算强夯法加固地基的有效加固深度，即

$$H=\alpha\sqrt{\frac{Mh}{10}} \tag{3-11}$$

式中：H为有效加固深度，m；M为夯锤重，kN；h为落锤距离，m；α为修正系数，一般取为0.34～0.8，与地基土性质有关。

实际上，影响有效加固深度的因素很多，除了锤重和落锤高度外，地基土的性质、不同土层的厚度和地基顺序、地下水位以及其他强夯的设计参数等都与有效加固深度密切相关。因此，对于同一类土，采用不同能量夯击时，其修正系数并不相同，单击夯击能越大时，修正系数越小。《水工建筑物地基处理设计规范》（SL/T 792—2020）规定有效加固深度应根据现场试夯或当地经验确定。

（2）夯击点布置。夯击点布置关系到地基的夯实效果。夯击点位置可根据基底平面形状，采用等边三角形、等腰三角形或正方形布置。强夯处理范围应大于建筑物基础范围，具体的范围可根据建筑物类型和重要性等因素考虑决定。

夯击点间距一般根据地基土的性质和要求处理的深度而定。对于细颗粒土，为便于超静孔隙水压力的消散，夯击点间距不宜过小。一般来说，第一遍的夯击点间距不宜过小，通常为夯锤直径的2.5～3.5倍，以使夯击能量能传递到土层深处。若各夯击点之间的距离太小，在夯击时上部土体易向侧向已夯成的夯坑中挤出，从而造成坑壁坍塌、夯锤歪斜或倾倒，影响夯实效果。第二遍夯击点位于第一遍夯击点之间，以后每遍夯击点间距可适当减小。对于处理基础较深或单击夯击能较大的工程，第一遍夯击点间距应适当增大。

（3）夯击次数与遍数。单点夯击次数指单个夯击点一次连续夯击的次数。一次连续夯完后算为一遍，夯击遍数指对强夯场地中某夯击点，进行一次连续夯击的遍数。

每遍某夯击点的夯击次数应按现场试夯得到的夯击次数和沉降量关系曲线确定，应以使土体竖向压缩量最大、侧向位移最小为原则确定夯击点的夯击次数，一般取3～10击较为合适。

夯击遍数应根据地基土的性质和平均夯击能确定。对于粗颗粒土夯击遍数可少些，国内大多数工程采用点夯2～3遍，而对于渗透性弱的细颗粒土则夯击遍数适当增加，并进行低能量搭夯2遍。

（4）间歇时间。两遍夯击之间应有一定的时间间隔，间隔时间取决于土中超静孔隙水压力的消散时间。可在土层内埋设孔隙水压力传感器，通过试夯确定超静孔隙水压力的消散时间，从而决定两遍夯击之间的间隔时间。当缺少实测资料时，可根据地基土渗透性确定。对于渗透性较差的黏性土地基，间隔时间不应少于3～4周，对于渗透性较好的地基，孔隙水压力在夯完后2～4min消散，可连续夯击。

4. 强夯法施工

（1）施工机械。强夯法施工机械宜采用带有自动脱钩装置的起重机，可在臂杆端部设置辅助门架，或采取其他安全措施，防止落锤时机架倾覆。如果夯击工艺采用单缆锤击法，则100t的吊机最大只能起吊20t的夯锤。目前，强夯锤质量一般为10～40t，若起重机起吊能力不足，可通过设置滑轮组来提高起吊能力，并利用自动脱钩装置使锤自由落体运动。

（2）施工步骤。强夯法进行地基处理时，一般按照如下程序进行施工：

1）施工前必须对加固场地进行地质勘探，并通过现场试夯，分析孔隙水压力、侧向挤压力振动影响范围，确定强夯技术参数。

2）根据建筑物的位置定出加固处理范围，清理并平整施工场地，放线、埋设水准点和各夯击点桩位。铺设垫层，在地表形成硬层，用以支承起重设备，确保机械通行和施工。降低地下水位以提高夯击的效率。

3）标出第一遍夯击点的位置，并测量场地高程。

4）起重机就位，使夯锤对准夯击点位置。

5）测量夯前锤顶标高。

6）将夯锤起吊到预定高度，待夯锤脱钩自由下落后测量锤顶高程。若因坑底倾斜而造成夯锤歪斜时，应及时将坑底整平。

7）重复步骤4)，按设计规定的夯击次数及控制标准，完成一个夯击点的夯击。

8）重复步骤4)～7)，完成第一遍全部夯击点的夯击。

9）用推土机将夯坑填平，并测量场地高程。

10）在规定的间隔时间后，按上述步骤逐次完成全部夯击遍数，将场地表层土夯实，并测量夯后场地高程。

（3）施工注意事项。

1）当场地表土软弱或地下水位较高，夯坑底积水影响施工时，宜采用人工降低地下水位或铺填一定厚度松散性材料，使地下水位低于坑底面以下2m，坑内或场地积水应及时排除。

2）施工前应查明场地范围内的地下构筑物和各种地下管线的位置及标高等，并采取必要的措施，以免因施工造成损坏。

3）当强夯施工所产生的振动对邻近建筑物或设备会产生不利影响时，应设置监测点，并采取隔振或防振措施。强夯应分段进行，顺序是从边缘夯向中央，以减少侧向压力对附近地区的影响。

4）按规定起锤高度、锤击数的控制指标施工，或按试夯后的沉降量控制施工。每夯击一遍后，应测量场地平均下沉量然后用土将夯坑填平，方可进行下一遍夯击，最后一遍的场地平均下沉量必须符合要求。

5）夯击时，重锤应保持平稳、夯位准确，如错位或坑底倾斜过大，宜用砂土将坑底整平才能进行下一次夯击。

6）做好强夯施工记录。

5. 强夯法处理地基的质量检验

（1）检验方法。强夯处理后的地基竣工验收时，应进行室内土工试验和原位测试。室内土工试验主要通过夯击前后土的物理力学性能指标的变化来判断其加固效果，测试项目包括：抗剪强度（c、φ 值）、压缩模量（或压缩系数）、孔隙比、重度、含水量等。原位测试项目包括：十字板剪切试验、标准贯入试验、静力触探试验、载荷试验、旁压试验、波速试验。

（2）质量检查。强夯地基的质量检查，包括施工过程中的质量监测及夯后地基的质量检验，其中前者尤为重要。所以必须认真检查施工过程中的各项测试数据和施工记录，若不符合设计要求，应补夯或采取其他有效措施。

强夯地基的强度是随时间增长而逐渐提高的。因此，质量检验应在施工结束间隔一定时间后方能进行，其间隔时间需根据土的性质确定。

强夯法检验点位置可分别布置在夯坑内、夯坑外和夯击区边缘。其数量应根据场地复杂程度和建筑物的重要性确定。对简单场地上的一般建筑物，每个建筑物地基检验点不应少于3点；对复杂场地或重要建筑物地基应增加检验点数。检验深度应不小于设计处理的深度。

二、旋喷法

资源3-5-1 静压注浆法加固砂土地基

旋喷法又称高压喷射灌浆法，是20世纪70年代初期引进国内的一种新型地基加固技术，在水利工程施工中已得到广泛应用。采用静压注浆法加固砂土地基时，灌注浆液往往沿着地基夹层的层面流动，难以渗入细颗粒土的孔隙中，导致加固效果不甚理想。高压喷射灌浆法克服了上述静压注浆法的缺点，将浆液形成高压喷射流，切削土体并与固化剂混合，达到改良土质的目的。

高压喷射灌浆法采用钻孔将装有特制合金喷嘴的注浆管下到预定位置，然后用高压泵（20～40MPa）将浆液和空气、水通过喷射管，由喷射头上的直径约为2mm的横向喷嘴向土中喷射。由于高压细束喷射流有强大的切削能力，因此喷射的浆液边切削土体，边使其余土粒在喷射流束的冲击力、离心力和重力等综合作用下，与浆液搅拌混合，并按一定的浆土比例和质量大小，有规律地重新排列。待浆液凝固以后，在土内就形成一定形状的固结体。

高压喷射灌浆形成凝结体的形状与喷嘴移动方向和持续时间有密切关系。喷嘴喷射时，边提升边旋转则形成柱状体；边提升而喷射方向固定不变则形成板状体；边提升而喷射方向边摆动则形成哑铃体或扇形体。这三种喷射形式切割破碎土层的作用，以及被切割下来的土体与浆液搅拌混合，进而凝结、硬化和固结的机制基本相似，只是喷嘴运动方式的不同致使凝结体的形状和结构有所差异。

资源 3-5-2 高压喷射灌浆加固地基

根据喷射方式的不同，高压喷射灌浆法可分为单管法、双管法、三管法，如图 3-21 所示。

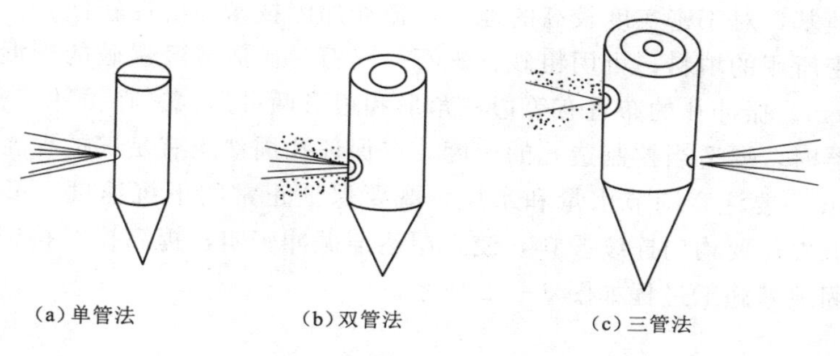

图 3-21　喷射方法示意

单管法是用高压灌浆泵以大于 20 MPa 的压力，从喷嘴中喷射出水泥浆液射流，冲击破坏土体，同时提升或旋转喷射管，使浆液与土体上剥落下来的土石掺搅混合，经一定时间后凝固，在土中形成凝结体。这种方法加固质量好，施工速度快，经济性能好，形成凝结体的桩径较小，地基加固范围有限。

双管法是用高压灌浆泵产生高压浆液，用压缩空气机产生 1～1.5MPa 的压缩空气。浆液和压缩空气通过具有两个通道的喷管，在喷射管底部侧面的同轴双重喷嘴中喷射出高压浆液和空气两种射流，冲击破坏土体，易于将地基加压密实。这种方法工效高，效果好，尤其适合处理地下水丰富、含大粒径块石及孔隙率大的地基。

三管法是使用能输送浆液、水和压缩空气的三个通道的喷射管同时喷射，其利用高压水和压缩空气的射流冲击扰动地基，再以低压注入浆液进行掺混搅拌，既可加大喷射距离，增大切割能力，又可促进废土的排出，提高加固效果。

高压喷射灌浆工艺是一种新的工艺技术，有关这方面的详细介绍，可参考有关专著。

三、振冲法

振动水冲加固法是利用机械振动和水力冲射加固土体的一种方法，也称振动水冲法，简称振冲法。振冲法最早用来振冲挤密松砂地基，提高承载力，防止液化；后来应用于黏性土地基加固，以碎石、砂砾置换成桩体，提高承载力，减少沉降。

1. 振冲加固的基本原理

振冲法按其加固机理可以分成：①振冲挤密，适于加固砂性土层；②振冲置换，适于加固黏性土层。在实际应用中，挤密和置换常联合使用互相补充。

振冲挤密和振冲置换加固土层的原理不尽相同。振冲挤密加固砂层的原理是：①依靠振冲器的强力振动，使饱和砂层发生液化，砂粒重新排列，使孔隙减少而得到加密；②依靠振冲器的水平振动力，在加填料的情况下则通过填料使砂层挤压加密。

振冲置换加固土层，是向振冲孔中投放碎石等坚硬的粗粒料，并经振冲密实形成多根物理力学性能远优于原土层的碎石桩，桩与原土层一起，构成了复合地基。

2. 振冲挤密

振冲挤密加固地基的深度一般在10m以内，可达30m左右，适用于砂性土、砂、细砾等松散地基，对于密实度较高的地基，振冲加固技术经济性较低。

振冲挤密所用的填料，可用粗砂、砾石、碎石、矿渣或经爆破的废混凝土等，粒径为0.5～5cm。振冲孔的布置有等边三角形和矩形两种形式。在振冲挤密法施工时，在下沉振冲器时，要适当控制造孔的速度，以保证孔周沙土有足够的振密时间，一般为1～2m/min；要注意调节水量和水压，既要保证正常的下沉速度，又要避免大量地基土料的流失；要均匀连续投料，使土层逐渐振冲密实，提高振冲挤密的效果。振冲挤密法加固地基施工过程如图3－22所示。

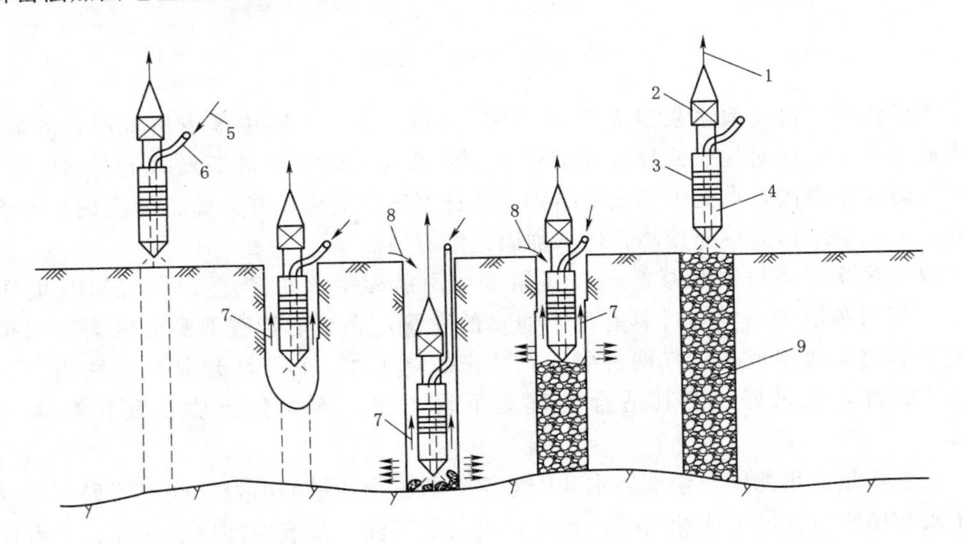

图3－22　振冲挤密法加固地基施工过程示意

1—吊索；2—潜水电机；3—振动器；4—振冲器；5—压力水；6—水管；7—排水出渣；8—回填；9—填料

3. 振冲置换

振冲置换加固适用于淤泥黏土地基。

振冲置换形成碎石所用的桩料、孔的间距和平面布置等问题与振冲挤密填料的要求相似。振冲置换桩制作过程如图3－23所示。

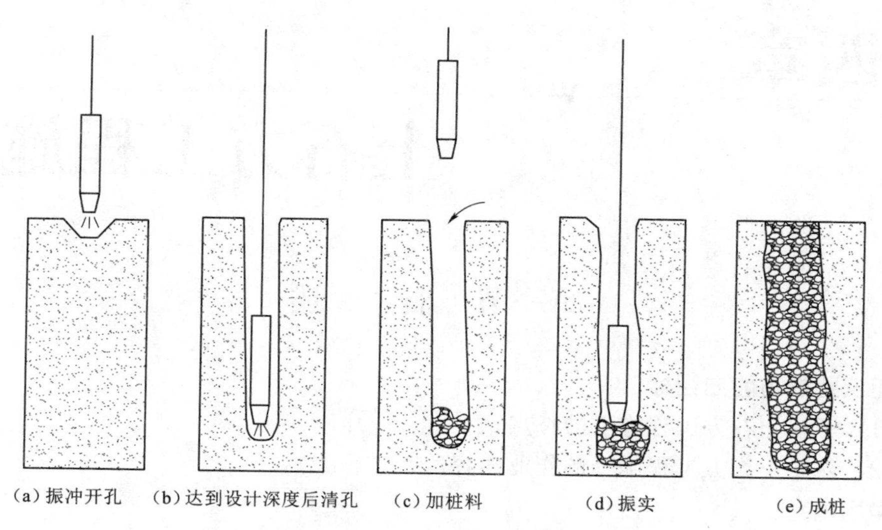

图 3-23　振冲置换桩制作过程示意

思　考　题

3-1　岩基灌浆可以分为哪几类？其目的是什么？

3-2　基岩灌浆包括哪几道工序？

3-3　帷幕灌浆为什么应分序逐渐加密？

3-4　岩基灌浆压水试验的目的及成果分别是什么？

3-5　灌浆过程中灌浆压力的控制，分别在什么情况下采用一次升压法和分级升压法？

3-6　灌浆质量检查有哪些方法？

3-7　套管灌浆法的优缺点是什么？简述其施工程序。

3-8　循环钻灌的施工程序是什么？如何防止地面抬动和地表冒浆？

3-9　砂砾石地基灌浆与基岩灌浆有何异同？

3-10　说明泥浆固壁的原理和其主要作用。

3-11　防渗墙造孔成槽方法有哪些？

3-12　简述泥浆下浇筑混凝土的特点与要求。

3-13　什么是强夯法？它的加固机理是什么？

3-14　什么是高压喷射灌浆法？其作用机理主要有哪几个方面？

3-15　强夯法的设计参数有哪些？

3-16　振冲法的加固原理是什么？

3-17　简述振冲加固地基的施工过程。

第四章 土石方工程施工

第一节 概 述

知识要求与能力目标：

(1) 了解土石方工程施工的特点；

(2) 熟悉土石方工程施工的作业内容。

学习内容：

(1) 土石方工程施工的特点；

(2) 土石方工程施工的作业内容。

一、土石方工程施工特点

在水利工程施工中涉及的土石方工程种类繁多，如岸坡、基坑的开挖，拦河坝、河堤、围堰的填筑等。这些土石方工程施工具有以下特点：工程量和投资较大；施工条件复杂；施工的难易程度受地形、地质、水文、施工季节及施工环境等因素的影响。例如：土石坝工程施工中料场开挖及坝体填筑的方量均较为庞大；岸坡开挖需要考虑边坡稳定问题；土石围堰施工需要考虑水下施工的困扰；降雨等不利气候因素使工期紧张；地质、地形的差异给土石方施工带来诸多不利。因此，土石方工程施工前应进行深入调查，详尽掌握各种工程资料，然后根据工程特点和规模，拟定合理的施工方案及其相应的技术与组织管理措施。

二、土石方工程施工作业内容

水利工程建设中，土石方工程施工的种类主要包括挖方工程和填方工程。土石方工程施工通常需要大面积开挖，为了做好环境保护，需对表土进行剥离，并对不满足填筑性能要求的弃料或开挖余料进行处理，做好水土保持措施；同时需要做好挖填平衡规划，提高工程的经济性，使挖运成本尽可能低。

土石方工程施工过程主要包括挖掘、运输、填筑与压实，其施工方法有人工施工、机械施工、爆破施工等。土石方工程施工的主要机械有开挖机械、运输机械和压实机械等。综合机械化施工可以提高土石方工程施工速度、降低施工成本。

土石料的性能指标为土石料的物理力学参数（天然含水量、密度、孔隙比和孔隙率、可松性、渗透性、坚固性等），这些参数是影响土石料开挖、运输、填筑、压实施工方法及施工机械选择的主要因素。在土石方施工中，应以地质勘查和材料试验成果为基础，对土石料的性能指标进行综合分析，根据土石材料性能及施工条件，优化开挖与填筑工程施工方案，合理选择施工机械，提高施工效率和施工质量。

本章首先介绍土石材料的主要性能指标及开采与加工、土石方施工机械，在此基础上，重点介绍土石坝的施工。

第二节　土石料性能及开采方法

知识要求与能力目标：

(1) 掌握土石料的技术指标与意义；

(2) 掌握土石方工程量计算的方法；

(3) 熟悉土石料开采与加工方法；

(4) 能够进行土石方平衡计算与分析。

学习内容：

(1) 土石料分级与技术指标；

(2) 土石方工程量计算与平衡调度；

(3) 土石料的开采与加工；

(4) 表土剥离与弃土处理。

一、土石料分级与技术指标

(一) 土石料分级

土石料的种类繁多，根据《水工建筑物地下工程开挖施工技术规范》(DL/T 5099—2011) 一般工程土类可分为四级，具体分级见表4-1。表中列出了各类土的自然湿密度、外形特征和其对应的开挖方式，可为施工提供参考。同时，《水工建筑物地下工程开挖施工技术规范》(DL/T 5099—2011) 中把岩石类别分为12级，具体可以参阅规范的相关内容。

表4-1　土的工程分类

土质级别	土石名称	自然湿密度/(kN/m³)	外形特征	开挖方式
Ⅰ	砂土；种植土	16.5～17.5	疏松，黏着力差或易透水，略有黏性	用锹或略加脚踩开挖
Ⅱ	壤土；淤泥；含壤种植土	17.5～18.5	开挖时能成块，并易打碎	用锹需用脚踩开挖
Ⅲ	黏土；干黄土；干淤泥；含少量砾石黏土	18～19.5	黏手，看不见砂粒或干硬	主要用镐、三齿耙开挖或用锹需用力加脚踩开挖
Ⅳ	坚硬黏土；砾质黏土；含卵石黏土	19.0～21	壤土结构坚硬，将土分裂后成块状或含黏粒砾石较多	先用镐、三齿耙工具开挖

(二) 土石料的工程性质

土体是由土粒、水和空气组成的三相体，如图4-1所示，其中土粒是土体的骨架，决定了土体的强度特性。土体中土粒、水和空气所占比例的不同将使土呈现出干燥、潮湿、密实或松散等不同的物理状态。

土石料的工程性质是选择施工方法及施工机械的主要影响因素。土石料的主要工

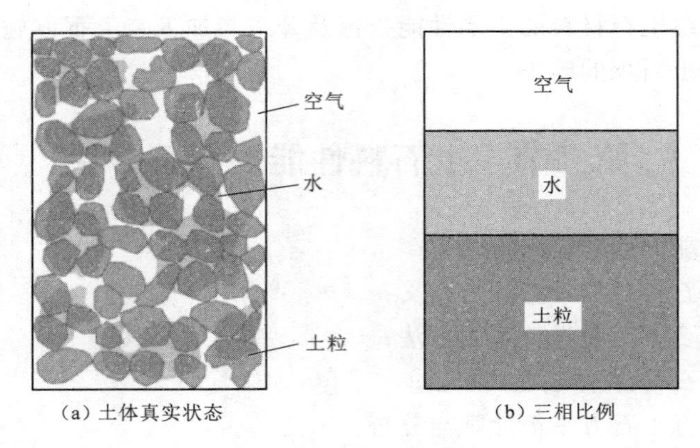

（a）土体真实状态　（b）三相比例

图 4-1　土的三相性示意

程性质包括含水量、密度、孔隙性、渗透性、可松性等。

1. 天然含水量

土的天然含水量是土体中水的质量与固体颗粒的质量之比，以百分数表示：

$$W=\frac{m_w}{m_s}\times 100\% \tag{4-1}$$

式中：m_w 为土中水的质量，kg；m_s 为土中固体颗粒的质量，kg。

把含水土样称量后放入烘箱内烘干至土样重量不再减小时再称量，根据含水状态土的质量和烘干后土的质量，利用式（4-1）可计算出土的天然含水量。土体含水量的大小会影响土的开挖难易程度、施工时边坡稳定性、土的压实方法及压实质量。

2. 密度

土的天然密度是土体在天然状态下单位体积的质量，用 ρ 表示，即

$$\rho=\frac{m}{V} \tag{4-2}$$

式中：m 为土的质量，g；V 为土的天然体积，cm^3。

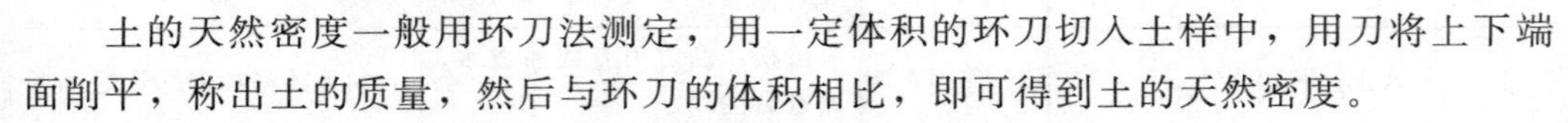

资源 4-2-1
环刀

土的天然密度一般用环刀法测定，用一定体积的环刀切入土样中，用刀将上下端面削平，称出土的质量，然后与环刀的体积相比，即可得到土的天然密度。

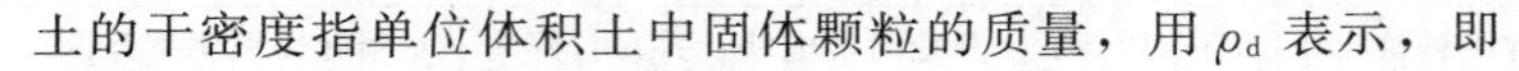

土的干密度指单位体积土中固体颗粒的质量，用 ρ_d 表示，即

$$\rho_d=\frac{m_s}{V} \tag{4-3}$$

式中：m_s 为土体中固体颗粒的质量，g；V 为土的天然体积，cm^3。

在填土压实时，土体压实后体积变小而其质量保持不变，干密度增加。可以通过测定土的干密度 ρ_d 来判断土体的压实程度、检验和控制施工质量。

3. 孔隙比和孔隙率

土体是复杂的三相结构，土体中土颗粒集合和排列成固相骨架，骨架内部具有孔隙，土体的密实程度可以用孔隙比来评价。孔隙比的含义是土体中孔隙体积（水和气的体积）与土体固体颗粒的体积之比，用 e 表示，即

$$e=\frac{V_{sn}}{V_s} \tag{4-4}$$

式中：V_{sn}为土体中孔隙的体积，cm^3；V_s为土体中土颗粒的体积，cm^3。

孔隙比e表征了土体受荷后的孔隙分布状况，是土体应力状态、屈服状态和扰动状态等影响因素的最终反映，通常可以用孔隙比评价土体的密实度、计算土体的压缩系数及评价土体的允许承载力。一般来说，e值越小，土体越密实，压缩性越低；e值越大，土体越疏松，压缩性越高。

对于岩石而言，一般用孔隙率来表示岩石的发育程度。岩石的孔隙率是岩石中孔隙的体积与岩石总体积的比值，常用百分数表示，即

$$n=\frac{V_{rn}}{V}\times 100\% \tag{4-5}$$

式中：V_{rn}为岩石中孔隙的体积，cm^3；V为岩石的总体积，cm^3。

岩石孔隙率的大小，主要取决于岩石的结构构造，同时也受风化作用、构造运动和变质作用的影响。

4. 可松性

原状土体开挖后颗粒松散体积增大，经压实后也不能恢复至原状土体相同的体积。土体的这种因扰动而使体积改变的性质称为可松性。土体可松性的程度用可松性系数表示。

$$K_s=\frac{V_2}{V_1} \tag{4-6}$$

$$K_s'=\frac{V_3}{V_1} \tag{4-7}$$

式中：K_s、K_s'分别为土的最初、最终可松性系数；V_1为土体在自然状态下的体积（天然土），cm^3；V_2为土体经开挖成松散状态下的体积（松土），cm^3；V_3为土体经回填压实后的体积（压实土），cm^3。

土的可松性对挖填方量的平衡调配、确定挖运机械数量等均有直接影响。土的最初可松性系数K_s是计算运输车辆及挖土机械的主要参数；土的最终可松性系数K_s'是计算填方所需挖方工程量的主要参数。

5. 渗透性

岩土体被水透过的性质称为渗透性。土的渗透性用渗透系数K表示，单位是cm/s，渗透系数是指在单位水力坡度（$I=h/L$）渗透流作用下，水从岩土体中渗出的速度；岩石的渗透性用透水率q来表示，单位为Lu。岩土体的渗透性会影响压实方法及压实机械的选择。根据《水利水电工程地质勘察规范》（GB 50487—2008），岩土体的渗透性分级见表4-2。

6. 岩石坚固性

岩石的坚固性不同于岩石的强度，岩石的强度值通常是指某种单一受荷方式下（单轴压缩、拉伸、剪切）岩石抵抗破坏的强度值，在开采过程中岩石受荷条件复杂，而岩石的坚固性则反映岩石在复杂应力下抵抗破坏的能力，该能力可用岩石坚固

性系数来表示。岩石坚固性系数由普罗托季亚科诺夫（Protodyakonov）于1926年提出，他将岩石单轴抗压强度极限值的1/10作为岩石的坚固性系数，即

$$f=R/10 \tag{4-8}$$

式中：R 为岩石标准试样的单向极限抗压强度值，MPa；f 为无量纲值，其表征的是岩石抵抗破碎能力的相对值。

表4-2　岩土体的渗透分级

渗透性等级	土体		岩体	
	渗透系数 K /(cm/s)	土类	透水率 q /Lu	岩体特征
极微透水	$K<10^{-6}$	黏土	$q<0.1$	完整岩石，含等价开度小于0.025mm裂隙的岩体
微透水	$10^{-6}\leqslant K<10^{-5}$	黏土-粉土	$0.1\leqslant q<1$	含等价开度0.025～0.05mm裂隙的岩体
弱透水	$10^{-5}\leqslant K<10^{-4}$	粉土-细粒土质砂	$1\leqslant q<10$	含等价开度0.05～0.1mm裂隙的岩体
中等透水	$10^{-4}\leqslant K<10^{-2}$	砂-砂砾	$10\leqslant q<100$	含等价开度0.1～0.5mm裂隙的岩体
强透水	$10^{-2}\leqslant K<1$	砂砾-砂砾石、卵石	$q\geqslant 100$	含等价开度0.5～2.5mm裂隙的岩体
极强透水	$K\geqslant 1$	粒径均匀的巨砾		含连通孔洞或等价开度大于2.5mm裂隙的岩体

根据岩石的坚固性系数 f 可把岩石按坚固性分为10个等级，坚固性等级越高的岩石越不易破碎。岩石坚固性系数可用于预估岩石抵抗破碎的能力以及其开挖后的稳定性，但由于它采用实验室测定值来代替实际岩石状况，无法考虑岩石实际应力状态改变而引起的坚固程度上的改变。

二、土石方工程量计算与平衡调度

（一）土方工程量计算

在土石方工程施工之前需要计算其工程量，但土石方工程的外形往往较为复杂，一般情况下可将其划分为一定几何形状进行近似计算。土石方工程量计算内容较多，在水利工程中涉及的计算有基坑土石方量计算、基槽土石方量计算、场地平整土石方量计算、边坡土石方量计算等。

1. 基坑土石方量计算

基坑的土石方量可以近似地按台体计算，如图4-2所示，计算公式如下：

$$V=\frac{H}{6}(A_1+4A_0+A_2) \tag{4-9}$$

式中：V 为土石方工程量，m^3；H 为基坑的深度，m；A_1、A_2 分别为基坑上下底面面积，m^2；A_0 为 A_1、A_2 之间的中截面面积，m^2。

2. 基槽土石方量计算

输水渠道等基槽通常是狭长的沟槽，其土石方量的计算可沿其长度方向分段进行，根据选定的断面及两相邻断面间的距离，按其几何体积计算出区段间沟槽土方

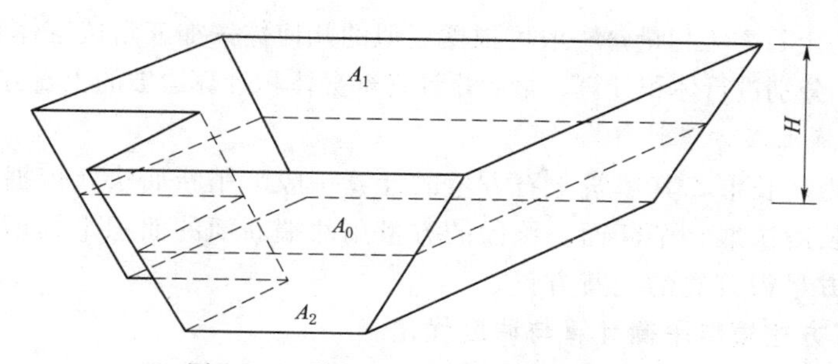

图 4-2　基坑土石方工程量计算示意

量，然后相加求得总方量。分段计算简图如图 4-3 所示，第一段土石方工程量计算公式为

$$V_1=\frac{L_1}{6}(A_1+4A_0+A_2) \tag{4-10}$$

式中：V_1 为基槽第 1 段土石方工程量，m^3；L_1 为基槽第一段的长度，m；A_1、A_2 分别为基槽两端截面面积，m^2；A_0 为 A_1、A_2 之间的中截面面积，m^2。

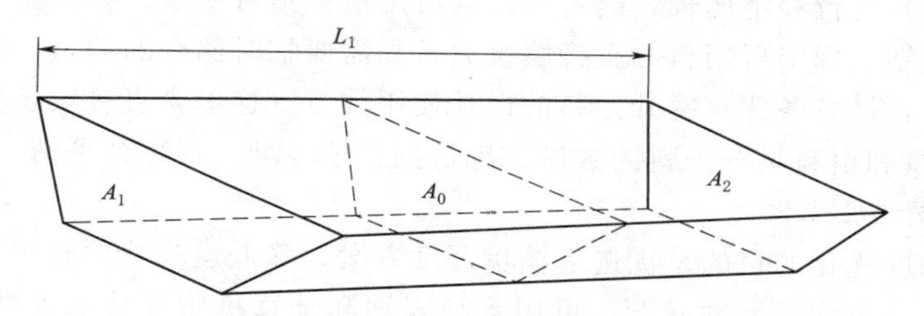

图 4-3　基槽土石方工程量计算示意

3. 场地平整土石方量计算

场地平整是将施工现场平整为满足施工布置要求的场地。场地平整前，应确定场地的设计标高，计算挖、填土方工程量，进行挖、填方量的平衡。场地平整土石方量的计算，是制定施工方案、进行填挖方调配、检查及验收实际土石方数量的依据。场地平整土石方量的计算方法，通常有方格网法和断面法。

（1）方格网法是在地形图上将场地划分为边长 $a=10\sim40$m 的若干方格，计算各方格角点的自然地面标高，并根据坡度要求计算各方格角点的设计标高，确定各方格角点的挖填高度，确定零线也即挖填的分界线，计算各方格内挖填土石方量和场地边坡土石方量，汇总后累加求得整个场地土石方量，方格网法适用于场地平缓或在台阶宽度较大的场地。

（2）断面法是沿场地取若干个相互平行的断面（可利用地形图定出或实地测量定出），将所取的每个断面（包括边坡断面）划分为若干个三角形和梯形，由这些细分的三角形或梯形面积计算出该断面的总面积，然后即可计算出土石方的方量。

4. 边坡土石方量计算

为了保持土体的稳定和安全，挖方和填方的边沿都应做成一定坡度的边坡。边坡的坡度应根据不同填挖高度、土石的物理力学性质和工程的重要性等因素确定。

场地边坡的土石方工程量，一般可根据近似的几何体（如三角棱锥体和三角棱柱体）分为不同部分，分别进行体积计算，最后累计各部分体积计算边坡的土石方总方量。

5. 堤坝填筑土石方量计算

堤坝工程为狭长形，其填筑土石方量的计算一般采用断面法，依据断面形状变化情况每隔一定长度选取一个断面，该段的方量用两端断面的面积平均值乘以长度，然后累加各段的方量得到总的土石方量。

（二）土石方挖填料平衡计算与调度优化

土石方平衡的原则是充分利用开挖料，做到料尽其用，根据建筑物开挖料和料场开采的料种与品质，合理进行采、供、弃规划，优料优用，劣料劣用。充分考虑挖填进度要求，物料储存条件，且留有余地，便于管理，便于施工，妥善安排弃料，做到环境保护。

1. 土石方挖填料平衡计算

土石方挖填料平衡计算的方法和步骤如下：①根据建筑物设计填筑工程量统计各料种填筑方量；②根据建筑物设计开挖工程量、地质资料，建筑物开挖料可用与不可用分选标准，并进行经济比较，确定并计算可用量和不可用量；③根据施工进度计划和渣料储存规划，确定可用料的直接填筑数量和需要临时储存的数量；④根据折方系数、损耗系数，计算各建筑物开挖料的设计使用数量（这里含直接填筑数量和堆存数量）、舍弃数量和由料场开采料的数量，进行挖、填、堆、弃综合平衡。

2. 土石方调度优化

土石方调度优化的目的是优选运输量调度方案，降低运输费用和工程造价。土石方调度实际是一个物资调动问题，可用系统规划和计算机仿真技术等进行求解分析。对于大型土石坝，可进行土石方平衡及坝体填筑施工动态仿真，优化土石方调配，论证调度方案的经济性、合理性和可行性。

三、土石料的开采与加工

土石料料场开采前应划定料场的范围，并对料场分期分区清理覆盖层、修建排水系统、运输道路和辅助设施等，为料场的开采做好准备工作。

土料开采方法有立面开采法和平面开采法两种。立面开采法适用于土层较厚，土料层次较多，各层土质差异较大，天然含水量接近最优含水量时。开采规划时应确定开挖方向、掌子面尺寸、先锋槽位置、采料条带布置和开采顺序。平面开采法适用于土层较薄，土料层次少且相对均质、天然含水量偏高的情况。土料开采规划时应根据供料要求、开采方法，将料场划分为若干开采区，进行流水施工作业。

土料的加工包括调整土料含水量、掺和、超径处理和其他特殊处理。土料各施工工序中的自然蒸发、翻晒、掺料、烘烤等措施均可有效降低含水量，各施工环节对土料加水可以提高土料含水量。土料与一定掺料掺和加工形成的掺合料，可改善土料压缩性、施工特性、防渗性等。掺和方法有：水平互层铺料法、土料场水平单层铺放掺料法、在填筑面堆放掺和法和带式输送机掺和法。

砂砾石料开采根据开采位置不同有水下和陆上开采两种方式。水下开采一般采用索铲挖掘机配合采砂船、链斗式挖掘机等，水下开采的砂砾石料通常含水量较高，需要堆放排水以降低其含水量。陆上开采主要使用正铲挖掘机、反铲挖掘机等设备。

堆石料用料方量大，开采强度高，需详细研究其开采规划和开采方法。堆石料的开采一般结合基础、边坡的开挖，基础和边坡开挖料满足不了要求时需专门设置料场开采，一般采用深孔台阶爆破，多工作面流水作业形式开采。

超径块石料主要采用浅孔爆破法和机械破碎法进行处理。浅孔爆破法是采用手持式风动凿岩机对超径石进行钻孔爆破。机械破碎法是采用风动和振动破石、锤击破碎超径块石，也可利用吊车起吊重锤，然后使重锤自由下落破碎超径块石。

资源 4-2-2 超径块石的处理

砾质土中超径石含量不多时，常用装耙的推土机先在料场中初步清除，然后在坝体填筑平整时再做进一步清除。

四、表土剥离与弃土处理

（一）表土剥离

水利工程建设过程中大量的土石方开挖、回填活动，不可避免地对占用的农、林用地造成破坏，降低土壤抗蚀能力，加剧工程区水土流失，造成环境破坏。如何在工程建设的同时有效地保持、保护土壤资源，使土地资源可持续利用，成了工程建设中的关键问题。

表土剥离是指将建设所占土地的表土运送至固定场地存储，到建设后期将其搬运回原土地上完成造地复垦的技术。表土剥离技术可以有效保护地表熟土资源，保持土壤肥力，减少复垦造地时外调土产生的额外资金投入，保证可耕植土地面积稳定。

1. 剥离区域

一般而言，施工结束后需要复绿、复耕的区域都应列为表土剥离区域，但在实际设计中应根据具体情况分析确定，根据建设项目施工进度计划，选择剥离区域，再根据土壤调查结果，划定剥离区域范围。根据土地整治项目实施计划和其他耕地开发、土壤改良计划，选择土壤回覆区。

2. 剥离厚度

表层土的平均厚度一般为 20cm，在具体的工程实践中应根据剥离区域土壤耕植层厚度及后期复绿、复耕所需回填量来确定剥离厚度。由于剥离区域内表土厚度可能存在差异，对土层深厚、土壤肥沃的地方可适当深剥，反之可适当浅剥，在控制剥土总量的前提下应尽量将剥离区域内最肥沃的土壤剥离出来。

3. 土壤储存

线状项目总体应采用“大分散、小集中”的保存方案，点状项目应采用“分区、分片集中保存”，表土临时堆存应尽量占用场内空闲地，如场内无适合堆处则应另行征地，表土储存过程中应设有临时防护措施。

对于线性工程，可以根据剥离量和堆放的条件每 100m、200m、500m、1000m 分段进行堆放，四周用编织土袋临时挡护，编织袋外 0.5～1.0m 处设临时排水沟，堆积成形后可利用铲车或推土机对顶部和边坡稍做压实，顶部应向外侧做成一定坡度，便于排水。

如堆放量小，可用塑料彩条布或薄膜覆盖，四周用土袋压脚。如保存期较长，超过一个生长季，可撒播草籽临时绿化，草种宜选择有培肥地力的牧草。如堆放在渣场，一般应集中堆放在渣场下游或者两侧地势平缓处，避开低洼及水流汇集处。

4. 土壤回覆

土壤回覆应结合土地整治项目同步实施。剥离土壤优先用于新增耕地的耕作层，其次增厚现有耕地的耕作层，富余土壤可用于绿化用土。

土壤回覆前，应对回覆区土壤调查，划分有、无表土区，并做好回覆区的土地平整，提高土壤回覆率。无表土区的覆土厚度，应满足相关规范要求；有表土区的覆土厚度，在扣减已有表土厚度后，计算需要的覆土厚度。表土回填及平整过程中地面应与周边地形相协调，以避免形成洼地积水。

土壤回覆后，应及时安排农业耕作和种植，加快耕作层土壤结构的形成，提高有机质含量。当耕作层土壤剖面结构受损严重、不满足农作物种植时，应及时开展土壤改良工作，满足作物生长对耕作层土壤的要求。

（二）弃土处理

水利工程施工中当开挖量大于回填量或部分土石料无法满足材料质量要求时会产生弃土，对于弃土应设置弃渣场进行相应的处理，弃渣场的设置是工程水土保持的重要组成部分，必须纳入水利工程前期设计规划。根据弃渣堆放的位置、地形特点，因地制宜，采取拦渣、排水、土地整治与复垦利用等措施。

优化土、石方调配规划设计，尽量平衡挖填量减少弃渣。弃渣场的选址需经过严格的规划勘测设计，并严格控制用地规模，不得超出设计规模增加用地数量、更改弃渣场位置或随意改变其他设计内容。为便于绿化、复垦，在弃渣之前需进行表土剥离，施工结束后回填覆土，并复垦或绿化。

对于设在河谷的弃渣场，应在弃渣场适当位置修建挡渣堤或挡渣墙，以防弃土和弃渣被水流冲入河道。在弃渣场上游两侧沿等高线设置截水沟，两侧设排水沟，在排水沟汇入下游河道之前设置沉沙池，水流经周边排水沟引入沉沙池沉淀后排出。

为保障弃渣工作连续进行，规划并修建土方机械、运输车辆的道路。弃土场应尽量完善封闭，并按相关规定设置公告和标识标牌。渣土运输选用性能良好、车厢封闭的车辆，严格按照指定的线路行驶。

资源 4-2-3 弃渣场

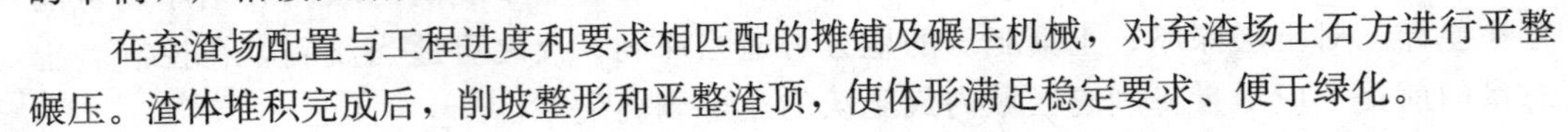

在弃渣场配置与工程进度和要求相匹配的摊铺及碾压机械，对弃渣场土石方进行平整碾压。渣体堆积完成后，削坡整形和平整渣顶，使体形满足稳定要求、便于绿化。

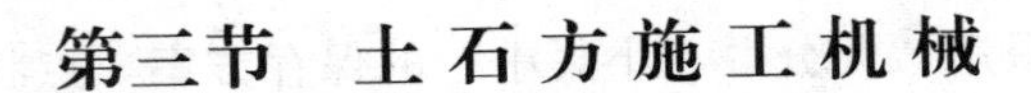

第三节 土石方施工机械

知识要求与能力目标：

（1）熟悉常用的土石方施工机械与种类；

（2）掌握常用的挖掘、运输、压实机械的生产能力计算；

（3）能够根据工程需要正确选择挖掘、运输、压实机械。

学习内容：

（1）挖掘机械；

（2）运输机械；

（3）挖运机械；

（4）压实机械。

一、挖掘机械

（一）挖掘机械的种类

土石料挖掘机械的种类繁多，根据构造特点及工作方式可以分为循环单斗式和连续多斗式。根据传动系统可以分为索式、链式和液压传动，现代工程机械多采用液压传动。水利工程施工中常见的单斗式挖掘机械如图4-4所示。

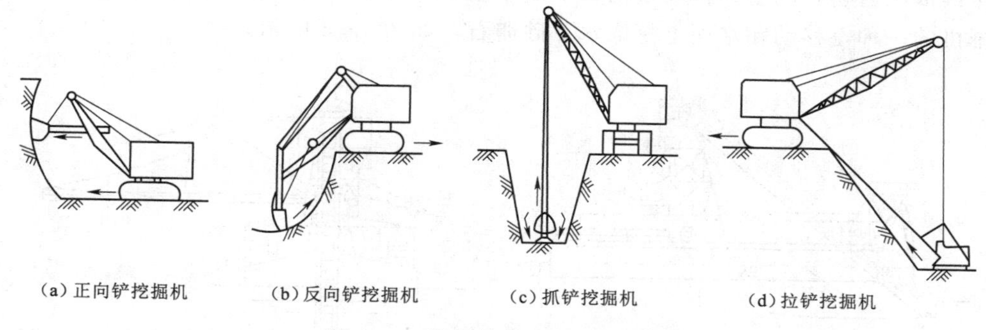

(a) 正向铲挖掘机 (b) 反向铲挖掘机 (c) 抓铲挖掘机 (d) 拉铲挖掘机

图4-4 常用的单斗式挖掘机械

1. 单斗式挖掘机

单斗式挖掘机是只有一个铲土斗的挖掘机械，根据其传动机制及作业方式不同，单斗式挖掘机主要有正向铲、反向铲、抓铲和拉铲四种。

资源4-3-1 正向铲挖掘机

（1）正向铲挖掘机。正向铲挖掘机如图4-4（a）所示，是单斗式挖掘机中最常见的形式，主要有回转、行驶和挖掘三个装置。正向铲挖掘机铲斗前伸向上，利用推力装置强制铲土，主要用以挖掘停机面以上的土石方，不适用于水下开挖，一般用于开挖无地下水的大型基坑和料堆，适合挖掘Ⅰ～Ⅳ级土或爆破后的石渣，需要与自卸汽车配套使用。

正向铲挖掘机有前向挖土、侧向卸土和前向挖土、后向卸土两种作业方式。

资源4-3-2 反向铲挖掘机

（2）反向铲挖掘机。反向铲挖掘机如图4-4（b）所示，与正向铲挖掘机不同的是其铲斗向后下扒，利用推力装置强制挖土。它主要用于挖掘停机面以下的土石方，一般用于开挖小型基坑或地下水位较高的土方，适合挖掘Ⅰ～Ⅲ级土或爆破后的岩石渣，硬土需要先行刨松，反向铲挖掘机同样需与自卸汽车配套工作。

反向铲挖掘机每一作业循环包括挖掘、回转、卸料和返回四个过程。

资源4-3-3 抓铲挖掘机

（3）抓铲挖掘机。抓铲挖掘机如图4-4（c）所示，利用其瓣式铲斗自由下落的冲力切入土中，而后抓取土料提升，回转后卸料。抓铲挖掘深度较大，适合挖掘窄深基坑或沉井中的水下淤泥及砂卵石等松软土方，也可用于装卸散粒材料。

资源4-3-4 拉铲挖掘机

（4）拉铲挖掘机。拉铲挖掘机如图4-4（d）所示，用于刮铲停机面以下的土料。由于其卸料是在机身回转过程中利用土料自重和离心力的作用进行，能将各种土料卸载干净，适宜开挖水下及含水量大的土料。但由于铲斗仅靠自重切入土中，铲土力小，一般只能挖掘Ⅰ～Ⅲ级土，不能开挖硬土。拉铲的臂杆较长，且可利用回转离心力快放钢索将铲斗抛至较远距离，所以它的挖掘半径、卸土半径和卸载高度较大，最适合直接向弃土区弃土。

2．多斗式挖掘机

多斗式挖掘机是由若干个挖斗依次连续循环进行挖掘的专用机械，生产效率和机械化程度较高，适用于大量土方开挖工程，主要用于挖掘不夹杂石块的Ⅰ～Ⅳ级土。多斗式挖掘机按工作装置不同，可分为链斗式和斗轮式两种。

（1）链斗式挖掘机。链斗式挖掘机是多斗式挖掘机中最常用的形式，若干挖斗随着斗链依次运动，刮土并将其带出掌子面，主要进行下采式工作。采砂船也是链斗式挖掘机的一种，移动在水面上挖取水下砂卵石，如图4－5所示。

资源4－3－5
采砂船

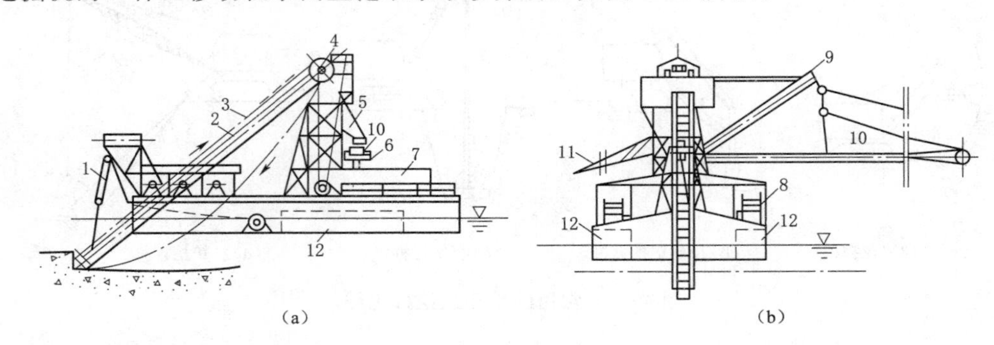

图4－5　链斗式采砂船示意

1—斗架提升索；2—斗架；3—斗链和挖斗；4—上导轮；5—卸料漏斗；6—回转盘；7—主机房；8—卷扬机；9—吊杆；10—皮带机；11—泄水槽；12—平衡水箱

（2）斗轮式挖掘机。斗轮式挖掘机如图4－6所示，其斗轮装在可俯仰的臂杆上，斗轮上装有若干个铲斗随着斗轮一起转动，切土带出掌子面。当铲斗转到最高位置时，土料靠自重落下，经溜槽卸至皮带机，然后传送至弃土堆或运输工具上。它的主要特点是斗轮转速较高，臂杆的倾角可以改变开挖半径，因此这种挖掘机的生产率高，能开挖停机面上下的土方。

资源4－3－6
斗轮式挖掘机

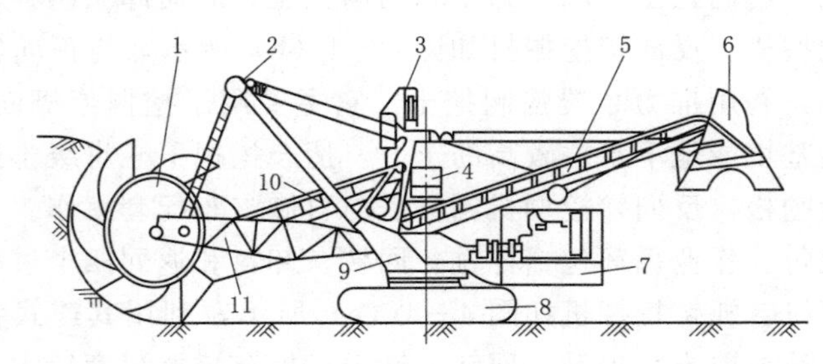

图4－6　斗轮式挖掘机示意

1—斗轮；2—升降机构；3—驾驶室；4—中心料仓；5—卸料皮带机；6—双槽卸料斗；7—动力装置；8—履带；9—转台；10—受料皮带机；11—斗轮臂

（二）挖掘机械的生产能力

循环式单斗挖掘机或连续式多斗挖掘机的实际小时生产率 P（m^3/h）可按下式

确定：

$$P=60qnK_{H}K'_{p}K_{B}K_{t} \tag{4-11}$$

式中：q 为铲斗的几何容量，m^3；n 对于单斗挖掘机系指每分钟循环工作次数，对于多斗挖掘机系指每分钟倾倒的土斗数量；K_H 为铲斗充盈系数，为实际装料容积与铲斗几何容积的比值，根据不同的挖掘机械进行选取，对于正向铲可取1，对于索铲可取0.9；K'_p 为土的松散影响系数，指挖土前的实土与挖后松土体积的比值，其大小与土料的等级相关，在实际计算时可根据相关土的等级选取，一般情况下对于Ⅰ级土为0.913～0.83，对于Ⅱ级土为0.88～0.78，对于Ⅲ级土为0.81～0.71，对于Ⅳ级土为0.79～0.73；K_B 为时间利用系数，表示机械工作时间利用程度，可取0.8～0.9；K_t 为联合作业延误系数，考虑运输工具影响挖掘机的工作时间，有运输工具配合时，可取0.9，无运输工具配合时，应取1.0。

由式（4-11）可知，为了提高挖掘机械的实际生产率，可以采取措施提高挖掘机的循环次数或缩短每一挖掘循环的工作时间，如加长挖斗的中间斗齿以减小切土阻力和切土时间，减小挖与卸之间的回转角度等。此外，当挖掘松散土料时更换大容积的挖斗，合理规划开挖掌子面、运输线路，加强机械的维护保养，改善挖运设备的配合等，都有利于提高其生产率。

二、运输机械

（一）运输机械的种类

土石方工程施工中常用的运输机械，主要有自卸汽车、带式运输机和有轨机车。自卸汽车和有轨机车属于循环式运输机械，带式运输机属于连续式运输机械。

1. 自卸汽车

自卸汽车在车厢底部举升机构的作用下，可将厢载的物料倾卸干净。一般用于土石料和散装物料等的运输，常与挖掘设备配套使用。自卸汽车有向后倾卸式、侧倾卸式、三面（后及两侧）倾卸式和底卸式四种，自卸汽车的动力有汽油机和柴油机。

资源4-3-7
自卸汽车

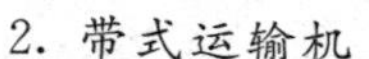

2. 带式运输机

带式运输机如图4-7所示，它是一种高效连续式运输设备，其生产效率高，机构简单轻便，成本低廉，运输方式灵活，可以调整运输方向和卸料地点。带式运输机运输适用于地形复杂、坡度较大、通过狭窄地带和跨越深沟、长距离运输等情形。

资源4-3-8
带式运输机

带式运输机主要由传动胶带、驱动装置、传动滚筒、改向滚筒、承载托辊、上下托辊、拉紧装置、卸料装置、制动装置和清扫器等组成。胶带宽度一般为500～2400mm，胶带的槽角通常选30°或35°，胶带的运行速度为1～4m/s，运输长度可从几米到上千米。

带式运输机有固定式和移动式两种。固定式运输机多用于运距较远且线路固定的情况。移动式运输机底部装有轮子可以移动，可手动调整它的上仰坡度，其长5～15m。

3. 有轨机车

有轨机车采用有轨动力机车牵引可倾翻的车厢，路轨一般为窄轨铁路，车厢容量有0.5～15m^3 等多种。有轨机车具有机械结构简单、修配容易等优点，当料场集中、

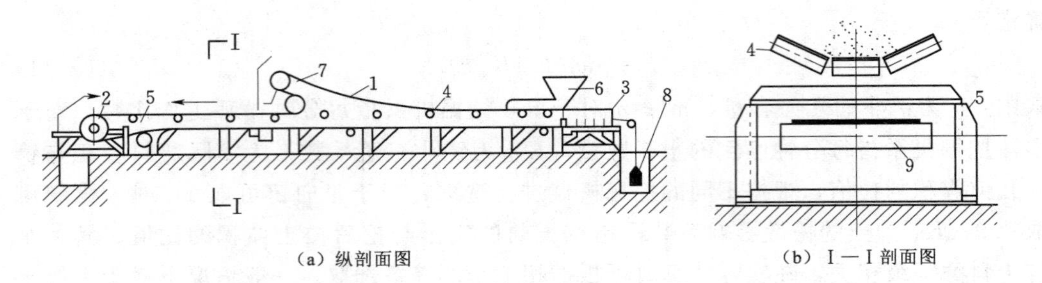

图 4-7　带式运输机示意

1—皮带；2—驱动鼓轮；3—张紧鼓轮；4—上托辊；5—机架；6—喂料器；7—卸料小车；8—张紧重锤；9—下托辊

运输量大、运距远（大于 10km）时，可用有轨机车进行水平运输。但有轨机车运输需要铺设专门的轨道，设备投资较高，对线路坡度、转弯半径和车距等的限制也较多。土石坝施工，有轨机车不能直接上坝，需在坝脚经卸料装置将物料转至其他运输设备运输上坝。

（二）运输机械的生产能力

1. 循环式运输机械

循环式运输机械数量 n 可根据下式确定：

$$n=\frac{Q_{\mathrm{T}}t}{q(T_1-T_2)} \tag{4-12}$$

式中：Q_{T}为运输强度，$\mathrm{m^3/d}$；q 为运输工具装载的有效方量，$\mathrm{m^3}$；T_1 为昼夜或一班的时间，min；T_2 为昼夜或一班内运输工具的非工作的时间，min；t 为运输工具周转一次的循环时间，min。

对于施工中常用的汽车、拖拉机，t 值可按下式计算：

$$t=t_1+t_2+\frac{2L}{v}\times 60 \tag{4-13}$$

式中：t_1 为装车时间，min；t_2 为卸车时间，min；L 为运输距离，km；v 为平均行驶速度，km/h。每昼夜或每班运输循环次数为

$$m=\frac{T_1-T_2}{t} \tag{4-14}$$

生产能力 P_{T} 为

$$P_{\mathrm{T}}=\frac{q(T_1-T_2)}{t} \tag{4-15}$$

2. 连续式运输机械

连续式运输机的生产率，与带宽、带速及带上物料的装载程度有关。带上物料的装载程度又与皮带的形状、装载物料性质和运输机布置的倾角有关。连续式运输机的实际小时生产率 P_{T}($\mathrm{m^3/h}$) 可按下式计算：

$$P_{\mathrm{T}}=KB^2vK_{\mathrm{B}}K_{\mathrm{H}}K'_{\mathrm{p}}K_{\mathrm{d}}K_{\mathrm{a}} \tag{4-16}$$

式中：K 为带形系数，对于平面带，$K=200$，对于槽型带，$K=400$；B 为带宽，

m；v 为带的运行速度，m/s，通常可取 1～2m/s；K_B 为时间利用系数，可取 0.75～0.8；K_H 为土料充盈系数，与装载特性和运输情况有关，砂土取 0.85，岩石取 0.70；K'_p 为土的松散影响系数，其意义和大小及取值参见式（4－11）中的说明；K_d 为土石粒径系数，粒径为 0.1～0.3 倍带宽者，K_d 取 0.75，粒径为 0.05～0.09 倍带宽者，K_d 取 0.9，对于细粒径料，K_d 取 1；K_a 为倾角影响系数，当倾角为 11°～15°时，K_a 取 0.95，当倾角为 16°～18°时，K_a 取 0.90，当倾角为 19°～22°时，K_a 取 0.85。

三、挖运机械

常用的挖运机械有推土机、铲运机和装载机等，其能独立连续完成挖、装、运等作业。

1. 推土机

推土机（图 4－8）是一种多用途的自行式土方工程施工机械，是水利工程建设中最常用、最基本的施工机械，可用于场地清理与平整、基坑与渠道开挖、土料铺摊、堆积与回填等作业，还可以配装松土器、牵引振动碾、拖车等机械作业。它在推运作业中，经济距离一般为 60～100m，挖深不宜大于 1.5m，填高小于 2m。

资源 4－3－9
推土机

推土机操纵方式有钢索或液压操纵，行驶机构有履带或轮胎。

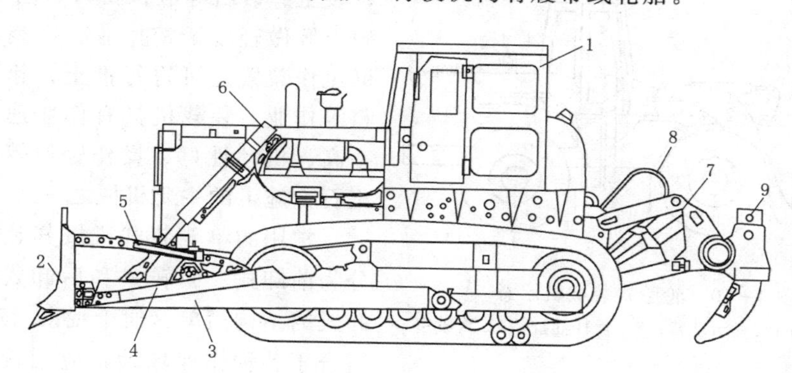

图 4－8 履带式推土机示意

1—驾驶室；2—推土板；3—拱形架；4、5—撑杆；6—推土板工作油缸；7—松土器工作油缸；8—油管；9—松土器

2. 铲运机

铲运机（图 4－9）是利用铲斗在随机械一起行进中依次完成铲土、装土、运土、铺卸和整平五个工序的铲土运输机械，其生产效率高，广泛应用于大规模的土方施工中。

铲运机按行走装置不同可分为牵引式和自行式两种。牵引式铲运机按铲斗的行走装置多为双轴轮胎式，一般由履带式拖拉机牵引，其机动性能较差，只适用于 500m 以内短距离土方转移工程。自行式铲运机按铲斗的行走装置有履带式和轮胎式两种，自行履带式铲运机适宜于运距不长、狭窄和沼泽地带使用；自行轮胎式铲运机机动灵活，在中长距离的土方转移工程中应用广泛。

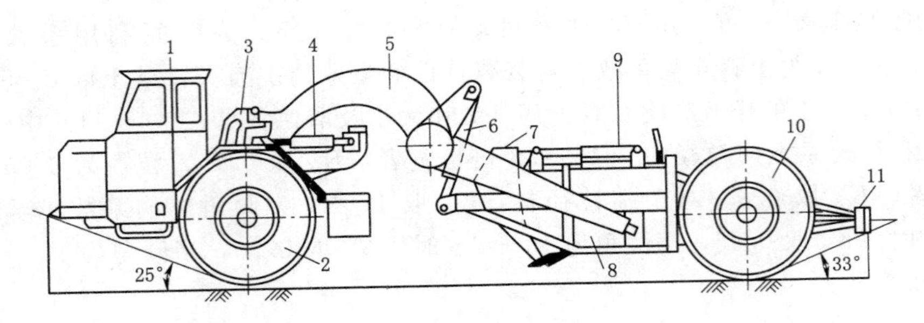

图 4-9　自行式铲运机示意

1—驾驶室；2—前轮；3—中央框架；4—转向油缸；5—辕架；6—提斗油缸；7—斗门；8—铲斗；9—斗门油缸；10—后轮；11—尾架

铲运机多用于大面积的场地平整，开挖大型基坑、河渠和填筑堤坝等。铲运机可以用来直接完成Ⅰ～Ⅳ级土的铲挖，其中应对Ⅲ级以上较硬的土进行预先疏松后铲挖，要求铲土作业地区没有树根、树桩、大块石和过多的杂草。

3. 装载机

装载机（图 4-10）是集挖、装、运、填连续作业的高效铲运机械。它主要用于铲装土、砂石等散状物料，也可对软岩、硬土等做轻度铲挖作业。换装不同的辅助工作装置还可进行推土、起重其他物料等作业。装载机具有作业速度快、效率高、机动性好、操作轻便等优点，是土石方施工的主要机械之一。

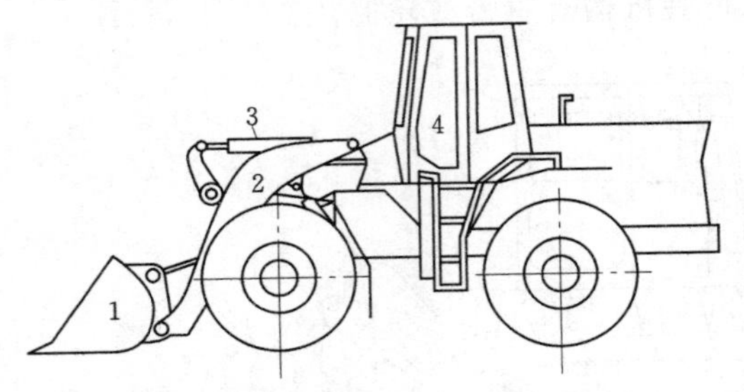

图 4-10　轮胎式装载机示意

1—装载斗；2—活动臂；3—臂杆油缸；4—驾驶室

资源 4-3-10
装载机

常用的单斗装载机按其装卸方式可分为前卸式、回转式和后卸式三种。前卸式的结构简单、便于观察、工作可靠，适合于各种作业场地，应用较广；回转式的工作装置安装在可回转 360°的转台上，侧面卸载不需要调头、作业效率高，但结构复杂、质量大、成本高、侧面稳定性较差，适用于较狭小的场地；后卸式采取前铲装、后翻卸，作业效率高，但安全性稍低。装载机按行走机构特点分为轮胎式和履带式两种。

四、压实机械

（一）压实机械的种类

根据不同的压实机械产生的压实作用力的机理不同，可将压实机械分为碾压、夯实和振动三种类型，各种压实机械压实作用外力如图 4-11 所示。

碾压是作用大小不随时间变化的静压力。夯实是作用大小随时间和夯具落高而变化的瞬时动力，有瞬时脉冲效应。振动是作用大小随时间呈周期性变化的动力，振动周期的长短，随振动频率的大小而变化。

水利工程施工中常用的压实机械有羊脚碾、振动碾、气胎碾、夯实机械。

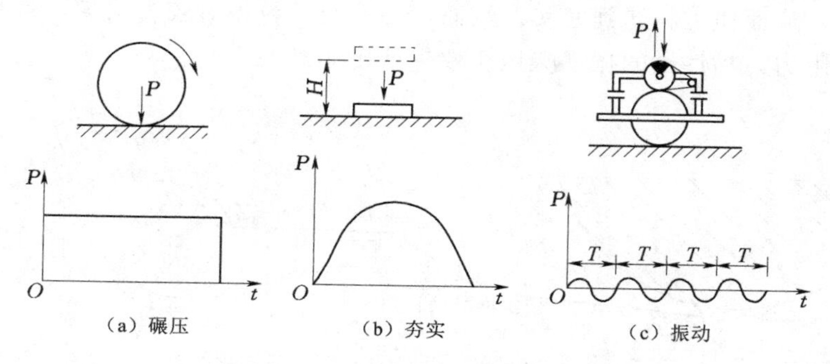

图 4-11 土料压实作用外力示意

1. 羊脚碾

羊脚碾的外形如图 4-12 所示，它是在碾滚筒表面设有交错排列的截头圆锥体，其形状如羊脚。空心碾滚筒侧面设有加载孔，根据压实需要可在碾滚筒内加载铸铁块和砂砾石等。羊脚的长度一般为碾滚直径的 1/7～1/6，随碾滚的重量增加而增加。若羊脚过长，其表面与土体接触面积过大，将会增加压实阻力，减小羊脚端部的接触应力从而影响压实效果。重型羊脚碾碾重可达 30t，羊脚相应长 40cm。羊脚碾的压实原理如图 4-13 所示。碾压时，羊脚插入土中，羊脚端部对下部土料产生正压力，对侧向土料产生侧压力，在正压力和侧压力的共同作用下使土层均匀压实。同时，在压实过程中，羊脚对表层土有翻松作用，增加了土料的层间结合力。随着工程实践经验的丰富，不同羊脚形式的羊脚碾相继应用于工程实践中。

资源 4-3-11
羊脚碾

图 4-12 羊脚碾外形

1—羊脚；2—加载孔；3—碾滚筒；4—杠辕框架

2. 振动碾

振动碾（图 4-14）是将静压和振动相结合的压实机械，常见的类型是振动平碾，也有振动变形碾（表面设凸块、肋形、羊脚等）。它是由起振柴油机带动碾滚内的偏心轴旋转，通过连接碾面的隔板，将高频振动传至碾滚表面，然后以压力波的形式传入土体。非黏性土颗粒较粗，在这种低振幅、高频率的振动作用下，内摩擦力大大降低，由于颗粒不均匀，受惯性力大小不同而产生相对位移，细粒滑入粗粒空隙而使空

资源 4-3-12
振动碾

隙体积减小，从而使土料达到密实。然而，黏性土颗粒相对较为均匀，且颗粒间的黏结力是主要阻力，黏性土的振动碾压实效果低于非黏性土。

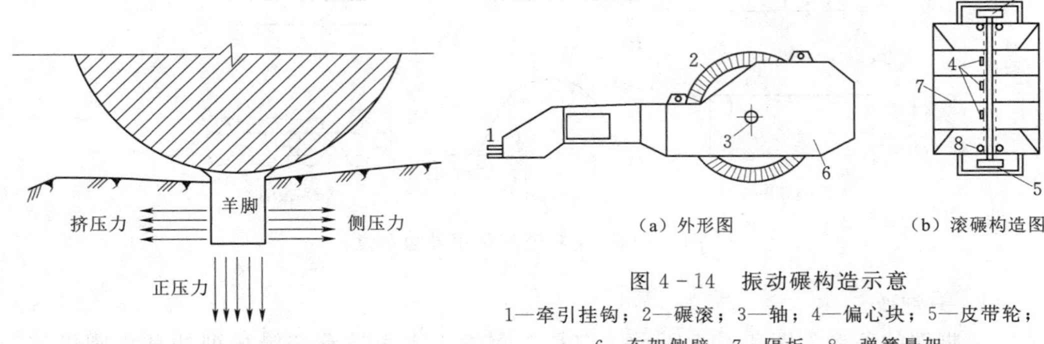

图 4-13 羊脚碾压实原理

(a) 外形图　(b) 滚碾构造图

图 4-14 振动碾构造示意

1—牵引挂钩；2—碾滚；3—轴；4—偏心块；5—皮带轮；6—车架侧壁；7—隔板；8—弹簧悬架

由于振动力的作用，振动碾的压实影响深度比一般静压机械大，土中的应力可提高 4～5 倍，压实层厚达 1m 以上，其碾滚碾压面积大，生产率高。由于振动碾对非黏性土料的压实效果优异，可有效降低土体沉降量，提高土工建筑物的稳定性和抗震性能，抗震规范规定对于有防震要求的土工建筑物，必须用振动碾压实。振动碾可以有效地压实堆石体、砂砾料和砾质土，也能压实黏性土，是土石坝、堆石坝碾压必不可少的工具，应用非常广泛。

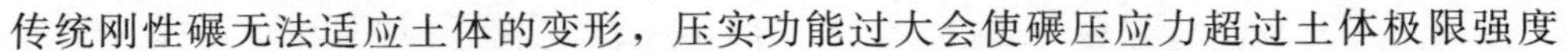

3. 气胎碾

资源 4-3-13 气胎碾

传统刚性碾无法适应土体的变形，压实功能过大会使碾压应力超过土体极限强度而导致土体破坏，所以刚性碾无法作为重型碾压设备。气胎碾将充气的轮胎作为碾子，气胎可适应碾压土体的变形。气胎碾的气压可根据压实土料的特性进行调整，随着气压的增大，气胎与土体的接触面增大，使气胎对土体的接触压力分布均匀且始终保持在土料的极限强度内，气胎碾的压实应力分布如图 4-15 所示。气胎碾压实效果好，压实厚度大，生产效率高，可作为重型高效碾压设备。通常气胎的内压力，对黏性土以 0.5～0.6MPa、非黏性土以 0.2～0.4MPa 最好。

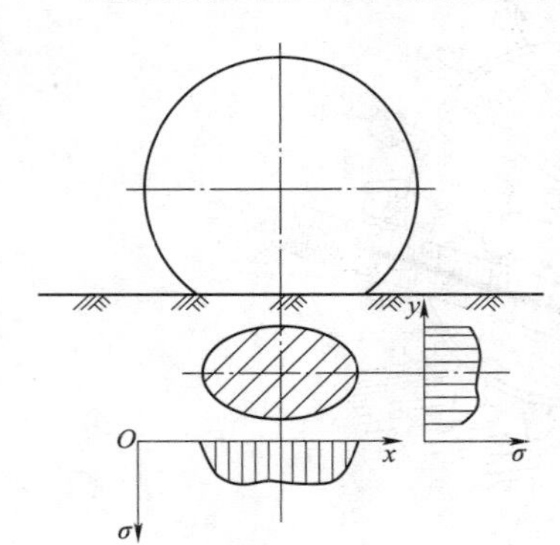

图 4-15 气胎碾压实应力分布

气胎碾既可用于黏性土的压实，也可用于砂土、砂砾石、黏土与非黏性土的结合带等的压实，能做到一机多用，有利于防渗土料与坝壳土料同时平起上升。与羊脚碾配合作业可取得更好的压实效果，如用气胎碾压实，羊脚碾收面，有利于上下层结合；用羊脚碾碾压，气胎碾收面，有利于防雨。

4. 夯实机械

夯实机械是利用冲击能量来击实土石料的机械，有夯板、强夯机等，用于夯实砂砾料、黏性土。夯实机械一般用于压实工作面较为狭窄、碾压机械难于施工部位的土石料。

(1) 夯板。它是用起重机械或正向铲挖掘机改装而成的夯实机械，其结构如图4-16所示。夯板一般做成圆形或方形，面积约$1m^2$，质量为1～2t，提升高度为3～4m。夯板的优点是压实功能大，生产率高，有利于冬、雨季施工。当被夯石块直径大于50cm时，工效大大降低，夯实黏土料时，表层容易发生剪力破坏，目前应用逐渐减少。

资源4-3-14
夯板

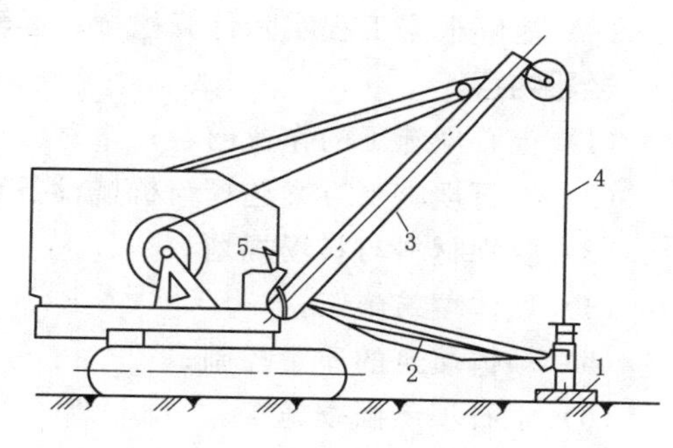

图4-16　夯板结构示意

1—夯板；2—控制方向杆；3—支杆；4—起重索；5—定位杆

(2) 强夯机。它是由高架起重机、铸铁块或钢筋混凝土块做成的夯块组成的强力夯实机械。夯块的质量一般为10～40t，由起重机提升10～40m高后自由下落冲击土层，击实机理与一般的夯实有很大的不同，影响深度达4～5m，击实效果好，生产率高，适用于杂土填方、软基及水下地层的压实。

资源4-3-15
强夯机

(二) 压实机械的生产率

由于碾压机械和夯实机械的工作特点不同，其生产率计算也不同，现分别介绍如下。

1. 碾压机械的生产率计算

$$P=v(B-C)hk_{时}/n \tag{4-17}$$

式中：P为碾压机械生产率，m^3/h；n为碾压遍数；v为碾压机械的行驶速度，m/h；B为碾压带宽度，m；C为碾压带搭接宽度，m；h为碾压层厚度，m；$k_{时}$为时间利用系数。

2. 夯实机械的生产率计算

$$P=60m(B-C)^2hk_{时}/n \tag{4-18}$$

式中：P为碾压机械生产率，m^3/h；n为夯击遍数；m为每分钟夯击次数；B为夯板底宽，m；C为夯迹重叠宽度，m；h、$k_{时}$的意义同式(4-17)。

第四节　土石坝施工

知识要求与能力目标：

(1) 掌握土石坝施工的作业内容；

(2) 掌握土石坝施工方案的制定及施工机械设备数量的确定方法；

(3) 熟悉筑坝材料与要求和料场规划内容；

(4) 掌握土石坝填筑的施工工艺和技术要点；

(5) 熟悉土石坝填筑的质量控制措施；

(6) 了解土石坝冬雨季施工措施；
(7) 能够根据工程实际计算挖掘、运输、压实机械的数量，并进行合理性分析。

学习内容：

(1) 土石坝施工的作业内容；
(2) 土石坝施工方案选择与机械设备数量的确定；
(3) 筑坝材料与料场规划；
(4) 坝体填筑施工；
(5) 坝体填筑的质量控制；
(6) 土石坝冬雨季施工。

一、土石坝概述

土石坝是用土料、石料或混合料经铺填、压实建造而成的挡水建筑物，由于筑坝材料就地取材又称为当地材料坝。

土石坝根据其筑坝材料可分为土坝、堆石坝及土石混合坝。当筑坝材料以土和砂砾为主时，称为土坝；以石渣、卵石、爆破石料为主时，称为堆石坝；当土料和石料均占相当比例时，称土石混合坝。

根据筑坝材料在坝身的配置及防渗体所用材料的种类不同，土石坝可以分为均质土坝、土质心墙坝、土质斜墙坝、人工材料心墙坝、人工材料面板坝等。

根据施工方法的不同，土石坝可以分为干填碾压、水中填土、水力冲填（包括水坠坝）和定向爆破修筑等类型。国内外均以碾压式土石坝采用最多。

由于土石坝的筑坝材料可以就地取材，与混凝土坝相比能节省钢材、水泥、木材等重要建筑材料，具有良好的经济性；土石坝坝身由土石散粒体构成，具有良好的适应地基变形能力，对地基的要求低；坝体结构型式及施工技术相对简单，利于综合机械化快速施工，便于后期维护和改扩建。

随着大型高效施工机械的广泛使用，以及坝体防渗结构和材料的改进，土石坝施工条件大为改善，施工效率和综合经济性得到大大提高，土石坝的应用也越来越广泛。目前，世界上100m以上的高坝中，土石坝占75%以上，我国现有的近10万座水库大坝中，土石坝占比达95%。目前已建成的我国第一高、世界第二高的雅砻江两河口水电站砾石土心墙堆石坝（坝高295m）已于2021年全线填筑到顶；居世界同类坝型第一高的双江口水电站砾石土心墙堆石坝（坝高314m）已于2019年开工建设。2012年建成的糯扎渡心墙堆石坝高261.5m，其心墙采用了人工掺砾的新技术。

二、土石坝施工作业内容

碾压式土石坝施工包括施工准备作业、基本作业、辅助作业和附加作业等内容。

(1) 准备作业包括“四通一平”，即通水、通电、通信、通路、场地整平，修建生产、生活及行政办公用房等各项工作。

(2) 基本作业包括料场土石料的挖、运、装、卸以及坝面铺平、压实和质检等工作。

(3) 辅助作业是保证准备及基本作业顺利进行，创造良好工作条件的作业。包括清除施工场地及料场的覆盖层，从上坝土料中剔除超径块石、杂物，坝面排水，层间刨毛和洒水等工作。

（4）附加作业是保证坝体长期安全运行的防护及修整工作，包括坝坡修整，铺砌护面块石及种植草皮等。

三、土石坝施工方案选择与机械设备数量的确定

（一）土石料的挖运方案

土石坝施工多采用联合机械化施工。土石料的开采是主要施工过程之一，挖掘机械起着主导作用。因此，首先应选择开采土石料的挖掘机械，然后选择土石料运输、上坝的机械，并且这些机械在类型、容量、数量上都应与主导机械配套，以保证主导机械充分发挥生产能力。

筑坝土石料的开采和运输是两个紧密相联的施工过程，所以在选择挖运方案时，需要综合考虑选定。土石料的开采与运输常用下列几种组合方案。

资源 4-4-1 水布垭面板堆石坝溢洪道开挖

1. 正向铲开挖，自卸汽车运输上坝

正向铲开挖、装载，自卸汽车运输直接上坝，通常运距小于 10km。自卸汽车可运输各种坝料，运输能力高，设备通用，能直接铺料，机动灵活，转弯半径小，爬坡能力较强，管理方便，设备易于获得。

在施工布置上，正向铲一般都采用立面开挖，汽车运输道路可布置成循环路线，装料时停在挖掘机一侧的同一平面上，即汽车鱼贯式地装料与行驶。

资源 4-4-2 水布垭面板堆石坝自卸汽车运输上坝

2. 正向铲开挖，胶带机运输

国内外水利工程施工中，广泛采用了胶带机运输土、砂石料。胶带机的爬坡能力大，架设简易，运输费用较低，比自卸汽车可降低运输费用 1/3～1/2，运输能力也较高。胶带机合理运距小于 10km，可直接从料场运输上坝；也可与自卸汽车配合，做长距离运输，在坝前经漏斗由汽车转运上坝；与有轨机车配合，用胶带机转运上坝做短距离运输。

3. 斗轮式挖掘机开挖，胶带机运输，转自卸汽车上坝

对于填筑方量大、上坝强度高的土石坝，若料场储量大而集中，可采用斗轮式挖掘机开挖，其生产率高，具有连续挖掘、装料的特点。斗轮式挖掘机将料转入移动式胶带机，其后接长距离的固定式胶带机至坝面或坝面附近经自卸汽车运至填筑面。这种布置方案可使挖、装、运连续进行，简化了施工工艺，提高了机械化水平和生产率。

4. 采砂船开挖，有轨机车运输，转胶带机（或自卸汽车）上坝

有轨机车具有机械结构简单、修配容易的优点。当料场集中、运输量大、运距较远（大于 10km）时，可用有轨机车进行水平运输。有轨机车运输的临建工程量大，设备投资较高，对线路坡度、转弯半径等的要求也较高。有轨机车不能直接上坝，在坝脚经卸料装置至胶带机或自卸汽车转运上坝。

坝料的开挖运输方案很多，但无论采用何种方案，都应结合工程施工的具体情况，提高机械利用率；减少坝料的转运次数；各种坝料铺筑方法及设备应尽量一致，减少辅助设施；充分利用地形条件，统筹规划和布置。对各方案进行技术经济比较，选择最优施工方案。

（二）施工强度和机械设备数量计算

当施工方案选定以后，即可根据施工强度计算机械设备的数量。坝料的挖运强度取决于土石坝的上坝强度，上坝强度又取决于施工中的气象水文条件、施工导流方式、施工分期、工作面的大小、劳动力、机械设备、燃料动力供应情况等因素。对于大中型工程，通常平均上坝强度为1万～3万m^3/d，甚至高达10万m^3/d左右。在施工组织设计中，一般根据施工进度计划的各阶段要求完成的坝体方量来确定上坝和挖运强度。合理的施工组织有利于实现均衡生产，充分利用人力、机械设备等资源。

（1）上坝强度Q_D（m^3/d），可按下式进行计算：

$$Q_D=\frac{V'K_a}{TK_1}K \tag{4-19}$$

式中：V'为分期完成的坝体设计方量，以压实方计，m^3；K_a为坝体沉陷影响系数，可取1.03～1.05；K为施工不均匀系数，可取1.2～1.3；T为施工分期时段的有效工作日数，等于分期时段的总日数减去节假日、降雨及气温影响可能的停工日数；K_1为坝面作业土料损失系数，可取0.90～0.95。

（2）运输强度Q_T（m^3/d），根据上坝强度Q_D按下式确定：

$$\left.\begin{aligned}Q_T&=\frac{Q_D}{K_2}K_c\\K_c&=\gamma_0/\gamma_T\end{aligned}\right\} \tag{4-20}$$

式中：K_c为压实影响系数；γ_0为坝体设计干表观密度；γ_T为土料运输松散状态下的表观密度；K_2为运输损失系数，受土料性质及运输方式影响，可取0.95～0.99。

（3）开挖强度Q_c（m^3/d），同样是根据上坝强度Q_D按下式确定：

$$Q_c=\frac{Q_D}{K_2K_3}K_c' \tag{4-21}$$

式中：K_c'为压实系数，为坝体设计干表观密度γ_0与料场土料天然表观密度γ_c的比值；K_3为土料开挖损失系数，受土料性质及开挖方式影响，可取0.92～0.97。

（4）满足施工高峰期上坝强度要求的挖掘机数量N_c为

$$N_c=\frac{Q_{cmax}}{P_c} \tag{4-22}$$

式中：Q_{cmax}为施工高峰期的小时最大开挖强度，m^3/h；P_c为单台挖掘机的生产率，m^3/h。

（5）满足施工高峰期上坝强度要求的汽车总数量N_a为

$$N_a=\frac{Q_{Tmax}}{P_a} \tag{4-23}$$

式中：Q_{Tmax}为施工高峰期的小时最大上坝强度，m^3/h；P_a为单辆汽车的生产率，m^3/h。

（6）挖运机械的合理配套。土石坝工程施工中，采用正向铲与自卸汽车配合是最普遍的挖运方案，挖掘机的斗容量与自卸汽车的载重量为满足工艺要求有个合理匹配关系，应通过计算，复核所选挖掘机的装车斗数m。

$$m=\frac{Q}{\gamma_c q K_H K_p'} \tag{4-24}$$

式中：Q 为自卸汽车的载重量，t；q 为所选挖掘机的斗容量，m^3；γ_c 为料场土的天然表观密度，t/m^3；K_H 为挖掘机的土斗充盈系数；K_p' 为土料的松散影响系数。

按工艺要求，挖掘机装满自卸汽车所需斗数要适当，若 m 过大，说明所选挖掘机的斗容量偏小，要求挖掘机的数量太多，汽车装车时间过长，影响汽车运输能力的发挥，也影响挖掘机作用的发挥，这时宜增大挖掘机的斗容量；反之，若 m 过小，说明汽车的载重量偏小，需要汽车的数量过多，由于换车频繁，候车时间过长，既影响挖掘机也影响汽车运输能力的发挥，这时，应适当增大汽车的载重量。挖掘机装满一车所需斗数的合理范围应为 3～5 斗，装车时间一般为 3.5～4min，卸车时间不超过 2min。

挖掘机和汽车之间的数量匹配关系，可以通过排队论分析，进行优化组合。

通常，应使一台挖掘机所需的汽车数 N 对应的生产率略大于此挖掘机的生产率，以充分发挥挖掘机的生产潜力，故有

$$P_a \geqslant \frac{P_c}{N} \tag{4-25}$$

四、筑坝材料与料场规划

（一）筑坝材料

根据土石坝筑坝材料的作用可将其分为防渗料、坝壳料、反滤料和过渡料，不同筑坝材料的性能要求各不相同。

1. 防渗料

作为防渗土料最基本的要求是防渗性，一般要求防渗料的渗透系数 k 不大于 10^{-5}cm/s，防渗体同时应具有一定的抗剪强度和较好的渗透稳定性。为了保证施工的便利性及确保防渗体的压实质量，防渗料的天然含水量应在最优含水量附近，且有良好级配，并严格控制其有机杂质（小于 2%）和水溶盐（小于 5%）含量，压实后的坝面有较高的承载力。

防渗料一般选用黏粒含量高及塑性指数合适的黏土，砾质土具有很高的承载力，可以采用中重型碾压机械碾压，在级配良好的情况下，也可作为防渗料。采用黏土与砂砾石掺合料作为防渗料，可以减小土体的压缩性，改善防渗体的施工性，增强防渗体抗冲能力。糯扎渡大坝心墙防渗体即采用此类掺合料，解决了天然土料颗粒偏细、强度较低且不利雨季施工的问题。

2. 坝壳料

坝壳料主要用于维持坝身的稳定。坝壳料要求材料具有良好的抗震性、抗滑稳定性、排水性、良好级配且级配连续。堆石、砂砾石及风化料等均可作为坝壳料。

堆石料是最好的坝壳填筑材料，现广泛用于高土石坝的填筑。砂砾石也常作为坝壳料使用，碾压砂砾石压缩性低，抗剪强度高，但其细粒含量往往较多，易发生冲蚀和管涌等破坏，需采取渗流防控措施确保大坝的安全。风化料属于抗压强度小于 30MPa 的软岩类，往往存在湿陷问题，如采用风化料作为坝壳料，必须保证其填筑含水量大于湿陷含水量并压实至最大密度，消除其湿陷影响。

3. 反滤料和过渡料

反滤料和过渡料要求材料具有一定坚固度并具有良好的级配。反滤料应尽量采用天然砂砾，也可用人工砂和碎石，尽量避免用纯砂做反滤料。

（二）料场规划

土石坝填筑施工用料量很大，料场的合理规划与使用是土石坝施工中的关键问题之一。它不仅关系到坝体的施工质量、工期和工程投资，而且还会影响生态环境和农林业生产及其他部门。施工时，应以地质勘查和材料试验为基础，对料源的分布、储量、质量及开采运输条件等因素进行综合分析与评价，按优质、经济、就近取材的原则选定料源，从空间、时间、质与量等方面对料场进行全面规划。

料场的空间规划就是考虑施工强度和坝体填筑部位的变化，对料场位置、高程的恰当选择与合理布置。土石坝的主料场宜选择施工场地宽阔、料层厚、储量集中、运距短的大料场。对于坝轴线较长的工程，料场的布置应上下游、左右岸兼顾，以利于上下游、左右岸同时供料，减少施工干扰，保证坝体均衡上升。用料原则上应低料低用，高料高用，当高料场储量有余裕时，亦可高料低用，质量好的土石料用于主要部位，质量差的土石料用于次要部位。同时，料场的位置应有利于布置开采设备、运输道路及排水设备，不应因取料影响坝的防渗、稳定和上坝运输，料场与重要建筑物、构筑物、机械设备等应保持足够的防爆、防震安全距离。

料场的时间规划就是考虑施工强度、施工进度的变化，对料场在时间上进行合理规划。根据施工强度和坝体填筑部位变化选择料场使用时间，上坝强度高时用近料场，强度低时用远料场；优先考虑使用淹没区的料场；旱季用含水量高的料场，雨季用含水量低的料场。在料场使用规划中，还应保留一部分近料场供合龙段填筑和拦洪度汛高峰填筑强度时使用。

料场质与量的规划，是料场规划最基本的要求，也是选定料场的重要因素。在选择和规划使用料场时，应对料场的地质成因、产状、埋深、储量以及各种物理力学指标进行全面勘探和试验，土石料质量应满足上坝料设计要求，储量应满足各施工阶段最大上坝强度的要求。施工中应做到料尽其用，充分利用开挖料作为填筑料、混凝土骨料。

在计算料场开采量时，应考虑料场勘测的误差、天然料容重和坝体压实料容重的差异，以及开挖运输等施工过程中的损失。一般实际可开采总量与坝体填筑量之比为：土料 2～2.5；砂砾料 1.5～2；水下砂砾料 2～3；石料 1.5～2；反滤料应根据筛后有效方量确定，一般不宜小于 3。

料场规划还应对主料场和备用料场分别加以考虑。主料场要求质好、储量大、运距近，且有利于常年开采；通常备用料场在淹没区外，当主料场被淹没、土料含水量过大或其他原因中断使用时，则用备用料场保证坝体填筑不致中断。

料场规划应与施工总体布置相结合，合理规划运输线路和装料面的布置，全面考虑出料、堆料、弃料的位置和间距，避免干扰，加快采运速度。

五、坝体填筑施工

（一）坝面作业施工组织规划

土石坝坝面作业施工工序包括卸料、铺料、洒水、压实、质量检查等。坝面作业，工作面狭窄，工序多，机械设备多，施工时必须严密组织，保证各工序的有序衔接。为避免施工中的干扰，延误施工进度，土石坝坝面作业通常采用分段流水作业施工。分段流水作业是根据施工工序数目将坝面分段，组织各工种的专业施工队伍，依次进入各工段施工。对某一工段来说，各专业队按工序依次连续施工；对各专业队来说，依次连续地在各工段完成相同的专业工作，有利于提高劳动效率和工程施工质量。进行流水作业，各工段都有专业队固定的施工机具，施工过程中人、机、地不闲置，避免施工干扰，有利于坝面连续有序的施工。组织流水作业应遵循以下原则：

资源 4-4-3
土坝坝面施工作业

（1）流水作业方向和工作段大小的划分，要与施工坝面面积相适应，并满足施工机械正常作业要求。宽度应大于碾压机械能错车与压实的最小宽度，或卸料汽车最小转弯半径的 2 倍，一般为 10～20m；长度主要考虑碾压机械的作业要求，一般为 40～100m。其布置形式主要有垂直坝轴线流水、平行坝轴线流水和交叉流水。

（2）坝体填筑工序，按基本作业内容进行划分（辅助作业可穿插进行，不过多占用基本作业时间），其数目与填筑面积大小、铺料方式、施工强度和施工季节等有关。一般多划分为铺料和压实 2 个工序；也有划分为铺料、压实、质检 3 个工序或铺料、平料、压实、质检 4 个工序。为保证各工序能同时施工，坝面划分的工作段数目至少应等于相应的工序数目；在坝面较大或强度较低的情况下，工作段数可大于工序数。

（3）完成填筑土料的作业时间，应控制在一个班以内，最多不超过一个半班，冬夏季施工为防止热量和水分散失，应尽量缩短作业循环时间。

（4）应将反滤料和防渗料的施工紧密配合，统一安排。

（二）卸料与铺料

卸料和铺料是坝面作业的两道重要工序。卸料通常采用自卸汽车或带式运输机直接进入坝面卸料，卸料位置的间距应尽量减少后续平料的工作量，同时便于铺成满足设计要求的铺土厚度。铺料由推土机或平土机推平，铺料时应使坝面平整、铺料层厚度均匀并满足设计要求，运输设备不得对已压实的土料造成过压，造成土体的剪切破坏。

资源 4-4-4
进占法铺料

卸料和铺料方法有进占法、后退法和综合法三种，如图 4-17 所示。进占法铺料是汽车在已铺平的松土层上行驶、卸料，该法不会对已压实土料形成过压，还不影响洒水、刨毛等作业，铺料层厚易控制，压实设备工作条件较好，防渗体土料的铺料多采用此方法。后退法铺料是汽车在已压实土料面上行驶、卸料，这种方法卸料方便，但容易对已压实土料形成过压，适用于砂砾石、软岩和风

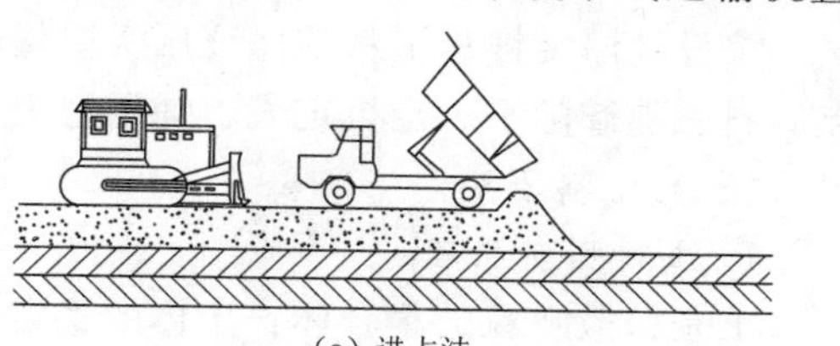

（a）进占法

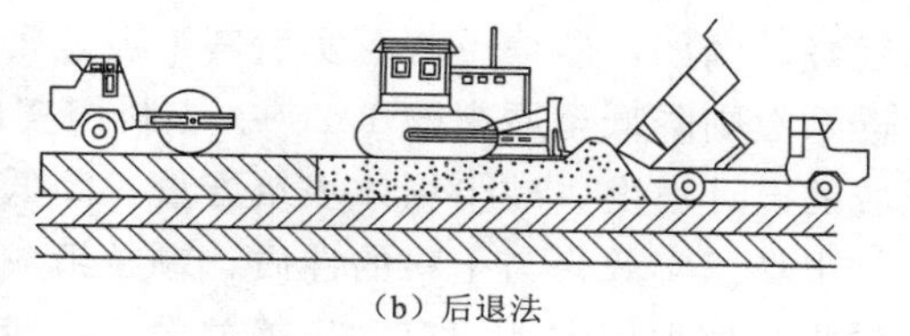

（b）后退法

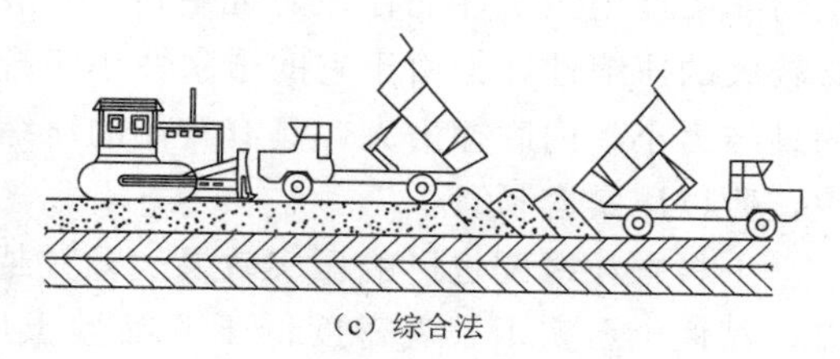

（c）综合法

图 4-17　铺料方法示意

化料以及掺合土，铺土层厚度宜小于1m。综合法铺料综合了进占法与后退法的优点，用于铺料层大（1～2m）的堆石料，可减少物料的分离，减少推土机平整工作量。

对于防渗体的黏性土料，铺料时一般多用自卸汽车卸料配套推土机平料，为配合碾压施工，防渗土料的铺筑应沿坝轴线方向进行。为避免土体剪力破坏，必须采用进占法卸料铺料。黏性土的铺土厚度一般较薄容易产生铺土厚度不均的问题，在施工中应按方上料、随卸随铺，平料过程中应及时检查铺土厚度，确保铺土厚度满足设计要求。

对于无黏性砂砾料的铺料方法也多用自卸汽车卸料配推土机平料。由于砂砾料的粒径一般较小，推土机很容易在松料堆上平土，因此可采用常规的后退法卸料、铺料。砂砾料中含有特大粒径的卵石时，应清除至填筑体以外，以免影响碾压造成局部松散甚至空洞，形成质量隐患。

堆石料往往含大量的大块石料，推土机、汽车在卸料上行驶不便，还容易损坏推土机履带和汽车的轮胎，也难以将堆石料散开。可采用进占法卸料，推土机随即平料，这样易将大粒径块石推至铺料前沿的下部，细粒料填入堆石体的空隙，使表面平整，便于车辆通行。

资源4-4-5 水布垭面板堆石坝填筑施工——卸料与铺料

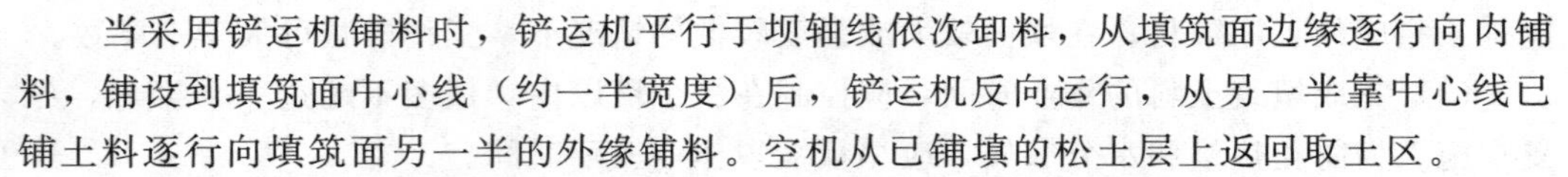

当采用铲运机铺料时，铲运机平行于坝轴线依次卸料，从填筑面边缘逐行向内铺料，铺设到填筑面中心线（约一半宽度）后，铲运机反向运行，从另一半靠中心线已铺土料逐行向填筑面另一半的外缘铺料。空机从已铺填的松土层上返回取土区。

在坝面各料区的边界处，铺料容易越界，通常规定其他材料不准进入防渗区边界线的内侧，边界外侧铺土距边界线的距离不能超过50cm。在土料与岸坡、反滤料等交接处，应辅以人工平整以保证连接处达到设计要求。

按设计厚度铺料平料是保证压实质量的关键。国内不少工程采用“算方上料、定点卸料、随卸随平、定机定人、铺平把关、插杆检查”的措施，取得了良好的效果。

（三）土料压实

1. 土料压实原理

土是松散颗粒的集合体，土体的稳定性主要取决于其内摩擦力和黏结力。而土体的内摩擦力、黏结力和抗渗性又与土的密实性有关，土的密实性越大，其物理力学性能越好。例如，砂壤土若压实后其干表观密度提高20%，则其抗压强度可提高4倍，渗透系数则降低至原来的1/200。土料压实度高，可提高土体的稳定性和强度，提高坝坡的设计坡度，减少坝体填筑方量，降低工程费用。

土料压实效果与土料的性质、颗粒组成与级配、含水量以及压实功能有关。黏性土与非黏性土压实性能存在显著差异，一般黏性土的黏结力较大，内摩擦力较小，具有较大的压缩性，但由于它的透水性小，排水固结过程慢，所以压实困难；非黏性土的黏结力小，内摩擦力大，具有较小的压缩性，但由于它的透水性大，排水压缩过程快，所以压实容易。

土料颗粒级配也影响压实效果。颗粒越细，空隙比就越大，就越不容易压实。所以，黏性土压实干表观密度低于非黏性土压实干表观密度。颗粒级配不均匀的砂砾料，比颗粒级配均匀的砂砾料达到的干表观密度要大一些。

含水量对黏性土和非黏性土的影响程度不一样。含水量是影响黏性土压实性的重要因素之一，当压实功能一定时，黏性土的干表观密度随含水量增加而增大，并达到最大值，此时的含水量为最优含水量，大于此含水量后土料逐渐饱和，压实外力被土料内自由水抵消，干表观密度会减小。非黏性土料的透水性大，排水容易，受含水量影响较小。

压实功能的大小对土料的压实性也有较大影响。压实功能增加，干表观密度也随之增大而最优含水量随之降低。土料的最优含水量及最大干表观密度，随压实功能的改变而变化，这种特性对于含水量较低（小于最优含水量）的土料比含水量较高（大于最优含水量）的土料更为显著。

2. 压实方法

土石料的压实是土石坝填筑施工最关键的工序。当铺料完成后便可开始压实施工。压实机械的选择应符合土石料的工程性质，压实方法应便于施工且易于控制压实质量，避免或减少欠压与超压。

压实机械开行方式有进退错距法和转圈套压法。前者操作简便，碾压、铺土和质检等工序协调，便于分段流水作业，压实质量容易保证，其开行方式如图4-18（a）所示；后者要求开行的工作面较大，适用于多碾滚组合碾压。转圈套压法生产效率较高，但碾压中转弯套压交接处易造成超压；当转弯半径小时，容易引起土层扭曲，产生剪切破坏，在转弯的角部容易漏压，影响碾压质量。转圈套压法的开行方式如图4-18（b）所示。随着联合机械化施工作业水平的提高，在条件允许的情况下应优先采用转圈套压法。

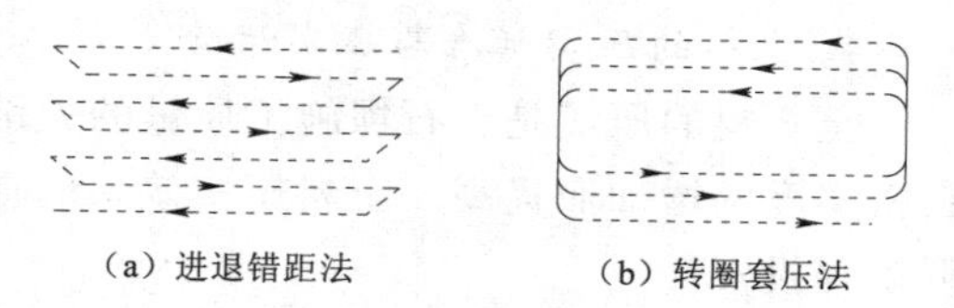
（a）进退错距法　（b）转圈套压法

图4-18　碾压机械开行方式

采用进退错距法进行土石料的碾压时，为避免漏压，可在碾压带的两侧先往复压够遍数后，再进行错距碾压。错距宽度 b 可按下式计算：

$$b=\frac{B}{n} \tag{4-26}$$

式中：B 为碾滚净宽，m；n 为设计碾压遍数。

防渗体土料压实施工宜采用凸块振动碾，碾压应沿坝轴线方向进行。防渗体分段碾压时，相邻两段交接带碾迹应相互搭接，垂直碾压方向搭接带宽度为0.3～0.5m，沿碾压方向搭接带宽度为1～1.5m。碾压行进速度一般为2～3km/h。一般防渗体的填筑应连续作业，若需短时间停工，应洒水湿润其表面，使含水率保持在控制范围之内；若因故需长时间停工，须铺设保护层且复工时予以清除。对于中高坝防渗体或窄心墙，压实表面形成光面时，铺土前应洒水湿润并将光面刨毛。

坝壳料应用振动平碾、气胎碾压实，与岸坡结合处2m宽范围内平行岸坡方向碾压，不易压实的边角部位应减小铺料厚度、限制粒径、充填细料，并用轻型振动碾或平板振动器等压实。适当加水能提高堆石、砂砾石料的压实效果，减少后期沉降量。

3. 压实机械的选择

对于土石坝而言，不同填筑部位的土料性质不同，不同施工区域的施工条件也存在差异，不同施工阶段的施工强度亦不一样。因此，压实机械需根据土体的工程性质、施工条件和施工强度等进行选择，以提高压实效果，确保工程质量。压实机械的选择主要从以下方面进行考虑：

（1）应与筑坝材料的特性相适应。黏性土的压实主要是克服土体的黏结力；非黏性土料的压实主要是克服颗粒间的内摩擦力。黏性土应优先选用羊脚碾、气胎碾；砾质土宜用气胎碾、夯板；堆石与砂卵石宜用振动碾。

（2）应与土料含水量、原状土的结构状态和设计压实标准相适应。对含水量高于最优含水量1%～2%的土料，宜用气胎碾压实；当重黏土的含水量低于最优含水量，原状土天然密度高并接近设计标准，宜用重型羊脚碾、夯板。

（3）应与施工强度大小、工作面宽窄和施工季节相适应。气胎碾、振动碾适用于生产强度要求高和抢时间的雨季施工；夯击机械宜用于坝体与岸坡或刚性建筑物的接触带、边角和沟槽等狭窄地带。冬季作业应选择大功率、高效能的机械，提高压实效果。

4. 土料的压实标准与压实试验

土石料的压实是土石坝施工质量的关键，土石坝的稳定性、防渗性能等都是随土料密实度的增加而提高。土料压实效果的提高，可优化坝体剖面，加快施工进度，降低工程投资。

（1）土石料的压实标准。土料压实效果越好，土体的物理力学性能指标就越高，坝体填筑质量就越有保证。但土料的过分压实，会增加压实施工费用，甚至可能产生土体剪切破坏，反而达不到应有的技术经济效果。因此，对坝料的压实应有相应的压实标准，使坝体填筑在满足压实强度的条件下具有更好的经济性。由于坝料特性不同，不同坝料的压实标准也不尽相同。

黏性土的压实标准，主要以压实干表观密度和施工含水量这两项指标来控制。

非黏性土（砂土及砂砾石）是填筑坝体或坝壳的主要材料，它的压实程度与粒径级配和压实功能密切相关，一般用相对密度 D 来控制。在施工现场，用相对密度进行控制仍不方便，通常将相对密度 D 换算成相应的干表观密度 γ_d 来控制，即

$$\gamma_d=\frac{\gamma_1\gamma_2}{\gamma_2(1-D)+\gamma_1 D} \tag{4-27}$$

式中：γ_1、γ_2 分别为砂石料极松散和极紧密时的干表观密度，t/m^3。

设计相对密度，与地震等级、坝高等有关，随着近年来振动碾压机械的普遍使用，坝体压实的相对密度得到较大提高。一般而言，对于土石坝，或地震烈度在5度以下的地区，D 不宜低于0.67；对于高坝，或地震烈度为8～9度时，D 应不小于0.75。对砂性土，还要求颗粒不能太小和过于均匀，级配要适当，并有较高的密实度，防止产生液化。

石渣或堆石体作为坝壳材料，可用空隙率作为压实控制指标。根据国内外的工程实践经验，碾压式堆石体空隙率应小于30%，控制空隙率在适当范围内，有利于防

止过大的沉陷和湿陷裂缝。一般控制其压实空隙率为22%～28%（压实平均干表观密度为2.04～2.24t/m³）以及相应的碾压参数。

（2）压实参数的确定。当初步确定压实机械类型后，还应进一步确定影响压实效果、施工进度、工程成本的各种压实参数，作为指导现场施工的依据。

压实参数包括机械参数和施工参数两大类。当压实设备型号选定后，机械参数已基本确定。施工参数有铺料厚度、压实遍数、行进速度、土料含水量、堆石料加水量等。所有这些压实参数又是互相制约、互相依存的。要使土料达到压实标准，在施工之前，必须进行现场碾压试验，以最小的碾压功能来获得最大的压实密度，提高压实质量。

压实试验参数的确定一般采用逐步收敛法。以室内试验确定的最优含水量进行现场试验，通过理论计算并参照已建类似工程的经验，初选几种压实机械和拟订几组压实参数。先固定其他参数，变动一个参数，通过试验得到该参数的最优值；然后固定此最优参数和其他参数，再变动另一个参数，用试验求得第二个最优参数值。其余依此类推，通过试验得到每个参数的最优值。最后用这组最优参数再进行一次复核试验。倘若试验结果满足设计、施工的技术经济要求，即可作为现场使用的施工压实参数。

黏性土料压实含水量可分别取 $W_1=W_P+2\%$，$W_2=W_P$，$W_3=W_P-2\%$三种进行试验，其中 W_P 为土料的塑限。

按不同压实遍数（n）、不同铺土厚度（h）和不同含水量（W）进行压实、取样。每一试验组合取样数量为：黏土、砂砾石10～15个；砂及砂砾6～8个；堆石料不少于3个。分别测定其干表观密度、含水量、颗粒级配，绘制出不同铺土厚度时压实遍数与干表观密度、含水量曲线，如图4－19所示。根据上述关系曲线，再作铺土厚度 h、压实遍数 n、最大干表观密度 γ_{dmax}、最优含水量 W_{op} 关系曲线，如图4－20所示。

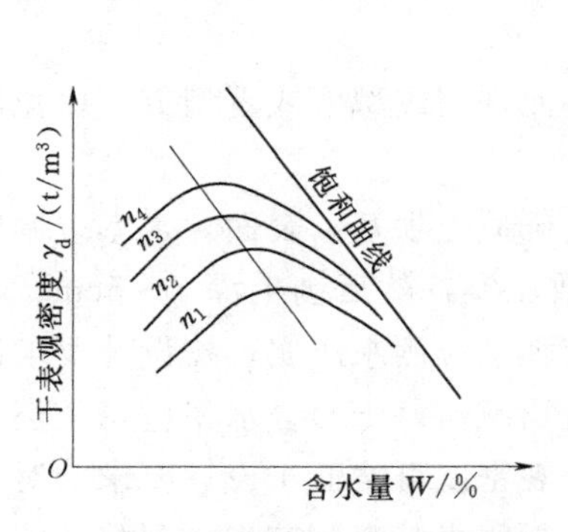

图4－19　不同铺土厚度、不同压实遍数、土料含水量和土料干表观密度的关系曲线

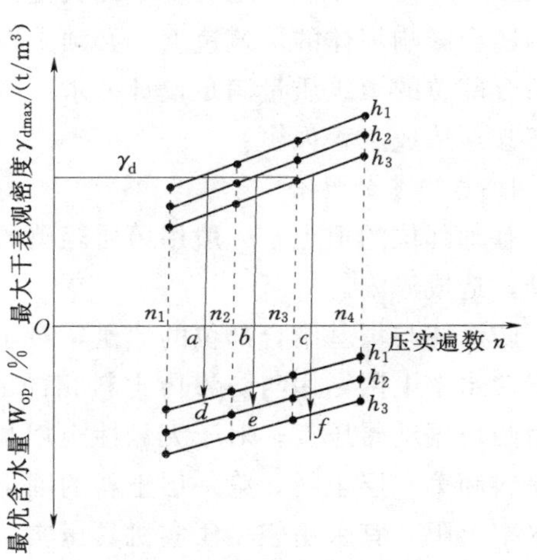

图4－20　铺土厚度、压实遍数、最优含水量与最大干表观密度的关系曲线

在图 4-20 曲线上，根据设计干表观密度 γ_d，分别查取不同铺土厚度所需的压实遍数 a、b、c 及相应的最优含水量 d、e、f。然后计算铺土厚度与压实遍数比值，即 $\frac{h_1}{a}$、$\frac{h_2}{b}$、$\frac{h_3}{c}$，取最大者。因为单位压实遍数的铺土厚度最大，需要压实功能最少，经济性能最优。确定了合理的压实厚度和压实遍数后，应检验是否满足压实标准的含水量要求，将选定的含水量控制范围与天然含水量比较，看是否便于施工控制。若施工控制较为困难，适当改变含水量或其他参数再进行试验。此外，施工时如果压实干表观密度的合格率达不到设计标准要求时，也可以适当地调整压实遍数。有时对同一种土料采用两种压实机具、两种压实遍数是最经济合理的。

由于非黏性土料的压实效果受含水量影响不显著，故只需作铺土厚度、压实遍数和干表观密度的关系曲线，如图 4-21 所示。根据设计要求的干表观密度 γ'_d，求出不同铺土厚度对应的压实遍数 a'、b'、c'，然后仍以单位压实遍数的压实厚度进行比较，以 $\frac{h_1}{a'}$、$\frac{h_2}{b'}$、$\frac{h_3}{c'}$ 三值之中的最大者，其相应的压实参数可选做现场施工的压实参数。

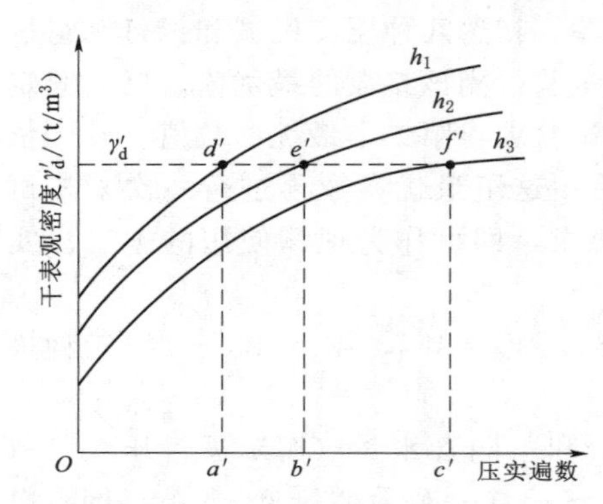

图 4-21　非黏性土不同铺土厚度、干表观密度与压实遍数关系曲线

（四）结合部位的施工

土石坝施工中，坝体的防渗土料不可避免地与地基、岸坡或周围其他建筑的边界相结合，由于施工方法、分期分段分层填筑等的要求，还必须设置纵横向的接坡、接缝。结合部位是影响坝体整体性和施工质量的关键部位，也是施工中的薄弱环节，接坡、接缝过多，还会影响坝体的填筑速度，必须采取可靠的技术措施，加强质量控制和管理，确保结合部位的填筑质量满足设计要求。否则，将可能形成渗流通道，引发防渗体渗透破坏甚至造成工程失事。

1. 与坝基的结合

基础部位的填土，一般用薄层轻碾的方法，不允许用重型碾或重型夯，以免破坏基础，造成渗漏。

防渗体与坝基结合部位的填筑，对于黏性土、砾质土坝基，表面含水率应调整至施工含水率上限，用与防渗体土料相同的碾压参数压实，然后刨毛深 3～5cm，再铺土用凸块振动碾压实；对于无黏性土坝基，铺土前坝基应洒水压实，按设计要求回填反滤料和第一层土料，第一层土料的铺土厚度可适当减薄，土料含水率应调整至施工含水率上限，宜采用轻型压实机具压实，压实干表观密度可略低于设计要求；对于坚硬岩基，应首先把局部凹凸不平的岩石修理平整，封闭岩基表面节理、裂隙，防止渗水冲蚀防渗体，碾压前，对岩基凹陷处，应用人工填土夯实。

不论何种坝基，当填筑厚度达到 2m 以后，才可使用重型碾压机械压实。

2. 与岸坡及混凝土建筑物的结合

防渗体与岸坡结合带的填土可选用黏性土，其含水率应调整至施工含水率上限，宽度1.5～2m范围内或边角处，不得使用羊脚碾、夯板等重型机具压实，碾压不到的边角部位可用小型机具压实，严禁漏压或欠压，防渗体与岸坡结合带碾压搭接宽度不小于1m。

防渗体与混凝土面（或岩石面）结合填筑时，须先清理混凝土表面乳皮、粉尘及其附着杂物。应先在表面洒水湿润后再填土，并边涂刷一层厚约5mm浓泥浆、边铺土、边压实，泥浆刷涂高度应与铺土厚度一致，并应与下部涂层衔接，严禁泥浆干后再铺土和压实。填土含水率控制在大于最优含水率1%～3%，用轻型碾压机械碾压，适当降低干密度，待厚度在0.5～1.0m时，方可用选定的压实机具和碾压参数正常压实。防渗体与混凝土齿墙、坝下埋管、混凝土防渗墙两侧及顶部一定宽度和高度内土料回填宜选用黏性土，采用轻型碾压机械压实，两侧填土保持均衡上升。

3. 坝体纵横向的接坡及接缝

土石坝施工中，坝体接坡高差较大，停歇时间长，对坡身保持稳定具有一定要求。对于坝体允许接合坡度及高差大小目前尚未形成统一意见，尤其对防渗心墙与斜墙是否可设置纵横向接坡的分歧更大。土石坝施工的实践经验表明，采取适当的施工措施后，可以适当设置纵横向接坡。一般情况下，土石坝填筑面应力求平起，斜墙及心墙不应留有纵向接缝，如临时度汛需要设置纵缝时，应专门进行技术论证。

防渗体及均质坝的横向接坡坡比应小于1∶3，高差小于15m。均质坝（不包括高压缩性地基上的土坝）的纵向接缝，采用不同高度的斜坡和平台相间形式，坡度及平台宽度根据施工要求确定，并满足稳定要求，平台高差小于15m。

坝体接坡面的施工可用推土机自上而下削坡并保留一定厚度的保护层，配合填筑上升，再逐层清理保护层。接合面削坡完成后，要将其含水量控制为施工含水量范围的上限。

坝体的施工临时接缝相对接坡来说其高差较小，停歇时间短，一般不存在稳定问题，通常高差以不超过铺土厚度的1～2倍为宜，在高程上应将分缝适当错开。

（五）反滤层施工

土石坝的渗透破坏常开始发生于渗流出口，在渗流出口设置反滤层，是提高土体的抗渗比降、防止渗透破坏、促进防渗体裂缝自愈、消除工程隐患的重要措施。

反滤层的填筑施工方法有削坡法、挡板法以及土砂松坡接触平起法。

削坡法和挡板法主要适用于人力施工，由于施工机械和施工工艺的不断发展，削坡法和挡板法已鲜有使用，目前土石坝反滤层施工中主要采用土砂松坡接触平起法，该法能适应机械化施工，已发展成为规范化的施工方法。该方法一般分为先土后砂法、先砂后土法、土砂交替法等几种。

1. 先土后砂法

如图4-22（a）所示，先土后砂法是先填压2～3层土料与反滤料齐平，压实时在边缘预留30～50cm宽松土带，然后用气胎碾骑缝压实土砂接缝带。此法在土料压实时无侧面限制，施工中容易形成超坡，且接缝处土料不便压实。当反滤料上坝强度

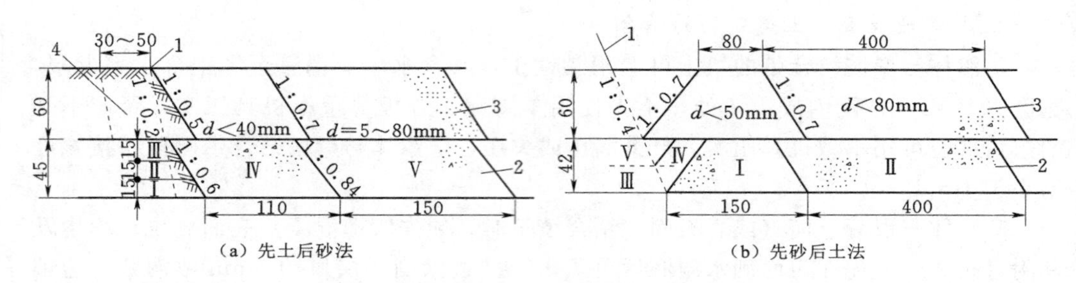

（a）先土后砂法　　（b）先砂后土法

图 4-22　土砂松坡接触平起法施工示意（单位：cm）

1—心墙设计线；2—已压实层；3—待压层；4—松土带

Ⅰ、Ⅱ、Ⅲ、Ⅳ、Ⅴ—填料次序

赶不上土料填筑时，可采用此法。

2. 先砂后土法

如图 4-22（b）所示。先砂后土法是先在反滤料设计线内用反滤料筑成一小堤，后填筑 1～2 层土料与反滤料齐平，碾压反滤料并骑缝压实与土料的结合带。由于该方法土料填筑有反滤料作侧向限制，便于控制防渗土体边线，接缝处土体压实效果好，因此在工程实践中采用较多。

3. 土砂交替法

土砂交替法是先填一层土料再填一层砂料，然后两层土一层砂交替上升。填筑次序如图 4-23 所示。

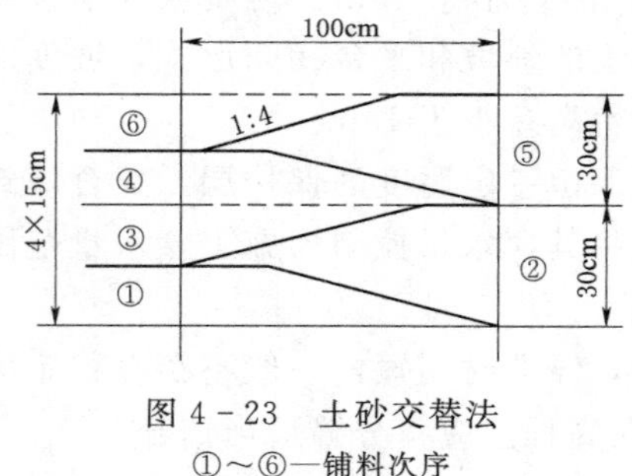

图 4-23　土砂交替法

①～⑥—铺料次序

在反滤层施工时，土料的挖装、运输、卸料与铺填过程应避免反滤料的分离和污染，卸料次序应按先粗后细的顺序进行，控制反滤料铺筑厚度、有效宽度和压实干密度。

反滤层的压实，应与其相邻的防渗土料、过渡料一起进行，碾压机械宜采用自行式振动碾。反滤层的铺筑宽度主要取决于施工机械性能，采用自卸汽车卸料、推土机摊铺时，通常宽度不小于 2～3m。用反向铲或装载机配合人工铺料时，宽度可适当减小。层内禁止设置纵缝以免破坏反滤层的整体性。

近年来，土工织物以其重量轻、整体性好、施工方便和节省投资等优点，广泛应用于土石坝的排水、反滤。采用土工织物作反滤层时，应注意铺设前的保护，防止土工织物的损伤和破坏；土工织物的拼接宜采用一定宽度的搭接；土工织物的铺设应平顺、松紧适度，避免受力破坏，回填坝料时不得损伤织物；土工织物的铺设与防渗体的续筑平起施工，织物两侧防渗体和过渡料的填筑应人工配合小型机械施工。

六、坝体填筑的质量控制

土石坝的破坏大多是因施工质量缺陷而导致，对土石坝施工全过程的施工质量进行有效控制，对保证土石坝的施工质量具有重要意义。在土石坝施工中，必须建立健全质量管理体系，严格按施工规范等文件来控制施工质量。土石坝施工主要从料场和坝体填筑两个方面进行质量控制。

（一）料场的质量检查和控制

各种筑坝材料的质量应以料场控制为主，检验合格的筑坝材料才能运输上坝，不合格材料在料场处理合格后方可上坝，否则应按废料处理。根据《碾压式土石坝施工规范》（DL/T 5129—2013）和《混凝土面板堆石坝施工规范》（SL 49—2015）应设置坝料质量控制站，按设计要求和有关规定进行质量控制，在料场质量检查主要包括采取土料的土质、级配、含水量是否符合规范设计要求，其中含水量的检查和控制尤为关键。

经检验测定，若土料的含水量偏高，一方面可以改善料场的排水条件和采取防雨措施，另一方面可将土料进行翻晒处理，或采取轮换掌子面的办法，加速土料水分的蒸发，使土料含水量降低到规定范围再开挖。如果以上方法处理后含水量仍偏高，则可采用烘干法降低土料含水量。当土料含水量不均匀时，可以采用堆筑大土堆待土料含水量均匀后外运。当含水量偏低时，对于黏性土料可在料场加水以增加土料含水量；对于非黏性土料可用洒水车在坝面喷洒加水，避免运输时的水量损失。黏性土料加水量 Q_0 可按下式计算：

$$Q_0=\frac{Q_D}{K_p}\gamma_e(W_0+W+W_e) \tag{4-28}$$

式中：Q_D 为土料上坝强度，m^3/d；K_p 为土料的可松性系数；γ_e 为料场的土料干表观密度，kg/m^3；W_0、W、W_e 分别为坝面碾压要求的含水量、装车和运输过程中含水量的蒸发损失以及料场土料的天然含水量，装车和运输过程中含水量的蒸发损失 W 值通常取 0.02～0.03，最好进行现场测试取值。

对于石料场，应对石料的石质、风化程度、爆落石块大小、形状及级配等项目是否满足质量要求进行检查。若发现不符合要求，应查明原因并及时处理。

（二）坝体填筑质量检查和控制

坝面填筑质量是保证土石坝施工质量的关键，应严格按施工技术要求进行控制。应对铺土厚度、填土块度、含水量大小、压实后的干容重等进行检查，并提出质量控制措施。防渗体的压实控制指标可采用干容重、含水率或压实度。反滤料、过渡料及砂砾料的压实控制指标采用干容重或相对密度。堆石料的压实控制指标采用孔隙率。

资源 4-4-6 水布垭工程坝面质量检查

干容重的测定，黏性土一般用环刀法测定；砾质土、砂砾料、反滤料用灌水法或灌砂法测定；堆石因其空隙大，一般用灌水法或表面波法测定。干容重取样试验结果，其合格率应不小于 90%，不合格干容重不得低于设计干容重的 98%，且不合格样品不得集中分布。

根据地形、地质、坝料特性等因素，在施工特征部位和防渗体中，选定一些固定取样断面，沿坝高 5～10m，取代表性试样（总数不宜少于 30 个）进行室内物理力学性能试验，用以核对设计并作为工程管理的根据。此外，还须对坝面、坝基、削坡、坝肩接合部、与刚性建筑物连接处以及各种土料的过渡带进行检查。应重视对土层层间结合处是否出现光面和剪切破坏的检查。对施工中发现的可疑问题，如漏压、欠压、超压、铺土厚度不均匀及坑洼部位等应进行重点检查，不合格者返工。

对于反滤层、过渡层、坝壳等非黏性土的填筑部位，主要控制压实参数，如压实参数达不到要求，应及时纠正。反滤层的填筑过程中，每层在25m×25m的面积内取样1～2个；对条形反滤层，每隔50m选一个取样断面，每个取样断面每层取样不得少于4个，均匀分布在断面的不同部位，且层间取样位置应彼此对应。对反滤层铺料厚度、填料质量及颗粒级配等应进行全面检查。通过颗粒分析，查验反滤层的层间系数（D_{50}/d_{50}）和每层的颗粒不均匀系数（d_{60}/d_{10}）是否满足设计要求。如不符要求，应重新筛选，重新铺填。

土坝的堆石棱体与堆石体的质量检查大体相同。主要应检查上坝石料的质量、风化程度、石块的重量、尺寸、形状、堆筑过程有无离析架空现象发生等。对于堆石的级配、孔隙率大小，应分层分段取样，检查是否符合规范要求。随坝体的填筑应分层埋设沉降管，定期对施工过程中坝体的沉降进行观测，并绘出沉降随时间变化的过程曲线。

对于填筑土料、反滤料、堆石等的质量检查记录，应及时整理并编号存档，建立质量检查记录数据库，既可作为施工过程全面质量管理的依据，也可作为坝体运行后进行长期观测和事故分析的辅助材料。

七、土石坝的冬雨季施工

土石坝施工为大面积露天作业，气候环境和季节变化对土石坝的施工具有较大的影响，特别是对防渗土料的施工影响最为显著。降雨会改变土体的含水量，低温又会使土块结冰硬化，从而影响施工质量。因此，为保证土石坝的施工进度及施工质量，降低工程造价，必须做好相应的冬雨季施工措施，以消除气候与季节变化的不利影响。

（一）土石坝的冬季施工

寒冬时土料冻结会给施工带来困难，冬季气温较低时土料冻结会使其强度增大，影响土料压实性能；当气温升高时冻土的融化又会使土体的强度和坝体稳定性降低，甚至引发坝体渗漏或土体的塑性流动。因此《碾压式土石坝施工规范》（DL/T 5129—2013）规定，当日平均气温低于0℃时，黏性土应按低温季节施工；当日平均气温低于－10℃时，一般不宜进行土料填筑，如需进行土料填筑应进行专门的技术论证。

土石坝按低温季节施工的关键是防止土料冻结，可以从防冻、保温、加热等方面采取相应措施，减少冻融影响，保证施工质量。

1. 防冻

土料防冻的首要措施是降低土料的含水量。对砂砾料，在入冬前应挖排水沟和截水沟以降低地下水位，使砂砾料的含水量降到最低限度；对黏性土，将含水量降到塑限的90%，且在施工中不再加水。若土料中混有冻土块，其含量不得超过15%，且不能在填土中集中，冻土块的直径不能超过铺土层厚的1/3～1/2。土料防冻的另一措施是降低土料的冻结温度。如在填筑土料中掺入1%的食盐，使填筑工作在－12℃的低温下仍能继续进行，保证施工的连续性和快速施工，有利于防冻。

2. 保温

土料保温是防止土料冻结的另一措施。保温一般采取隔热的措施来实现，土料隔热的常用方法有：覆盖树校、树叶、干草、锯末等隔热材料；在土层上覆盖一定厚度的积雪保温；利用冰层下形成隔热保温的空气夹层保温；在寒潮来临前将拟开采的料场表层翻松、击碎，并平整至25～35cm厚度，利用松土内的空气隔热保温。通常情况下，采料温度不低于5～10℃，碾压温度不低于2℃，均能保证土料的压实效果。

3. 加热

当气温过低（－10℃）一般保温措施不能满足防冻要求时，可采用加热和保温结合的暖棚作业，在棚内用蒸汽或火炉升温。暖棚作业的费用较高，暖棚的面积也不能太大，只有在冬季较长、工期紧、填筑质量要求高、工作面狭长的填筑部位才搭建暖棚。

（二）土石坝的雨季施工

防渗体雨季填筑是土石坝施工难点，切实可行的雨季施工措施是保证土石坝顺利施工的关键。土石坝防渗体土料在雨季施工应遵循“避开、适应和防护”的总体原则。施工时应分析当地水文气象资料，确定雨季各种坝料施工天数，合理选择施工机械设备的数量，满足坝体填筑进度的要求，一般可按如下控制：

（1）快速将表层松土压实，防止雨水渗入松土，这是雨季施工最有效的措施。

（2）心墙坝雨季施工时，宜将心墙和两侧反滤料与部分坝壳料在晴天筑高，以便在雨天继续填筑坝壳料，保持坝面稳定上升。心墙和斜墙的填筑面应稍向上游倾斜约2%的坡度，宽心墙和均质坝填筑面可由中央分别向上下游倾斜，以利于排泄雨水。

（3）防渗体雨季填筑，应适当缩短流水作业段长度，土料应及时平整和压实。在防渗体填筑面上的机械设备，雨前应撤离填筑面。

（4）做好坝面保护，对于砂砾料坝壳，需注意防止暴雨冲刷坝坡。下雨至复工前严禁施工机械穿越和人员踩踏防渗体和反滤料。

（5）防渗体与两岸接坡及上下游反滤料须平起施工。

（6）雨后复工处理要彻底，严禁在有积水、泥泞和运输车辆走过的坝面上填土。

近年来，一些工程采用土工膜等非土质材料作为防渗体，施工受雨季的影响小，取得了良好的效果。

第五节　面板堆石坝施工

知识要求与能力目标：

（1）了解面板堆石坝的分区与分期；

（2）熟悉面板堆石坝的施工方法；

（3）掌握面板堆石坝垫层与趾板的施工方法和技术要点；

（4）了解沥青混凝土温度控制要求。

学习内容：

（1）面板堆石坝坝体分区与分期；

（2）垫层料施工；

（3）趾板施工；

（4）钢筋混凝土面板施工；

（5）沥青混凝土面板施工。

一、面板堆石坝概述

我国最早的堆石坝是1957年建成的四川狮子滩工程，为混凝土重力墙式的抛填堆石坝（坝高52m）。最早的混凝土面板堆石坝是1966年建成的贵州百花水电站大坝（坝高47.8m）。我国用现代技术建设混凝土面板堆石坝始于1985年，首先开工建设的是湖北西北口水库大坝（坝高95m）；第一座完工的是辽宁关门水库大坝（坝高58.5m）；湖北清江水布垭面板坝（坝高233m）是目前已建成的世界上最高的混凝土面板堆石坝；新疆大石峡水利枢纽工程为目前世界在建的最高混凝土面板堆石坝（247m）。与发达国家相比，我国面板堆石坝建设虽然起步较晚，但是发展迅速，据统计，截至2015年底，我国坝高30m以上面板堆石坝已建约270座，在建约60座，面板堆石坝总数超过300座，数量占全球面板堆石坝总数的一半以上，在面板堆石坝的筑坝技术等方面积累了丰富的经验。

面板堆石坝是以堆石料（含砂砾石）分层碾压而成的坝体，并以混凝土或沥青混凝土面板作为防渗斜墙的堆石坝，简称面板坝。其防渗系统由基础防渗工程、趾板、面板组成。特点是：堆石坝体能直接挡水或过水，简化了施工导流与度汛措施，枢纽布置紧凑，充分利用当地材料，坝体可以分期施工，施工受气候条件的影响较小。由于其具有安全性好、施工方便、适应性强、造价低等优点，得到越来越广泛的应用。

二、面板堆石坝坝体分区与分期

面板堆石坝上游面设有薄层的防渗斜面板，面板可以是刚性的钢筋混凝土，也可以是柔性的沥青混凝土。坝身主要是堆石结构，要求堆石材料具有良好的级配以减少堆石体的变形，为面板正常工作创造条件，确保坝体运行安全。

为了充分利用石场的开挖料，根据坝体各区的应力状况、变形情况以及上游面板的相对位置和相互关系，对坝体进行分区。各区对石料性质、粒径级配、碾压后密实度和变形模量、透水性以及施工工艺的要求各不相同。在岩基上填筑的面板堆石坝的坝体可按图4-24分区，从上游向下游依次分为垫层区、过渡区、主堆石区、下游堆石区，周边缝下部应设特殊垫层区。

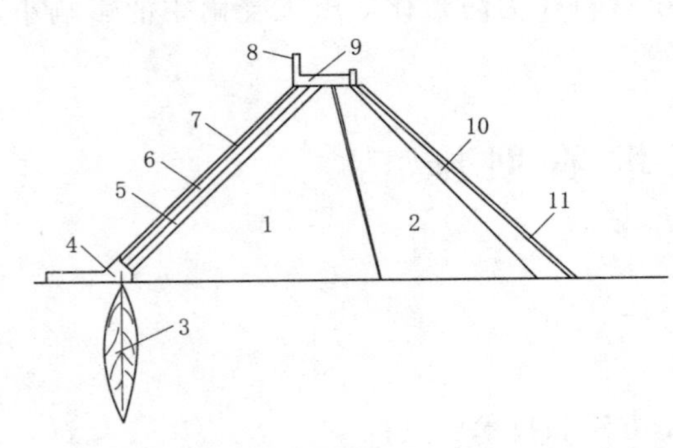

图4-24　岩基上面板堆石坝分区示意

1—主堆石区；2—次堆石区；3—帷幕灌浆；4—趾板；5—过渡层；6—垫层区；7—面板；8—防浪墙；9—坝顶；10—大块石区；11—护坡

垫层区的主要作用在于为面板提供平整、密实的基础，将面板承受的水压力均匀传递给主堆石体。为防止因面板裂缝、接缝漏水在寒冷季节产生冻涨现象，垫层料要求压实后具有低压缩性、高抗剪强度、渗透系数稳定以及具有良好施工特性的材料。一般采用最大粒径150mm、级配良好、石质新鲜的碎石。过渡区位于垫层区和主堆石区之间，其主要作用是保护垫层区在高水头作用下不产生破坏。其粒径、级配要符合垫层料与主堆石料间的反滤要求，一般最大粒径不超过300mm。主堆石区是坝体维持稳定的主体，其质量好坏、密度、沉降量大小，直接影响面板的安全稳定。下游堆石区起保护主堆石区及下游边坡稳定的作用。

一般面板坝的施工程序为：岸坡坝基开挖清理，趾板基础及坝基开挖，趾板混凝土浇筑，基础灌浆，分期分块填筑主堆石料，垫层料必须与部分主堆石料平起上升，填至分期高度时用滑模浇筑面板，同时填筑下期坝体，再浇混凝土面板，直到坝顶。堆石坝填筑的施工设备、工艺和压实参数的确定，和常规土石坝非黏性料施工没有本质的区别。

资源4-5-1　水布垭面板堆石坝施工——岸坡处理

坝体填筑原则上应在坝基、两岸岸坡处理验收以及相应部位的趾板混凝土浇筑完成后进行。垫层料、过渡料和一定宽度的主堆石料的填筑应平起施工，均衡上升。

坝体填筑从填筑区的最低点开始铺料，铺料方向平行于坝轴线，坝面填筑作业顺序多采用“先粗后细”法，即从主堆石区、过渡层区、垫层区的次序进行。铺料时必须及时清理界面上粗粒径料，此法有利于保证质量，且不增加细料用量。砂砾料、垫层料、过渡料及两岸接坡料采用后退法卸料，主堆石、次堆石和低压缩区料全部采用进占法填筑，自卸汽车卸料后，采用推土机摊料平整，摊铺过程中对超径石和界面分离料采用小型反向铲挖土机配合处理，垫层料、过渡料由人工配合整平，每层铺料后采用水准仪检查铺料厚度，确保厚度满足要求。

资源4-5-2　水布垭面板堆石坝施工

湖北清江水布垭混凝土面板堆石坝坝顶高程409m，坝轴线长660m，最大坝高233m。坝体填料分七个主要填筑区，从上游至下游分别为盖重区、粉细砂铺盖区、垫层区、过渡区、主堆石区、次堆石区、下游堆石区和下游坡面干砌块石，坝体具体分区如图4-25所示。大坝分六期填筑。①一期坝体填筑：一期坝体填筑部位为中部主堆石区和下游堆石区，上游侧预留45m宽条带，待该范围趾板和混凝土防渗板固结灌浆完成具备填筑条件时，再进行该部位的坝体填筑；下游随RCC围堰浇筑上升同步进行该部位的坝体填筑，2003年4月全面完成一期填筑及坝面的过流保护，具备坝体过流条件。②二期坝体填筑：2003年汛期过后，拆、清除坝面过流保护的钢筋笼块石及填筑面淤积物，开始二期填筑。二期填筑先从208m高程开始，重点填上游288m经济断面的填筑体，2004年5月完成上游坝体经济断面填筑，具备挡200年一遇洪水条件。上游坝体经济断面填筑到288m高程，经济断面顶宽25m，下游坝体填筑分别上升到高程250m和高程218m，其中高程250m平台宽35m，下游边坡按1∶1.4控制。③三期坝体填筑：2004年6—12月，下游坝体从高程218m全断面填筑到280m高程。具备2005年1月一期面板混凝土施工的条件。三期填筑料主要是主堆石区、次堆石区和下游堆石区料，避开了垫层料、过渡料区的填筑工作，因此该时段填筑较简单，具备高强度填筑条件。④四期坝体填筑：2005年1月开始大坝一期面板混凝土施工，同时进行下游坝体全断面填筑。到2005年10月底，上游先填筑宽度30m、355m高程的条带，下游年底填筑到340m高程，为上游斜坡面保护和二期面板施工准备提供工作面，增加填筑和面板混凝土浇筑之间的间隔期。⑤五期坝体填筑：2006 年 1 月开始二期面板混凝土的浇筑施工，坝体从高程 340m 开始填筑，下游坝体全断面继续填筑上升。面板浇筑完毕后，坝体全断面填筑，2006 年 9 月填至防浪墙底板 405m 高程。⑥ 六期坝体填筑：坝体从高程 405m 填筑到 409m 高程。在坝顶防浪墙浇筑完成后，即进行该范围的填筑。坝体分期填筑图如图 4－26 所示。

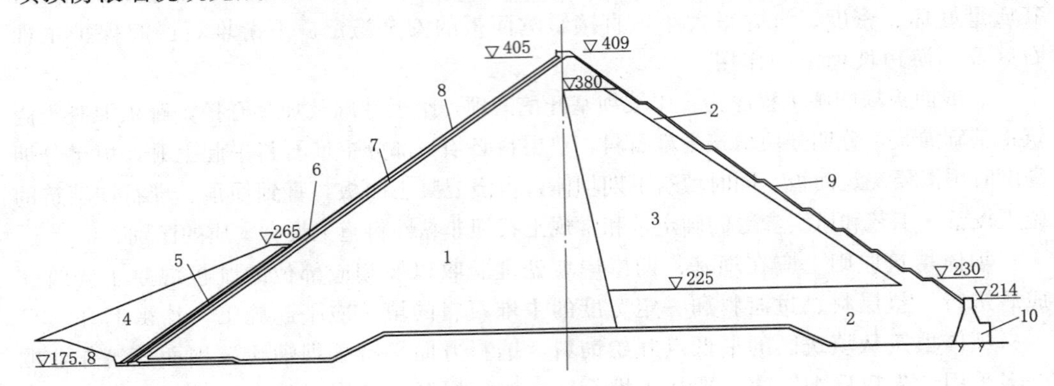

图 4－25　水布垭面板堆石坝填筑分区示意

1—主堆石区；2—下游堆石区；3—次堆石区；4—盖重区；5—粉细砂铺盖区；6—垫层区；7—过渡区；8—面板；9—下游坡面干砌块石；10—RCC 围堰

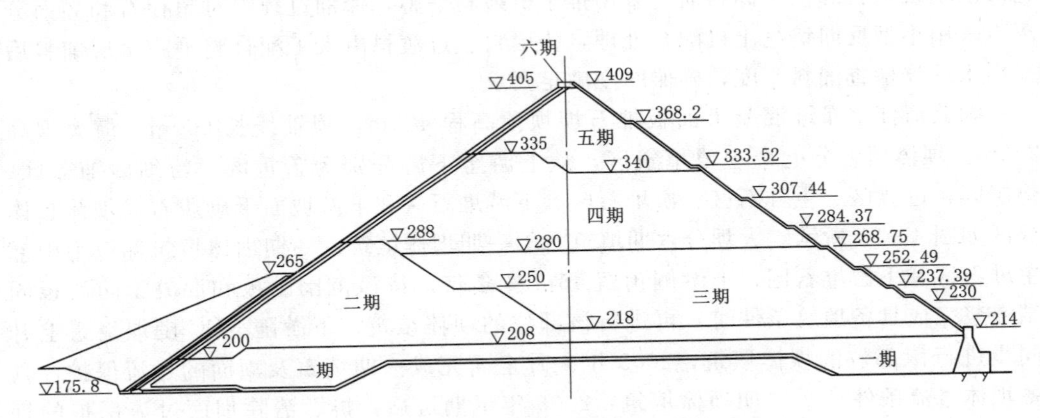

图 4－26　水布垭面板堆石坝填筑分期示意

三、垫层料施工

垫层料为人工碎石或级配良好的砂砾石料。为了减少面板混凝土超浇量，改善面板应力状态，垫层料一般先超填，然后对垫层料坡面进行修整和压实。水平填筑时一般向外超填 15～30cm，斜坡长度达到 10～15m 时修整、压实一次。坡面修整后即可进行斜坡碾压，一般利用坝顶布置的吊索牵引振动碾上下往返运行，也可使用平板式振动器进行斜坡压实。

资源 4－5－3
垫层料的斜坡碾压

未浇筑面板之前的上游坡面，尽管经斜坡碾压后具有较高的密实度，但其抗冲蚀和抗人为因素破坏的能力较弱，为了防冲、挡水和提供良好的工作面要对垫层坡面进行防护处理。一般采用喷乳化沥青、喷射混凝土、摊铺碾压水泥砂浆或采用挤压边墙防护。水布垭面板坝采用挤压边墙施工法进行上游坝坡垫层料的施工，代替传统的斜坡碾压砂浆方法。面板堆石坝挤压边墙施工是采用边墙挤压机将垫层的斜坡碾压转化为垂直碾压，并将一般垫层料优化为特殊的低强度、低弹性模量、半透水的特殊配合比边墙混凝土料，在提高施工效率的同时保证垫层料的压实质量。由于边墙在边坡上的限制作用，垫层料不需要超填，施工安全性高。在边墙施工完成后，将边墙混凝土在面板横缝处凿断以适应面板的变形，在边墙混凝土和面板之间喷乳化沥青以增加面板与挤压边墙表面的润滑度。

资源 4-5-4
挤压边墙施工

资源 4-5-5
挤压边墙凿断

四、趾板施工

河床段趾板应在基岩开挖完毕时立即浇筑，一般在大坝填筑之前浇筑完毕；岸坡部位的趾板必须在填筑之前一个月内完成。为减少各工序施工干扰和加快施工进度，可随趾板基岩开挖出一段之后，立即由顶部自上而下分段进行施工；如工期和工序不受约束，也可在趾板基岩全部开挖完之后，再进行趾板施工，此法有利于由下而上连续施工。趾板的施工，必须在基岩面开挖清理和冲洗干净，并按隐蔽工程质量要求，验收合格后方可进行。趾板施工步骤为：开挖、清理工作面、测量放线、锚杆施工、立模安止水片、架设钢筋、预埋件埋设、冲洗仓面、开仓检查、混凝土浇筑、养护。混凝土浇筑可采用滑模或常规模板进行。

五、钢筋混凝土面板施工

钢筋混凝土面板是刚性面板堆石坝的主要防渗结构，厚度薄、面积大，面板应满足强度、抗渗、抗侵蚀、抗冻和耐久性要求的条件下，还应具有一定的柔性，以适应堆石体的变形。面板设垂直伸缩缝、周边伸缩缝等永久缝和临时水平施工缝。

资源 4-5-6
面板的分缝

面板施工在趾板施工完毕后进行。当坝高不大于 70m 时，面板应在堆石体填筑全部结束后施工，以避免堆石体沉陷和位移对面板产生的不利影响。高于 70m 的堆石坝，若考虑需拦洪度汛，提前蓄水，面板可分二期浇筑或三期浇筑，分期接缝应按施工缝处理。面板混凝土浇筑宜采用无轨滑模，起始三角块宜与主面板块一起浇筑。面板混凝土宜采用跳仓浇筑。固定滑模卷扬机的地锚应可靠，滑模应有制动装置，滑模滑升时，要保持两侧同步，滑升平均速度为 1.5～2.5m/h。面板钢筋采用现场绑扎或焊接，也可用预制网片现场拼装。混凝土浇筑中，布料要均匀，每层铺料厚 250～300cm。止水片周围需人工布料，防止骨料分离。振捣混凝土时，要垂直插入，至下层混凝土内 5cm，止水片周围用小振捣器仔细振捣。振捣过程中，防止振捣器触及滑模、钢筋、止水片。脱模后的混凝土，要及时修整和压面。

资源 4-5-7
面板跳仓浇筑

资源 4-5-8
面板浇筑施工

六、沥青混凝土面板施工

沥青混凝土由于抗渗性好，适应变形能力强，工程量小，施工速度快，正在广泛用于土石坝的防渗体。沥青混凝土施工温度控制是影响施工质量的关键，必须根据材料的性质、配比、施工环境，通过试验确定不同温度的控制标准。沥青混凝土面板坝施工过程中，各工序的温度控制范围如图 4-27 所示。

沥青在泵送、拌和、喷射、浇筑和压实过程中应对其运动黏度值 v 进行控制。沥青的运动黏度值 v 与温度存在一定的关系，因此，控制沥青的运动黏度值 v 的过程，

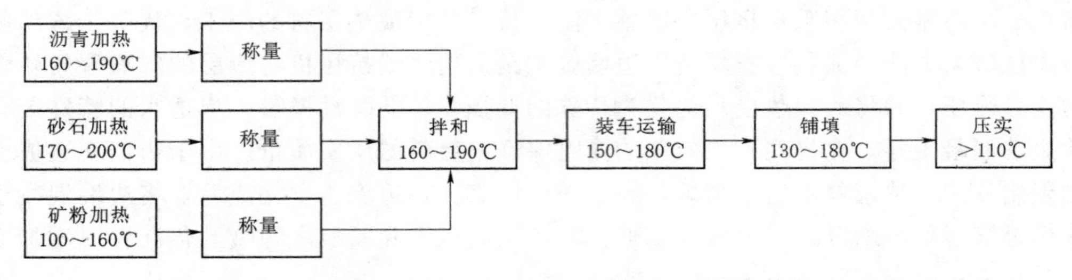

图 4-27　沥青混凝土施工过程温度控制范围

就是控制沥青温度的过程。

资源 4-5-9
沥青混凝土面板坝施工

沥青混凝土面板坝的施工特点在于铺填及压实层薄，通常板厚 10～30cm，施工压实层厚仅 5～10cm，且铺料及压实均在坡面进行。沥青混合料的铺筑方向多采用沿最大坡度方向分成若干条幅，自下而上依次铺筑。沥青混凝土的铺填和压实多采用机械化流水作业，典型的沥青混凝土面板铺筑设备如图 4-28 所示。沥青混凝土热料由汽车或装有料罐的平车运至坝顶门式绞车前，由门式绞车的工作壁杆吊运料罐卸料入给料车的料斗内，给料车供给铺料车沥青混凝土。铺料车在门式绞车的牵引下，特制的斜坡振动碾压机械尾随铺料车将铺好的沥青混凝土压实。

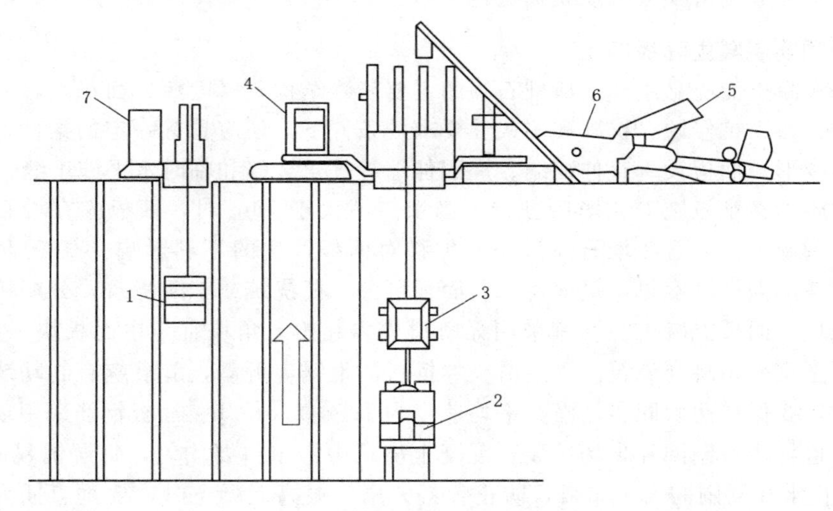

图 4-28　沥青混凝土面板铺筑设备示意

1—振动碾；2—摊铺机；3—喂料车；4—卷扬机台车；
5—沥青混合料运输车（保温料罐）；6—吊车；7—辅助卷扬机台车

沥青混凝土面板多采用一级铺筑。当坝坡较长或因拦洪度汛需要设置临时断面时，可采用二级或二级以上铺筑。一级斜坡铺筑长度通常不超过 120～150m。当采用多级铺筑时，临时断面顶宽应根据牵引设备的布置及运输车辆交通的要求确定，一般不小于 10～15m。沥青混合料应采用振动碾碾压，待摊铺机从摊铺条幅上移出后，用 2.5～8t 振动碾进行碾压。条幅之间接缝，铺设沥青混合料后应立即进行碾实以获得最佳的压实效果。振动碾碾压时，应在上行时振动、下行时不振动。振动碾在碾压过程中有沥青混合料粘轮现象时，可向碾压轮洒少量水或加洗衣粉的水，严禁涂洒柴油。振动碾重量和碾压工艺的选择应根据现场环境温度、风力、摊铺条幅的宽度和厚度、摊铺机的摊铺速度经现场试验确定，碾压的初始温度和终止温度及碾压遍数应根据现场试验确定。

思　考　题

4-1　如何进行土石方平衡计算与分析？

4-2　土石坝工程施工主要有哪些施工准备工作？

4-3　碾压式土石坝施工的作业内容有哪些？

4-4　开挖和运输机械的选择，应考虑哪些主要因素？

4-5　如何根据不同筑坝材料选择碾压机械？

4-6　选择压实机械应遵循哪些主要原则？

4-7　土石坝施工料场的空间规划应考虑哪些方面的问题？

4-8　土石坝施工料场规划中，如何体现“料尽其用”的原则？

4-9　土石坝综合机械化施工的基本原则是什么？

4-10　挖掘机的装车斗数 m 值过大或者过小分别说明什么问题？如何处理？

4-11　土石坝施工坝面如何组织流水作业？

4-12　什么是最优含水量？施工中如何保证土料的含水量为最优含水量？

4-13　土料的压实参数有哪些？如何确定这些参数？合理选择压实参数的经济意义何在？

4-14　简述如何用压实试验确定非黏性土的压实参数。

4-15　土石坝施工中的质量控制包括哪些内容？黏性土料与非黏性土料主要质量控制指标有哪些？它们应如何进行控制？

4-16　土石坝冬雨季施工的措施有哪些？

4-17　面板堆石坝的施工特点是什么？

第五章 混凝土工程施工

第一节 概 述

知识要求与能力目标：

(1) 了解混凝土工程的施工方法；

(2) 熟悉混凝土工程施工的工艺流程；

(3) 熟悉混凝土工程施工方案选择应遵循的原则。

学习内容：

(1) 混凝土工程的施工方法；

(2) 混凝土工程施工的工艺流程；

(3) 混凝土工程施工的方案选择。

一、混凝土工程的施工方法

混凝土作为一种建筑材料，在水利工程建设中获得了非常广泛的应用。如大坝、溢洪道、水闸、渡槽、渠系建筑物、水电站、泵站等水利工程与设施，很多都是用混凝土建造的。

混凝土工程施工，在水利水电建设中具有非常重要的地位，特别是以混凝土坝为主体的枢纽工程，用于混凝土工程施工的各种费用占工程总投资的比例较大（60%～70%），对工程的投资规模影响较大；其施工速度直接影响整个工程的建设工期；其施工质量直接关系到工程运行和效益发挥，以及下游人民的生命财产安全。

就混凝土施工方法而言，有现场浇筑法和预制装配法两种。现场浇筑又可分为传统的分层分块浇筑法和薄层碾压浇筑法。常态混凝土重力坝多数采用分缝分块浇筑的方法；碾压混凝土拱坝、隔墙等一般采用薄层碾压浇筑的方法。对于水闸、渡槽等，当施工场地受到限制时，可以采用预制装配法施工。

近年来，我国水工混凝土施工技术不断进步，如混凝土施工过程模拟仿真技术，基础强约束区温控防裂技术与工艺，低温混凝土及仓内保温施工工艺，HDPE 冷却水管应用技术等，这些施工技术的应用，简化了混凝土施工工艺，加快了施工进度，提高了施工质量，降低了施工成本。

二、混凝土工程施工的工艺流程

混凝土工程，特别是混凝土坝，属于大体积混凝土工程，大量砂石骨料的采集、加工，水泥和各种掺合料、外加剂的供应是基础；混凝土制备、运输、浇筑和养护是施工的主体；模板作业与钢筋作业是必要的辅助。这些工作彼此之间相互联系、相辅相成。因此，可以把混凝土工程施工看作一个系统工程。这个系统由基础系统、主体系统和辅助系统三个大的子系统构成，每个子系统又自成系统。

混凝土工程施工系统的构成，及其彼此之间的相互关系，可以表示为混凝土工程施工工艺流程，如图5-1所示。

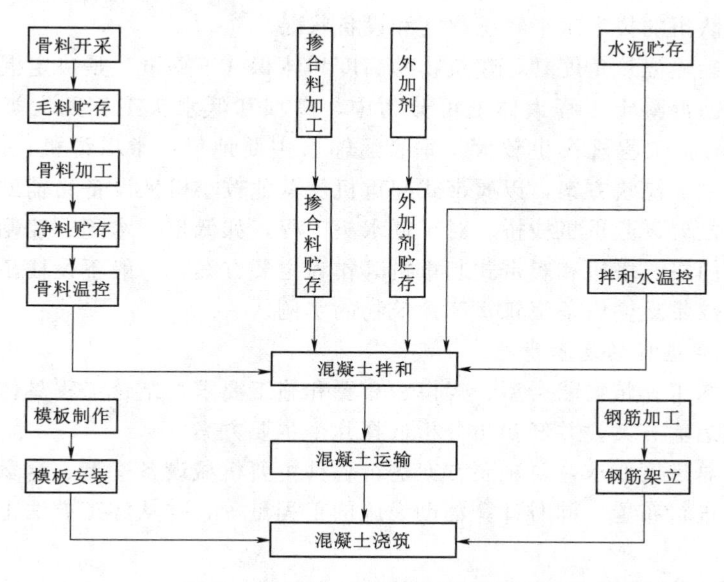

图5-1 混凝土工程施工工艺流程

三、混凝土工程施工的方案选择

混凝土工程施工一般具有工程量大、施工条件困难、施工季节性强、施工工期长、温控要求严格、施工技术复杂等特点，其施工方案的选择是保证混凝土施工质量和施工进度的重要前提。在进行施工方案选择时，应充分考虑混凝土浇筑程序、各期浇筑部位和高程与供料线路、起吊设备布置和机电安装进度之间的关系，并应符合温度控制与防裂等相关规定。还应做好施工规划，通过合理配置资源，充分利用各种资源和先进技术手段，就地取材，节约能源，达到高效、优质、低耗的目的。

1. 施工方案选择应遵循的原则

在进行施工方案选择时，应做到：混凝土生产、运输、浇筑及温度控制等各施工环节衔接合理；施工机械化程度符合工程实际，保证工程安全、质量的前提下满足工程进度和节约工程投资；施工工艺先进、可靠，设备配套合理，综合生产率高；混凝土生产连续，运输中转环节少、运距短，温度控制措施简易、可靠；初、中、后期浇筑强度协调平衡；混凝土施工与金属结构、机电设备安装之间相协调，干扰少。

2. 施工方案选择应考虑的因素

混凝土浇筑方案对工程进度、质量、工程造价均有直接影响，需综合各方面的因素，经过技术、经济比较后进行选定。在选择方案时，一般需考虑下列因素：

（1）水工建筑物的结构、规模、工程量与浇筑部位的分布情况以及施工分缝等特点。

（2）按总进度拟定的各施工阶段的控制性浇筑进度、浇筑强度要求。

(3) 施工现场的地形、地质和水文特点、导流方式及分期。

(4) 混凝土运输设备的形式、性能和生产能力。

(5) 混凝土拌和楼（站）的布置和生产能力。

(6) 模板、钢筋、构件的运输、安装方案。

(7) 施工队伍的技术水平熟练程度和设备状况。

从混凝土运输浇筑角度看，建筑物的高度和体积（工程量）是决定混凝土施工方案的重要因素。混凝土工程大体上可分为中、高坝和低水头工程两大类。前者高度大（50～250m），工程规模也较大，垂直运输占主要地位，常以缆机、门机、塔机、专用胶带机为主要浇筑方案，以履带式起重机及其他较小机械设备为辅助措施，其中采用门塔机往往要设起重机栈桥。对于低水头工程，如低坝、水闸、船闸、护坦、厂房等，可选用门机、塔机和履带式起重机等作为主要方案，一般不设栈桥，国内近几年有采用专用胶带运输设备浇筑水工建筑物的实例。

3. *施工方案选择的基本步骤*

(1) 根据水工建筑物的类型、规模、布置和施工要求，结合工程具体情况提出各种可行的浇筑运输方案，并经初步分析选择几个主要方案。

(2) 根据总进度要求，对主要方案进行各种主要机械设备选型、台数计算，结合工程具体情况进行布置，同时计算辅助设施的工程量等，并从施工方法上论证实现总进度的可行性。

(3) 对主要方案进行经济、造价计算。

(4) 对主要方案进行技术、经济分析，综合方案的主要优缺点。

(5) 通过对方案的优缺点比较，综合技术上先进、经济上合理、设备供应可靠性要求因地制宜地确定推荐方案和备用方案。

方案比较的主要项目应包括以下方面：

(1) 主体工程的浇筑强度、控制性形象进度。

(2) 准备工作工程量。

(3) 工期（包括第一台机组发电与工程完建）。

(4) 浇筑方案土建工程，机械设备，运转费用的总造价。

(5) 方案布置的合理性。

(6) 主要机械设备、型号、数量，获得难易程度。

(7) 三材、劳动力的消耗指标。

(8) 主要优缺点。

(9) 其他。

第二节　模板作业与钢筋作业

知识要求与能力目标：

(1) 了解模板的作用、基本类型，熟悉模板的制作、安装和拆除要求，掌握模板的基本要求，选型与设计荷载；

(2) 了解钢筋加工厂的布置与要求，熟悉钢筋的加工工艺与安装要求。

学习内容：

(1) 模板作业；

(2) 钢筋作业。

一、模板作业

模板作业是混凝土工程施工的重要辅助作业，模板工程费用占混凝土工程总费用比例较大。据统计，在闸、坝大体积混凝土施工中占5%～10%，在水电站厂房的梁、板、柱或其他复杂混凝土建筑物施工中占20%～30%。正确选择模板类型和合理组织模板作业，对保证混凝土工程质量、加快施工进度、降低工程成本都有着十分重要的意义。

资源5-2-1 模板作业

(一) 模板的作用与基本要求

模板是新浇混凝土成型的模型，主要由面板、支承结构、连接件等组成。其主要作用是支承荷载和使新浇筑混凝土成型，同时还可以保护和改善混凝土的表面质量。因此，无论采用何种类型的模板，均应符合以下要求：

(1) 具有足够的强度、刚度和稳定性。

(2) 保证浇筑后的混凝土结构的形状、尺寸和相互位置等符合设计规定。

(3) 模板表面应平整光洁，安装后接缝严密不漏浆，以保证混凝土的表面质量。

(4) 应能承受施工规范规定的各项施工荷载，变形不超过允许范围。

(5) 模板设计尽量做到标准化、系列化、安装拆卸简单化，以提高其适用性，增加其周转利用次数，便于其机械化施工。

(6) 模板应优先选用钢材、胶合材料、混凝土胎模等材料，以节约木材，保护生态环境。

(二) 模板的分类

按面板制作材料，模板可分为木模板、钢模板、胶合板模板、混凝土和钢筋混凝土预制模板等，其中预制混凝土模板一般作为结构混凝土的一部分；按面板形状可将模板分为平面模板和曲面模板；按支撑受力方式可分为简支模板、悬臂和半悬臂模板；按施工现场的安拆方法可分为散装模板和整装模板；按架立和工作特征，模板可分为固定式模板、拆移式模板、移动式模板和滑动式模板。

1. 固定式模板

固定式模板是指按结构构件形状、尺寸、制作位置固定的模板。有的可以多次重复使用，有的则为一次性使用。多用于起伏的基础部位或特殊的异型结构，如蜗壳、胸墙、肘管等，此时也可称其为异型模板。固定式模板可节约木材、支架，减少现场施工干扰，从而加快施工进度，节约成本。

2. 拆移式模板

拆移式模板是由事先制作的钢、木或组合模板与相应的支撑及连接件组成的一种常用模板结构。适用于浇筑块表面为平面的情况，可做成定型的标准模板，如图5-2所示。其标准尺寸：大型的为100cm×(325～525)cm，适用于3～5m高的浇筑块，重量大，安装较困难，需小型机具吊装；小型的为(75～100)cm×150cm，用于薄层浇筑，其重量较轻，可人力搬运，但表面不易平整，易漏浆。

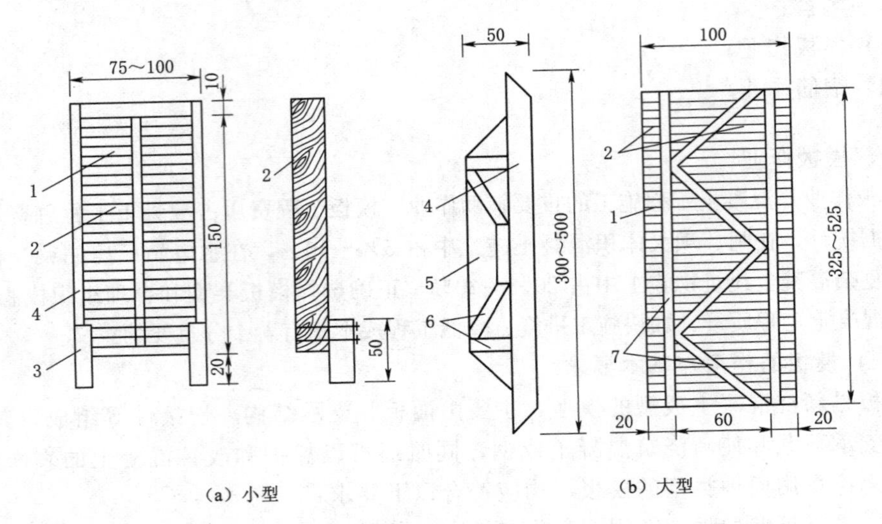

图 5-2 平面标准模板（单位：cm）

1—面板；2—肋木；3—支撑木；4—方木；5—拉条；6—桁架木；7—加劲木

一般标准木模板的重复利用次数即周转率为 5～10 次，而钢木混合模板的周转率为 30～50 次，木材消耗减少 90%以上，且由于是大块组装和拆卸，故劳力、材料、费用大为降低。组合钢模是 20 世纪 70 年代兴起并迅速推广的模板，一般可周转 100 次以上，经济效益较好，且重量较同面积的木模板轻，耐久性好。拆移式模板的架立如图 5-3 所示。

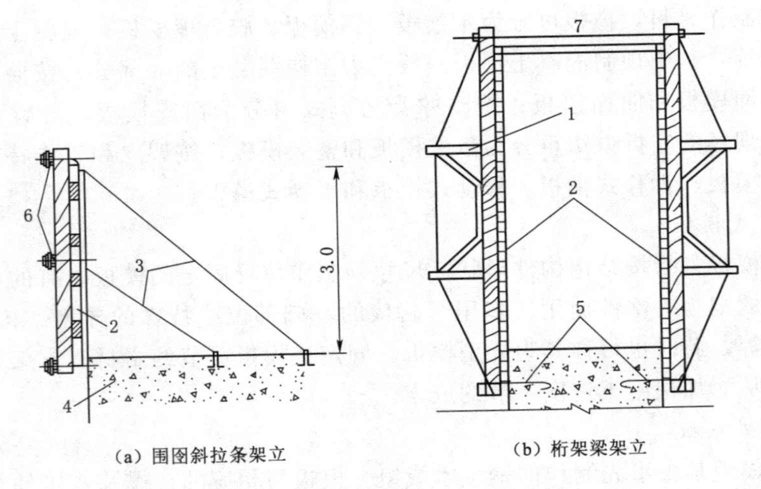

图 5-3 拆移式模板架立示意（单位：m）

1—钢木桁架；2—木面板；3—斜拉条；4—预埋锚筋；
5—U 形埋件；6—横向围囹；7—对拉条

3. 移动式模板

移动式模板是根据建筑物外形轮廓特征，做一段定型模板，在支撑钢架上装上行驶轮，沿建筑物长度方向铺设轨道分段移动，分段浇筑混凝土，如图 5-4 所示。适用于隧洞、涵洞、管道等尺寸较大且形状沿移动方向不变的水平长度大的直线形建筑物。与拆移式模板相比，可节省大量模板，降低工程造价。

移动式模板由轨道、承重台车及铰接在其上的模板组成，台车上设有水平和垂直千斤顶。移动时，需将顶推模板的千斤顶收缩，使模板与混凝土面分开，沿轨道将台车移动至下一浇筑单元，再用千斤顶调整模板至设计浇筑位置。

4. 滑动式模板

滑动式模板（图 5-5）由模板系统、操作平台和液压支承系统组成，既是混凝土的成型装置，又是施工作业的场所。因此必须有足够的整体稳定性和强度，以确保浇筑质量和施工安全。

该模板借助机械牵引，随混凝土浇筑逐步滑动，一次立模即可连续浇筑。滑动方式主要有以下两种类型：一是由液压千斤顶带动模板沿爬杆向上滑升；二是由卷扬机或千斤顶结合钢绞线牵引模板沿导轨滑动。前者多用于高度较大但截面尺寸变化不大的建筑物，如闸墩、桥墩等，模板滑动方向为垂直上升；后者多用于堆石坝混凝土面板、斜井等部位混凝土的浇筑。

资源 5-2-2
乌东德工程大坝下游岸坡混凝土滑模浇筑施工

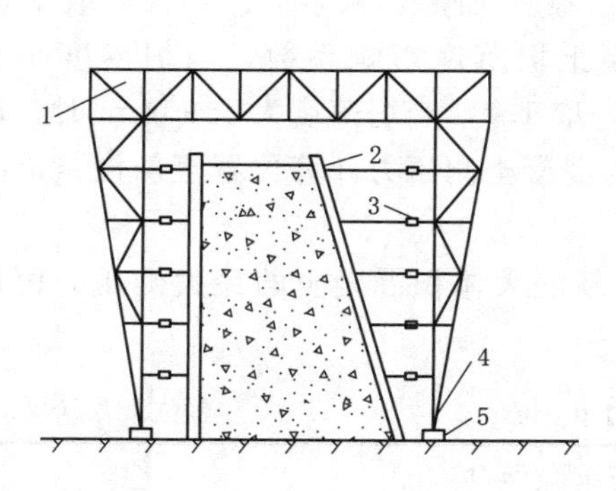

图 5-4 移动式模板架立示意

1—支撑钢架；2—钢模板；3—花兰螺丝；4—行驶轮；5—轨道

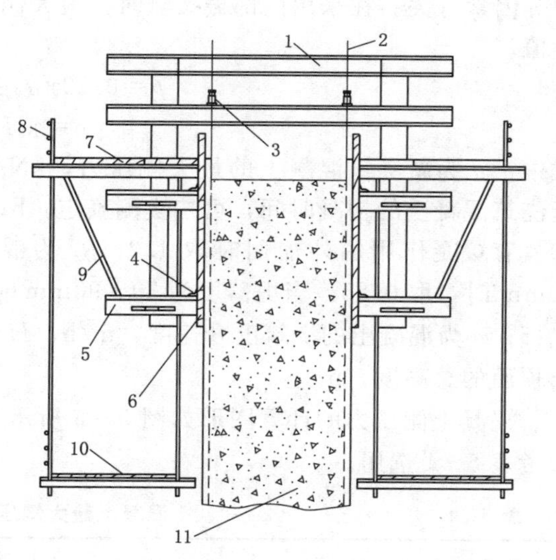

图 5-5 滑动式模板示意

1—支承架；2—提升架；3—液压千斤顶；4—围圈；5—围圈支托；6—模板；7—操作平台；8—栏杆；9—外挑三脚架；10—吊脚手；11—墙体

（三）模板的选型与设计荷载

水利工程施工中模板的种类繁多，其选型应根据建筑物的形式和模板的安装、拆除方式，通过经济技术方案比较确定。对于结构简单的大体积混凝土、大面积混凝土，应尽可能选择悬臂钢模板；对混凝土表面质量要求较高的建筑物（如溢流面），应优先选择滑动式模板；对面板堆石坝的混凝土面板应采用无轨滑模；除特殊部位及异型结构（如基础岩面起伏部位、蜗壳、肘管等）多采用木模板外，其余有条件的部位应优先选择混凝土或钢筋混凝土模板，多用钢模，提高其周转率。

模板及其支架应按能够承受施工中可能出现的各种荷载的最不利组合进行设计。其设计荷载主要包括基本荷载和特殊荷载。

1. 基本荷载

（1）模板的自重，根据设计图纸确定。

（2）新浇筑的混凝土重量，容重一般可采用 24～25kN/m^3。

（3）钢筋及预埋件的重量，需根据设计图纸确定，对一般的钢筋混凝土，也可按 100kg/m^3 计算。

（4）工作人员及机具设备的重量，计算模板及直接支撑模板的楞木时，可按均布荷载 2.5kN/m^2 计算，并以集中荷载 2.5kN 验算，取两者弯矩值较大者；计算支撑楞木构件时，均布荷载取 1.5 kN/m^2；计算支架立柱及其他支撑构件时，均布荷载取 1.0kN/m^2。

（5）振捣混凝土时产生的荷载，可按 1.0kN/m^2 计算。

（6）新浇筑混凝土的侧压力，该项荷载与浇筑速度、振捣方法、凝固速度、坍落度等因素有关。在采用内部振捣器时，最大侧压力可按以下两式进行计算，并取其较小值。

$$p=0.22\gamma_c t_0 \beta_1 \beta_2 v^{1/2} \tag{5-1}$$

$$p=\gamma_c H \tag{5-2}$$

式中：p 为新浇筑混凝土的最大侧压力，kN/m^2；γ_c 为混凝土容重，kN/m^3；t_0 为新浇筑混凝土的初凝时间，可按实测确定，h；β_1 为外加剂影响系数，不掺时取 1.0，掺具有缓凝作用的外加剂时取 1.2；β_2 为混凝土坍落度影响系数，当坍落度小于 30mm 时，取 0.85，当坍落度为 30～90mm 时，取 1.0，当坍落度大于 90mm 时，取 1.15；v 为混凝土的浇筑上升速度，m/h；H 为混凝土侧压力计算位置至新浇筑混凝土顶面的总高度，m。

混凝土侧压力的计算图形如图 5-6 所示。新浇大体积混凝土的最大侧压力值可参考表 5-1 选用。

表 5-1　　混凝土最大侧压力 p_m 值　　单位：$\times 10^4$ Pa

温度/℃	平均浇筑速度/(m/h)					
	0.1	0.2	0.3	0.4	0.5	0.6
5	2.30	2.60	2.80	3.00	3.20	3.30
10	2.00	2.30	2.50	2.70	2.90	3.00
15	1.80	2.10	2.30	2.50	2.70	2.80
20	1.50	1.80	2.00	2.20	2.40	2.50
25	1.30	1.60	1.80	2.00	2.20	2.30

2. 特殊荷载

(1) 风荷载。基本风压力与模板结构形状、高度和所在位置有关，可按《建筑结构荷载规范》(GB 50009—2012) 确定。

(2) 其他荷载。上述荷载以外的其他荷载。

在计算模板的强度和刚度时，应根据模板的种类和施工情况，选择表 5-2 中的基本荷载组合进行计算。

模板及支架的变形限值应符合下列规定：

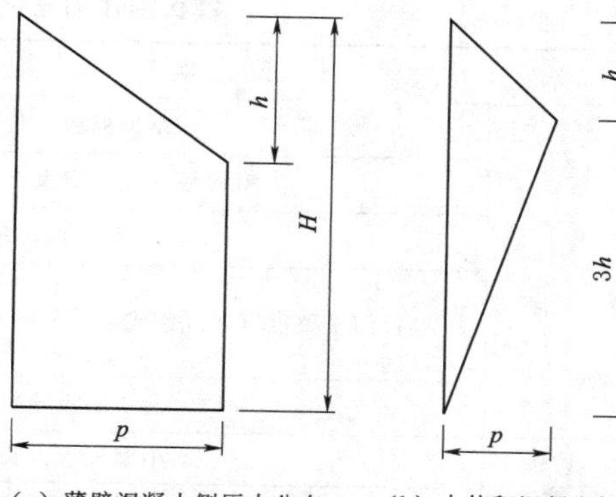

(a) 薄壁混凝土侧压力分布　(b) 大体积混凝土侧压力分布

图 5-6 混凝土侧压力分布（单位：m）

注：有效压力水头高度 $h=p/\gamma_c$。

(1) 对结构表面外露的模板，挠度不得大于模板构件计算跨度的 1/400。

(2) 对结构表面隐蔽的模板，挠度不得大于模板构件计算跨度的 1/250。

(3) 支架的轴向压缩变形值或侧向弹性挠度值不得大于计算高度或计算跨度的 1/1000。

表 5-2　常用模板的基本荷载组合

项次	模 板 种 类	基本荷载组合	
		计算承载力	验算刚度
1	承重模板： 1. 板、薄壳的底模板及支架	(1)、(2)、(3)、(4)	(1)、(2)、(3)、(4)
	2. 梁、其他混凝土结构（厚于 0.4m）的底模板及支架	(1)、(2)、(3)、(4)、(5)	(1)、(2)、(3)、(4)、(5)
2	竖向模板	(5)、(6)	(6)

在验算承重模板的抗倾覆稳定性时，应核算倾覆力矩、稳定力矩和抗倾稳定系数。稳定系数应大于 1.4。当承重模板的跨度大于 4m 时，其设计起拱值通常取跨度的 0.3%左右。

(四) 模板的制作、安装与拆除

1. 模板的制作

模板既可现场制作，又可工厂定制。木模板、胶合板模板和预制混凝土模板常采用现场制作；对于模板需要量大的大中型混凝土工程，则可通过工厂定制，采用机械化流水作业，提高模板生产率与加工质量。水利工程中模板制作的允许偏差应符合设计规定，一般不允许超过表 5-3 的规定。

2. 模板的安装

模板安装需遵循以下规定：

(1) 模板安装必须按设计图纸测量放样，对重要结构应多设控制点，以利于检查校正。

表 5-3　　模板制作的允许偏差

偏差项目			允许偏差/mm
木模板	小型模板：长和宽		±2
	大型模板（长、宽大于 3m）：长和宽		±3
	大型模板对角线		±3
	模板面平整度（未经刨光）	相邻两板高度差	0.5
		局部不平（用 2m 直尺检查）	3
	面板缝隙		1
钢模板、复合模板及胶木（竹）模板	小型模板：长和宽		±2
	大型模板（长、宽大于 3m）：长和宽		±3
	大型模板对角线		±3
	模板面局部不平（用 2m 直尺检查）		2
	连接配件的孔眼位置		±1

（2）安装支架时，必须采取防倾覆的固定措施，施工人员必须有可靠的安全措施。

（3）支架材料，如钢、木，钢、竹或不同直径的钢管不应混用。

（4）模板的钢拉杆不应弯曲。

（5）结构逐层施工时，下层结构应能够承受上层结构的施工荷载。

（6）确保混凝土与模板的接触面，以及各部位模板的接缝必须平整、密合。

（7）当分层施工时，应逐层校正偏差值。

（8）吊装模板时，必须码放整齐、捆扎牢固。

一般大体积混凝土模板安装的允许偏差见表 5-4。大体积混凝土以外的模板安装允许偏差可查阅《水电水利工程模板施工规范》（DL/T 5110—2013）。

表 5-4　　一般大体积混凝土模板安装的允许偏差　　单位：mm

偏差项目		混凝土结构的部位	
		外露表面	隐蔽内面
模板平整度	相邻两面板高差	2	5
	局部不平（用 2m 直尺检查）	5	10
板面缝隙		2	2
结构物边线与设计边线	外模板	0 -10	15
	内模板	+10 0	
结构物水平截面内部尺寸		±20	
承重模板标高		+5 0	
预留孔洞	中心线位置	5	
	截面内部尺寸	+10 0	

3. 模板的拆除

模板的拆除受混凝土强度等级、水泥品种及强度、混凝土配合比、结构型式及跨度、荷载作用、施工场地的温湿度等因素影响。拆模的迟早，影响混凝土的质量和模板的周转率。拆模过早，混凝土强度不易保证；拆除过迟，将减少模板使用的周转率，增大模板成本。浇筑混凝土的强度应符合设计要求方可拆模，如现浇混凝土结构的承重模板及支架拆除时的混凝土强度应符合表 5-5 中的规定。

表 5-5　现浇混凝土结构承重模板及支架拆除时所需混凝土强度

结构类型	结构跨度/m	按设计混凝土强度标准值的百分率计/%
板	≤2	≥50
	>2，≤8	≥75
	>8	≥100
梁、拱、壳	≤8	≥75
	>8	≥100
悬臂构件	≤2	≥75
	>2	≥100

二、钢筋作业

钢筋作业是混凝土工程施工的另一项重要辅助作业。在水利水电工程中，钢筋混凝土结构广为应用。钢筋原材料的质量、加工、制作、安装等直接影响结构的承载力和耐久性，以及建筑物的安全。

资源 5-2-3
钢筋作业

大中型水工钢筋混凝土工程通常需要设置钢筋加工厂承担钢筋加工处理等任务。加工厂主要包括：原料仓库、冷加工系统、断筋弯筋车间、电焊车间、拼装场、成品与半成品仓库和堆放场等。其设备布置应按生产流程和进、出料运输通盘考虑，其规模应按高峰月日平均需求量确定。钢筋加工工艺流程如图 5-7 所示。

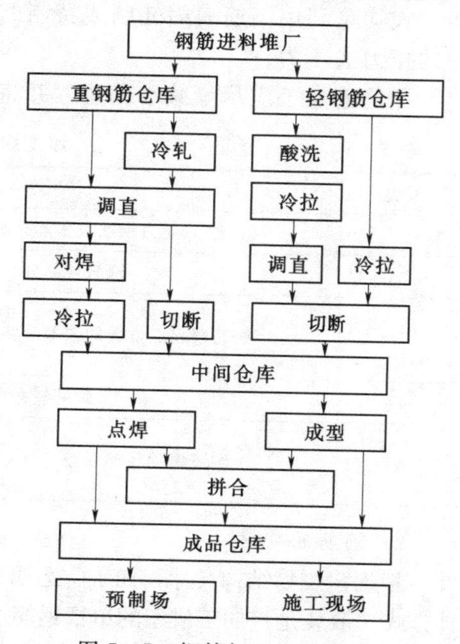

图 5-7　钢筋加工工艺流程

1. 钢筋的加工

钢筋的加工主要包括调直、除锈、切断、弯曲和连接等工序。

(1) 钢筋的调直。钢筋一般采用机械方法进行调直，也可采用冷拉方法进行。常见的调直机械为钢筋调直切断机，具有自动调直、定位切断、除锈、清垢等多种功能，可用于圆钢筋的调直和切断。

(2) 钢筋的除锈。钢筋的除锈是为了清除钢筋表面的锈皮，以免影响钢筋和混凝土的黏结，影响两者的握裹力。冷拉过的钢筋，其表面的水锈和色锈可不做专门处理，除锈后的钢筋不宜长期存放，应尽快使用。除锈的方法有多种，可借助钢丝刷、砂盘、风砂枪、酸洗及电动除锈机等工具进行。

（3）钢筋的切断。施工单位需根据钢筋结构图计算出各钢筋的直线下料长度、总根数与钢筋总重量，编制钢筋配料单，作为备料加工的依据。施工人员需根据计算的下料长度切断，切断时可采用钢筋切断机、手工切断和氧炔焰切断等方法进行。

（4）钢筋的弯曲。钢筋的弯制包括划线、试弯、弯曲成型三道工序。钢筋弯制方法有手工弯制和机械弯制两种。近年来，除直径不大的箍筋外，一般均采用机械弯制，如图 5-8 所示。

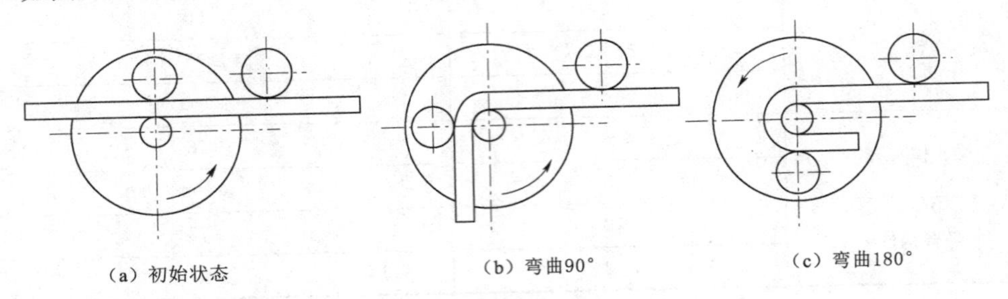

图 5-8　钢筋机械弯曲示意

（5）钢筋的连接。常用的钢筋连接方法有焊接、机械连接和绑扎三种。在水利工程中，钢筋焊接常采用闪光对焊、电弧焊、电阻点焊和电渣压力焊等方法。其中对焊用于接长钢筋、点焊用于焊接钢筋网、电渣压力焊用于现场焊接竖向钢筋。机械连接则可采用钢筋套筒挤压连接、锥螺纹套筒连接、钢筋镦粗直螺纹套筒连接等，这类连接方式均是利用钢筋表面轧制或特制的螺纹和套筒之间的机械咬合作用来传递钢筋所受的拉力或压力。

钢筋的加工应尽量减小偏差，并将偏差控制在表 5-6 的允许范围之内。

表 5-6　加工后钢筋的允许偏差

项次	误差名称		允许偏差值
1	受力钢筋及锚筋全长净尺寸的误差		±10mm
2	箍筋各部分长度的误差		±5mm
3	钢筋弯起点位置的误差	厂房构件	±20mm
		大体积混凝土	±30mm
4	钢筋转角的误差		±3°
5	圆弧钢筋径向误差	大体积	±25mm
		薄壁结构	±10mm

2. 钢筋的安装

根据建筑物结构尺寸，加工、运输及其设备的能力，钢筋的安装可采用散装和整装两种方式。散装是将加工成型的单根钢筋运到工作面，按设计图纸绑扎或电焊成型，该法运输要求低，不受设备条件限制，但工作效率低，高空作业安全性差，质量不易保证；整装是将加工成型的钢筋在焊接车间制成钢筋网和钢筋骨架，再运送至工作面安装，该法有利于提高安装质量、节约材料、提高工作效率、加快施工进度、降低成本。

钢筋安装完毕后，应按照设计文件及规范进行检查验收，并做好记录。对于验收后钢筋长期暴露的，应在混凝土浇筑前重新检查，合格后方可浇筑混凝土。长期暴露后钢筋生锈时，还应进行现场除锈，对于钢筋锈蚀截面面积缩小2%以上时应采取措施或予以更换。钢筋安装的偏差值应不超过表5-7所列范围。

表5-7　**钢筋安装允许偏差和检验方法**

项次	偏差名称	允许偏差		检验工具	检验频次
1	钢筋长度偏差	±1/2净保护层		钢卷尺	每型号不少于2个断面
2	同一排受力钢筋间距的局部偏差	柱、梁	±0.5d	钢卷尺	每型号不少于2处
		板、墙	±0.1倍间距	钢卷尺	每型号不少于5处
3	同一排分布钢筋间距偏差	±0.1倍间距		钢卷尺	每排不少于3处
4	双排钢筋排间距的局部偏差	±0.1倍间距		钢卷尺	不少于5处
5	梁、柱箍筋间距偏差	±0.1倍箍筋间距		钢卷尺	每梁柱不少于3处
6	保护层厚度的局部偏差	±1/4净保护层厚		钢卷尺	每一构件不少于5处

注　d为钢筋直径。

第三节　骨料的生产、加工与水泥及掺合料

知识要求与能力目标：

(1) 了解人工骨料和天然骨料生产流程与加工工艺，骨料的加工设备、运输与堆存要求，水泥的储运方法和保管要求，掺合料和外加剂；

(2) 熟悉骨料加工设备数量与料场规模确定方法；

(3) 掌握骨料开采量的确定依据和计算方法。

学习内容：

(1) 骨料的生产与加工；

(2) 水泥的储运和保管；

(3) 掺合料和外加剂。

一、骨料的生产与加工

砂石骨料是混凝土最基本的组成成分。通常1m^3混凝土需要1.3～1.5m^3松散砂石骨料，其重量占混凝土的80%以上，质量更是直接影响混凝土的强度、水泥用量和温控指标，从而影响工程质量与造价。在工程设计与施工中，应认真研究砂石骨料的储量、物理力学指标和化学成分及杂质含量等。控制骨料质量，还应加强对开采、运输、加工、堆存等各环节的管理。

（一）骨料类型

水利工程的砂石骨料根据来源的不同，主要分为天然骨料和人工骨料两种。

天然骨料是指采集自然形成的砂砾料经筛分分级而成的骨料，可直接进行挖掘，具有粒型好、价格低等优点，但其开采会影响河道通航、河势稳定、河岸安全等。而且，天然骨料的储量有限、分布不均，开采时易受到气候的影响。20世纪修建的三门峡、丹江口、葛洲坝、小浪底等水利枢纽工程的骨料均以天然骨料为主。葛洲坝一、二期工程砂石骨料生产系统月产49.5万m^3，年产395万m^3，生产总量达2600万m^3。

人工骨料是指用爆破方式开采块石，通过破碎、筛分、加工形成的骨料，其级配容易满足设计要求，且其储量大、性能稳定，是目前我国水电工程主要的骨料来源。但其开采、加工工艺相对较为复杂，同时为了保证骨料质量还需对料源进行认真分析和研究。我国三峡、向家坝、二滩、乌东德、白鹤滩等水电站工程均采用了较为先进的人工砂石系统。其中，三峡工程下岸溪人工砂石系统根据混凝土高峰浇筑强度45.2万m^3/月进行设计，毛料处理能力为2400t/h，成品料生产能力2000t/h。向家坝水电站马延坡人工砂石系统根据向家坝水电站混凝土高峰浇筑强度40.88万m^3/月设计，毛料处理能力为3200t/h，成品料生产能力2600t/h。

天然骨料的级配和设计级配要求总存在一定差异，各种级配的储量往往也不能同时满足设计要求，通常需要多采或通过加工来调节级配及相应的产量，这种以天然骨料为主，人工骨料为辅的骨料称为组合骨料。用于调节级配和补足产量的这部分人工骨料可以从天然骨料筛分出的超净料加工，也可以由爆破开采的块石经加工而成。

（二）骨料料场规划

骨料的料场规划是骨料生产系统设计的基础。料场规划应从料源、混凝土浇筑手段、施工机械、骨料需要量、规划储量、开采范围、最佳用料方案等方面进行全面的分析和论证，以满足工程对混凝土骨料质与量、级配、供应能力等方面的要求。

砂石骨料的质量是料场选择的首要前提。骨料的质量要求包括：强度、抗冻、化学成分、颗粒形状、级配和杂质含量等。水工现浇混凝土粗骨料多用四级配，即5～20mm、20～40mm、40～80mm、80～120（或150）mm。通常，四级配混凝土是包含上述全部四级骨料的混凝土；三级配混凝土指仅包含较小的三级骨料的混凝土；二级配混凝土和一级配混凝土类推。砂子为细骨料，通常分为粗砂和细砂两级，其大小级配由细度模数控制，合理取值为2.4～3.2。增大骨料粒径尺寸、改善级配，对于减少水泥用量，提高混凝土质量，特别是对大体积混凝土的温控防裂具有积极意义。做好料场规划应遵循下列原则：

（1）满足水工混凝土对骨料的各项质量要求，储量应满足各设计级配的需要，并有必要的富余量。

（2）料场应场地开阔、高程适宜、储量大、质量好、开采时间长。

（3）选择开采准备工作量小，施工简便的料场。

（4）选择开采率高，天然级配与设计级配相近的料场，减少用人工骨料调整级配的工作。

（5）料场规划应与开采设备和管理水平相适应。

（6）料场开采速度与工程施工进度相协调，减少骨料储量，提高利用率。

（7）应充分考虑自然景观、珍稀动植物、文物古迹保护等方面的要求，避免水土流失，并采取植被恢复措施。

当上述要求难以同时满足时，应优先满足骨料质量、数量要求，在此基础上合理规划开采、运输、加工方式，寻求成本费用较低的方案，确定最终用料方案。

（三）骨料开采

料场选定后，需根据骨料的开采量、料场地质、地形条件、自然环境条件、水文气象条件、周边建筑物情况等确定开采范围。从而确定开采方法、运输方式、道路布置、弃渣场地、加工厂及其他附属设施布置等。

资源5-3-1 三峡工程下岸溪料场骨料开采

按照砂石料的开采条件，天然砂砾料有陆地和水下两种开采方式。陆地开采与土料开采类似，多用挖掘机开挖，自卸汽车或矿车运输；水下开采常采用采砂船、自卸式驳船、拖轮组成作业船队进行开采运输。人工骨料开采则常采用爆破作业进行，其关键是控制爆破块石的粒径。爆破后块石粒径小，超径块少，挖装运效率高，加工容易，但爆破作业成本较高；而块石粒径大，超径块多时，虽爆破作业成本较低，但挖运效率低，二次破碎费用高且加工困难。

资源5-3-2 乌东德工程施期料场开采、加工、运输系统

骨料开采量的确定需考虑混凝土中各种粒径料的需要量、开挖料的可利用量、料源性质、加工运输条件、存储条件等因素。

1. 天然骨料开采量

若第 i 种骨料所需的净料量为 q_i，则需要开采的天然骨料的总量 Q_i 为

$$Q_i=(1+k)\frac{q_i}{p_i} \tag{5-3}$$

式中：k 为骨料生产过程的损失系数，为各生产环节损失系数的总和，即 $k=k_1+k_2+k_3+k_4$，其中 k_1、k_2、k_3、k_4 见表5-8；p_i 为天然骨料中第 i 种骨料粒径的百分含量，%。

表5-8　天然骨料生产过程损失系数

骨料损失的生产环节		系数	损失系数值		
			砂	小石	大中石
开挖作业	水上	k_1	0.15～0.20	0.02	0.02
	水下		0.30～0.45	0.05	0.03
加工过程		k_2	0.07	0.02	0.01
运输堆存		k_3	0.05	0.03	0.02
混凝土生产		k_4	0.03	0.02	0.02

第 i 种骨料的净料需要量 q_i 与第 j 种标号混凝土的工程量 V_j 有关，也与该标号混凝土中第 i 种粒径骨料的单位用量 e_{ij} 有关，则第 i 组骨料的净料需要量 q_i 可表达为

$$q_i=(1+k_c)\sum_j e_{ij}V_j \tag{5-4}$$

式中：k_c 为混凝土出机后运输、浇筑过程中的损失系数，一般取1%～2%。

由于天然级配与混凝土的设计级配难以吻合，总有一些粒径的骨料含量较多，另一些粒径的骨料短缺。若增大开采量，将导致某些粒径的弃料增加，造成浪费。此时

可通过调整混凝土骨料设计级配，或用人工骨料来弥补短缺料等措施，以减少骨料开采总量。

2. 人工骨料开采量

当采用开采石料作为人工骨料的料源时，石料的开采量 V_r 可按下式计算：

$$V_r=\frac{(1+k)eV_0}{\beta\gamma} \tag{5-5}$$

式中：k 为人工骨料损失系数，对于碎石，加工损失为 2%～4%，对于人工砂，加工损失为 8%～20%，运输储存损失为 2%～6%；e 为每立方米混凝土的骨料用量，t/m³；V_0 为混凝土的总需用量，m³；β 为块石开采成品获得率，取 80%～95%；γ 为块石密度，t/m³。

若工程有可利用的有效开挖料时，则应将可利用部分扣除，确定实际开采石料量。

3. 骨料生产能力的确定

骨料的生产能力由需求量确定，实际需求量与各阶段混凝土浇筑强度有关，也与上一阶段结束时的储存量有关。若骨料还需出售，则销售量也是供需平衡的因素之一。骨料生产能力 p(m³/h) 可由下式确定：

$$p=\frac{K_1V}{K_2mnT} \tag{5-6}$$

式中：V 为骨料生产高峰期的总产量，m³；T 为骨料生产高峰时段的月数；K_1 为高峰时段骨料生产的不均匀系数，可取 1.0～1.4；K_2 为时间利用系数，可取 0.8～0.9；m 为每日有效工作时数，可取 20h；n 为每月有效工作日数，可取 25～28d。

资源 5-3-3 三峡工程下岸溪料场骨料加工系统

(四) 骨料加工

随着水电行业的高速发展，骨料生产系统的加工工艺更加完善，工艺理念向“多碎少磨，以破代磨，破磨结合”的方向发展。骨料生产工艺流程的设计主要根据骨料来源、岩石性质、级配要求、生产强度以及堆料场地等方面全面分析确定。天然骨料的加工主要为筛分分级，人工骨料则需通过破碎、筛分等工序加工，其生产工艺流程如图 5-9 所示。

资源 5-3-4 向家坝工程骨料加工系统

1. 骨料的破碎

为了将开采的毛料破碎到设计粒径，通常需要经过多次破碎才能完成。常见的破碎设备类型有：颚式破碎机、反击式破碎机、圆锥破碎机、锤式破碎机等。破碎机选择时应考虑岩石特性、原料的最大粒径、成品料粒径及其生产能力等因素。

(1) 颚式破碎机。颚式破碎机是最常用的骨料粗碎和中碎设备，如图 5-10 所示。由动颚和静颚两块颚板组成破碎腔，模拟动物的两颚运动完成物料破碎作业。具有结构简单、工作可靠、运营费用低、进料尺寸大、排料口开度易调整等优点。缺点是易磨损，颚板更换率高、破碎石料扁平状较多。

资源 5-3-5 乌东德工程施期骨料加工系统

(2) 反击式破碎机。反击式破碎机利用高速旋转的转子上的锤头，对送入破碎腔内的物料产生高速冲击而破碎，且使已破碎的物料沿切线方向以高速抛向破碎腔另一端的反击板再次破碎，然后从反击板反弹到板锤，并继续重复上述过程，如图 5-11 所示。该设备与颚式破碎机相比能把骨料破碎得更细些。具有破碎比大、产品细、粒形好、产量高等优点；同时出料粒度调节灵活方便，易损件的磨损较小，金属利用率高。适用于破碎中等硬度的岩石，可用作骨料的中碎、细碎和制砂。

（3）圆锥破碎机。圆锥破碎机工作原理如图5-12所示。工作时，破碎机的水平轴由电机通过三角皮带和皮带轮来驱动，水平轴通过大、小齿轮带动偏心套旋转，破

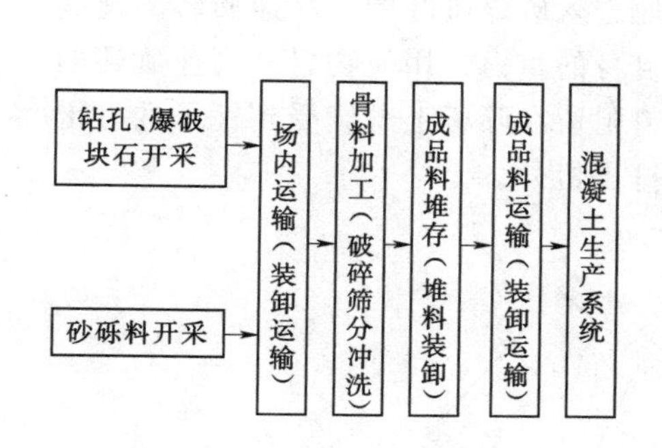

图5-9　骨料生产工艺流程

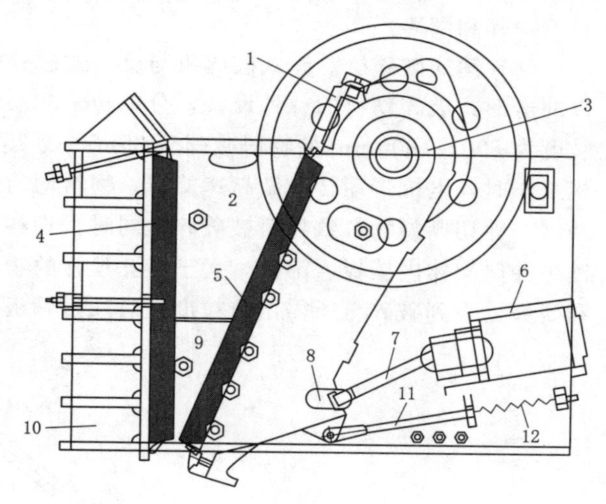

图5-10　颚式破碎机示意

1—动颚护板；2—上边护板；3—动颚；4—固定颚板；5—活动颚板；6—调整座；7—肘板；8—肘板垫；9—下边护板；10—机架；11—动颚拉杆；12—弹簧

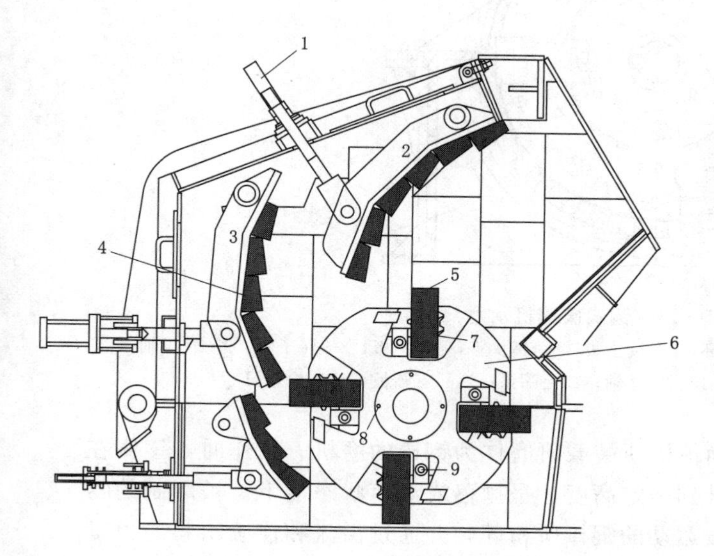

图5-11　反击式破碎机示意

1—拉杆；2—前反击架；3—后反击架；4—反击衬板；5—板锤；6—转子架；7—压紧板；8—主轴；9—锁紧板

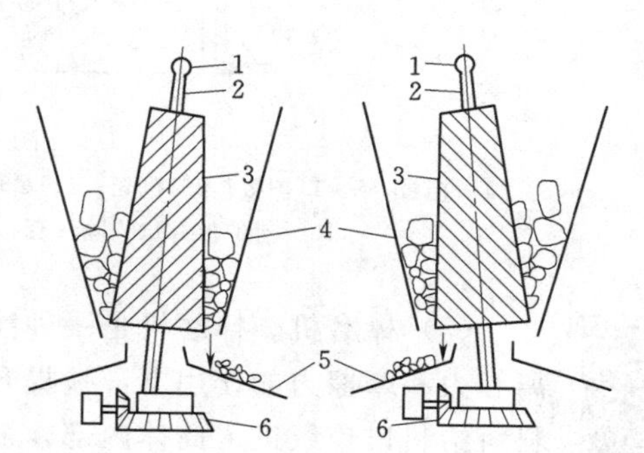

图5-12　圆锥破碎机工作原理示意

1—球形铰；2—偏心主轴；3—内锥体；4—破碎室机器壳；5—出料滑板；6—伞齿及传动装置

碎机圆锥轴在偏心套的作用下产生偏心距做旋摆运动，使得破碎壁表面时而靠近定锥表面，时而远离定锥表面，从而使石料在破碎腔内不断地受到挤压、折断和冲击而破碎。其优点是破碎比大、生产效率高、粒形优异、适应性强、自动化程度高等；缺点是构件复杂、维修相对复杂、价格较高等。适用于破碎各种硬度的岩石，主要用于骨料的中碎和细碎。

（4）锤式破碎机。锤式破碎机与反击式破碎机原理类似，如图5-13所示。它是以冲击形式破碎物料的一种设备，分单转子和双转子两种形式，是一种可直接将最大粒度为600～1800mm的物料破碎至25mm或25mm以下的破碎用破碎机。锤式破碎机工作时，电机带动转子做高速旋转，物料均匀地进入破碎机腔中，高速回转的锤头冲击、剪切撕裂物料致物料被破碎，同时，物料自身的重力作用使物料从高速旋转的锤头冲向架体内挡板、筛条，大于筛孔尺寸的物料阻留在筛板上继续受到锤子的打击和研磨，直到破碎至所需出料粒度最后通过筛板排出机外。

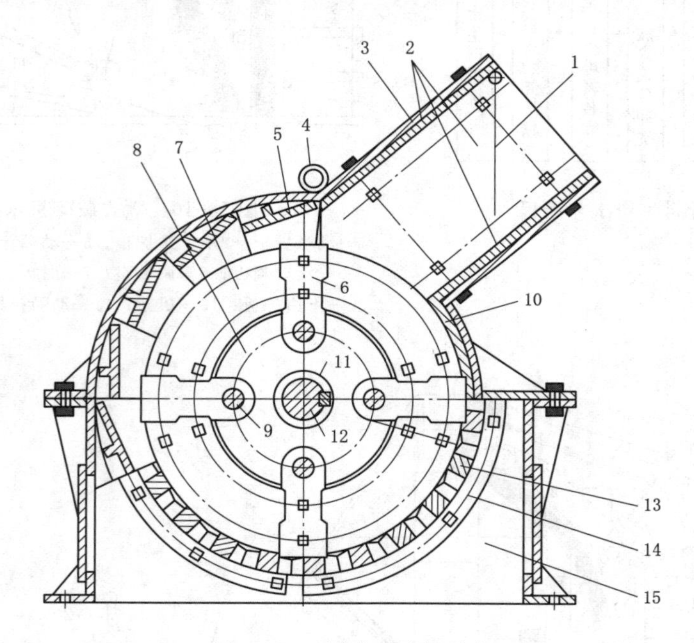

图5-13　锤式破碎机示意

1—挡板；2—口护板；3—机壳；4—吊环；5—反击板；6—锤头；7—边护板；8—转子盘；9—转子轴；10—前护板；11—隔环套；12—传动轴；13—筛条；14—支筛板；15—检查门

资源5-3-6
棒磨机

（5）棒磨机。棒磨机是一种筒体内所装载研磨体为钢棒的磨机。工作时，钢棒在离心力和摩擦力的作用下，被提升到一定高度，呈抛落或泄落状态落下。被磨制的物料由给料口连续进入筒体内部，被运动的钢棒所粉碎，并通过溢流和连续给料的力量将产品排出机外，以进行下一段工序作业。

2. 骨料的筛分

骨料的筛分是指通过筛分机具将砂石骨料分选成几组符合设计要求级配的工作。筛分方法主要有水力筛分和机械筛分两种。前者主要用于细骨料，后者主要用于粗骨料。

大规模的筛分则多采用机械振动筛，有偏心振动和惯性振动两种。

（1）偏心振动筛。偏心振动筛（图5-14）的筛架安装在偏心主轴上，工作时偏心轴不断旋转，当偏心距向上运动时筛子升起，筛上物料被抛起并松散，当偏心距向下运动时筛子下降，被抛起的物料借自重落回筛面，物料在筛面上经过多次抛起、下落而使小于筛孔的细粒通过筛孔成为筛下产品，大于筛孔的筛上粗粒，由筛子末端排出成为筛上产物，从而达到将各种粒度组成的粒群筛分成不同粒度级别产品的目的。这种筛适用于筛分大、中颗粒的骨料。

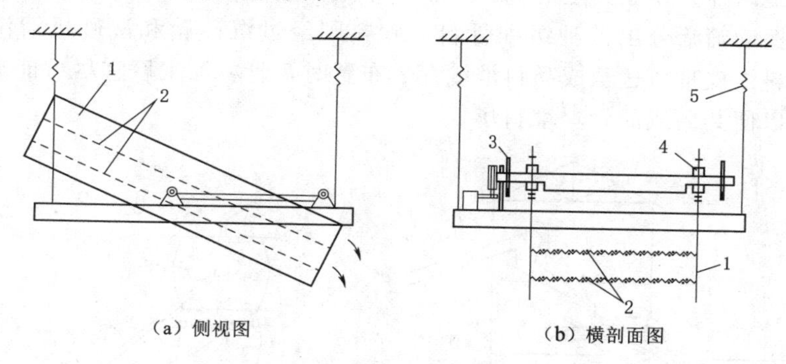

图5-14 偏心振动筛示意

1—筛架；2—筛网；3—平衡重；4—偏心部位；5—消振弹簧

（2）惯性振动筛。惯性振动筛（图5-15）的传动轴在电动机的带动下高速旋转，轴上的圆盘及配重物在旋转过程中产生较大的惯性力，筛子在惯性力的作用下高速振动。当筛子向下运动时，下面的弹簧被压缩，筛子向上运动时弹簧伸长并复原，筛子经过上述过程产生连续不断的上、下振动，其筛分过程与偏心振动筛相同。这种筛适用于筛分中、细骨料。

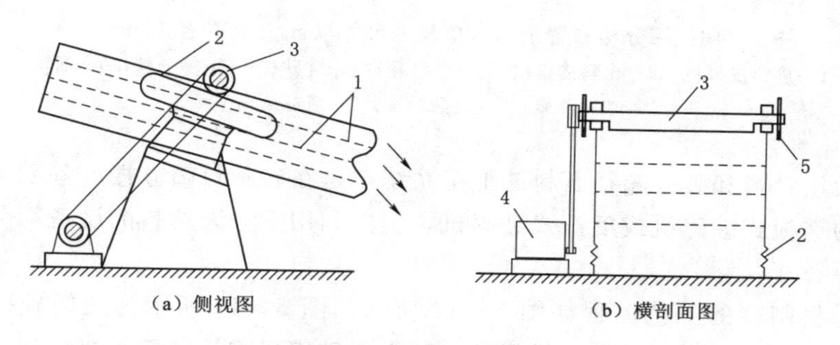

图5-15 惯性振动筛示意

1—筛网；2—消振弹簧；3—单轴振动器；4—电动机；5—配重盘

筛分中主要的质量问题是超径和逊径。当骨料受筛时间太短，筛网网孔偏小，使应过筛的下一级骨料由筛面分入大一级的骨料中称为是逊径；反之，若筛孔孔眼变形偏大，大一级骨料漏入小一级骨料中称为超径。筛分作业中，常以超、逊径的质量百分比作为质量控制标准，规范要求超径石子含量不大于5%，逊径石子含量不大于10%。

整个筛分过程也是骨料清洗去污的过程，筛分的同时，可在筛网面上方正对骨料下滑方向安装具有孔眼的喷水管道对骨料进行冲洗。

资源 5-3-7
螺旋式洗砂机

3. 骨料加工厂

大规模的骨料加工，常将加工机械设备按工艺流程布置成骨料加工工厂。其布置原则是：充分利用地形，减少基建工程量；有利于及时供料，减少弃料；成品获得率高，通常要求达到85%～90%。当成品获得率低时，可利用弃料进行二次破碎，构成闭路生产循环。在粗碎时多为开路生产循环，在中、细碎时采用闭路生产循环。

资源 5-3-8
骨料加工系统布置

筛分楼是以筛分作业为主的加工厂，其布置如图 5-16 所示。常用皮带机送料上楼，经两道振动筛筛分出五种级配骨料，砂料则经过沉砂箱和洗砂机清洗为成品砂料，各级骨料由皮带机送至成品料堆堆存。布置时，骨料加工厂宜尽可能靠近混凝土制备系统，以便共用成品骨料堆料场。

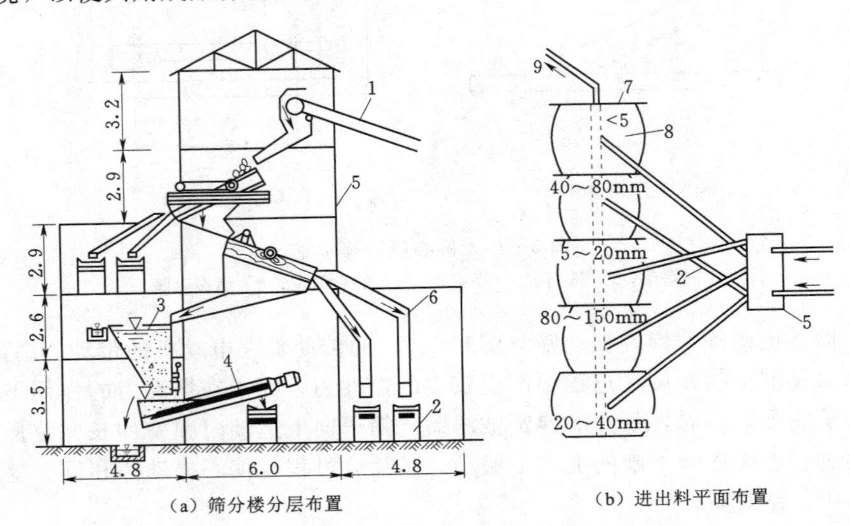

(a) 筛分楼分层布置　　(b) 进出料平面布置

图 5-16　筛分楼布置示意（单位：尺寸以 m 计；粒径以 mm 计）
1—进料皮带机；2—出料皮带机；3—沉砂箱；4—洗砂机；5—筛分楼；6—溜槽；
7—隔墙；8—成品料堆；9—成品运出

筛分天然骨料和破碎超径石料的加工系统，是在砂砾料筛分楼的基础上，增加破碎超径石的颚板式破碎机或反击式破碎机，仍然利用筛分天然料的设备筛分破碎后的混合料。

人工骨料制砂的工艺流程如图 5-17 所示。图 5-17 所示为三级破碎和棒磨制砂，由颚板式破碎机或锥式破碎机粗碎，反击式破碎机或锥式破碎机中碎，经筛分后再细碎，用棒磨机制砂，最后送至成品料堆的工艺流程。

4. 骨料的堆存

为了保证骨料的生产与连续供应，提高生产设备运行效率，骨料生产系统一般需要设置堆存料场，主要包括毛料、半成品料和成品料堆场。骨料储量的多少主要取决于生产能力、地形、气候、水文条件以及浇筑强度等因素。在进行骨料堆存时应注意以下问题：首先要尽量减少转运次数，控制物料跌落高度，防止跌碎和分离；在进入拌和机前，要控制砂石料含水量，砂料的含水量应控制在5%以内，又需保持一定的

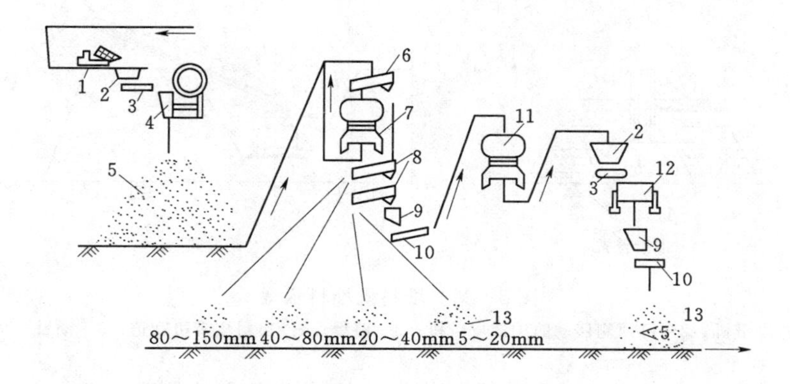

图 5－17　人工骨料制砂的工艺流程（单位：mm）

1—进料汽车；2—受料斗；3—喂料机；4—颚板式破碎机粗碎；5—半成品料堆；6—预筛分；7—锥式破碎机中碎；8—振动筛筛分；9—沉砂箱；10—螺旋洗砂机；11—锥式破碎机细碎；12—棒磨机制砂；13—成品料堆

湿度；还应避免堆存混级，这是引起骨料超逊径问题的主要原因之一；还要防止成品骨料污染，应设置良好的排水、排污系统，以保持骨料的洁净。

骨料堆场的布置主要取决于地形条件、堆料设备与进出料方式，主要有以下几种形式：

（1）台阶式堆料。利用堆料与进料地面的高差，由自卸汽车或机车卸料至台阶下，控制地弄廊道顶部的弧门给料，通过廊道内的皮带机出料，如图 5－18 所示。

（2）栈桥式堆料。可在平地架设栈桥进行堆料，在桥面上安装皮带机，经卸料小车向两侧卸料，料堆呈棱柱体，通过廊道内的皮带机出料。需要注意的是，此方式堆料跌落高度较大，且自卸容积较小，常需推土机予以辅助，如图 5－19 所示。

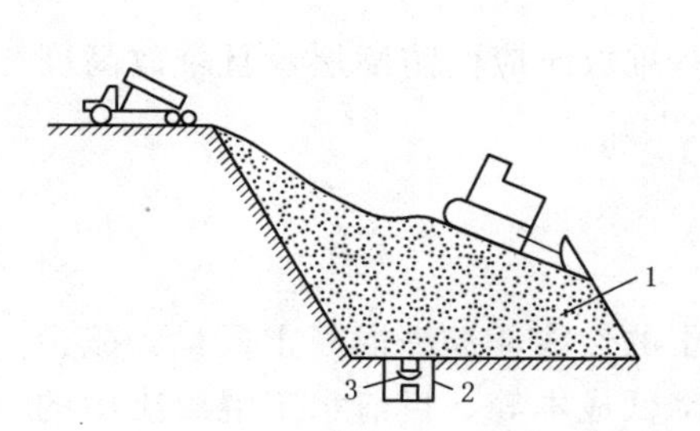

图 5－18　台阶式骨料堆

1—料堆；2—廊道；3—出料皮带机

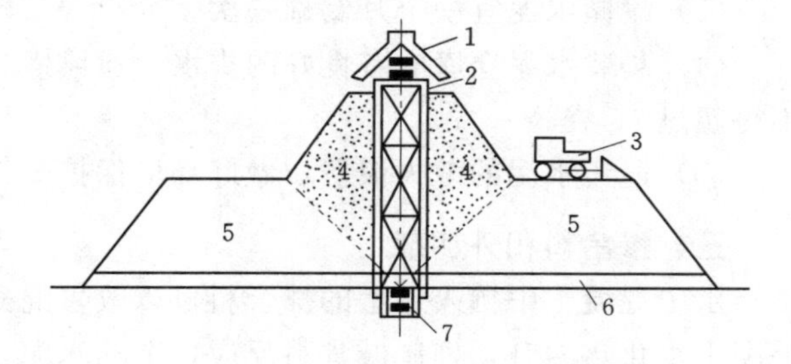

图 5－19　栈桥式骨料堆

1—卸料小车；2—进料皮带机栈桥；3—推土机；4—自卸容积；5—死容积；6—垫底损失容积；7—出料皮带机

（3）堆料机堆料。堆料机机身可沿轨道移动，由悬臂皮带机送料扩大堆料范围，为了增大堆料容积，还可在堆料机轨道下修筑一定高度的路堤；通常有双悬臂式和动臂式两种形式，如图 5－20 所示。

5．骨料的运输

骨料生产系统地形较为复杂，物料运输量大且集中，应结合实际地形、地质条

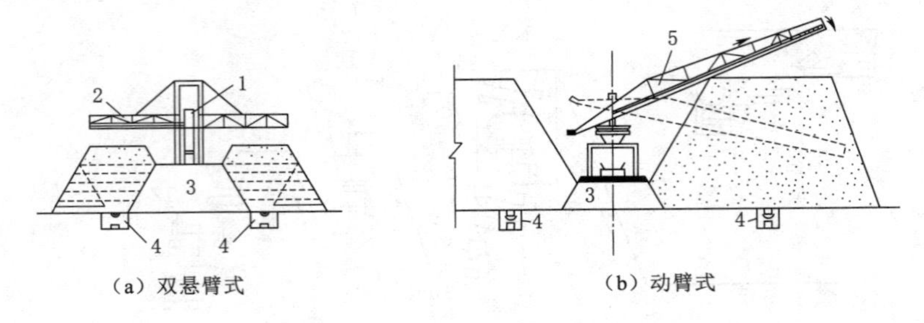

（a）双悬臂式　　（b）动臂式

图 5-20 堆料机堆料示意

1—进料皮带机；2—可两侧移动的梭式皮带机；3—路堤；4—出料皮带机廊道；5—动臂式皮带机

件、现有道路、运输强度、工程规模、物料粒径等因素选择合理的运输方式。

骨料生产系统的物料运输主要包括毛料运输、半成品骨料运输与成品骨料运输。20 世纪 70—90 年代，砂石料的运输基本以自卸汽车运输为主；进入 21 世纪，随着工程规模的增大，运输强度以及总量不断提高，已经普遍采用带式运输机运输方式。如龙滩、向家坝、锦屏一级、乌东德等大型工程均采用长距离带式运输机运输方案。目前常采用的砂石骨料运输方式主要有：轨道运输、带式运输机运输、水路运输、公路运输、溜井运输。

二、水泥的储运和保管

水工混凝土宜优先选用中热硅酸盐水泥，既可满足混凝土各项性能要求，又可降低混凝土发热量，减少温度裂缝。水泥的保管与使用应遵循以下规定：

（1）先出厂的水泥应优先使用。袋装水泥储存时间超过三个月、散装水泥超过六个月或快硬水泥超过一个月时，使用前应重新检验。

（2）运至现场的散装水泥入罐温度不宜高于 65℃。

（3）罐储水泥宜一个月倒罐一次。

（4）袋装水泥仓库应有良好的排水、通风措施；堆放时应设防潮层，且堆放高度不得超过 15 袋。

（5）避免水泥的散失浪费，做好环境保护工作。

三、掺合料和外加剂

水工混凝土中掺入适量的掺合料可以改善混凝土的性能，提高混凝土质量，减少混凝土水化热温升，抑制碱骨料反应，节约水泥，降低成本等。目前水工混凝土中的掺合料以粉煤灰最为常见。粉煤灰具有明显的减水和显著改善混凝土多种性能的效果，并可降低混凝土水化热温升。因此在工程中要优先选用高等级的粉煤灰，以获得最大的技术经济效益。其他掺合料也有工程应用的实例，如漫湾工程掺用凝灰岩粉，新疆山口水电站掺用石灰石粉等。掺合料应储存到有明显标志的储罐或仓库中，运输过程中应设有防水防潮措施，并保证不混入杂物。

为方便混凝土施工和质量管理，满足各部位混凝土性能要求，常在混凝土中掺入 1～2 种外加剂，如引气剂、早强剂、减水剂等。其品种和掺量应通过试验确定。当两种外加剂复合掺用时，应分别配置成溶液，在混凝土拌和时分别称量、入机拌和使用；不同厂家和不同品种的外加剂不能混装，当外加剂储存时间过长，对其品质有怀疑时，还应在使用前重新检验。

第四节　混凝土的制备、运输、浇筑与养护

知识要求与能力目标：

（1）熟悉混凝土的拌和设备及混凝土生产系统的布置与要求，掌握混凝土生产能力和拌和设备数量的确定方法；

（2）熟悉混凝土水平和垂直运输设备与工作特点，明确混凝土运输过程中的质量要求，掌握混凝土运输设备能力的确定方法；

（3）熟悉混凝土的振捣设备，了解其适用条件，理解混凝土的振捣要求；

（4）掌握混凝土浇筑施工的主要环节和技术要点，熟悉混凝土的养护方法。

学习内容：

（1）混凝土制备；

（2）混凝土运输；

（3）混凝土浇筑和养护。

一、混凝土制备

混凝土制备是按照混凝土配合比设计要求，将其各组成原材料（砂子、水泥、石子、水、外加剂及掺合料等）拌和成均匀的混凝土料，以满足浇筑的需要。

混凝土制备的过程包括储料、供料、配料和拌和。配料正确、拌和充分均匀是保证混凝土质量的关键。而拌和设备又是保证拌制质量的主要手段。

常见的拌和方法有人工拌和与机械拌和两种。由于人工拌和劳动强度大、混凝土质量难以保证，除零星、分散、强度不高的混凝土制备外，一般均采用机械拌和。

（一）混凝土拌和设备及其生产能力的确定

1. 混凝土拌和设备

混凝土拌和机的类型繁多，按拌和原理不同可分为自落式和强制式两种。

（1）自落式拌和机。自落式拌和机的叶片固定在拌和筒内壁，工作时叶片和筒一起旋转，从而将各项材料带至筒顶，再靠材料自重自由跌落而拌和。其特点是结构简单，叶片和衬板磨损相对较小，单位混凝土成本低，多用于拌制具有一定坍落度的混凝土。自落式拌和机应用很普遍，按其外形又分为鼓筒式和双锥式两种。

1）鼓筒式拌和机。如图 5－21 所示，筒轴水平，筒体呈鼓形，适用于水电站的前期临建工程与小型工程。该拌和机拌和作用弱、时间长、出料慢，但构造简单、使用可靠、维修方便，国内仍在使用。

2）双锥式拌和机。如图 5－22 所示，该拌和机拌和筒由两个截头圆锥壳体组成，故称为双锥式。按出料方式不同，分为反转出料式和倾翻出料式。后者在国内被广泛应用在混凝土拌和楼上。

（2）强制式拌和机。强制式拌和机装料鼓筒不旋转，而是利用固定在转轴上的叶

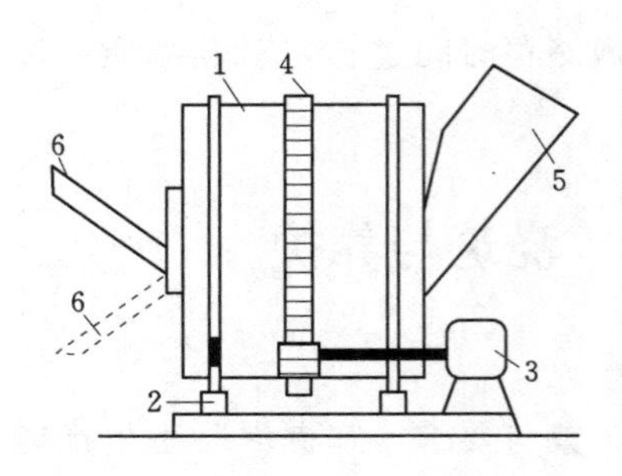

图 5-21　鼓筒式拌和机

1—鼓筒；2—托辊；3—电动机；4—齿环；5—进料斗；6—出料槽

片旋转带动混凝土材料进行强制拌和。其特点是拌和作用强烈，拌和时间短，拌和质量好，对水灰比和稠度的适应范围广。适宜拌制较小骨料干硬性、高强度和轻骨料混凝土。但当拌和大骨料多级配低坍落度碾压混凝土时，拌和机叶片衬板磨损快，耗量大，维修困难。

2. 拌和设备的性能指标

拌和机是按照进料、拌和、出料三个过程循环工作的。每循环工作一次就拌制出一罐新鲜的混凝土。拌和机的主要性能指标是其工作容量，单位以升或立方米计。这些性能指标包括出料容量、进料容量、几何容量。此外，还有反映拌和机性能和效率的参数出料系数、搅拌筒利用系数。

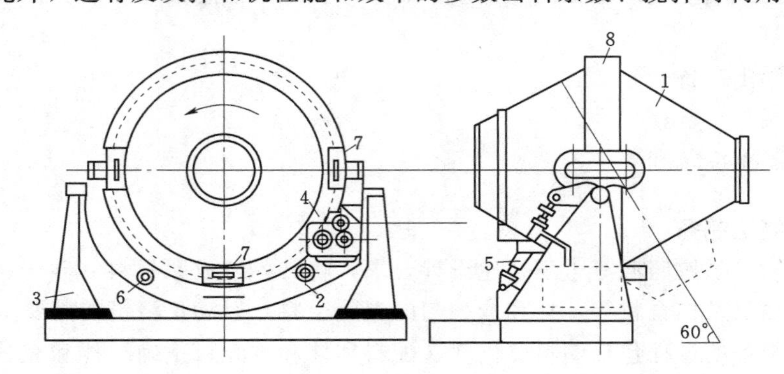

图 5-22　双锥式拌和机

1—拌和鼓筒；2—曲梁；3—机架；4—电动机和减速装置；5—气缸；6—支承滚轮；7—夹持滚轮；8—齿环及轮箍

出料容量是拌和机每次可搅拌出的最大混凝土容量。进料容量是指每拌和一次装入拌和筒内各种松散材料体积之和。几何容量是搅拌前搅拌筒可能装的各种材料的累积体积，为了有足够的拌制空间，鼓筒容积应为进料体积的 2.5～3.0 倍。拌和机容量越大，内部叶片耐撞击力越强，拌和混凝土骨料最大粒径的允许值随拌和机容量加大而加大。

出料系数指的是出料容量和进料容量的比值，这个比值通常介于 0.6～0.7 之间。有些国家拌和机的铭牌容量是指进料体积，在计算出料体积时，应乘以出料系数。搅拌筒利用系数是指进料容量与几何容量的比值，一般为 0.22～0.40。

3. 拌和设备的生产能力

每台拌和机的小时生产率可按下式计算：

$$P=NV=K_t\frac{3600V}{t}=K_t\frac{3600V}{t_1+t_2+t_3+t_4} \tag{5-7}$$

式中：P 为每台拌和机的小时生产率，m^3/h；N 为每台拌和机每小时平均拌和次数；V 为拌和机出料容量，m^3；K_t 为时间利用系数，视施工条件而定，0.8～0.9；t 为拌和机一个循环所需时间，为进料、拌和、出料与技术性间歇之和；t_1 为进料时间，自动化配料为 10～15s，半自动化配料为 15～20s；t_2 为拌和时间，随拌和机工作容量、坍落度、气温而异，一般需通过试验确定，也可参照表 5－9 确定；t_3 为出料时间，倾翻出料为 15s，非倾翻出料为 25～30s，t_4 为必要的技术间歇时间，双锥式拌和机为 3～5s。

表 5－9　　　　　　　　　　　　混凝土最少拌和时间

拌和机容量 Q /m^3	最大骨料粒径 /mm	最少拌和时间/s	
		自落式拌和机	强制式拌和机
$0.8 \leqslant Q \leqslant 1$	80	90	60
$1 < Q \leqslant 3$	150	120	75
$Q > 3$	150	150	90

注　1. 入机搅拌量应在搅拌机额定容量的 110%以内。
　　2. 加冰混凝土的搅拌时间需适当延长 30s（强制式 15s），出机的混凝土搅拌物不应有冰块。

（二）拌和站、拌和楼及其设备容量

在混凝土施工中，常把骨料堆场、水泥仓库、配料装置、拌和机及运输设备等集中布置，组成混凝土拌和站，或采用成套的混凝土工厂（拌和楼）来制备混凝土，以提高混凝土质量与经济效益。

1. 拌和站、拌和楼的布置

拌和站、拌和楼是混凝土制备的工厂，由各种原材料的储存、运输系统，混凝土拌和物运送设备，制冷、供热、加冰、风冷等配套设施构成。作为混凝土的生产系统，其规模应根据混凝土浇筑强度确定。

（1）拌和站。如图 5－23 所示，拌和站一般用于中小型水利工程、分散工程或大型工程的零星部位。在台阶地形，拌和机数量不多时，拌和站可呈一字形布置；而对于沟槽路堑地形，拌和机数量多的情况，拌和站则可采用双排相向布置。拌和站的配料可由人工或机械完成，配料与供料设施的布置需考虑料场位置、运输路线布置、进出料方向。

（2）拌和楼。如图 5－24 所示，拌和楼适用于用料集中的大、中型工程。多由型钢搭建装配而成，具有占地少、运行可靠、生产效率高等特点。拌和楼常按工艺流程分层布置，分为进料、储料、配料、拌和及出料五层，其中配料层是拌和楼的控制中心。目前，水利水电工程中使用的拌和楼主要有半自动、全自动和计算机控制全自动三种形式。

拌和站、拌和楼的布置应尽量靠近浇筑地点，并有足够的防爆安全距离；应充分利用地形条件，减少工程量；其主要建筑物的

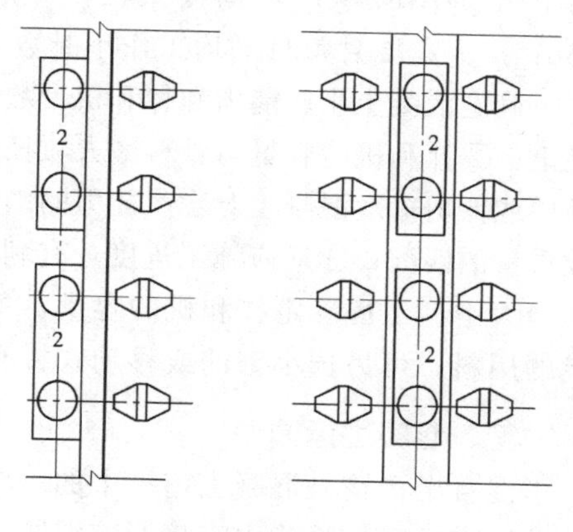

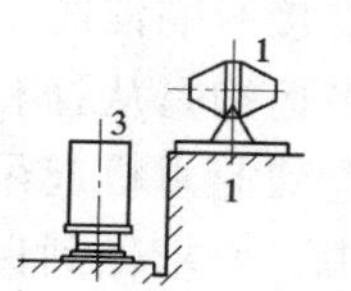

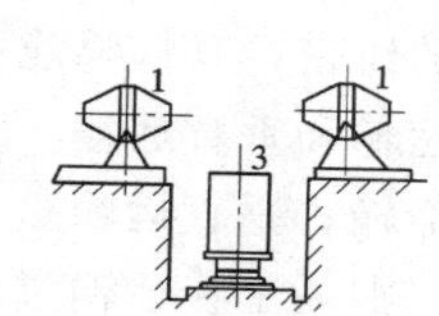

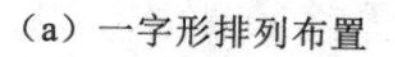
（a）一字形排列布置　　　（b）双排相向布置

图 5－23　拌和站布置示意

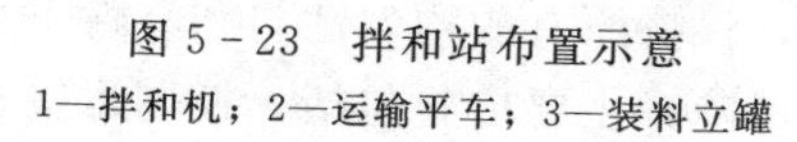
1—拌和机；2—运输平车；3—装料立罐

资源 5－4－1
混凝土拌和系统

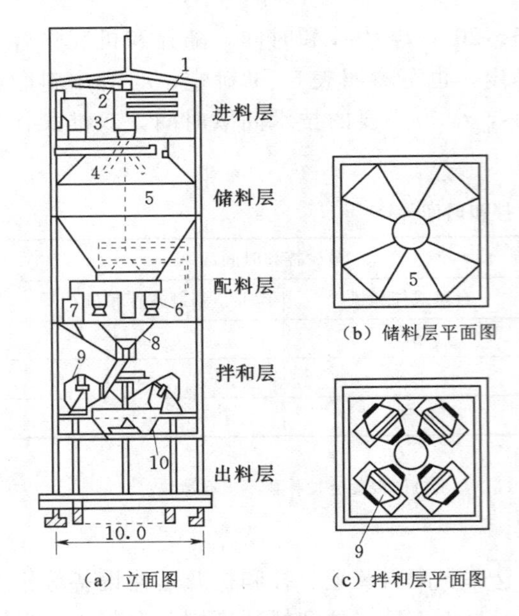

（a）立面图　（b）储料层平面图　（c）拌和层平面图

图 5-24　混凝土拌和楼示意

1—进料皮带机；2—水泥螺旋运输机；3—受料斗；4—分料器；5—储料仓；6—配料斗；7—量水器；8—集料斗；9—拌和机；10—混凝土出料斗

基础应足够稳固，满足承载力等方面要求；在使用期内应避免中途搬迁，且要与永久性建筑物及其他附属设施保持足够的安全距离。

混凝土拌和站或拌和楼生产能力设计，应以混凝土最大浇筑强度为依据，选择合适的拌和机，根据实际布置，充分考虑混凝土砂石料运输方式和距离、混凝土配合比、水泥和掺合料供应方式、混凝土类别、混凝土坍落度等因素，确保满足工程进度要求。

2. 拌和设备容量的确定

混凝土拌和站（楼）的生产能力须满足浇筑强度、混凝土质量及品种的要求。规范规定，其小时生产能力应根据施工进度安排的施工月高峰浇筑强度计算。混凝土拌和设备需要满足的小时生产能力计算公式如下：

$$P_0 = K\frac{Q_{max}}{mn} \tag{5-8}$$

式中：P_0 为混凝土拌和设备小时生产能力，m^3；Q_{max} 为混凝土浇筑高峰月强度，m^3；K 为小时生产不均衡系数，一般取 1.5；m 为高峰月有效工作日数，一般取 25d；n 为高峰月每日平均工作小时数，按三班制，一般取 20h。

确定混凝土生产能力和拌和机台数还应满足如下要求：①能同时拌制不同标号的混凝土；②拌和机的容量与骨料最大粒径相适应；③考虑拌和、加冰和掺合料以及生产干硬性或低坍落度混凝土对生产能力的影响；④拌和机的容量与料斗容器容量和运输机械载重量的匹配；⑤适应施工进度，有利于分批安装，分批投产，分批拆除转移。

大中型工程确定拌和机的容量，主要考虑满足主体工程浇筑的需要，对于分散零星的用料，可另选小型的或移动式拌和机来满足。

二、混凝土运输

混凝土运输是混凝土施工中的一个重要环节。它是连接混凝土拌和与浇筑两个系统的纽带，其保障能力直接影响混凝土工程质量和施工进度。混凝土运输过程包括水平运输和垂直运输。水平运输是从拌和楼出料口到混凝土浇筑仓前起重机起吊点之间的运输；垂直运输是从仓前起重机起吊点到浇筑仓面的运输。

混凝土在运输过程中，要求做到保质、保量和经济。质量要求包括：混凝土不初凝、不分离、不漏浆、无严重泌水、无大的温度变化，无坍落度损失、没有强度等级混淆，保持原有的均匀性与和易性不变等。实践中应从多个方面和环节采取有效措施加以保障，主要措施包括：控制运输过程中的时间，掺普通减水剂的混凝土，其运输时间不宜超过相关施工规范的规定值，见表 5-10；水平运输道路要平顺；尽量减少转运次数；转运自由跌落高度不大于 2m；盛料容器及车厢严密不漏浆；采取隔热、保温、防雨雪措施；同时运输两种及两种以上混凝土时，应设有明显的区分标志等。

此外，为保证混凝土浇筑的顺利进行，运输设备及运输能力应与拌和、浇筑能力、仓面状况相适应。

表 5-10　混凝土运输时间

运输时段的平均气温/℃	混凝土运输时间/min
20～30	45
10～20	60
5～10	90

1. *混凝土的水平运输*

常见的水平运输方式有：有轨运输、无轨运输、皮带机运输等。

(1) 有轨运输一般有机车拖运装载立罐的平板车和机车拖侧卸罐两种。该方式需要设置专用的运输线路。其运输能力大、震动小、速度快，常用于混凝土工程量较大、浇筑强度高的工程；但要求混凝土工厂与浇筑点之间的高差小，对地形、地貌的要求较高，路线布置复杂，运行调度要求高，建设周期较长，且在工程初期需要其他运输手段予以辅助。

机车轨距主要取决于混凝土运输的强度，构件运输要求和现场布置条件。大型工程规模大、浇筑强度高，一般采用 1435mm 的准轨线路，中、小型工程多用 1000mm 或 762mm 窄轨线路。

机车拖挂 3～5 节平台车，每节可放混凝土立式吊罐 2～4 个，直接到拌和楼装料。每节平台车上预留 1 个罐的空位，以备转运时放置起重机吊回的空罐。这种运输方法，有利于提高机车和起重机的效率，缩短混凝土运输时间。图 5-25 所示为机车拖挂平台车的示意，每节车上有 3 个立罐和 1 个罐的空位。

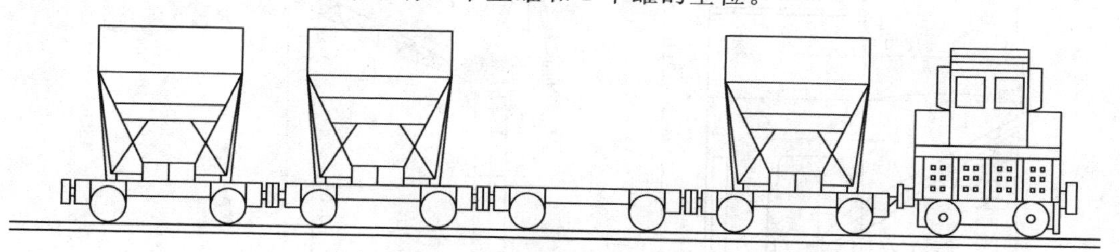

图 5-25　有轨机车编组示意

立罐容积有 $1m^3$、$3m^3$、$6m^3$、$9m^3$ 几种，容量大小应与拌和机及起重机的能力相匹配。立罐外壳为钢制品，装料口大，出料口小，并设弧门控制，用人力或气压启闭，如图 5-26 所示。

(2) 无轨运输一般指汽车运输，主要有混凝土搅拌车，改装式自卸汽车、汽车运立罐及无轨侧卸料罐车等。汽车运输机动灵活，对地形适应性强，准备工作简单，应用广泛。与有轨运输相比，具有投资少，道路容易修建，适应工地场地狭窄、高差变化大的特点。但汽车运输能源消耗大，运输成本高，质量不易保证。一般用于建筑物基础、分散工程或其他设备难以到达的部位。

(3) 皮带机运输主要有固定式和移动式两种。皮带运输可将混凝土直接输送入仓，入仓速度快；设备简单，占地面积小，适应性好；能够连续运输，运输效率高。

但运输流态混凝土时容易分层离析，砂浆损失较为严重；薄层运输与大气接触面大，容易改变料的温度和含水量，影响混凝土质量。该方式运输对地形高差大的工程部位具有较好的适用性。

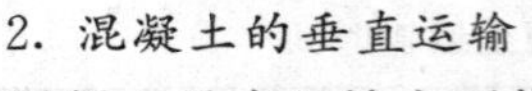

2. 混凝土的垂直运输

资源 5-4-2 混凝土垂直运输设备与布设

混凝土垂直运输主要依靠起重机械吊混凝土罐入仓，常见的起重机械有门机、塔机、缆机、履带式起重机和轮胎式起重机等。

(1) 门机。门式起重机（又称门机）是一种大型移动式起重设备。它的下部为钢结构门架，门架底部装有车轮，可沿轨道移动。门架下可供运输车辆在同一高程上运行，具有结构简单、运行灵活、操纵方便，可起吊物料做径向和环向移动，定位准确，控制范围较大，工作效率较高等优点，在大中型水利工程中应用较为普遍。

资源 5-4-3 自卸汽车卸料给混凝土立罐

普通门式起重机的起重量可达 10/60t，起重高度为 20～70m，工作半径以 40～70m 为主。国内常用的 10/20t 的门机，最大起重幅度 40/20m，轨上起重高度 30m，轨下下放深度 35m。图 5-27 是 10/30t 高架门机外形图。

资源 5-4-4 门机与布设

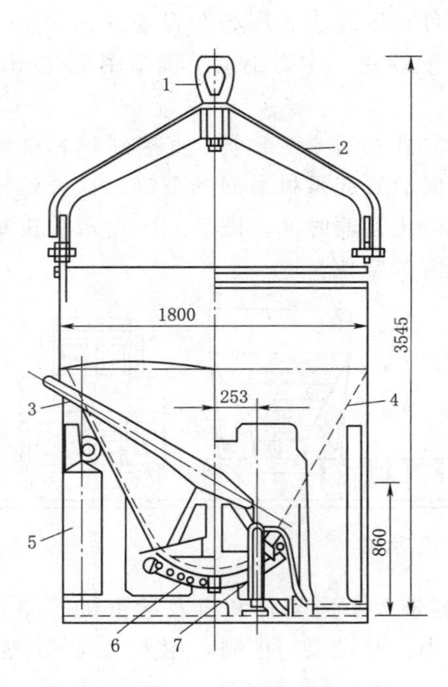

图 5-26　混凝土立罐结构图

1—吊环；2—吊梁；3—操作杆；4—罐壁；5—储气罐；6—斗门；7—支架

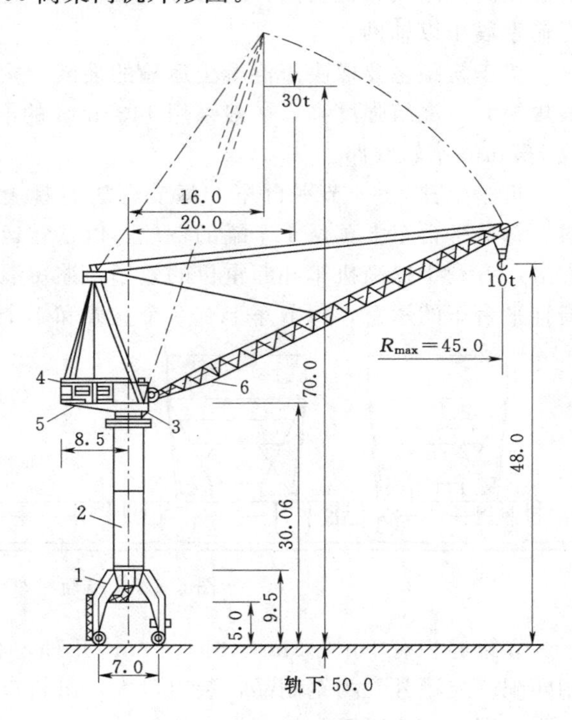

图 5-27　10/30t 高架门机（单位：m）

1—门架；2—高架塔身；3—回转盘；4—机房；5—平衡重；6—起重臂；R_{max}—最大半径

资源 5-4-5 塔机与布设

(2) 塔机。塔式起重机又称塔机或塔吊，是在门架上装置高达数十米的钢塔，用于增加起重高度。其起重臂多是水平的不能仰伏，靠起重小车（带有吊钩）沿起重臂水平移动，来改变起重幅度，10/25t 塔机如图 5-28 所示，其控制范围是一个长方形的空间。塔机的稳定性和运行灵活性不如门机，当有 6 级以上大风时，必须停止工作。由于塔顶旋转是由钢绳牵引，塔机只能向一个方向旋转 180°或 360°之后，再回转。而门机却可任意转动。塔机适用于浇筑高坝，若将多台塔机安装在不同的高程上，可以发挥控制范围大的优点。

资源 5-4-6 乌东德工程大坝下游左右岸混凝土护坡浇筑塔机布置与控制范围

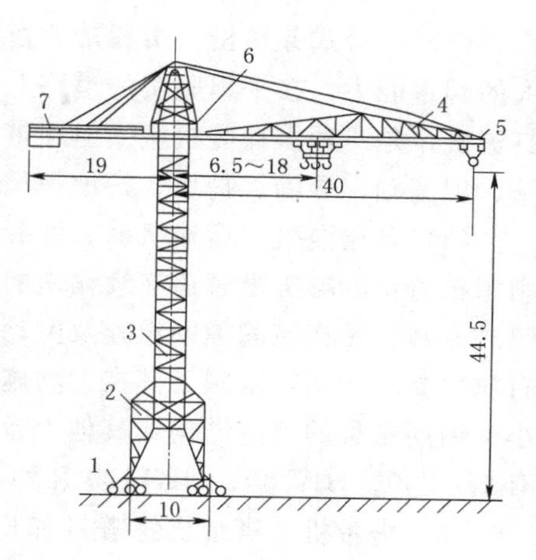

图 5-28　10/25t 塔机（单位：m）
1—行驶装置；2—门架；3—塔身；4—起重臂；5—起重小车；6—回转塔身；7—平衡重

（3）缆机。缆式起重机（又称缆机），主要由一套凌空架设的缆索系统、起重小车、首塔架、尾塔架等组成，机房和操纵室一般设在首塔内，如图 5-29 所示。

资源 5-4-7 混凝土运输缆机系统

缆索系统为缆机的主要组成部分，它包括承重缆、起重索、牵引索和各种辅助缆索。承重缆两端系在首塔架和尾塔架顶部，承受很大的拉力，通常用光滑、耐磨、抗拉强度很高的钢丝绳制成，是缆索系统中的主缆。起重索用于垂直方向升降起吊钩。牵引索用于牵引起重

资源 5-4-8 乌东德大坝混凝土浇筑缆机运输系统

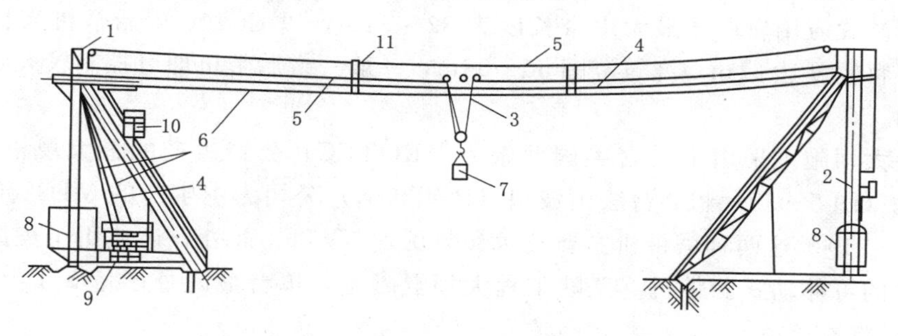

图 5-29　缆机结构
1—首塔；2—尾塔；3—起重小车；4—承重缆；5—牵引索；6—起重索；7—重物；8—平衡重；9—机房；10—操纵室；11—索夹

小车沿承重缆移动。首尾塔架为三角形空间结构，分别布置在两岸较高的地方。

缆机的类型一般按首尾塔架的移动情况划分，有固定式、平移式和辐射式三种。首尾塔架都固定者为固定式缆机；首尾塔架都可移动的为平移式缆机；尾塔架固定，首塔架沿弧形轨道移动者为辐射式缆机。

缆机适用于狭窄河床的混凝土坝浇筑，具有浇筑仓位多，控制范围大，生产效率高，设备使用时间长，安装不占主体工程工期，与主体工程之间无干扰，受导流、基坑过水和度汛的影响小等优点，对加快主体工程施工进度具有明显的作用。我国的向家坝、溪洛渡、乌东德、白鹤滩等工程均采用了缆机。但缆机的安装受地形限制大、平台搭设所需的工程量与资金较多。

缆机的起重量一般为 10～20t，最大可达 40～50t，跨度一般为 600～1000m，起重小车移动速度为 360～670m/min，吊钩垂直升降速度为 100～290m/min，每小时可吊运混凝土罐 8～12 次，20t 缆机浇筑强度可达 5 万～8 万 m^3/月。

(4) 履带式起重机。由履带式挖掘机改装而成。设备操作灵活、使用方便，有较大的起重能力，在平坦坚实的道路上可负载行走，更换工作装置后还可成为挖土机或打桩机，是一种多功能机械。但履带式起重机行走速度慢、运输效率低，常用于浇筑闸、坝基础、导墙、护坦、护坡等尺寸较小的部位。

(5) 泵送混凝土运输机械。混凝土泵的类型有拖泵和自行式混凝土泵车，是一种利用压力将混凝土沿管道连续输送的机械，按结构型式分为活塞式、挤压式、水压隔膜式。其运输浇筑的辅助设施及劳动力消耗较少，但由于它对混凝土坍落度和最大骨料粒径要求严格，限制了其在大坝施工中的应用。一般混凝土泵适用于方量少、断面小、钢筋密集的薄壁结构或其他设备不易到达的部位浇筑混凝土，常见的混凝土泵车有 HBT60、HBT80、HBT120 几种。

(6) 塔带机。塔带机将塔机和皮带运输机有机结合，要求混凝土拌和、水平供料、垂直运输及仓面作业一条龙配套，是一种新型先进的混凝土运输浇筑设备，与传统的运输浇筑设备相比具有明显的优越性。其集水平运输和垂直运输于一体，简化了运输环节，加快了混凝土入仓速度，操作灵活，运行稳定，浇筑能力强、效率高。

资源 5-4-9
塔带机运输系统

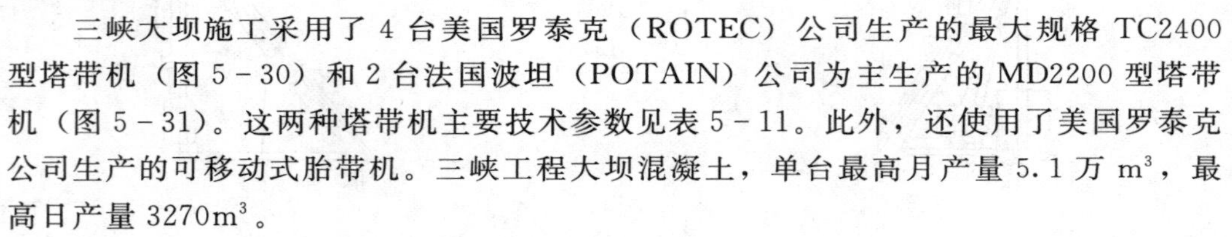

塔带机一般为固定式，专用皮带机也有移动式的，移动式又有轮胎式和履带式两种，以轮胎式应用较广，最大皮带长度为 32～31m，以 CC200 型胎带机为目前最大规格，布料幅度达 61m，浇筑范围 50～56m，一般一台胎带机即可控制较大浇筑块的整个仓面。

三峡大坝施工采用了 4 台美国罗泰克（ROTEC）公司生产的最大规格 TC2400 型塔带机（图 5-30）和 2 台法国波坦（POTAIN）公司为主生产的 MD2200 型塔带机（图 5-31）。这两种塔带机主要技术参数见表 5-11。此外，还使用了美国罗泰克公司生产的可移动式胎带机。三峡工程大坝混凝土，单台最高月产量 5.1 万 m^3，最高日产量 $3270m^3$。

表 5-11　　大型塔带机主要技术参数

项　　目		TC2400 型塔带机	MD2200 型塔带机	备　　注
皮带机最大工作幅度/m		100	105	布料皮带水平状态
塔机工况工作幅度/m		80	80	
塔柱最大抗弯力矩或额定力矩/(t·m)		3400	2200	
塔柱节标准长度/m		9.3	5.78	固定式塔机
带式输送机	带宽/mm	760	750	
	带速/(t/s)	3.15～4.0	3.15～4.0	
	输送能力/(m^3/min)	6.5	6.5	
	最大仰角/(°)	30	25	
	最大俯角/(°)	−30	−25	
	输送最大集料粒径/mm	150	150	
	塔机工况最大起重量/t	60	60	

续表

项　　目	TC2400型塔带机	MD2200型塔带机	备　　注
地面以上最大起升高度/m	95	92.8	
工况转换/min	≤30	≤30	浇筑转安装或安装转浇筑工况
混凝土品种变换一次时间/min	≤15	≤15	
安装和调试时间/周	8	9	低架状态，时间参考值
单班作业人数/人	8～10	8～10	塔机及皮带机

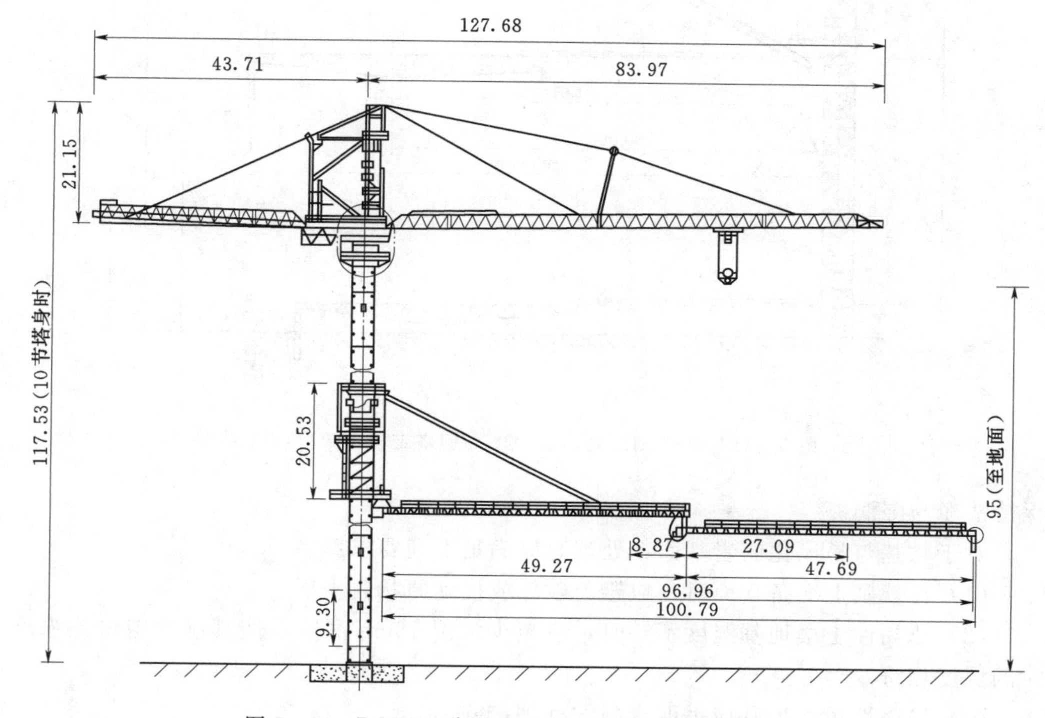

图5-30　ROTEC公司TC2400型塔带机（单位：m）

三、混凝土浇筑与养护

资源5-4-10 乌东德大坝混凝土运输浇筑

混凝土浇筑施工主要有仓面准备、入仓铺料、平仓振捣与浇筑后的养护四个环节，各环节均应按规范要求进行。

（一）仓面准备

《水工混凝土施工规范》（DL/T 5144—2015）中规定：混凝土浇筑前，应做好相关准备工作的检查，包括基岩面或施工缝面的处理情况，模板、钢筋、预埋件及止水设施等应符合设计要求。

资源5-4-11 仓面准备

1. 基岩面处理

对于岩基，应清除上面的松动岩块、泥土及杂物，并用高压水冲洗岩基面，用压缩空气排净积水。如遇承压水，应采取可靠的处理措施，处理后的岩基面在浇筑前应

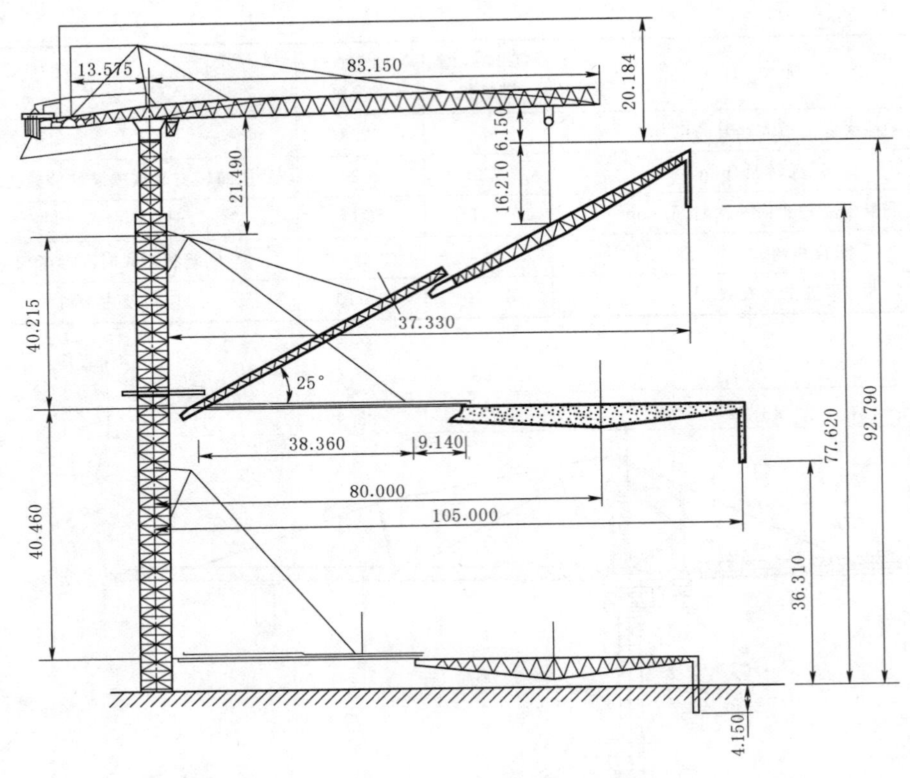

图 5-31　POTAIN 公司 MD2200 型塔带机（单位：m）

保持洁净与湿润。

对于软基与易风化的岩基面，处理时应满足下列要求：

(1) 在软基上准备仓面时，应避免破坏或扰动原状岩土层。

(2) 非黏性土壤地基湿度不够时，应至少浸湿 15cm 深度，使其湿度与最优强度时的湿度相符。

(3) 湿陷性黄土地基应采取专门的处理措施。

(4) 在混凝土覆盖前应做好地基保护。

2. 施工缝处理

施工缝是因施工条件或人为因素所造成的新老混凝土结合面，分为水平和垂直两种。为保证新老混凝土之间的结合牢固，保证水工建筑物的整体性和抗渗性，在新混凝土浇筑前，必须清除老混凝土表面的软化乳皮，形成石子半露而不松动的清洁表面。垂直缝的处理可不凿毛，但应冲洗干净，以利于接缝灌浆。

施工缝处理主要有冲毛、凿毛、喷洒处理剂等。冲毛可采用高压水进行，视气温高低，可在浇筑后 5～20h 进行，且需在混凝土终凝前完成。如采用低压水冲毛，压力一般为 0.3～0.6MPa。其工序为：刷毛→洒水→冲洗。

人工和机械凿毛适用于混凝土龄期长、拆模后的混凝土立面，宽槽、密封块等狭窄部位的缝面处理，开始时间应由试验确定。采取喷洒专用处理剂时，也应通过试验后实施。

在新混凝土浇筑前，应铺设一层高于强度等级的水泥砂浆或强度等级相当的小一级配混凝土、富浆混凝土，以增强新老混凝土的黏结。

3. 仓面检查

仓面准备就绪，风、水、电、照明布置妥当后，经质检部门全面检查，签发准浇证后，方可开仓浇筑，一旦开仓应连续浇筑，避免因中断而出现冷缝。

（二）入仓铺料

混凝土入仓铺料方式有平层浇筑法、斜层浇筑法和阶梯浇筑法三种。

1. 平层浇筑法

平层浇筑法是将混凝土按水平层连续逐层铺填，第一层铺满浇筑振捣密实后再铺筑上一层，依次类推直至设计高度。平层浇筑法有利于保持老混凝土面的清洁；利于砂浆和接缝混凝土的铺设；利于保证新老混凝土的结合质量；便于平仓、振捣机械工作，不易漏振。铺料方向一般沿着仓面的长边方向，由一端向另一端铺筑，如图 5－32 所示。

资源 5－4－12　乌东德工程大坝混凝土浇筑——入仓铺料

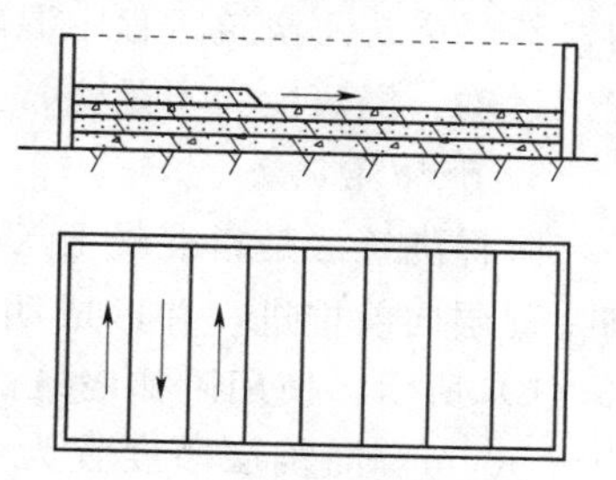

图 5－32　平层浇筑法

铺料厚度取决于振捣设备的性能、拌和能力、运输能力、浇筑速度与气温等因素，一般为 30～50cm，当采用低流动性混凝土及大型振捣设备时，需根据试验确定。混凝土浇筑坯层的最大允许厚度可按表 5－12 确定。

表 5－12　**混凝土浇筑坯层的最大允许厚度**

振捣设备类别		浇筑坯层最大允许厚度
插入式	振捣机	振捣棒（头）长度的 1.0 倍
	电动或风动振捣器	振捣棒（头）长度的 0.8 倍
	软轴式振捣器	振捣棒（头）长度的 1.25 倍
平板式	无筋或单层钢筋结构中	250mm
	双层钢筋结构中	200mm

当采用平层浇筑法施工时，因浇筑层间接触面积大，为了避免产生冷缝，应满足式（5－9）条件要求。

$$BLH \leqslant KP(t_2 - t_1) \tag{5-9}$$

式中：B 为浇筑块的宽度，m；L 为浇筑块的长度，m；H 为浇筑层厚度，m，取决于振捣器的工作深度；K 为时间延误系数，取 0.8～0.85；P 为浇筑仓要求的混凝土实际生产能力，m^3/h；t_2 为混凝土初凝时间，h；t_1 为混凝土运输、浇筑所占时间，h。

2. 斜层浇筑法

斜层浇筑法是在浇筑仓面，从一端向另一端推进，推进中及时覆盖，以免发生冷缝，如图 5－33（a）所示。斜层坡度不超过 10°，否则在平仓振捣时易使砂浆流动，

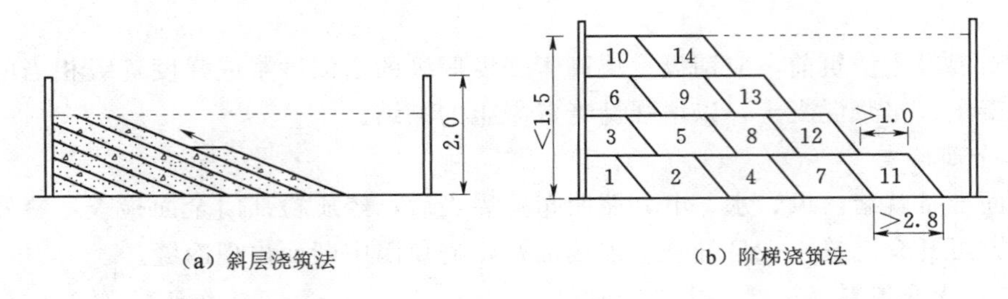

图 5-33　斜层浇筑法和阶梯浇筑法（尺寸单位：m）
1～14—阶梯浇筑顺序

骨料分离，下层已捣实的混凝土也可能产生错动。浇筑块高度一般限制在 1.5m 以内。斜层浇筑法浇筑过程中混凝土损失较小，当浇筑仓面大，混凝土初凝时间短，拌和、运输、浇筑能力不足时常采用该方法。

3. 阶梯浇筑法

阶梯浇筑法是指混凝土入仓铺料时，从仓位短边一端向另一端铺料，边前进边加高，逐层向前推进，并形成明显的台阶，直至把整个仓位浇到收仓高程，如图 5-33（b）所示。使用阶梯浇筑法铺料时，台阶层数不宜过多，以三层为宜；铺料厚度 30～50cm；浇筑层厚度宜为 1.0～1.5m；台阶宽度不小于 2.0m，斜面坡度不大于 1：2。该法缩短了混凝土上下层的间歇时间，既适用于大面积混凝土的浇筑，也适用于通仓浇筑。

斜层浇筑法和阶梯浇筑法施工时，铺料暴露面小，所需混凝土供料强度小，有利于防止大体积混凝土产生温度裂缝，但混凝土容易离析，强度不均，施工组织较为复杂。

(三) 平仓振捣

1. 平仓

平仓就是将卸入仓内的混凝土料按规定要求均匀铺平。常见的平仓方法有人工平仓、机械平仓。人工平仓主要采用铁锹等手工工具，将成堆的混凝土摊平至设计厚度，适用于机械平仓难以到达的部位，如模板附近、钢筋加密区、止水（浆）片底部、门槽、机组埋件、金属管道周围等。机械平仓是采用平仓机等机械设备将混凝土料推平，适用于仓面面积大、仓内无拉条等障碍物和结构简单的仓位。

2. 振捣

振捣是混凝土施工中最关键的工序，应在混凝土平仓后立即进行。其目的是使混凝土密实，并与模板、钢筋及预埋件紧密结合，以保证混凝土的浇筑质量。

混凝土振捣主要采用振捣器进行。其原理是利用振捣器产生的高频率、小振幅的振动作用，减小混凝土拌合物的内摩擦力和黏结力，从而使塑态混凝土液化、骨料相互滑动而紧密排列、砂浆充满空隙、空气被挤出，以保证混凝土密实，并使液化后的混凝土填满模板内部的空间，且与钢筋紧密结合。

常见的振捣器主要有插入式振捣器、外部振捣器、表面振捣器以及振动台，如图 5-34 所示。其中，外部振捣器只适用于柱、墙等结构尺寸小且钢筋密的构件；表面振捣器只适用于薄层混凝土的捣实（如渠道衬砌、道路、薄板等）；振动台振捣器多

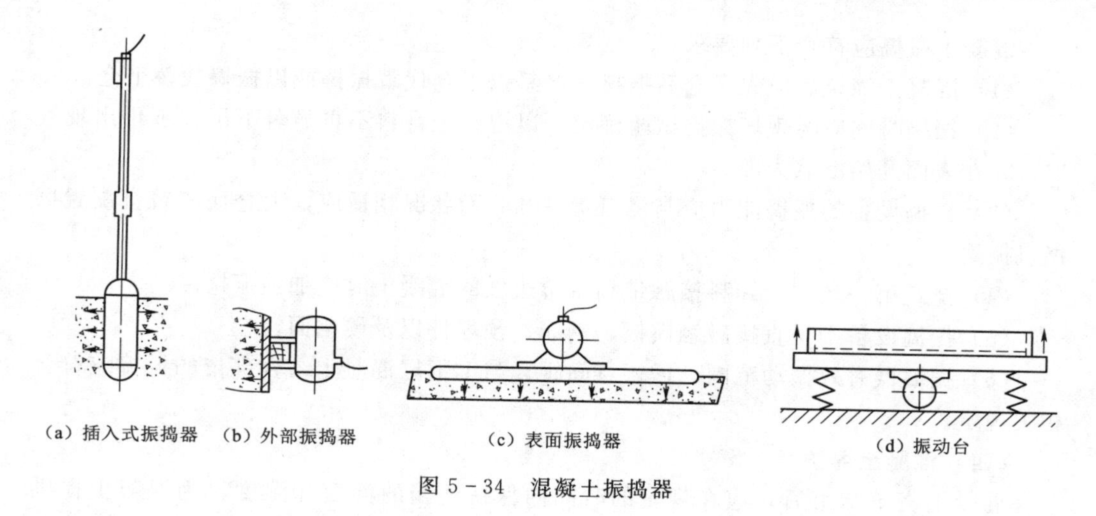

图 5-34 混凝土振捣器

适用于实验室及预制厂。

插入式振捣器在水利水电工程混凝土施工中使用最多。它的主要形式有电动软轴式、电动硬轴式和风动式三种。其中，以电动硬轴插入式振捣器应用最普遍，电动软轴插入式振捣器则用于钢筋密、断面比较小的部位；风动插入式振捣器的适用范围与电动硬轴式的基本相同，但耗风量大，振动频率不稳定，已逐渐被淘汰。

外部振捣器又称附着式振捣器，是在一台具有振动作用的电动机的底面安装特制的底板，工作时底板附着在模板上，振捣器产生的振动波通过底板与模板间接地传给混凝土。多用于薄壳构件、空心板梁、拱肋、T形梁等施工。

表面振捣器是放在混凝土表面上进行捣固的振捣器，按其结构特征有平板式表面振捣器、条式表面振捣器和电磁式表面振捣器等，其中最常用的是平板式表面振捣器。平板式表面振捣器是将它直接放在混凝土表面上，振捣器产生的振动波通过与之固定的振动底板传给混凝土。工作时由两人握住振捣器手柄，根据需要进行拖移。适用于大面积、厚度小的混凝土，如混凝土预制构件板、路面、桥面等。

振动台是一种预制厂生产干硬性混凝土和低流动性混凝土构件且效率较高的振动设备。将装在模板内的预制品置放在与振捣器连接的台面上，振捣器产生的振动波通过台面与模板传给混凝土预制品，使混凝土达到密实状态。

振捣器的生产效率与振捣器的作用半径、激振力、振捣深度、混凝土和易性有关，目前尚无精确的计算方法，工程中，应参考振捣器的性能指标进行计算，对于插入式振捣器的生产率 P，可采用下式估算。

$$P=2KR^2H\frac{3600}{t_1+t} \tag{5-10}$$

式中：P 为振捣器生产效率，m^3/h；K 为振捣器工作时间利用系数，取 0.8～0.85；R 为振捣器的作用半径，m，一般取 0.36～0.6m；H 为振捣深度，m，一般取振捣厚度加 5～10cm；t_1 为振捣器移动一次所需时间，s；t 为振捣器在每一插点的工作时间，s。

混凝土振捣应符合下列要求：

（1）混凝土浇筑后应先平仓后振捣，严禁以平仓代替振捣或以振捣代替平仓。

（2）振捣时间应经现场振捣试验确定，以混凝土骨料不再显著下沉、不再出现气泡，并在表面开始泛浆为准。

（3）振捣设备的振捣能力应与浇筑机械和仓面状况相适应，大仓面浇筑宜配置振捣机振捣。

（4）浇筑第一坯层、卸料接触带和台阶边坡的混凝土时应加强振捣。

（5）振捣设备不得直接碰触模板、钢筋、预埋件以及硬化面。

（6）振捣器有效振动范围、插入点间距、与上下层混凝土结合部位的振捣应符合相关规定。

（四）混凝土养护

混凝土浇筑结束后，应在规定的时间内保持适当的温度和湿度，为混凝土提供良好的硬化条件，称为混凝土养护。养护的目的：一是创造有利条件，使水泥充分水化，加快混凝土强度增长；二是防止暴晒、风吹、干燥等不利自然因素的影响，防止混凝土裂缝的产生。因此，养护是保证混凝土强度增长，不发生开裂的必要措施。

资源 5-4-13
乌东德工程
大坝混凝土
浇筑——智
能喷雾养护

混凝土养护方法主要有洒水养护、化学剂养护、覆盖养护、加热养护、蓄热养护等。

混凝土应在初凝 3h 后（或在浇筑后 12～18h）开始潮湿养护，低流动性混凝土宜在浇筑完毕后立即喷雾养护，并尽早开始保湿养护；有抹面要求的混凝土，不得过早在表面洒水，抹面后应及时进行保湿养护。混凝土养护应连续，对于持续养护时间，环境气温不同，所用水泥品种不同，建筑物的结构部位不同，其要求不同，一般控制在 7～28d，对重要部位和利用后期强度的混凝土，以及其他有特殊要求的部位，养护时间还应延长。

第五节 常态混凝土坝施工

知识要求与能力目标：

（1）掌握混凝土坝的分缝分块浇筑方法；

（2）掌握混凝土坝的运输与浇筑方案选择；

（3）熟悉混凝土坝的接缝灌浆工艺；

（4）掌握混凝土坝的温度控制方法与措施。

学习内容：

（1）混凝土坝的分缝分块；

（2）混凝土坝运输浇筑方案；

（3）混凝土坝的接缝灌浆；

（4）大体积混凝土的温度控制。

一、概述

在我国已建的大中型水利水电工程中，混凝土坝占有较大的比重，特别是重力坝和拱坝，应用最为普遍。混凝土重力坝是依靠自身的重量来支撑水压力，维持坝体的稳定；拱坝是一种推力结构，承受轴向压力，依靠两岸拱端的反力作用维持坝体的稳定，这非常有利于混凝土抗压强度的发挥。

混凝土筑坝所用的混凝土，可分为常态混凝土和碾压混凝土，这是两种性能不同的混凝土。常态混凝土重力坝多数采用分缝分块浇筑的方法。我国三峡工程就是典型的混凝土坝枢纽工程，其大坝为常态混凝土重力坝，坝高183m，坝体混凝土量达1600万m^3，采用的就是分缝分块浇筑的方法。

目前我国已建和在建的坝高100m以上的大中型水电站中混凝土坝枢纽占50%以上，居水电工程建设的主导地位。混凝土坝的建设正在向300m级高坝发展。小湾、溪洛渡、锦屏、拉西瓦、白鹤滩、乌东德等水电站超高拱坝，坝高已进入世界前列，其中白鹤滩、乌东德水电站，大坝均为混凝土双曲拱坝，锦屏一级水电站坝高达305m，系世界上最高混凝土坝，标志着我国的混凝土筑坝技术已经处于世界领先水平。

二、混凝土坝的分缝分块

由于受到温度应力与混凝土浇筑能力的限制，混凝土坝不可能连续不断地一次浇筑完毕，需要根据坝高、坝型、结构要求、施工条件等因素将坝体分成许多浇筑块进行浇筑。

混凝土坝的分缝分块，一般是在永久性横缝已划分坝段的基础上，用临时性纵缝及水平施工缝划分而成。常见的分缝分块形式有纵缝分块、斜缝分块、错缝分块和通仓浇筑四种，如图5-35所示。

资源5-5-1
混凝土坝的分缝分块

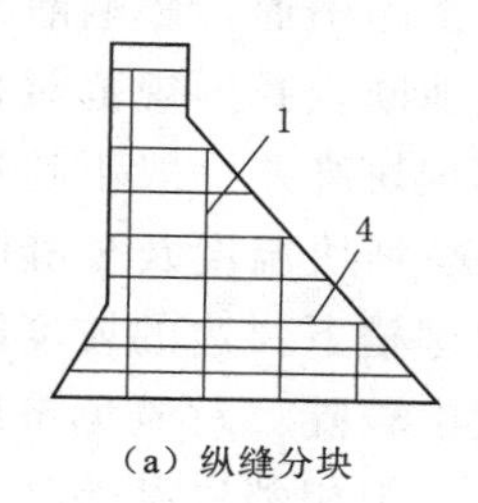

（a）纵缝分块

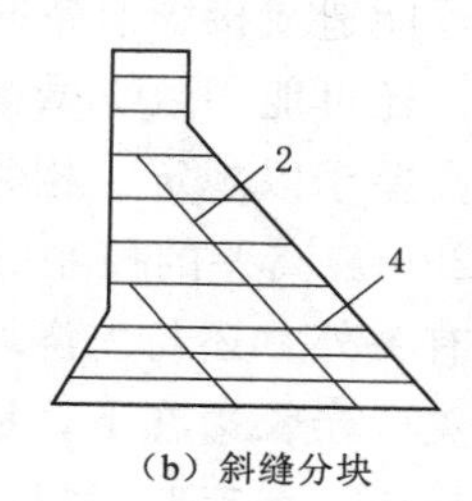

（b）斜缝分块

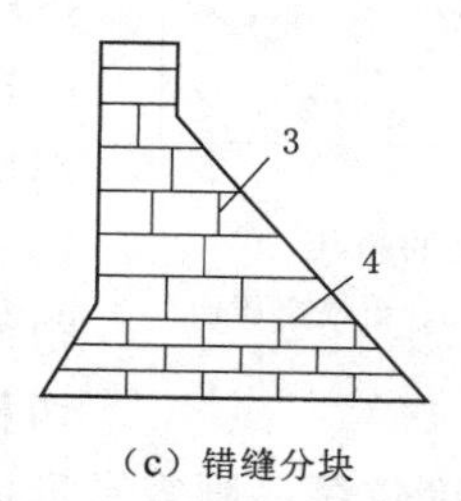

（c）错缝分块

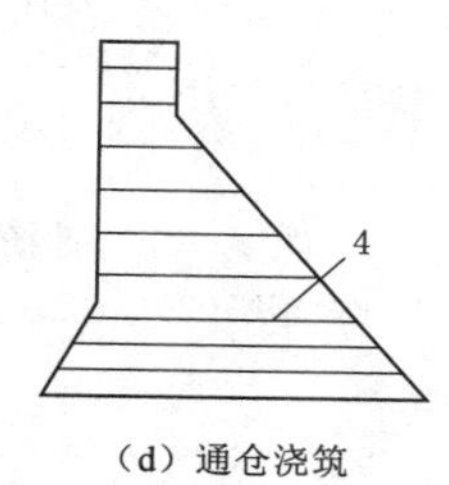

（d）通仓浇筑

图5-35　混凝土坝浇筑分缝分块形式示意图
1—纵缝；2—斜缝；3—错缝；4—水平施工缝

1. 纵缝分块

用垂直纵缝将坝段分成若干独立柱状体浇筑混凝土，又称柱状分块。它的优点是温度控制相对容易，各柱状块可分别上升，彼此干扰小，混凝土浇筑工艺简单，施工安排灵活。缺点是纵缝将仓面分得较为窄小，使模板工作量增加，且不便于大型机械化施工；为了保证坝体的整体性，后期须进行接缝灌浆，且坝体蓄水兴利受到灌浆冷却工期的限制。

纵缝间距一般为20～40m，以利于降温后接缝缝面有一定的开度，便于接缝灌浆。当分缝间距越大时，施工块水平断面越大，纵缝数目和缝的总面积越小，接缝灌浆和模板作业的工作量越少，但温控要求越严。如何处理它们之间的关系，要根据具体情况确定。从混凝土施工的发展趋势来看，明显向减少纵缝数目，直至取消纵缝进行通仓浇筑的方向发展。

资源5-5-2 横缝与纵缝设置

为了增强缝面的抗剪能力，需要在纵缝面上设置键槽，并需在坝体达到稳定温度后进行接缝灌浆，提高坝体的整体性和刚度。键槽的两个斜面应尽可能分别与坝体的两个主应力垂直，从而使两斜面上的剪应力趋近于零，如图5-36所示。键槽有不等边直角三角形和不等边梯形两种。

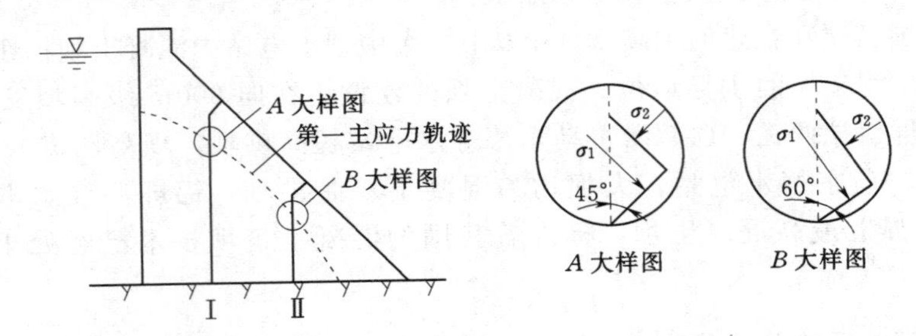

图5-36　坝体主应力与竖缝键槽

σ_1、σ_2—第一主应力、第二主应力；Ⅰ、Ⅱ—竖缝编号

施工中，若相邻浇筑块高差过大，在后浇块浇筑后，会使键槽的突缘及上斜边拉开，下斜边挤压，如图5-37所示。其原因是先浇块已有部分冷却收缩和压缩沉降，变形较小，而后浇块的变形才刚开始发生。键槽面的挤压可能造成接缝灌浆时浆路不通，影响灌浆质量，还可能导致键槽被剪断。我国规范对相邻块高差予以规定：相邻坝块高差一般不超过10～20m。高差的控制除与坝块温度及分缝间距等有关外，还与先浇块键槽下斜边的坡度密切相关，当长边在下，坡度较陡，对避免挤压有利；当短边在下，坡度较缓，则容易形成挤压。在有些工程中，把相邻块高差分为正高差和反高差两种，上游块先浇筑，键槽长边在下，形成的高差为正高差，一般控制在10～12m；下游块先浇筑，键槽短边在下，形成的高差为反高差，从严控制在5～6m。

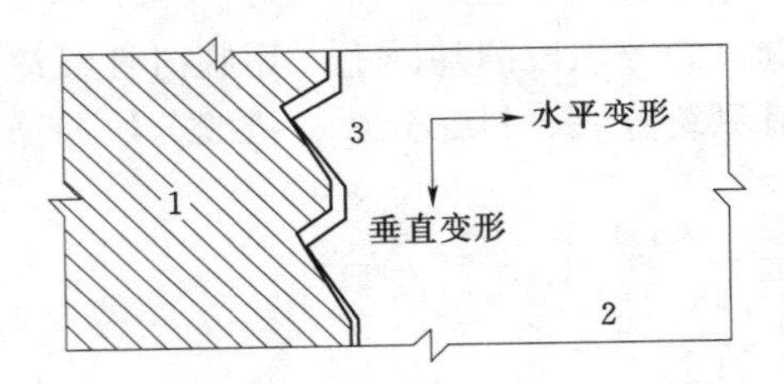

图5-37　键槽面的挤压

1—先浇块；2—后浇块；3—键槽挤压面

2. 斜缝分块

斜缝一般可沿主应力方向设置，因其缝面剪应力很小，可不必进行灌浆。但为了防止斜缝在终止处沿缝顶向上贯穿，必须采取并缝措施，如布设钢筋、设置并缝廊道等。斜缝分块应注意坝块均匀上升和控制相邻块高差。高差过大将导致温差过大，后浇块上容易产生温度裂缝。

斜缝分块施工时相互干扰较大，对施工进度有一定影响，且不便于在坝上布置浇筑机械，如倾向上游的斜缝必须先浇上游块，后浇下游块。

3. 错缝分块

错缝分块又称砌砖法，是用沿高度方向错开的竖缝进行分块。适用于整体性要求不高的低坝。错缝缝面间可不做灌浆处理，但浇筑块间相互约束易产生温度裂缝，施工干扰较大。目前，错缝分块已很少采用。

4. 通仓浇筑

通仓浇筑即不设纵缝，混凝土浇筑按整个坝段分层进行，且一般不设冷却水管，是一种先进的分缝分块方式。通仓浇筑施工必须具备与温控要求相适应的混凝土浇筑能力和切实有效的温控措施。通仓浇筑的特点是：整体性好，模板工程量小，无须接缝灌浆，施工速度快，可节省工程费用；有利于改善坝体应力状态；仓面面积大，有利于提高机械化水平，充分发挥施工机械的作用，提高工效，节省劳动力。世界上第一座通仓浇筑坝是美国的布尔肖斯坝，该坝坝高57m，建成于1952年，它也是首次采用骨料预冷技术降低混凝土浇筑温度进行施工的工程。

三、混凝土坝运输浇筑方案

混凝土坝施工中，混凝土坝运输浇筑方案的选择通常应考虑以下原则：

（1）运输效率高，成本低，转运次数少，不易分离，质量容易保证。

（2）起重设备能够控制整个建筑物的浇筑部位。

（3）主要设备型号要多，性能良好，配套设备能使主要设备的生产能力充分发挥。

（4）在保证工程质量前提下，能满足高峰浇筑强度的要求。

（5）除满足混凝土浇筑要求外，同时，能最大限度地承担模板、钢筋、金属结构及仓面小型机具的吊运工作。

资源5-5-3 起重设备其他吊运工作

（6）在工作范围内能连续工作，设备利用率高，不压浇筑块，或不因压块而延误工期。

在施工过程中，运输浇筑方案并不是一成不变的，制定方案时要考虑建筑物尺寸、工程规模、导流方案、施工工期等因素。常见的混凝土坝运输浇筑方案有以下几种。

1. 门、塔机运输浇筑方案

分为有栈桥和无栈桥两种方案。栈桥就是行驶起重运输机械的临时桥梁。设置栈桥的目的是为起重机提供工作平台，扩大起重机工作范围，增加浇筑高度，并为运输机械提供行驶线路。根据建筑物的结构尺寸、施工要求可平行坝轴线布置一条、两条或三条，栈桥可设于同一高程，也可布置在不同高程，栈桥墩的位置既可以设于坝内，也可设在坝外；贯通方式有一岸贯通和两岸贯通两种。

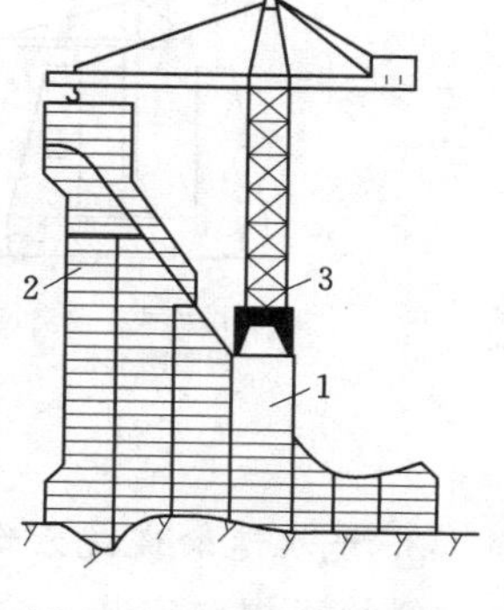

图5-38　单线栈桥布置
1—栈桥墩；2—浇筑坝体；3—塔机

资源5-5-4 栈桥

（1）单线栈桥。如图5-38所示，在坝体轮廓中部沿坝轴线布置栈桥，门、塔机控制大部分浇筑部位，边角部位由辅助浇筑机械完成。

(2) 双线栈桥。如图 5-39 所示，通常为一主一辅，主栈桥承担主要的浇筑任务，辅助栈桥主要承担水平运输任务，辅助栈桥也可布置少量起重机，配合主栈桥进行全面浇筑。

(3) 多线多高程栈桥。如图 5-40 所示，对于高坝、轮廓尺寸特大的建筑物，常需布置多线多高程栈桥以完成浇筑任务。该方案工作量大，对运输浇筑有一定影响。

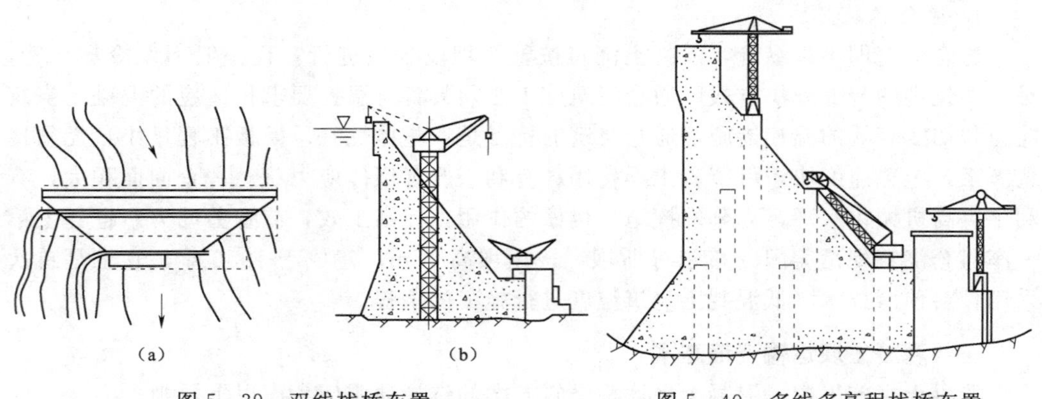

图 5-39　双线栈桥布置　　图 5-40　多线多高程栈桥布置

(4) 无栈桥方案。如图 5-41 所示，此方案可节约栈桥，可使门、塔机及早投入混凝土浇筑工作。但机械须随浇筑块上升而上升，设备搬移次数增多，机械的拆移可借用正在运行的机械吊装，门机拆移一次至少需三天时间，塔机则更长。

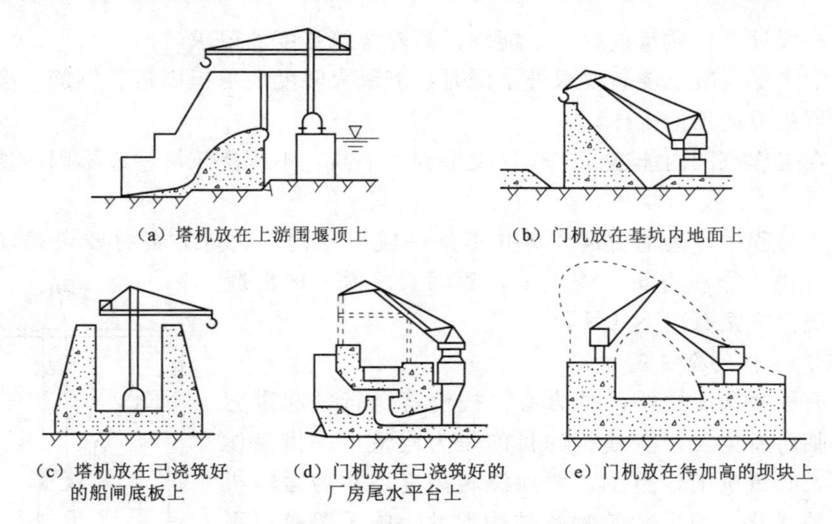

图 5-41　无栈桥门、塔机布置

2. 缆机运输浇筑方案

缆机可提前安装，一次架设，可在整个施工期间长期发挥作用，施工时无须架设栈桥，与主体工程各部位的施工不产生干扰。缆机运输浇筑布置有以下几种：

(1) 多台平移式缆机浇筑系统。采用平移式缆机进行设备吊装与混凝土浇筑，如溪洛渡3台平移式缆机、乌东德5台平移式缆机控制整个大坝的混凝土浇筑。此外，白鹤滩水电站工程7台平移式缆机构成世界最大的缆机群，缆机主索跨度均超过1000m，高缆塔架高75m，低缆塔架高30m。缆机采用高、低线双层布置，其中，高线布置3台缆机，低线布置4台缆机，与布置在左岸坝顶高程834m平台和泄洪洞进口高程768m平台的缆机高、低线供料平台配套使用。整个系统控制了白鹤滩水电站31个坝段，全部约810万m^3混凝土浇筑、约12.6万t的金属结构和钢筋及其他材料、设备吊装工作。

(2) 缆机同其他起重机组合浇筑系统。当河谷较宽、河岸平缓时，可由缆机控制建筑物主要部位的浇筑，用辅助机械浇筑坝顶和边角部位。如伊泰普水电站，采用7台缆机完成坝体2/3高度以下的浇筑任务，上部则采用12台塔机浇筑，如图5-42所示。

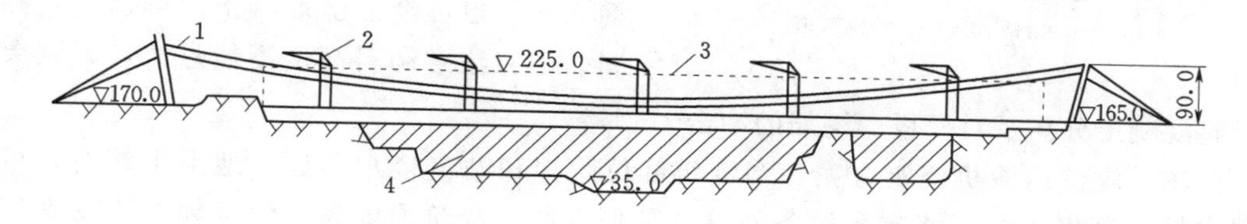

图5-42　伊泰普大坝缆机和塔机组合浇筑方案（单位：m）

1—快速缆机；2—塔机；3—塔机浇筑部位；4—缆机浇筑部位

(3) 立体交叉缆机浇筑系统。在深山峡谷中修建高坝，且要求兼顾枢纽的其他工程，则可分高程设置缆机轨道，组成立体交叉浇筑系统。图5-43所示为美国鲍尔德坝综合缆机方案布置，该坝高266m，两岸有进水塔、岸边式厂房，在不同高程分设4台平移式缆机、2台辐射式缆机、1台固定式缆机，组成了一个立体交叉缆机浇筑系统。

(4) 辐射式缆机浇筑系统。采用辐射式缆机进行混凝土浇筑，一端固定，一端弧形，覆盖范围为扇形。特别适合拱坝和狭长形坝型的施工，其跨度一般比平移式缆机大。如位于金沙江中游河段的观音岩水电站采用两台30t辐射式缆机进行混凝土浇筑，是世界跨度最大的30t级辐射式缆机系统。其跨度为1365m，主架最大高度达11m，首次采用了计算机控制液压整体提升技术。图5-44所示为乌江东风水电站拱坝辐射式缆机布置，其固定端锚固在岩壁上，供料系统布置在尾塔一侧。

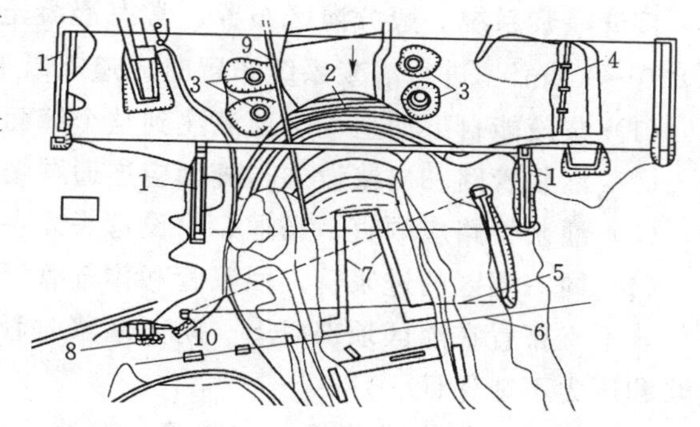

图5-43　鲍尔德坝综合缆机方案布置

1—平移式缆机轨道；2—重力拱坝；3—进水塔；4—溢流堰；5—辐射式缆机；6—固定式缆机；7—水电站厂房；8—水泥仓库；9—供料栈桥；10—混凝土拌和楼

3. 辅助运输浇筑方案

常见的辅助运输浇筑方案有履带式起重机浇筑方案、汽车运输浇筑系

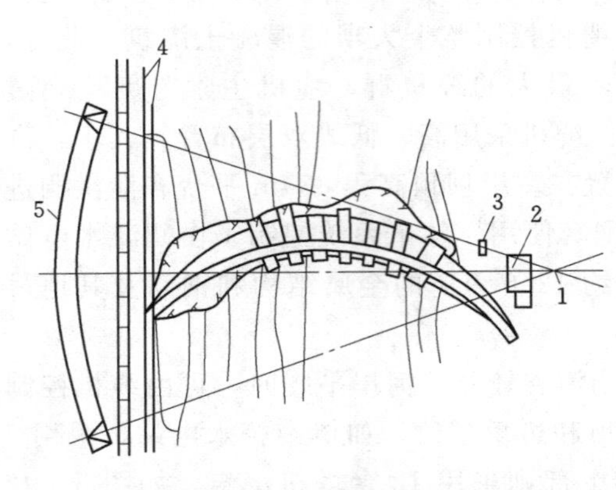

图 5-44　乌江东风水电站拱坝辐射式缆机布置
1—岩壁锚固；2—机房；3—操作房；
4—运料轨道；5—缆机轨道

统、皮带运输机浇筑方案。

(1) 履带式起重机浇筑方案。用自卸汽车装料运至仓前，卸入由履带机起吊的不脱钩的卧罐里，再吊运入仓。该方案一般用于浇筑高程较低的建筑物，如厂房、基础、护坦、消能工程等，浇筑方案准备工作量小，方便灵活。

(2) 汽车运输浇筑系统。由自卸汽车直接运料入仓并卸料，可避免中途转运。为使自卸汽车直接进入浇筑部位，需架设栈桥，汽车倒退上桥卸料，必要时可经溜筒入仓，也可经已浇混凝土面倒退入仓卸料。但应注意卸料高度不能过大，否则会引起混凝土分离及对模板、钢筋的冲击。

(3) 皮带运输机浇筑方案。当浇筑部位距拌和站（楼）不远、地形平缓时，可用皮带机直接入仓。该方案设备简单，管理方便，浇筑强度高，但运输中不易保证混凝土质量，受气候影响大。因此，施工中应控制皮带机倾角，向上不大于 20°，向下不大于 10°，运行速度不大于 1.2m/s。机架上还应设置防雨、防晒、防风、保温设施。

四、混凝土坝的接缝灌浆

接缝灌浆是通过埋设管路或其他方式将浆液灌入混凝土块之间预设的接缝缝面，以增强坝体的整体性和改善传力条件的灌浆工程。接缝灌浆所采用的水泥强度等级不低于 42.5，且不应低于大坝混凝土水泥强度等级，当灌浆缝面张开都小于 0.5mm 时，可使用超细水泥或化学灌浆材料。

(一) 灌浆系统布置

接缝灌浆系统一般分灌区布置。常态混凝土坝的灌区高度宜为 9～12m，面积宜为 200～300m^2。进行灌浆系统布置时应遵守以下原则：

(1) 浆液能自下而上均匀地灌注到整个缝面。

(2) 灌浆管路和出浆设施与缝面应连通顺畅。

(3) 灌浆管路应顺直、畅通、少设弯头。

(4) 同一灌区的进浆管、回浆管和排气管管口应集中布置，且管口宜布置在灌区底部，不宜布置在灌区顶部以上。防止灌浆时管口压力为负压，不利于灌浆，排气管出浆和压力不能保证。

灌浆系统一般由进浆管、回浆管、升浆管或水平支管、出浆盒、进浆槽、排气槽、排气管以及止浆片组成。升浆和出浆设施应优先采用塑料拔管方式，也可采用预埋管、出浆盒和出浆槽方式，采用塑料拔管方式时，升浆管的间距宜为 1.5m，升浆管顶部宜终止在排气槽以下 0.5～1.0m 处。当采用预埋管和出浆盒方式时，出浆盒应呈梅花形布置，每个出浆盒承担的灌浆面积不宜大于 $6m^2$。排气设施可采用埋设排气槽和排气管方式，也可采用塑料拔管方式。根据实际工程条件，也可设置重复灌浆系统。

（二）灌浆准备

接缝灌浆准备工作主要有灌浆系统埋件的加工和安装，灌浆系统的检查和维护以及灌浆前准备等。

1. 加工和安装

灌浆管路和部件的加工应按设计图纸进行，材质必须满足设计要求。采用塑料拔管方式时，进浆管、回浆管、排气管材料可采用高密度聚乙烯硬管；采用预埋管方式时，应采用钢管，且弯管段不得直角连接。灌浆管路的安装不宜穿过缝面，当通过缝面时，必须采取可靠有效的过缝措施。《水电水利工程接缝灌浆施工技术规范》（DL/T 5712—2014）对灌浆系统安装有明确规定，当采用塑料拔管方式时，应满足以下要求：

（1）灌浆管路应全部埋设在后浇块中，且浇筑块的浇筑顺序不能改变。

（2）先浇块缝面上预设的竖向半圆模具，应在上下浇筑层间保持连续且在同一条直线上，固定牢固。

（3）后浇筑块浇筑前安装埋设的塑料软管应顺直地固定在现浇块的半圆槽内，且充气后应与进浆系统紧密连接。

（4）塑料拔管的拔管时机应根据塑料管材质、混凝土状态与气温条件，通过现场试验确定。

（5）拔管后，应及时使用配套孔口塞封闭孔口。

2. 检查和维护

每层混凝土浇筑前后均应对灌浆系统进行检查，以便及时疏通或更换堵塞或损毁的出浆盒（孔）、灌浆主管与升浆管。检查的主要方法是通水检查。

（1）灌浆系统的检查应设专人负责。

（2）采用预埋管方式时，在先浇块前和后浇块后，以及采用塑料拔管方式时，每层后浇块混凝土拔管后，均应进行通水检查。

（3）灌区形成后，应再次对灌浆系统进行复查，并做好相关记录。

（4）灌浆系统的外露管口和拔管孔口均应堵盖严密、妥善保护。

（5）后浇块在清洗仓面时应防止污水流入接缝内，在浇筑前应用清水将缝面冲洗干净。

3. 灌浆前准备

灌浆前的准备工作主要包括：测量坝块混凝土温度，可采用预埋温度计法、充水闷温法或其他测温法测量；测量灌区缝面张开度，其中灌区内部的缝面张开度应使用测缝计量测，表层缝面可使用厚薄规量测；灌浆前还应检查管路和缝面的畅通性及灌区密封情况，一般通过通入设计压力 80% 的压力水检查。当检查发现灌区有串漏现象等缺陷时，应及时处理，避免灌浆过程中出现问题。

(三) 灌浆施工

接缝灌浆属隐蔽工程施工，必须采取合理的工艺措施和规定的施工程序，严格控制灌浆质量，保证坝体的整体性和安全性。

1. *灌浆顺序*

确定灌浆顺序的原则是：防止因坝块变形导致相邻接缝的张开度变小或闭合；防止因施工期坝体应力状态恶化引起已灌接缝被破坏；蓄水前应完成蓄水初期最低库水位以下各灌区的接缝灌浆及其验收工作；蓄水后，各灌区的接缝灌浆应在库水位低于灌区底部高程时进行。具体灌浆顺序如下：

(1) 同一坝段、同一坝缝的各层灌区，须先从基础层开始，逐层依高程自下而上灌注。同一高程上，重力坝宜先灌纵缝，再灌横缝；拱坝宜先灌横缝，再灌纵缝。横缝灌浆宜从大坝中部向两岸推进；纵缝灌浆宜由下游向上游推进或先灌上游第一道缝后，再从下游向上游推进。

(2) 对于上层灌浆，需待下层和下层相邻灌区灌好后方可进行。若上下层相互连通，则可同时灌浆，此时需重点控制上层压力，调整下层缝顶压力，避免缝面压力过大。若下层灌浆已达设计要求，可先行结束，但上下层灌浆的结束时差需控制在 1h 以内。

(3) 同一高程的灌区，一个灌区灌浆结束 3d 后，其相邻的灌区方可进行灌浆。若相邻灌区已具备灌浆条件，则可采取同时灌浆方式，也可采取逐区连续灌浆方式。当采取连续灌浆方式时，前一灌区灌浆结束 8h 以内，必须开始后一灌区的灌浆，否则应间歇 3d 再进行灌浆。

(4) 同一坝缝的下层灌区灌浆结束 7d 后，才可进行上层灌区灌浆。若上下层灌区均具备灌浆条件，可采用连续灌浆方式，但上层灌浆应在下层灌区灌浆结束 4h 以内进行，否则应间歇 7d 后进行。

2. *灌浆压力和增开度*

灌浆压力是指与排气槽同一高程处的排气管管口的浆液压力。灌浆压力与接缝两侧坝块的应力稳定有关，压力的大小直接影响浆液的流动性、充填物的密实性，合适的压力可使灌浆浆液进一步泌水，以获得良好的水泥结石，保证灌浆质量。通常接缝灌浆压力是根据应力及变形条件确定，但由于浆液在缝内的扩散规律难以掌握，坝块受力状态又难以准确计算，工程中多采用类比法结合工程情况确定设计压力。

所有灌区均应在控制缝面增开度的前提下，以排气管口压力为主，进浆管口压力为辅，调节进浆压力以保证排气压力达到设计要求。排气管口压力可参考经验公式计算，即

$$P_{排管口}=P_{排}\pm\rho_{浆或水}h\pm\varepsilon\rho_{浆或水}h \tag{5-11}$$

式中：$P_{排管口}$ 为排气管口压力，MPa；$P_{排}$ 为顶层排气槽设计压力，MPa；ε 为阻力损失系数，灌浆初期通过进出浆管压力测量反算求得；$\rho_{浆或水}$ 为浆液或水的密度，kg/m^3；h 为排气管口到灌区顶部的高度，m，当排气管口高于排气槽时为“+”，当排气管口低于排气槽时为“-”。

当进浆管控制灌浆压力时，需考虑浆液在缝面和管路的压力损失，其底层进浆管

管口压力可参考经验公式计算，即

$$P_{底}=P_{排}+\rho_{浆或水}H+\varepsilon\rho_{浆或水}H \tag{5-12}$$

式中：H 为灌区高度，m。

增开度是指接缝灌浆过程中，缝面张开度的增加值。灌浆过程中，应随时观测并调整相邻灌区通水平压压力，以控制缝面增开度不超过设计允许值。灌浆压力加大，接缝的开度将增大，此时会导致相邻缝张开度减小，甚至造成相邻接缝处局部闭合而失去可灌性，还可能使被灌接缝的坝块底层产生拉应力。

3. *灌浆*

灌浆时需根据缝面的增开度和排气管单开出水量选择开灌水灰比。常见的水灰比有2∶1、1∶1、0.6∶1或0.5∶1三级。开始时宜灌注水灰比2∶1的浆液，待排气管出浆后，可改换水灰比为1∶1的浆液；当排气管排出的浆液水灰比接近1∶1时或该级水灰比的浆液灌入量约等于灌区容积时，可换成最浓比级水灰比的浆液进行灌注，直至灌浆结束。

当缝面张开度大于1mm，管路畅通，两个排气管单开流量均大于30L/min时，开始即可灌注水灰比为0.6∶1或0.5∶1比级的浆液。此做法可缩短灌浆时间，减少灌浆材料浪费，更有利于提高灌浆质量。如重庆江口水电站、宁波周公宅水库在缝面封闭、管路畅通，单开流量大于30L/min的情况下，均采用了0.5∶1比级的浆液。

灌浆时从进浆管进浆，并应确保其他管口均应开启，按出浆的先后次序依次关闭各管口。其中，开启管口是为了将缝面内的空气和积水排出缝外，以利于浆液自下而上充满整个缝面，加快施工进度；依次关闭管口的目的则是使浆液均匀填充缝面。

在灌浆过程中还应间断开放其他管口放浆，使浆液充分充填缝面，当排气管排出最浓级浆液时，应尽快达到设计压力，并通过进浆量的控制来调整排气管口压力，直至灌浆达到结束条件。其中，间断开启放浆的目的是排出缝面内稀浆和空气，防止浆液沉淀堵塞管路。

4. *灌浆质量检查*

接缝灌浆的总体要求是浆液充填密实，结石胶结良好且具有一定强度。对于接缝灌浆的质量，一般需通过灌浆记录资料分析，并结合现场试验检查确定。

接缝灌浆质量检查一般包括以下内容：

(1) 灌浆时坝块混凝土温度。

(2) 管路畅通、缝面畅通及灌区密封情况。

(3) 灌浆施工作业情况。

(4) 灌浆结束时排气管出浆密度及压力。

(5) 灌浆过程有无中断、串区、漏浆和管路堵塞情况等。

(6) 灌浆前后缝面增开度大小及变化。

(7) 灌浆材料性能检验情况。

(8) 缝面注入水泥量或化学浆液量。

五、大体积混凝土的温度控制

混凝土坝属于大体积混凝土工程，坝体会因温度变化引起热胀冷缩的体积变化，体积变化受到约束时就会产生应力，当拉应力超过混凝土的抗拉强度，则会在混凝土的表面以及内部形成裂缝，从而影响混凝土的力学性能、坝体的整体性及耐久性。因此，需要分析工程特性、气候条件、混凝土材料特性等，加强混凝土温度的控制并提出防裂措施，以防止危害性的贯穿裂缝、减少表面裂缝，确保工程质量与安全。

（一）混凝土温度变化过程及其裂缝特性

1. 混凝土温度变化过程

混凝土在凝结硬化过程中，由于水泥水化释放大量热量，且不易散发，使混凝土内部温度逐步上升，此现象在大体积混凝土内的表现尤为突出。在浇筑后的3～5d，由于水化热的积蓄，可使其块内温度升达30～50℃，甚至会更高。由于内外温差的存在，随着时间的推移，块内温度不断下降并趋于稳定，与多年平均气温接近。大体积混凝土的温度变化过程可分为以下三个阶段：温升期、冷却期和稳定期，如图5-45所示。可以看出，混凝土内的最高温度 T_{max} 为混凝土浇筑入仓温度 T_p 与水化热温升值 T_r 之和。由 T_p 到 T_{max} 是温升期，由 T_{max} 到 T_f 是冷却期，之后混凝土内温度围绕稳定温度随外界气温略有起伏，进入稳定期。T_{max} 与 T_f 之差称为混凝土体的最大温差，记为 ΔT。

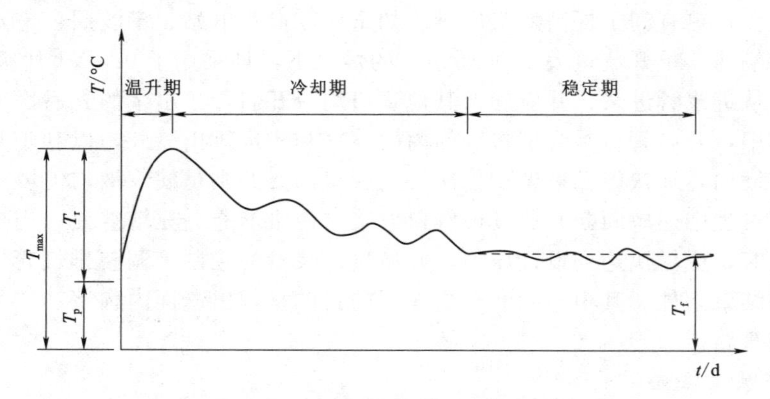

图5-45 大体积混凝土温度变化过程线

要确定 T_{max}，须先根据水泥品种和用量确定水泥水化热温升值 T_r，同时还须确定混凝土的入仓温度 T_p。T_p 可按下式计算：

$$T_p = T_b + \Delta t \tag{5-13}$$

式中：Δt 为混凝土自拌和机到入仓的温度变化值，℃，当拌和温度与气温接近时，可取 $\Delta t=0$；当拌和温度低于气温时，Δt 取正值，当拌和温度高于气温时，Δt 取负值，其绝对值的大小取决于拌和温度与外界气温的差值以及盛料容器的隔热措施、运输时间和转运次数，一般为拌和温度和气温差值绝对值的15%～40%；T_b 为混凝土的拌和温度，℃，可按式（5-14）计算。

$$T_b = \frac{\sum C_i G_i T_i}{\sum C_i G_i} \tag{5-14}$$

式中：i 为混凝土组成材料的编号；C_i 为混凝土中材料 i 的比热，kJ/(kg·℃)，水和水泥的比热分别为 4kJ/(kg·℃) 和 0.8kJ/(kg·℃)，骨料的比热为 0.8～

0.96kJ/(kg·℃)；G_i 为每立方米混凝土中材料 i 的用量，kg/m³；T_i 为拌和混凝土时材料 i 的温度,℃。

2. 混凝土的温度裂缝

根据约束情况的不同，大体积混凝土的温度裂缝有以下两种。

(1) 表面裂缝。混凝土浇筑后，内部温度升高，若外界气温骤降，表面混凝土则产生收缩。此时，混凝土内部将产生压应力，表层产生拉应力。各点温度应力的大小，取决于该点的温度梯度。混凝土内处于内外温度平均值的点应力为零，高于平均值的点应力为压应力，低于平均值的点应力为拉应力，如图 5-46 所示。

由于混凝土的抗拉强度较小，内部混凝土对表面混凝土产生约束，当温度拉应力超过混凝土抗拉强度时就会形成表面裂缝。该裂缝多发生在施工期间混凝土浇筑块的顶、侧面等部位，一般深度不大，方向不定，但数量较多。随内部温度下降，外界气温的回升，此裂缝有可能闭合。

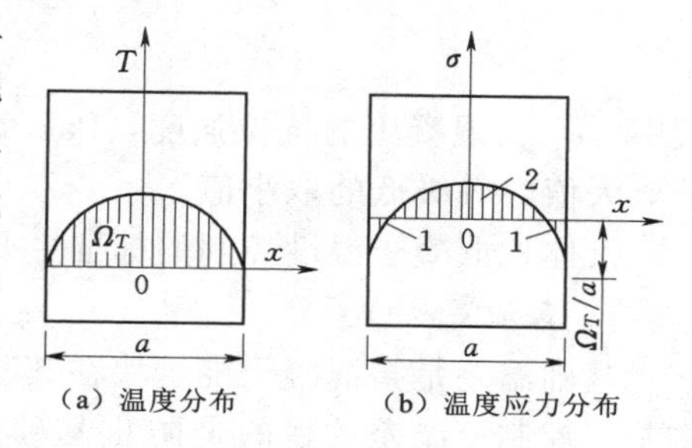

(a) 温度分布　　(b) 温度应力分布

图 5-46　混凝土浇筑块自身约束的温度应力

1—拉力区；2—压力区；Ω_T—包络线面积

大量工程经验表明，混凝土坝的温度裂缝中绝大多数为表面裂缝，且主要由混凝土浇筑初期气温骤降引起，少数表面裂缝是由于中后期受到年变化气温或水温影响造成的。因此要特别注意浇筑初期内部温度过高时混凝土表面的养护工作。

(2) 贯穿裂缝和深层裂缝。变形和约束是产生温度应力的两个必要条件。对于基础部位的混凝土，混凝土浇筑最高温度出现后，内部温度开始缓慢下降，由于基岩的约束对浇筑的混凝土产生应力，如图 5-47 所示，此时容易产生基础裂缝，最严重的是贯穿裂缝，如图 5-48 所示。这种裂缝自基础面向上延伸发展，可能贯穿到坝体的下游面，或者横向分割坝体，贯穿至坝体的顶部。当此裂缝的切割深度达 3～5m，未贯穿坝体时，又称深层裂缝。裂缝的宽度可达 1～3mm。

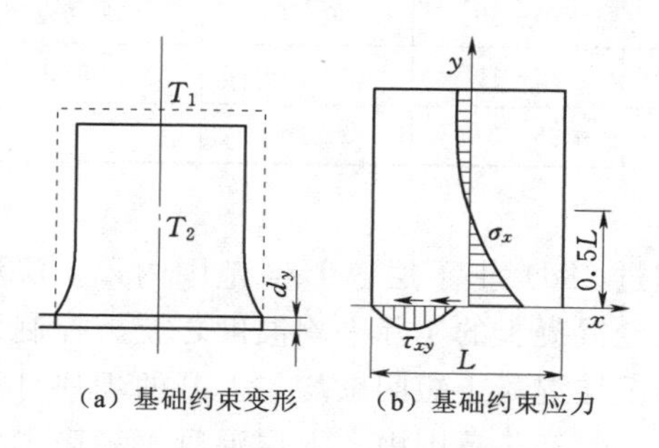

(a) 基础约束变形　　(b) 基础约束应力

图 5-47　混凝土浇筑块的温度变形和基础约束应力

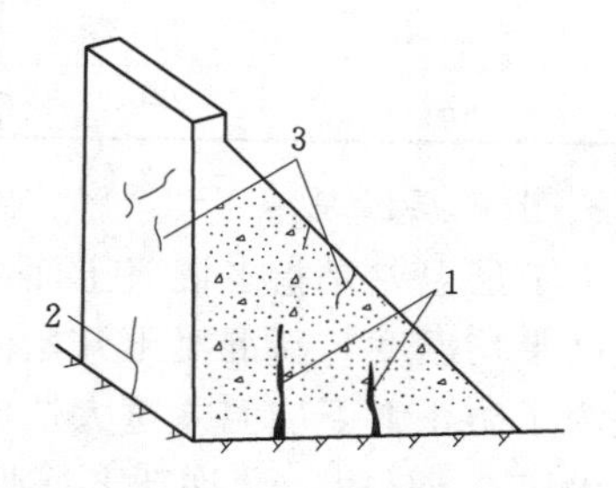

图 5-48　混凝土坝温度裂缝

1—贯穿裂缝；2—深层裂缝；3—表面裂缝

贯穿裂缝在温度裂缝中危害最为严重。该裂缝一旦发生在坝体的横断面上，会将坝体分割成为独立的块体，影响坝体的整体性；还会使坝体的应力发生变化并重新分布，当发生在上游面时会导致坝踵处出现拉应力，严重影响坝体稳定性；当裂缝发生在坝体纵断面上，与迎水面相通时，还将引起严重漏水。

无论表面裂缝、贯穿裂缝或深层裂缝，都可能对坝体的抗渗性、耐久性、整体性与安全性带来威胁。因此，在混凝土工程施工中，务必做好温度控制，减小温度应力，减少温度裂缝的产生。

（二）大体积混凝土温度控制标准

温度控制标准实质上就是将大体积混凝土内部和基础之间的温差控制在基础约束应力 σ 小于混凝土允许抗拉强度以内，即

$$\sigma \leqslant \frac{\sigma_p}{K} \tag{5-15}$$

式中：σ_p 为混凝土的抗拉强度，Pa；K 为安全系数，一般取 1.3～1.8，工程等级高的取大值，等级低的取小值。

大体积混凝土温度控制的标准主要有：基础温差、上下层温差以及内外温差等。

1. 基础温差

基础温差是指混凝土浇筑块在其基础约束区范围内的混凝土最高温度与稳定温度之差。控制该温差的目的是防止基础贯穿裂缝。大体积混凝土基础温差的最大允许值，由混凝土强度条件结合实际工程的建筑物分块尺寸、基岩弹性模量与混凝土弹性模量比值、混凝土浇筑情况等，根据《混凝土重力坝设计规范》（SL 319—2018）的规定确定。目前我国的重点工程中，多数是通过有限元仿真计算确定。

对于基岩面上薄层混凝土块及基岩弹性模量高出较多者，以及基础约束区内混凝土不能连续浇筑上升者，应核算基础约束区内混凝土温度应力，不满足防裂要求时，应减小分缝分块尺寸。对于基础约束区混凝土 28d 龄期的极限拉伸值不低于 0.85×10^{-4}，且施工质量均匀、良好，基岩变形模量与混凝土的弹性模量相近，短间歇均匀上升浇筑的浇筑块，其基础容许温差可按表 5-13 确定。

表 5-13　　基础约束区混凝土的基础容许温差　　单位：℃

距离基础面高度 h	浇筑块长边尺寸 L/m				
	<17	17～20	20～30	30～40	40 至通仓
(0～0.2) L	26～25	25～22	22～19	19～16	16～14
(0.2～0.4) L	28～27	27～25	25～22	22～19	19～17

2. 上下层温差

上下层温差是指老混凝土面（间歇期超过 28d）上下层各 $L/4$ 范围内，上层混凝土最高平均温度与新混凝土开始浇筑时下层老混凝土的实际平均温度之差。控制该温差是为了防止上下层温差过大造成裂缝。对上层混凝土短间歇均匀上升的坝块且浇筑高度大于 $0.5L$ 时，允许新老混凝土面上下各 $0.25L$ 范围内，上层混凝土最高平均温度与新混凝土开始浇筑时下层实际平均温度之差不大于 15～20℃；浇筑块侧面长期暴露时，或上层混凝土浇筑高度小于 $0.5L$ 时，或非连续上升时宜采用较小值。

3. 内外温差

内外温差是指坝体或浇筑块的内部温度与外界气温之差。对于脱离基础约束的混凝

土通常以其作为温度控制标准。施工中须严格控制内外温差的大小为20～25℃。内外温差有三个基本特点：一般的浇筑块，不论哪个月份浇筑，它的内外温差以第一个冬季为最大；产生的拉应力以上下游面最大；内外温差产生的裂缝多发生在后期，且多为深层性的。在设计中为了便于掌握，一般用控制坝体最高温度代替内外温差的控制。

（三）大体积混凝土温度控制措施

混凝土的温度控制与防裂是一项复杂的工程，除了从配合比设计、拌和、运输、浇筑、通水冷却、养护保温等环节做好工作外，还应合理安排仓位、科学配置资源、加快入仓速度、加强仓面保护。其具体措施如下：

1. 减少混凝土的发热量

混凝土的温升主要由水泥水化热形成。可通过加大骨料粒径、改善骨料级配，使混凝土中骨料颗粒大小均匀，以此减少单位水泥的用量；还可通过调整混凝土水灰比对混凝土配合比进行优化来减少水泥用量，从而降低水泥水化热温升；通过优化混凝土中减水剂的掺量，减少混凝土用水量，减少水泥用量，也是降低混凝土水化热温升的途径之一。另外，还可在工程中采用大量掺入矿渣粉、粉煤灰等掺合料的方式来降低混凝土温升；还可采用低热水泥，如粉煤灰水泥、矿渣水泥等来解决上述问题。

2. 降低混凝土的入仓温度

（1）合理安排浇筑时间。在施工组织上安排春、秋季多浇，夏季早晚浇，正午不浇。充分利用有利浇筑时段，是最经济、最有效的降低入仓温度的措施。

（2）采用加冰或加冰水拌和。由于水的比热较大，降低混凝土出机口温度最有效的方法是在混凝土拌制过程中，采用冷水和掺加能够快速融化的冰片，利用冰的低温和冰融解时吸收热能的作用，降低混凝土温度。施工时，根据气温和原材料的温度情况适时调整冷水温度和冰量。

（3）对骨料进行预冷。当采用加冰拌和不能满足要求时，通常采取骨料预冷的办法。骨料预冷的方式主要有水冷骨料预冷、风冷骨料预冷、先水冷后风冷骨料预冷、二次风冷骨料等。二次风冷骨料是三峡水利枢纽工程中研究的新工艺，具有操作简单、冷耗小、效率高等优点，但预冷设备的需要量较大，费用较高，对场地的要求也较高。工程中可根据实际情况采取简易的预冷措施。

3. 加速混凝土散热

（1）采用自然散热冷却降温。可采用低块薄层浇筑，以增加散热面，并适当延长散热时间。在高温季节已采用预冷措施时，则应采用厚块浇筑，缩短间歇时间，防止气温过高，热量倒流，保持预冷效果。

（2）通水冷却。在混凝土内埋设冷却水管进行冷却，是降低混凝土内部温度的重要方式。其主要目的是削减混凝土坝浇筑块初期水化热温升，以利于控制坝体最高温度，减小基础温差和内外温差；可将设有接缝、宽槽的坝体冷却到灌浆温度或封闭温度；还能改善坝体施工期的温度分布状况。通水冷却一般分两期进行，即一期冷却和二期冷却。一期冷却的目的是削减温升高峰，减小最大温差，防止发生贯穿裂缝；二期冷却的目的是满足建筑物接缝灌浆的要求。

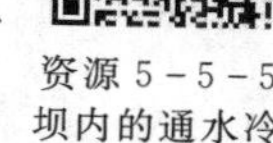
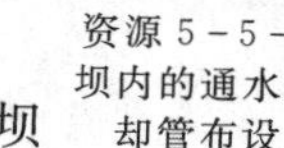

资源5-5-5
坝内的通水冷却管布设

1936年竣工的美国胡佛大坝为了解决大体积混凝土浇筑的散热问题，采取把坝体分成230个垂直柱状块浇筑，并首次采用了预埋冷却水管等措施，获得了较理想的温控防裂效果。我国首次利用预埋冷却水管进行混凝土温度控制的工程是1955年修建的响洪甸拱坝，随后，三峡大坝、龙滩碾压混凝土重力坝、锦屏一级拱坝等诸多工程均采用了该项措施进行温控防裂。

第六节 碾压混凝土坝施工

知识要求与能力目标：

（1）掌握碾压混凝土的施工特点；

（2）了解碾压混凝土原材料及配合比；

（3）熟悉碾压混凝土的施工工艺与浇筑方法。

学习内容：

（1）碾压混凝土筑坝技术；

（2）碾压混凝土原材料及配合比；

（3）碾压混凝土施工工艺。

一、概述

碾压混凝土筑坝是一种新型混凝土筑坝施工技术，是混凝土坝施工技术的重大变革。首次大规模使用碾压混凝土的工程，是1975年巴基斯坦塔贝拉（Tarbela）坝泄洪隧洞出口消力池修复工程。该工程在42d内浇筑了35.17万m^3碾压混凝土，最大日浇筑强度达1.85万m^3。1980年，日本建成了世界上第一座碾压混凝土坝岛地川（Shimajigawa）坝，坝体碾压混凝土方量16.5万m^3，占混凝土总量的52%。1982年，美国建成了世界上第一座全碾压混凝土坝柳溪（Willow Creek）坝。该坝高52m，坝轴线长518m，在不到5个月的时间内完成了混凝土施工，充分证明了碾压混凝土所具有的快速性和经济性。

我国于1978年开始碾压混凝土筑坝技术的探索、试验和应用研究工作。1986年5月，建成了我国第一座碾压混凝土重力坝——福建大田坑口坝，该坝坝高56.8m。1992年4月建成了我国第一座百米级碾压混凝土重力坝——岩滩水电站大坝。2018年4月12日，世界在建最高碾压混凝土重力坝（黄登水电站）坝体全线浇筑到设计高程162.5m，该工程最大坝高203m，大坝主体混凝土方量约300万m^3，其中碾压混凝土250.89万m^3，常态混凝土47.1万m^3。

二、碾压混凝土筑坝技术

1. 采用低稠度干硬混凝土

碾压混凝土拌合物的工作度用*VC*值表示。振动压实指标*VC*值是指碾压混凝土拌合物在规定振动频率及振幅、规定表面压强下，振至表面泛浆所需的时间（以s计）。我国碾压混凝土施工规范规定*VC*值现场宜选用2～12s，实际工程多采用低值，龙滩水电站碾压混凝土坝实际采用的*VC*值在仓面上一般为3～5s。较低的*VC*值既便于施工，又可提高混凝土的层间结合和抗渗性能。

2. 大量掺加粉煤灰，减少水泥用量

掺入粉煤灰可以在少用水量、少水泥用量的基础上，保证混凝土胶凝性。这既可以减少混凝土的初期发热量，简化温控措施，还可提高后期强度，降低工程成本。除掺入粉煤灰外，部分工程因地制宜地采用了磷矿渣、凝灰岩、锰矿渣等，掺合料的掺量一般控制在45%～65%范围。

3. 采用通仓薄层浇筑

碾压混凝土坝不采用传统的柱状浇筑法，而采用通仓薄层浇筑。此方式可加大散热面积，取消预埋冷却水管，减少模板工程量，简化仓面作业，有利于加快施工进度。碾压层厚度的确定与碾压机械性能、所采用的设计标准和施工方法密切相关。层厚薄时，散热效果较好，坝体温度均匀，层间约束较小，但受外界因素的影响大，且会增加坝体的薄弱环节；层厚过大时，压实质量又难以保证。我国坑口水库碾压混凝土坝碾压层厚50cm，层间间歇为16～24h。

4. 大坝横缝采用切缝法或形成诱导缝

常态混凝土坝一般设置横缝，分成若干坝段以防止裂缝产生。而碾压混凝土坝采用通仓浇筑，横缝通常采用切缝机具切制、设置诱导孔或填缝材料等方法形成。采用切缝机切缝时，宜根据工程具体情况采用“先碾后切”或“先切后碾”的方式，采用切缝时应对缝口进行补碾。

5. 依靠振动压实机械使混凝土密实

常态混凝土通过振捣器振捣使混凝土趋于密实，而碾压混凝土则靠振动碾压使混凝土达到密实状态。振动碾机型的选择，应考虑碾压效率、激振力、滚筒尺寸、振动频率、振幅、行走速度等。施工中采用的碾压厚度及碾压遍数应通过试验确定。

6. 简化温控措施，重视表面防裂

碾压混凝土坝不设纵缝，采用通仓薄层浇筑，坝体结构简单，仓内不采用冷却水管通水降温。为防止碾压混凝土发生裂缝，应根据设计要求，采用低热水泥、多掺粉煤灰的措施，此外还可用冷水拌和、骨料预冷及冷水喷雾等方式，并尽量安排在低温季节浇筑，从多角度降低混凝土温度。

三、碾压混凝土原材料及配合比

1. 胶凝材料

碾压混凝土的胶凝材料一般采用硅酸盐水泥、普通硅酸盐水泥、中热硅酸盐水泥、低热硅酸盐水泥。大体积建筑物内部碾压混凝土的胶凝材料用量不宜低于130kg/m^3，其中水泥熟料用量不宜低于45kg/m^3。为了使混凝土达到具有不收缩或减少收缩的效果，改善和提高混凝土抗裂性能，还可采用氧化镁微膨胀水泥。

2. 掺合料

掺合料是碾压混凝土中不可或缺的组分。碾压混凝土中应优先掺入适量的Ⅰ级或Ⅱ级粉煤灰、粒化高炉矿渣粉、磷渣粉、火山灰等活性掺合料。掺合料在掺入时可采用一种活性掺合料单掺或多种掺合料混掺的方式。其掺量应通过试验确定。

3. 外加剂

碾压混凝土宜掺用与环境、施工条件、原材料相适应的外加剂。如在碾压混凝土中加入高效减水剂能够改善拌合物的和易性，降低VC值，减少混凝土达到设计密实状态所需的振动时间。加入引气剂可提高碾压混凝土的抗冻及耐久性，还可提高其可碾性。

4．骨料

骨料占碾压混凝土总质量的80%～85%，只要能满足常态混凝土要求的骨料，一般都可用于碾压混凝土。在骨料选取时，要求骨料质地坚硬，表观密度合格，不能含过多的页岩、云母等有害物质；应选择良好的骨料级配和石粉含量，以保证混凝土的抗分离能力和可碾性。

5．碾压混凝土配合比

混凝土配合比设计至今尚无统一的标准，目前的计算方法主要有绝对体积法、重量法、包裹理论法。碾压混凝土配合比计算一般采用绝对体积法进行。在进行配合比设计时应考虑以下要求：

（1）混凝土拌合物质量均匀，施工过程中粗骨料不易发生分离。

（2）VC值应适当，拌合物较易碾压密实，混凝土表观密度较大。

（3）拌合物初凝时间较长，易于保证碾压混凝土施工层面的良好黏结，层面物理力学性能好。

（4）混凝土的力学强度、抗渗性能、抗冻性能等满足设计要求，且具有较高的拉伸应变能力。

配合比的设计应在选定水胶比、砂率、单位用水量的前提下，通过现场试验确定。资料表明：水胶比的大小与碾压混凝土设计龄期、抗冻等级、极限拉伸值和掺合料掺量有关，碾压混凝土的水胶比不宜大于0.65。砂率的大小则影响混凝土的施工性能、强度和耐久性，一般情况下，水工骨料三级配砂率在32%～34%范围，二级配砂率在36%～38%范围。单位用水量会影响混凝土的可碾性和经济性，可根据碾压混凝土施工工作度、掺合料品质、骨料种类、粒形、外加剂等因素选定。此外，碾压混凝土掺合料在坝体内部掺量在55%～65%，坝面防渗区掺量在45%～60%。

四、碾压混凝土施工工艺

1．现场碾压试验

碾压混凝土坝施工应在完成室内配合比设计的基础上，进行现场碾压试验，其目的如下：

（1）校核并修正碾压混凝土配合比的各项参数。

（2）确认碾压混凝土施工工艺各项参数。如压实厚度及碾压遍数，碾压混凝土放置时间及质量变化，周边部位施工措施等。

（3）确定碾压混凝土施工设备的适用性、工作效率等，以便确定碾压混凝土条带摊铺厚度、宽度与长度。

（4）制定适合具体工程的碾压混凝土施工规程等。

2．拌和

碾压混凝土宜优先选用强制式搅拌设备进行拌制，也可采用自落式等其他类型的搅拌设备，前者生产效率高，骨料配料机构简单，灰尘较小。无论采用哪一种设备，必须保证混凝土的均匀性和混凝土的浇筑能力。

3. 运输

与常态混凝土相似，碾压混凝土入仓方式分为水平运输和垂直运输。运输方式的选择应充分考虑坝址场地特性，尽量做到少转运，速度快，运输过程中应防止骨料分离以及水和水泥浆的超量损失。碾压混凝土运输常采用自卸汽车、带式运输机、真空溜槽（管）、布料机、胎带机等。

（1）自卸汽车直接入仓。自卸汽车直接入仓是最简便有效的方式。自卸汽车具有适应性强、机动灵活、运输能力强、效率高、成本低等优点。但需防止汽车将泥土、污物以及水带进仓，以免影响混凝土层面的胶结质量和混凝土的工作度与水胶比；还需防止或减轻因装卸料机运输过程引起的骨料分离，以及因汽车急刹车和急转弯造成的混凝土表面破坏。较适合用于中低碾压混凝土坝及高碾压混凝土坝的下部坝体。

资源 5-6-1 三峡工程碾压混凝土围堰施工——带式运输机

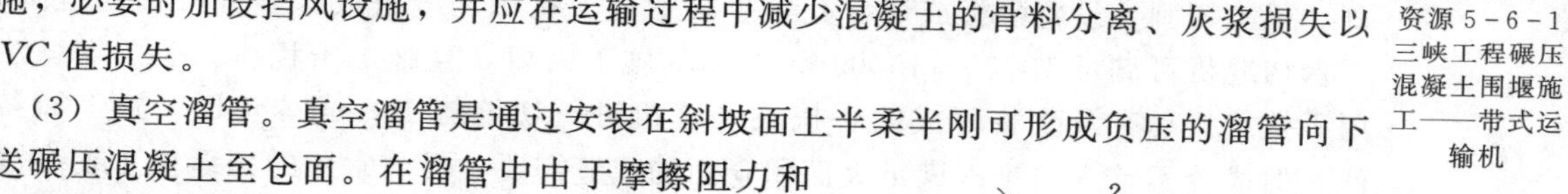

（2）带式运输机入仓。带式运输机作为一种连续运输机械，生产效率高，对碾压混凝土快速入仓适应性较强。它可将水平运输、垂直运输、仓面布料功能融为一体，广泛应用于高坝、工程量大的工程。采用带式运输机运输混凝土时，应有遮阳、防雨设施，必要时加设挡风设施，并应在运输过程中减少混凝土的骨料分离、灰浆损失以及 VC 值损失。

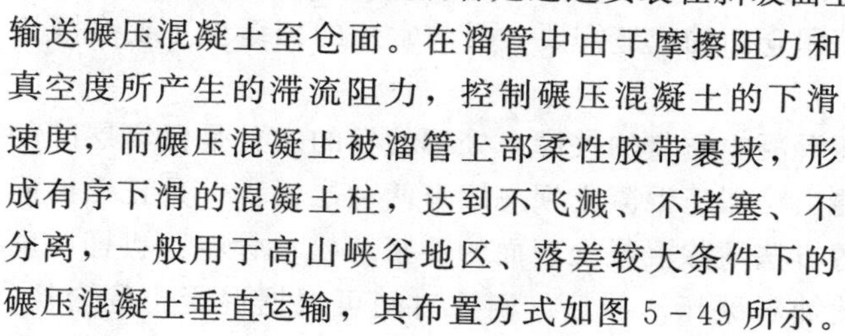

（3）真空溜管。真空溜管是通过安装在斜坡面上半柔半刚可形成负压的溜管向下输送碾压混凝土至仓面。在溜管中由于摩擦阻力和真空度所产生的滞流阻力，控制碾压混凝土的下滑速度，而碾压混凝土被溜管上部柔性胶带裹挟，形成有序下滑的混凝土柱，达到不飞溅、不堵塞、不分离，一般用于高山峡谷地区、落差较大条件下的碾压混凝土垂直运输，其布置方式如图 5-49 所示。

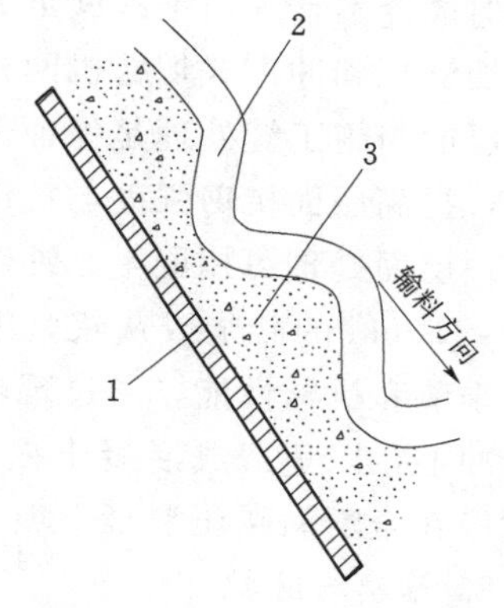

图 5-49　真空溜管下料示意
1—刚性槽体；2—柔性盖板；3—混凝土

4. 卸料

碾压混凝土施工采用大仓面薄层连续铺筑，当采用自卸汽车卸料时，入仓后自卸汽车应沿条带方向采用退铺法依次卸料，料堆在仓面呈梅花形布置。卸料时分多点卸料，以减小料堆高度；边角的分离料，由人工辅助均匀散布到混凝土中。采用塔带机、布料机、带式运输机卸料时，布料厚度宜控制在 45～50cm，采用鱼鳞式分布法形成坯层，以减少骨料分离。

5. 摊铺

我国碾压混凝土坝施工采用的摊铺方法由平层通仓法和斜层平推法。前者用于面积较小的仓面，如布置有廊道、泄水孔等建筑物的仓面；后者主要用于大仓面的施工。碾压混凝土填筑时一般按条带摊铺，条带宽度可根据施工强度确定，一般为 4～12m。摊铺厚度应根据碾压混凝土浇筑强度、摊铺机械的性能与数量、施工方法等因素确定，一般控制在 17～34cm 范围内。摊铺厚度过小，会增加施工机械的工作量以及工程费用；厚度太大，则容易造成骨料分离。

6. 碾压

资源5-6-2
三峡工程碾压混凝土围堰施工——通仓碾压

碾压是碾压混凝土施工最重要的环节。目前碾压混凝土的压实机械均为通用的振动碾压机，碾压设备型号的选择、碾压遍数及碾压厚度均应通过现场碾压试验确定。碾压遍数一般为无振2遍加有振6～8遍，厚度不宜小于混凝土最大骨料粒径的3倍。

碾压方向应垂直于水流方向，以避免碾压条带接触不良而形成渗水通道，在坝体迎水面3～5m范围内碾压方向必须平行于坝轴线方向，同时碾压条带应互相搭接，搭接宽度为10～20cm，端头部位搭接宽度宜为100cm左右。

振动碾压行走速度一般控制在1.0～1.5km/h，行走过慢会影响碾压效率，行走过快，激振力不能传递到碾压层底部，影响压实质量。

每个碾压条带作业结束后，应及时按网格布点检测混凝土的表观密度，低于规定指标时应立即重复检测，必要时还应增加检测点，查找原因并采取处理措施。

7. 成缝与层、缝面处理

碾压混凝土采用大面积通仓填筑，施工时不宜设置纵缝，但受到温度应力、地基不均匀沉降等因素的影响时，往往需要设置一定数量的横缝。横缝可通过切缝机切割、手工切割、设置隔板或诱导孔等手段形成。机械切缝法成缝整齐，松动范围小，一台切缝机可满足10000～15000m^2仓面的施工需要，且施工干扰小。手工切缝法是用手扶式振动夯及改装而成的手扶式切缝机进行切缝施工，成本较低，施工简易方便，但成缝不整齐，难以满足大面积仓面的成缝需要。目前常用的切缝机主要有液压振动切缝机和冲击式切缝机两种。

层面与施工缝处理是保证碾压混凝土质量的关键，处理的目的主要是保证层间的结合，提高层面抗剪强度与抗渗能力。碾压混凝土坝一般有两种层面：一是正常的间歇面，层面处理可用刷毛、冲毛等方法清除混凝土表面的浮浆及松动骨料，再铺厚度为1～1.5cm的砂浆或灰浆，继续铺料碾压。冲毛、刷毛时间可根据混凝土配合比、施工季节和机械性能，通过现场试验确定，一般可在混凝土初凝后终凝前进行，不得过早冲毛，以免造成混凝土损失。另一种是连续碾压的临时施工层面，一般不需处理，但在全断面碾压混凝土坝上游面防渗区，必须铺砂浆或水泥浆，防止层面漏水。

8. 养护与防护

与常态混凝土一样，碾压混凝土浇筑后必须养护，并采取适当的防护措施。碾压混凝土是干硬性混凝土，受外界条件的影响较大，因此在仓面上要求混凝土保持湿润；同时，没有凝固的混凝土遇水时强度会大幅降低，特别是表层混凝土几乎没有强度，因此在混凝土终凝前应严禁外来水流入。

碾压混凝土单位用水量少，早期强度低，为防止裂缝的发生，应有足够的养护时间。对于水平施工缝和冷缝，洒水养护应持续至上一层碾压混凝土开始铺筑位置，对永久外露面，宜养护28d以上。

9. 施工质量控制

碾压混凝土的质量控制是对原材料、配合比、拌和、运输、浇筑、碾压等每一道工序的质量控制和检测。碾压混凝土的质量检查可分为两部分：一是碾压混凝土生产阶段的质量检查，该部分主要对原材料包括胶凝材料、砂石骨料、外加剂等的检测，以及拌和生产过程的质量检测，主要内容有配料过程中的质量控制和检测，配合比的检测，出机口混凝土质量的抽样检测与控制。二是混凝土施工阶段的质量检查，该部分主要是对拌合物碾压时的*VC*值，层间结合质量，铺料、碾压、碾压密实度的检测与控制，以及关键工序的时间控制，如拌和时间、入仓到碾压时间等。

资源5-6-3
三峡工程碾压混凝土质量检查

碾压混凝土现场压实成型后，还需采用多种检测方式对其内部质量进行检测。常用的检测方式有，采用核子密度仪检测碾压后混凝土的表观密度，采用钻孔取芯、压水试验及原位抗剪试验来检测碾压混凝土的层间结合质量、防渗性能及抗滑稳定性。

第七节　混凝土的季节施工

知识要求与能力目标：

（1）了解混凝土冬季施工的一般要求；

（2）掌握混凝土冬季与夏季施工措施。

学习内容：

（1）混凝土的冬季施工；

（2）混凝土的夏季施工。

一、混凝土的冬季施工

1. 混凝土冬季施工的一般要求

我国现行施工规范规定：日平均气温连续5d稳定在5℃以下或最低气温连续5d稳定在－3℃以下时，应按低温季节施工。混凝土强度增长与受冻、气温有关，而与地区无关。当日平均气温降至5℃以下时，混凝土强度增长明显减缓，其28d的强度仅能达到标准养护强度的60%；最低气温在－3℃以下时，混凝土易早期受冻，其内部水分冻结成冰，不仅会导致水化作用停止，还会使混凝土受到冻融作用的影响，最终强度大幅降低。如在浇筑后3～6h受冻，最终强度至少降低50%以上；如在浇筑后2～3d受冻，最终强度降低只有15%～20%。因此，低温季节的混凝土施工要满足以下要求：一是采取必要措施做好混凝土的防裂与防冻；二是保证混凝土达到允许受冻临界强度和混凝土的成熟度，这是低温季节混凝土拆模、保温、混凝土质量检验的重要标准。

允许受冻临界强度是指低温季节施工中浇筑的混凝土在受冻以前必须达到的最低强度。规范中对混凝土允许受冻临界强度值有以下要求：

（1）大体积混凝土不应低于7MPa或成熟度不低于1800℃·h。

（2）非大体积混凝土和钢筋混凝土不应低于设计强度的85%。

实践证明，混凝土在低温养护条件下，其强度为养护龄期与养护温度乘积的函数。乘积相等，其强度大致相等。这个乘积称为混凝土成熟度。1953年S. G. Bergstrom与Ngkancn根据Saul等的成熟度理论建立了混凝土成熟度公式，即

$$M=\sum(t+10)a_t \tag{5-16}$$

式中：M为混凝土成熟度，℃·h；t为养护时段混凝土的平均温度，℃；a_t为温度t

的持续时间，h。

此公式曾被广泛应用，但其误差较大。国内科研单位经过大量研究后，提出了等效龄期法计算混凝土成熟度。其计算步骤如下：

（1）用标准养护试件的各龄期强度数据，经回归分析形成曲线方程，即

$$f_{cu}=ae^{-b/d} \tag{5-17}$$

式中：f_{cu}为混凝土立方体抗压强度，MPa；d为混凝土养护龄期，d；a、b为参数，利用标准养护试验结果，经回归分析得到。

（2）根据现场实测混凝土养护温度资料，用下式计算混凝土已达到的等效龄期（相当于20℃标准养护时间）。

$$t=\sum\alpha_T t_T \tag{5-18}$$

式中：t为等效龄期，h；α_T为温度是T时的等效系数；t_T为温度T的持续时间，h。

（3）以等效龄期t作为d代入式（5-17）计算混凝土强度。

2. 低温季节混凝土施工措施

低温季节混凝土施工作业通常采取以下措施：

（1）合理安排施工，将混凝土浇筑安排在有利时期进行，以保证混凝土成熟度达到设计要求。

（2）增加混凝土拌和时间，减少拌和、运输、浇筑过程中的热量损失。

（3）选择骨料预热法，确定骨料预热数量和预热温度，避免出现混凝土假凝。

（4）采用高热、快凝水泥或外加剂等措施，提高混凝土早期强度。

（5）增加保温、蓄热和加热养护措施，并应有防火措施。

3. 低温季节混凝土养护方法

混凝土养护方法与外界气温和结构表面积系数有关，低温季节常用的混凝土养护方法有蓄热法、暖棚法（蒸汽法、电热法）、负温混凝土法和外部加热法，可参照表5-14选择。

表5-14　低温季节混凝土养护方法选择参考表

养护方法	预测养护期最低日平均气温/℃	表面积系数（1/M）
蓄热法	0～-10	<3
暖棚法	-10～-30	<2
负温混凝土法	-5	>3
外部加热法	-5～-30	>5

注　表面积系数$M=A/V$；A为混凝土构件的冷却表面积，m^2；V为混凝土构件的体积，m^3。

水利水电工程大体积混凝土大多采用蓄热法、暖棚法进行施工养护。负温混凝土法和外部加热法很少在主体工程上使用。

（1）蓄热法。是在混凝土表面用适当的材料保温，将混凝土内部水化热保存起来，使混凝土缓慢冷却，保证混凝土强度的不断增长，以在受冻前达到设计要求。蓄热法的保温材料，应选择导热性低、密封性能好、不易吸潮、能多次利用的材料。近

年来，新型的保温材料在水利水电工程中得到广泛应用，如挤塑聚苯板、酚醛树脂、软质木材、矿物纤维制品等。

（2）暖棚法。是在混凝土结构周围用保温材料搭设暖棚，棚内安设加热设施进行采暖，一般用于体积不大、施工集中的部位。该法成本较高，规范规定：只有在当日平均气温低于－10℃时，才必须在暖棚内浇筑。

（3）电热法。在混凝土结构的内部或外表设置电极，利用交变电流对混凝土进行加热，使混凝土尽快达到受冻强度。电热法必须采用交流电，不得使用直流电，电压一般在50～110V范围内。因其耗电量较大，每立方米混凝土耗电70～200kW·h，一般只用在电价低廉、小构件混凝土冬季作业中。电热法养护混凝土还包括电热毯养护法、工频涡流养护法、线圈感应养护法和红外线加热养护法。

（4）蒸汽法。在蓄热法不能满足养护要求时，可采用蒸汽法进行混凝土养护。该方法是靠由锅炉制备的蒸汽笼罩刚浇筑的混凝土衬砌的表面实现衬砌养护。施工时，适宜的温度、湿度可使混凝土强度快速增长，短期内即可拆模。但需要锅炉设备，费用较高，一般用于寒冷地区冬季在洞口和颈部衬砌的施工，以及预制构件的养护。

二、混凝土的夏季施工

夏季气温较高，昼夜温差大，雨水大，同时水分的蒸发量大。新浇筑的混凝土可能出现干燥过快、凝结速度过快、工作度下降、强度降低等不良后果，影响混凝土工程质量。施工中，可根据具体情况采取大体积混凝土温度控制的有效措施，以降低混凝土施工时的温度。

第八节 混凝土施工质量控制

知识要求与能力目标：

（1）了解混凝土原材料与拌合物检验标准；

（2）熟悉混凝土施工的质量控制要求。

学习内容：

（1）质量控制内容；

（2）原材料检验；

（3）拌合物质量控制和检验；

（4）混凝土浇筑质量检查与控制；

（5）混凝土施工质量评定。

一、质量控制内容

混凝土工程质量包括外观质量和内在质量。前者指结构的尺寸、位置、高程等；后者则指混凝土原材料、设计配合比、配料、拌和、运输、浇筑等方面。规范规定：应对混凝土原材料、配合比、拌和、运输与浇筑等环节及硬化后的混凝土质量进行全过程检查与控制，掌握质量动态信息。

二、原材料检验

所有原材料在进场前必须要有出厂合格证和质量保证书，在使用前必须按《水工混凝土施工规范》（DL/T 5144—2015）要求按时检验，质量符合要求时方可使用。在混凝土生产过程中，应在拌和楼进行原材料检验，检验项目和频率应符合表5-15中的规定。

表5-15　混凝土生产过程原材料检验

序号	名称	检验项目	检验频率
1	水泥	强度、凝结时间	必要时在拌和楼抽样检验
2	掺合料	需水量比	必要时在拌和楼抽样检验
3	外加剂	溶液配置浓度	每天1～2次
4	细骨料	含水率	每4h 1次，雨雪后等特殊情况加密检测
		细度模数、石粉含量、含泥量	每天1次
		云母含量、表观密度、有机质含量等	每月1次
5	粗骨料	小石含水率	每4h 1次，雨雪后等特殊情况加密检测
		超径与逊径含量、中径筛筛余量、含泥量	每8h 1次

对于拌和用水，符合《生活饮用水卫生标准》（GB 5749－2006）要求的饮用水，可不经检验直接作为水工混凝土用水。地表水、地下水、再生水等，在使用前应进行检验；在使用期间，检验频率宜符合下列规定：

（1）地表水每6个月检验1次。

（2）地下水每年检验1次。

（3）再生水每3个月检验1次；在质量稳定1年后，可每6个月检验1次。

（4）当发现水受到污染和对混凝土性能有影响时，应及时检验。

三、拌合物质量控制和检验

混凝土拌和时，必须严格按混凝土施工配合比和配料单进行配料和拌和，不得擅自更改。首先，混凝土组成材料称量准确与否，直接影响混凝土质量，因此应对各种称量设备进行定期检查，确保称量准确。称量的允许误差不应超过表5-16的规定。

表5-16　混凝土生产过程原材料检验

材料名称	称量允许偏差/%
水泥、掺合料、水、冰、外加剂溶液	±1
骨料	±2

其次，应进行拌合物均匀性检验，其检测结果应符合下列规定：

（1）混凝土拌合物应均匀，颜色一致，不得有离析和泌水现象。

（2）混凝土中砂浆密度两次测量值的相对误差不应大于0.8%。

（3）单位体积混凝土中粗骨料含量两次测量值的相对误差不应大于5%。

最后，还需对混凝土坍落度进行检测，其允许偏差应符合表5-17的规定。

混凝土拌和质量检验的检测项目和抽样次数见表5-18。

表 5－17　坍落度允许偏差

坍落度/mm	允许偏差/mm	坍落度/mm	允许偏差/mm
<50	±10	≥100	±30
50～100	±20		

表 5－18　混凝土拌和质量检验

序号	检验项目	检验频率
1	原材料配料称量	每 8h 不少于 2 次
2	拌和时间	每 4h 1 次
3	有温控要求的混凝土出机口温度	每 2h 1 次
4	坍落度、VC 值、维勃稠度值、扩展度	每 4h 1～2 次
5	引气混凝土含气量	每 4h 1 次
6	凝结时间、泌水率、坍落度和含气量损失	每月至少 1 次

四、混凝土浇筑质量检查与控制

混凝土运输过程中应检查混凝土拌合物是否发生分离、漏浆、严重泌水及过多降低坍落度等现象。

混凝土浇筑前应进行准备工作检查，具体要求如下：

（1）接触面和混凝土施工缝面处理、模板、钢筋、预埋件安装等验收合格。

（2）金属结构、机电安装和检测仪器埋设，已按相关要求验收合格。

（3）混凝土仓面设计已审签，并取得开仓证。

混凝土浇筑过程应严格按规范要求控制检查接缝砂浆的铺设、混凝土入仓铺料、平仓、振捣等内容。应设有专人对施工过程与问题处理进行记录。拆模后，应及时检查混凝土外观质量，发现裂缝、错台等质量缺陷时，应按设计要求进行处理。

五、混凝土施工质量评定

混凝土的施工质量好坏，最终反映在它的抗压、抗拉、抗渗及抗冻等指标上。由于抗压强度指标与其他指标有一定联系，且抗压强度便于在工地试验室测定。所以混凝土工程中统一以抗压强度作为评定混凝土施工质量的主要指标。具体指标可参见有关施工规范。

坝体混凝土检验批混凝土抗压强度平均值、最小值和保证率应同时满足下列规定：

（1）混凝土抗压强度平均值。

$$m_{fcu} \geqslant f_{cu,k} + 0.2t\sigma_0 \tag{5-19}$$

式中：$f_{cu,k}$为混凝土抗压强度标准值，MPa，精确到 0.1MPa；m_{fcu}为检验批混凝土抗压强度平均值，MPa，精确到 0.1MPa；t 为概率度系数，按表 5－19 选取；σ_0 为检验批混凝土强度标准差，MPa，精确到 0.1MPa。

（2）混凝土抗压强度最小值。

$f_{cu,k} \leqslant 20$MPa 时：

$$f_{cu,min} \geqslant 0.85 f_{cu,k} \tag{5-20}$$

$f_{cu,k}>20MPa$ 时：　　$f_{cu,min}\geqslant 0.90f_{cu,k}$　　(5-21)

式中：$f_{cu,min}$ 为 n 组强度中的最小值，MPa，精确到0.1MPa，n 为样本容量，不应少于30组，如不足30组则应在前期加密取样。

表5-19　　**抗压强度保证率和概率度系数关系**

抗压强度保证率 P/%	65.5	69.2	72.5	75.8	78.8	80.0	82.9	85.0	90.0	93.3	95.0	97.7	99.9
概率度系数 t	0.40	0.50	0.60	0.70	0.80	0.84	0.95	1.04	1.28	1.50	1.65	2.00	3.00

（3）抗压强度保证率 $P\geqslant 80\%$ 或按设计要求确定。

水工结构混凝土（不含大坝混凝土）检验批混凝土抗压强度平均值、最小值和强度保证率应同时满足下列规定：

（1）混凝土强度平均值。

当 n（检验期不得大于90d）不少于30组时：

$$m_{fcu}\geqslant f_{cu,k}+0.4\sigma_0 \qquad (5-22)$$

当 n 少于30组且不少于10组时：

$$m_{fcu}\geqslant f_{cu,k}+k_1\sigma_0 \qquad (5-23)$$

式中：k_1 为合格评定系数，按表5-20取用；其余符号含义与式（5-19）～式（5-21）相同。

（2）混凝土最低抗压强度与坝体混凝土最低抗压强度要求相同。

（3）抗压强度保证率 $P\geqslant 95\%$。

表5-20　　**混凝土强度的统计法合格评定系数**

n/组	10～14	15～19	≥20
k_1	1.15	1.05	0.95

思　考　题

5-1　名词解释：超径、逊径、横缝、纵缝、永久缝、结构缝、施工缝、冷缝、初凝、终凝。

5-2　模板的作用是什么？有哪些质量要求？如何降低模板在混凝土工程中的费用？

5-3　模板有哪些类型？分别适用于什么情况？

5-4　模板设计有哪些荷载？承重模板和竖向模板在强度和刚度计算时，其基本荷载组合有什么不同？

5-5　钢筋加工工艺有哪些？钢筋下料应遵循什么原则？

5-6　钢筋加工厂的布置应考虑哪些因素？

5-7　简述混凝土骨料生产的基本过程及骨料加工的工艺流程。

5-8　如何进行骨料料场的规划？料场规划应考虑哪些原则和因素？

5-9　确定混凝土骨料的生产能力应考虑什么原则和因素？采用什么方法确定骨

料的生产能力？

5－10　混凝土骨料的加工设备有哪些？各适用于什么情况？

5－11　什么叫出料系数？如何确定拌和设备的生产能力？

5－12　混凝土的水平运输和垂直运输一般采用哪些设备？各自的优缺点和适用条件是什么？

5－13　混凝土运输及浇筑方案的选择应考虑哪些因素？各种方案适用于哪些情况？

5－14　混凝土运输和浇筑过程中容易出现哪些质量问题？应采取哪些措施？

5－15　混凝土浇筑有哪些工序？各工序的主要技术要求是什么？

5－16　确定大体积混凝土浇筑块的尺寸应考虑哪些因素？

5－17　混凝土入仓铺料有哪些方法？

5－18　混凝土振捣设备有哪些？

5－19　混凝土养护方法有哪些？

5－20　施工缝处理的措施有哪些？

5－21　大体积混凝土温度变化分为几个阶段？每个阶段温度变化与哪些因素有关？

5－22　混凝土温度裂缝产生的原因是什么？不同类型裂缝的特点是什么？各自有哪些危害？降低大体积混凝土内部温升有哪些措施？

5－23　简述碾压混凝土施工的特点。

5－24　简述碾压混凝土坝的施工工艺流程。

5－25　混凝土冬季作业可采取哪些措施？混凝土冬季施工有哪些养护方法？

5－26　混凝土施工质量控制的项目有哪些？

第六章 地下建筑工程施工

第一节 概 述

知识要求与能力目标：

（1）了解地下建筑工程的概念、分类与特点；

（2）了解地下建筑工程施工的主要内容。

学习内容：

（1）地下建筑工程的概念；

（2）地下建筑工程施工的内容。

一、地下建筑工程的概念

为满足灌溉、发电、输水、泄水、排水、施工导流和通航等工程建设需求，在地面以下修建的各种建筑物，统称为地下建筑工程。水利工程建设中的引水隧洞、排沙隧洞、导流隧洞、泄洪隧洞、调压井和水电站地下厂房等均属于地下建筑物。水利水电工程中地下建筑工程按是否过水分为过水地下建筑物和不过水地下建筑物两大类。过水地下建筑物主要包括：引水隧洞、导流隧洞、泄洪隧洞和排沙隧洞等。而交通运输隧洞、地下厂房、变压器室、母线室和地下洞库等则为不过水地下建筑物。常见的形式有平洞、斜洞、竖井和大型洞室。地下建筑物施工直接受到工程地质、水文地质和施工条件的制约，因而往往是整个枢纽工程施工中控制施工进度的主要项目之一。

资源6-1-1 地下建筑工程施工

地下建筑工程施工与露天工程施工有着很大的不同，其特点主要有以下几个方面：

（1）施工作业面狭窄，施工工序多，相互干扰大，施工组织比较复杂。

（2）工程地质和水文地质条件复杂多变，围岩安全稳定性问题突出，支护、监测等工作应紧密结合。

（3）地下通风、采光和除尘等施工作业条件相对较差，劳动强度大，应有必要的预防突发事故的应对措施。

（4）地下建筑物属于隐蔽工程，施工质量应按设计和规范要求一次达标。

（5）为了满足施工进度要求，必要时需要开挖支洞或竖井以增加工作面。

二、地下建筑工程施工的主要内容

地下建筑工程施工内容主要包括：岩体开挖、出渣、临时支护、混凝土衬砌、洞室灌浆及质量检查等。同时，还需要妥善解决好施工动力供应、洞内外交通运输、通风、散烟、除尘、排水和照明等辅助作业工作。可见，地下建筑工程施工组织的重要性和必要性。

伴随国家高质量发展和生态文明建设以及乡村振兴战略的实施，地下建筑工程将更加广泛应用于大中型水电站、跨流域调水、农业灌溉引水等国家水利基础工程建设中。本章着重介绍地下建筑工程施工中的洞室开挖、锚喷支护和衬砌等主要环节的施工问题。洞室出渣方式与开挖方法密切相关，本章开挖方法主要介绍钻孔爆破法、联合掘进机法、盾构法和顶管法。

第二节　地下建筑工程施工程序

知识要求与能力目标：

（1）熟悉地下建筑工程的施工程序；

（2）掌握各种开挖方法的适用条件。

学习内容：

（1）平洞的施工程序；

（2）竖井与斜井的施工程序；

（3）大型洞室的施工程序。

一、概述

施工程序是指各工序的先后施工顺序和相互逻辑关系，涉及整个地下建筑工程施工的全过程，要求在总体规划的基础上，合理安排各部位、各工种的先后施工顺序，以保证均衡、连续、有节奏地完成各项作业。

二、平洞施工程序

平洞是指坡度小于等于6°的隧洞。一般有无压或有压引水隧洞、导流洞、交通洞等。

（一）平洞施工工作面

平洞施工工作面，不仅影响施工进度的安排，而且与施工布置也密切相关。一般情况下，平洞开挖有进、出口两个工作面。但如果洞线较长，工期紧迫，仅靠进、出口两个工作面不能按期完工，则应考虑开挖施工支洞或竖井以增加工作面。

工作面的数目可按下式进行估算：

$$\frac{L}{NV}+\frac{l_{\max}}{v}\leqslant[T] \tag{6-1}$$

资源6-2-1 乌东德工程地下建筑工程施工支洞

式中：$[T]$ 为平洞施工的限定工期，月；L 为平洞的全长，m；N 为工作面的数目，个；V 为平洞施工的综合进度指标，m/月；$l_{\max}$ 为施工支洞（或竖井）的最大长度（或高度），m；v 为施工支洞（或竖井）的综合进度指标，m/月。

在确定工作面的数目和位置时，还应结合平洞沿线的地形地质条件、洞内外运输道路和施工场地布置、支洞或竖井的工程量和造价，通过技术经济比较来确定。如有永久性支洞或竖井（交通洞、通风洞、调压井）可以利用时，应优先考虑，以节省临时工程的费用。对于临时性的支洞与竖井，应尽量选在施工、运用比较方便的位置。

（二）平洞开挖方法

平洞的开挖方法有全断面开挖、断面分部开挖和导洞扩大法开挖等。开挖方法的选定主要受工程地质条件、断面大小、施工机械特性、平洞长度及施工期限等因素影响。各开挖方法的主要特征和适用条件如下所述。

1. 全断面开挖

全断面开挖就是在平洞的整个断面上采用钻孔爆破循环作业（或掘进机连续作业），一次开挖成洞的方法，如图6-1所示。衬砌或支护施工在全洞贯通后或掘进相当距离后进行，一般是按围岩开挖后允许暴露时间和总的施工安排而定。

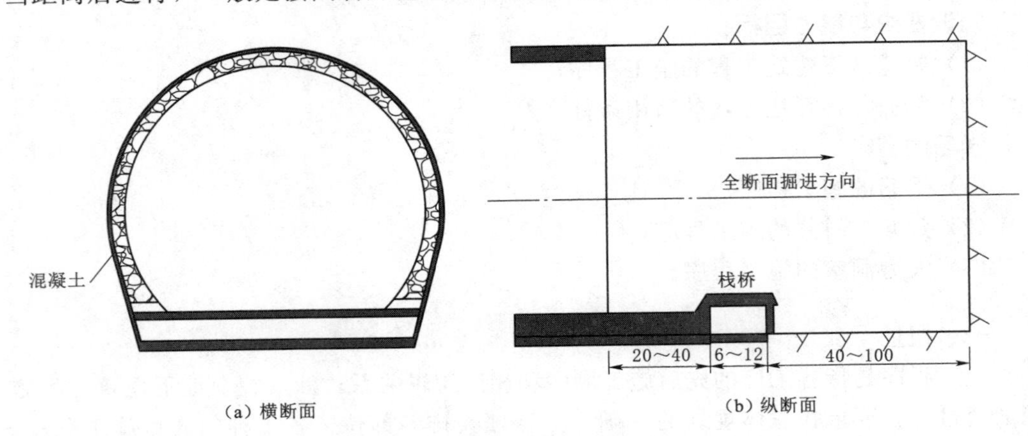

(a) 横断面　　(b) 纵断面

图6-1　全断面开挖（单位：m）

全断面开挖一般适用于围岩岩质坚固稳定，对应岩石坚固系数 $f \geqslant 8 \sim 10$，并有大型开挖、衬砌设备，设备开挖能力与开挖断面相适应，平洞轴线不过长的情况。

全断面开挖的施工特点是：工作空间大，工序间相互干扰小，有利于采用大型设备，便于施工组织管理，施工速度快。

2. 断面分部开挖

断面分部开挖是将整个断面分成若干层（多为两层或三层，层数太多出渣运输不方便），分层开挖向前推进。

断面分部开挖适用于围岩岩质较差，洞径过大（跨度大于12m或断面面积大于120m²）的平洞开挖。断面分部开挖又称台阶法，可分为正台阶法和反台阶法。

（1）正台阶法。当隧洞断面较高时，常把断面分为1～3个台阶，自上而下施工。一般顶部第一层最小高度应不小于3m，超前掘进的距离应保证作业人员和设备的安全，一般为3～4m。如果超前过大，上部爆破堆渣过多，清渣不方便，如图6-2所示。

正台阶法施工的特点是变高洞为若干个中低洞，可利用小型钻孔机械进行大断面洞室施工；上部钻孔与下部出渣可以平行作业；能适应地质条件的变化；但施工干扰较大，施工组织复杂。

（2）反台阶法。反台阶法是一种自下而上的分部开挖法，在形态上与正台阶法相反，如图6-3所示。

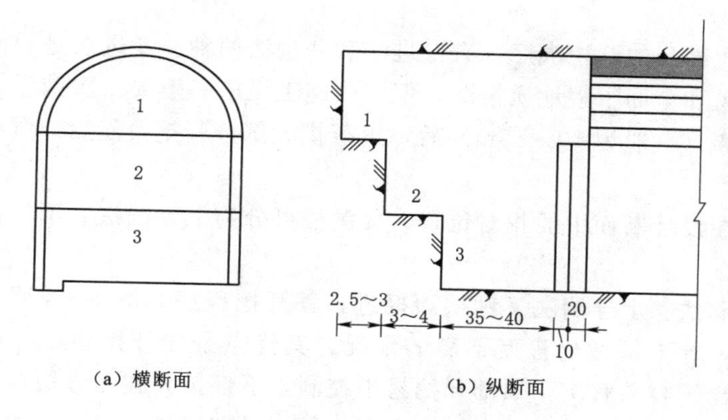

（a）横断面　　（b）纵断面

图 6-2　正台阶法（单位：m）

1、2、3—台阶序号

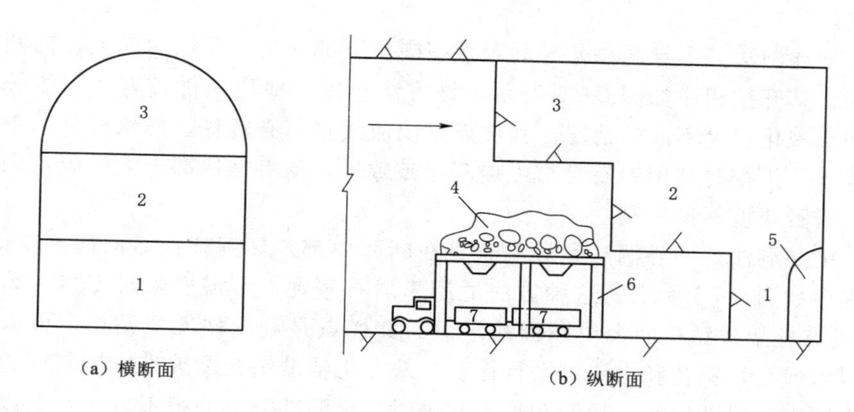

（a）横断面　　（b）纵断面

图 6-3　反台阶法

1、2、3—台阶序号；4—上台阶堆渣；5—施工支洞；6—漏渣棚架；7—运渣工具

反台阶法施工的特点是工作面较宽敞，排水条件好，施工布置方便，可利用爆破料堆钻上部台阶孔，临空面多，爆破效率较高，施工速度快。

反台阶法应注意的问题是：要防止上部台阶崩落的石渣堵塞下部已掘进的坑道，从而影响其他作业。主要处理措施有：在上部台阶开挖段下沿设置漏渣棚架，使上部台阶的石渣堆积在棚架上，通过漏斗溜入底层运输工具运至洞外；将下部断面延伸到施工支洞处，或全部打通下部断面，从另一洞口出渣。

反台阶法适用于岩质较坚硬、完整的地质条件。

3. 导洞法开挖

导洞法开挖就是在隧洞断面中先开挖一个小断面的洞，作为先导，然后扩大至整个设计断面的开挖方法。导洞的形状和尺寸应根据导洞的位置、山岩压力及开挖工作需要，如出渣运输、通风、排水等要求来确定。由于导洞的断面较小（一般在 $10m^2$ 左右），有利于围岩的稳定，其灵活性比分部开挖更大；同时通过导洞的开挖，可进一步探明地质情况，并利用导洞解决排水问题；导洞挖通后，还可以改善洞内通风条件。

导洞与扩大部分的开挖次序，有专进法和并进法两种。专进法是导洞贯通后再扩大，有利于通风和全面了解地质情况，但洞内施工设施一般要二次铺设。并进法是导洞掘进一定距离（一般为10～15m）后，进行扩大部分开挖，然后导洞与扩大部分同时并进。

按照导洞在设计断面中的相对位置，导洞法可分为上导洞法、下导洞法、中导洞法和双导洞法。

(1) 上导洞法。上导洞法又称拱顶掘进，其开挖程序如图6-4所示。它适用于地质条件较差，施工机械化程度不高的情况。其优点是先开挖顶部，可及时进行支护，安全问题比较容易解决，顶部开挖易于控制，下部扩大施工方便；缺点是需重复铺设风、水管道及出渣线路，施工排水也不方便；衬砌整体性较差，尤其是下部开挖时影响拱圈稳定；在不良地质条件下，要组织开挖与衬砌交叉作业，施工干扰大，施工组织复杂。

(2) 下导洞法。下导洞法是导洞布置在断面下部中央，开挖后向上、向两侧扩大至全断面，其开挖程序如图6-5所示。该方法适用于地质条件较好、洞线较长、断面不大和机械化程度不高的情况。其优点是出渣线路不必转移，排水容易，工序之间施工干扰小，扩挖时利用岩石自重可提高爆破效果。缺点是顶部扩大时施工困难，自重爆落，岩石块度不易控制。

(3) 中导洞法。中导洞法是导洞布置在断面中部，导洞开挖后向四周全面扩大，其开挖程序如图6-6所示。这种方法适用于岩石坚硬，不需要临时支撑，洞径大于5m，且具有柱架式钻机的大中断面的平洞。其优点是利用柱架式钻机，可以一次钻完四周辐射炮孔，钻孔和出渣可平行作业。缺点是辅助钻孔爆破难以控制周边轮廓形状，对周边岩石扰动较大；导洞和扩大并进时，导洞部分出渣很不方便，所以一般待导洞贯通后再扩大开挖。

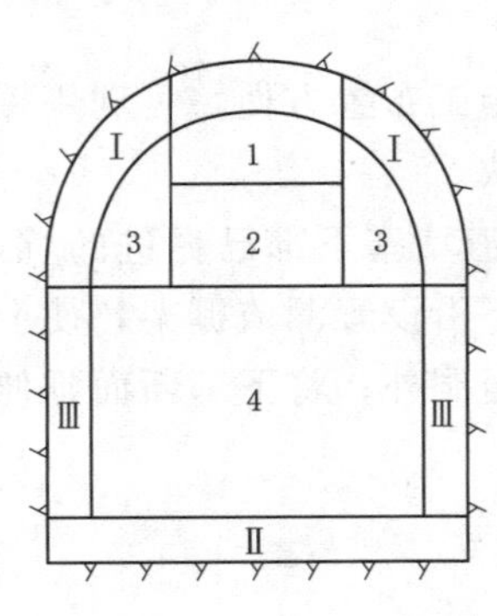

图6-4　上导洞法
1、2、3、4—开挖顺序；
Ⅰ、Ⅱ、Ⅲ—衬砌顺序

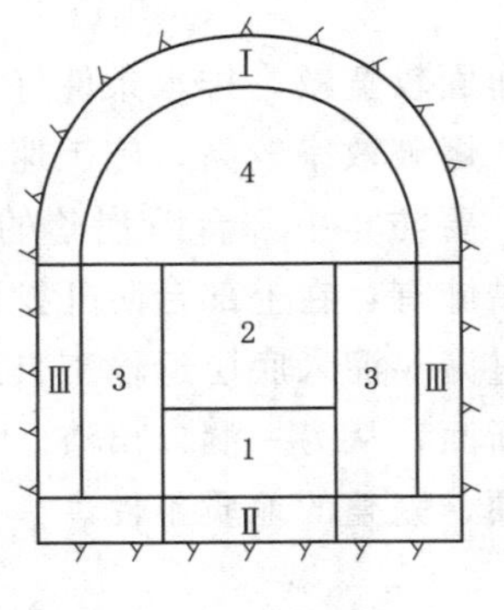

图6-5　下导洞法
1、2、3、4—开挖顺序；
Ⅰ、Ⅱ、Ⅲ—衬砌顺序

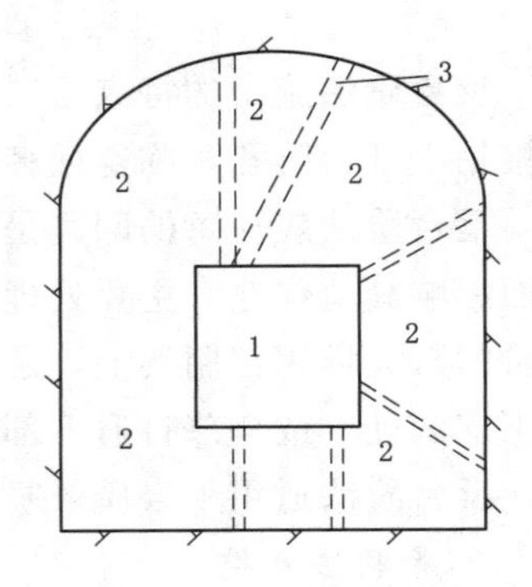

图6-6　中导洞法
1—中导洞；2—扩大部分；
3—辐射钻孔

资源6-2-2
水电站引水隧洞开挖程序案例（1）

(4) 双导洞法。双导洞法有双侧导洞和上下导洞两种方式。双侧导洞法适用于岩层松软破碎，地下水较严重，断面较大，需要边开挖、边衬砌的情况。上下导洞适用于断面很大，缺少大型开挖设备，地下水严重的情况；上导洞用来扩大，下导洞用来出渣和排水，上下导洞用斜洞或直井连通。两种双导洞的施工程序如图6-7所示。

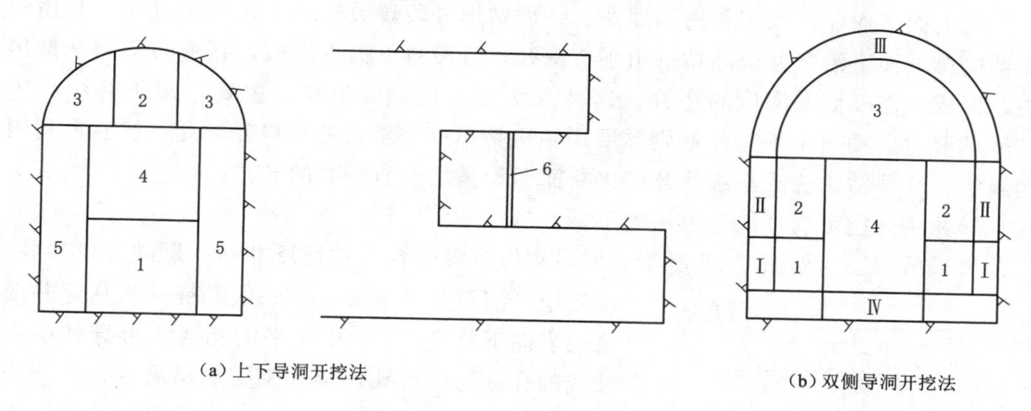

图6-7　双导洞法

1、2、3、4、5—开挖顺序；6—溜渣井；Ⅰ、Ⅱ、Ⅲ、Ⅳ—衬砌顺序

三、竖井与斜井施工程序

水利水电工程中的竖井和斜井包括调压井、闸门井、通风井、出线井、压力管道和运输井等。选择开挖程序时，需考虑围岩的类型、交通条件、断面尺寸和井深等因素。

（一）竖井

竖井施工的主要特点是竖向作业，进行竖向开挖、出渣和衬砌。一般水工建筑物的竖井均有水平通道相连，先挖通这些水平通道，可以为竖井施工的出渣和衬砌材料运输等创造有利条件。

竖井施工有全断面法和导井法。

1. 全断面法

竖井的全断面施工方法类似平洞全断面开挖法，一般按照自上而下的程序进行。适用于井深在50m以内，下部无通道或虽有交通条件，但工期不能满足要求的大断面竖井开挖。因人员、设备、出渣等均需从井口垂直运输，施工干扰大，施工条件差，安全问题突出。施工时要注意：①必须锁好井口，确保井口稳定，并采取措施防止杂物坠入井内；对于露天竖井，应设置不小于3m宽的井台；边坡与井台交接处设置排水沟；②竖井深度超过30m时，应设置专门运送施工人员的提升设备，其提升设备应专门设计；深度为30m以内的竖井，应设置带防护栏的人行楼梯或爬梯；③淋水和涌水地段，应有防水、排水措施；④井壁存在不利的节理裂隙组合时，应加强支护；⑤Ⅳ、Ⅴ类围岩地段，应及时支护。开挖一段，支护或衬砌一段，必要时采用预灌浆的方法对围岩加固后再开挖。个别情况下，也可以采用自下而上全断面开挖法，其施工方法类似平洞全断面开挖法，要求下部有出渣通道。

2. 导井法

在Ⅰ、Ⅱ类围岩中，开挖中断面以上的竖井时，可采用先挖导井再自上而下或自下而上扩大开挖的施工方法，导井断面宜为4～5m²。扩大开挖时的石渣，经导井落入井底，由井底水平通道运出洞外，以减轻出渣的工作量。

自上而下作业常采用普通钻爆法、一次钻爆分段爆破法或大钻机钻进法。利用深孔钻机自上而下沿竖井全高钻一组平行深孔，分段自下而上爆破，石渣坠落到下部出渣，形成所需断面和深度的竖井。这种方法成本低、效率高。主要适用于井深小于50m的竖井。而自下而上作业则需要用钻机钻出一个贯通的小口径导孔，然后再利用爬罐法、反井钻机法或吊罐法开挖出断面面积满足溜渣需要的导井。

导井法开挖可选择以下方法施工。

(1) 吊罐法。如图6-8所示，用吊罐做升降平台，进行反井钻孔爆破开挖导井。即先挖平洞至竖井下部，用一般勘探钻机从竖井部位地表向下打2～3个孔与平洞相通。沿导井中心轴线的孔称为中心孔，穿入钢缆起吊吊罐，另外两孔布置风水管路。吊罐由地面的起重吊车或卷扬机提升降落。爆破前需将吊罐降至钢轨制成的滑道上，推到安全地点，同时将钢缆升到安全位置。爆破后石渣用集料漏斗或其他方法装车，由平洞运至洞外。其适用于在中硬以上的岩石中开挖深度小于100m的竖井，在松软、破碎的岩石条件下不宜采用。

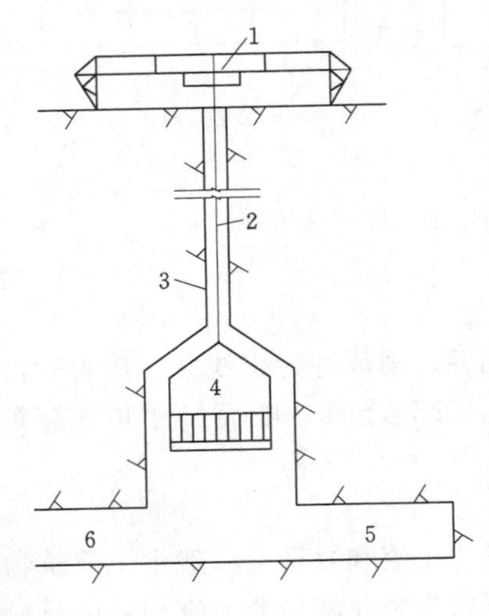

图6-8　吊罐法开挖
1—起重机；2—吊索；3—中心孔；
4—吊罐；5—避炮洞；6—交通洞

资源6-2-3
爬罐法

(2) 爬罐法。自下而上利用爬罐上升，浅孔爆破，下部出渣，该方法适用于上部没有通道的盲井或深度大于80m的竖井，还可以用于倾角较小的斜井，开挖过程中可利用爬罐进行支护作业，该法较吊罐法安全，所需劳动力少，机械化程度高，开挖进度快，适用性广，是目前开挖导井的主要方法。缺点是设备投资大，维修复杂，开挖准备工程量大。

(3) 反井钻机法。即自下而上搭设排架或在洞壁上打锚杆形成登高平台，手风钻钻孔爆破成井；此法适用于围岩稳定性较好，其深度小于50m的竖井。

(二) 斜井

斜井是指倾角为6°～48°的斜洞。倾角小于6°的洞室，其施工条件与平洞相近，可按平洞的方法施工；倾角大于48°的洞室，施工条件与竖井相近，可按竖井的要求考虑。

1. 斜井开挖的特点

(1) 斜井开挖对围岩的影响范围比同断面的平洞大。倾角不同，对围岩稳定性的影响也不同，一般随倾角增大围岩的稳定性降低。

(2) 钻孔作业条件差，且对钻孔方向要求高。不易保证坡度的准确。

(3) 出渣条件差。

(4) 通风、散烟、排水因开挖方向不同具有不同的困难；由上而下开挖不利排水；由下而上开挖不利通风、散烟。

(5) 为保证准确成形和贯通，对测量工作要求较高。

2. 斜井开挖方法

斜井开挖方法，可根据断面尺寸、深度、倾角、围岩稳定特性及施工设备条件选定。倾角为6°～35°时，一般采用自上而下的全断面开挖方法，用卷扬机提升出渣，挖通后再进行衬砌；倾角为35°～48°时，可采用自下而上挖导井，自上而下扩大的开挖方法，尽可能利用重力溜渣，不能自动溜渣时，应辅以电动扒渣机扒渣。

3. 斜井支护

围岩基本稳定的斜井，可待全洞开挖后进行衬砌或永久性支护，也可采用开挖与支护平行作业。围岩稳定性较差时，应尽量减少围岩暴露时间和暴露面积。

在斜井临时支护采用支架形式时，支撑立柱应与斜井底部垂线成一定角度，以防止岩层下滑时立柱失去作用。

在竖井及斜井的开挖中应注意进行井口的加固，井口边坡较高时，还应按边坡稳定要求加固井台边坡。井台周围应设排水设施，防止地表水进入井内，大型竖井上部开挖一定深度后，应及时进行临时支护或永久支护，以保证上部围岩稳定，不同围岩中建议的开挖方法及注意事项，参见表6-1。

资源6-2-4 水电站引水隧洞开挖程序案例（2）

表6-1　　竖井施工方式选择

施工方式	适用范围	施工特点	开挖方法
流水作业	Ⅰ、Ⅱ或Ⅲ类围岩喷锚支护，可保持围岩稳定的中、小断面竖井或稳定性好的大断面竖井	竖井开挖后进行钢板衬砌、混凝土衬砌、灌浆等作业。有条件时用滑模衬砌	可采用各种竖井开挖方法
分段流水作业	Ⅲ、Ⅳ类围岩，大中断面竖井或局部条件差需要及时衬砌的竖井	顶部裸露时先锁井口或先衬砌上部，分段开挖和分段衬砌	先导井，然后根据围岩条件分段扩大
	Ⅱ、Ⅲ及Ⅳ类围岩，开挖大及特大断面竖井	根据围岩及施工条件，开挖一段，衬砌一段；衬砌时利用导井钻辐射孔扩挖下段	先导井，后自上而下扩挖

四、大型洞室施工程序

资源6-2-5 地下厂房施工

在地下建筑工程中，水电站地下厂房通常属于大断面洞室，其特点是跨度大、高度大、出渣量大，交叉洞口多，结构复杂，施工难度大。

大型洞室的开挖，一般都考虑“变高洞为低洞，变大跨度为小跨度”的原则，采取先拱部后底部，先外缘后核心，自上而下分部开挖与衬砌支护的施工方法，以保证施工过程中围岩的稳定。20世纪70年代以前，大断面地下厂房开挖多采取多导洞分层施工方法。自鲁布革水电站地下厂房施工开始，大都采用喷锚支护技术、岩锚吊车梁结构和大型施工机械，简化了分部开挖程序，加快了施工进度。图6-9为典型的地下厂房分层施工示意图。

在松散破碎的不良地层中施工时，宜采用锚钎、插板、喷锚支护或预灌浆等方法，先加固以后，再分部开挖分部衬砌，并注意尽量减少对岩体的扰动。

对于地下厂房高边墙所在各层的岩体开挖程序和工艺，如图6-9所示。一般首先在边墙轮廓处进行预裂爆破，然后中部拉槽爆破，再次进行两侧扩挖，最后进行缓冲爆破。预裂爆破能在主体部分起爆前形成预裂缝，起到减震和防止主爆区产生的裂缝延伸到保留岩体的作用，能有效减小主爆区的爆破对保留岩体的影响。因此针对高边墙层的开挖，国内以往较多采用这种开挖程序，降低爆破振动的影响。

地下厂房施工通常可分为顶拱、主体和交叉洞三部分。

1. 顶拱的开挖

一般在Ⅰ、Ⅱ类围岩中顶拱可以一次或分部挖出，然后进行混凝土衬砌。为便于支立模板及避免以后爆破对混凝土的影响，顶拱可全部开挖至拱座以下1～1.5m处，如图6-10所示。在Ⅲ类或围岩稳定性较差部位，顶拱底面可挖成台阶型或先开挖顶拱两侧，待两侧混凝土浇筑后再开挖中间部分，最后浇筑封拱混凝土，如图6-11所示。

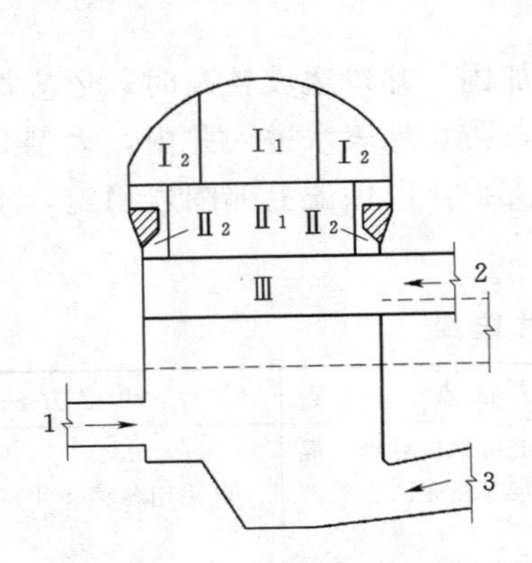

图6-9　地下厂房分层施工示意
1—引水洞；2—运输洞；3—尾水洞；
Ⅰ1、Ⅰ2、Ⅱ1、Ⅱ2、Ⅲ—开挖顺序

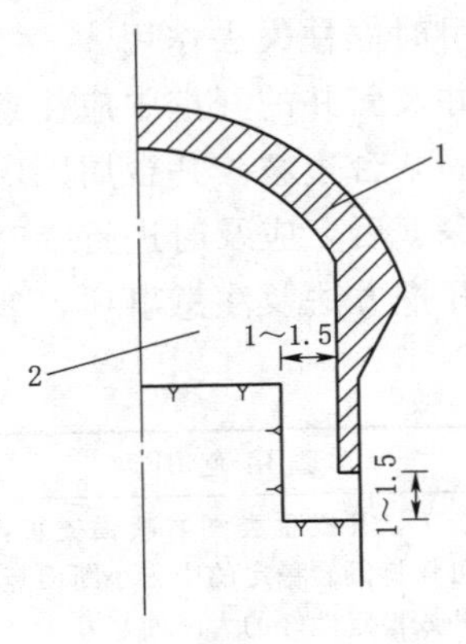

图6-10　顶拱衬砌与开挖面之间的空间尺寸（单位：m）
1—顶拱混凝土衬砌；2—开挖面

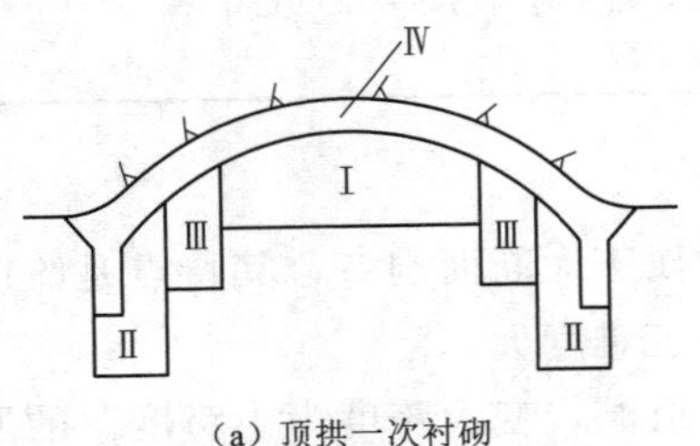

(a) 顶拱一次衬砌
Ⅰ、Ⅱ、Ⅲ—开挖顺序；Ⅳ—衬砌

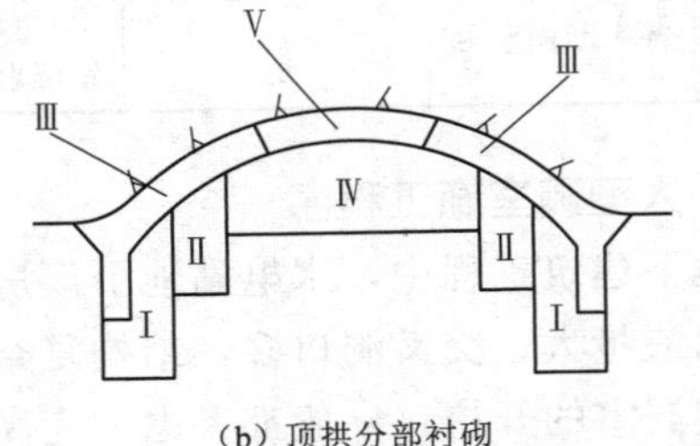

(b) 顶拱分部衬砌
Ⅰ、Ⅱ、Ⅳ—开挖顺序；Ⅲ、Ⅴ—衬砌顺序

图6-11　顶拱一次衬砌与分部衬砌

2. 主体的开挖

侧导洞尺寸按混凝土边墙衬砌厚度及立模要求确定，一般宽度不小于3.0～3.5m；侧导洞高度根据边墙围岩稳定性确定。为保证施工进度，边墙一次衬砌高度可为5～10m，但导洞宜分层开挖，以便及时支护。

3. *厂房交叉洞口施工*

与厂房交叉的洞口，挖出后应立即支护，支护结构用喷锚和混凝土衬砌。交通洞、通风洞和电缆洞等洞口一般按永久支护要求施工。高压管道、尾水洞等洞口或用锚喷支护，或在设计断面外浇筑套拱。支护的长度应结合围岩条件、控制性软弱面的延伸范围等确定，一般不短于5m。交叉洞口支护如图6-12所示。

资源6-2-6 水电站地下厂房施工程序案例

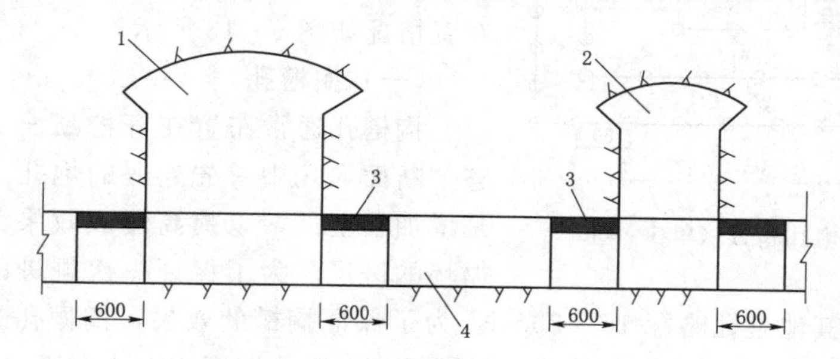

图6-12 交叉洞口支护示意（单位：cm）

1—主厂房；2—尾水调压室；3—混凝土锁口（厚度为50～70cm）；4—交通洞

第三节 钻孔爆破法开挖

知识要求与能力目标：

（1）掌握隧洞钻孔爆破法开挖的炮孔类型、作用及布置；

（2）掌握隧洞钻孔爆破法开挖的参数设计；

（3）掌握隧洞钻孔爆破法开挖的作业程序与技术要求；

（4）熟悉隧洞钻孔爆破法开挖的辅助作业内容与要求。

学习内容：

（1）隧洞钻孔爆破法开挖的炮孔类型及作用；

（2）隧洞钻孔爆破法开挖的参数设计；

（3）隧洞钻孔爆破法开挖的作业程序；

（4）隧洞钻孔爆破法开挖的辅助作业。

一、概述

钻孔爆破法一直是地下建筑工程岩石开挖的主要施工方法。这种方法对岩层地质条件适应性强、开挖成本低，尤其适合岩石坚硬、长度相对较短的洞室施工。其主要工序有钻孔、装药、堵塞、起爆、通风、散烟、除尘、安全检查、支护和出渣等。从钻孔起，到完成爆破出渣，通常称为一个作业循环。钻孔爆破法主要设计内容包括：炮孔布置（类型、数目、深度、直径及角度）；掏槽方式；单位耗药量及装药量；孔网参数及布孔图；排炮循环进尺；单孔及装药结构图；爆破器材、起爆方式、起爆网络及其结构图；钻孔爆破工艺、技术要求；爆破安全技术措施；钻爆循环作业计划表等。

资源6-3-1 地下建筑工程的施工教学虚拟仿真实验介绍

二、炮孔类型及作用

为了增加爆破自由面，克服岩石的夹制作用，改善岩石破碎条件，降低岩石爆破

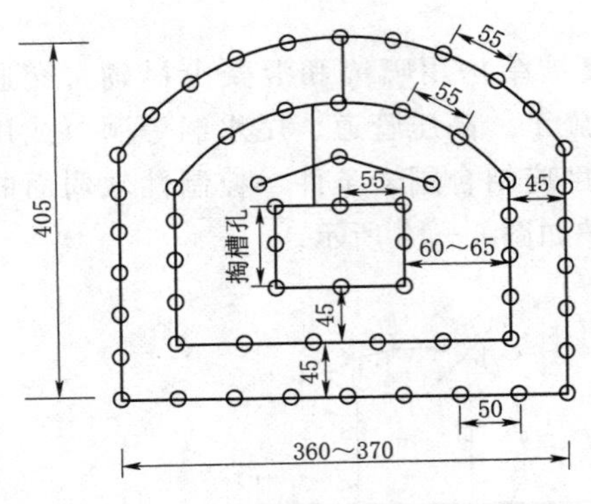

图 6-13 炮孔布置（单位：cm）

的单位耗药量、控制开挖轮廓以及提高掘进效率，在进行地下洞室的爆破开挖时，按作用原理、布置方式及有关参数的不同，开挖断面上布置的炮孔往往分为三类：掏槽孔、周边孔和崩落孔。某工程导流洞全断面爆破开挖的炮孔布置情况如图 6-13 所示。

（一）掏槽孔

掏槽孔通常布置在开挖断面的中下部，是整个断面炮孔中首先起爆的炮孔。其主要作用是增加临空面，以提高爆破效果，并决定一次循环的进尺。为了保证一次掘进的深度，通常要求掏槽孔比其他炮孔略深 15～20cm。为了保证掏槽的效果，掏槽孔的装药量应比崩落孔多 15%～20%。按布孔形式，一般可分为斜孔掏槽和直孔掏槽。

1. 斜孔掏槽

斜孔掏槽是指掏槽孔方向与工作面斜交的掏槽方法，斜孔掏槽方式有楔形掏槽和锥形掏槽。

（1）楔形掏槽。通常由 2～4 对对称的相向倾斜的掏槽炮孔组成，爆破后能形成楔形掏槽。楔形掏槽可分为垂直楔形掏槽和水平楔形掏槽两种，如图 6-14 所示。前者一般适用于层理大致垂直或倾斜的岩层；后者比较适用于岩层层理接近于水平的围岩或整体均匀的围岩，但因向上倾斜钻孔作业较困难，所以运用较少。

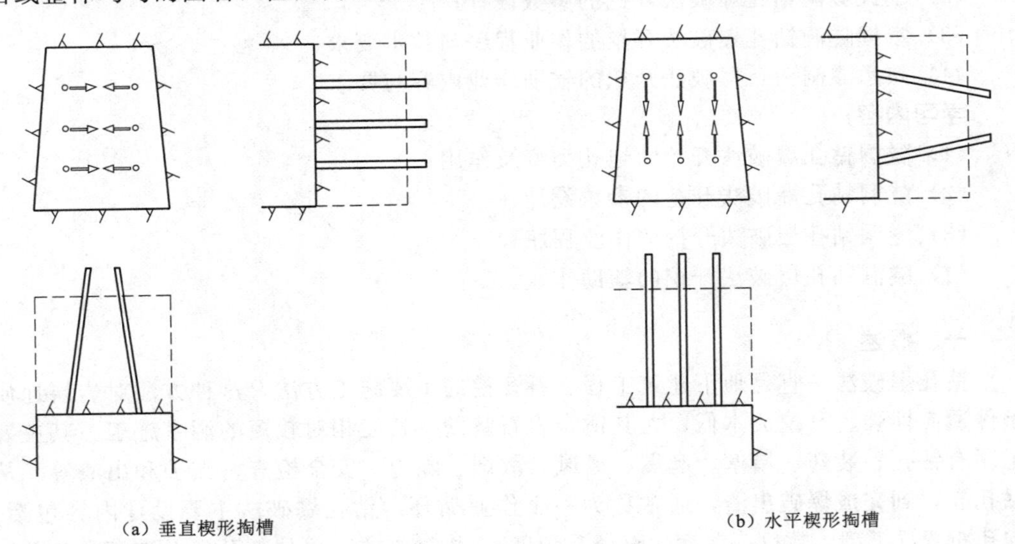

图 6-14 楔形掏槽

（2）锥形掏槽。各掏槽孔以相等或近似相等的角度向工作面中心轴线倾斜，孔底趋于集中，但互相并不贯通，爆破后形成锥形掏槽。炮孔倾斜角度（与开挖掌子面的最小夹角）一般为 60°～70°，岩质越硬，倾角越小。按炮孔数目的不同，分为三角锥、四角锥（图 6-15)、五角锥等。

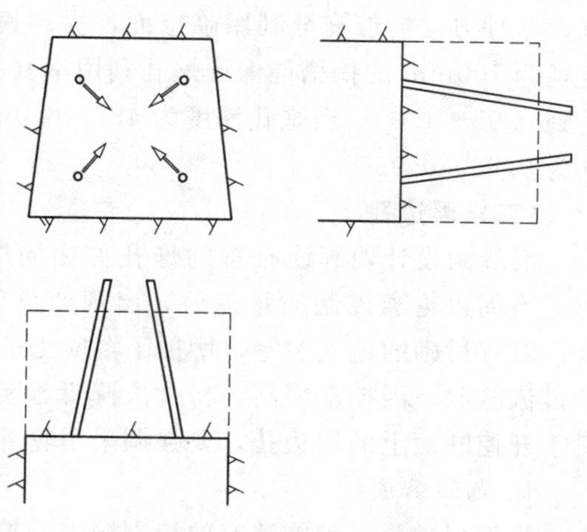

图 6-15 锥形掏槽

楔形掏槽和锥形掏槽均具有所需掏槽炮孔较少、掏槽体积大、容易将爆渣抛出、炸药耗量低等优点。但掏槽孔深度受到隧洞断面尺寸和岩石硬度的限制，因而影响每一循环的实际进尺，同时钻孔倾斜角度的精度对掏槽效果有较大的影响。

2. 直孔掏槽

直孔掏槽是指由若干垂直于开挖面的彼此距离很近的炮孔组成，其中一个或数个不装药的空孔作为装药炮孔爆破时的辅助自由面。由于直孔掏槽的炮孔深度不受开挖断面尺寸的限制，较斜孔掏槽可以获得更深的槽腔，可提高单循环的开挖进尺；便于凿岩台车钻孔或多台风钻同时钻孔；直孔掏槽适用于各种岩层的隧洞爆破开挖，因此直孔掏槽爆破已成为当前广泛采用的掏槽方式。直孔掏槽的形式主要有桶形直孔掏槽、双螺旋形直孔掏槽和龟裂直孔掏槽，如图 6-16 所示。

资源 6-3-2 我国部分工程直孔掏槽主要参数

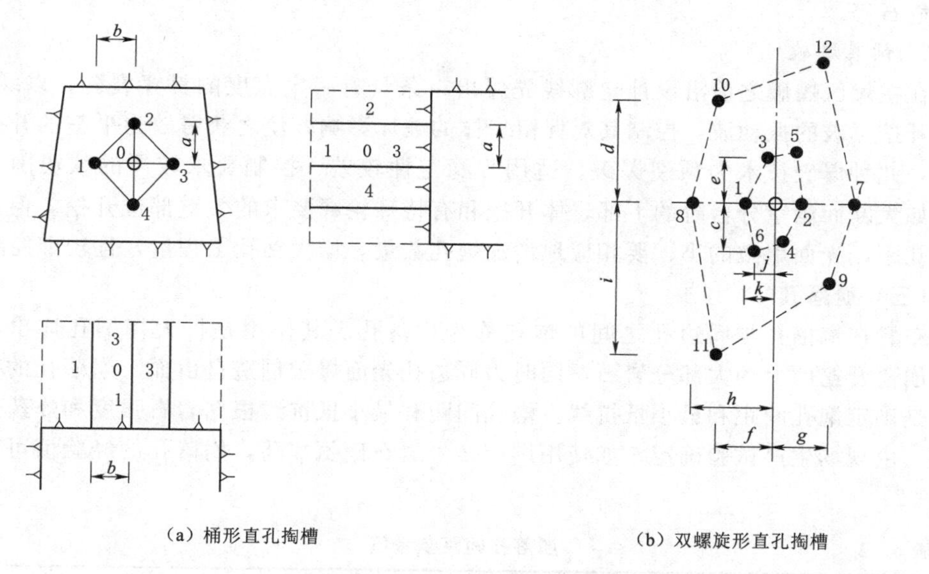

(a) 桶形直孔掏槽 (b) 双螺旋形直孔掏槽

图 6-16 直孔掏槽布置图

1～12—起爆顺序；a～k—孔距参数

(1) 桶形直孔掏槽充分利用大直径空孔或数个与装药孔直径相同的空孔，作为岩石爆破后的膨胀空间，爆破后形成桶状槽腔。

(2) 双螺旋形直孔掏槽是由桶形直孔掏槽发展而来的。其特点是各装药孔至中心空孔的距离依次递增，其装药孔连线呈螺旋状，成对布置，并按螺旋线顺序微差起爆，这种方法能够充分利用临空面，提高掏槽效果。炮孔深度小于4.7m、中心钻孔直径为100mm的掏槽能保证炮孔利用率（一次爆破循环的进尺与炮孔平均深度之比）达到0.95～1.00；当炮孔深度为4.7～6.0m、中心钻孔直径为200mm时，炮孔利用率为0.85～0.95。

（二）周边孔

沿隧洞设计轮廓线布置的炮孔称为周边孔，其作用是炸出较平整的隧洞断面轮廓。当周边轮廓控制质量差时，出现严重的超、欠挖量，洞壁起伏差亦大。其后果是：对有衬砌的地下洞室，增加了混凝土的回填量和整修时的二次爆破量；对无衬砌的过流隧洞，因糙率增高，将大大降低泄流能力；对围岩的稳定也极为不利。因此，对于开挖断面上的周边孔，要强调采用轮廓控制爆破技术，即光面爆破或预裂爆破。

1. 光面爆破

光面爆破是一种能够有效控制洞室开挖轮廓的爆破技术。其基本原理是：在断面设计开挖线上布置间距较小的周边孔，采用特定的减弱装药结构等一系列施工工艺，于崩落孔爆破后起爆周边孔内的装药，炸除沿洞周留下的厚度为周边孔爆破最小抵抗线的岩体（光爆层），从而获得较为平整的开挖轮廓。

评价光面爆破效果的主要标准为：开挖轮廓成型规则，岩面平整；围岩壁上的半孔壁保持率不低于50%，且孔壁上无明显的爆破裂隙；超欠挖符合规定要求，围岩上无危石等。

2. 预裂爆破

在主爆区爆破之前沿设计轮廓线先爆出一条具有一定宽度的贯穿裂缝，以缓冲、反射开挖爆破的振动波，控制其对保留岩体的破坏影响，使之获得较为平整的开挖轮廓面，此种爆破技术为预裂爆破。适用于稳定性较差、控制要求较严的软弱围岩开挖，如大断面洞室分台阶的下部岩体开挖和有特殊轮廓要求的关键部位开挖。但预裂爆破孔距比光面爆破的小，要相应地增加炮孔数量，增大钻孔工程量，且较难控制。

（三）崩落孔

布置在掏槽孔与周边孔之间的炮孔称为崩落孔。其作用是扩大掏槽孔炸出的槽腔，崩落开挖面上的大部分岩石，同时为周边孔光面爆破创造自由面。崩落孔的布置主要是确定炮孔间距和最小抵抗线。炮孔间距和最小抵抗线根据岩石强度和炸药爆炸性能，由现场生产试验确定。如使用国产2号岩石硝氨炸药，崩落孔的经验值可参见表6－2。

表6－2　　崩落孔间距参考值

岩性	软岩	中硬岩	坚硬岩	特硬岩
孔距/cm	100～120	80～100	60～80	50～60

三、隧洞钻爆参数设计

（一）炮孔数量

掘进工作面上炮孔数量受岩层性质、炸药性能、爆破时自由面状况、炮孔大小和深度、装药方式、工作面的形状和大小以及岩渣的块度等多种因素影响，很难用理论计算确定。

在实际工作中，常采用类比法或经验公式法，初步确定单位耗药量和掘进深度，估算炮孔数量和炮孔间距，然后结合具体工程进行现场试验，最后研究确定较合理的炮孔数量和各种炮孔类型的炮孔间距。

初步计算时，可应用装药量平衡原理计算炮孔数量，即炮孔数目正好能容纳该次爆破岩体所必需的炸药用量。常用计算公式为

$$N=\frac{Q}{\gamma\alpha L}=\frac{qSL}{\gamma\alpha L}=\frac{qS}{\gamma\alpha} \tag{6-2}$$

式中：N 为一次掘进循环中开挖面上的炮孔总数；Q 为一次爆破的炸药用量，kg；L 为炮孔深度，m；γ 为炸药的线装药密度，kg/m，可参见表 6-3 选取；α 为炮孔的装药影响系数（装药长度与炮孔全长的比值），可参见表 6-4 选取；q 为单位耗药量，kg/m^3；S 为开挖断面面积，m^2。

表 6-3　　2 号岩石氨梯炸药的线装药密度值

药卷直径/mm	32	35	38	40	45	50
γ/(kg/m)	0.78	0.96	1.10	1.25	1.59	1.90

表 6-4　　炮孔装药系数 α 值

炮孔类型	围岩类别			
	Ⅰ	Ⅱ	Ⅲ	Ⅳ、Ⅴ
掏槽孔	0.65～0.80	0.60	0.55	0.50
崩落孔	0.55～0.70	0.50	0.45	0.40
周边孔	0.60～0.75	0.55	0.45	0.40

（二）炮孔深度

炮孔深度是指炮孔底至开挖面的垂直距离。炮孔深度应根据开挖断面尺寸、岩层性质、掏槽形式、钻机形式和掘进循环作业时间进行选择。合理的炮孔深度有助于提高掘进速度和炮孔利用率。一般可根据经验和工程类比法确定其深度。对于大中断面水工隧洞的开挖，Ⅰ、Ⅱ类围岩，钻孔深度一般为 3～4.5m；Ⅲ、Ⅳ类围岩，钻孔深度一般为 2～3m；对于小断面隧洞，钻孔深度一般为 1.2～2.1m。

（三）炮孔直径

炮孔直径对凿岩生产率、炮孔数目、单位体积耗药量和洞壁的平整程度均有影响。必须对岩性、凿岩设备和工具、炸药性能等进行综合分析，合理选用孔径。一般隧洞掘进开挖爆破的炮孔直径为 32～50mm，药卷与孔壁之间的间隙一般为炮孔直径的 10%～15%。

（四）装药量

1. 单位体积耗药量

单位体积耗药量 q 取决于岩性、断面大小、炮孔直径和炮孔深度等多种因素，目前尚无完善的理论计算方法。一般可根据工程类比法进行初步估算。隧洞开挖爆破单位耗药量一般参考值可参见表 6-5。

表 6-5　　隧洞开挖爆破所需的单位耗药量 q 参考值　　单位：kg/m^3

开挖断面面积/m^2	围岩类型				开挖断面面积/m^2	围岩类型			
	Ⅰ	Ⅱ	Ⅲ	Ⅳ		Ⅰ	Ⅱ	Ⅲ	Ⅳ
4～6	2.9	2.3	1.7	1.6	13～15	2.1	1.7	1.4	1.2
7～9	2.5	2.0	1.6	1.3	16～20	2.0	1.6	1.3	1.1
10～12	2.25	1.8	1.5	1.2	40～43	1.4	1.1		

2. 一次循环的总装药量

为了施工方便，应根据单位耗药量和一次掘进长度，计算出一次爆破循环所需的总炸药消耗量，其计算公式为

$$Q=SLq\eta \tag{6-3}$$

式中：Q 为一个爆破循环进尺所需总炸药量，kg；S 为开挖断面面积，m^2；L 为炮孔深度或设计循环进尺，m；q 为沿开挖面掘进 $1m^3$ 所需药量，kg/m^3；η 为炮孔利用率，一般为 70%～90%。

3. 不同炮孔的装药量分配

根据工程类比法或工程经验及各类炮孔的不同要求和用药平衡原则，将每一循环总的装药量 Q 分配到各个炮孔中去，并在爆破开挖过程中加以检验和修正。由于各类型炮孔的作用、目的及受到岩石夹制情况不同，单孔的装药量会有较大的不同。掏槽孔爆破条件最差，作用最为重要，则分配药量较大，采用直孔掏槽时，掏槽孔可适当增加 10%～20%的装药量，以保证掏槽效果；崩落孔次之；周边孔最少。各类炮孔的装药量可根据表 6-5 炮孔装药系数进行分配。

四、钻孔爆破法作业

钻孔爆破法开挖地下工程，其施工工序包括：钻孔、装药、堵塞、设备撤离、起爆、通风排烟、安全检查与处理、临时支护、出渣、延长运输线路和风水电管线铺设等。掘进一次的工序组合称为钻孔爆破循环作业。

每完成一次循环作业，工作面大致按炮孔深度向前推进一段，如此周而复始，直至开挖结束。完成一次循环作业的进尺称为循环进尺。循环进尺和循环次数互相制约。循环进尺的深浅，决定于围岩的稳定程度和钻孔出渣设备的能力。当围岩的稳定性较好，用钻架台车或多臂钻机钻孔，短臂挖掘机或装载机配合自卸汽车出渣时，宜采用深孔少循环的方式，以节省辅助工作的时间；若围岩的稳定性较差，用风钻钻孔，斗车或矿车出渣，宜采用浅孔多循环的方式，以保证围岩的稳定。

1. 布孔

钻孔爆破法开挖炮孔的布置原则，一般为先布置掏槽孔，其次是周边孔，最后是崩落孔。

掏槽孔一般应布置在开挖面中央偏下部位，为爆出平整的开挖面，除掏槽孔和底板炮孔外所有掘进孔底应落在同一平面上，底板炮孔深度一般与掏槽孔相同。

周边孔应严格按照设计位置布置。为满足机械钻孔需要和减少超欠挖，周边孔设计位置应考虑 0.03～0.05 的外插斜率，并应使前后两循环炮孔的衔接锯齿形的尺高

最小，锯齿高一般不应大于15cm。

崩落孔应在整个断面上均匀布置，一般其抵抗线为炮孔间距的60%～80%，当炮孔深度超过2.5m时，靠近周边孔的内圈崩落孔应与周边孔有相同的倾角。

施钻前应由专门人员标出掏槽孔、崩落孔和周边孔的设计位置，最好采用激光系统定位。

2. 钻孔

钻孔是隧洞爆破开挖中的主要工序，工作强度较大，所花时间占循环时间的1/4～1/2，且钻孔的质量对洞室开挖规格、爆破效率和施工安全影响极大。钻孔应尽可能选择高效率的钻孔机械与设备。目前，我国除小型隧洞仍采用手风钻外，大、中型隧洞大部分已采用液压凿岩台车进行钻孔。液压凿岩台车的广泛应用大大提高了隧洞开挖速度，改善了钻孔作业环境。为保证达到良好的爆破效果，钻孔应严格按照标定的炮孔位置及设计钻孔深度、角度和孔径进行钻孔。国外在钻凿掏槽孔时，通常使用带轻便金属模板的掏槽孔夹具来保证掏槽孔钻孔的准确性。

3. 装药

装药前应对炮孔参数进行检查验收，测量炮孔位置、炮孔深度是否符合设计要求。然后对钻孔进行清孔，可采用风管通入孔底，利用风压将孔内的岩渣和水分吹出。确认炮孔合格后，即可进行装药及起爆网络连线工作。应严格按照预先计算好的每孔装药量和装药结构进行装药，如炮孔中有水或潮湿时，应采取防水措施或改用防水炸药。

4. 堵塞

炮孔装药完成后，孔口未装药部分必须用堵塞物进行堵塞。良好的堵塞能阻止爆轰气体产物过早地从孔口冲出，提高爆炸能量的利用率。常用的堵塞材料有砂子、黏土、岩粉等。而小直径炮孔则常用炮泥，它是用砂子和黏土混合配制而成的，其重量比是3∶1，再加上20%的水，混合均匀后再揉成直径稍小于炮孔直径的炮泥段。堵塞时将炮泥段送入炮孔，用炮棍适当挤压捣实。堵塞长度与抵抗线有关，一般来说，堵塞长度不能小于最小抵抗线。

5. 起爆

只有采用正确的起爆顺序才能达到理想的爆破效果。正确的起爆顺序是先爆的炮孔应为后爆炮孔减小岩石的夹制作用和增大自由面，从而达到更好的爆破效果，即应先爆掏槽孔，后爆崩落孔，再爆底板孔、侧墙孔、顶拱孔，最后爆周边孔。在无瓦斯与煤尘爆炸危险的水工洞室中进行爆破开挖，多采用塑料导爆管起爆系统起爆。

爆破指挥人员要确认周围安全警戒工作完成，在发布放炮信号后，方可发出起爆命令；警戒人员应按规定警戒点进行警戒，在未确认撤除警戒前不得擅离职守；要有专人核对装药、起爆炮孔数，并检查起爆网络、起爆电源开关及起爆主线；起爆后，确认炮孔全部起爆，经检查后方可发出解除警戒信号，撤除警戒人员。如发现盲炮，要采取安全防范措施后，才能解除警戒信号。

6. 通风、散烟

通风、散烟及除尘的目的是控制因凿岩、爆破、装渣、喷射混凝土和内燃机运行等产生的有害气体和岩石粉尘，及时供给工作面充足的新鲜空气，改善洞内的气流速度等状况，创造满足卫生标准的洞内工作环境。这在长隧洞施工中尤为重要。具体措施参见辅助作业相关内容。

7. 安全检查与处理

在通风散烟后，应检查隧洞周围特别是拱顶是否有粘连在围岩母体上的危石。条件许可时，可以采用轻型的长臂挖掘机进行危石的安全处理。

8. 出渣运输

出渣运输作业占洞室开挖作业循环时间的1/3～1/2。组织好高效有序的出渣运输作业，对加速地下工程施工十分重要。

平洞出渣可分为有轨和无轨两大类。出渣工作主要配套设备可参见表6-6。

表6-6　平洞出渣配套设备参考表

类别	装载设备	运输设备	
		运输机械	牵引机械
有轨	(1) 铲斗式装载机； (2) 带运输机的铲斗装载机； (3) 立爪式装载机、耙渣机	(1) 矿车； (2) 梭车； (3) 槽式列车	(1) 蓄电池式电机车； (2) 架线电动车； (3) 内燃机车
无轨	(1) 轮胎式铲斗装载机； (2) 轮胎式立爪装载机； (3) 轮胎式或履带式装载机； (4) 缆索式或液压式短臂挖掘机； (5) 轮胎式自行装岩运输车	(1) 装运机，双向短距离自行； (2) 轮胎式梭车，双向自行； (3) 自卸汽车，后卸、侧卸或底卸，单向行驶或双向行驶	

9. 初期支护

洞室开挖以后，应避免围岩出现有害的松弛。为了预防塌方或松动掉块，发生事故，应根据地质条件、洞室断面、开挖方法和暴露时间等因素，对开挖出来的空间进行必要的临时性支护。只有当岩层坚硬完整，经地质鉴定后，才可以不设临时支护。

临时支护与开挖面之间的距离和时间间隔取决于地质条件和施工方法等因素，一般要求在开挖之后，围岩变形松动到足以破坏之前安设完毕，尽可能做到随开挖随支护。在松软岩层中，支护应尽量靠近开挖面；在良好的岩层中，支护距开挖面可以远一些。

临时支护的形式很多，有木支护、钢支护、预制混凝土或钢筋混凝土支护、喷混凝土和锚杆支护等。可根据地质条件、材料来源、安全经济等要求进行选择。喷混凝土和锚杆支护是一种临时性和永久性结合的支护形式，应优先采用。木支护具有质量轻，加工、架立方便，损坏前有显著变化，不会突然折断等优点，但由于要耗费大量木材，现已少用。钢支护承载能力强，占空间小，可多次使用，但钢材用量多，一次性费用高，在破碎且不稳定的岩层中，当支护不能拆除需要留在混凝土衬砌中时，需要采用钢支护。预制钢筋混凝土支护和钢筋混凝土支护用于围岩软弱、山岩压力大、支护需留在衬砌内、钢材又缺乏时，因构件质量大，安装运输不方便，所以只适用中小断面。

临时支护应具有足够的强度和稳定性，能适应围岩松动变形、掉块和爆破震动等情况。此外，临时支护要结构简单，便于就地安装和拆除，不过分占用洞室和空间。

五、辅助作业

地下工程施工的辅助作业包括：通风、散烟、防尘、施工排水、照明、风水电供应等。这些工作虽不像钻孔爆破、出渣运输等工作那样直接影响开挖掘进速度、质量和安全，但可以改善施工人员的作业环境，为加快地下工程施工进度创造良好条件。

1. 卫生标准

地下工程施工过程中，为了保证洞内作业人员的健康，洞室通风以后的空气质量应符合洞内作业的卫生标准。同时要求洞内的气温不能超过28℃，洞内风速满足表6－7中的规定。此外，要求工作面附近的最小风速不得低于0.25m/s；最大风速：平洞、竖井、斜井工作面不得超过4m/s，在运输洞与通风洞内不得超过6m/s。

表6－7　洞内温度与风速的关系

温度/℃	＜15	15～20	20～22	22～24	24～28
风速/(m/s)	＜0.5	0.5～1.0	1.0～1.5	1.5～2.0	＞2.0

资源6－3－3
洞内空气卫生标准

2. 通风散烟

(1) 通风方式。隧洞内通风方式有自然通风和机械通风两种。自然通风只适用于洞长小于40m的短洞。工程中多采用机械通风，机械通风的基本形式有压入式、吸出式和混合式三种，如图6－17所示。

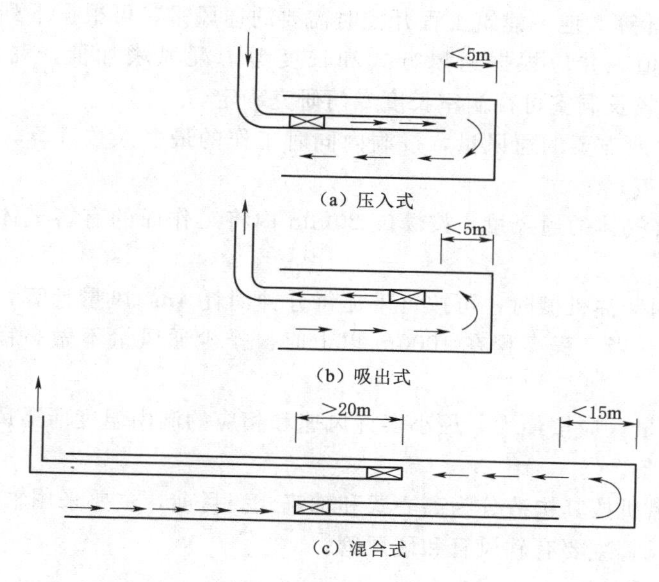

(a) 压入式

(b) 吸出式

(c) 混合式

图6－17　风管式通风

1) 压入式通风。是将新鲜空气通过风管直接送到工作面，混浊空气由洞身排至洞外，如图6－17(a)所示。其优点是施工人员比较集中的工作面能够很快获得新鲜空气；缺点是混浊空气容易扩散至整个洞室。其适用于较短的(＜200m)隧洞和竖井。风管的端部与工作面的距离一般不宜超过 $6\sqrt{S}$ m（S 是以 m^2 计的开挖断面面积）。

2）吸出式通风。是通过风管将工作面的混浊空气吸走并排出至洞外，新鲜空气由洞口流入洞内，如图 6－17（b）所示。其优点是工作面混浊空气较快地被吸出，避免了沿整个洞室流通扩散；缺点是新鲜空气流入较缓慢，且容易遭污染，对较长的平洞尤为明显，一般不单独使用。为保证风管的吸出效果，其端部又不被爆破的飞石所破坏，应使风管端部至工作面的距离保持为 $3\sqrt{S}$ m，一般不大于 10m。

3）混合式通风。是在爆破后排烟用吸出式，经常性通风用压入式，充分发挥上述两种方式的优点，如图 6－17（c）所示。该法具有通风能力强，效果好，污浊空气沿风管排出，全线劳动条件好的优点。但需要两套以上的风机和风管装置，基建与运转费用高；风机布置和通风组织要求严格。有时为了充分发挥风机效能，加快换气速度，施工中常利用帆布、塑料布或麻袋等制成帘幕，防止炮烟扩散，使排除污浊气体的范围缩小。帘幕设在靠近工作面处，但要有一定的防爆距离，一般为 12～15m。掘进时，随着开挖面推进，帘幕亦相应地向前移动。有条件时也可以设置水幕或压气水幕来代替帆布一类的帘幕。它适用于长洞或井的通风。

在改善通风的同时，还要重视粉尘和有害气体的控制。湿钻凿岩、爆破后喷雾除尘、出渣前对石渣喷水防尘等，都是降低空气中粉尘含量的行之有效的措施。洞内施工严禁使用汽油发动机，使用柴油机时，宜加设废气净化装置以减少洞内空气的污染。

（2）通风量计算。地下建筑工程开挖时需要的通风量，可根据下列三种情况分别计算，取其最大值。并应根据通风方式和长度考虑漏风增加值，漏风系数一般取 1.2～1.5，对于较长洞室可视洞室长度专门研究确定。

1）施工人员所需要的通风量，按洞内同时工作的最多人数计算，每人每分钟应供 $3m^3$ 的新鲜空气。

2）冲淡有害气体的通风量，按爆破 20min 内将工作面的有害气体排出或冲淡至容许浓度计算。

3）洞内使用柴油机械时，可按每千瓦每分钟消耗 $4m^3$ 风量计算，并与工作人员所需风量相叠加。当工程高程在 1000m 以上时，排尘通风量不做高程修正，但散烟风量需做修正。

计算的通风量，应按最大、最小容许风速和相应的洞内温度所需风速进行校核。

（3）通风设备。

1）风机：风机按其构造分为离心式和轴流式。目前，主要采用轴流式风机。

2）风管：风管主要有软风管和硬风管。

3. 供水与防尘

洞内防尘，除利用通风降低粉尘含量外，还应采取以下措施：

（1）湿法作业，即湿式凿岩，禁止打干钻；湿式装运石渣，出渣前在渣堆上喷水，在工作面喷雾；采用水泡泥进行爆破堵塞。

（2）加强防尘教育，加强科学管理，开展防尘和废气净化技术革新。

(3) 加强个体防护，使用防毒面具和口罩。

施工供水以满足机械需用要求和湿法作业的需要。水源应可靠，水质应符合要求，水压一般不小于 $30N/cm^2$。当水压不够时，可设加压装置。

4. 供风

供风是指压缩空气的供应。压缩空气是风动凿岩机、装岩机和混凝土喷射机、炸药装药机的动力能源。

供风系统包括动力装置（电动机或内燃机）、空气压缩机、附属设备（空气过滤器、储气罐和冷却装置）和压气管网。

工地供风不仅需要满足风量要求，同时也要满足风压要求。风动机具的驱动压力为 490～590kPa，考虑管中的压力损失，要求空压机工作压力为 590～784kPa。

储气罐（又称风包）的作用是调节风压，清除压缩空气中的水分和油脂。每台空压机都设有储气罐，在较长的供风管道途中还应增设储气罐。

风管使用无缝钢管、法兰接头。为了排除气凝水，管路铺设应有 0.005～0.01 的顺坡，每隔适当距离或在坡度改变处应设分水管和泄水阀门。风管直径的大小应考虑耗风量和管道长度而选择。机具与主管一般使用管径 $d=15\sim25mm$，长 10～20m 的橡皮软管，通过连接器连接。

5. 供电

向洞内供电主要是为照明和动力设备提供能源。洞内动力线电压一般为 380V，必须使用 500V 防潮绝缘电缆输送；照明线路，在成洞地段可使用 110V 或 220V 电压，在开挖和衬砌地区均采用 24～36V 的低压。并且，洞内严禁使用裸线。

由于洞内电气设备和照明线路较多，所用电压不同，因此应设置开关箱和铁壳开关。

照明线路在工作面地段应有富余长度以便移动。漏水地段应采用防水灯头，以防漏电和短路。在爆破之前，应将开挖面 15～20m 以内的电灯线拆除。供低压使用的低压变压器的输电距离以不超过 100m 为宜。变压器还应设置在壁穹内并用木匣保护。

6. 施工排水

施工耗用大量的水和以裂隙水为主要形式的地下水，流失在工作面和洞室之内，轻者给钻孔、出渣造成不便，容易发生瞎炮和漏电事故，重者危及围岩稳定导致塌方，甚至淹没洞室，必须给予排除。

地下施工排水的主要方法如下：

(1) 挖沟排水。在排水量不大，沿上坡开挖隧洞时，应利用水沟自流排除。排水沟一般设在洞底中央或一侧。其坡度最好与洞的纵坡相同，且大于 0.3%；其断面大小应保证沟内水面在沟顶 10cm 以下。

(2) 设集水井用水泵排水。当开挖为平坡或下坡方向，或排水量较大时，可在排水沟沿线每隔 300m 或涌水量大的地方设集水井，用水泵排水。水泵容量一般比最大排水量大 30%～50%。使用一台水泵时，须有 100%的备用量。

(3) 灌浆堵水，开孔排水。隧洞内如遇到较大裂隙水时，开挖后即对围岩进行压力灌浆，堵塞水流通道。当遇到储水量很大的含水层时，可采用钻孔方法放出含水层的积水并予排除。

7. 辅助管线在洞内的布置原则

在地下洞室开挖时，洞内辅助管线的布置应本着方便施工、减少干扰、确保作业安全的原则来进行，其具体要求有：

(1) 供电线路应与风、水管分开。

(2) 照明线路与动力线路宜分别架设。

(3) 电力起爆主线须与照明及动力线路分两侧架设。

(4) 位置固定的动力、照明线路，必须采用绝缘良好的导线，架设在离地面高度2.2m以上的瓷瓶上。

第四节　掘 进 机 开 挖

知识要求与能力目标：

(1) 了解掘进机的结构组成与工作原理；

(2) 掌握掘进机的工作特点和适用条件；

(3) 熟悉掘进机的作业程序。

学习内容：

(1) 掘进机的分类与结构原理；

(2) 掘进机开挖的优缺点。

一、概述

在岩石中开挖隧洞时，除采用常规的钻孔爆破法外，还可采用掘进机施工。掘进机依靠机械的强大推力和剪切力破碎岩石，配合连续出渣，在条件适宜时具有较钻孔爆破法更高的掘进速度。

掘进机按其结构特征和工作机构破岩方式的不同，分为全断面掘进机（tunnal boring machine fullface，TBM）和部分断面掘进机（又称悬臂式掘进机）。部分断面掘进机的工作机构尺寸较小，刀盘往往安装在工作机构的悬臂上，剪切力较小，广泛应用于采煤业，但也可用于非圆形隧洞的分部掘进、大断面洞室的轮廓槽开挖，在水利水电地下工程施工中应用很少。本章节主要介绍全断面掘进机。

全断面掘进机利用机械力直接切割、破碎工作面岩石，同时完成装载、出渣及混凝土（钢）管片安装的联合作业，连续不断地进行掘进。

全断面掘进机是20世纪50年代初在美国发展起来的地下工程施工机械，70年代逐渐走向成熟，至今已成为一种高科技水平的隧洞施工机械。在国外应用TBM掘进隧洞已经非常普遍，特别是3km以上的长洞应用较多。如连接英法两国的英吉利海峡隧道，三条隧洞总长150km（单洞长50km），采用11台掘进机施工，只用了三年半全部贯通，创造了月掘进1487m的纪录。中国从20世纪60年代开始研制掘进机，80年代后期伴随改革开放的步伐掘进机获得了很大发展，并先后在西洱河一级电站、引滦工程新王庄隧洞、天生桥二级引水隧洞、甘肃引大入秦 30A 隧洞、引洮供水工程、吉林引松供水工程、大伙房引水隧洞、山西引黄入晋隧洞、万家寨引水工程和秦岭铁道二线等工程中应用，创造了月最高进尺 1637m 的纪录。四川锦屏二级水电站 4 条引水隧洞其中 2 条选用直径 12.4m 开敞式 TBM 开挖，施工排水洞选用一台直径 7.2m 开敞式 TBM 开挖，带式输送系统出渣，为中国 TBM 施工积累了宝贵的经验。随着人们对优质、高效、经济、安全等施工目标的追求，未来的掘进机发展应该在功能、造价、质量、自动化、适应性与灵活性等方面有所突破。

二、掘进机的分类与结构原理

掘进机根据破碎岩石的方法可以分为挤压式和切削式；按照掘进的方式分为全断面一次掘进式和分次扩孔掘进式；按照掘进机的作业面是否封闭可分为敞开式和护盾式。

掘进机由主机和配套系统两大部分组成。主机用于破岩、装载和转载，由切割机构（刀盘）、传动系统、支撑和掘进机构、机架、出渣运输机构和操作室组成。配套系统用于出渣、支护、衬砌、回填和灌浆等，主要包括运渣运料系统、支护装置、激光导向系统、供电系统、安全装置、供水系统、通风防尘系统、排水系统和注浆系统等。

1. 敞开式掘进机

敞开式掘进机是一种适用于中硬岩及硬岩隧道掘进的机械，由于围岩整体性较好，掘进机只要有顶护盾就可以安全施工，顶护盾后洞壁岩石可以裸露在外，故称为敞开式。它主要由三大部分组成：切削盘、切削盘支承与主梁、支撑与推进。切削盘支承与主梁是掘进机的总骨架，两者连为一体，为所有其他部件提供安装位置；切削盘支承分顶部支承、侧支承、垂直前支承，每侧的支承用液压缸定位；主梁为箱形结构，内置出渣胶带机，两侧有液压、润滑、水气管路等。

资源 6-4-1 Robbins ϕ8.0m 型敞开式全断面掘进机

敞开式掘进机的支撑分主支撑和后支撑。主支撑由支撑架、液压缸、导向杆和靴板组成，靴板在洞壁上的支撑力由液压油缸产生，并直接与洞壁贴合。主支撑的作用：一是支撑掘进机中后部的重量，保证机器工作时的稳定；二是承受刀盘旋转和推进所形成的扭矩与推力。后支撑位于掘进机的尾部，用于支撑掘进机尾部的机构。

掘进机的工作部分由切削盘、切削盘支承及其稳定部件、主轴承、传动系统、主梁、后支腿及石渣输送带组成。其工作原理：支撑机构撑紧洞壁，刀盘旋转，液压油缸推进，盘型滚刀破碎岩石，出渣系统出渣，从而实现连续开挖作业。其工作步骤是：①主支撑撑紧洞壁，刀盘开始旋转；②推进油缸活塞杆伸出，推进刀盘掘够一个行程，停止转动，后支撑腿伸出抵到仰拱上；③主支撑缩回，推进油缸活塞杆缩回，拉动机器的后部前进；④主支撑伸出，撑紧洞壁，提起后支腿，给掘进机定位，转入下一个循环。

掘进机掘进时由切削头切削下来的岩渣，经机器上部的输送带运送到掘进机后部，卸入其后配套运输设备中。支护在顶护盾后进行，所以在顶护盾后设有锚杆安装机、混凝土喷射机、灌浆机和钢环梁安装机以及支护作业平台。

资源 6-4-2 TB880HTS 型护盾式全断面掘进机

2. 护盾式掘进机

护盾式掘进机，按其护壳的数量分为单护盾、双护盾和三护盾三种，我国以双护盾掘进机为主。双护盾为伸缩式，以适应不同的地层，尤其适用于软岩且破碎、自稳性差或地质条件复杂的隧洞。

与敞开式掘进机不同，双护盾式掘进机没有主梁和后支撑，除了机头内的主推进油缸外，还有辅助推进油缸。辅助推进油缸只在水平支撑油缸不能撑紧洞壁进行掘进作业时使用，辅助推进油缸推进时作用在管片上。

刀盘支承用螺栓与上、下刀盘支撑体组成掘进机机头。与机头相连的是前护盾，其后是伸缩套、后护盾、盾尾等构件，它们均用优质钢板卷成。前护盾的主要作用是防止岩渣掉落、保护机器和人员安全、增大接地面积以减小接地比压，有利于通过软岩或破碎带。伸缩套的外径小于前护盾的内径，四周设有观察窗，其作用是在后护盾固定、前护盾伸出时，保护前后护盾之间推进缸和人员的安全。后护盾前端与推进缸及伸缩套油缸连接；中部装有水平支撑结构，水平支撑靴板的外圆与后护盾的外圆相一致，构成了一个完整的盾壳；后部与混凝土管片安装机相接。后护盾内四周留有布置辅助推进油缸的孔位，盾壳上沿四周留有超前钻作业的斜孔。盾尾通过球头螺栓与后护盾连接，以利于安装和调向，其尾部与混凝土管片搭接。

由于双护盾掘进机适用于不良岩体，机后用拼装式管片支护，因此，掘进机上还需配置管片安装机和相应的灌浆设备。

3. 扩孔式全断面掘进机

当隧洞断面过大时，会带来电能不足、运输困难、造价过高等问题。在隧洞断面较大、采用其他全断面掘进机一次掘进技术经济效果不佳时，就可采用扩孔式全断面掘进机。

扩孔式全断面掘进机是先采用小直径掘进机先行在隧洞中心用导洞导通，再用扩孔机进行一次或两次扩孔。导洞掘进机和扩孔机如图 6－18 所示。

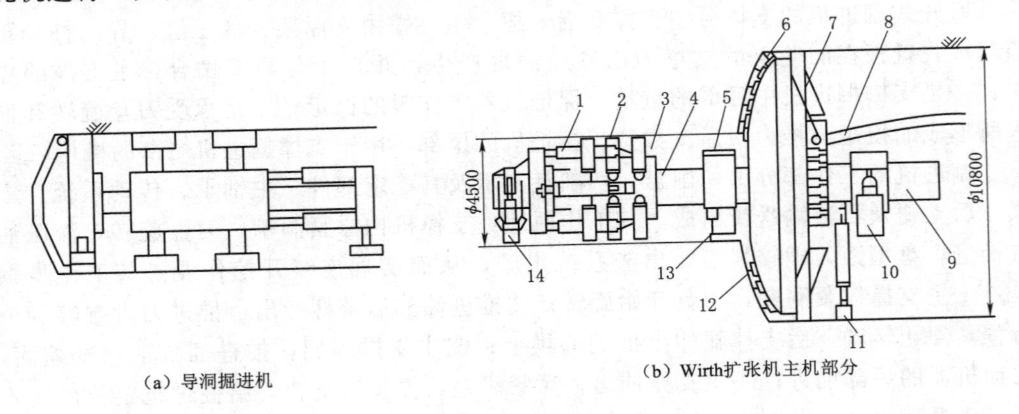

(a) 导洞掘进机　　(b) Wirth扩张机主机部分

图 6－18　扩张机施工方式

1—推进液压缸；2—支撑液压缸；3—前凯式外机架；4—前凯式内机架；5—护盾；6—切削盘；7—石渣槽；8—输送带；9—后凯式内机架；10—后凯式外机架；11—后支承；12—滚刀；13—护盾液压缸；14—前支承

这套掘进系统需要两套设备，一台小直径全断面导洞掘进机和一台扩孔机。扩孔机的切削盘由两半式的主体与 6 个钻臂组成，用螺栓装成一体并用拉杆相连。6 个钻臂上装有刮刀，将石渣送入钻臂后面的铲斗中。切削盘转动，石渣经铲斗、圆柱形石渣箱与一斜槽送到输送机上运出。整个机架分前后两部分，前机架在导洞内，后机架在扩挖断面内。在扩孔机的前端和扩孔刀盘后均具有支承装置，用以将扩孔机定位在隧洞的理论轴线位置。扩孔机的大部分结构在导洞内，故在切削盘后面空间较大，后配套设备可紧跟其后，支护砌块也可在切削盘后面安装。如同敞开式全断面掘进机，扩孔机主机后面仍配有出渣、支护、各个辅助系统的设备。

导洞内一般不考虑临时支护或者只在表面喷一层混凝土；如果必须设置锚杆时，则应在扩孔机前面将其拆除，除非采用非金属锚杆。

采用扩孔机掘进的优点是：中心导洞可探明地质情况，以做安全防范；扩孔时不存在排水问题，通风也大为简化；打中心导洞速度快，可早日贯通或与辅助通道接通；扩孔机后面的空间大，有利于随后进行支护作业；扩孔机容易改变成孔直径，以便于在不同的工程项目中重复使用。

三、掘进机开挖的优缺点

与传统钻孔爆破法相比，掘进机开挖的优点有：

(1) 利用机械切割、挤压破碎，能使掘进、出渣、衬砌支护等作业平行连续地进行，工作条件比较安全，节省劳力，整个施工过程能较好地实现机械化和自动控制。

(2) 在地质条件单一、岩石硬度适宜的情况下，可以提高掘进速度。

(3) 掘进机挖掘的洞壁比较平整，断面均匀，超欠挖量少，围岩扰动少，对衬砌支护有利。

(4) 虽然掘进机开挖的单价比钻孔爆破法开挖的单价高，但由于提高了掘进速度，减少了支洞数量和长度，降低了隧洞超挖岩石量和混凝土超填量，通过综合经济效益分析，掘进机施工的隧洞成洞造价比钻孔爆破法低。

掘进机开挖有如下缺点：

(1) 设备复杂昂贵，安装费工费时，当隧洞长度较短时，采用掘进机并不经济。

(2) 掘进机不能灵活适应洞径、洞轴线走向、地质条件与岩性等方面的变化。对于选定的掘进机，其允许的洞径变化不能超过±10%。由于掘进机机身长度的限制，隧洞的转弯半径不能小于150m。对于断层、破碎带等不良地质条件，掘进机的掘进速度将大大降低。对坚硬岩石，刀具磨损很快。

(3) 刀具更换、风管送进、电缆延伸、机器调整等辅助工作占用时间较长。若掘进机发生故障，会影响全部工程的施工。

(4) 掘进机掘进时释放大量热量，工作面上环境温度较高，要求有较大的通风设备。

第五节　锚　喷　支　护

知识要求与能力目标：

(1) 掌握锚喷支护与新奥法的原理；

(2) 熟悉围岩破坏的形态及处理措施；

（3）熟悉锚杆支护的分类与施工工艺；

（4）了解喷混凝土支护的施工工艺和技术要求。

学习内容：

（1）锚喷支护与新奥法原理；

（2）围岩破坏形态；

（3）锚杆支护；

（4）喷混凝土施工。

一、概述

地下洞室的开挖及形成，改变了围岩的原有应力场及受力条件，并在一定程度上影响围岩的力学性能，导致洞室变形，严重时出现掉块甚至坍塌等现象。因此，围岩的稳定是决定地下工程成功的关键因素。

为了防止洞室围岩失稳而采用的加固措施称为支护。根据地质条件，对洞室不同部位可采用拱部支撑、全断面支撑、密排式支撑等结构型式。设计支护结构时，要求坚固稳定，构造简单，装拆方便，净空较大，尽量就地取材，尽可能与永久性衬砌结合。

按使用时间可以分为施工期临时支护和永久支护；前者作用是加固围岩或提供必要的稳定时间，提高围岩的自承能力，保证施工期的围岩稳定。一些不良地质段，开挖后围岩的变形速率大，出现失稳倾向或已经发生局部失稳，临时支护的措施应起到防止失稳扩大作用，保证后续工作有足够的施工时间。后者是为了保持围岩稳定，减少洞壁糙率，满足运行所要求的水力学条件，承受岩石压力、水压力，满足防渗、环境保护要求，防止岩石风化、水流冲刷以及温度、湿度、大气等因素对围岩的破坏，需要进行永久支护。

隧洞支护主要有锚喷支护、衬砌及组合式支护三种形式。隧洞支护形式要综合考虑断面形状和尺寸、运行条件及内水压力、围岩条件（覆盖厚度、围岩分类、承担内水压力能力、地下水分布及连通情况、地质构造及影响程度）、防渗要求、支护效果、施工方法等因素，经过技术经济比较确定。

锚喷支护是地下工程施工中对围岩进行保护与加固的主要技术措施。对于不同地层条件、不同断面大小、不同用途的地下洞室都表现出较好的适用性。锚喷支护技术有很多类型，包括单一的喷混凝土或锚杆支护，喷混凝土、锚杆、钢筋网、钢拱架等分别组合而成的多种联合支护。锚喷支护具有显著的技术经济优势，根据大量工程的统计，锚喷支护较传统的模注混凝土衬砌，混凝土用量减少50%，用于支承及模板的材料可全部节省，出渣量减少15%～25%，劳动力节省50%，造价降低50%左右，施工速度加快一倍以上，同时因其良好的力学性能与工作特性，对围岩的支护更合理更有效。

二、锚喷支护与新奥法原理

传统的隧洞工程是采用刚度大的厚壁衬砌结构来承受围岩压力，开挖过程中采用木支撑或钢木支撑作为临时支护，从开挖到永久衬砌结束，需要经过较长的过程。20世纪50年代开始发展起来的奥地利隧道工程新方法（new Austrian tunneling method，NATM）简称新奥法，在充分考虑围岩自身承载能力的基础上，因地制宜地搞好地下洞室的开挖与支护。新奥法把围岩视为具有弹性、塑性及黏性的连续介质，利用岩体开挖中洞室变形的时间效应与空间效应，适时采用既有一定刚度又有一定柔性的支护结构主动加固近壁围岩，使围岩的变形受到抑制，同时与围岩共同形成具有抵抗外力作用的承载拱圈或称广义的复合支护系统，从而有效增加洞室围岩的稳定性。

新奥法的三大支柱为光面爆破（或其他破坏围岩最小的开挖方法）、锚喷支护和施工过程中的围岩稳定状况监测。锚喷支护特别强调合适的支护时机。过早，支护结构要承担围岩向着洞室变形而产生的形变压力，这样不仅不经济，而且可能导致支护结构破坏；过迟，围岩会因过度松弛而使岩体强度大幅度下降，甚至导致洞室破坏。正确的做法是：在洞室开挖后，先让其产生一定的变形，再做一定的柔性支护，使围岩与支护在加以限制的情况下共同变形，不致发展到有害的程度。图6-19体现了支护结构、支护构筑时机、围岩应力状态及围岩变形过程四者之间的相互作用关系。

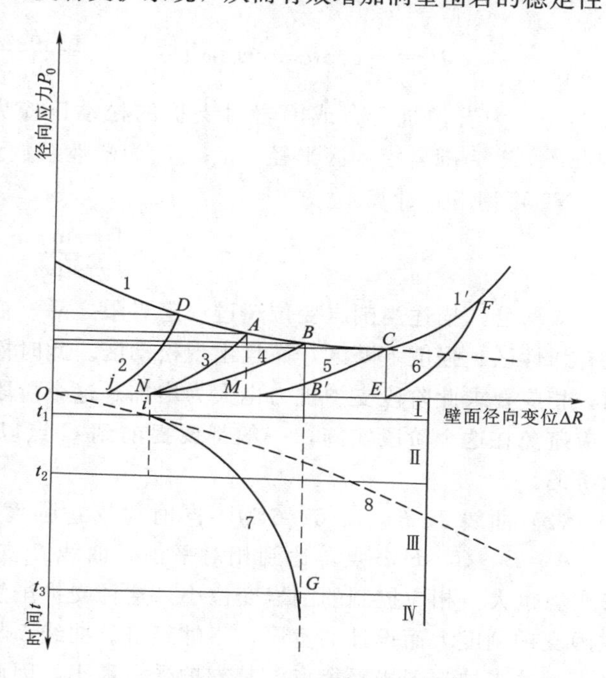

图6-19　支护与围岩特性曲线

1—变形压应力曲线；1′—松动压应力曲线；2、3、4、5、6—不同刚度支护强度增长曲线；7—支护4对应的变位-时间曲线；8—无支护时围岩变位-时间曲线；j、N、M、E—不同围岩变位时刻支护构筑起点；D、A、B、C、F—支护力与围岩压力平衡点；Ⅰ—未支护时段；Ⅱ—有支护，但底拱未封闭阶段；Ⅲ—底拱封闭，有支护阶段；Ⅳ—围岩趋于稳定阶段；t_1、t_2、t_3—Ⅱ、Ⅲ、Ⅳ阶段起始点

从图6-19还可看出以下几点：

（1）曲线1-1′为洞室在不同时间或不同刚度支护情况下，支护与围岩相互作用达到稳定的应力平衡曲线。曲线1为变形压力阶段，围岩内只有弹性区和强度下降区，曲线1可由卡斯特纳公式来描述，即

$$P_i=-c\cot\varphi+(P_0+c\cot\varphi)(1-\sin\varphi)\left(\frac{r_0}{R}\right)^{\frac{2\sin\varphi}{1-\sin\varphi}} \tag{6-4}$$

式中：P_i为支护抗力（与围岩变形压力等值反向），kN/m²；c为围岩黏聚力，kN/m²；φ为岩体内摩擦角，(°)；r_0为洞室半径，m；R为围岩塑性圈半径，m；P_0为围岩初始应力，kN/m²。

由上式可见，围岩稳定所形成的塑性半径R愈大，所需提供的支护抗力P_i愈小；反之，R愈小，所需P_i就愈大。P_i对围岩来说是支护对岩体的抗力（支护力），但对支护而言，数值上又等于围岩作用在支护上的变形压力。

P_i 随着围岩变位的增大而减小，在图中曲线 1 的 C 点达最低点，C 点以右曲线为 $1'$，围岩压力随着变位增大又迅速增大，这表示围岩已出现松动区，曲线 $1'$ 不再遵循变形压力的卡斯特纳公式，而是由松动压力公式——卡柯公式来描述。卡柯公式如下：

$$P_a=-c\cot\varphi+c\cot\varphi\left(\frac{r_0}{R}\right)^{N_\varphi-1}+\frac{\gamma r_0}{N_\varphi-2}\left[1-\left(\frac{r_0}{R'}\right)^{N_\varphi-2}\right] \tag{6-5}$$

式中：P_a 为支护抗力，或围岩对支护的松动压应力，kN/m^2；γ 为岩体表观密度，kN/m^3；R' 为围岩松动区半径，m；N_φ 为塑性系数。

N_φ 可用下式计算：

$$N_\varphi=\frac{1+\sin\varphi}{1-\sin\varphi} \tag{6-6}$$

卡柯公式描述当围岩变位超过一定界限之后（曲线 1 到达 C 点之后），围岩内不仅有弹性区、强度下降区，而且出现松动区。此时松动压力随围岩变位增大而显著增加，相应要求此阶段支护抗力也大为增加。这个阶段又称为松动压力阶段。新奥法支护应避免在这个阶段实施，一般都要提前到 C 点以左的阶段。否则将是不安全和不经济的。

（2）曲线 2、3、4、5、6 为不同时段支护强度增长曲线，分别与曲线 1 相交于 D、A、B、C、F 各点，达到相对平衡。曲线 2 支护刚度大，强度增长快，围岩变形压力也大，相应控制的围岩变位小，这种支护虽然满足及时支护围岩的要求，但往往因支护刚度大而设计的宽厚，不够经济。曲线 5 与曲线 1 相交于 C 点，是围岩压力最小时的支护与围岩平衡点，其支护受力最小，因而可以设计的节省有效。但是，问题在于实际中难以准确把握这个时机，一旦延误，围岩就有可能因为变位过大而进入松动阶段，围岩内塑性圈有可能与弹性体逐渐脱开，从而使支护承受的围岩压力大大增加，为保持稳定，支护势必设计的宽厚，费用增大，如曲线 6 所示。

比较适宜的支护曲线应为曲线 3、4，即在 C 点稍前的位置设置支护。既允许围岩有相当的变位产生，又有一定的稳定安全余度，同时支护也不必过于强大，经济、有效即可。这正是新奥法设计、施工所注重的效果。

（3）在曲线 3 或曲线 4 的中部某处可见有一拐点，拐点之后（向右上方）支护强度增长较快，曲线变陡。其原因是此时洞室构筑了仰拱，而支护结构形成闭合断面，支护刚度显著增强，变位发展趋于平稳。如图 6-19 中变位-时间曲线不再向曲线 8 发展而形成曲线 7，随时间趋于平稳，其最终变位为 OB' 线段所代表的值。曲线 3 或曲线 4 的起始点 N，意味着在围岩变位达到 ON 后开始施加支护。ON 线段对应变位-时间轴上的 t_1 点，即为支护构筑的适时起点。时间轴上 Ot_1 段变位发展较快（因无支护），t_1 之后围岩变位发展平缓，说明支护起了抑制变位的作用。

图 6-19 集中说明新奥法的支护与围岩稳定的定性关系，主要因素是 4 点，即支护刚度、支护构筑时机、围岩压力发展变化及围岩变位。应当指出，图 6-19 是在典型条件下得出的，即围岩侧压系数 $\lambda=1$、均匀弹塑性介质中、圆形洞室等条件下，

运用弹塑性理论的极限平衡理论和最大剪切理论推证出上述公式及曲线，支护强度曲线由量测得出。对于实际复杂多变的围岩，具体确定上述特征曲线仍然是困难的，但该图所表示的一般性规律仍然是存在的。

新奥法施工中，锚喷支护一般分两期进行：初期支护，在洞室开挖后，适时采用薄层的喷混凝土支护，建立起一个柔性的“外层支护”，必要时可加锚杆或钢筋网、钢拱架等，同时通过量测手段，随时掌握围岩的变形与应力情况；初期支护是保证施工早期洞室安全稳定的关键；二期支护，待初期支护后围岩变形达到基本稳定时，进行二期支护，如复喷混凝土、锚杆加密，也可采用模注混凝土，进一步提高其耐久性、防水性、安全系数及表面平整度等。

三、围岩破坏形态

由于围岩条件复杂多变，其变形、破坏的形式与过程多有不同，各类支护措施及其作用特点也就不相同。在实际工程中，尽管围岩的破坏形态很多，但总体来看，可以归纳为局部性破坏和整体性破坏两大类。

1. 局部性破坏

局部性破坏的表现形式包括开裂、错动、崩塌等，多发生在受到地质结构面切割的坚硬岩体中。这种破坏，有时是非扩展性的，即到一定限度不再发展；有时是扩展性的，即个别岩块首先塌落，然后由此引起连锁反应而导致邻近较大范围甚至是整个断面的坍塌。

对于局部性破坏，只要在可能出现破坏的部位对围岩进行支护就可有效地维持洞体的稳定。实践证明，锚喷支护是处理局部性破坏的一种简易而有效的手段。利用锚杆的抗剪与抗拉能力，可以提高围岩的 c、φ 值及对不稳定块体进行悬吊。而喷混凝土支护，其作用则表现在：①填平凹凸不平的壁面，以避免过大的局部应力集中；②封闭岩面，以防止岩体的风化；③堵塞岩体结构面的渗水通道、胶结已经松动的岩块，以提高岩层的整体性；④提供一定的抗剪力。

2. 整体性破坏

整体性破坏也称强度破坏，是大范围内岩体应力超限所引起的一种破坏现象。常见的形式为压剪破坏，多发生在围岩应力大于岩体强度的场合，表现为大范围塌落、边墙挤出、底鼓、断面大幅度缩小等破坏形式。出现应力超限后，再任围岩变形自由发展，将导致岩体强度大幅度下降。在这种情况下应采取整体性加固措施，对隧洞整个断面进行支护，而且某些部位的加固措施还要到达稳定岩层的一定深度。为达到这一目的，常采用喷混凝土与系统锚杆支护相结合的方法，这样不仅能够加固围岩，而且可以调整围岩的受力分布。另外，喷混凝土锚杆钢筋网支护和喷混凝土锚杆钢拱架支护等不同支护复合形式，对处理整体性破坏也有很好的效果。

由于围岩状况的复杂性及锚喷支护理论尚处在发展中，对于具体的地下洞室支护结构型式选择与参数设计，目前一般多采用工程类比和现场测试相结合的方法。根据大量工程实践的分析与总结，不同类别围岩条件下的支护类型与设计参数，参见表6-8。

表 6-8 地下洞室锚喷支护的形式和设计参数

围岩类别	围岩特征	毛洞跨度/m	支护形式和设计参数
Ⅰ	稳定 围岩坚硬，致密完整，不易风化的岩层	2～5	不支护
		5～10	不支护或拱部 5cm 厚喷混凝土
		10～15	5～8cm 厚喷混凝土，2.0～2.5m 长锚杆
		15～25	8～15cm 厚喷混凝土，2.5～4.0m 长锚杆
Ⅱ	稳定性好 坚硬、有轻微裂隙的岩层	2～5	3～5cm 厚喷混凝土
		5～10	5～8cm 厚喷混凝土，1.5～2.0m 长锚杆
		10～15	8～12cm 厚喷混凝土，2.0～2.5m 长锚杆
		15～25	12～20cm 厚喷混凝土，2.5～4.0m 长锚杆
Ⅲ	中等稳定 节理裂隙中等发育，易引起小块掉落的火成岩、变质岩；中等坚硬的沉积岩	2～5	5cm 厚喷混凝土，1.5～2.0m 长锚杆
		5～10	8～10cm 厚喷混凝土，2.0～2.5m 长锚杆，必要时配置钢筋网
		10～15	10～15cm 厚钢筋网喷混凝土，2.5～3.0m 长锚杆
		15～25	15～20cm 厚钢筋网喷混凝土，3.0～4.0m 长锚杆
Ⅳ	稳定性较差 节理裂隙发育的强破碎岩层；裂隙明显张开、夹杂较多黏土质充填物的岩层或其他稳定性较差的岩层	2～5	8～10cm 厚喷混凝土，1.5～2.0m 长锚杆，必要时配置钢筋网
		5～10	10～15cm 厚钢筋网喷混凝土，2.0～2.5m 长锚杆
		10～20	15～20cm 厚钢筋网喷混凝土，2.5～3.5m 长锚杆
Ⅴ	不稳定 严重的构造软弱带、大断层，易风化解体剥落的松软岩层或其他不稳定岩层	2～5	12～15cm 厚钢筋网喷混凝土，1.5～2.0m 长锚杆，必要时加仰拱
		5～10	15～20cm 厚钢筋网喷混凝土，2.0～3.0m 长锚杆，加仰拱，必要时采用钢拱架

四、锚杆支护

锚杆是用金属（主要是钢材）或其他高抗拉性能材料制作的杆状构件。锚固在岩体中的锚杆，插入岩体后与围岩共同工作，提高了围岩的自稳能力。

（一）锚杆的分类

资源 6-5-1 乌东德工程地下工程喷锚支护

按锚杆的作用原理划分主要有下列类型的锚杆：端头锚固式锚杆、全长黏结式锚杆、摩擦式锚杆、预应力式锚杆和混合式锚杆，参见表 6-9。

表 6-9 锚杆分类及原理

锚杆分类	原理		锚杆形式
端头锚固式	采用黏结材料或机械装置将锚杆里端锚固的锚杆	机械式内锚头	楔缝式锚杆
			楔头式锚杆
			胀壳式锚杆
		黏结式内锚头	水泥砂浆内锚头锚杆
			快硬水泥卷内锚头锚杆
			树脂内锚头锚杆

续表

锚杆分类	原　理	锚杆形式
全长黏结式	锚杆孔全长填充黏结材料的锚杆	水泥浆全长黏结式锚杆
		水泥砂浆全长黏结式锚杆（砂浆锚杆）
		树脂全长黏结式锚杆
摩擦式	靠锚杆体与孔壁之间的摩擦力起锚固作用的锚杆	缝管式锚杆
		楔管式锚杆
预应力式	预应力大于200kN，长度大于8m的岩石锚杆	先张拉后灌浆预应力式锚杆
		先灌浆后张拉预应力式锚杆

同时具有上述四种形式中两种以上功能的锚杆，称为混合式。

各种类型锚杆构造如图6-20所示。

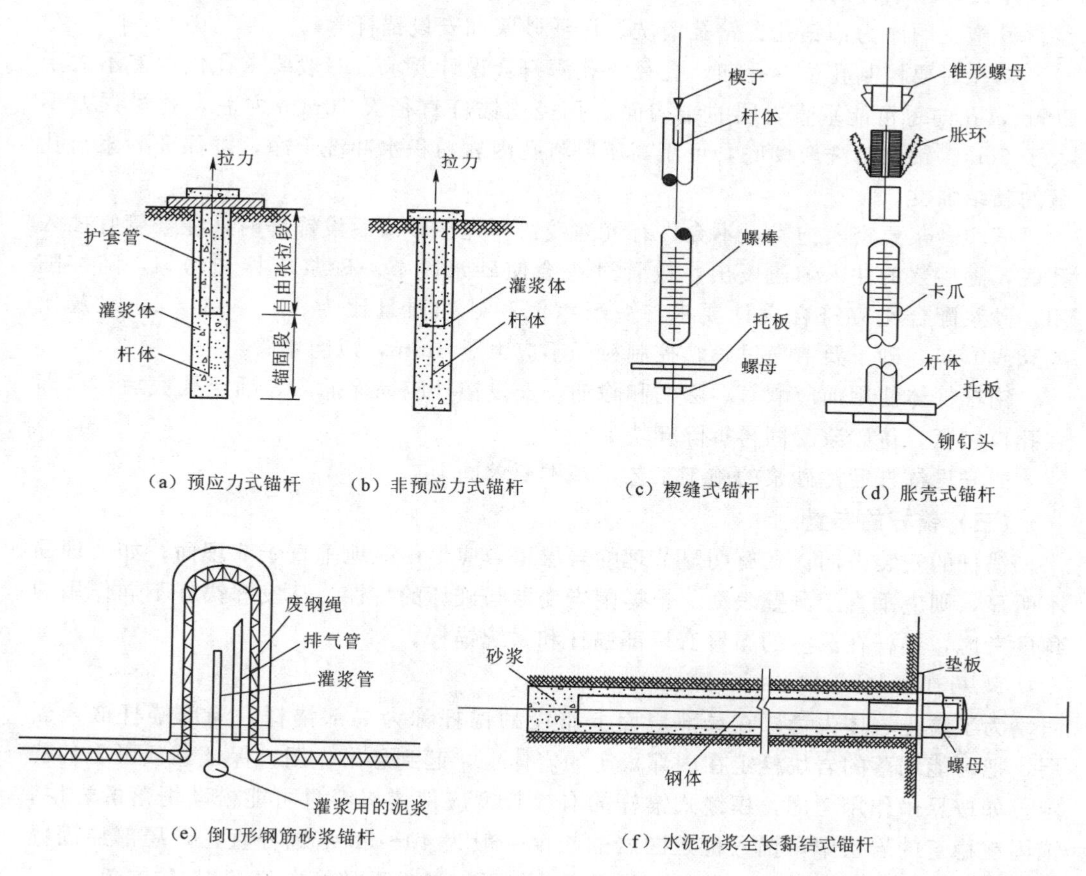

图6-20　锚杆的类型

随着我国基本建设速度的加快，有许多大跨度、大断面的地下洞室在十分复杂岩体中修建，对锚杆材料及锚固介质有更高的要求。如采用高强度或超高强度的金属作为杆件材料，并对杆体进行冷拉、滚丝处理，可大大提高支护效果。树脂是一种高分子材料，具有优越的黏结性能，较以快硬水泥为主要材料的砂浆锚固，在施工中具有较好的操控性和可靠性。

（二）锚杆施工工艺

锚杆类型不同施工方法也不同，有的锚杆施工还有一些特殊的技术要求，其锚固岩体的工作原理也不完全相同。锚杆施工的基本要求是能遵循各类锚杆的工作原理，充分发挥其性能特点，保证锚杆设计锚固力。例如常用的全长黏结式金属锚杆，其锚固力的大小主要取决于四个方面：①围岩与胶固剂（如水泥砂浆）黏结强度；②胶固剂自身的抗剪强度；③胶固剂与金属锚杆的握裹强度；④锚杆自身的抗拉强度。锚杆锚固力的大小受制于这四者之中最薄弱者，因此要充分发挥锚杆的锚固作用，就要对这四个因素所涉及的参数进行优化设计，并确保实际施工质量。

下面主要介绍水泥砂浆锚杆的施工方法。

水泥砂浆锚杆的施工，可以先压注砂浆后安设锚杆，也可以先安设锚杆后压入砂浆。其施工顺序为：钻孔、钻孔清洗、压注砂浆和安设锚杆等。

钻孔时要控制孔位、孔向、孔径、孔深符合设计要求。一般要求孔位误差不大于20cm，孔向尽可能垂直岩层的结构面，孔径比锚杆直径大10mm左右，孔深误差不大于5cm。钻孔清洗要彻底，可用高压风将孔内岩粉积水冲洗干净，以保证砂浆与孔壁的黏结强度。

压注砂浆要密实饱满，不允许有气泡残留。先注砂浆后设锚杆时，注浆管宜插入孔底，随砂浆的注入匀速拨出，拔管过快会使砂浆脱节。砂浆应拌和均匀，随拌随用，砂浆配合比应符合设计要求，一般水泥和砂的质量比为1：1～1：2，水灰比0.38～0.45。砂子要洁净过筛，控制粒径不应大于3mm，以防堵管。

锚杆杆体使用前应顺直、除锈和除油。安设锚杆应徐徐插入，插至孔底后，立即在孔口楔紧，待砂浆凝固再拆除楔块。

先安设锚杆后注砂浆的施工工艺，基本要求同上。

（三）锚杆的布置

锚杆的安装方向：在有明显节理的岩层里，应尽可能地垂直于节理面；如节理面不明显，则应垂直于洞壁表面。根据围岩变形与破坏的特性，从发挥锚杆不同作用的角度考虑，锚杆在洞室的布置有局部锚杆和系统锚杆。

1. 局部锚杆

为了防止岩体失稳，在局部岩面上布设的锚杆称为局部锚杆。局部锚杆嵌入岩层，把可能塌落的岩块栓定在内部稳定的岩体上，起到悬吊作用，保证洞顶围岩的稳定。如按悬吊作用考虑，楔缝式锚杆的有效长度应使锚头穿过可能松动坍落的岩层，锚固在稳定的岩层中，锚入稳定围岩的长度一般为40～50倍锚杆直径，局部加固锚杆的孔轴方向一般与可能滑动方向相反，并与可能滑动面的倾向约成45°的夹角。

锚杆参数按悬吊理论计算，悬吊理论认为不稳定岩体的重量应全部由锚杆承担，即

$$n\frac{\pi d^2}{4}R_g \geqslant \gamma V g \tag{6-7}$$

式中：n 为锚杆根数；d 为锚杆的计算直径，cm；R_g 为锚杆的设计抗拉强度，N/cm^2；γ 为危岩密度，kg/m^3；V 为危岩的体积，m^3；g 为重力加速度，m/s^2。

对于洞室侧壁有滑动倾向的危岩，上式右边项应为危岩的滑动力和抗滑力的代数和。

加固危岩的锚杆总长度应大于锚杆锚入稳定岩体的长度、锚杆穿过危岩的长度和锚杆外露的长度（一般取 5～15cm）三者之和。

2. 系统锚杆

根据岩体整体稳定要求，在岩面上按一定规律布设的锚杆称为系统锚杆。系统锚杆将裂隙发育的岩体串联在一起，阻止了岩块沿裂隙滑移，保持了裂隙间的挤压结合，形成拱形的连续压缩带，构成一个承受山岩压力的岩石承重拱。系统锚杆不一定要求达到不松动的围岩。锚杆长度可采用节理岩块厚度的 3 倍，使锚杆锚固到头两层之后的节理岩块上，将一组组岩块构成整体结构。当围岩破碎时，用短而密的系统锚杆同样可以取得较好的锚固效果。

系统锚杆的孔轴方向一般应垂直于开挖轮廓线，为了保证锚固效果，锚杆间距应小于平均裂隙间距的 3 倍，同时锚杆间距也不宜大于其锚固深度的 1/2。一般呈梅花形均匀交错布置，横向（垂直于洞轴）间距可较纵向（顺洞轴）间距略密些。

五、喷混凝土施工

喷混凝土是将水泥、砂、石和外加剂等材料，按一定配比搅拌后，装入喷射机中，用压缩空气将混合料压送到喷头处，与水混合后高速喷到作业面上，快速凝固在被支护的洞室壁面，形成一种薄层支护结构。

这种支护结构在凝固初期，有一定强度和柔性，能适应围岩的松弛变形，减少围岩的变形压力。喷混凝土不但与围岩的表面有一定黏结力，而且能充填围岩的缝隙，将分离的岩面黏结成整体，提高围岩的自身强度，增强围岩抵抗位移和松动的能力。同时还可起到封闭围岩、防止风化的作用，是一种高效、早强、经济的支护结构。

1. 喷混凝土的材料

喷混凝土的原材料与普通混凝土基本相同，但在技术要求上有一定的差别。

（1）水泥。喷混凝土所用的水泥应优先选用标号不低于 C45 的普通硅酸盐水泥，以使喷射混凝土掺入速凝剂后凝结快，保水性能好，早期强度增长快，干硬收缩小。

（2）砂子。一般采用坚硬洁净的中、粗砂，平均粒径 0.35～0.5cm。砂子过粗，容易产生回弹；过细，不仅会增加水泥用量，而且会增加混凝土的收缩，降低混凝土的温度。砂子的含水率对喷射工艺有很大影响。含水率过低，混合料在管路中容易分离，造成堵管，喷射时粉尘较大；含水率过高，集料有可能发生胶结，工程实践证明中砂或中粗砂的含水率以 4%～6%为宜。

（3）石料。碎石、卵石都可以用作喷混凝土的粗骨料。石料粒径为 5～20mm，其中直径大于 15mm 的颗粒宜控制在 20%以下，以减少回弹，保证输料管路的畅通。石料使用前应经过筛洗。

（4）水。喷混凝土用水与一般混凝土对水的要求相同。地下洞室中的混浊水和一切含酸、碱的侵蚀水不能使用。

（5）速凝剂。为加快喷混凝土凝结硬化过程，提高早期强度，增加一次喷射的厚度，提高喷混凝土在潮湿含水地段的适应能力，需在喷混凝土中掺加速凝剂。速凝剂应符合国家标准，其初凝时间不大于5min，终凝时间不大于10min。

2. 喷混凝土的配合比

喷射混凝土的配合比应满足混凝土强度和喷射工艺的要求，可按类比法选择后通过实验确定。采用一般施工工艺时，水泥与砂石质量比为1：3.5～1：4.5；砂率为35%～55%；水灰比为0.35～0.5；速凝剂掺量为水泥质量的2%～4%。采用水泥裹砂时，水泥：硅粉：砂：卵石：水＝1：0.09：3.29：2.24：0.57；采用双裹湿喷时，水泥：硅粉：砂：卵石：水＝1：0.11：3.55：2.28：0.58。

3. 喷混凝土的施工工艺

喷混凝土的施工方法主要有干喷法、湿喷法和水泥裹砂法等。

（1）干喷法。将水泥、砂、石和速凝剂加微量水干拌后，装入喷射机，用压缩空气将混合的干骨料压送到喷枪，再在喷嘴处与适量水混合，喷射到岩石表面。也可将干混合料压送到喷嘴处，再加液体速凝剂和水进行喷射。这种施工方法的优点是喷射机械较简单，机械清洗和故障处理容易，便于调节加水量，控制水灰比；缺点是喷射时粉尘较大，回弹量大。

（2）湿喷法。将集料和水拌匀后送到喷嘴处，再添加液体速凝剂，并用压缩空气补给能量进行喷射。这种施工方法的优点是粉尘少，回弹量小，混凝土质量容易控制；缺点是对喷射机械要求较高，机械清洗和故障处理较麻烦。

（3）水泥裹砂法（SEC法）。又称半湿喷或混合喷射法，其施工程序是先将一部分砂加第一次水拌湿，再投入全部水泥预制搅拌，然后加第二次水和减水剂拌和成SEC砂浆，同时将另一部分砂和石强制搅拌均匀。然后分别用砂浆泵和干式喷射机压送到混合管后喷出。由于水泥裹砂法是分次投料搅拌，混凝土的质量较干喷时要好，粉尘和回弹率也有大幅度降低。然而机械数量较多，工艺较复杂，机械清洗和故障处理很麻烦。尤其是水泥裹砂造壳技术的质量直接影响喷射混凝土的质量，施工技术要求高。

干喷法、湿喷法和水泥裹砂法的喷射工艺流程，如图6-21所示。

4. 喷射混凝土机械设备

（1）喷射机。喷射机是喷混凝土的主要设备，有干式喷射机和湿式喷射机两种。干式喷射机有双罐式、转体式和转盘式；湿式喷射机有挤压泵式、转体活塞式和螺杆泵式。泵式喷射机要求混凝土具有较大的流动性和大于70%的含砂率，机械构造较为复杂，清洗和故障处理麻烦，机械使用费用较高。

（2）机械手。喷头的喷射方向和距离的控制，可采用人工控制或机械手控制。人工控制虽然可以近距离随时观察喷射情况，但劳动强度大，粉尘危害大，易危及人身安全，现场只用于解决少量和局部的喷射工作。机械手控制可避免以上缺点，喷射灵活方便，工作范围大，效率高。

资源6-5-2
机械手

（3）其他。喷射混凝土的拌制是用强制式搅拌机，喷射时的风压为0.1～

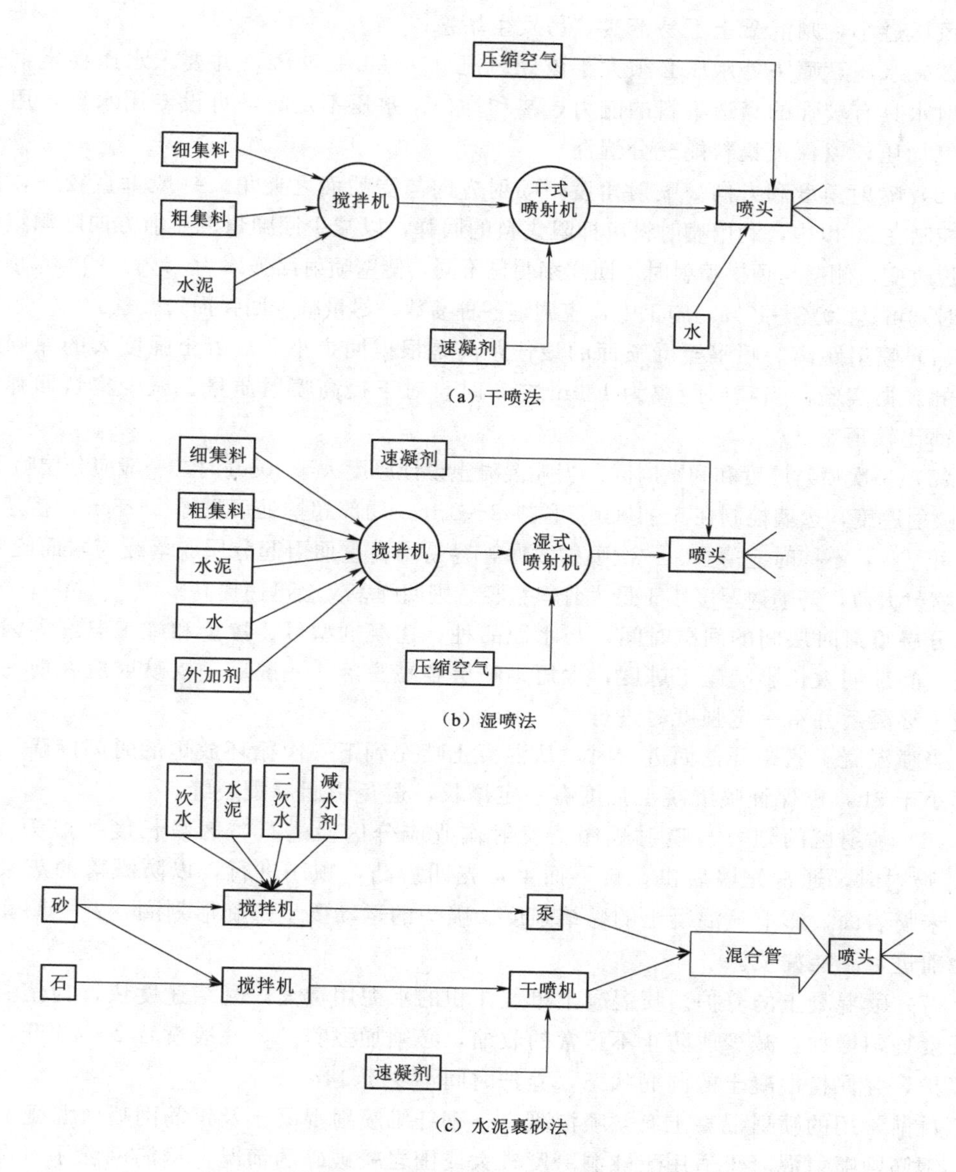

图 6-21　不同喷射方式的工艺流程

0.15MPa，水压应稍高于风压。湿式喷射时，风压和水压均较干喷时高。输料管在使用过程中应转向，以减少管道磨损。

5. 施工参数

为了保证喷射混凝土的质量，必须严格控制有关的施工参数，注意以下施工技术要求。

(1) 风压。工作风压指喷射机正常作业时喷射机工作室内的压力，一般为0.2MPa。风压过大，喷射速度高，混凝土回弹量大，粉尘多（干喷法），水泥耗量大；风压过小，则混凝土不易密实，易发生堵塞。

（2）水压。喷头处水压必须大于该处风压 0.1～0.15MPa，并要求水压稳定，保证喷射水具有较强的穿透集料的能力，掺和均匀。水压不足时，可设专用水箱，用压缩空气加压，以保证集料能充分湿润。

（3）喷射角度和方向。喷射角度指喷射方向与受喷面之夹角，一般垂直较好，偏角宜控制在 20°以内，利用喷射料束抑阻集料的回弹，以减少回弹量。喷射方向随洞室壁面部位改变，侧壁与顶拱喷射时，回弹率明显不同，侧壁喷射回弹率为 15%～20%，顶拱喷射时则可达 30%～40%，施工中，应调整各种参数，尽量减少回弹损失。

（4）喷射距离。喷嘴至受喷面的最佳距离是根据回弹小、混凝土强度大的原则来确定的。据实验，当喷射距离为 1.0m 左右时，对于提高喷射质量、减少集料回弹的效果都比较理想。

（5）一次喷射厚度和间歇时间。当喷混凝土设计厚度大于 10cm 时，一般应分层喷射。一次喷射厚度，边墙控制在 6～10cm，顶拱 3～6cm，局部超挖处可稍厚 2～3cm，掺速凝剂时可厚些，不掺时应薄些。一次喷射太厚，容易因自重而引起分层脱落或与岩面脱开；一次喷射太薄，若喷射厚度小于最大骨料粒径，则回弹率又会迅速提高。

分层喷射时层间的间歇时间，与水泥品种、速凝剂型号、掺量和施工温度等因素有关。间歇期太长影响施工进度，太短则喷层容易脱落。一般后一层喷射应在前一层混凝土终凝后并有一定强度时进行。

当喷混凝土紧跟开挖面进行时，从混凝土喷完到下一次循环放炮的时间间隔，一般不小于 3h，以保证喷混凝土强度有一定增长，避免引起爆震裂缝。

（6）喷射区的划分与喷射顺序。喷射作业应分区段进行，区段长度一般为 4～6m。喷射时，通常先墙后拱，自下而上，先凹后凸，顺序进行，以防溅落的灰浆黏附于未喷岩面，影响喷混凝土的黏结强度。喷头的运动要呈螺旋形划圈，并一圈套半圈地前进，不能漏喷。

（7）喷混凝土的养护。喷混凝土单位体积的水泥用量大，凝结速度快，为使混凝土强度均匀增加，减少或防止不正常的收缩，必须加强养护，一般喷后 2～4h 开始洒水养护，并保持混凝土的湿润状态，养护时间不少于 14d。

目前常用的喷射混凝土有素喷混凝土、钢纤维喷射混凝土及钢筋网喷射混凝土。

钢筋网喷射混凝土适用于隧洞跨度较大或围岩较破碎的情况。钢筋网除了可在混凝土喷射之前防止锚杆间松动岩块的脱落以外，还可以提高喷混凝土的整体性，防止喷混凝土产生收缩并提高抗振动的能力。

钢筋网的纵向钢筋直径一般为 6～10mm，环向钢筋直径一般为 6～12mm，不宜采用过粗的钢筋。网格间距一般为 15～25cm。钢筋网的喷混凝土保护层厚度不应小于 5cm，钢筋网与锚杆宜用电焊连接，钢筋网的交叉点应绑扎牢固，最好隔点焊接，隔点绑扎，施工中应保证钢筋网和岩面紧密相贴。

钢纤维喷混凝土是在喷射混凝土中加入钢纤维，弥补素喷混凝土的脆性破坏缺陷，改善喷射混凝土的物理力学性能。钢纤维的掺量一般为喷混凝土质量的 1.0%～1.5%，钢纤维喷射混凝土比素喷混凝土的抗压强度提高 30%左右。所以，钢纤维喷射混凝土适用于承受强烈震动、冲击的动荷载的结构物，也适用于有耐磨要求，或不便配置钢筋但又要求有较高强度和韧性的工程。

第六节　衬　砌　施　工

知识要求与能力目标：

（1）理解平洞衬砌的分缝分块方法；

（2）熟悉平洞衬砌的模板；

（3）熟悉衬砌浇筑及封拱施工方法；

（4）了解隧洞的回填与固结灌浆要求。

学习内容：

（1）平洞衬砌的分缝分块；

（2）平洞衬砌模板；

（3）衬砌的浇筑；

（4）衬砌的封拱；

（5）压浆混凝土施工；

（6）衬砌后的回填与固结灌浆。

一、概述

地下洞室开挖后，为了防止围岩风化和坍落，保证围岩稳定，往往要对洞壁进行衬砌。隧洞混凝土衬砌施工，由于在地下进行，与地面敞开的混凝土施工有很大的不同，隧洞混凝土衬砌应根据地质条件、隧洞长度、断面大小及工期要求等因素确定。围岩裂隙发育，岩石破碎，需及时衬砌的隧洞，在隧洞开挖中会穿插混凝土衬砌工序；隧洞断面小，开挖与混凝土衬砌有严重干扰时，只能在开挖结束后进行混凝土衬砌；洞宽及洞高较大，需分部施工的隧洞，可采用分块衬砌的施工方法；长隧洞，顺序作业不能满足工期要求时，则开挖未结束就需进行混凝土衬砌，即开挖与混凝土衬砌平行作业。

洞室衬砌类型有现浇混凝土或钢筋混凝土衬砌、混凝土预制块或条石衬砌、预填骨料压浆衬砌等。

二、平洞衬砌的分缝分块

水工隧洞较长，纵向需要分段进行浇筑。分段长度根据围岩条件、隧洞断面尺寸、施工浇筑能力与混凝土冷却收缩等因素而定，一般分段长度以 9～15m 为宜。当结构上设有永久伸缩缝时，可利用结构永久缝分段；当结构永久缝间距过大或无永久缝时，则应设施工缝分段。

分段浇筑的顺序有：①跳仓浇筑；②分段流水浇筑；③分段留空档浇筑等不同方式；如图 6－22（a）～（c）所示。

分段流水浇筑时，须等待先浇筑段混凝土达到一定强度后，才能浇筑相邻后段，影响施工进度。为了避免窝工可用隔段浇筑的方式，即所谓“跳仓浇筑”。

当地质条件较差时，采用肋拱肋墙法施工，这是一种开挖与衬砌交替进行的跳仓浇筑法。对于无压平洞，结构上按允许开裂设计，也可采用滑动模板连续施工方法进行浇筑，以加快衬砌施工，但施工工艺必须严格控制。

衬砌施工除在纵向分段外，在横断面上也采用分块浇筑。一般分为底拱（底板）、边拱（边墙）和顶拱，如图 6－22（d）、(e) 所示。

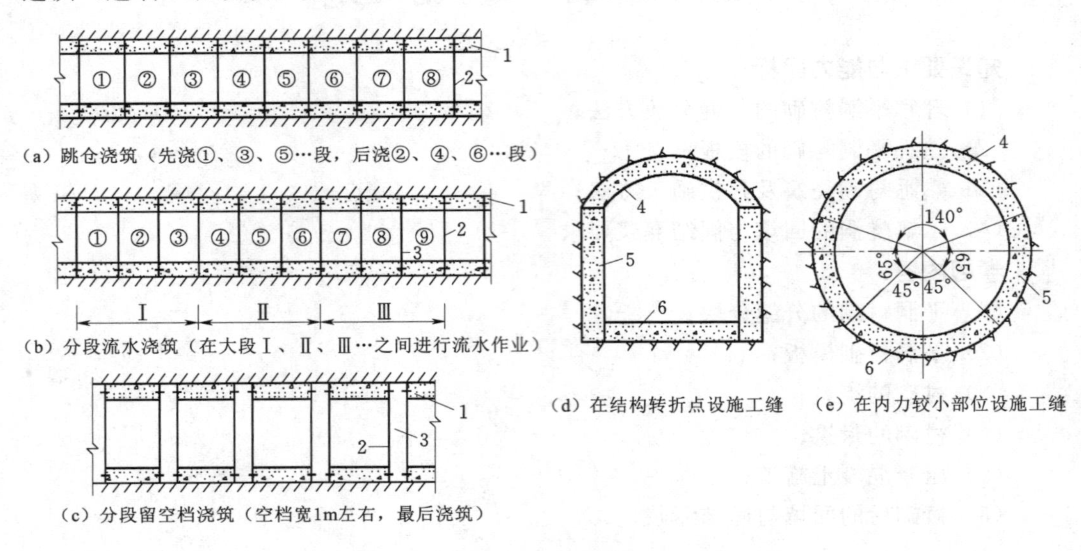

（a）跳仓浇筑（先浇①、③、⑤…段，后浇②、④、⑥…段）

（b）分段流水浇筑（在大段Ⅰ、Ⅱ、Ⅲ…之间进行流水作业）

（c）分段留空档浇筑（空档宽1m左右，最后浇筑）

（d）在结构转折点设施工缝

（e）在内力较小部位设施工缝

图 6－22　隧洞衬砌施工中的分缝分块

①～⑨—分段序号；Ⅰ、Ⅱ、Ⅲ—流水段号；

1—止水；2—分缝；3—空档；4—顶拱；5—边拱（边墙）；6—底拱（底板）

常采用的浇筑顺序为：先底拱、后边拱和顶拱。可以连续浇筑，也可以分开浇筑，由浇筑能力或模板形式而定。地质条件较差时，可采用先顶拱后边拱和底拱的浇筑顺序。当采用开挖和衬砌平行作业时，由于底板清渣无法完成，可采用先边拱和顶拱，最后浇筑底拱的浇筑顺序：当采用底拱最后浇筑的顺序时，应注意已衬砌的边墙、顶拱混凝土的位移和变形，并做好接头处反缝的处理，必要时对反缝要进行灌浆。为保证横断面衬砌结构的整体性，缝面应设置键槽和适当布置插筋。受力钢筋应直接通过缝面，且在分缝处不得切断。不设铰的分缝处浇筑混凝土前，缝面应凿毛清洗，以利结合。

三、平洞衬砌模板

平洞衬砌模板的形式依隧洞洞型、断面尺寸、施工方法和浇筑部位等因素而定。按浇筑部位不同，可分为底拱模板、边拱和顶拱模板，不同部位的模板，其构造和使用特点各不相同。

对底拱而言，当中心角较小时，可以像底板浇筑那样，不用表面模板，只立端部挡板，混凝土浇筑后用型板将混凝土表面刮成弧形即可。当中心角较大时，一般采用悬挂式弧形模板，如图 6－23 所示。目前，使用牵引式拖模连续浇筑或底拱模板台车分段浇筑底拱也获得了广泛应用。

浇筑边拱、顶拱时，常用桁架式或钢模台车。

桁架式模板由桁架、面板、支撑和拉条等组成，如图 6－24 所示。通常是在洞外先将桁架拼装好，运入洞内就位后，再随着混凝土浇筑面的上升，逐次安设模板。

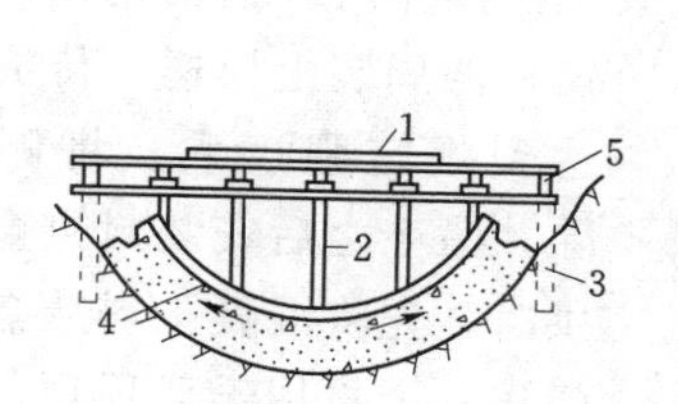

图 6－23　底拱模板

1—仓面板；2—模板桁架；3—桁架支柱；4—弧形模板；5—纵梁

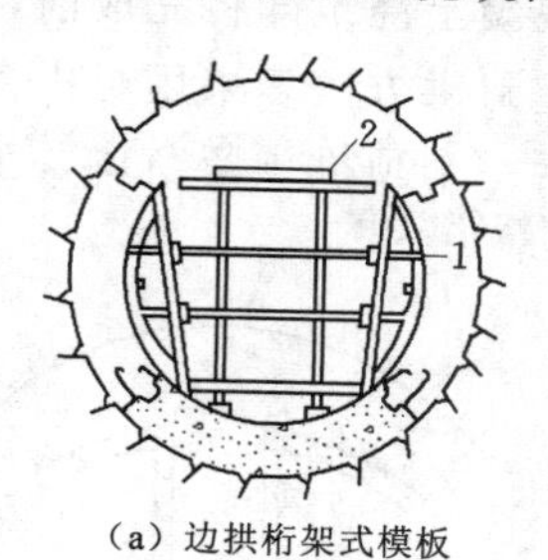

(a) 边拱桁架式模板　　(b) 顶拱桁架式模板

图 6－24　桁架式模板

1—桁架式模板；2—工作平台或脚手架

钢模台车是一种可移动的多功能隧洞衬砌模板车，如图 6－25 所示。根据需要，它可作为顶拱钢模、边拱钢模以及全断面模板使用。

圆形隧洞衬砌的全断面一次浇筑，可采用针梁式钢模台车，其施工特点是不需要铺设轨道，模板的支撑、收缩和移动，均依靠一个伸出的针梁。

资源 6－6－1 针梁式钢模台车示意图

模板台车使用灵活，周转快，重复使用次数多。用台车进行钢模的安装、运输和拆卸时，一部台车可配几套钢模板进行流水作业，施工效率高。

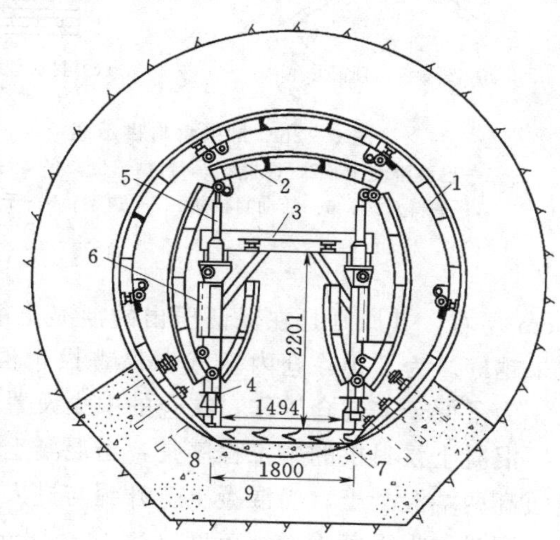

图 6－25　钢模台车简图

1—架好的钢模；2—移动时的钢模；3—工作平台；4—台车底梁；5—垂直千斤顶；6—台车车架；7—枕木；8—拉筋；9—已浇底拱

四、衬砌的浇筑

衬砌混凝土浇筑之前需要做好准备工作，包括：清渣、修帮、清洗、搭脚手架、拆除应拆的支撑、处理施工缝、立模、预埋管件及架立绑扎钢筋。

隧洞衬砌多采用二级配混凝土。对中小型隧洞，混凝土一般采用斗车或轨式混凝土搅拌运输车，由电瓶车牵引运至浇筑部位；对大中型隧洞，则多采用 $3\sim6m^3$ 的轮式混凝土搅拌运输车运输。在浇筑部位，通常用混凝土泵将混凝土压送并浇入仓内。

常用的混凝土泵有柱塞式、风动式和挤压式等工作方式。它们均能适应洞内空间狭窄的施工条件，完成混凝土的运输和浇筑，能够保证混凝土的质量。

泵送混凝土的配合比，应保证有良好的和易性和流动性，其坍落度一般为 8～16cm。

五、衬砌的封拱

平洞的衬砌封拱，是在混凝土浇筑即将完成前，将拱顶未充满混凝土的空隙和预留的进出窗口予以封堵回填。封拱方法多采用封拱盒法和混凝土泵封拱。

(1) 封拱盒封拱。当最后一个顶拱预留窗口，工人无法操作时，退出窗口，并在窗口四周装上模框，待混凝土达到规定强度后，将侧模拆除，凿毛之后安装封拱盒。封拱时，先将混凝土料从盒侧活门送入，再用千斤顶顶起活动封门板，将盒内混凝土压入待封部位即告完成，如图6-26所示。

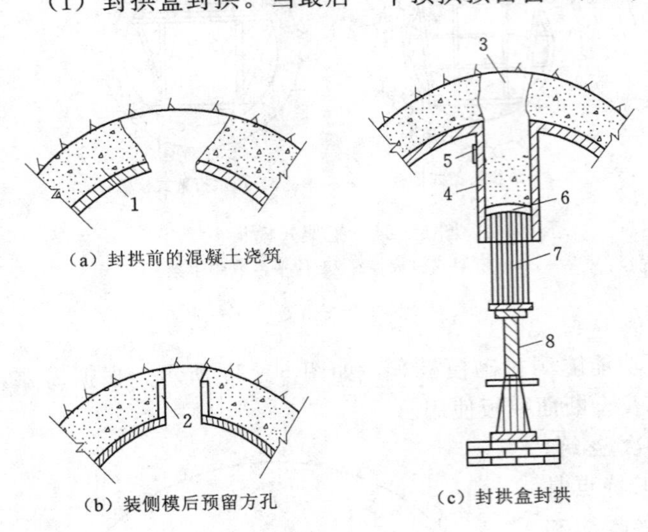

图6-26　封拱盒封拱示意

1—已浇混凝土；2—模框；3—封拱部位；4—封拱盒；5—进料盒门；6—活动封拱板；7—顶架；8—千斤顶

(2) 混凝土泵封拱。通常在导管的末端接上冲天尾管，垂直穿过模板伸入仓内，冲天尾管的位置应用钢筋固定。冲天尾管之间的间距应根据浇筑段长度和混凝土扩散半径来确定，其间距一般为4～6m，离浇筑段端部约1.5m；冲天尾管出口与岩面的距离一般为20cm左右，其原则是在保证压出的混凝土能自由扩散的前提下，越贴近岩面，封拱效果越好。为了排除仓内空气和检查拱顶混凝土充填情况，在仓内最高处设置通气孔。为了便于人进仓工作，在仓的中央设置进人孔，如图6-27所示。

混凝土泵封拱的施工程序是：当混凝土浇至顶拱仓面时，撤出仓内各种器材，尽量筑高两端混凝土；当混凝土上升到与进人孔齐平时，仓内人员全部撤离，封闭进人孔，同时增大混凝土的坍落度（达14～16cm），加快混凝土泵的压送速度，并连续压送混凝土；当通气管开始漏浆或压入的混凝土量已超过预计方量时，停止压送混凝土；去掉尾管上的包住预留孔眼的铁箍，从孔眼中插入防止混凝土下落的钢筋；拆除导管，只留下冲天尾管；待顶拱混凝土凝固后，将外伸的尾管割除，并用灰浆将其抹平。垂直尾管上的孔眼布置如图6-28所示。

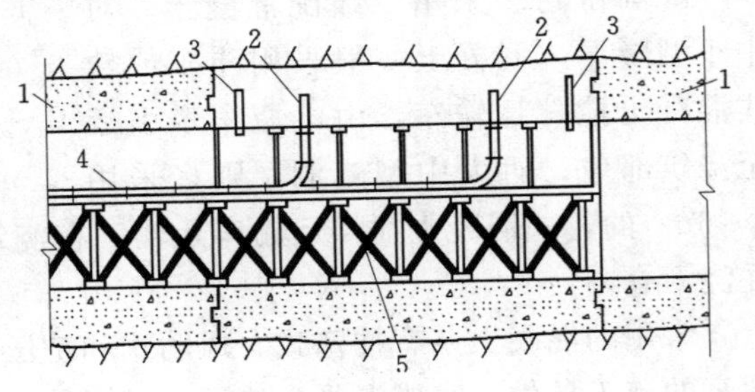

图6-27　混凝土泵封拱示意

1—已浇段；2—冲天尾管；3—通气管；4—导管；5—脚手架

六、压浆混凝土施工

压浆混凝土又称预填骨料压浆混凝土，是将组成混凝土的粗骨料预先

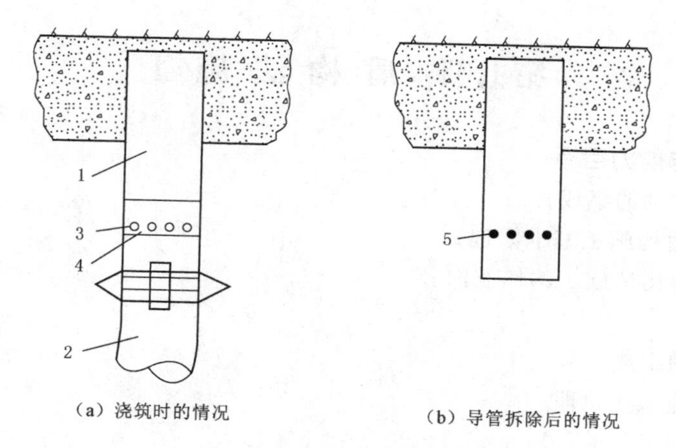

图 6-28　垂直尾管上的孔眼布置

1—尾管；2—导管；3—直径为 2～3cm 的孔眼；4—铁箍；5—插入孔眼中的钢筋

填入立好的模板中，尽可能振实以后，再利用灌浆泵把水泥砂浆压入，凝固而成结石。这种施工方法适用于钢筋密集、预埋件复杂，不容易浇筑和振捣的部位。洞室衬砌封拱或钢板衬砌回填混凝土时，用这种方法施工，可以明显减轻仓内作业的工作强度和干扰。

七、衬砌后的回填与固结灌浆

衬砌混凝土达到一定强度并得到充分收缩后，一般都需要进行灌浆处理，以起到衬砌的作用。根据目的不同，可分回填灌浆和固结灌浆。

回填灌浆主要是利用水泥浆料填充混凝土与岩壁或与钢板之间的空隙，以改善传力条件和减少渗漏，尤其是拱顶部分。一般回填灌浆孔深入岩石 0.2～0.3m，孔排距 2～4m，通常在衬砌强度达 70%以上时进行。灌浆方法采用纯压法灌浆，分序逐渐加密法，一般采用二次序一次加密。从底端向高端推进。先钻开一次序孔，从一端灌入，前方孔若串浆，移至串浆孔处继续续灌。前序孔灌浆 24h 以后，方可进行后序孔的灌注。

固结灌浆主要是加固围岩，提高其承载力和不透水性。固结灌浆一般深入岩体 2～5m，孔排距 2～4m，通常在回填灌浆完成 7～14d 后进行。灌浆范围、孔距、孔深和灌浆压力应根据地质条件、衬砌结构型式、内外水压力大小、围岩防渗和加固要求以及施工条件等因素，通过灌浆试验确定。隧洞固结灌浆的施工程序如下：

（1）钻孔。采用风钻或其他钻机在预埋孔管内钻孔，孔向、孔深应满足设计要求。

（2）冲洗钻孔。灌浆前应对钻孔进行冲洗，一般用压力水或风水联合冲洗。

（3）灌浆前压水实验。钻孔冲洗结束后，应选灌浆总数的 5%进行压水试验。

（4）灌浆。灌浆应按时间分序、排内加密的原则进行。排间一般分为两序，地质条件不良地段可分为三序。采用单孔孔口循环灌浆方法，从最低孔开始，向两边孔交替对称向上，推进灌注。

第七节　盾构法施工

知识要求与能力目标：

(1) 熟悉盾构的组成；

(2) 理解盾构施工基本原理；

(3) 掌握盾构法施工的作业内容。

学习内容：

(1) 盾构的组成；

(2) 盾构施工的原理；

(3) 盾构施工。

一、概述

自从1818年法国工程师布鲁诺发明盾构法以来，经过近两百年的应用与发展，盾构法已能适用于各种水文地质条件下的暗挖隧道工程。

资源6-7-1 盾构隧道掘进机

盾构法是在地表以下土层或松软岩层中暗挖隧道的一种施工方法。盾构法施工主要利用盾构机进行，盾构机即盾构隧道掘进机，它是在不破坏地面情况下进行地下掘进和衬砌的施工设备。盾构机的横断面外形与隧道横断面外形相同，断面尺寸比开挖断面稍大，利用其前端的回旋刀具进行开挖掘进，挖掘的土体由内部的排土机具排出，盾构机的壳体对挖掘出的还未衬砌的隧洞段具有临时支撑的作用，并承受周围土层的压力和地下水压力，同时具有防渗作用。挖掘、排土、衬砌等作业在护盾的掩护下进行。

用盾构机进行隧洞施工具有自动化程度高、施工速度快、一次成洞、不受气候影响、开挖时可控制地面沉降、减少对地面建筑物的影响和不影响交通等优点，在隧洞洞线较长、埋深较大的情况下，用盾构机施工更为经济合理。现代盾构掘进机集光学、机械、电气、液压、传感、信息技术于一体，具有开挖切削土体、输送土渣、拼装隧道衬砌、测量导向纠偏等功能，可靠性及安全性极高，已广泛应用于地铁、水下隧道、城市地下综合管廊及地下给排水管沟的施工。

二、盾构的组成

盾构的通用标准外形是圆筒形，也有矩形、马蹄形、双圆和多圆形等与隧道断面相近的特殊形状。盾构的种类繁多，其通常由盾构壳体及开挖系统、推进系统、拼装系统、出土系统四大部分组成。

1. 盾构壳体及开挖系统

盾构壳体及开挖系统由切削环、支撑环、衬砌环和隔板组成，并由外壳钢板连成整体。典型的盾构系统如图6-29所示。

切削环位于盾构机的最前端，其作用是切入地层并对开挖作业提供保护。盾构开挖系统设于切削环，切削环前端设置刃口以减少切土时对地层的扰动，切削环的长度取决于支撑方式、开挖方法以及槽上机具和操作人员的工作回旋余地等因素。盾构开挖分开放式和密封式，当土质稳定，无地下水时，可用开放式；对松散的粉细砂、液

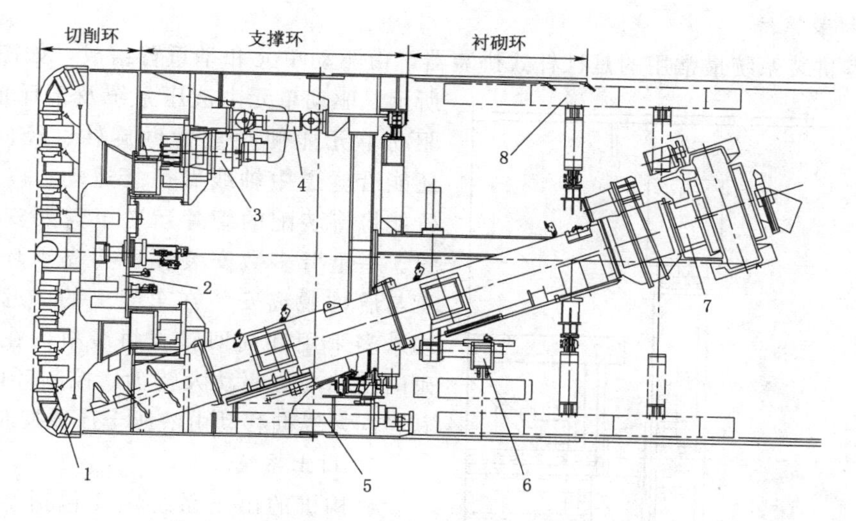

图 6-29　盾构的组成

1—刀盘；2—隔板；3—刀盘驱动装置；4—中继千斤顶；5—盾构千斤顶；6—管片组装机；7—螺旋排土器；8—盾尾止水

化土等不稳定土层时，应采用密封式盾构；当需要支撑工作面时，可使用气压盾构或泥水加压盾构，此时因切削环部位的压力要高于常压，需在切削与支撑环之间设密封隔板将其分开。

支撑环是一个紧接于切削环后而处于盾构机中部的圆环结构，具有良好的刚性。支撑环是盾构结构的主体，承载着作用在盾构壳上的地层土压力、千斤顶的顶力以及施工荷载。大型盾构的所有液压、动力设备、操纵控制系统、衬砌拼装机具等均设在支承环内，中、小型盾构则可把部分设备移到盾构后部的车架上。正面局部加压盾构，当切口环内压力高于常压时，支承环内要设置人工加压与减压闸室。

衬砌环位于盾构结构的最后，一般由盾构外壳钢板延长构成，主要用于掩护衬砌的安装工作，并防止水、土及注浆材料从盾尾间隙进入盾构。衬砌环应具有较强的密封性，其密封材料应耐磨、耐拉并富有弹性且可更换。因此，衬砌环的长度应满足施工作业需要。衬砌环的厚度从结构上考虑应尽可能薄，但衬砌环除承受地层土压力外，还承受复杂的施工荷载，所以其厚度应考虑多种因素综合确定。

2. 推进系统

盾构的推进系统由千斤顶和液压设备组成，调整各活塞杆伸出长度可实现纠偏功能。

盾构千斤顶一般是沿支撑环的内壁均匀布置，每个千斤顶连接进油和回油管路，可分别操纵每个千斤顶进行顶进和纠偏作业。其工作原理是：启动输油泵将油供给高压泵，使油压升高至要求值；启动控制油泵待控制油压升至额定压力后，由电磁控制阀将总管内高压油输入千斤顶，使其按要求伸出或缩回驱动盾构。在小型盾构中，可采用直接手动的高压操纵阀，直接控制千斤顶动作，但安全性较差。

3. 拼装系统

衬砌拼装系统最常用的是杠杆式拼装器，由驱动单元和举重臂组成，如图 6-30 所示。驱动单元由液压系统及千斤顶组成。驱动单元能使举重臂做旋转、径向运动，还能沿隧道中轴线做往复运动，以使举重臂能将待装配的管片运送至需要安装的位置。举重臂多数安装在盾构支承环上，也有与盾构脱离安装在车架上的。近年来国内外多采用环向回转式拼装机，在拼装衬砌时由油马达驱动大转盘，控制环向旋转，其径向及纵向移动由液压千斤顶控制。

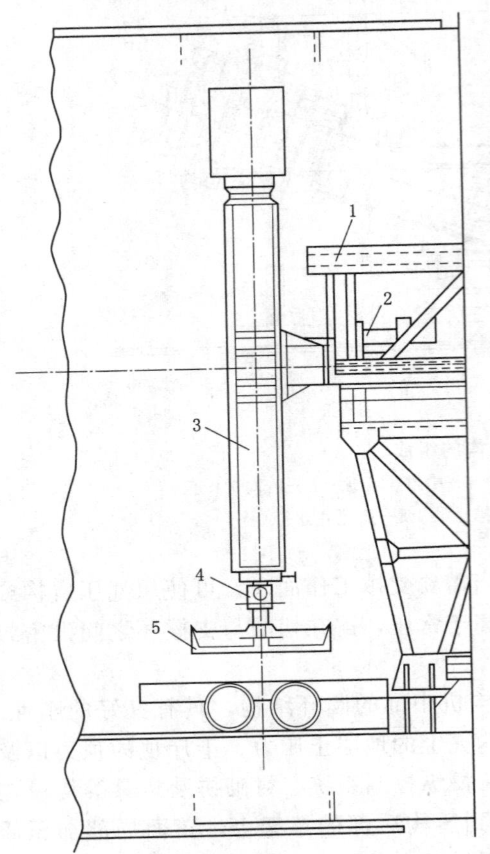

图 6-30　杠杆式拼装系统示意图

1—工作平台；2—旋转驱动装置；3—举重臂；4—衬砌卡钳装置；5—衬砌块

4. 出土系统

盾构机的出土系统主要包括螺旋输送机和皮带输送机。掘进渣土由螺旋输送机从泥土仓中运输至皮带输送机上，皮带输送机再将渣土向后运输至第四节台车的尾部，落入等候的渣土车的土箱中，土箱由牵引车沿轨道运至竖井，起吊设备将土箱吊至地面出土。

三、盾构施工的原理

盾构的形式较多，一般根据盾构开挖面和作业室之间的隔墙构造可以分为以下几类：①全开放式，没有隔墙，大部分开挖面呈敞露状态，并能直接看到开挖面的盾构机；②半开放式，是挤压式盾构，这种盾构机的特点是在隔墙的某处设置可调节开口面积的排土口；③封闭式，在机械开挖式盾构机内设置隔板，将土、砂送入开挖面和隔墙间的刀盘腔内，由泥水或土压提供足以使开挖面保持平衡的压力。这种形式的盾构，其开挖面不能直接看到，主要靠各种装置间接地掌握开挖面情况进行开挖。

开放式盾构根据开挖方式可分为手掘式盾构、半机械式盾构和机械式盾构。封闭式盾构根据开挖面加压方式可分为气压式、土压平衡式和泥水式。气压式盾构现已较少使用，当前地下隧道施工中常用土压平衡式盾构和泥水式盾构，现将这两类盾构机理简要介绍。

(1) 土压平衡式盾构。土压平衡式盾构的原理是利用土压来支撑和平衡开挖面。土压平衡式盾构刀盘的切削面和后面的承压隔板之间的空间称为泥土室。刀盘旋转切削下来的土壤通过刀盘上的开口充满了泥土室，与泥土室内的可塑土浆混合。盾构千斤顶的推力通过承压隔板传递到泥土室内的泥土浆上，形成的泥土浆压力作用于开挖面。它起着平衡开挖面处的地下水压、土压，保持开挖面稳定的作用。

螺旋输送机从承压隔板的开孔处伸入泥土室进行排土。盾构机的挖掘推进速度和螺旋输送机单位时间的排土量依靠压力控制系统相互协调，使泥土室内始终充满泥土，且土压与掌子面的压力保持平衡。用安装在承压隔板上下不同位置的土压传感器来监测土压，为控制开挖面稳定提供所需信息，并通过改变盾构千斤顶的推进速度或螺旋输送机的旋转速度来调节。

（2）泥水式盾构。与土压平衡式盾构不同，稳定开挖面靠泥水压力。泥水盾构机施工时将泥浆送入泥水室内，在开挖面上用泥浆形成不透水的泥膜保持水压力，用它来抵抗开挖面的土压力和水压力以保持开挖面的稳定，同时控制开挖面的变形和地基沉降。泥水式盾构机是在机械式盾构机的前部设置隔墙，装备刀盘面板、输送泥浆的送排泥管和推进盾构机的盾构千斤顶，在地面上还配有分离排出泥浆的泥浆处理设备。

在泥水式盾构机中，支护开挖面的液体同时又作为运输渣土的介质，开挖的土砂在泥水室经搅拌器充分搅拌后，以泥浆形式输送到地面，通过处理设备将泥浆离析为土粒和泥水，分离后的泥水经质量调整，重新输送到开挖面，土粒同时排出。一般泥浆处理设备布置在地面，比其他施工方法需要更大的用地面积，这是该种盾构机在城市区应用的不利因素。

泥水式盾构机适用的地质范围很大，从软弱砂质土层到砂砾层都可以使用，尤其适用于地表沉降量要求较小的地层。

四、盾构的施工

1. 施工准备工作

盾构施工前应根据设计图纸和有关资料，对施工现场进行全面勘查，根据地形、地质、周围环境及设备情况编制盾构施工方案，并按施工方案进行准备。

施工方案包括的内容有盾构的选型、制作与安装；工作井的结构型式、位置的选择及封门设计；管片的制作、运输、拼装、防水及注浆等；施工现场临时给排水、供电、通风的设计；施工机械设备的选型、规格及数量；垂直运输及水平运输布置；盾构进出土层情况及挖土、出土方法；测量监控；施工现场平面布置；安全保护措施等。

2. 盾构工作井

盾构施工也应设置工作井。用于盾构开始顶进的工作井叫起点井。施工完毕后，需将盾构从地下取出，这种用于取出盾构设备的工作井叫作终点井。如果顶距过长，为了减小土方及材料的地下运输距离或中间需要设置检查井、井站等构筑物时，需设中间井。

工作井的形式及尺寸既要满足顶进设备的要求，也要保证施工安全，防止塌方。一般工作井较浅时，用板桩支撑；工作井较深时，可采用沉井或地下连续墙结构。

资源 6-7-2
盾构工作井

3. 盾构顶进

盾构设置在工作井的导轨上顶进。盾构自起点井开始至其完全进入土层中的这一段距离应设临时支撑进行顶进。为此，在起点井后背前与盾构衬砌环内，各设置一个直径与衬砌环相等的圆形木环，两木环之间用圆木支撑，第一圈衬砌材料紧贴木环砌筑。

盾构正常顶进时，千斤顶是以砌好的砌块为后背推进的。当砌块达到一定长度（30～50m）后，才足以支撑千斤顶作为顶进后背，可将临时支撑拆除。盾构机进入土层后，即可起用盾构本身千斤顶，将切削环的刃口切入土中，在切削环掩护下挖土。当土质较密实，不易坍塌时，也可以先挖0.6～1.0m的坑道，而后再顶进。挖出的土可由小车运至起始井，最终运至地面。在运土的同时，将盾构内孔隙部分用砌块拼装，再以衬砌环为后背，启动千斤顶，重复上述操作，盾构便不断前进。

4. 衬砌和灌浆

盾构砌块一般由钢筋混凝土或预应力钢筋混凝土制成。砌块的边缘有平口和企口两种，连接方式有用黏结剂黏结及螺栓连接。

衬砌施工时，先砌筑下部两侧砌块，然后用圆弧形衬砌托架砌筑上部砌块，最后用砌块封圆。各砌块间的黏结材料应均匀，以免各千斤顶的顶程不一，造成盾构位置误差。同一砌环的各砌块间的黏结料厚度应严格控制，否则将使封圆砌块难以顶入。

初砌完毕后应进行注浆。注浆的目的是使土层压力均匀分布于砌块环上，提高砌块的整体性和防渗性，减少衬砌变形并防止管道上方土沉降，以保证建筑物和路面的稳定。

为了在初砌后便于注浆，有一部分砌块带有注浆孔，通常每隔3～5个初砌环设一注浆孔环，该环上设有4～10个注浆孔，注浆孔直径不小于36mm。注浆应多点同时进行，注浆量为环形空隙体积的150%，压力控制在0.2～0.5MPa，使孔隙全部填实。

注浆完毕后，还需进行二次初砌，二次衬砌随使用要求而定，一般浇筑细石混凝土或喷射混凝土，在一次衬砌质量完全合格后进行。

第八节　顶管法施工

知识要求与能力目标：

（1）熟悉顶管施工系统的组成；

（2）掌握顶管法施工的作业内容与工艺程序；

（3）了解长距离顶管施工的方法。

学习内容：

（1）顶管施工系统；

（2）顶管法施工；

（3）长距离顶管施工。

一、概述

顶管法施工是一种非开挖的管道敷设施工技术。顶管法最早由美国北太平洋铁路公司在管道敷设施工中使用，我国于1954年在北京进行第一例顶管施工，经过几十年的发展，顶管技术在我国得到大量应用，且保持着高速的增长势头，无论在顶管设备研发还是施工工艺上均取得了很大的进步，在某些方面甚至达到了世界领先水平。

顶管法施工是先在工作井内设置后背和装设顶进设备，所需敷设的管道连接在工具管后，在千斤顶推力的作用下克服管道与周围土层的摩擦力，将管道按设计要求向土层内顶进，管道内的泥土由输送设备排出或以泥浆的形式通过泥浆泵经管道排出，一节管道顶进后，千斤顶缩回，吊装后一节管道继续顶进，如此循环作业直至管道敷设完毕。

根据顶管施工中顶管材料类型、顶进距离、作业类型等不同，顶管法施工有不同分类。根据顶管管道口径大小不同，可以分为小口径顶管（内径小于800mm）、中口径顶管（内径为800～1800mm）和大口径顶管（内径大于1800mm）。小口径顶管由于口径较小，在施工时机械设备和人员进出较为不便。根据顶管材料的不同，可以分为钢筋混凝土顶管、钢管顶管、玻璃钢管顶管、复合管顶管等。根据管道顶进距离的不同，可以分为中距离顶管（管长小于300m）、长距离顶管（管长300～1000m）、超长距离顶管（管长大于1000m）。根据开挖工作面的施工方法，可以分为敞开式顶管法和封闭式顶管法两种。敞开式顶管法又可细分为手掘式顶管法、挤压式顶管法、机械开挖式顶管法和挤压土层式顶管法。封闭式顶管法有水力掘进顶管法、土压平衡式顶管法、泥水平衡式顶管法和气压平衡式顶管法。

顶管施工技术适用于穿越城市交通干道、广场、重要建筑物、构筑物等不便明挖条件下管道的敷设施工，因顶管施工技术具有综合造价低、施工效率高、环境影响小和施工安全性高等优点，在市政给排水、城市供热、燃气管道、电力管网等地下管线铺设中广泛应用。随着社会经济的发展，对环境保护、施工污染的要求越来越高，为顶管施工技术的应用创造了有利条件，近年来中国顶管施工技术得以快速发展，顶管施工技术也日趋成熟，应用前景更为广阔。

二、顶管施工系统

顶管施工系统主要由工作井和接收井、掘进设备、顶进系统、泥水输送设备、测量设备、吊装设备、注浆设备、通风设备、电力设备等组成。典型的顶管施工系统的构造组成如图6-31所示。

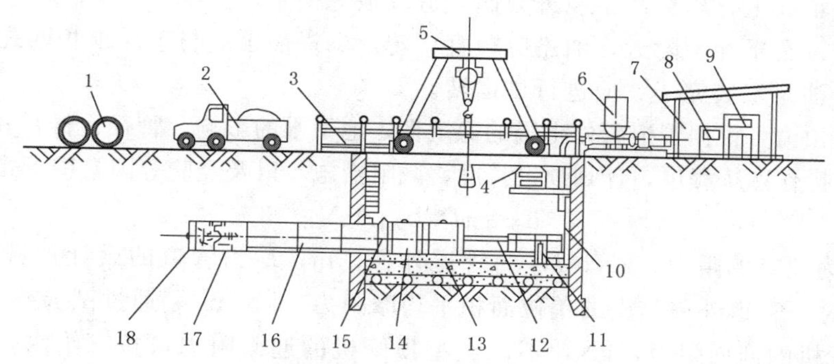

图6-31　顶管施工系统的构造图

1—待顶管节；2—运输车；3—扶手；4—主顶油泵；5—行车；6—润滑注浆系统；7—操纵房；8—配电系统；9—操纵系统；10—后座；11—测量系统；12—主顶油缸；13—导轨；14—弧形顶铁；15—环形顶铁；16—顶进管节；17—泥土输送设备；18—机头

1. 工作井和接收井

资源 6-8-1
工作井

顶管施工的工作井是顶管施工的工作场所，工作井内安设顶进设备，顶管掘进机或工具管从工作井出发，同时工作井内的后背也承受主顶油缸的反作用力。接收井则是接收顶管掘进机或工具管的场所。

根据顶管的顶进方向，工作井有单向井、双向井、交汇井和多向井等不同形式，如图 6-32 所示。

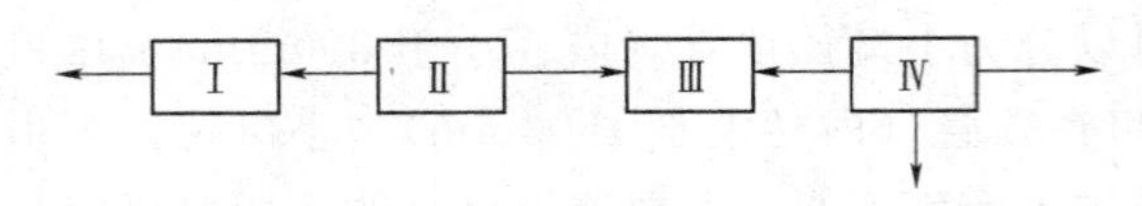

图 6-32　工作井的形式
Ⅰ—单向井；Ⅱ—双向井；Ⅲ—交汇井；Ⅳ—多向井

工作井的位置根据地形、管线位置、管径大小、地面障碍物等因素来决定。排水管道顶进的工作井通常设在检查井位置；单向顶进时，应选在管道下游端，以利排水；根据施工区域的地形和土质情况，尽量利用原土后背；工作井与穿越的建筑物应有一定的安全距离。另外，应尽量减少工作井的数量，利用一个工作井进行多方向顶进，减少顶管设备转移的次数，从而有利于缩短工期。

工作井应具有足够的空间和工作面，确保顶管顶进工作顺利进行，工作井尺寸与顶管管径大小、管节长度、埋置深度、操作工具及后背形式有关。

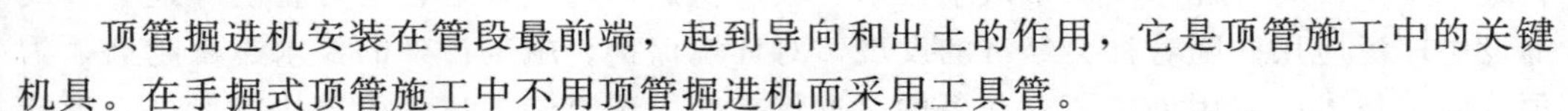

2. 掘进设备

资源 6-8-2
顶管掘进机

顶管掘进机安装在管段最前端，起到导向和出土的作用，它是顶管施工中的关键机具。在手掘式顶管施工中不用顶管掘进机而采用工具管。

3. 顶进系统

(1) 顶进设备。顶进设备主要包括千斤顶、高压油泵等。

千斤顶是顶管施工的主要顶进设备，目前多采用液压千斤顶。千斤顶在工作井内常用的布置方式为单列、并列和环周等形式。当采用单列布置时，应使千斤顶中心与管中心的垂线对称；采用并列或环周布置时，顶力合力作用点与管壁反作用力合力作用点在同一轴线上，以免产生顶进力偶，造成顶进偏差。

资源 6-8-3
顶管千斤顶

油泵宜设在千斤顶附近，油路应顺直、转角少；油泵应与千斤顶相匹配，并应有备用油泵。油泵安装完毕，应进行试运转。

顶管的顶力可根据管道所处土层的稳定性，地下水的影响，管径、材料和重量，顶进的方法和操作熟练程度，计划顶进长度，减阻措施，以及经验等因素按下式计算：

$$F_p = \pi D_0 L f_k + N_F \tag{6-8}$$

式中：F_p 为顶进的阻力，kN；D_0 为管道外径，m；L 为管道的设计顶进长度，m；f_k 为顶进时，管道外壁与土的单位面积平均摩阻力，kN/m^2，通过试验确定；N_F 为顶进时顶管机的迎面阻力，kN，不同类型顶管机的迎面阻力可按《给水排水管道工程施工及验收规范》(GB 50268—2008) 规定选取。

资源 6-8-4
顶管导轨

(2) 导轨。导轨是设置在工作井基础之上的两根平行的轨道，其作用是使受顶管节按照设计的轴线和坡度顶进，在钢管顶进过程中，导轨也是钢管焊接的基准装置。施工中一般选用轻型钢导轨，当管径较大时也可采用重型钢轨。

导轨应根据顶进管节尺寸布置，管中心至两钢轨的圆心角在70°～90°之间，如图6-33所示。

导轨内距A计算公式如下：

$$A=2\sqrt{(D+2t)(h-c)-(h-c)^2} \tag{6-9}$$

式中：D为待顶管内径，m；t为待顶管壁厚，m；h为导轨高度，m；c为管外壁与基础面垂直净距，为0.01～0.03m。

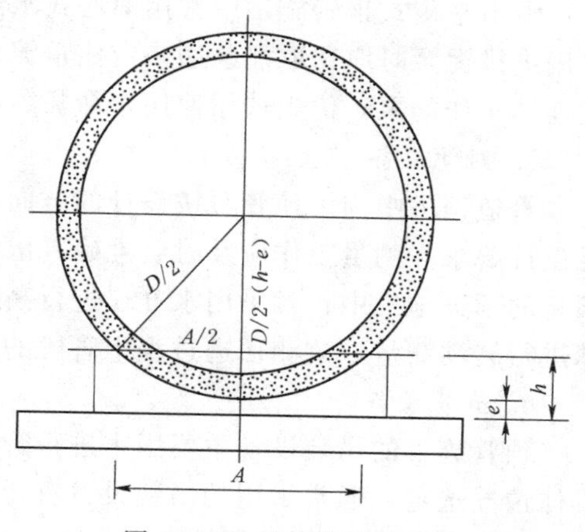

图6-33　导轨布置示意图

导轨的安装是保证顶管工程质量的关键一环，其安装质量会对管道顶进工作产生很大影响，导轨的安装精度必须满足施工要求。导轨安装应牢固，两导轨应顺直、平行、等高，其纵坡应与管道设计坡度相一致，不得在使用中产生位移。

（3）后背。为使顶力均匀地传递给后背墙，在千斤顶与后背墙之间设置木板、方木等传力构件，称为后背。后背是千斤顶的支撑结构，在顶管顶进过程中所受到的顶进阻力，可通过千斤顶传递给后背墙。后背应具有足够的强度、刚度和稳定性，当最大顶力发生时，不允许产生相对位移和弹性变形。常用的后背形式有原土后背墙、人工后背墙等。当土质条件差、顶距长、管径大时，也可采用地下连续墙式后背墙、沉井式后背墙和钢板桩式后背墙。

资源6-8-5
顶管后背

为保证顶进质量和施工安全，应进行后背墙的承载力计算：

$$F_C=K_r B_0 H(h+H/2)\gamma K_p \tag{6-10}$$

式中：F_C为后背墙的承载力，kN；K_r为后背墙的土坑系数，不打钢板桩取0.85，打钢板桩取0.9+5h/H；B_0为后背墙的宽度，m；H为后背墙的高度，m；h为后背墙至地面的高度，m；γ为土的容重，kN/m^2；K_p为被动土压系数，与土的内摩擦角φ有关，$K_p=\tan^2(45°+\varphi/2)$。

一般以顶进管所承受的最大顶力为先决条件，反过来验算工作井后背墙能否承受最大顶力的反作用力。若后背墙能承受，那么就以顶管能承受的最大顶力为总顶进力；若后背墙不能承受，那么以后背墙能承受的最大顶进力为总顶进力。在施工过程中不允许顶力超过总顶力，否则将使管节被顶坏或后背墙被顶翻，造成严重后果。

（4）顶铁。在管道顶进过程中，为了弥补千斤顶行程的不足，同时将千斤顶的合力均匀地传递至管道端部，需在千斤顶与管道端部之间设置顶铁。为保证顶铁的工作性能，顶铁须具有足够的刚度和强度，厚度均匀且接触面平整。

资源6-8-6
顶管顶铁

顶铁一般由各种型钢拼接制成，有U形、弧形和环形等类型。为了避免管端应力集中造成的损伤，在顶铁与管口之间应铺垫油毡或胶合板做缓冲材料，使顶力在管端均匀分布，管端应力不大于管节材料的允许抗压强度。

4. 泥水输送设备

采用泥水平衡式顶管施工时，为了使挖掘面保持稳定，必须向泥水舱注入一定压力的泥水，利用泥水压力来平衡土压力和地下水压力，起到防渗和护壁的作用，同时以泥水作为输送弃土的介质。

泥水平衡式顶管施工中常用离心式水泵作为泥水输送设备，也称为进排泥泵。在选用进排泥泵时应选取能泵送一定比重泥水，具有很强的耐磨性能且不易堵塞，能长期连续工作的泵，优先选用使用寿命长、故障率低、工作效率高的泵。

5. 测量设备

管道顶进中为了使管节按设计的方向顶进，应不断监测管节的位置和高程是否满足设计要求。测量工作应及时、准确，以便管节正确地就位于设计的管道轴线上。在顶管的顶进施工中，常采用水准仪进行高程测量，采用经纬仪进行轴线测量，采用垂球进行转动测量，监测顶进过程中管段的平面和高程位置。

6. 吊装设备

资源 6-8-7
吊装行车

顶管施工的吊装设备主要用来进行管段的下放和出土工作，吊装设备应根据施工具体情况选定，通常采用的吊装设备有行车和吊车。用于顶管吊装的行车一般选用起吊重量 5～30t 的规格，须结合要吊装的顶管节的重量确定。顶管施工中所用的另一类吊装设备就是吊车，吊车的起吊半径小、自重大，没有行车灵活，工作井边要有坚固的地基作为吊车作业场地。因此，在能满足起吊重量的情况下多采用行车。

7. 注浆设备

资源 6-8-8
吊装吊车

在顶管施工过程中，为了减小顶进阻力，提高管节顶进效率，通过注浆设备在顶进管节周边与土之间注入润滑浆液，使管节被浆液包裹起来，可以起到良好的润滑和减摩效果，管节综合摩擦阻力的降低比未注润滑浆液可达一倍以上。常用的注浆设备主要有：往复活塞式注浆泵、曲杆泵和胶管泵。

往复活塞式注浆泵在早期的顶管施工中使用得比较多，但是往复式注浆泵具有较大的脉动性，不能使润滑浆液完整包裹管节，降低了注浆的效果。为了弥补往复式注浆泵的不足，现在大多采用曲杆泵，它所压出的浆液没有脉动，由曲杆泵输出的浆液很容易在管子外周形成一个完整的浆套，提高润滑和减摩效果。但是，曲杆泵工作时浆液里不能有较大的颗粒和尖锐的杂质，否则容易损坏橡胶套，从而导致泵的工作效率下降或无法正常工作。胶管泵在国内的顶管中使用较少，其注浆时脉动性小，可输送颗粒含量较多、黏度高的浆液，空转不易损坏，使用寿命长。

8. 通风设备

资源 6-8-9
顶管通风设备

长距离顶管施工过程较长，施工人员在管内要消耗大量的氧气，若管内缺氧会影响作业人员的健康。另外，管内的涂料散发的有害气体、掘进过程中可能遇到土层内逸出的有害气体、施工中产生的有害气体等，都需要依靠通风来解决。

常用的通风形式有：鼓风式、抽风式和混合式。鼓风式通风是把鼓风机置于工作坑地面上，鼓风机把新鲜空气通过风筒送至管内，将污浊空气稀释并排出管外。抽风式通风又称吸入式通风，它是将抽风机安装在工作井地面上，把抽风管道通到挖掘面，将污浊空气吸出管外，新鲜空气经管口进入管内。混合式通风有两种基本形式：

长鼓短抽和长抽短鼓。所谓长鼓短抽就是以鼓风为主，抽风为辅的组合通风系统，其鼓风的距离长，抽风的距离短。长抽短鼓是以抽风为主的通风系统，其抽风距离长，鼓风距离较短。

9. 电力设备

顶管施工的电力网路一般有高压网和低压网两种。小管径、短距离顶管中一般直接供电，380V 动力电源送至掘进机中，大管径、长距离顶管中一般输送高压电，经变压器降压 380V 后送至掘进机的电源箱中。为保证安全，照明用电一般采用 36V 或 24V 低压电。

三、顶管法施工

顶管法施工就是在工作井内借助于顶进设备产生的顶力，克服管道与周围土壤的摩擦力，将管道按设计的线路顶入土中，并将管内土方运走。一节管子顶入土层之后，再下第二节管子继续顶进。其原理是借助于主顶油缸及管道间的推力，把工具管或掘进机从工作井内穿过土层一直推进到接收井内吊起。管道紧随工具管或掘进机后，埋设在工作井与接收井之间。管道顶进的过程包括施工准备、工作井开挖、设备安装调试、顶进、测量纠偏等工序。由于顶管施工方法较多，限于篇幅本书以泥水平衡顶管机对顶管施工方法进行介绍。

1. 施工准备

施工前应进行现场调查研究，对建设单位提供的工程沿线的工程水文地质和施工环境情况，以及沿线地下与地上管线、周边建筑物、障碍物及其他设施的详细资料进行核实确认，必要时应进行实地勘探。

施工前应编制施工方案，包括下列主要内容：顶管机选型及各类设备的规格、型号及数量；工作井位置选择、结构类型及其洞口封门设计；管节、接口选型及检验，内外防腐处理；顶管进、出洞口技术措施，地基加固措施；顶力计算、后背设计和中继间设置；减阻剂选择及相应技术措施；施工测量、纠偏的方法；地表及构筑物变形与形变监测和控制措施；安全技术措施，应急预案等。

根据工程设计、施工方法、工程和水文地质条件，对邻近建（构）筑物、管线应采用土体加固或其他有效的保护措施。

2. 工作井开挖

工作井开挖的施工可以采用普通开挖或沉井技术。在土质较好、地下水位埋深较大的土层进行工作井施工时，可采用机械或人工按设计尺寸开挖，并对井壁进行支撑，坑底用混凝土敷设垫层和基础，顶进后背支撑需要另外设置。工作井施工也可利用沉井技术，将混凝土井壁下沉至设计高度，用混凝土封底。混凝土井壁既能防止井壁坍塌，又可作为顶进后背支撑。

资源 6－8－10 顶管工作井开挖

为了防止工作井地基沉降，影响管道顶进施工的质量，应在坑底修筑基础，常用基础形式为混凝土基础和枕木基础。含水弱土层通常采用混凝土基础，混凝土基础的尺寸根据地基承载力和施工要求而定，一般混凝土基础的宽度比管径大 40cm 为宜，长度通常取为管长的 2 倍，基础的厚度为 20～30cm、强度等级为 C10～C15。当地下水丰富、土质较差时，混凝土基础可铺满全基坑，基础厚度和强度等级也可适当增加。当土质密实、管径较小、无地下水、顶进长度较短时，可采用枕木基础，枕木基础用方木铺成，其尺寸与混凝土基础相同。枕木基础的敷设密度应根据地基承载力的大小确定，枕木一般采用 15cm×15cm 的方木，疏铺枕木的间距为 40～80cm。

3. 设备安装调试

工作井开挖完成，顶管设备选定后即进行设备安装。在设备安装前必须测量好顶管轴线，安装顶进导轨。在安装时严格控制管道轴线与高差，轴线控制在 3mm 以内，高差控制在 0～3mm 以内，两轨内距±2mm。在安装调平时确定混凝土后背的位置，后背可采用厚钢板或钢筋混凝土结构。将工具头吊装至导轨就位，装好顶铁，连接好各系统并检查正常后，校测工具头水平及垂直标高是否满足设计要求，合格后即可顶进工具头，然后安放混凝土管节，再次测量标高，核定无误后，开动工具头进行试顶，待调整好各项参数后即可正常顶进施工。工作井内各设备安装如图 6-34 所示。

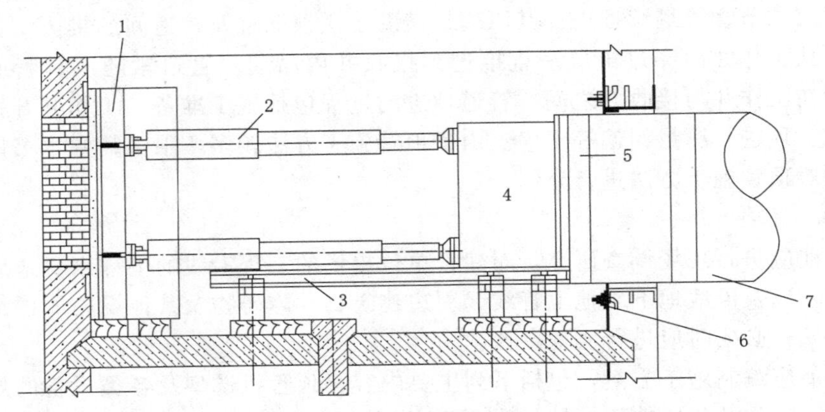

图 6-34　工作井顶进系统安装示意图

1—后背；2—千斤顶油缸；3—导轨；4—顶铁；5—U 形顶铁；6—穿墙止水；7—管节

4. 顶管机初始顶进

顶管机进洞前必须对所有设备进行全面检查，并经过试运转无故障。将顶管机推进洞口距井壁 0.1m 处停止，仔细检查顶管机姿态，确保顶管机水平及高程偏差都在设计要求的范围内。若达不到上述要求，应拉出顶管机，第二次进洞。顶进初始阶段的顶进质量对后续顶进的管道轴线等有重要的影响。

推进顶管机进入土体，根据顶管液压系统的参数，结合理论数据，计算出推进土压力控制系数。在安装第一节管前，应将顶管机与导轨之间进行限位焊接，以免在主顶缩回后，由于正面土压力的作用将顶管机弹回。缩回主千斤顶，吊放管节，割除限位块，前三节与顶管机连接用刚性连接后，继续顶进。

5. 顶进

顶管机顶进的起始阶段，机头的方向主要受导轨安装方向控制，顶进过程控制主顶推进速度，同时要不断地调整油缸进行纠偏。

顶进过程中根据顶力变化和偏差情况随时调整顶进速度，速度一般控制在 50mm/min 左右，最大不超过 70mm/min。注浆应和顶进同步进行，以保证管节外泥浆套的形成，充分发挥减阻和支撑作用。在顶进过程中应避免长时间的泥浆停注，保证顶进过程中的全部管段充满良好的泥浆套。

顶进中严密注意顶进时的方向及顶力的大小变化，对于顶管处于不良地层时，出现机具两侧受力不均匀的现象，应及时调整机具的工作状态，以保证顶管方向准确。

6. 管节安装

当一个顶程结束，收回千斤顶和顶铁后，即可在工作井内安装下一管节。

资源 6-8-11 顶管管节安装

在管节吊入工作井以前，应首先在地面上进行质量检查，确认合格后，在管前端口安放密封橡胶圈，并在橡胶圈表面涂抹硅油，减小管节相接时的摩擦力。

以上工作完成后再将管节吊放在工作井内轨道上稳好，使管节插口端对正前管的承口中心，缓缓顶入，直至两个管节端面密贴挤紧衬垫，并检查接口密封胶圈及衬垫是否良好，如发现胶圈损坏、扭转、翻出等问题，应拔出管节重新插入，确认完好后再布置顶铁进行下一顶程。

7. 出土

因泥水平衡顶管机在掘进过程中将泥浆注入泥仓中与机具切削土混合，经沉石箱沉淀块状物后由泥浆泵将其抽出至泥浆池，沉淀处理后的泥水注入机具的泥仓中重复使用，沉淀后的泥浆通过专用泥浆车运至指定的弃土场，运输车要密封，防止污水外流。泥浆池应尽量靠近工作井，以缩短排泥管路并减小管路摩阻力。施工时，要对沉淀池进行检查，防止出现漏浆现象。

泥水平衡机出土时要控制工作仓压力、注浆及抽浆速度，防止地面出现隆起或下沉的现象。

8. 顶进监控

顶管施工时，为了使管节按设计的方向顶进，除了在顶进前精确地安装导轨、修筑后背及布置顶铁，还应在管道顶进的过程中监控顶管前进的方向。顶管施工的监控应遵循“勤测量、勤纠偏、微纠偏”的原则，控制顶管机前进的方向和姿态。

管道顶进中，应及时、准确地对工具管的中心和高程进行测量，以使管节正确地就位于设计的管道轴线上。当第一节管就位于导轨上以后即进行校测，符合要求后开始进行顶进。在工具管刚进入土层后，应加密测量次数，通常每顶进 30cm，测量不少于 1 次，进入正常顶进作业后，每顶进 100cm 测量不少于 1 次，每次测量都以测量管节的前端位置为准。

一般情况下，可用水准仪进行高程测量，用经纬仪进行轴线测量，采用垂球进行转动测量。测量时，在工作井内安装激光发射器，按照管线设计的坡度和方向将发射器调整好，同时管内装上刻有尺度线的接收靶。当顶进的管道与设计位置一致时，激光点直射靶心，说明顶进质量良好，没有偏差。全段顶管施工完成后，应在每一管节接口处测量其轴线位置和高程，有错口时，应测出相对高差。测量记录应完整、清晰。

在顶管施工过程中，若管节接缝断面与管子中心线不垂直、工具管迎面阻力的分布不均、多台千斤顶顶进时出程不同步等可能使管节顶进发生偏位。如发现管节顶进发生偏位，必须及时给予纠正。

纠偏校正应缓缓进行，使管节逐渐复位，不得猛纠硬调。纠偏常采用工具头自身纠偏法，即控制工具头的状态（向下、向上、向左、向右），每次纠偏的幅度以5mm为一个单位。在顶进1m时，如果工具头的偏位趋势没有减少，增大纠偏力度；如果工具头的偏位趋势稳定或减少时，保持该纠偏力度，继续顶进；当偏位趋势相反时，则需要将纠偏力度逐渐减小。如出现偏差较大，可采用纠偏千斤顶进行纠偏。纠偏应贯穿在顶管施工的全过程，做到严密监测顶管的偏位情况，并及时纠偏，尽量做到在偏位发生的萌芽阶段进行纠偏。

施工中应根据设计要求、工程特点及有关规定，对管道沿线影响范围地表或地下管线等建（构）筑物设置观测点，进行监控测量。监控测量的控制点设置应符合《给水排水管道工程施工及验收规范》（GB 50268—2008）的规定，每次测量前应对控制点进行复核，如有扰动应进行校正或重新补设。监控测量的信息应及时反馈，以指导施工，发现问题及时处理。

9. 泥浆置换

全段管道顶进完成后，应立即用水泥浆将润滑泥浆置换出来，使易于固结的水泥浆将管道外侧的空隙填充，水泥浆硬化后支撑管道外围土体并减少渗水。

四、长距离顶管施工

顶管施工中，一次顶进长度受管材强度、顶进土质、后背强度及顶进技术等因素制约，一次顶进长度一般小于100m。当设计顶进距离大于100m时，可采用中继间顶进、触变泥浆套顶进等方法，以提高在一个工作井内的顶进长度，减少工作井数目。

1. 中继间顶进法

中继间顶进就是把管道一次顶进的全长分成若干段，在相邻两段之间设置一个钢制套管，套管与管壁之间布置密封防水设施，在套管内的两管之间沿管壁均匀地安装若干个千斤顶，该装置称为中继间，如图6-35所示。中继间以前的管段用中继间顶进设备顶进，中继间以后的管段由工作井的主千斤顶顶进。中继间设置的数目可由一次顶进距离的长短来确定，这样可在较小顶力条件下，实现长距离顶管的顶进。

资源6-8-12
顶管中继间

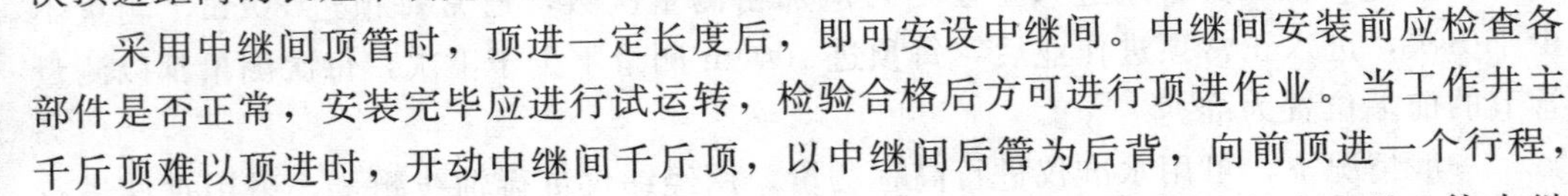

采用中继间顶管时，顶进一定长度后，即可安设中继间。中继间安装前应检查各部件是否正常，安装完毕应进行试运转，检验合格后方可进行顶进作业。当工作井主千斤顶难以顶进时，开动中继间千斤顶，以中继间后管为后背，向前顶进一个行程，然后开动工作井内的千斤顶，使中继间后管和中继间千斤顶同时向前推进一个行程。而后再开动中继间千斤顶，如此连续循环操作，完成长距离顶进。第一节管节就位以后，应先拆除第一个中继间，开动后面的千斤顶，将中继间空档推拢，然后拆除第二个、第三个，直到把所有中继间空档都推拢

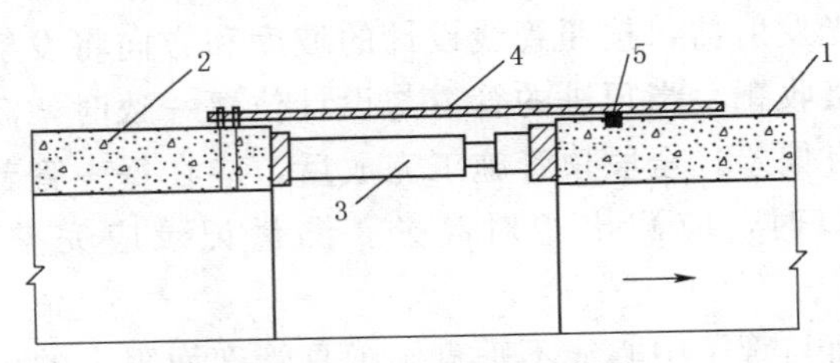

图6-35　中继间示意图

1—中继间前管；2—中继间后管；3—中继间千斤顶；4—中继间外套；5—密封环

后，顶进施工结束。拆除中继间时，应做好接头的对接措施，中继间的外壳若不拆除，应在安装前做好防腐处理。中继间顶管施工程序如图 6-36 所示。

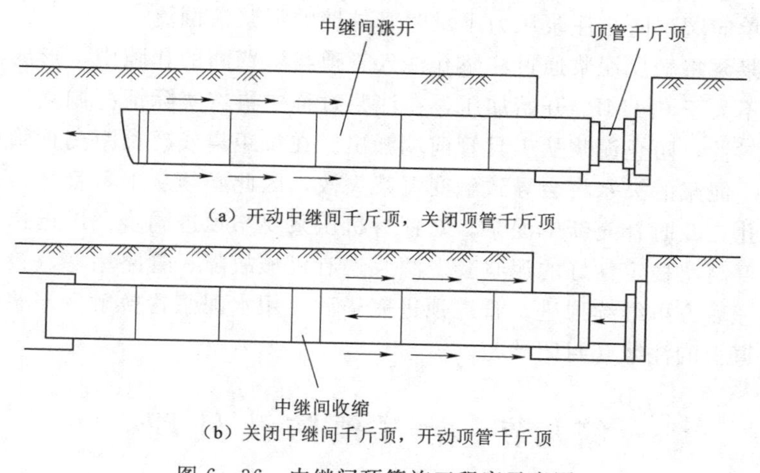

（a）开动中继间千斤顶，关闭顶管千斤顶

（b）关闭中继间千斤顶，开动顶管千斤顶

图 6-36　中继间顶管施工程序示意图

采用中继间顶进时，中继间壳体应有足够的刚度，设计顶力严禁超过管材允许顶力。第一个中继间的设计顶力，应保证其允许最大顶力能克服前方管道的外壁摩擦阻力及顶管机的迎面阻力之和，而后续中继间设计顶力应克服两个中继间之间的管道外壁摩擦阻力，中继间千斤顶的数量应根据该段施工长度的顶力计算确定，并沿周长均匀分布安装，其伸缩行程应满足施工和中继间结构受力的要求。确定中继间位置时，应留有足够的顶力安全系数，第一个中继间位置应根据经验确定并提前安装，同时考虑正面力反弹，防止地面沉降。中继间外壳在伸缩时，滑动部分应具有止水性和耐磨性，且滑动时无阻滞。中继间密封装置宜采用径向可调形式，密封配合面的加工精度和密封材料的质量应满足要求。超深、超长距离顶管工程，中继间的密封止水圈应可更换。

中继间具有可有效减小顶力，操作机动灵活，可按照顶力大小自由选择，分段接力顶进等优点，但也存在设备复杂、成本高、操作不便及工效不足等缺点。

2. 触变泥浆套法

触变泥浆套法是将触变泥浆注入所顶进管节四周，形成一个泥浆套层，用以减小顶进的管节与土层的摩擦力，并防止土层坍塌。触变泥浆套法一次顶进距离可较非泥浆套顶进增加 2～3 倍，长距离顶管时，常和中继间配合使用。

触变泥浆应具有流动性、可泵性。触变泥浆通常由膨润土加一定比例的碱（一般为 Na_2CO_3）、化学糨糊、高分子化合物及水配制而成。膨润土是触变泥浆的主要成分，它有很大的膨胀性，很高的活性、吸水性和基团交换能力。碱的作用是提供离子，促使离子交换，改变黏土颗粒表面的吸附层，使颗粒高度分散，从而控制触变泥浆。

将定量的膨润土与水拌和均匀制成泥浆，在贮浆池内贮存 24h，使膨润土、水、碱发生置换作用，形成稳定性良好、具有一定黏度的泥浆。为了防止贮浆池内泥浆离析，应间歇地对贮浆池内泥浆进行搅拌。

在管节制作时根据设计要求预埋压浆孔，注浆孔的布置宜按管道直径的大小确定，一般每个断面可设置3～4个，并具备排气功能。安装注浆管时，每个预埋压浆孔里要设置单向阀，防止注浆压力不足时管外壁的泥浆液倒流。

使用注浆泵将触变泥浆通过注浆孔注入管道与坑壁间的孔隙中，形成泥浆套。注浆压力可按不大于0.1MPa开始加压，在注浆过程中再按实际情况调整。工具管应具有良好的密封性，防止泥浆从工具管前端漏出。在长距离或超长距离顶管中，由于施工工期较长，泥浆的失水将会导致触变泥浆失效，因此必须从工具管开始每隔一定距离设置补浆孔，及时补充新鲜泥浆。对顶管机压浆要与顶进同步，以迅速在管道外围空隙形成黏度高、稳定性好的泥浆套。灌浆遇有机械故障、管路堵塞、接头渗漏等情况时，经处理后方可继续顶进。管道顶进完毕后，用水泥浆置换触变泥浆，拆除注浆管路，将管道上的注浆孔封闭严密。

第九节　塌方预防及处理

知识要求与能力目标：

(1) 了解塌方的原因；

(2) 掌握塌方的预防措施；

(3) 熟悉塌方处理措施。

学习内容：

(1) 塌方的原因；

(2) 塌方的预防措施；

(3) 塌方处理。

一、塌方的原因

在地下工程开挖过程中，顶拱、边墙塌落乃至冒顶，统称为塌方。地下工程施工中，必须高度重视，并采取切实有效的预防措施，尽量避免塌方发生。万一发生塌方，应及时采取安全可靠方法，迅速进行处理。导致塌方的因素有多个方面，但归纳起来可以分为人为因素和自然因素。

1. 人为因素

有些塌方在客观上本来可以避免，但由于设计、施工过程中经验不足，警惕性不高或施工方法不当，盲目抢工而没有及时支护，最后造成塌方事故。

2. 自然因素

(1) 由于构造组合不利引发塌方。当地下工程通过褶皱构造、断层和节理裂隙发育地带，或通过两种物理力学性质不同的岩层交界处时，由于围岩本身不稳定或已切割成碎块而强度较低，很易引起塌方。

(2) 由于断层引发塌方。这类塌方多发生在较大断层处，或断层虽不大但有较宽断层破碎带处，或数条断层的交汇处。由于断层附近的岩石一般比较破碎，且风化严重，断层中又多加有断层泥、糜棱岩、角砾岩等充填物，这些充填物强度低；有的断层带中岩块虽有一定强度，但由于周围布满在饱和状态下内摩擦角很小、黏着力很低的断层泥，因此断层带中容易产生塌方。

（3）由于地下水作用引发塌方。这类塌方多发生在储水丰富的较大断层带中。在地下工程施工中若突然打穿或接近断层带，当具有较高水压时，地下水向洞室内集中漏出，则断层构造带中的破碎岩体和充填物将被地下水冲刷淘空，很快塌落或涌入洞室。

（4）由于风化引起塌方。这类塌方发生在全、强风化带岩体中。这种岩体的强度低，节理发育，结构松散，节理面有泥质及岩屑充填物。在地下工程开挖过程中，如果围岩暴露时间过长，加之支护不当，很容易引起岩体失稳而塌方。这类塌方的间歇时间较短，往往一天坍塌数次，若不及时采取措施，将会继续坍塌直至地表。

（5）由于岩层产状不利引起塌方。当在水平或缓倾角岩层中开挖地下洞室时，由于爆破振动促使洞室顶部岩层层面脱开、裂隙扩张、地下水渗量增加而形成的塌方。

（6）由于岩爆引起塌方。岩爆是集中在局部地段的存在于地壳中的构造残余应力（又称地应力）突然释放所造成的现象。在坚硬而完整的岩体中，深埋在地表500～1000m以下的地下工程，或在地震活动地区的地下工程，施工时常发生岩爆现象。

上述各种可能造成塌方的因素，通常不是独立存在，往往多种并存。如在褶皱地区，经常出现有断层、破碎带、节理裂隙带等，而断层破碎带一般又是地下水和地表水渗透活动场所。地质条件愈复杂，塌方的可能性就愈大。

二、塌方的预防措施

防止塌方是保证安全施工和快速掘进的关键。施工前要做好工程地质和水文地质勘测工作，施工过程中，随时观察和监测地质有无异常，仔细研究岩体和地下水变化规律，据此修正原设计的施工方案，是避免地下工程造成塌方的关键。

1. 塌方前的预兆

（1）岩石风化和破碎程度加剧，有黏土、岩屑等断层充填物出现。

（2）当岩石节理密集且方向趋于一致时，前方可能有与节理走向大致相同的断层。

（3）岩石强度降低，纯钻进速度增大，但起钻困难甚至出现卡钻现象。

（4）爆破后岩石多沿风化面破裂，块度相对减小，部分石块表面附有黄色或褐色含水氧化铁等物质。

（5）风钻供水沿节理、裂隙漏走，水的反溢量相对减少，并逐渐浑浊。

（6）原来是干燥的岩体突然出现地下水流，或地下水活动规律变化异常，渗水量突然增大，或产生渗流的位置变换不定。

（7）沿裂隙面的岩块相继脱落，且其块度和频率逐渐增加。

（8）支护结构发生变形，出现扭断、弯曲，有时伴有响声。

（9）埋设的观测仪器读数异常，岩石表面或混凝土表面出现裂纹。

2. 预防塌方的一般方法

（1）勤观测。在施工过程中，随时观察和量测现场工程地质和水文地质变化情况，研究变异规律，据以制定施工对策。在构造复杂、地下水丰富和地下建筑物的关键部位，有条件时可埋设观测仪器，随时量测围岩变形，及时预报岩体稳定情况和发生岩爆的可能性。

（2）短开挖。在不良地质地段开挖洞室，应严格控制进尺，采用控制爆破，以保持围岩不受过分扰动和减少因爆破造成的局部应力集中。在通过断层破碎带时，一般尽量用锹、镐刨挖，少放炮。在必须放炮时，也应多打孔、少装药、放小炮，使整个掘进过程不致因爆破振动而引起断层破碎带塌方，保证断面规整，为喷锚支护创造条件。

（3）强支护。强支护是预防塌方的主要措施。一般来说塌方不是在开挖之后立即发生的，而是经过一定时间，经受多次爆破振动又未及时进行支护，使围岩在暴露时间内逐渐失去平衡形成的。若在爆破后及时给予支护，即可有效地限制围岩变形的自由发展，从而防止岩体因松动、脱位而坠落造成的塌方。

严重断层裂隙带，采用“一锚、二网、三喷”的强支护施工方法。一锚：在岩石破碎地段，每循环开挖前，距掌子面20cm处设超前锚杆，于起拱线上2.0m布置超前锚杆，沿拱周间距0.6m，梅花形布置，钻孔角度在30°左右，锚杆长3.0m，外露0.1m以便挂网。系统布置锚杆直径22mm，间距1.0m×1.2m，深2.5m，这项工作可与掌子面钻孔同时进行。在破坏严重的裂隙段，爆破后可先喷一层混凝土，再在混凝土面钻孔安设早强水泥灌浆锚杆。一般认为，如能采用预应力锚杆，则岩石承载拱成为受压承载结构，对围岩更为有利。二网：在开挖爆破后，先喷一层混凝土，挂一层网。第一层网为施工应急需要和操作方便，用8号铁丝预先编好，每块规格1.0m×1.2m；第二层网用ϕ6～8mm钢筋绑扎，网格尺寸为20cm×20cm～70cm×70cm。三喷：在爆破后清除浮石，在围岩开始变形前及时喷第一层混凝土封闭岩面、补平凹坑。一般第一层混凝土喷射时间不应超过爆破后4h，喷厚2～5cm；挂第一层网后喷第二层混凝土，厚度增至10～12cm；挂第二层网后喷第三层混凝土作为承载结构，厚度增至15cm。

在松软岩层中开挖地下建筑物，也有用喷混凝土与钢拱架联合支护。喷层一般为厚5～15cm，若岩石破碎严重，喷层可增至25cm。这样就可获得由金属拱架、钢筋网和喷混凝土相结合构成的整体支护结构，其承载能力不低于同样厚度的钢筋混凝土衬砌。

在强支护中，有时也用型钢预制成钢拱架，在穿越断层破碎带现场拼装，密排支撑，以防围岩松动坍塌。

3. 特殊不良岩层的塌方预防措施

（1）超前排水。在地下水丰富的断层破碎带，往往是大量渗水、淋水甚至泉涌的部位，不但容易造成雨季塌方，而且影响锚喷进度和质量。因此，在水文地质条件恶劣的地下工程施工中，排水成为预防塌方的主要手段。

（2）插筋支架。在特别破碎和松散的软弱岩层中预防塌方，可先在作业面上沿开挖周边线打入钢筋支架，开挖后使围岩碎块在钢筋支架支护下保持一定稳定，然后及时用锚喷加固。

（3）固结灌浆。在裂隙密集的破碎岩体中，特别在大断面地下洞室开挖中，有时采用锚喷支护不足以形成有效的围岩承载拱。在这种情况下，为了加固支护，可采用通过喷混凝土层钻孔并及时进行固结灌浆，使浆液渗入围岩裂隙，将破碎的岩块固结为整体，以改善和增强围岩的承载能力。

（4）合理分块开挖。在软弱岩层中进行大洞室开挖，往往运用合理分块，先墙后拱，配合浅孔弱爆破的施工方法顺序掘进。分块要根据地质条件划分，遇特别破碎或松软岩层，为减少爆破对围岩振动的影响，采用风镐掘进。

三、塌方处理

在地下工程开挖中，由于地质情况错综复杂，要求绝对避免塌方事故，往往比较困难。在塌方发生后，如何安全迅速地进行塌方处理，是地下工程施工中的关键环节。

1. 塌方处理原则

（1）深入现场观察研究，分析塌方原因，弄清塌方规模、类型及发展规律，核对塌方段的地质构造和地下水活动状况，尽快制定切实可行的塌方处理方案。

（2）在未制定塌方处理方案前，切记盲目地抢先清除塌体，否则将导致更大的塌方。

（3）对一般性塌方，在塌顶暂时稳定之后，立即加固塌体四周围岩，及时支护结构物，托住顶部，防止塌穴继续扩大；对于较大塌方或冒顶事故，还应妥善处理地表陷坑。

（4）有地下水活动的塌方，宜先治水再治塌方。

（5）认真制定塌方处理中的安全措施，加强安全教育，稍有疏忽，不但会造成工伤事故，还可能使塌方情况恶化。

（6）认真组织塌方处理专业队伍，指定有经验的专职干部领导。

（7）充分保证处理塌方的必须器材设备供应，避免中途停工。

2. 塌方处理方法

不同类型的塌方，选择不同处理方案。某些塌方还需采用综合处理才能达到目的。各类塌方的处理经验可归纳如下：

（1）裂隙扩张造成的小塌方。这类塌方多发生在轻微风化或裂隙较密集的围岩中，塌方的数量不大，塌穴不高主要是由于开挖和支护方法不当，使裂隙扩张而引起的局部塌方，常发生在钻孔爆破后几小时之内。在一般情况下塌方后塌穴四周围岩很快处于稳定状态，处理比较简单，通常用喷锚法、挑梁法、替换支撑法等处理方法。

（2）塌方体窄长的小塌方。这类塌方体的方量不大，多发生在断层破碎带较窄且两侧岩体比较完整的地段，或两个大致平行且间隔较近的软弱夹层带。塌方后可利用两侧岩壁比较完整的条件，采用对顶支撑法、挑梁法等方法处理。

（3）中等塌方。塌方量较大，塌方范围在10m左右，多发生在两条相邻倾向相对的断层带或两种岩层交接带。在塌方之前，常有掉块现象，其频率及块度随爆破振动烈度、振动频率和地下水活动强度的增加而提高。在塌方后，常有比较稳定的顶板，继续坍塌的可能性不大。一般用喷锚法、插筋排架法、护顶法、钢管棚架法等处理。

资源 6-9-1
塌方处理方法
案例

（4）大塌方。这类塌方量在 $100m^3$ 以上，塌方高度在 10m 以上。当洞顶岩层较薄时，易发生冒顶。有时虽然塌穴高度不大，但因洞室开挖跨度较大，塌方涉及范围较广。这类塌方多发生在石质松软、较大的断层、裂隙密集破碎带、褶皱构造及地下水活动剧烈等地段。当各种地质构造条件叠加时，更易形成大塌方。这类塌方一般能在事前有所察觉，而且在爆破后立即发生。若塌方堵塞整个隧洞，而且对塌方规模和发展规律还不十分了解时，可采用喷锚法、钢筋排架法、钢管棚架法等多种方法综合处理。当塌方段埋藏深度较浅或地质条件十分复杂，塌方堵塞全洞后，从洞内处理难以保障安全时，可采用灌浆法、环形导洞法、混凝土纵梁法等配合其他方法综合处理。

思　考　题

6-1　地下建筑工程施工与露天工程施工相比有哪些特点？

6-2　隧洞施工工作面如何规划？

6-3　平洞开挖方式有哪些？各有什么特点？分别适用于什么条件？

6-4　简述钻孔爆破法开挖洞室时的炮孔类型及各类炮孔的作用和布置要求。

6-5　简述掘进机的应用范围及其优缺点。

6-6　锚喷支护与混凝土衬砌所依据的原理有什么不同？

6-7　锚杆的类型有哪些？

6-8　简述喷混凝土的主要施工工艺。

6-9　在隧洞衬砌施工中，什么叫封拱？如何进行封拱？

6-10　简述地下工程施工的辅助作业内容。

6-11　简述盾构的组成与施工原理。

6-12　简述顶管法施工的基本原理及适用条件。

6-13　简述塌方的处理方法。

第七章

施工组织与计划

第一节 概 述

知识要求与能力目标：

（1）掌握施工组织设计的概念；

（2）明确施工组织设计对工程施工的重要性和必要性。

学习内容：

（1）施工组织设计的概念；

（2）施工组织设计的作用。

一、施工组织设计的概念

水利工程施工是研究水利工程建设的施工方法与管理方法的学科。关于水利工程施工的任务在绪论中已经阐明（参见绪论的相关内容）。就水利工程建设项目而言，其工程规模庞大、枢纽建筑布局复杂、涉及施工工种繁多，会使工程施工不可避免地产生较大干扰；复杂的水文、气象、地形、地质等条件，也会给整个施工过程带来许多不确定的因素，进而可能造成施工难度加大；工程建设期间涉及建设单位、设计单位、施工单位、监理单位等众多部门，相互间的工作组织协调工作量大。若不事先规划、统筹安排、精心组织，就不可能保证工程的顺利实施和建设目标的如期实现。因此，要求从规划开始就应考虑各个施工环节在时间、空间、技术、经济、人力、物力、自然、社会等方面协调的措施，并随着建设阶段的深入而逐步细化，这就是施工组织设计。施工组织设计是对工程的各个施工环节所做的系统综合性计划，是在工程建设的可行性研究、初步设计、招投标设计及施工图设计等各个阶段都要考虑和编制的重要文件。所以说，施工组织设计是工程规划设计和施工的一项重要工作，是运用系统控制理论的基本方法，在工程建设的不同阶段对工程实施的各个环节所有工作所做出的系统的综合性计划，主要包括施工方案设计、施工进度计划和施工总体布置等重要内容。

概括而言，施工组织设计是研究施工条件、选择施工方案、对工程施工全过程实施组织和管理的指导性文件，是编制工程投资估算、设计概算的主要依据。施工组织设计也是投标文件的重要组成部分，它是投标单位如何按照招标文件要求完成工程建设工作的全部技术文件。

施工组织设计是对拟建工程施工的全过程实行科学管理的重要依据，通过施工组织设计的编制，可以全面考虑拟建工程的各种具体施工条件，科学地拟定合理的施工方案，确定施工顺序、施工方法、劳动力组织和技术措施，合理地安排施工进度计划，保证拟建工程按招标文件规定的工期交付使用。

二、施工组织设计的作用

在工程建设程序中的不同阶段，施工组织设计以整个建设项目或单项工程作为研究对象，根据可行性研究或初步设计的图纸及现场施工条件等相关资料，由设计单位或施工单位的专业技术人员进行编制，形成对项目上报立项、招标施工等工程建设全过程的各项施工活动，提供技术经济指导的综合性文件。它的作用主要体现在以下几个方面：

（1）为确定设计方案的施工可行性和经济合理性提供依据。

（2）为建设单位编制工程建设计划提供依据。

（3）为建设项目或单项工程的施工做出全局性的战略部署。

（4）为施工单位编制工程项目生产计划和单位工程的施工组织设计提供依据。

（5）为做好施工准备工作，保证资源供应提供依据。

（6）为组织全工地的施工业务，提供科学实施方案和具体实施步骤。

需要注意，设计单位对施工组织设计的编制是按照常规施工方法编制的，并且决定着招标标底。施工单位对施工组织设计的编制是根据自己的施工方法编制的，并且决定着投标报价，影响中标的竞争力。施工组织设计是施工组织科学的重要知识内容，掌握其编制原理与方法对优质、高效、快速、经济地进行工程建设具有十分重要的意义。

第二节 施工作业组织

知识要求与能力目标：

（1）熟悉施工的组织方式；

（2）了解流水施工的含义、意义、分级、设计步骤与参数；

（3）理解流水施工参数的概念。

学习内容：

（1）施工作业的组织方式；

（2）流水施工的含义；

（3）流水施工的意义；

（4）流水施工的分级；

（5）流水施工的设计；

（6）流水施工的参数；

（7）流水施工的案例。

一、施工作业组织方式

就施工作业而言，有依次施工、平行施工和流水施工等组织方式。其中，流水作业是所有生产领域组织产品生产最理想的方法。同样，在建筑安装工程施工中，流水作业也是最有效的科学组织方法，但由于建筑产品与其他工业产品生产的特点不同，因此流水施工的概念、特点和效果也有所不同。下面着重介绍水利工程施工作业的组织方式。

1. 依次施工组织方式

依次施工组织方式是将拟建工程的整个建造过程分解成若干个施工过程，按照一定的施工顺序，前一个施工过程完成后，后一个施工过程才开始施工。这种组织方式的特点是单位时间内消耗的人力、材料和机械设备少，但总工期长，它是一种最基本、最原始的施工组织方式。

例如，某工程可以分为甲、乙、丙三段施工，每段工程的施工可以分为五个施工过程——①、②、③、④、⑤，每段工程的施工工人数为 N。其中，①～⑤施工过程的作业时间依次为 2d、2d、4d、2d、3d，即每段需要 13d、13N 个工日。其依次施工组织方式如图 7-1 所示，共需 39d、39N 个工日。

工程	施工进度/d																			
	2	4	6	8	10	12	14	16	18	20	22	24	26	28	30	32	34	36	38	40
甲段	①	②	③		④	⑤														
乙段							①	②		③		④	⑤							
丙段														①	②	③		④	⑤	

图 7-1 依次施工组织方式

①～⑤—施工过程

2. 平行施工组织方式

在拟建工程任务十分紧迫、工作面允许以及资源能保证供应的条件下，可以组织几个相同的工作队在同一时间不同的空间上进行施工，这样的施工组织方式称为平行施工组织方式，这种组织方式的特点是总工期大大缩短，但在单位时间内消耗的人力材料和机械设备增多，如在上例中若采用平行施工，工期缩短 2/3，工人数增加了 2 倍（即为 3N），材料消耗比较集中，现场临时设施也相应增加，如图 7-2 所示，共需 13d、39N 个工日。

工程	施工进度/d												
	1	2	3	4	5	6	7	8	9	10	11	12	13
甲段	①		②			③			④			⑤	
乙段	①		②			③			④			⑤	
丙段	①		②			③			④			⑤	

图 7-2 平行施工组织方式

①～⑤—施工过程

3. 流水施工组织方式

流水施工组织方式是建立在分工协作的基础上，由依次施工和平行施工发展而来。其将拟建工程的全部建造过程，在工艺上分解为若干个施工过程，在平面上划分成若干个施工段，在竖向上划分为若干个施工层，然后按照施工过程组建专业工作队（或组），按规定的施工顺序投入施工，完成第1施工段上的施工过程之后，专业工作人数、使用材料和机具不变，依次地、连续地投入到第2、3施工段，完成相同的施工过程，并使相邻两个专业工作队，在开工时间上最大限度地、合理搭接起来。若分层施工，当第1层施工各个施工段的相应施工过程全部完成后，专业工程队依次地、连续地投入到第2、3…层，保证工程施工全过程在时间和空间上有节奏、均衡、连续地进行下去，直至完成全部工程任务。

同样，仍以上例为例，如果采用流水施工，组织不同的专业队伍（5个施工过程，5个专业队伍）分别承担各施工过程的施工任务，其中工人数 N 同图7-1依次施工一样，而工期仅为23d，缩短了16d；与图7-2平行施工相比，工期虽然比13d增加了10d，但工人数却比 $3N$ 少了2/3；如图7-3所示，流水施工共需23d、$23N$ 个工日，该图中，各施工队伍是连续作业的，而各段施工过程却不连续，原因是各段施工过程的劳动量不等，所需完成的时间不同。如果在不影响正常施工条件下，将第③施工过程的工人增加1倍，第⑤施工过程的工人增加0.5倍，这样所有过程均能在2d内完成，从而可以得到理想的施工过程和连续的流水施工组织效果（变为共需要14d、$23N$ 个工日）。

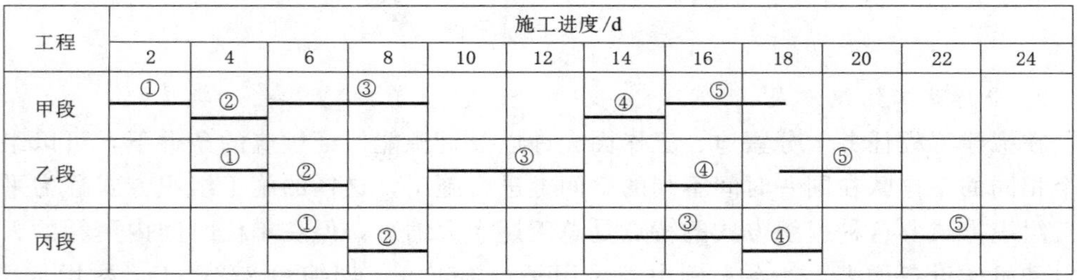

工程	施工进度/d											
	2	4	6	8	10	12	14	16	18	20	22	24
甲段	①	②		③			④	⑤				
乙段		①	②			③		④		⑤		
丙段			①	②				③	④		⑤	

图7-3 流水施工组织方式

①～⑤—施工过程

二、流水施工的含义

将拟建工程的整个施工过程，在工艺上分解为若干个施工环节（即工序），在施工作业面上划分为若干个施工段；然后按照施工工序组建相应的专业施工队伍（或组），按设计的流水施工顺序依次投入到各施工段上进行施工，即完成第1施工段上的施工过程之后，依次地、连续地投入到第2、3…施工段上，完成相同的施工过程，这种施工组织方式称为流水施工。

在正常的流水施工过程中，对同一施工段而言，各专业施工队伍（或组）依次地、连续地进入并进行相应施工，对各专业施工队（或组）而言，其人员、机具则不停地轮流在各施工段上完成本工序的施工工作。

三、流水施工的意义

水利工程具有工程量大、施工项目多、建设周期长等诸多特点，科学制定经济合理的施工方案，精心安排施工计划，高速度、高质量、低成本地开展施工就显得尤为重要。流水施工法无疑是一种科学的施工组织方法，它可以对施工中的人力、物力、时间、空间、技术和组织等各方面做出全面而合理的安排，以保证施工目标全面实现。其意义在于：

(1) 流水作业施工能够合理地、充分地利用施工工作面，从而争取时间、加速工程的施工进度，故有利于缩短施工工期，可使工程项目能尽早竣工、交付使用。

(2) 相关施工作业队伍实施专业化的施工，可提高施工操作的熟练程度，从而有利于加快施工进度和提高施工质量。

(3) 有利于机械设备的充分利用和劳动力合理安排。

(4) 使资源消耗均衡，从而降低工程费用，有利于提高施工单位的经济效益。

四、流水施工的分级

1. 分项工程流水施工

分项工程流水施工也称为细部流水施工及在一个专业工程内部组织的流水作业。

2. 分部工程流水施工

分部工程流水施工也称为专业流水施工，是在一个分部工程内部、各分项工程之间组织的流水作业。

3. 单位工程流水施工

单位工程流水施工也称为综合流水施工，是一个单位工程内部、各分部工程之间组织的流水作业。

4. 群体工程流水施工

群体工程流水施工也称大流水作业施工，是在若干个单位工程之间组织的流水作业。

五、流水施工的设计

水利工程流水施工的设计，大致可以归纳为以下几个步骤：

(1) 设计确定流水线中应包含的工序及其施工顺序，并根据各工序的工程量确定相应的作业时间。

(2) 划分施工段。划分施工段的目的在于保证不同工种能在不同工作面上同时工作，为流水施工创造条件。划分施工段时，首先要保证工程质量，段与段的交接处最好落在建筑物的界限（如伸缩缝、沉陷缝）上；其次，施工段数目应满足流水施工的组织要求，即施工段数目应等于或大于流水线中所包含的工序（专业施工队伍）数目；最后，施工段的大小应尽可能与主要机械的使用效率相适应。

(3) 按专业分工的原则，合理组织各工序的专业施工队伍。一般每个施工队伍的人数和机具，应根据最小施工段上的工作面情况，保证每一个工人和每一台机具至少能够具有为充分发挥其劳动效率所必须的最小工作面，同时人数和机具还应满足合理劳动组织的要求，否则会导致劳动生产力的降低。

(4) 确定每段作业时间，并组织连续施工。施工队伍人数和机具数量确定后，就可以分别计算各专业施工队伍依次在每段上的作业时间，即流水节拍。为避免施工队伍的转移耽误时间，流水节拍最好等于半个工作班或其倍数。流水节拍确定后，就可以把各施工段的施工时间依次排列起来，使其连续完成各段的工作。

(5) 计算流水步距，组织各专业施工队伍先后插入施工，形成施工流水线。即把他们合理地搭接起来，使各专业施工队伍先后插入平行的连续施工，组成一条流水线。合理搭接，首先，要做到各专业施工队伍都有必要的工作面，各在一个不同的施工段上工作；其次，保证流水线中各专业施工队伍都能连续施工；最后，能充分利用工作面，使后一施工队伍能尽早插入施工，合理缩短工期。

(6) 把各条流水线搭接起来，编制整个工程的综合施工进度计划，使拟建工程能够在施工总进度计划或合同工期规定的期限内，有条不紊地完成施工。

六、流水施工的参数

流水施工的参数是组织流水施工时，在时间和空间上需要加以确定的各项数据。流水参数之间是紧密联系、相互制约的。主要流水参数有以下几个。

1. 施工过程数 n（工艺数、工序数或施工队伍数）

施工过程数的确定与工程复杂程度、施工方法、计划粗细等有关，施工过程数应适当，过多、过细，不仅会给计划编制带来重点不突出、主次不分明的缺点，而且会给计算工作增添麻烦；过少、过粗，又会使进度计划太笼统而失去指导施工的作用。

2. 施工段数 m

为了使工程能在较短的工期内完成，可以将工程划分成劳动量大致相等的若干段落，这些段落称为施工段（工作面）。

因为一般情况下，一个施工段内，只安排一个施工过程的施工队伍工作。在一个施工段上，只有前一施工过程的施工队伍完工，腾出工作面后，后一个施工过程的施工队伍才能进入该段从事下一施工过程的工作。因此施工段数划分亦应适当，若施工段数过少，势必要减少人机数而延长工期；若施工段数过多，又会引起资源供应过分集中，不便于组织流水施工。

3. 流水节拍 t_i

施工队伍在某一施工段（工作面）上的作业时间称为流水节拍。它取决于两个因素：每段的工程量和施工队伍的劳动效率（或每段的劳动量和施工队伍的人机数）。流水节拍由下式求得：

$$t_i=\frac{Q}{SR} \quad 或 \quad t_i=\frac{P}{R} \tag{7-1}$$

式中：t_i 为流水节拍；Q 为某施工段的工程量；S 为某一工日的计划产量；R 为施工队伍的人机数；P 为某施工段所需的劳动量。

为了不降低劳动效率，不浪费工作时间，流水节拍应为半个工作班或其的整数倍。

4. 流水步距 K_j

流水步距是指相邻两个施工过程或相邻两个专业队伍相继投入同一施工段开始工作的时间间隔。如图 7-4 所示的某基础工程的流水施工，挖土与垫层相继投入第一段开始的时间间隔 2d，即流水步距 $K_j=2$。其他相邻两个施工过程的流水步距均为

2d。由图 7-4 可知，当施工段确定后，流水步距的大小直接影响工期。当施工段数不变，流水步距越小则工期越短。流水步距的个数取决于施工过程数（或施工队组数）。当施工过程数（或施工队组数）为 n 个时，则流水步距总个数为 $n-1$。

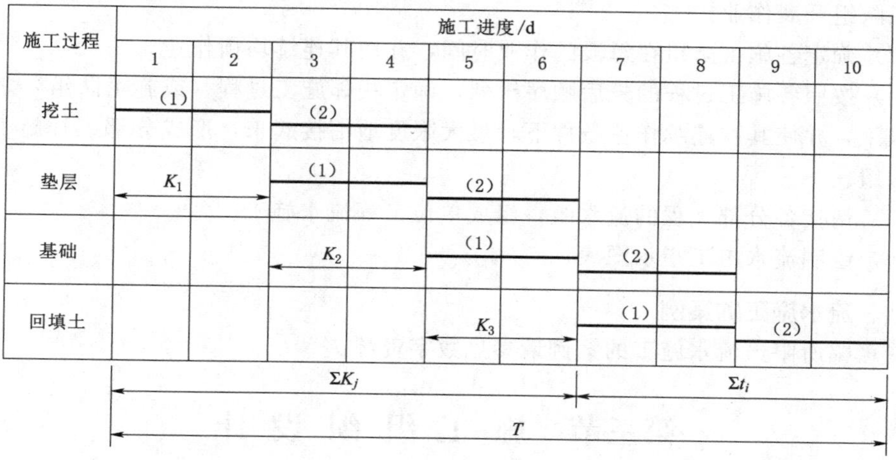

施工过程
施工进度/d
1 2 3 4 5 6 7 8 9 10
挖土 (1) (2)
垫层 K_1 (1) (2)
基础 K_2 (1) (2)
回填土 K_3 (1) (2)
ΣK_j Σt_i
T

图 7-4 某基础工程的流水施工
(1)、(2) —施工段

流水步距大小又与流水节拍大小保持一定关系。例如，有甲、乙两个施工过程，分两段，流水节拍均为 2d。情况一：如果工作面允许，各增加一倍人机数使流水节拍缩到最短，这样，流水步距也相应缩短；情况二：如果不增加人机数而增加施工段数，使每段人数达到饱和，也可缩短流水节拍（每段作业时间之和仍维持不变），达到流水步距最小，但这样因段数增加，总工期比增加人机数的情况要长。

确定流水步距的基本要求是：始终保持相邻两个施工过程的先后顺序，保持各专业施工队伍的连续作业，尽量使前后两个施工过程能最大限度地搭接。

流水步距一般至少为一个工作班或半个工作班的倍数。

综上所述，流水施工的主要参数说明了流水施工过程的工艺关系，反映了它们在时间和空间的开展情况。它们的相互关系可集中反映在施工工期的计算式中。由图 7-4 可知，某一工程项目的流水施工工期为各流水步距之和加上最后投入施工队组的流水节拍之和，即

$$T=\sum_{j=1}^{n-1}K_j+\sum Z+\sum_{i=1}^{m}t_i \tag{7-2}$$

式中：T 为总工期；K_j 为流水步距，$j=1, 2, 3, \cdots, n-1$；n 为施工过程数（或施工队总数）；$\sum Z$ 为某些施工过程要求的技术间歇时间总和；m 为最后一个施工过程（或施工队组）完成的施工段数；t_i 为最后施工队组的流水节拍，$i=1, 2, 3, \cdots, m$。

七、流水施工的组织

（1）将拟建工程（如一个单位工程或各分部分项工程）的全部施工活动，划分组合为若干施工过程，每一施工过程交给按专业分工组成的施工队组或混合施工队组来

完成。施工队组组成人数应考虑每个工人及每台机械所需的最小工作面和流水组织的需要。

(2) 将拟建工程每层的平面划分为若干施工段，每个施工段在同一时间内只有一个施工队组开展作业。

(3) 确定各施工队组在每段的作业时间，并使其连续均衡作业。

(4) 按照各施工过程的先后顺序排列，确定相邻施工过程（或施工队组）之间的流水步距，并使其在连续作业条件下，最大限度地衔接起来，形成分部工程施工的专业流水组。

(5) 衔接各分部工程的流水组，组成单位工程流水施工。

(6) 绘制流水施工指示图表。

资源 7-2-1 流水施工的案例

八、流水施工的案例

受篇幅所限，流水施工的案例请参见数字资源。

第三节 施 工 组 织 设 计

知识要求与能力目标：

(1) 明确施工组织设计的类型；

(2) 熟悉施工组织设计的编制依据；

(3) 掌握施工组织设计的编制内容与方法；

(4) 理解施工组织设计的编制原则；

(5) 了解施工组织设计编制的质量要求。

学习内容：

(1) 施工组织设计的类型；

(2) 施工组织设计的编制依据；

(3) 施工组织设计的编制内容与方法；

(4) 施工组织设计的编制原则与步骤；

(5) 施工组织设计编制的质量要求。

一、施工组织设计的类型

(一) 按编制阶段不同划分

在基本建设程序中的不同阶段所研究的施工组织设计在内容深度和侧重点方面存在一定差异：

资源 7-3-1 工程项目基本建设程序简图

(1) 在可行性研究报告阶段，要根据工程施工条件，从施工角度对方案提出可行性论证。主要包括：初选施工导流方式，导流建筑物形式与布置；初选主体工程的主要施工方法、施工总布置，基本选定对外交通运输方案和场内主要交通干线布置；估算施工占地，提出控制性工期和分期实施意见，估列出主要建材及劳动力。

(2) 在初步设计阶段，通过编制施工组织设计，全面论证工程施工技术上的可能性和经济上的合理性。选定施工导流方案，说明主要建筑物施工方法及主要施工设备。选定施工总布置、总进度及对外交通方案，提出天然（人工）建筑材料、劳动力、供水和供电需要量及其来源。

（3）在招标投标阶段，参加招投标的单位，要从各自的角度，分析施工条件，研究施工方案，提出质量、工期、技术以及施工布置等方面的要求，以便对工程的投资或造价做出合理的估计并参与投标竞争。

（4）在技术设计和工程施工过程阶段，要针对各单项工程或专项工程的具体条件，编制单项工程或专项工程施工措施设计，从技术组织措施上具体落实施工组织设计的要求。

（二）按编制部门不同划分

（1）对于项目建设部门和主体工程设计部门，施工组织设计是项目建议书、项目可行性研究、初步设计等设计文件的重要组成部分，是项目立项的重要依据。

（2）在项目招投标过程中，由投标单位按照招标文件进行编制，是投标文件中的重要技术性文件，也是评标专家进行评标的重要技术文件之一。

（3）在施工任务落实后，主体工程开工前，由中标单位进行施工组织设计报告修编，全面统筹和优化各施工环节技术、质量以及工期。

二、施工组织设计的编制依据

编写施工组织设计必须阐明所有编制依据，包括相关的政策、法令、规程、规范、行业标准和相关条例，以及主管部门和建设单位的要求或批件，可行性研究报告及审批意见，设计任务书，勘测、试验及设计成果，国民经济各有关部门对工程建设期间的有关要求及协议，工程所在地的自然条件、经济社会发展水平等。

具体要求请参阅《水利水电工程施工组织设计规范》（SL 303—2017）中的相关内容。

三、施工组织设计的编制内容与方法

工程建设的不同阶段，施工组织设计在内容、深度和侧重点方面存在一定的差异，这里主要就初步设计阶段的施工组织设计进行详细阐述。

水利工程初步设计中，施工组织设计的内容主要包括施工条件分析、施工导流、主体工程施工、施工交通运输、施工总体布置、施工总进度、施工工厂设施和大型临建工程、主要技术供应计划等。在完成这些设计内容时，还应提出相应的设计文件和图纸，必要时还需提出进行试验研究和补充勘测的建议，为进一步深入设计和研究提供依据。

（一）施工条件分析

施工条件主要包括自然条件、工程条件和社会经济条件等方面。

1. 自然条件

自然条件主要包括枢纽工程区的地形条件；地质和水文地质条件；气象（气温、水文、降水、风力及风速、冰情等）资料等。分析枢纽工程区的洪水枯水季节时段、各种频率下的流量过程及洪峰流量、水位与流量关系、洪水特征、冬季冰凌情况（北方河流）、施工区支沟各种频率洪水、泥石流、上下游水利水电工程对本工程施工的影响。

2. 工程条件

工程条件主要包括工程所在地点；枢纽建筑物组成及特征、结构型式，主要尺寸和工程量；泄流能力曲线；水库特征水位及主要水能指标；水库蓄水分析计算；库区淹没及移民安置条件等规划设计资料；对外交通运输；上下游可利用的场地面积及分布情况；工程的施工特点及其与其他有关部门的施工协调；施工期间通航（大江大河上）、过鱼、过木、供水、环保等特殊要求。

3. 物质资源供应条件

物质资源供应条件主要包括天然建筑材料来源和工程施工中所用大宗材料的来源和供应条件。

4. 社会经济条件

社会经济条件主要包括当地水源、电源、通信等基础条件，承包市场的情况，有关社会经济调查和其他资料等。

5. 其他条件

其他条件主要包括国家、地区或部门对本工程施工准备、工期等的要求；对工期分期投产要求；施工用地、居民安置以及工程施工有关的协作条件等。

施工条件分析需在阐明上述条件的基础上，着重分析它们对工程施工可能带来的影响和后果。

（二）施工导流

施工导流是为了妥善解决施工全过程中的建筑物干地施工条件问题和水资源综合利用矛盾的水流控制问题，通过对各期导流特点和相互关系进行系统分析、全面规划、周密安排、选择技术上可行、经济上合理的导流方案，保证主体工程的正常安全施工，并使工程尽早发挥效益。施工导流设计应在综合分析导流条件的基础上，解决好以下几方面的问题。

1. 导流方式与方法

参考第一章第二节的内容，结合拟建工程特点与施工条件分析，选择导流方式与方法。

2. 导流标准与导流方案

参考第一章第五节、第八节的内容，确定导流标准，明确施工分期，划分导流时段，拟定导流程序，计算导流设计流量；综合考虑各种影响因素，确定施工导流方案。

3. 导流建筑物设计

导流建筑物设计包括导流挡水建筑物和导流泄水建筑的形式选择、方案比较；建筑物布置、结构型式及尺寸、工程量、稳定分析等主要成果；导流建筑物与永久建筑物结合的可能性，以及结合方式和具体措施。

4. 导流工程施工

提出导流建筑物的施工安排（包括选定围堰的用料来源、施工程序、施工方法、施工布置、施工进度、围堰的拆除方案）；拟定截流时段，确定截流设计流量，选定截流方案，提出截流施工布置、备料计划、施工程序、施工方法及措施，必要时所进行的截流试验成果分析等；基坑排水方式、排水量及所需设备。

5. 拦洪度汛与下闸蓄水

确定拦洪度汛的洪水频率及流量大小、提出拦洪度汛措施；拟定蓄水计划、封堵时段、封堵方案及下闸流量等。

6. 施工期间水资源综合利用

如在大江大河上，有关部门对施工期（包括蓄水期）有通航、过木等要求；施工期间过闸（坝）通航船只、木筏的数量、吨位、尺寸及年运量、设计运量等；分析可通航的天数和运输能力；分析可能碍航、断航的时段及其影响，并研究解决措施；经方案比较，提出施工期各导流阶段通航及过木等的措施、设施、结构布置和工程量；论证施工期间通航与蓄水期永久通航的过闸（坝）设施相结合的可能性及相互间的衔接关系。

（三）主体工程施工

主体工程包括挡水、泄水、引水、发电、通航等主要建筑物。主体工程的施工包括建筑工程和金属结构及机电设备安装工程两大部分。应根据各自的施工条件，对施工程序、施工方法、施工强度、施工布置、施工进度和施工机械等问题进行分析比较和选择。必要时，对其中的关键技术问题，如特殊爆破、特殊的基础处理、喷锚、大体积混凝土温度控制、坝体临时度汛与拦洪等做出专门的设计和论证。

1. 闸、坝等挡水建筑物施工

主体工程施工主要包括土石方开挖、地基处理、土石坝填筑、混凝土坝浇筑等。

（1）土石方开挖及地基处理的施工程序、方法、布置及进度。

（2）土石坝的备料，运输上坝、卸料、填筑、碾压等施工程序、工艺方法、机械设备、总平面布置、施工进度、拦洪度汛与蓄水计划措施；土石坝各施工期的物料、开采、加工、运输、填筑的施工强度和进度安排，开挖弃渣的利用计划；施工质量控制的要求及冬雨季施工措施。

（3）混凝土坝各分区混凝土的浇筑程序、方法、布置、进度及所需准备工作，混凝土温控措施设计，分缝分块施工措施等；碾压混凝土坝的通仓碾压浇筑施工方案等。

2. 发电站厂房、泵房、开关站、变电站等建筑物施工

上述建筑物中地面工程的基坑开挖方法、排水，保护边坡稳定的措施；地下工程的开挖程序和方法、施工支洞布置、通风散烟、钻孔爆破、衬砌支护、排水、照明及预防坍塌的安全保护措施；开挖等地基处理和混凝土浇筑的施工程序、平行流水作业方式，以及基础结构及机电设备安装工程之间的衔接与协调，支洞的堵塞、回填灌浆及固结灌浆的施工技术措施和进度安排。

3. 输（引）水、排（泄）水建筑物施工

渠道、渡槽、箱涵、管道等建筑物地基开挖与处理、基础工程，上部（或内部）结构（如浆砌石或混凝土衬砌）的施工程序、方法、布置及进度，预防坍塌、滑坡的安全保护措施等。

4. 金属结构及机电设备安装工程施工

主要金属结构及机电设备的施工技术要求、安装工程量、安装进度、分期投入运行和度汛对安装施工的要求；主要金属结构的堆存、制作、加工、运输、吊装总体规划及与土建工程施工的协作配合要求。

5. 河道工程施工

河道疏浚与岸坡护砌的土方开挖及岸坡防护的施工程序、工艺方法、机械设备、布置及进度；开挖料的利用、弃渣地点及运输方案等。

（四）施工交通运输

施工交通运输分为对外交通运输和场内交通运输两部分。

1. 对外交通运输

梳理现有对外水陆交通情况和发展规划的要求，根据工程对外运输总量，运输强度及重大部件的运输需求，确定对外交通运输方式，选择运输线路及线路标准，规划沿线重大设施与国家干线的连接，并提出场外交通工程的施工进度安排。

2. 场内交通运输

场内交通运输应根据施工场区的地形条件和分区规划要求，结合主体工程的施工运输，选定场内交通主干线路的布置和标准，提出相应的工程量。施工期间若有船过坝问题，应做出专门的分析论证，提出解决方案。

选择交通运输线路时，应将场内交通与场外交通统一考虑，以便内外交通顺畅连接。对外交通运输应进行技术经济比较，选定技术可靠、经济合理、运行方便、干扰较少、施工期短及便于场内交通衔接的方案；场内交通运输应根据运输量和施工进度确定的运输强度，结合施工总布置进行统筹规划，选定便于主体工程施工运输、干扰较小的线路运输方案。

（五）施工总体布置

施工总体布置的主要任务是根据施工场区的地形、地貌、环境保护和土地利用、枢纽主要建筑物的施工方案、各项临建设施的布置要求，对施工场地进行分期分区和分标规划。需要说明总布置原则；确定分期分区布置方案和各承包单位的场地范围；对土石方的开挖、利用、堆料、弃料和填筑进行综合性平衡规划；对渣场进行规划布置及防护；估计施工永久占地和临时占地面积，分期分区施工的征地面积，提出用地计划；研究施工期间的环境保护和植被恢复的可能性；列出各类房屋分区布置一览表；绘制施工总平面布置图。

（六）施工总进度

1. 设计原则和依据

施工总进度的安排必须符合国家对工程投产所提出的要求，以及建设单位对本工程投入运行期限的要求，主体工程施工导流与截流，对外交通和场内交通、其他施工临建工程及施工工厂设施等建筑工程任务及控制进度因素。

2. 施工分期与项目划分

为了合理安排施工进度，必须仔细分析工程规模、导流程序、对外交通、资源供应、临建准备等各项控制因素，拟定整个工程（包括工程筹建期、工程准备期、主体工程施工期、工程完建期四个阶段）的控制性关键项目（导流截流、拦洪度汛、封孔蓄水、供水发电等）的进度安排、工程量及工期，确定项目的起讫日期和相互之间的衔接关系。阐述工程准备期的内容与任务，拟定准备工程的控制性施工进度。

3. 施工总进度编制

说明主体工程施工进度计划协调、施工强度均衡、投入运行（蓄水、通水、第一台机组发电等）日期及总工期；分阶段工程面貌与形象进度的要求，提前发电的措施；导截流工程、基坑排水、拦洪度汛、下闸蓄水及主体工程控制进度的影响因素及条件；对土石方、混凝土等主要工程的施工强度，以及劳动力、主要建筑材料、主要机械设备的需用量，要进行综合平衡；要分析施工工期和工程费用的关系，提出合理工期的推荐意见。采用附表形式，说明主体工程及主要临建工程量、逐年（月）计划完成的主要工程量、逐年最高月强度、逐年（月）劳动力需用量，施工最高峰人数、平均高峰人数及总工日数；绘制施工总进度图表（横道图、网络图等）。

（七）施工工厂设施和大型临建工程

施工工厂设施如混凝土骨料开采加工系统，土石料场和土石料加工系统，混凝土拌和及制冷系统，机械修配系统，汽车修配厂，钢筋加工厂，预制构件厂，风、水、电、通信、照明系统等，均应根据工程施工的任务和要求，分别确定各自位置、规模、设备容量、生产工艺、工艺设备、平面布置、占地面积、建筑面积和土建安装工程量，提出土建安装进度和分期投产的计划。

如砂石加工系统的布置、生产能力与主要设备、工艺布置设计及要求，除尘、降噪、废水排放等的方案措施，可参考混凝土工程施工相应的内容。

对于混凝土生产系统，混凝土总用量、不同强度等级及不同品种混凝土的需用量，拌和系统的布置工艺、生产能力及主要设备，同样可参考混凝土工程施工相应的内容。

本部分内容的编制应采用附表形式分别列出施工工厂设施项目、生产规模、主要机械设备等一览表。布置成果应反映在施工总平面布置图上。

（八）料场的选择、规划与开采

1. 料场选择

土石坝和混凝土坝施工，对土石料需用量大，需要采取试验和勘探等技术手段，分析块石料、反滤料与垫层料、混凝土骨料、土料等各种用料的料场分布、质量、储量、开采加工条件及运输条件、剥采比、开挖弃渣利用率及其主要技术参数，通过技术经济比较选定料场。

2. 料场规划

根据建筑物各部位不同高程的用料数量及技术要求，各料场的分布高程、储量及质量、开采加工及运输条件、受洪水和冰冻等影响的情况，拦洪蓄水和环境保护，占地及迁建赔偿，以及施工机械化程度、施工强度、施工方法、施工进度等条件，对选定料场进行综合平衡和开采规划。

3. 料场开采

对用料的开采方式、加工工艺、废料处理与环境保护、开采、运输设备选择、储存系统等布置进行设计。

（九）主要技术供应

根据施工总进度的安排和定额资料的分析，提出主要建筑材料和主要机械设备分年度（月）供应期限及数量。对主体工程和临建工程按分项列出所需钢材、钢筋、木材、水泥、油料、炸药等主要建筑材料需用量。对施工所需主要机械和设备，应按名称、规格、型号、数量列出汇总表。

（十）施工质量控制和保证措施

确定施工质量方针和目标、设置质量管理机构和责权、制定质量控制程序、配置质量检测设备仪器等。抓好施工过程中的每一个环节和每一道工序的质量控制，严格控制关键因素、施工环境和工序的质量，尤其是主体及关键部位工程质量控制和管理，如基坑开挖、地基注浆加固、钢筋工程、混凝土浇筑等分项工程，制定相应的质量保证措施。质量控制和管理在编制内容上体现为质量目标设计和质量保证措施的编制。

（十一）施工安全管理

为确保施工期安全，应设立安全控制体系和安全控制目标，建立安全生产管理机构和制度，加强安全技术管理，遵守生命、健康、卫生与安全规范，提供安全装置、设备与保护器材，制定切实可行的安全技术措施。例如施工现场安全、夜间作业、爆破安全、雨季施工及防火安全等措施。

（十二）环境保护、水土保持及文明施工

施工期间，应严格遵守国家和地方有关环境保护及水土保持的法律法规。

对施工中产生的生产与生活污水、废气、粉尘、噪声、施工弃渣提出处理措施。对施工中造成的植被破坏和水土流失做好防止、治理和恢复工作。工程完成后，对环保、水保情况进行监测与反馈。

文明施工应遵守国家和地方有关文明施工的法律，保持施工现场良好的工地环境和施工秩序，尊重当地居民的风俗习惯，树立良好的企业形象。

此外，在施工组织设计中，必要时还需要提出进行试验研究和补充勘测的建议，为进一步深入设计和研究提供依据。

（十三）附图

施工组织设计文件除了必要的文字说明外，还应在以上设计内容的基础，绘制相关的图件成果。主要的图件包括：

（1）施工场区内外交通图。

（2）施工总平面布置图。

（3）施工转运站规划布置图。

（4）施工征地规划范围图。

（5）施工导流方案综合比较图。

（6）施工导流分期布置图。

（7）导流建筑物结构布置图。

（8）导流建筑物施工方法示意图。

(9) 施工期通航过木布置图。

(10) 主要建筑物土石方开挖施工程序及基础处理示意图。

(11) 主要建筑物混凝土施工程序、施工方法及施工布置示意图。

(12) 主要建筑物土石方填筑施工程序、施工方法及施工布置示意图。

(13) 地下工程开挖、衬砌施工程序、施工方法及施工布置示意图。

(14) 机电设备、金属结构安装施工示意图。

(15) 砂石料系统生产工艺布置图。

(16) 混凝土拌和系统及制冷系统布置图。

(17) 当地建筑材料开采、加工及运输路线布置图。

(18) 施工总进度计划及施工关键路线图。

上述所列举的主要附图，可根据具体工程的实际情况，进行合并和取舍。

以上介绍了初步设计中施工组织设计的主要内容，必须指出，施工组织设计的所有内容是一个有机的整体。其中，施工条件分析是其他各部分设计的基础和前提，只有切实掌握施工条件，才能搞好施工组织设计；施工导流解决施工全过程的水流控制问题；主体工程施工方案从技术组织措施上保证主要建筑物的修建；施工交通运输是整个工程施工的动脉；施工总体布置是对整个施工现场进行的空间规划；施工总进度是对整个施工过程做出的时间安排；施工工厂设施和技术供应是施工前方的后勤保证，关系到外来建筑材料、机械设备的供应，关系到工程建设任务的完成，关系到施工进度的实施和施工布置的合理性。

可以看出，施工组织设计主要内容彼此之间虽然各有侧重、自成体系，但都密切相关，相辅相成。厘清各部分内容之间的内在联系，对做好施工组织设计，指导工程实践，据此做好施工现场的组织与管理，具有十分重要的现实意义。

四、施工组织设计的编制原则与步骤

1. 施工组织设计的编制原则

(1) 执行国家有关现行政策、法令、规程、规范、行业标准和相关条例。

(2) 结合工程实际，因地制宜。

(3) 统筹安排、综合平衡，妥善协调各单位和分部工程的施工作业。

(4) 合理推广和使用新材料、新技术、新工艺和新设备。

(5) 充分考虑工程建设期的环境保护和资源的合理有效利用。

2. 施工组织设计的编制步骤

(1) 基础资料的搜集与准备。

(2) 确定施工导流方案。

(3) 确定主体工程施工方案。

(4) 场内和对外交通运输设计。

(5) 施工工厂和附属设施设计。

(6) 进行施工总平面布置。

(7) 编制工程施工进度计划。

(8) 编制技术供应计划。

五、施工组织设计编制的质量要求

施工组织设计是工程实施的龙头文件，质量是决定工程建设成败的关键，所以保证质量是编制施工组织设计的核心内容。编制其他内容时，要围绕保证工程质量这个核心，选定适宜的施工方法，配备有效的技术措施。

文字和图表内容必须满足：

（1）基本资料、计算公式和各种指标正确合理。

（2）采用的技术措施先进、方案合理、分析论证充分。

（3）选定的方案有良好的经济效益。

（4）文字通畅，简明扼要，逻辑性强，结论正确，内容肯定，用语规范。

（5）附图、附表完整，线条清晰，尺寸准确。

第四节 施工总体布置

知识要求与能力目标：

（1）掌握施工总体布置的概念与内容；

（2）熟悉施工总体布置的设计原则、步骤与方法；

（3）能够对施工总体布置进行设计，并绘制总平面布置图。

学习内容：

（1）施工总体布置的概念与内容；

（2）施工总体布置的设计原则；

（3）施工总体布置的设计步骤与方法；

（4）施工总体布置图的绘制。

一、施工总体布置的概念与内容

施工总体布置是对施工场区在施工期间的空间规划。它是根据场区的地形、地貌、枢纽布置和各项临时设施布置的要求，研究施工场地的分期分区分标布置方案，对施工期间所需的交通运输设施、施工工厂、仓库房屋、动力、给排水管线及其他施工设施做出平面立面布置，从场地安排上为保证施工安全、工程质量，加快施工进度和降低工程造价创造环境条件。

施工总体布置是施工组织设计的重要内容。可行性研究阶段，应着重就对外交通、场内主干线以及它们之间的衔接、主要料场、主要场区划分等问题做出评价。初步设计阶段，应分别就施工场地的划分，生产、生活设施的分区布置，料场、主要施工工厂、大型临时设施和场内主要交通运输线路的布置，以及场内外交通的衔接等，拟定各种可能的布局方案，进行论证比较，选择合理的方案。技施设计和工程施工时，主要是在初步设计的基础上对主要施工工厂进行工艺布置设计，对大型临建工程做出结构设计。

施工总体布置的成果，需标示在一定比例尺的施工场区地形图上，构成施工总体布置图，它是施工组织设计的主要成果之一。

施工总体布置图一般应包括一切地上和地下已有的建筑物和房屋；一切地上和地下拟建的建筑物和房屋；一切为施工服务的临时性建筑物和施工设施。主要有以下内容，但不同的工程，有不同的取舍。

资源7-4-1 施工总体布置图

(1) 施工导流建筑物，如围堰、隧洞等。

(2) 交通运输系统，如公路、铁路、车站、码头、车库、桥涵等。

(3) 料场及其加工系统，如土料场、石料场、砂砾料场、骨料加工厂等。

(4) 各种仓库、料堆和弃料场等。

(5) 混凝土制备系统，如混凝土工厂、骨料仓库、水泥仓库等。

(6) 混凝土浇筑系统。

(7) 机械修配系统。

(8) 金属结构、机电设备和施工设备安装基地。

(9) 风、水、电供应系统。

(10) 其他施工工厂，如钢筋加工厂、木材加工厂、预制构件厂等。

(11) 办公及生活用房，如办公室、试验室、宿舍、医务室等。

(12) 安全防火设施及其他，如消防站、警卫室、安全警戒线等。

(13) 水土保持以及环境保护设施等。

施工过程是一个动态过程，永久性建筑物将随施工进程，按一定顺序修建；临时性建筑物和临时设施也随着施工的需要而逐渐建造，用毕以后，拆除转移或废弃；同时，随着施工的进展，水文、地形等自然条件也将有所变迁。因此，研究施工总体布置，解决施工场区空间组织问题，必须同施工进度的时间安排协调起来。

施工总体布置的成果，除了集中反映在施工总体布置图上外，还应提出各类临时建筑物、施工设施的分区布置一览表，它们的占地面积、建筑面积和建筑安装工程量；对施工征地做出估计，提出征地面积和征地使用计划，研究还地造田及征地再利用的措施；计算场地平整土石方工程量，对挖填方量进行综合平衡，提出有效挖方的利用规划；对重大施工设施的场址选择和大宗物料的运输进行合理的规划，提出施工运输的优选方案。

二、施工总体布置的设计原则

设计施工总体布置应该遵循以下原则：

(1) 合理使用场地，尽量少占农田。

(2) 场区划分和布局符合有利生产、方便生活、易于管理、经济合理的原则，并符合国家有关安全、防火、卫生和环保等的专门规定。

(3) 一切临时建筑物和施工设施的布置，必须满足主体工程施工的要求，互相协调，避免干扰，尤其不能影响主体工程的施工和运行。

(4) 主要的施工设施、施工工厂的防洪标准，可根据它们的规模大小、使用期限和重要程度在5～20年重现期内选用。必要时，宜通过水工模型试验，论证场地防护范围。

具体要求参见《水利水电工程施工组织设计规范》(SL 303—2017) 中的相关规定。

三、施工总体布置的设计步骤与方法

施工总体布置图的设计，由于各个工程施工条件不同以及施工条件的多变性，不可能设计出一种一成不变的布局。因此，只能根据实际情况和经验，因地制宜，按场地布置优化的原理和原则，科学合理有创造性地予以解决。

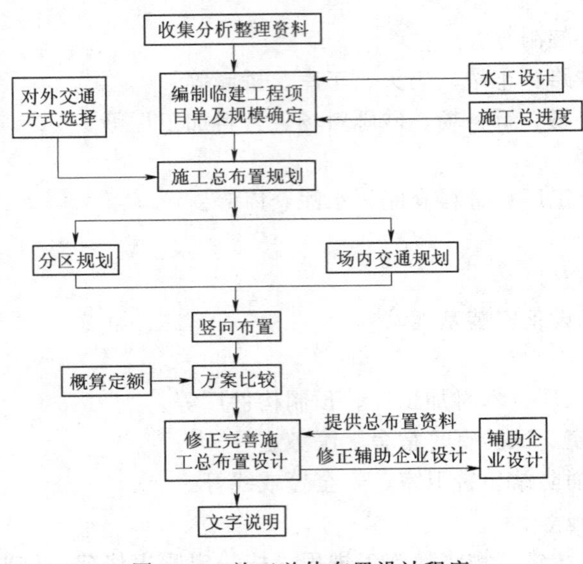

图 7－5　施工总体布置设计程序

施工总体布置可以按图 7－5 所示的程序进行。

施工总体布置的设计步骤与方法如下：

（一）基本资料收集和分析

施工总体布置所需的基本资料主要有以下内容：

（1）施工场区的地形图，比例尺 1∶10000～1∶1000。

（2）拟建水利工程枢纽布置图。

（3）现有的场外交通运输设施、运输能力和发展规划。

（4）施工场区附近的居民点、城镇和工矿企业，特别是有关建筑标准、可供利用的住房、当地建筑材料、水电供应以及机械修配能力等情况。

（5）施工场区的土地状况，料场位置和范围；河流水文特征，包括在自然条件下和施工导流过程中不同频率上下游水位资料；施工地区的工程地质、水文地质及气象资料。

（6）施工组织设计中的有关成果，如施工方法、导流程序和进度计划安排等。

（7）施工总体布置所需的其他现有资料等。

（二）列出临建工程项目清单

在掌握基本资料的基础上，根据工程的施工条件，结合类似工程的施工经验，编拟临建工程项目单，估算它们的占地面积、敞棚面积、建筑面积、建筑标准以及布置和使用方面的要求，对于施工工厂还要列出它们的生产能力、工作班制、水电动力负荷以及服务对象等情况。

（三）进行现场布置总体规划

施工现场总体规划是解决施工总体布置的关键，要着重研究解决一些重大原则问题。如：施工场地是设在一岸还是分布在两岸？是集中布置还是分散布置？如果是分散布置，则主要场地设在哪里？如何分区？哪些临时设施要集中布置？哪些可以分散布置？主要交通干线设几条？它们的高程、走向如何布局？场内交通与场外交通如何衔接？以及临建工程和永久设施的结合、前期和后期的结合等。在工程施工实行分项承包的情况下，尤其要做好总体规划，明确划分各承包单位的施工场地范围，并按总

体规划要求进行布置，使得既有各自的活动区域，又能避免互相干扰。

（四）具体布置各项临时建筑物

在做出现场布置总体规划的基础上，首先要把拟建的水工建筑物准确地表示在施工总体布置图的地形图上，然后逐项布置临时建筑物。

1. 场外运输线路的布置

当对外交通采用标准轨铁路时，宜首先确定车站的位置，以满足站台停车线线路设计等方面的专业要求，然后，布置场内外交通的衔接和场内交通干线，再沿干线布置各项施工工厂和仓库等设施，最后布置办公、生活设施，以及水、电和动力供应系统等。

如果对外交通采用公路时，由于汽车线路布置比较灵活，可与场内交通连成一个系统来考虑，再据以结合施工工厂、仓库、办公、生活，以及水、电、动力系统的布置综合考虑。

当场外运输主要采用水路运输方式时，应充分考虑码头的吞吐能力。在设置码头时，一般不少于两个。

具体布置要求参见《水利水电工程施工组织设计规范》（SL 303—2017）中的相关规定。

2. 仓库和堆场的布置

仓库和堆场的布置应遵循以下要求：

（1）仓库应尽量将某些原有的建筑物和拟建的永久性房屋作为临时仓库，为工程施工服务。

（2）仓库应布置于平坦、开阔、交通方便的地方，并有一定的装卸场地。装卸时间较长的仓库还应留出装卸货物时的停车位置，以防较长时间占用道路而影响通行。仓库的设置应符合有关技术方面的规定。

（3）当场外运输采用铁路运输方式引至施工现场时，应沿铁路线布置转运仓库和中心仓库；而施工现场仓库应尽量靠近施工区域并接近使用地点。例如，钢筋、木材仓库应布置在其加工厂附近，水泥库和砂石堆场应布置在拌和站附近。

（4）仓库的布置还应考虑安全方便等方面的要求。例如，氧气、炸药等易燃易爆物资的仓库应布置在工地边缘、人员较少的地点，油料等易挥发、易燃物资的仓库应设置在拟建工程的下风方向。

（5）仓库物资储备量的确定原则是既要确保工程施工连续、顺利进行，又要避免因物资大量积压而使仓库面积过大、积压资金、增加投资。其计算方法参见《水利水电工程施工组织设计规范》（SL 303—2017）中的相关内容。

3. 施工工厂设施布置

（1）施工工厂设施的类型。由于各个水利工程的性质、规模和施工方法不同，施工工地临时加工厂的种类也不相同。通常有木材加工厂、钢筋加工厂、混凝土生产加工厂、混凝土预制构件厂、金属结构加工厂和机械修配厂，供水、供电、供气和通信系统等。施工工地加工厂的结构型式有露天加工厂、半封闭式加工棚和封闭式加工车间等。

(2) 施工工厂设施的布置要求。总的布置要求是使加工用的原材料和加工后的成品、半成品的总运输费用最小，并使加工厂有良好的生产条件；做到加工厂生产与工程施工互不干扰。

施工现场生产用房主要是根据工程所在地区的实际情况与工程施工的需要，首先确定需要设置的生产类型，然后再分别就不同需要逐一确定其生产规模、产品品种、生产工艺、厂房的建筑面积、结构型式和厂址的布置，生产用房面积的大小，取决于设备的尺寸、工艺过程、建筑设计及保安与防火以及环境等的要求。

各类加工厂的具体布置要求和所需面积计算等资料如下：

1）砂石料加工系统。对于大型的水利工程工地需要自建砂石料加工工厂，对于小型的水利工程则不需要自建加工厂，其所需要的砂石料可从建材市场采购。

具体要求参见《水利水电工程施工组织设计规范》（SL 303—2017）中关于砂石料加工系统的相关规定。

2）混凝土生产系统。施工工地混凝土拌和系统有集中布置、分散布置、集中与分散相结合布置三种方式。当施工工地运输条件较好时，以集中布置较好；当运输条件较差时，以分散布置在各施工工地混凝土使用地点并靠近竖向运输井架、塔吊工作范围内为宜；也可根据工地的具体情况，采用集中布置与分散布置相结合的方式。对于较小型的施工工地可利用就近的商品混凝土，只要商品混凝土的供应能力和输送设备能够满足施工要求，可不设置工地拌和站。混凝土生产系统布置的具体要求参见《水利水电工程施工组织设计规范》（SL 303—2017）中关于混凝土生产系统的相关规定。

3）混凝土预制构件厂。一般宜布置在工地边缘、铁路专用线转弯处的扇形地带或场外邻近工地处。场地要求平坦，具有水源，交通方便。

4）钢筋加工厂。宜布置在接近混凝土预制构件厂或使用钢筋加工品数量较大的施工对象附近。

5）木材加工厂。原木、锯材的堆场应靠近公路、铁路或水路等主要运输线路，锯木、成材、粗细木等加工车间和成品堆场应按生产工艺流程布置。

6）金属结构加工厂、锻工和机修等车间。因为这些加工厂或车间之间在生产上相互联系比较密切，应尽可能布置在一起。

7）产生有害气体和污染环境的加工厂。如沥青熬制、石灰熟化、石棉加工等加工，除应尽量减少毒害和污染外，还应布置在施工现场的下风方向，以便减少对现场施工人员的伤害。

临时加工厂、现场作业棚、机械停放场、机修车间等所需面积计算与指标选取的具体要求参见《水利水电工程施工组织设计规范》（SL 303—2017）中关于施工工厂设施的相关规定。

资源 7-4-2 临时加工厂所需面积参考指标表

4. 场内运输道路布置

场内交通运输道路主要包括场内永久道路、主要临时道路及场内非主要临时道路。场内交通规划应考虑的主要因素和要求，场内永久道路和主要、非主要临时道路的要求，场内道路主要技术指标参见《水利水电工程施工组织设计规范》（SL 303—

2017）的相关内容。

5. 临时生活设施布置

施工工地临时生活设施一般包括以下种类：

资源 7－4－3
现场作业棚所需面积参考指标表

（1）行政管理用房屋，主要包括工地办公室、传达室、警卫室、消防站、汽车库以及各类行政管理用仓库、维修间等。

（2）居住生活用房，主要包括单身职工宿舍、家属宿舍、食堂、开水房、招待所、医务室、浴室、理发室、小卖部和公共卫生间等。

（3）文化生活福利用房，主要包括娱乐部、图书馆等。

资源 7－4－4
现场机械停放场所需面积参考指标

现场临时生活设施的设置，可根据工程规模、地理位置、施工周期的不同而具体考虑。施工工地临时生活设施的布置原则如下：

（1）工地临时生活设施应尽量利用原有的准备拆除的房屋以及拟建的永久性房屋。

（2）工地行政管理用房一般设置在工地入口处或中心地区，现场办公室应靠近施工地点布置。

资源 7－4－5
临时生活用房屋设施建筑面积参考指标

（3）居住和文化生活福利用房一般建在生活基地或附近居民区（村庄）内，其中食堂浴室、开水房、医务室等生活用房也可建在工地之内。

临时生活设施所需面积的确定可参见《水利水电工程施工组织设计规范》（SL 303—2017）中的相关内容。

6. 临时供水系统布置

施工工地现场用水主要包括施工用水、生活用水、消防用水等。其用水量计算和水质要求参见《水利水电工程施工组织设计规范》（SL 303—2017）中的相关内容。

7. 临时供电系统布置

施工工地现场用电主要包括各种机械、动力设备用电以及室内外照明用电等。其各用电单位负荷量以及总用电量计算和布置要求详见《水利水电工程施工组织设计规范》（SL 303—2017）中的相关内容。

8. 临时供气系统布置

施工工地临时需要压缩空气要求、布置和计算详见《水利水电工程施工组织设计规范》（SL 303—2017）中的相关内容。

（五）优化调整确定合理方案

在布置了各项临时建筑物和施工设施以后，应对整个施工场地布置进行优化调整，核查临时工程和设施与主体工程之间、各临建工程之间有无矛盾，生产和施工工艺是否合理，能否满足安全、防火、环境卫生方面的要求等，对不协调的地方，进行适当调整。最后选定最优方案，并绘制施工总体布置图。

四、施工总体布置图绘制

1. 确定图幅的大小和绘图比例

图幅大小和绘图比例应根据工地占地面积以及布置的内容多少来确定。图幅一般可选用1号图纸（841mm×594mm）或2号图纸（594mm×420mm），比例一般采用1∶1000或1∶2000。

2. 合理规划和设计图面

施工总体布置图除要反映施工现场的平面布置外，还要反映现场周边的环境与现状（如原有的道路、建筑物等），故要合理地规划和设计图面，要留出一定的图面，绘制指北针、图例、标注和书写说明文字等。

3. 绘制建筑总平面图中的有关内容

将现场测量的方格网、现场原有的并将保留的建筑物、构筑物和运输道路等其他设计，按比例准确地绘制在图面上。

4. 绘制各种临时设施

根据施工平面布置要求和面积计算的结果，将所确定的施工道路、仓库堆场、加工厂、施工机械停放场、拌和站等的位置，水、电管网及动力设施等的布置，按比例准确地绘制在总平面图上。

5. 绘制正式的施工总体布置图

在完成各项布置后，经过分析、比较、优化、调整、修改，形成施工总体布置图草图。然后按规范规定的线型、线条、图例等，对草图进行加工、修饰，标上指北针、图例等，并进行必要的文字说明，形成正式的施工总体布置图。

第五节　施工进度计划

知识要求与能力目标：

(1) 掌握施工进度计划的概念、类型、编制原则及主要内容；

(2) 熟悉施工进度计划的编制步骤与成果表达方法；

(3) 能够应用计算机软件编制施工进度计划。

学习内容：

(1) 施工进度计划的概念与类型；

(2) 各设计阶段施工总进度的任务；

(3) 施工总进度计划的编制原则；

(4) 施工总进度计划的编制内容；

(5) 施工总进度计划的编制步骤与方法；

(6) 施工进度计划的成果表达。

一、施工进度计划的概念与类型

施工进度计划是施工组织设计的重要组成部分，也是对工程建设实施计划管理的重要手段。

施工进度计划是工程项目施工的时间规划，它规定了工程项目施工的起止时间、施工顺序和施工速度，是控制工期的有效工具。

施工进度计划根据编制对象的不同，按内容、范围和管理层次一般分成三种类型，即施工总进度计划、单项工程进度计划和施工措施计划。在施工组织设计中，主要研究前两种进度计划；在施工阶段更侧重于施工措施计划，它是实施性进度计划。

1. 施工总进度计划

施工总进度计划的对象是整个水利水电工程枢纽（即建设项目），它将整个工程划分成单项工程乃至分部分项工程等项目，要求定出整个工程中每个项目的施工顺序和起止日期，以及施工准备和结尾工作项目的施工期限。

2. 单项工程进度计划

单项工程进度计划的对象是枢纽中各主要单项工程，如大坝、水电站等，它将单项工程划分成分部分项工程以至结构部位等更细的项目，并根据总进度中规定的工期，确定这些项目的施工顺序和起止日期，并安排出单项工程施工准备和结尾工作项目的施工期限。

3. 施工措施计划

施工措施计划一般按日历时段（如月、季、年）编制，将处于该时段中的所有工程，包括它们的准备和结束工作，按结构部位以至工种进行分项，定出施工顺序和起止日期。

以下将主要针对施工总进度计划进行详细阐述。

二、各设计阶段施工总进度的任务

施工总进度的任务包括：分析工程所在地区的自然条件、社会经济条件、工程施工特性和可能的施工进度方案，研究确定关键性工程的施工分期和施工程序，协调平衡安排其他工程的施工进度，使整个工程施工前后兼顾、互相衔接、均衡生产、最大限度合理使用资金、劳力、设备、材料，在保证工程质量和施工安全的前提下，按时或提前建成投产、发挥效益、满足国家经济发展的需要。

在不同设计阶段，施工总进度的任务有所不同，分别概述如下：

1. 可行性研究阶段

根据本阶段枢纽建筑物布置及其工程量、可能的导流方式和各单位工程施工条件，采用类比法初步选定施工总工期目标，再根据国内外相应的施工方法达到的施工强度指标，按合理施工程序安排关键工程项目进度，反馈证明原定施工总工期的可行性，经优化平衡，提出施工的合理工期，并提出准备工程和主体工程的施工控制性进度以及相应的施工强度，估计工程主要材料的数量和劳动力。

2. 初步设计阶段

根据国家对工程可行性报告的批复意见，以工程投入运行期限的要求作为工期控制目标，进一步分析研究枢纽主体工程、对外交通、施工导流与截流、场内交通及其他施工临时工程等建筑安装任务及其控制进度的因素，编制工程筹建期、施工准备期、主体工程施工期以及工程完建期四个阶段的施工进度计划，确定各期施工关键项目及控制工期，施工强度和工程形象面貌。尽可能缩短工程筹建期和施工准备期，工程筹建期与工程施工准备期的工程项目内容与任务应安排落实，并注意两者的衔接与协调。

3. 技术设计（招标设计）阶段

在初步设计施工总进度计划的基础上，根据设计的最新成果进一步落实优化，本阶段施工总进度仍应按工程筹建期、施工准备期、主体工程施工期和工程完建期四个阶段进行整体优化，编制网络进度总工期、各单项合同的控制工期和相应的施工天数，提出施工强度曲线、劳动力、主要资源、机械设备需用量曲线和土石方平衡，并根据主要关键控制点编制简明的横道图进度表。

三、施工总进度计划的编制原则

编制施工总进度时，应根据工程条件、工程规模、技术难度，施工组织管理水平和施工机械化程度，合理安排筹建及准备时间与建设工期，并分析论证项目业主对工期提出的要求。水电工程项目实施一般划分为以下阶段：

1. 工程筹建及施工准备期

工程筹建及施工准备期是指为主体工程施工全面开展创造条件所需的必要时间，一般应完成的工作内容如下：

（1）对外交通、施工供电、施工通信、施工区征地移民、招投标等筹建工程项目。

（2）场地平整、场内交通、导流工程、施工工厂及临时建房等准备工程项目。

2. 主体工程施工期

主体工程施工期是指从关键线路上的主体工程项目开始起至第一台（批）机组发电或工程开始受益为止的期限。主要完成永久挡水建筑物、泄水建筑物和引水发电建筑物等土建工程及其金属结构和机电设备安装调试等主体工程施工。

3. 工程完建期

工程完建期是指自第一台（批）机组投入运行或工程开始受益为起点，至工程竣工为止的工期。主要完成后续机组的安装调试、挡水建筑物、泄水建筑物和引水发电建筑物的剩余工作以及导流泄水建筑物的封堵拆除等。

工程建设总工期为主体工程施工期与工程完建期之和。主体工程施工期起点以控制总进度的关键线路上的项目施工起点计算。当控制工期的项目是拦河坝时，考虑到主河床实现截流是工程项目实施的重要里程碑，截流后工程施工全面展开，时间要求紧，需要和洪水做斗争，质量要求也很高，故此类水电工程主体工程施工起点确定为主河床截流。当控制工期的项目为发电厂房系统时，尤其是抽水蓄能电站的地下厂房，地质条件复杂，支护处理量大，工期长，故主体工程起点以厂房主体土建工程施工或地下厂房顶拱开挖为起点。输水系统中长引水工程，尤其是长引水隧洞工程，在关键线路上，以输水系统主体工程施工为起点。有些抽水蓄能电站的上（下）水库工程量大，在进度关键线路上，则以上（下）水库工程施工为起点。

编制施工总进度计划的原则如下：

（1）认真贯彻和执行党的方针政策、国家法令法规，上级主管部门对工程建设的指示和要求，遵守基本建设程序。

（2）重视各项准备工程的施工进度安排，在主体工程开工前，准备工作应基本完成，为主体工程开工创造条件。

（3）比照国内平均先进的施工水平，合理安排工期。

（4）采用合理的施工组织方法，使建设项目的施工保持连续、均衡、有节奏，从而加快施工速度，降低工程成本。

（5）合理安排各工程项目的施工顺序，确保拟建工程在劳动力、物资及资金消耗量最少的情况下，按规定的施工工期完成，并能较早地发挥投资效益。

（6）科学地安排全年各季度的施工任务，尽可能做到按季度均衡分配基本建设投资，力争实现全年施工的均衡性。

（7）对库容大、装机容量大、建设周期长的工程，还应保证满足分批投产运行的要求，以获得工程的最大效益。

四、施工总进度计划的编制内容

（一）编制轮廓性施工进度

在可行性研究阶段初期，一般基本资料不全，但设计方案较多，有些项目尚未进行工作，不可能对主体建筑物的施工分期、施工程序进行详细分析，在这一阶段的施工进度属轮廓性的，称为轮廓性施工进度。

轮廓性施工进度在可行性研究阶段，是编制控制性施工进度的中间成果，其目的是配合拟定可能成立的导流方案，其次也可据此对关键性工程项目进行粗略规划，拟定工程的受益日期和总工期，并为编制控制性进度做好准备。在初步设计阶段，不编制轮廓性施工进度。

编制轮廓性施工进度，可根据初步掌握的基本资料和枢纽布置方案，结合其他专业设计的工作，对关键性工程的分期、施工程序进行粗略研究，参考已建同类工程的施工进度指标，粗估工程受益的日期和总工期。具体方法如下：

（1）配合枢纽设计研究，选定代表性枢纽方案，了解主要建筑物的施工特性，初步选定关键性的工程项目，掌握施工中控制性环节。

（2）对初步掌握的基本资料进行粗略分析，根据对外交通和施工总体布置的规模和难易程度，拟定准备工程的工期。

（3）对以拦河坝为主体建筑物的工程，根据初步拟定的导流方案，对主体建筑物进行施工分期规划，确定截流和主体工程下基坑的施工日期。

（4）根据已建工程的施工进度指标，结合本工程的具体条件，规划关键性工程项目的施工期限，确定工程的受益日期和总工期。

（5）对其他主体建筑物施工进度做粗略的分析，绘制轮廓性施工进度表。

（二）编制控制性施工进度

控制性施工进度，在可行性研究阶段是施工总进度的最终成果；在初步设计阶段是编制施工总进度的重要步骤，并作为中间成果，提供给施工组织设计有关专业，作为设计工作的初步依据。

控制性施工进度与施工导流、施工方法设计等有密切的联系。在编制过程中，应根据工程建设总工期的要求，确定施工分期和施工程序。以拦河坝为主要主体建筑物的工程，应解决好施工导流和主体工程施工方法设计之间在进度安排上的矛盾，协调各主体工程在施工中的衔接关系。因此，控制性施工进度的编制必然是一个反复调整的过程。

编制控制性施工进度，首先要选定关键性工程项目，根据工程特点和施工条件，拟定关键性工程项目的施工程序（以拦河坝为主要主体建筑物的工程，关键性工程项目的施工程序应配合导流方案的选择拟定）。在此基础上初拟控制性施工进度表，然后由施工方法设计等专业进行施工方法设计，论证初拟的施工进度，经过反复修改、调整，最后确定控制性施工进度。

控制性施工进度表应列出控制性施工进度指标的主要工程项目，明确工程的开工、截流日期，反映主体建筑物的施工程序和开工、竣工日期，标明大坝各期上升高程、工程受益日期和总工期，以及主要工种的施工强度。

1. 分析选定关键性工程项目

水利水电工程项目繁多，编制控制性施工进度时应以关键性工程项目为主线，慎重研究其施工分期和施工程序，其他非控制性的工程项目，则可围绕关键性工程项目的工期要求，考虑节约资源和施工强度平衡的原则进行安排，选定关键性工程项目的方法如下：

（1）分析工程所在地区的自然条件。即研究水文、气象、地形、地质等基本资料对工程施工的影响。

（2）分析主体建筑物的施工特性。根据枢纽建筑物图纸，研究大坝坝型、高度、宽度和施工特点，研究地下厂房跨度、高度和可能的出渣通道，引水隧洞的洞径、长度、可能的开挖方式，可否有施工支洞等。

（3）分析主体建筑物的工程量。例如河床水上部分或水下部分，左岸和右岸，上游和下游，以及在某些特征高程以上或以下的工程量。

（4）选定关键性工程。通过以上分析，用施工进度参考指标，粗估各项主体建筑物的控制工期，即可初步选定控制工程受益工期的关键性工程。

随着控制性施工进度编制工作的深入，可能发现新的关键性工程，则控制性施工进度应相应调整。

2. 初拟控制性施工进度表

选定关键性工程之后，首先分析研究关键性工程的施工进度，而后以关键性工程的施工进度为主线，安排其他单项工程的施工进度，拟定初步的控制性施工进度表。

以拦河坝为关键性工程项目时，初拟控制性施工进度的步骤和方法如下：

（1）拟定截流时段。

（2）拟定底孔（导流洞）封堵日期和水库蓄水时间。

（3）拟定大坝施工程序。

（4）拟定坝基开挖及基础处理工期。

（5）确定坝体各期上升高程。

（6）安排地下工程进度。

（7）确定机组安装工期等。

3. 编制控制性进度表

编制控制性进度表，可按以下步骤进行：

（1）以导流工程和拦河坝工程为主体，明确截流日期、不同时期坝体上升高程和封孔（洞）日期、各时段的开挖及混凝土浇筑（或土石料填筑）的月平均强度。

（2）绘制各单项工程的进度，计算施工强度（土石方开挖和混凝土浇筑强度）。

（3）安排土石坝施工进度时，考虑利用有效开挖料上坝的要求，尽可能使建筑物的开挖和大坝填筑进度互相配合，充分利用建筑物开挖的石料直接上坝。

（4）计算和绘制施工强度曲线。

（5）反复调整，使各项进度合理，施工强度曲线平衡。

（三）施工进度方案比较

在可行性研究阶段或初步设计的前期，一般常有几个枢纽布置方案，对于具有代表性的枢纽方案都应编制控制性施工进度表，提出施工进度指标和对枢纽方案的评价意见，作为枢纽布置方案比较的依据之一，同时对一个枢纽方案可能做出几种不同的施工方案，以拦河坝为主要主体建筑物的工程，可能有几种不同的导流方案，可编制出多个相应的施工进度方案，需要对施工进度方案进行比较和优选。

（四）编制施工总进度

在初步设计的后期即选定枢纽总体布置方案之后，对以拦河坝为主要主体建筑物的工程，在导流方案确定之后，编制选定方案的施工总进度表。

在编制施工总进度表时，以控制性施工进度为基础，列入非控制性的工程项目，进一步修改、完善控制性施工进度表，编制各阶段施工形象进度图，绘制劳动力需要量曲线，提出准备工程施工进度表。

施工总进度表是施工总进度的最终成果，它是在控制性进度表的基础上进行编制的，其项目较控制性进度表全面详细，在绘制总进度表的过程中，可以对控制性进度做局部修改。

总进度表应包括准备工程的主要项目，而详细的准备工程进度，则应专门编制准备工程进度表。对于控制发电的主要工程项目，先按已完成的控制性进度表排出，对于非控制性的工程项目，主要根据施工强度和土石方、混凝土平衡的原则安排。

（五）编写施工总进度研究报告

在施工总进度研究报告中，应列出基本资料，阐明总进度的编制依据，各方案主体建筑物的施工条件、施工程序、主要施工方法、方案比较。以拦河坝为主要主体建筑物的工程，阐明导流方案和相应的施工程序、方案比较意见，最后阐明选定方案的施工进度安排及主要技术经济指标。

（六）施工总进度安排应注意的问题

对于以拦河坝为主要主体建筑物的工程，坝体施工进度的安排，首先结合导流设计研究坝体在纵断面上的分段和横断面上的分期，安排一个轮廓进度。其次确定坝体的拦洪高程和达到拦洪高程的日期，确定坝体各期上升高程，根据有效工日定出各时段的施工强度和坝体上升速度，再由施工设计对此强度和上升速度进行分析论证，经过反复比较修正，最后确定坝体的施工进度。

1. 拦洪高程和拦洪日期的确定

（1）拦洪高程。首先根据拦洪时的坝高及相应的库容，按照规范要求确定设计拦洪挡水标准。由导流设计进行水力学计算，初步确定大坝拦洪高程。经施工进度研究后，如果不能达到此高程时，则应加大导流的泄水能力，以降低拦洪高程，或者采取特殊的泄水和保坝措施，以保证大坝拦洪的安全。需要经过反复的方案比较，才能确定一个经济上合理、技术上可行的拦洪高程。

（2）拦洪日期。所谓拦洪日期是指施工进度规定的坝体达到拦洪高程的日期。

拦洪日期的确定是安排土石坝施工进度的一个重要问题，安排过早，则减少了抢修拦洪坝体的工期，人为地制造紧张局面，加大了施工强度和机械设备数量；安排过迟，万一洪水提前到来，将造成坝体漫顶，引起大坝失事，给工程和下游人民生命财产造成重大损失。

2. 拦洪过渡期坝体上升高程的确定

由枯水期末到设计的拦洪日期这一段时间称为拦洪过渡期。过渡期坝体上升高程有两种方法确定。

（1）按水文特性划分时段法。将过渡期按水文特性分为若干时段，计算各时段不同频率的洪水及其相应的坝前水位（库容大时应调洪），坝体上升高度在各时段末应达到下一时段设计洪水位之上。

（2）按月划分时段法。按月计算不同频率的流量及相应水位，从而确定月末的坝体上升高程，确保下月的坝体挡水要求。

3. 施工强度论证

施工强度论证主要用于对施工方案的可行性评价，一般从工程经验角度，需要重点论证以下三个方面：

（1）坝体填筑强度论证。根据填筑机械的配置方案，在确定了月高峰填筑强度以后，应综合考虑物料运输、上坝方式、施工方法、坝面流水作业分区等因素，论证能否达到预定的施工强度。

（2）坝体上升速度论证。根据坝体各期上升高程和该时段的有效工日，按照填筑机械的生产率确定坝体的日平均上升速度。大中型土石坝的上升速度，主要是由塑性心墙或斜墙的上升速度来控制。

（3）控制性节点的施工面貌论证。通过坝体高程和工程量关系查询该高程以下的工程量，在坝体填筑强度和坝体上升速度论证的基础上验证工程的里程碑面貌。

此外，近些年随着计算机仿真技术的发展，按照给定的机械配置方案，在综合考虑天气、运输系统、物料供应能力等多种约束条件的基础上，通过模拟坝体的填筑过程，得出施工强度，已经越来越多成为施工强度论证的重要参考。

五、施工总进度计划的编制步骤与方法

施工总进度计划的主要编制内容一般包括：列出主要工程项目一览表并估算其实物工程量，确定各单项工程的施工期限，以及各单项工程的开工、竣工时间和相互搭接关系，编制施工总进度计划。

水利工程施工总进度计划的编制可按图 7-6 所示的程序进行。

具体编制步骤和方法如下：

1. 收集基本资料

编制总进度计划一般要收集以下基本资料：

（1）上级主管部门对工程建设开竣工投产的指示和要求，有关工程建设的合同或协议。

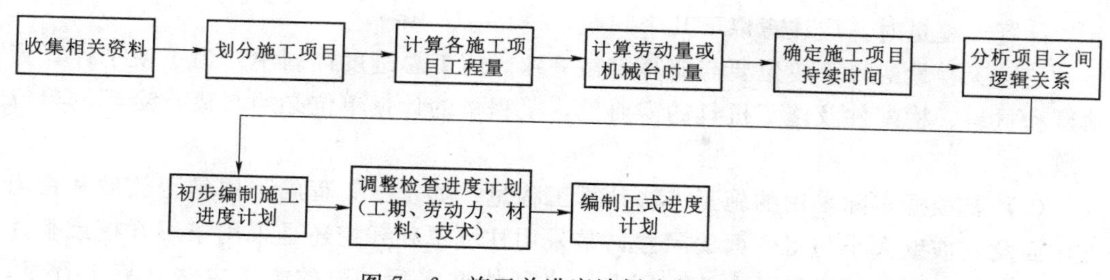

图7-6　施工总进度计划编制程序

（2）工程勘测和技术经济调查的资料，如水文、气象、地形、地质、水文地质和当地建筑材料等，以及工程所在地区和库区的工矿企业、矿产资源，水库淹没和移民安置等资料。

（3）工程规划设计和概预算方面的资料，包括工程规划设计的文件和图纸，主管部门关于投资和定额等资料。

（4）国民经济各部门对施工期间防洪、灌溉、航运、放木、生态、供水等方面的要求。

（5）施工组织设计其他部分对施工进度的限制和要求，如交通运输能力、技术供应条件、施工分期、施工强度限制等。

（6）施工单位施工能力方面的资料等。

2. 工程项目分解

工程项目分解通常的做法是先根据建设项目的特点，参照相关工程项目划分以及概预算编制办法划分成若干个工程项目，然后按施工先后顺序和相互关联密切程度，依次将主要工程项目一一列出，并填入工程项目一览表中。

工程项目划分的粗细程度应与施工进度计划的内容和范围相适应。施工总进度计划主要是起控制总工期的作用，因此工程项目划分不宜过细、过多，应突出主要的工程项目，一些附属的工程项目和小型项目可以合并列项，但要注意防止漏项。

例如，针对一个水电站工程建设项目而言，在施工总进度计划编制中，一般按单项工程列项可以有：准备工作、导流工程、拦河坝工程、溢洪道工程、引水工程、电站厂房工程、升压变电站工程、水库清理工程、结束工作等。

若按分部分项工程列项，以拦河坝工程为例可以有：准备工作、基础开挖、基础处理、河床坝段、岸坡坝段、坝顶工程等。

对于施工措施计划，若按结构部位分项，以混凝土坝为例，可按浇筑部位列项，如坝身、溢流面、挑流坎、闸墩、工作桥、公路桥等。

若按技术工种工程分项，还可按浇筑部位细分为安装模板、架设钢筋、埋设冷却水管、层间处理、混凝土浇筑及养护、模板拆除等。

3. 计算工程量

工程量的计算应根据设计图纸、所选定的施工方法和《水利水电工程工程量计算规定》，按工程性质考虑工程分期和施工顺序等因素，分别按土方、石方、水上、水下、开挖、回填、混凝土等进行计算。

计算工程量时，应注意以下几个问题：

（1）工程量的计算单位要与概算定额一致。施工总进度计划中，为了便于计算劳动量和材料、构配件及施工机具的需要量，工程量的计量单位必须与概算定额的单位一致。

（2）要根据实际采用的施工方法计算工程量。如土方工程施工中是否放坡和留出工作面及其坡度大小与工作面的尺寸，是采用柱坑单独开挖还是采用条形开挖或整片开挖，都直接影响工程量的大小。因此。必须依据实际采取的施工方法计算工程量，以便与施工的实际情况相符合，使施工进度计划真正起到指导施工的作用。

（3）要依据施工组织的要求计算工程量。有时为了分期、分段组织施工的需要，要计算不同高程（如对拦河坝）、不同桩号（如对渠道）的工程量，并做出累积曲线。

4. 计算施工延续时间

（1）定额计算法。根据计算的工程量，采用相应的定额资料，可以按式（7－3）计算或估算各项目的施工延续时间 t。

$$t=\frac{V}{kmnN} \tag{7-3}$$

式中：V 为项目的工程量，m^3、m^2、m、t 等；m 为日工作班数，实行一班制时 m 等于 1；n 为每班工作的人数或机械设备台数；N 为人工或机械台班产量定额；k 为考虑不确定因素而计入的系数，$k<1$。

定额资料的选用，视工作深度而定，并与工程列项相一致。一般而言，对总进度计划可用概算定额或扩大指标，对单项工程进度计划可用预算定额，对施工措施计划可用施工定额或生产定额。

（2）三值估计法。有时为了便于对施工进度进行分析比较和调整，需要定出施工延续时间可能变动的幅度，常用三值估计法进行估计即

$$t=\frac{t_a+4t_m+t_b}{6} \tag{7-4}$$

式中：t_a 为最乐观的估计时间，即最紧凑的估计时间，或项目的紧缩工期；t_m 为最可能的估计时间；t_b 为最悲观的估计时间，即最松动的估算时间。

根据概率理论，还可以估计各项目完工时间的标准差 σ_t。

$$\sigma_t=\frac{t_b-t_a}{6} \tag{7-5}$$

于是整个工程完工的总工期 T 为

$$T=\sum_i t_i \tag{7-6}$$

式中：i 为关键项目序号；t_i 为关键项目的延续时间。

总工期 T 的标准差为

$$\sigma_T=\sqrt{\sum_i \sigma_{ti}^2} \tag{7-7}$$

式中：σ_{ti} 为关键项目延续时间的标准差。

（3）工期推算法。目前，水利工程施工广泛采用招投标制，并在中标后签订施工

承包合同，一般已在施工承包合同中规定了工程的施工工期。因此，安排施工进度计划必须以合同规定工期为主要依据，由此安排施工进度计划，称为工期推算法（又称倒排计划法）。

根据拟定的各项目的施工持续时间及流水施工法的施工组织情况，施工单位制定出的完成该工程施工任务的计划工期应小于合同工期。

5. 分析确定项目之间的逻辑关系

项目之间的依从关系，通常又称逻辑关系，决定于施工组织、施工技术等许多因素，概括说来可分为两类。

(1) 工艺关系，即由施工工艺决定的逻辑顺序关系。如先土建，后安装，再调试；先地下，后地上；先基础，后上部；先开挖，后衬砌以及混凝土浇筑中的安装模板、架立钢筋、浇筑混凝土、养护和拆模；土方填筑中的铺土、平土、洒水、压实、刨毛等顺序，它们在施工工艺上都有必须遵循的逻辑顺序，违反这种顺序，一般是不允许的，否则，将付出额外的代价，造成不必要的损失。

(2) 组织关系，即由施工组织安排决定的衔接关系。如由导流方案所形成的导流程序，决定了各控制环节所控制的工程项目，从而也就决定了这些项目的衔接顺序。例如，采用一次拦断隧洞导流的导流方案，就截流这个控制环节来说，通常要求在截流以前完成隧洞施工、围堰进占、库区清理、截流备料等工作，由此形成了相应的衔接关系。又如由于劳动力的调配、施工机械的转移、建筑材料的供应和分配、机电设备进场等原因，安排一些项目在先，另一些项目滞后，均属组织关系所决定的顺序关系。

由组织关系所决定的衔接顺序，一般是可以改变的，只要改变相应的组织安排，有关项目的衔接顺序就会有相应的变化。

项目之间的逻辑关系是科学安排施工进度的基础，应逐项研究，仔细确定。

某截流工程项目的逻辑关系见表 7-1。

表 7-1　　某截流工程项目的逻辑关系表

序号	工作项目	代号	工程量	施工延续时间/d	紧后工作
1	施工道路Ⅰ	A_1		25	A_2、B、C_1
2	施工道路Ⅱ	A_2		50	D
3	临时房屋	B		25	D、F
4	辅助企业Ⅰ	C_1		50	C_2、D
5	辅助企业Ⅱ	C_2		50	E、G
6	隧洞开挖	D		110	E
7	隧洞衬砌	E		125	H
8	水库清理	F		175	H
9	截流备料	G		175	H
10	围堰预进占	H		75	I
11	截流	I		10	

6. 初拟施工进度

通过项目之间逻辑关系的分析，掌握了工程进度的特点，厘清了工程进度的脉络，就可以初步拟出一个施工进度方案。

对于堤坝式水电枢纽工程的施工总进度计划，其关键项目一般位于河床，故常以导流程序为主要线索，先将施工导流、围堰截流、基坑排水、坝基开挖、基础处理、施工度汛、坝体拦洪、下闸蓄水、机组安装和引水发电等关键性控制进度安排好，其中应包括相应的准备、结束工作和配套辅助工程的进度。这样，构成了总的轮廓进度，然后再配合安排不受水文条件控制的其他工程项目，形成整个枢纽工程施工总进度计划草案。

对于引水式水电工程，有时引水建筑物的施工期限会成为控制总进度的关键，则应按此特点进行安排。

7. 优化、调整和修改

初拟施工进度以后，要配合施工组织设计其他部分的分析，对一些控制环节、关键项目的施工强度、资源需用量、投资过程等重大问题，进行分析计算，优化论证，以期对初拟的进度进行修改和调整，使之更加完善合理。

施工进度的优化调整不可能一次达到目的，往往需要反复进行。

8. 施工进度计划成果

经过优化调整修改之后的施工进度计划，可以作为设计成果，整理以后提交审核。

六、施工进度计划的成果表达

施工进度计划的成果，可根据情况采用横道图、网络图、工程进度曲线和工程形象进度图等一些形式进行表达。

（一）横道图

施工进度横道图是应用范围最广、应用时间最长的进度计划表现形式，图表上标有工程主要项目的工程量、施工时段和施工工期。

资源 7-5-1 某水库工程施工总进度横道图

施工进度计划横道图的最大优点是直观、简便、方便、适应性强，且易于被人们所掌握和贯彻；缺点是难以表达各分项工程之间的逻辑关系，不能表示、反映进度安排的工期、投资或资源等参数的相互制约关系，进度的调整修改工作复杂、优化困难。

不论工程项目和施工内容多么错综复杂，总可以用横道图逐一表示出来，因此尽管进度计划的编制技术和表达形式已不断改进，但横道图进度计划目前仍作为一种常见的进度计划表示形式而被继续沿用。

（二）网络图

施工进度网络图是20世纪50年代开始在横道图进度计划基础上发展起来的，它是系统工程在编制施工进度中的应用。用网络图表达进度计划具有以下优点：

（1）能够明确表达各项工作之间的逻辑关系。

（2）通过时间参数的计算，可以找出关键线路和关键工作。

（3）通过计算，可以明确各项工作的机动时间。

（4）可以利用电子计算机进行计算、优化和调整。

网络图表达方式的缺点是不如横道图那样直观明了。

应用网络图表达施工进度计划请参见《工程网络计划技术规程》(JGJ/T 121—2015)。

1. 网络图的分类

施工进度网络图是用节点和箭线的连接来表示各项工作的施工顺序及其彼此间的相互逻辑关系，以形成表示一项工程或任务的工作流程图，可分为双代号网络图和单代号网络图。

以箭线及其两端的两个节点来表示工作的网络图，称为双代号网络图。在此基础上，目前还进一步结合施工进度计划横道图的直观易懂优点，新发展形成双代号时标网络计划（简称时标网络计划），它是以时间坐标为尺度编制的网络计划。

每一项工作由一个节点来表示，箭头仅表示工作间逻辑关系的网络图，称为单代号网络图。

2. 网络图的相关概念

(1) 工作。工作是指计划任务按需要粗细程度划分而成的一个子项目或子任务。根据计划编制的粗细不同，工作既可以是一个单项工程，也可以是一个分项工程乃至一个工序。

在实际工程中，工作一般有两类：一类是既需要消耗时间又需要消耗资源的工作（如开挖、混凝土浇筑等）；另一类是仅需要消耗时间，而不需要消耗资源的工作（如混凝土硬化、抹灰干燥等技术间歇）。

在双代号网络图中，除上述两种工作外，还有一种既不需要消耗时间也不需要消耗资源的工作称为虚工作（或称虚拟项目）。虚工作在实际工程中是不存在的，在双代号网络图中引入使用，主要是为了准确而清楚地表达各工作间的相互逻辑关系，虚工作一般采用虚箭头来表示，其持续时间为零。

(2) 节点。网络图中箭线端部的圆圈或其他形状的封闭图形称为节点。在双代号网络图中，它表示工作之间的逻辑关系；在单代号网络图中，它表示一项工作。

1) 双代号网络图中的节点。通常采用两个节点及节点间的箭线一起表示一项工作。此时的节点表示一项工作开始或结束的瞬间。箭线出发的节点称为工作的开始节点，箭头指向的节点称为工作的结束节点。

双代号网络图中，节点的重要特性是在于它的瞬时性，即它只表示工作开始或结束的瞬间，本身不占用时间。一个节点的实现时刻，就是以该节点为结束节点的所有工作结束的时刻，也是以该节点为开始节点的所有工作可以开始的时刻。

2) 单代号网络图中的节点。用来表示工作，即一个节点表示一项工作，箭线仅表示工作之间的逻辑关系。

无论在双代号网络图中，还是在单代号网络图中，对一个节点来说，可能有很多箭线指向该节点，这些箭线就称为内向箭线（或称内向工作），同样也可能有很多箭线由同一个节点出发，这些箭线就称为外向箭线（或称外向工作）。网络图中的第一个节点称为起点节点（或称源节点），它意味着一个工程项目的开工，起点节点只有外向工作，没有内向工作；网络图中最后一个节点称为终点节点，它意味着一个工程项目的完工，终点节点只有内向工作，没有外向工作。

（3）网络逻辑。一个工程项目往往包括很多工作，工作间的逻辑关系比较复杂，可采用紧前工作与紧后工作把这种逻辑关系简单、准确地表达出来，以便网络图的绘制和时间参数的计算。就前面所述的某截流专项工程而言，列举说明如下：

1）紧前工作。紧排在本工作之前的工作称为本工作的紧前工作。对工作 E（隧洞衬砌）来说，只有工作 D（隧洞开挖）结束后才能开始，且工作 D、E 之间没有其他工作，则工作 D 称为工作 E 的紧前工作。

2）紧后工作。紧排在本工作之后的工作称为本工作的紧后工作。紧后工作与紧前工作是一对相对应的概念，如上所述，D 是 E 的紧前工作，则 E 就是 D 的紧后工作。

（4）线路。网络图中从起点节点开始，沿箭线方向顺序通过一系列箭线和节点，最后达到终点节点的每一条通路称为一条线路。一条线路上的各项工作所持续时间的累加之和，称为该线路的长度，其表示完成该线路上的所有工作需花费的时间。

3. 网络图的绘制规则

（1）双代号网络图的绘图规则。绘制双代号网络图的最基本规则是明确地表达出工作的内容，准确地表达出工作之间的逻辑关系，并且使所绘出的图易于识读和操作，具体绘制时应注意以下几方面的问题：

1）一项工作应只有唯一的一条箭线和相应的一对节点编号，箭尾的节点编号应小于箭头的节点编号。

2）双代号网络图中应只有一个起点节点，一个终点节点。

3）在网络图中严禁出现循环回路。

4）双代号网络图中严禁出现没有箭头节点或没有箭尾节点的箭线。

5）节点编号严禁重复。

6）绘制网络图时，宜避免箭线交叉。

7）对平行搭接进行的工作，在双代号网络图中，应分段表达。

8）网络图应条理清楚，布局合理。

9）分段绘制。对于一些大的建设项目，由于工序多、施工周期长，网络图可能很大，为绘图方便，可将网络图划分成几个部分，分别绘制。

（2）单代号网络图的绘图规则。同双代号网络图的绘制一样，绘制单代号网络图也必须遵循一定的绘图规则。当违背了这些规则时，就可能出现逻辑关系混乱，无法判别各工作之间的直接后续关系，无法进行网络图的时间参数计算，这些基本规则主要是：

1）有时需在网络图的开始和结束增加虚拟的起点节点和终点节点，这是为了保证单代号网络计划有一个起点和一个终点，这也是单代号网络图所特有的。

2）网络图中不允许出现循环回路。

3）网络图中不允许出现有重复编号的工作，一个编号只能代表一项工作。

4）在网络图中，除起点节点和终点节点外，不允许出现其他没有内向箭线的工作节点和没有外向箭线的工作节点。

5）为了计算方便，网络图的编号应是后继节点编号大于前导节点编号。

根据表 7-1 所列截流工程的工作划分和工作间的逻辑关系，分别绘制双代号网络图和单代号网络图，如图 7－7 和图 7－8 所示。

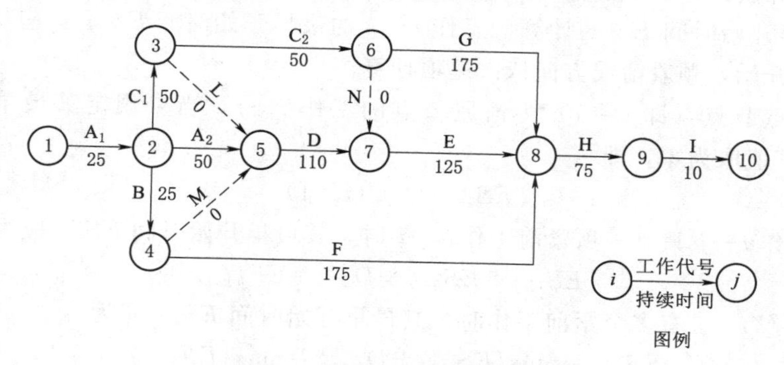

图 7－7 某截流工程双代号网络图

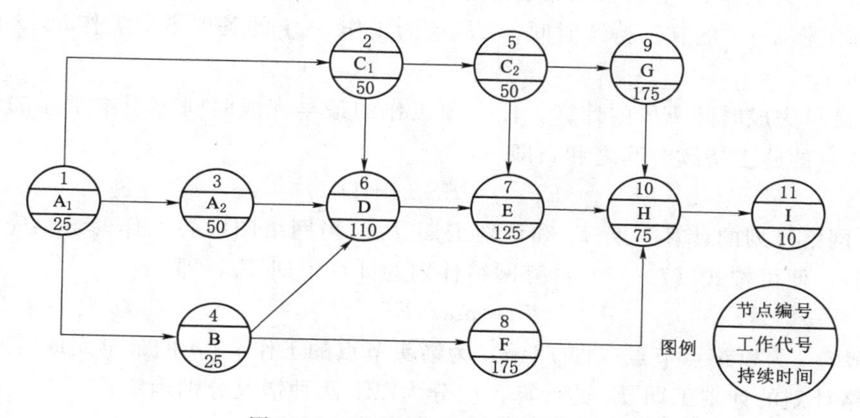

图 7－8 某截流工程单代号网络图

4. 网络图的时间参数及计算

（1）网络图的时间参数。

1）最早开始时间 ES。各紧前工作全部完成后，本工作有可能开始的最早时刻称为最早开始时间。

2）最早完成时间 EF。各紧前工作全部完成后，本工作有可能完成的最早时刻称为最早完成时间。

3）最迟完成时间 LF。在不影响整个任务按期完成（即不致延误计划工期 T_p）的前提下，工作必须完成的最迟时刻称为最迟完成时间。

4）最迟开始时间 LS。在不影响整个任务按期完成（即不致延误计划工期 T_p）的前提下，工作必须开始的最迟时刻称为最迟开始时间。

5）工作总时差 TF。在不影响总工期的前提下，本工作可以利用的机动时间称为工作总时差。

6）自由时差 FF。在不影响其紧后工作最早开始时间的前提下，本工作可以利用的机动时间称为自由时差。

（2）双代号网络图时间参数的计算。双代号网络图时间参数的计算方法有两种，即按工作计算法计算和按节点计算法计算。在此仅对按工作计算法计算进行介绍。

1）最早开始时间 ES 的计算。工作 $i-j$ 的最早开始时间 ES_{i-j}，应从网络计划的起点节点开始，顺着箭线方向依次逐项计算。

①以起点节点（即 $i=1$）为箭尾节点的工作 $i—j$，当未规定其最早开始时间 ES_{i-j}时，其值取为零，即

$$ES_{i-j}=0 \quad (i=1) \tag{7-8}$$

②当工作 $i—j$ 只有一项紧前工作 $h—i$ 时，其最早开始时间 ES_{i-j}应为

$$ES_{i-j}=ES_{h-i}+D_{h-i}=EF_{h-i} \tag{7-9}$$

③当工作 $i—j$ 有多个紧前工作时，其最早开始时间 ES_{i-j}应为

$$ES_{i-j}=\max\{ES_{h-i}+D_{h-i}\}=\max\{EF_{h-i}\} \tag{7-10}$$

式中：ES_{h-i}为工作 $i—j$ 的各项紧前工作 $h—i$ 的最早开始时间；D_{h-i}为工作 $i—j$ 的各项紧前工作 $h—i$ 的施工持续时间；EF_{h-i}为工作 $i—j$ 的各项紧前工作 $h—i$ 的最早完成时间。

2）最早完成时间 EF 的计算。任一项工作的最早完成时间等于本工作的最早开始时间与它的施工持续时间之和，即

$$EF_{i-j}=ES_{i-j}+D_{i-j} \tag{7-11}$$

3）网络计划的计算工期 T_c 和计划工期 T_p。当网络图中各工作的最早完成时间计算完后，便可按式（7-12）计算网络计划的计算工期 T_c，即

$$T_c=\max\{EF_{i-n}\} \tag{7-12}$$

式中：EF_{i-n}为以终点节点（即 $j=n$）为箭头节点的工作 $i—n$ 的最早完成时间。

网络计划的计划工期 T_p 的计算，应分为以下两种情况分别确定：

①当已规定了要求工期 T_r（即合同工期）时，有

$$T_p \leqslant T_r \tag{7-13}$$

②当未规定要求工期时，有

$$T_p=T_c \tag{7-14}$$

4）最迟完成时间 LF 的计算。工作 $i—j$ 的最迟完成时间 LF_{i-j}应从网络计划的终点节点开始，逆着箭线方向依次逐项计算。

①以终点节点（即 $j=n$）为箭头节点的工作 $i—n$ 的最迟完成时间 LF_{i-n}应按网络计划的计划工期确定，即

$$LF_{i-n}=T_p \tag{7-15}$$

②其他工作 $i—j$ 的最迟完成时间 LF_{i-j}则按下式计算

$$LF_{i-j}=\min\{LF_{j-k}-D_{j-k}\}=\min\{LS_{j-k}\} \tag{7-16}$$

式中：LF_{j-k}为工作 $i—j$ 的各项紧后工作 $j—k$ 的最迟完成时间；D_{j-k}为工作 $i—j$ 的各项紧后工作 $j—k$ 的施工持续时间；LS_{j-k}为工作 $i—j$ 的各项紧后工作 $j—k$ 的最迟开始时间。

5）最迟开始时间 LS 的计算。任一项工作的最迟开始时间等于它的最迟完成时间与它的施工持续时间之差，即

$$LS_{i-j}=LF_{i-j}-D_{i-j} \tag{7-17}$$

6）工作总时差 TF 的计算。任一项工作的总时差等于本工作的最迟开始时间与它的最早开始时间之差，或等于本工作的最迟完成时间与它的最早完成时间之差。计算公式为

$$TF_{i-j}=LS_{i-j}-ES_{i-j}=LF_{i-j}-EF_{i-j} \tag{7-18}$$

7）自由时差 FF 的计算。自由时差的计算，应从网络图的终点节点起，逆着箭线方向依次逐项计算。

①以终点节点（即 $j=n$）为箭头节点的工作 $i—n$，其自由时差 FF_{i-n} 应按网络计划的计划工期 T_p 确定，即

$$FF_{i-n}=T_p-EF_{i-n} \tag{7-19}$$

②当工作 $i—j$ 有紧后工作 $j—k$ 时，其自由时差应按式（7-20）计算，即

$$FF_{i-j}=\min\{ES_{j-k}\}-EF_{i-j} \tag{7-20}$$

式中：ES_{j-k} 为工作 $i—j$ 的各项紧后工作 $j—k$ 的最早开始时间。

对图 7-7 所示的某截流工程双代号网络图的时间参数的计算结果如图 7-9 所示。

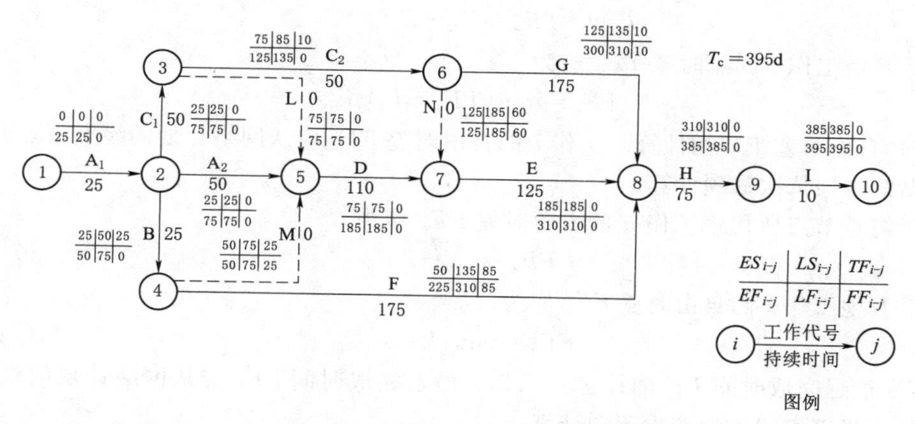

图 7-9 某截流工程施工进度双代号网络图时间参数计算结果

（3）单代号网络图时间参数的计算。

1）最早开始时间 ES 的计算。工作 i 的最早开始时间 ES_i，应从网络图的起点节点开始，顺着箭线方向依次逐项计算。

①当起点节点（即 $i=1$）的最早开始时间无规定时，其值应取为 0，即

$$ES_i=0 \quad (i=1) \tag{7-21}$$

②其他工作的最早开始时间 ES_i 应按式（7-22）计算，即

$$ES_i=\max\{ES_h+D_h\}=\max\{EF_h\} \tag{7-22}$$

式中：EF_h 为工作 i 的各项紧前工作 h 的最早完成时间；ES_h 为工作 i 的各项紧前工作 h 的最早开始时间；D_h 为工作 i 的各项紧前工作 h 的施工持续时间。

2）最早完成时间 EF 的计算。工作 i 的最早完成时间 EF_i 应按式（7-23）计算，即

$$EF_i=ES_i+D_i \tag{7-23}$$

3）网络计划的计算工期 T_c 和计划工期 T_p。网络计划计算工期 T_c 应按式（7－24）计算，即

$$T_c = EF_n \tag{7-24}$$

式中：EF_n 为终点节点 n 的最早完成时间。

单代号网络图计划工期 T_p 的计算，与前面所述双代号网络图的方法相同。

4）时间间隔 LAG 的计算。相邻两项工作 i 和 j 之间的时间间隔 $LAG_{i,j}$，按以下规定进行计算：

①当终点节点 n 为虚拟节点时，其时间间隔应为

$$LAG_{i,n} = T_p - EF_i \tag{7-25}$$

②其他节点之间的时间间隔应为

$$LAG_{i,j} = ES_j - EF_i \tag{7-26}$$

5）总时差 TF 的计算。工作 i 的总时差 TF_i 应从网络计划的终点节点开始，逆着箭线方向依次逐项进行计算。

①终点节点所代表的工作 n 的总时差 TF_n 应为

$$TF_n = T_p - EF_n \tag{7-27}$$

②其他工作 i 的总时差 TF_i 应为

$$TF_i = \min\{TF_j + LAG_{i,j}\} \tag{7-28}$$

6）自由时差 FF 的计算。工作 i 的自由时差 FF_i 应从网络计划的终点节点开始，逆着箭线方向依次逐项计算。

①终点节点所代表工作 n 的自由时差 FF_n 应为

$$FF_n = T_p - EF_n \tag{7-29}$$

②其他工作 i 的自由时差 FF_i 应为

$$FF_i = \min\{LAG_{i,j}\} \tag{7-30}$$

7）最迟完成时间 LF 的计算。工作 i 最迟完成时间 LF_i 应从网络计划的终点节点开始，逆着箭线方向依次逐项计算。

①终点节点所代表的工作 n 最迟完成时间 LF_n，应按网络计划的计划工期 T_p 确定，即

$$LF_n = T_p \tag{7-31}$$

②其他工作 i 的最迟完成时间 LF_i 应为

$$LF_i = EF_i + TF_i = \min\{LS_j\} \tag{7-32}$$

式中：LS_j 为工作 i 的各项紧后工作 j 的最迟开始时间。

8）最迟开始时间 LS 的计算。工作 i 的最迟开始时间 LS_i 可按式（7－33）计算，即

$$LS_i = ES_i + TF_i = LF_i - D_i \tag{7-33}$$

对图 7－8 所示的某截流工程单代号网络图，其时间参数的计算结果如图 7－10 所示。

5. 网络图中关键工作和关键线路的确定

凡是总时差和自由时差均等于 0 的工作，说明毫无机动能力，称为关键工作，这

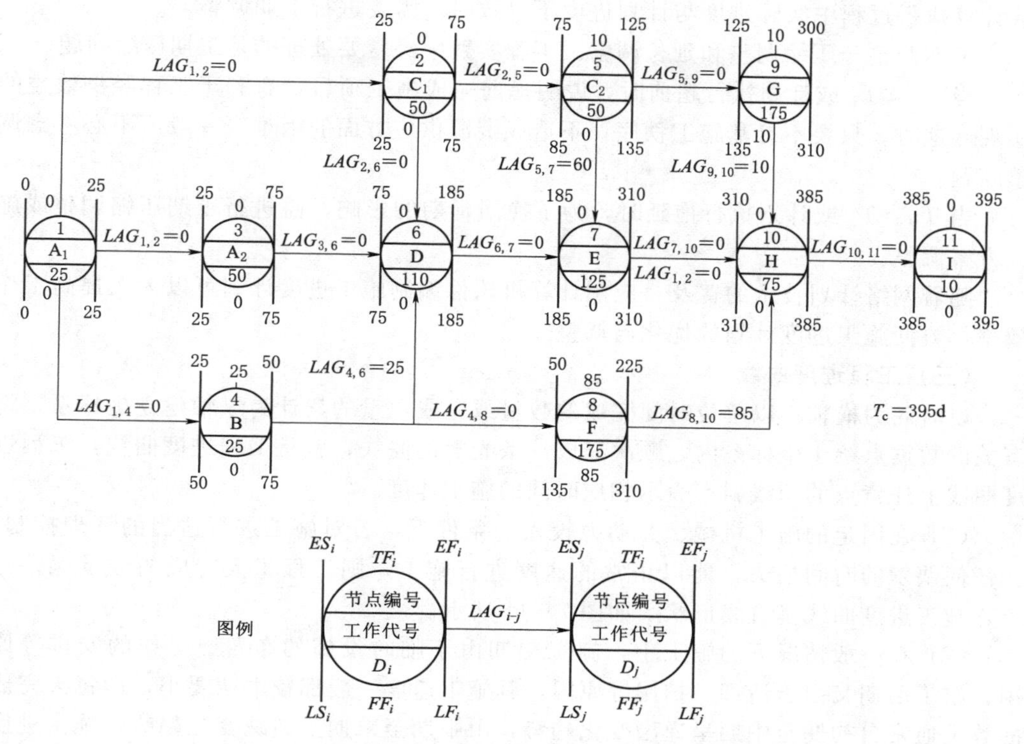

图 7-10　某截流工程单代号网络图时间参数计算结果

些工作如果拖延时间，势必影响总工期和紧后工作的开工。

总时差不等于 0 的工作，称为非关键工作，其施工持续时间可在时差范围内调整。其中，总时差不等于 0 且自由时差也不等于 0 的工作，其施工持续时间若在自由时差范围内调整，则既不影响总工期，也不影响紧后工作的开工；总时差不等于 0 而自由时差等于 0 的工作，其施工持续时间若在总时差范围内进行调整，这虽然不会影响总工期，但会影响紧后工作的开工。

将关键工作按箭线顺序连接起来，所形成的从网络起点到终点的贯通线路（即网络中最长的线路），称为关键线路。关键线路的总持续时间等于总工期，故关键线路又称紧急线路，在网络图中，通常采用双箭线、粗箭线或彩色箭线表示，以突出其重要性。

6. 施工进度计划的调整

施工进度计划的优化调整，应在时间参数计算的基础上进行，其目的在于使工期、资源（人力、物力、器材、设备等）和资金取得一定程度的协调和平衡。

（1）资源冲突的调整。所谓资源冲突，是指在计划时段内，某些资源的需用量过大，超出了可能供应的限度。为了解决这类矛盾，可以增加资源的供应量，但往往要花费额外的开支；也可以调整导致资源冲突的某些项目的施工时间，使冲突缓解，但这可能会引起总工期的延长。如何取舍，要权衡得失而定。

（2）工期压缩的调整。当网络计划的计算总工期 T_p 与限定的总工期 T_r 不符，或计算执行过程中实际进度与计划进度不一致时，需要进行工期调整。

工期调整分压缩调整和延长调整。工程实践中经常要处理的是工期压缩问题。

当 $T_p < T_r$ 或计划执行超前时，说明提前完成施工项目，有利于工程经济效益的实现。这时，只要不打乱施工秩序，不造成资源供应方面的困难，一般可不必考虑调整问题。

资源 7-5-2 应用计算机软件编制的施工进度计划

当 $T_p > T_r$ 或计划执行拖延时，为了挽回延期的影响，需进行工期压缩调整或施工方案调整。

随着网络计划技术的普及，应用计算机软件编制施工进度计划可以大大提高工作效率，方便施工进度计划的优化与调整。

（三）工程进度曲线

以时间为横轴、以单位时间完成的数量或完成数量的累计为纵轴建立坐标系，将有关的数据点绘于坐标系内，顺次完成一条光滑的曲线，就是工程进度曲线，工程进度曲线上任意点的切线斜率表示相应时间的施工速度。

（1）在固定的施工机械、劳动力投入的条件下，若对施工进行适当的管理控制，无任何偶发的时间损失，能以正常的速度进行施工，则工程每天完成的数量保持一定，施工进度曲线呈直线形状，如图 7-11 所示。

（2）在一般情况下的施工中，施工初期由于临时设施的布置、工作的安排等原因，施工后期又由于清理、扫尾等原因，其施工速度一般都较中期要小，即每天完成的数量通常自初期至中期呈递增变化趋势，由中期至末期呈递减变化趋势，施工进度曲线近似呈 S 形，其拐点对应的时间表示每天完成数量的高峰期，如图 7-12 所示。

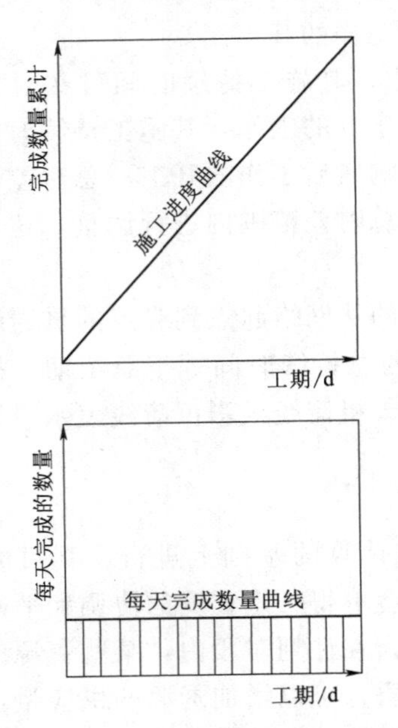

图 7-11　每天完成数量一定时的施工进度曲线

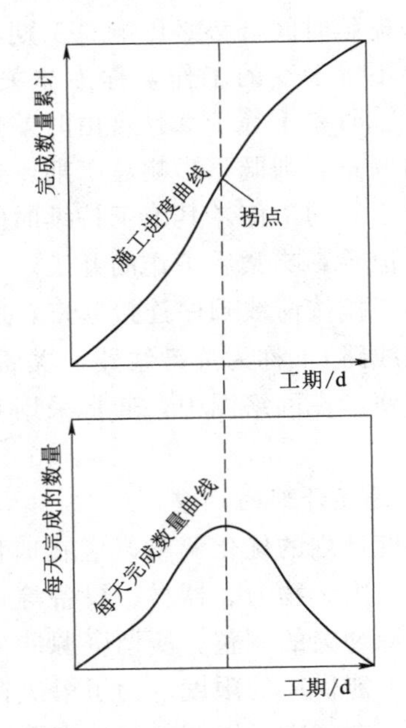

图 7-12　每天完成数量随进度而改变的施工进度曲线

（四）工程形象进度图

工程形象进度是把工程进度计划以建筑物的形象升程来表达的一种方法。这种方法直接将工程项目的进度目标和控制工期标注在工程形象图的相应部位，直观明了，特别适合在施工阶段使用。此法修改调整进度计划也极为方便，只需修改相应项目的日期、升程，而形象进度图不用更换。

资源 7-5-3 工程形象进度图示例

思 考 题

7-1　什么是施工组织设计？为何要编写施工组织设计？

7-2　施工组织设计的主要内容有哪些？其各组成部分之间的关系如何？

7-3　施工总体布置的主要内容有哪些？

7-4　施工总体布置应遵循哪些原则？

7-5　应如何进行施工总体布置的设计？

7-6　什么是施工进度计划？有哪些类型？

7-7　施工进度计划有哪些表达方式？如何实现？

7-8　水利水电枢纽工程施工总进度有哪些主要控制环节？它们在进度安排时各起什么作用？

7-9　施工进度计划优化调整的方法和途径有哪些？

第八章

施工管理

第一节　概　　述

知识要求与能力目标：

(1) 明确施工管理的概念；

(2) 熟悉施工管理的内容。

学习内容：

(1) 施工管理的概念；

(2) 施工管理的内容。

一、施工管理的概念

施工管理是以工程施工为对象的系统管理方法，其通过一个临时固定的专业柔性组织，对工程施工进行有针对性、高效率的规划、设计、组织、指导、控制和落实，以实现对工程施工全过程的动态管理目标的综合协调与优化。施工管理对于提高施工质量、保证施工安全、缩短建设工期、降低工程造价至关重要。

施工管理工作涉及施工、技术、法律、经济等活动。其管理活动是从制定计划开始，通过计划的制定，进行协调与优化，确定管理目标；然后在实施过程中按计划目标进行指挥、协调与控制；根据实施过程中反馈的信息调整原来的控制目标；通过施工项目的计划、组织、协调与控制，实现施工管理的目标。

资源 8-1-1
施工目标管理

二、施工管理的内容

施工管理根据工程类型、使用功能、地理位置和技术难度等的不同，其组织管理的程序和内容有较大的差异。一般来说，建筑物工程在技术上比单纯的土石方工程复杂，涉及的工程项目多，工程量大，建筑材料、施工设备和人员较多，不确定性因素多，尤其是一些大型水电站，其组织管理的复杂程度和技术难度远高于土石方工程；同一类型的工程因规模大小、地理位置和设计功能的差别，在组织管理上虽有类同，但因质量标准、施工季节、作业难度、地理环境等不同也存在很大的差别。因此，针对不同的施工项目制定不同的组织管理方式和施工计划是项目建设的关键，必须采用科学的施工管理方法，提高施工效率。

资源 8-1-2
施工安全管理

施工管理作为管理科学的重要分支，随着现代管理科学的发展也在不断发展变化。受篇幅所限，本章将重点介绍施工进度管理、施工成本管理与施工质量管理，施工目标管理、施工安全管理、施工招投标与合同管理请参见数字资源。

资源 8-1-3
施工招投标与
合同管理

第二节　施工进度管理

知识要求与能力目标：

（1）了解施工进度控制的概念；

（2）掌握施工进度的控制方法；

（3）熟悉施工进度计划实施中的调整方法。

学习内容：

（1）施工进度控制的概念；

（2）施工进度控制的方法；

（3）施工进度计划的调整方法。

一、施工进度控制的概念

施工进度控制是指在既定的工期内，编制出最优的施工进度计划，在执行该计划的施工中，按时检查施工实际进度情况，并将其与计划进度相比较，若出现偏差，就分析产生的原因及对工期的影响程度，提出必要的调整措施，修改原计划，如此不断地循环修正，直至工程竣工验收。施工进度控制是影响工程项目建设目标实现的关键因素之一。施工进度控制是保证施工项目按期完成、合理安排资源供应、节约工程成本的重要措施。施工进度控制最终目的是确保进度计划目标的实现，实现施工合同约定的竣工日期，其总目标是建设工期。

二、施工进度控制的方法

将实际进度数据与计划进度数据进行比较，可以确定建设工程实际执行情况与计划目标的差距，是工程项目进度控制的主要环节。常用的控制方法有横道图控制法、S形曲线控制法、香蕉形曲线比较法、前锋线法和列表法等。

1. 横道图控制法

在项目实施过程中，收集检查实际进度的信息，经整理后直接用横道线表示，并直接与原计划的横道线进行比较。在横道图中，完成任务量可以用实物工程量、劳动消耗量和工作量等不同方式表示，如图8－1所示。

横道图法具有记录简单、形象直观、使用方便等优点，被广泛用于简单的进度控制工作中。但对各工作的逻辑关系表达不明确，无法判定出关键工作或某一项工作的机动时间，因而如果一项工作发生拖延，难以判定是否影响总工期或后续工作。

2. S形曲线控制法

S形曲线控制法是以横坐标表示时间、纵坐标表示累计完成工作量，绘制一条按计划时间累计完成任务量的曲线图，然后将工程项目实施过程中各检查时刻的实际累计完成任务量的曲线也绘制在坐标系中，将实际进度曲线与计划进度曲线相比较的方法。

从整个工程项目的全过程而言，开始和扫尾阶段投入的资源量较少，完成工作量较少；而工程建设的高峰期，投入的机械设备、人力及工作面相对多一些，单位时间完成的工程量就多；图形上反映出单位时间完成的任务量呈两端少、中间多的情形，

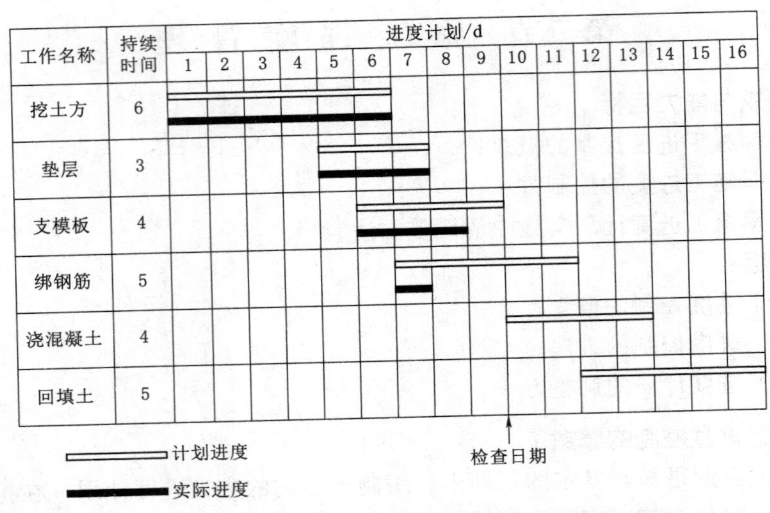

图 8-1　某工程实际进度与计划进度横道图比较示例

其累计完成工作量相应呈 S 形曲线的变化。

通过比较实际进度 S 形曲线和计划 S 形曲线，可得工程进展情况。

如果检查时刻的工程实际进展点落在计划 S 形曲线的左侧，说明实际进度比计划进度超前，如图 8-2 中的 a 点所示；如果检查时刻的工程实际进展点落在计划 S 形曲线的右侧，说明实际进度比计划进度拖延，如图 8-2 中的 b 点所示。

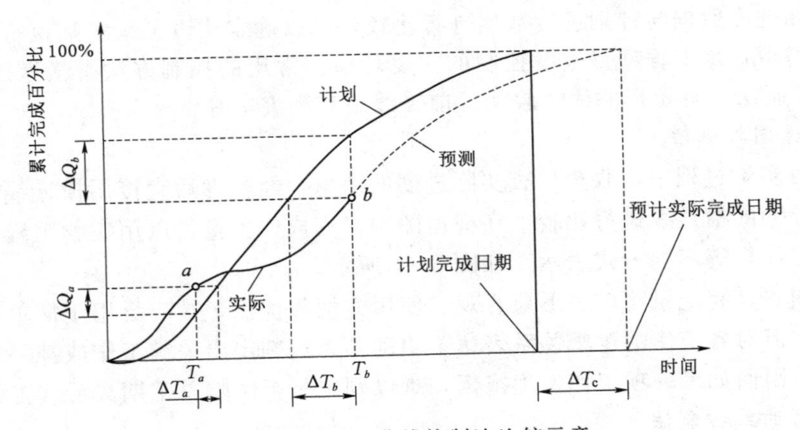

图 8-2　S 形曲线控制法比较示意

通过对实际 S 形曲线和计划 S 形曲线的比较，可以得出超前（延后）的时间及相应的任务量。如检查时间点 a，超前的时间为 ΔT_a，超前的任务量为 ΔQ_a；检查时间点 b，拖延的时间为 ΔT_b，拖延的任务量为 ΔQ_b。

通过实际完成工程情况，按照后期工程原计划的速度，可以对后期的工程进展做出预测，绘出后期的进度曲线，如图 8-2 中后期的虚线所示。由图比较预期完工时间与计划完工时间，可得工程可能拖延的工期为 ΔT_c。

3. 香蕉形曲线比较法

香蕉形曲线由两条以同一开始时间、同一结束时间的S形曲线组合而成。这两条S形曲线分别是ES曲线和LS曲线，ES曲线是指工程均以各项工作的计划最早开始时间安排而绘制的S形曲线；LS曲线是指工程均以各项工作的计划最迟开始时间安排而绘制的S形曲线。在项目实施过程中，理想的状况是任一时刻的实际进度在这两条曲线所包区域内的曲线，如图8-3所示。

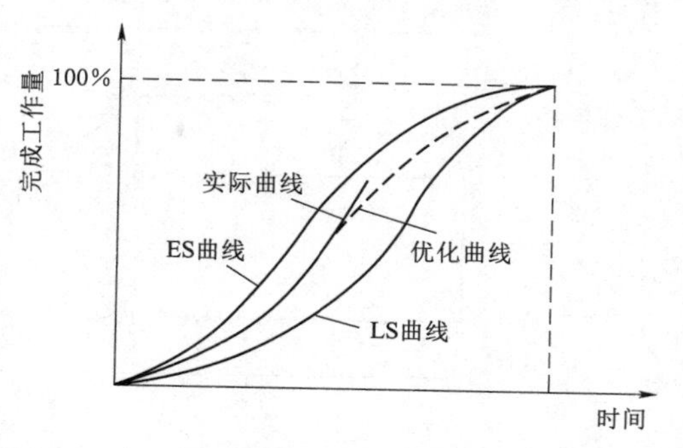

图8-3　香蕉形曲线

香蕉形曲线能够直观反映工程建设的实际进展情况，比单条S形曲线能获得更多的工程进展相关信息。其主要作用体现在以下几个方面：

(1) 为工程进度计划提供建议。如果工程都按照每项工作的最早开始时间安排，将导致项目的投资增加；而如果每项工作都按照最迟开始时间安排，则一旦有意外事件发生，将使得整个网络计划安排没有任何机动的时间可利用，将直接导致工期延误，因此应将工程进度计划安排在香蕉形曲线内。

(2) 实际进度与计划进度的比较。合理的工程实际进度，应位于香蕉形曲线内。如果实际进度位于香蕉形曲线的左侧，说明此时的实际进度比工程计划的最早开始时间还超前；如果实际进度位于香蕉形曲线的右侧，说明此时的实际进度比工程计划的最晚开始时间还拖后。

(3) 预测工程工期。如果工程后期按原计划进度进行，根据实际进度与计划进度的比较，采用S形曲线类似的方法，从而可以预测后期工程提前或拖延的时间。

4. 前锋线法

前锋线法是通过绘制检查时刻工程实际进度前锋线，将工程实际进度与计划进度相比较的方法，使用的基础是要事先绘制出计划进度的时标网络图。所谓前锋线，是指在原计划时标网络图上，从时标网络图上方的时标上的检查时刻起，用折线将网络图上各工作的实际进展点连接起来，如图8-4所示。

利用前锋线与各项工作箭线的交点的位置来判断工作的实际进展与计划进展的情况，从而判定该工作是否影响后续工作及总工期。

在图8-4中，利用前锋线进行比较，可以得出以下结论：

(1) 工作D拖延了3周，由于D有机动时间2周，因此将使其后续工作G的最早开始时间推后1周；但由于工作G有机动时间1周，因此工作D的拖延对G工作的顺利完工没有影响。

(2) 工作E拖延了1周，由于E有机动时间1周，因此对其后续工作H的最早开始时间没有影响。

(3) 工作F拖延2周，影响后续工作H、I的最早开始时间。工作I有1周的机动时间，因此工作I的完工时间会推后1周；由于工作H是关键工作，因此拖延总工

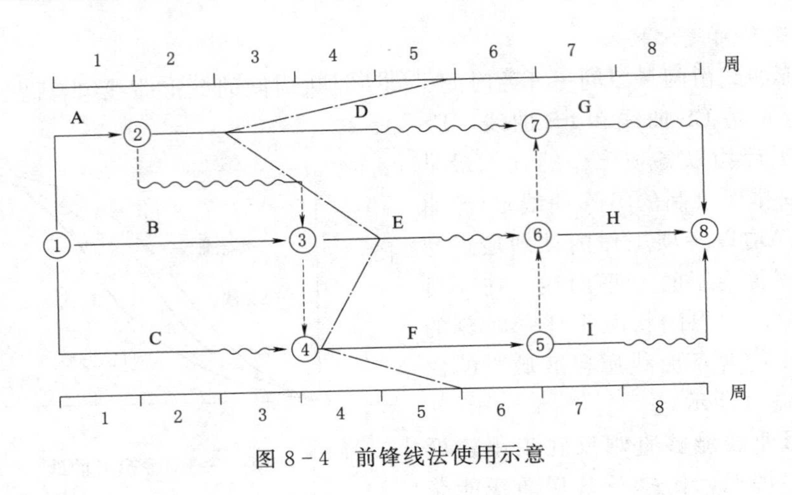

图 8-4 前锋线法使用示意

期 2 周。

综上所述，如果后续不及时采取补救措施，工程总工期将拖延 2 周。

5. 列表法

列表法是记录检查日期应该进行的工作名称及已经作业的时间，列表计算有关的时间参数，依据工作的总时差和自由时差判定工作是否影响后续工作及总工期。如图 8-4 所示工程，若在第 7 周周末进行检查，发现工作 G 刚开始，工作 F 刚结束，工作 H、I 刚开始，列表法检查工程进展，见表 8-1。

表 8-1 **列表法检查工程进度**

工作代号	工作名称	检查时尚需作业周数	到计划最迟完成时尚余周数	原有总时差	尚有总时差	判断结论
7-8	G	1	1	1	0	拖延 1 周，但不影响总工期
6-8	H	2	1	0	−1	拖延 1 周，影响总工期 1 周
5-8	I	1	1	1	0	拖延 1 周，但不影响总工期

三、施工进度计划的调整方法

（一）分析偏差对后续工作及工期的影响

某项工作发生拖延，并不一定会对后续工作或总工期有影响，需要根据该工作的性质（是关键工作还是非关键工作）及拖延的时间与总时差和自由时差的关系来判断。工作的总时差不影响项目工期，但影响后续工作的最早开始时间，是工作拥有的最大机动时间；而工作的自由时差是指在不影响后续工作的最早开始时间的条件下，工作拥有的最大机动时间。利用时差分析进度计划出现的偏差，可以了解进度偏差对进度计划的局部影响（后续工作）和对进度计划的总体影响（工期）。具体分析步骤如下：

（1）分析出现进度拖延的工作是否为关键工作。如果出现进度偏差的工作为关键工作，则不论其拖延时间的长短如何，对后续工作及总工期都会拖延，工程受拖延的工期为该工作拖延的时间；如果受拖延的工作是非关键工作，则要依据拖延时间的长短来进一步分析。

(2) 分析工作的进度拖延时间是否大于自由时差。如果工作的拖延时间在其自由时差范围内，则该拖延对后续工作及总工期没有影响；如果大于该工作的自由时差，则说明对该工作的后续工作有影响。

(3) 分析工作的进度拖延时间是否大于总时差。如果工作的拖延时间大于其自由时差、小于其总时差，则该拖延对后续工作有影响，但对工程的总工期没影响，此种情况下可以不调整；如果大于其总时差，则对总工期有影响，影响时间为该工作的拖延时间与总时差的差值，则应在后续工作中采取相应措施对原计划进行调整。

进度控制人员可以根据工作的偏差对后续工作的不同影响采取相应的进度调整措施，以指导项目进度计划的实施，具体的判断分析过程如图 8-5 所示。

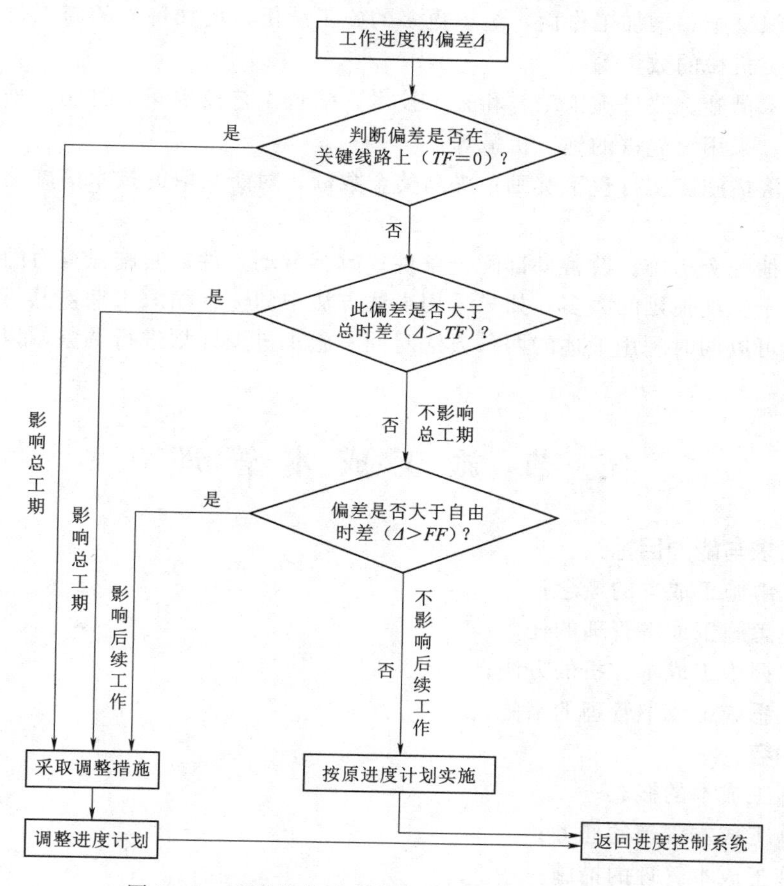

图 8-5　进度偏差对后续工作和工期影响分析过程

(二) 进度计划实施中的调整方法

通过分析，如果发现原有进度计划已不能适应实际情况，为了确保进度控制目标的实现或确定新的计划目标，就必须对原有进度计划进行调整，以形成新的进度计划，作为进度控制的新依据。施工进度计划的调整方法主要有两种：

1. 改变某些工作之间的逻辑关系

若实际施工进度产生的偏差影响了总工期，在工作之间的逻辑关系允许改变的条件下，改变关键线路和超过计划工期的非关键线路上的有关工作之间的逻辑关系，达到缩短工期的目的。用这种方法调整的效果是很显著的，例如可以把依次进行的有关工作改变为平行或互相搭接施工以及分成几个施工段进行流水施工等，都可以达到缩短工期的目的。这样进行调整，由于增加了工作之间的平行搭接时间，进度控制工作就显得更加重要，实施中必须做好协调工作。

资源8-2-1
锦屏一级水电站工程项目进度控制

2. 压缩关键工作的持续时间

这种方法主要是对关键线路上的工作时间进行调整，工作之间的逻辑关系并不发生变化。这种调整通常在网络计划图上直接进行，其调整方法与限制条件及对后续工作的影响程度有关，具体措施包括：

（1）组织措施。增加工作面，组织更多的施工队伍；增加每天的施工时间；增加劳动力和施工机械的数量等。

（2）技术措施。改进施工工艺和施工技术，缩短工艺技术间歇时间；采用更先进的施工方法；采用更先进的施工机械等。

（3）经济措施。实行包干奖励；提高奖金数额；对所采取的技术措施给予相应的经济补偿等。

（4）其他配套措施。改善外部配合条件；改善劳动条件；实施强有力的调度等。

有时由于工期拖延的太多，如只采用上述方法中的一种缩短工期，其可调整的时间有限，还可以同时利用上述的两种方法对同一施工进度计划进行调整，以满足工期目标的要求。

第三节　施工成本管理

知识要求与能力目标：

（1）了解施工成本的概念；

（2）熟悉施工成本管理的任务；

（3）掌握施工成本分析的方法；

（4）熟悉施工成本管理的措施。

学习内容：

（1）施工成本的概念；

（2）施工成本管理的任务；

（3）施工成本管理的措施；

（4）施工成本控制的步骤。

一、施工成本的概念

施工成本是指建筑施工企业完成单位施工项目所发生的全部生产费用的总和，包括完成该项目所发生的直接工程费、措施费、规费和管理费。

二、施工成本管理的任务

施工成本管理是施工生产过程中以降低工程成本为目标，对成本的形成所进行的预测、计划、控制、核算和分析等一系列管理工作的总称。

(一) 施工成本预测

施工成本预测是根据一定的成本信息结合施工项目的具体情况，采取一定的方法对施工成本可能发生或发展的趋势做出的判断和推测。成本决策是在预测的基础上确定出降低成本的方案，并从可选的方案中选择最佳的成本方案。成本预测的方法有定性预测法和定量预测法。

定性预测法是指具有一定经验的人员或有关专家依据自己的经验和能力水平对成本未来发展的态势或性质做出分析和判断。该方法受人为因素影响很大，并且不能量化，具体包括专家会议法、专家调查法和主管概率预测法。

定量预测法是指根据收集的比较完备的历史数据，运用一定的方法计算分析，以此来判断成本变化的情况。此法受历史数据的影响较大，可以量化，具体包括移动平均法、指数滑移法和回归预测法。

(二) 施工成本计划

计划管理是一切管理活动的首要环节，施工成本计划是在预测和决策的基础上对成本的实施做出计划性的安排和布置，是施工项目降低成本的指导性文件。制定施工成本计划应遵循以下原则：

(1) 从实际出发。根据国家的方针政策，从企业的实际情况出发，充分挖掘企业内部潜力，使降低成本指标切实可行。

(2) 与其他目标计划相结合。制定工程项目成本计划必须与其他各项计划密切结合。工程项目成本计划要根据项目的生产、技术组织措施、劳动工资、材料供应等计划来编制；工程项目成本计划又影响着其他各种计划指标适应降低成本指标的要求。

(3) 采用先进的经济技术定额的原则。根据施工的具体特点有针对性地采取切实可行的技术组织措施来保证。

(4) 弹性原则。应留有充分的余地，保持目标成本的一定弹性。在制定期内，项目经理部内外技术经济状况和供销条件会发生一些未预料的变化，尤其是供应材料，市场价格千变万化，给目标的制定带来了一定的困难，因而在制定目标时应充分考虑这些情况，使成本计划保持一定的适应能力。

(三) 施工成本控制

项目施工过程中，通过一定的方法和技术措施，加强对各种影响成本的因素进行管理，将施工中所发生的各种消耗和支出尽量控制在成本计划中。这阶段的任务是建立成本管理体系；项目经理部应将各项费用指标进行分解，以确定各个部门的成本指标；加强成本的控制。本阶段要以合同造价为依据，从预算成本和实际成本两方面控制项目成本。实际成本控制应包括对主要工料的数量和单价、分包成本和各项费用等影响成本的主要因素进行控制。其中，主要是加强施工任务单和限额领料单的管理；将施工任务单和限额领料单的结算资料与施工预算进行核对，计算分部（分项）工程成本差异，分析差异原因，采取相应的纠偏措施；做好月度成本原始资料的收集和整理核算；在月度成本核算的基础上，实行责任成本核算。经常检查对外经济合同履行情况；定期检查各责任部门和责任者的成本控制情况，检查责、权、利的落实情况。

（四）施工成本核算

施工成本核算是指对项目施工过程所发生的各种费用进行核算。它包括两个基本环节：一是归集费用，计算成本实际发生额；二是采取一定的方法计算施工项目的总成本和单位成本。

施工成本核算的对象：一个单位工程由几个施工单位共同施工，各单位都应以同一单位工程作为成本核算对象；规模大、工期长的单位工程可以划分为若干分部工程，以分部工程作为成本的核算对象；同一建设项目，由同一施工单位施工，并在同一施工地点，属于同一结构类型，开工、竣工时间相近的若干单位工程可以合并作为一个成本核算对象；改、扩建的零星工程可以将开工、竣工时间相近的，且属于同一建设项目的各单位工程合并成一个成本核算对象；土方工程、打桩工程可以根据实际情况，以一个单位工程为成本核算对象。

（五）施工成本分析

施工成本分析就是在成本核算的基础上采取一定的方法，对所发生的成本进行比较分析，检查成本发生的合理性，找出成本的变动规律，寻求降低成本的途径，主要有对比分析法、连环替代法、差额计算法和偏差分析法。

1. 对比分析法

通过实际完成成本与计划成本或承包成本进行对比，找出差异，分析原因以便改进。这种方法简单易行，但应注意比较指标的内容要保持一致。

2. 连环替代法

分析各种因素对成本形成的影响。例如，某工程的材料成本资料见表 8－2。分析的顺序是先绝对量指标，后相对量指标；先实物量指标，后货币量指标。

表 8－2　　材料成本资料

项　目	计划	实际	差异	差异率/%
工程量/m^3	100	110	＋10	＋10.0
单位材料消耗量/(kg/m^3)	320	310	－10	－3.1
材料单价/(元/kg)	40	42	＋2.0	＋5.0
材料成本/元	1280000	1432200	＋152200	＋11.9

3. 差额计算法

差额计算法是因素分析法的简化。它利用各个因素的目标值与实际值的差额来计算其对成本的影响程度。仍按表 8－2 计算，其结果见表 8－3。

4. 偏差分析方法

主要用来分析成本目标实施与期望之间的差异。

（1）明确三个关键变量。项目计划完成工作的预算成本（budgeted cost for work scheduled，BCWS），其等于计划工作量乘以预算定额；项目已完成工作的实际成本（actual cost for work performed，ACWP）；项目已完成工作的预算成本（budgeted cost for work performed，BCWP），其等于已完成工作量乘以该工作量的预算定额。

表 8-3 材料成本影响因素分析法

计算顺序	替换因素	影响成本的变动因素			成本/元	与前一次差异/元	差异原因
		工程量/m^3	单位材料消耗量/(kg/m^3)	单价/(元/kg)			
替换基数	工程量单耗量单价	100	320	40.0	1280000		工程量增加单位耗量节约单价提高
一次替换		110	320	40.0	1408000	128000	
二次替换		110	310	40.0	1364000	−44000	
三次替换		110	310	42.0	1432200	68200	
合计						152200	

(2) 两种偏差的计算。项目成本偏差等于项目已完成工作的预算成本减去项目已完成工作的实际成本（$C_v = BCWP - ACWP$）。当项目成本偏差大于零时，表明项目实施处于节约状态；当其小于零时，表明项目实施处于超支状态。

项目进度偏差等于项目已完成工作的预算成本减去项目计划完成工作的预算成本（$S_v = BCWP - BCWS$）。当项目进度偏差大于零时，表明项目实施超过了进度计划；当其值小于零时，表明项目实施落后于计划进度。

(3) 两个指数变量。计划完工指数 $SCI = BCWP/BCWS$。当 SCI 大于 1 时，表明项目实际完成的工作量超过计划工作量；当 SCI 小于 1 时，表明项目实际完成的工作量落后于计划工作量。

成本绩效指数 $CPI = ACWP/BCWP$。当 CPI 大于 1 时，表明实际成本多于计划成本，资金使用率较低；当 CPI 小于 1 时，表明实际成本少于计划成本，资金使用率较高。

(4) 偏差分析的方法。偏差分析可采用不同的方法，常用的有横道图法和表格法。

1) 横道图法，用不同的横道标识已完工程计划施工成本、拟完工程计划施工成本和已完工程实际施工成本，横道的长度与其金额成正比。

横道图法具有形象、直观和一目了然等优点，它能够准确表达出施工成本的绝对偏差，而且能一眼感受到偏差的严重性。但这种方法反映的信息量少，一般用于项目的决策分析层次。

2) 表格法，将项目编号、名称、各施工成本参数以及施工成本偏差数综合归纳入一张表格中，并且直接在表格中进行比较。由于各偏差参数都在表中列出，使得施工成本管理者能够综合地了解并处理这些数据。它具有灵活、适用性强、信息量大和表格处理可借助计算机等优点。

（六）成本考核

施工项目成本考核的目的是通过衡量项目成本降低的实际成果，对成本指标完成情况进行总结和评价。施工项目成本考核应分层进行，企业对项目经理部进行成本管理考核，项目经理部对项目内部各作业队进行成本管理考核。施工项目成本考核的内容是既要对计划目标成本的完成情况进行考核，又要对成本管理工作业绩进行考核。

施工项目成本考核的要求如下：企业对项目经理部考核的时候，以责任目标成本为依据；项目经理部以控制过程为考核重点；成本考核要与进度、质量、安全指标的完成情况相联系；应形成考核文件，作为对责任人进行奖罚的依据。

三、施工成本管理的措施

为了取得施工成本管理的理想成果，应当从多方面采取措施实施管理，通常可以将这些措施归纳为组织措施、技术措施、经济措施、合同措施、安全措施和工期措施六大方面。

（1）组织措施。是从施工成本管理的组织方面所采取的措施，如实行项目经理责任制，落实施工成本管理的组织机构和人员，明确各级施工成本管理人员的任务和职能分工、权利和责任，编制本阶段施工成本控制工作计划和详细的工作流程图等。施工成本管理不仅是专业成本管理人员的工作，各级项目管理人员都有成本控制的责任。组织措施是其他各项措施的前提和保障，而且一般不需要增加什么费用，运用得当可以收到良好的效果。组织措施讲究有效、到位、落实。

（2）技术措施。其不仅对解决施工成本管理过程中的技术问题是不可缺少的，而且对纠正施工成本管理目标偏差也有相当重要的作用。因此，运用技术措施纠偏的关键，一是要能提出多个不同的技术方案；二是要对不同的技术方案进行技术经济分析。在实践中，要避免仅从技术角度选定方案而忽视对其经济效果的分析论证。技术措施讲究细致、实用、节约。

（3）经济措施。管理人员应编制资金使用计划，确定、分解施工成本管理目标。对施工成本管理目标进行风险分析，并制定防范性对策。通过偏差原因分析和未完工程施工成本预测，可及早发现将引起未完工程施工成本增加的一些潜在问题，针对这些问题主动采取预防控制措施，达到避免或降低费用的目的。要想全面发现和预防问题，运用经济措施绝不单单是财务人员的事情，而是专业技术人员和经济、财务人员等共同的事情。经济措施讲究预测、分析、控制。

（4）合同措施。成本管理要以合同为依据，因此除了参加合同谈判、修订合同条款、处理合同执行过程中的索赔问题、防止和处理好与业主和分包商之间的索赔之外，还应分析不同合同之间的相互联系和影响，对每一个合同进行总体和具体分析。合同措施讲究诚信、履约、严谨。

（5）安全措施。安全措施主要包括安全生产组织机构建立，安全知识教育、培训，安全预防措施，安全保证措施，安全事故处理等。安全措施讲究预防、教育、培训、检查、总结。

（6）工期措施。每一个项目部都希望在最短的时间内完成工程项目建设，但是，任何项目又必须按程序逐项施工，必须按工程项目施工规律进行，这就要求项目部在遵守常规和按程序办事的前提下，根据实际情况采用更有效的施工方法和组织措施，以缩短施工工期从而降低施工成本，提高项目效益。工期措施主要有缩短准备时间、增加资源配置、尽量交叉作业、提高劳动效率、延长劳动时间、采用新材料和新工艺、加强组织管理、选用高效设备、使用熟练工人、推行阶段承包、使用奖励机制和优化施工方案等。工期措施讲究效率、方法、熟练、紧迫。

为了达到更准确地预测、控制和分析成本的目的，根据具体情况，项目部还可以将其他措施如现场管理措施、文明施工和环境保护措施、抗洪防灾措施等均制定出来，以获得更好的效果。

四、施工成本控制的步骤

在施工过程中，必须定期进行施工成本计划值与实际值的比较，当实际值偏离计划值时，分析产生偏差的原因，采取适当的纠偏措施，以确保施工成本控制目标的实现。其步骤如下：

（1）比较。按照某种确定的方式将施工成本计划值与实际值逐项进行比较，以发现施工成本是否已超支。

（2）分析。在比较的基础上，对比较的结果进行分析，以确定偏差的严重性及偏差产生的原因。这一步是施工成本控制工作的核心，其主要目的在于找出产生偏差的原因，从而采取有针对性的措施，减少或避免相同原因的再次发生或减少由此造成的损失。

（3）预测。根据项目实施情况估算整个项目完成时的施工成本。预测的目的在于为决策提供支持。

（4）纠偏。当工程项目的实际施工成本出现了偏差，应当根据工程具体情况、偏差分析和预测的结果，采取适当的措施，以期达到使施工成本偏差尽可能小的目的。纠偏是施工成本控制中最具实质性的一步，只有通过纠偏，才能最终达到有效控制施工成本的目的。

（5）检查。它是指对工程的进展进行跟踪和检查，及时了解工程进展状况以及纠偏措施的执行情况和效果，为今后的工作积累经验。

第四节　施工质量管理

知识要求与能力目标：

（1）明确施工质量控制的任务；

（2）掌握施工质量控制的基本方法；

（3）熟悉施工质量事故的处理方法。

学习内容：

（1）施工质量控制的概念；

（2）施工质量控制的任务；

（3）施工质量控制系统；

（4）施工质量控制的基本方法；

（5）施工质量事故的原因；

（6）质量事故的处理原则和方法。

一、施工质量控制的概念

施工质量控制是指致力于满足工程质量要求，亦即保证工程质量满足工程合同、设计文件、技术规范标准所规定的质量标准，通过行动方案和资源配置的计划、实施、检查和监督来实现预期质量目标的过程。

二、施工质量控制的任务

施工质量控制的中心任务是要通过建立健全有效的质量监督工作体系来确保工程质量达到合同规定的标准和等级要求。根据工程质量形成的时间阶段，施工质量控制可分为质量的事前控制、事中控制和事后控制。其中，工作的重点应是质量的事前控制。

1. 事前控制

要求预先进行周密的质量计划。尤其是工程项目施工阶段，制定质量计划，编制施工组织设计和施工项目管理实施规划，都必须建立在切实可行、有效实现预期质量目标的基础上，作为一种行动方案进行施工部署。事前控制的内涵包括两层意思：一是强调质量目标的计划预控；二是按质量计划进行质量活动前的准备工作状态的控制。

该阶段的工作包括以下几个方面：

(1) 人员方面。注重检查工程技术负责人是否到位。

(2) 材料方面。注重审核工程原材料、构配件、设备的出厂证明或质量合格证；对新型材料、制品应检查鉴定文件；重要原材料订购前要审查样品；对重要原材料、构配件、设备的生产工艺、质量控制措施及保证体系、检测手段应到厂家实地查看，并在制造厂家进行质量验收；设备安装前应按技术说明书的要求进行质量检查。

(3) 机械方面。对直接影响工程质量的施工机械应按技术说明书查验其技术性能、技术指标。

(4) 方法方面。审查施工组织设计或施工方案。

(5) 环境方面。掌握和熟悉质量控制的技术依据，包括设计图纸及设计说明书、工程验收规范；参加设计技术交底和图纸会审。

2. 事中控制

首先是对质量活动的行为进行约束，及对质量产生过程各项技术作业活动操作者在相关制度管理下的自我行为约束的同时，充分发挥其技术能力，去完成预定质量目标的作业任务；其次是对质量活动过程和结果的监控，主要是来自他人的监督控制，这里包括来自企业内部管理者的检查、检验和来自企业外部的工程监理和政府质量监督部门等的监控。

事中控制虽然包括自控和监控两大环节，但其关键还是增强质量意识，发挥操作者自我约束、自我控制的作用，即坚持质量标准是根本，监控或他人控制是必要补充的原则，没有前者或用后者取代前者的情况都是不正确的。因此在企业组织的质量活动中，通过监督机制和激励机制相结合的管理方法，来发挥操作者更好的自我控制能力，以达到质量控制的效果，是非常必要的。

3. 事后控制

包括对质量活动结果的评价认定和对质量偏差的纠正。从理论上分析，如果计划预控过程所制定的行动方案考虑的越周密，事中约束监控的能力越强，实现质量预期目标的可能性就越大。理想的状况就是希望做到各项作业活动“一次成功”“一次交验合格率100％”，但客观上相当一部分的工程不可能达到，因为在过程中不可避免地会存在一些计划时难以预料的影响因素，包括系统因素和偶然因素。因此当出现质量实际值与目标值之间偏差超出允许值时，必须分析原因，采取措施纠正偏差，保持质量的受控状态。

三、施工质量控制系统

1．工程项目质量控制系统的建立

根据实践经验，工程项目质量控制体系的建立可以参照以下几条原则。

（1）分层次规划的原则。第一层次是建设单位和工程总承包企业，分别对整个建设项目和总承包工程项目进行相关范围的质量控制系统设计；第二层次是设计单位、施工企业、监理企业，在建设单位和总承包工程项目质量控制系统的框架内，进行责任范围内的质量控制系统设计，使总体框架更清晰、具体并落到实处。

（2）总目标分解的原则。按照建设标准和工程质量总体目标，分解到各个责任主体，明示于合同条件，由各责任主体制定质量计划，确定控制措施和方法。

（3）质量责任制的原则。即贯彻谁实施谁负责、质量与经济利益挂钩的原则。

（4）系统有效性的原则。即做到整体系统和局部系统的组织、人员、资源和措施落实到位。

2．工程项目质量控制系统的建立程序

（1）确定控制系统各层面组织的工程质量负责人及其管理职责，形成控制系统网络架构。

（2）确定控制系统组织的领导关系、报告审批及信息流转程序。

（3）制定质量控制工作制度，包括质量控制例会制度、协调制度、验收制度和质量责任制度等。

（4）部署各质量主体编制相关质量计划，并按规定程序完成质量计划的审批，形成质量控制依据。

（5）研究并确定控制系统内部质量职能交叉衔接的界面划分和管理方式。

3．工程施工项目质量控制系统的运行

（1）控制系统运行的动力机制。工程项目质量控制系统的活力在于它的运行机制，而运行机制的核心是动力机制，动力机制来源于利益机制。建设工程项目的实施过程是由多主体参与的价值增值链，因此，只有保持合理的供方及分供方关系，才能形成质量控制系统的动力机制，这一点对业主和总承包方都是同样重要的。

（2）控制系统运行的约束机制。没有约束机制的控制系统是无法使工程质量处于受控状态的，约束机制取决于自我约束能力和外部监控效力。前者指质量责任主体和质量活动主体，即组织及个人的经营理念、质量意识、职业道德及技术能力的发挥；后者指来自实施主体外部的推动和检查监督。

（3）控制系统运行的反馈机制。运行的状态和结果的信息反馈，是进行系统控制能力评价和及时做出处置决策的依据，因此，必须保持质量信息的及时和准确反馈，同时提倡质量管理者深入生产一线，掌握第一手资料。

（4）控制系统运行的基本方式。在建设工程项目实施的各个阶段、不同的层面、不同的范围和不同的主体间，应用计划、实施、检查和处置的方式展开控制，同时必须注重抓好控制点的设置，加强重点控制和例外控制。

4. 全面质量管理的基本方法

全面质量管理工作是按照科学的程序而运转的。其基本形式是 PDCA 管理循环。其通过计划（plan）、实施（do）、检查（check）和处理（action）四个阶段不断循环，把施工企业质量管理活动有机地联系起来。

PDCA 循环的特点如下：

（1）各级质量管理都有一个 PDCA 循环，形成一个大环套小环，一环扣一环，互相制约，互为补充的有机整体，如图 8－6 所示。在 PDCA 循环中，一般说上一级的循环是下一级循环的依据，下一级的循环是上一级循环的落实和具体化。

（2）每个 PDCA 循环都不是在原地运转，而是像爬楼梯那样，每一循环都有新的目标和内容，这意味着质量管理经过一次循环，解决了一批问题，质量水平有了新的提高，如图 8－6 所示。

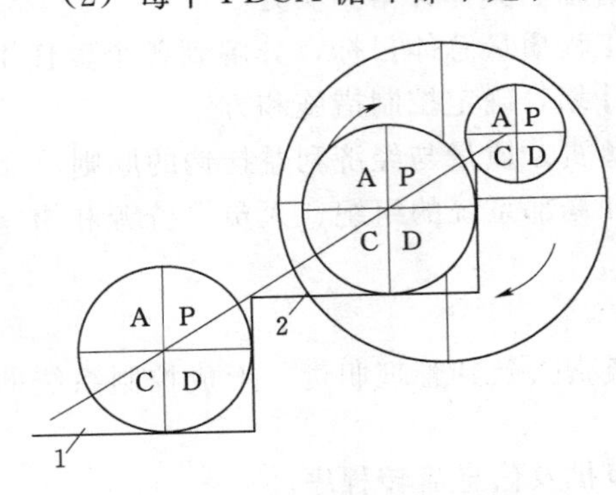

图 8－6　PDCA 循环上升示意
1—原有水平；2—新的水平

（3）在 PDCA 循环中，A 是一个循环的关键，这是因为在一个循环中，从质量目标计划的制定，质量目标的实施和检查，到找出差距和原因，只有通过采取一定措施并形成标准和制度，才能在下一个循环中贯彻落实，质量水平才能步步高升。

为了保证 PDCA 循环有效地运转，有必要把管理循环的四个阶段进一步具体化，一般细分为以下八个步骤。

（1）分析现状，找出存在的质量问题，确定方针和目标。

（2）分析产生质量问题的原因和影响因素。

（3）找出影响质量的主要因素。

（4）针对影响质量的主要因素，制定措施，提出行动计划，并估计效果。

（5）执行措施或计划。

（6）调查、统计所采取措施的效果。

（7）总结经验，把成功和失败的原因系统化、条例化，使之形成标准或制度，纳入有关质量管理的规定中去。

（8）提出尚未解决的问题，转入到下一个循环。

以上（1）～（4）四个步骤就是“计划”阶段的具体化；（5）是“实施”阶段；（6）是“检查”阶段；（7）、（8）两个步骤是“处理”阶段。

四、施工质量控制的基本方法

（一）施工质量控制的目标

施工质量控制的总体目标是贯彻执行建设工程质量法规和强制性标准，正确配置施工生产要素和采用科学管理的方法，实现工程项目预期的使用功能和质量标准，这是建设工程参与各方的共同责任。

（1）建设单位的质量控制目标是通过施工全过程的全面质量监督管理、协调和决策，保证竣工项目达到投资决策所确定的质量标准。

（2）设计单位在施工阶段的质量控制目标是通过对施工质量的验收签证、设计变更控制及纠正施工中所发生的设计问题，采纳变更设计的合理化建议等，保证竣工项目的各项施工结果与设计文件所规定的标准相一致。

（3）施工单位的质量控制目标是通过施工全过程的全面质量自控，保证交付满足施工合同及设计文件所规定的质量标准的建设工程产品。

（4）监理单位在施工阶段的质量控制目标是通过审核施工质量文件、报告报表及现场旁站检查、平行检测、施工指令和结算支付控制等手段的应用，监控施工承包单位的质量、协调施工关系，正确履行工程质量的监督责任，以保证工程质量达到施工合同和设计文件所规定的质量标准。

（二）施工质量控制的过程

施工质量控制的过程包括施工准备质量控制、施工过程质量控制和施工验收质量控制。

施工准备质量控制是指工程项目开工前的全面施工准备和施工过程中各分部分项工程施工作业前的施工准备，此外，还包括季节性的特殊施工准备。

施工过程质量控制是指施工作业技术活动的投入与产出过程的质量控制，其内容包括全过程施工生产及其各分部分项工程的施工作业过程。

施工验收质量控制是指对已完工程验收时的质量控制，即工程产品质量控制。包括隐蔽工程验收、检验批验收、分项工程验收、分部工程验收、单位工程验收和整个建设工程项目竣工验收过程的质量控制。

施工方作为工程施工质量的自控主体，既要遵循本企业质量管理体系的要求，也要根据其在所承建工程项目质量控制系统中的地位和责任，通过具体项目质量计划的编制与实施，有效地实现自主控制的目标。一般情况下，对施工承包企业而言，无论工程项目的功能类型、结构型式及复杂程度存在着怎样的差异，其施工质量控制过程都可归纳为以下相互作用的八个环节：工程调研和项目承接，包括全面了解工程情况和特点，掌握承包合同中工程质量控制的合同条件；施工准备，包括图纸会审、施工组织设计、施工力量和设备的配置等；材料采购；施工生产；试验与检验；工程功能检测；竣工验收；质量回访及保修。

（三）质量控制点

质量控制点是指在工程项目施工之前，为保证工程项目作业过程质量而确定的需要重点控制的对象、关键部位或薄弱环节。设置质量控制点，是根据“关键的少数”原理进行质量控制的卓有成效的控制方法，是保证达到施工质量要求的必要前提。

凡属关键技术、重要部位、控制难度大、影响大、经验欠缺的施工内容以及新材料、新技术、新工艺、新设备等，均可列为质量控制点，实施重点控制。

施工质量控制点设置的具体方法是，根据工程项目施工管理的基本程序，结合项目特点，在制定项目总体质量计划后，列出各基本施工过程对局部和总体质量水平有影响的项目，作为具体实施的质量控制点。例如，施工过程中的关键工序或环节以及隐蔽工程；施工中的薄弱环节，或质量不稳定的工序、部位或对象；对后续工程施工或对后续工程质量或安全有重大影响的工序、部位或对象。施工单位在工程施工前应根据施工过程质量控制的要求，详细列出各质量控制点的名称或控制内容、检验标准及方法等，提交工程师审查批准后，在此基础上实施质量预控。表8-4列出了某些分部分项工程的质量控制点。

表8-4　　质量控制点的设置

<table>
<tr><th colspan="2">分部分项工程</th><th>质量控制点</th></tr>
<tr><td colspan="2">建筑物定位</td><td>标准轴线桩、定位轴线、标高</td></tr>
<tr><td colspan="2">地基开挖及清理</td><td>开挖位置、轮廓尺寸、钻孔、装药量、起爆方式、建基面；
断层、破碎带、软弱夹层、岩溶的处理；
渗水的处理</td></tr>
<tr><td rowspan="3">基础处理</td><td>灌浆</td><td>孔位、孔深、压水情况、灌浆情况、结束标准、封孔</td></tr>
<tr><td>基础排水</td><td>造孔工艺、洗孔工艺；
孔口、孔口设施的安装工艺</td></tr>
<tr><td>锚桩孔</td><td>造孔工艺、锚桩材料质量、规格、焊接、孔内回填</td></tr>
<tr><td rowspan="4">土石料填筑</td><td>土石料</td><td>黏粒含量、含水率、石料的粒径、级配、坚硬度、抗冻性</td></tr>
<tr><td>砌石护坡</td><td>石块尺寸、强度、砌筑方法、垫层级配、厚度、孔隙率</td></tr>
<tr><td>土料填筑</td><td>结合部处理、铺土厚度、铺筑边线、碾压、压实干密度</td></tr>
<tr><td>石料砌筑</td><td>石块重量、砌筑工艺、砌体密实度、砂浆配比、强度</td></tr>
<tr><td rowspan="2">混凝土生产</td><td>砂石料生产</td><td>开采、筛分、运输、堆存、质量、含水率、骨料降温措施</td></tr>
<tr><td>混凝土拌和</td><td>配合比、拌和时间、坍落度；
温控措施、外加剂的比例</td></tr>
<tr><td rowspan="4">混凝土浇筑</td><td>建基面清理</td><td>岩基面清理（冲洗、积水处理）</td></tr>
<tr><td>模板、预埋件</td><td>位置、稳定性、内部清理；
预埋件情况、保护措施</td></tr>
<tr><td>钢筋</td><td>钢筋品种、规格、尺寸、搭接长度、钢筋焊接、根数、位置</td></tr>
<tr><td>浇筑</td><td>层厚、振捣、积水和泌水情况、埋设件保护、养护、强度</td></tr>
</table>

设定的质量控制点，依据其重要程度或其质量后果影响程度的不同，可以分为见证点和停止点，其相应的操作程序和监督要求也不同。见证点也称为W点（witness point），凡是列为见证点的质量控制对象，在施工前承包单位应提前通知监理人员在约定的时间内到现场进行见证或对其施工实施监督。如果监理人员未能在约定的时间内到现场见证和监督，承包单位则有权进行该W点相应工序的施工。停止点也称为待检点或H点（hold point），它是重要性高于见证点的质量控制点，通常是针对“特殊过程”或“特殊工序”而言。这里的“特殊过程”或“特殊工序”是指该施工过程或工序的施工质量不易或不能通过其后的检验或试验得到验证。对该类万一发生质量事故则难以挽救的施工对象，应设置停止点。凡列为停止点的控制对象，要求必须在规定的控制点到来之前通知监理方派员对控制点实施监控，如果监理方未在约定的时

间到现场监督、检查，施工单位应停止该停止点相应的工序，并按合同规定等待监理方，未经监理工程师的认可，不能越过该点继续活动。

（四）施工质量数据的分析方法

施工质量数据是指对工程进行某种质量特性的检查、试验、化验等工作所得的用以描述工程质量特性的数据，这些数据向人们提供了工程的质量评价和质量信息。施工质量数据是工程质量的客观反映，通过对质量数据的整理和分析，判断质量的现状及其变化规律，据以评价质量及可能出现的问题，为质量控制提供依据。常用的施工质量数据分析方法有直方图法、控制图法、排列图法、因果分析图法和散布图法等。

1. *直方图法*

直方图法是通过位于一定区间范围内的质量数据出现的频数来分析、研究其分布，判定质量状况的方法，是整理数据、判断和预测生产过程中质量状况的常用方法。一般以质量指标为横坐标，频数或相对频数为纵坐标。以质量指标均值、标准差和代表质量稳定程度的离差系数或其他指标作为判据，借以判断生产的稳定程度。直方图有多种类型，如图 8－7 所示。

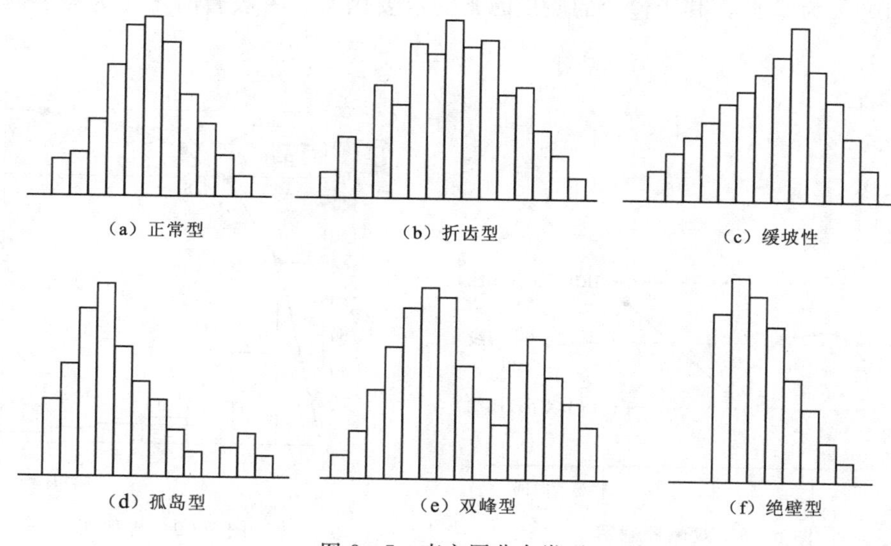

图 8－7　直方图分布类型

直方图相关的计算过程、绘制方法比较简单，形象地表示了产品的质量分布状况，但这是一种静态分析方法，只能反映质量在一段时间的静止状态，不能反映出质量数据随时间变化的规律性，而且要求质量数据的数量较多，数量太少则难以客观反映质量状况。

2. *控制图法*

利用控制图来判断生产过程是否处于稳定状态的方法是先将质量数据依据时间的先后绘制到控制图上，然后分析控制图上质量数据点的分布情况。如果控制图上的质量数据点同时满足以下两个条件：一是质量数据点几乎全部落在控制界限内，二是控制界限内的质量数据点的排列或趋势没有缺陷，则可以判定生产过程处于稳定状态；

否则可判定生产过程异常。控制图有双侧控制图和单侧控制图两类。双侧控制图（图8-8）仅适用于对产品质量的上、下界限都需要控制的质量特性，如加工零件的直径、角度的测量、混凝土的坍落度、土坝的填筑土料的含水率等。工程建设中也有一些产品只需要控制其质量特性的上限或下限，如钢铁中杂质含量、混凝土的强度等，这种情况下就要采用单侧控制图。

3. 排列图法

排列图法也称主次因素法，就是统计产品检验中各种质量问题出现的频数，按照频数的大小次序排列，从而找出造成质量问题的主要因素和次要因素，以便针对主要因素制定质量改正措施。排列图由两个纵坐标轴、一个横坐标轴、若干个相邻的矩形和一条曲线组成，如图8-9所示。两纵坐标轴分别表示各影响质量的因素出现的频数及其累计频率数值，横坐标轴表示各影响因素，各矩形的高度表示各影响因素出现的频数，曲线表示的是从主要因素到次要因素的累计频率。通常将排列图上的累计频率曲线分为三个区，累计频率在0～80%为A区，其所包含的质量因素为主要因素；累计频率在80%～90%为B区，其所包含的质量因素为一般因素；累计频率在90%～100%为C区，其所包含的质量因素为次要因素，一般暂时不作为需要解决的问题。

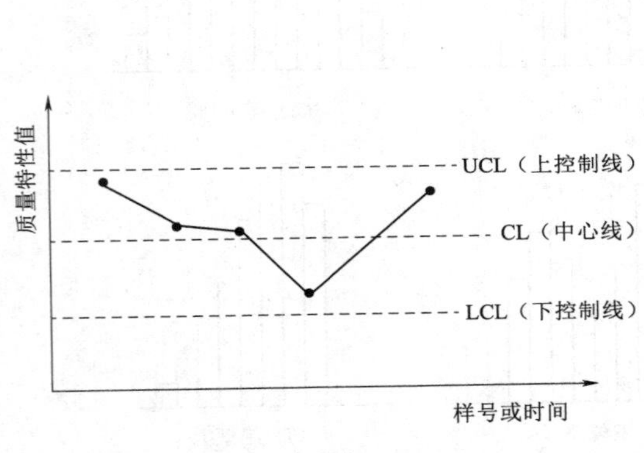

图8-8　双侧控制图

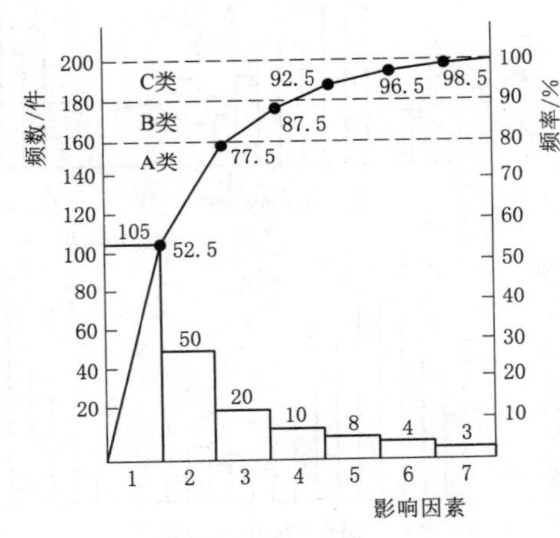

图8-9　排列图

4. 因果分析图法

因果分析图法又称鱼刺图法，是利用影响质量的因素与工程质量的因果关系来系统分析某个质量问题与影响因素之间关系的方法，由于其图形像鱼刺，故称为鱼刺图，也称为特性要因图、树枝图。其使用方法就是把对工程质量有影响作用的各因素加以分析、归类，并在一个图上将其影响关系系统地表示出来，通过分析、归纳、总结，将因果关系弄清楚，然后针对性地采取措施，解决质量问题，使得质量控制过程系统化、条理化。如图8-10所示，从影响混凝土强度的5个要素方面入手，采用鱼刺图的方法来分析影响其质量的各要素。

5. 散布图法

散布图又称相关图法，是通过展点、分析、判定两种测定数据之间是否存在相关

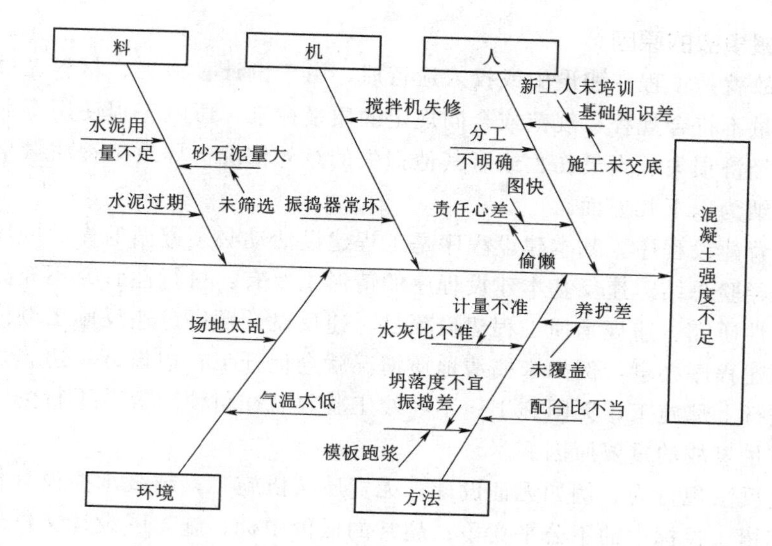

图 8-10　因果分析图

关系并计算其相关程度的一种方法。工程建设中，需要分析相关关系的主要有三类：质量特性与质量特性间的关系、质量特性与影响因素间的关系、影响因素与影响因素间的关系。要利用相关图法来判定两个分析对象间的相关程度，应注意：数据量要足够多，最好不少于 20 个；变化量的取值范围应足够大，这样才能全面反映两个对象间的相互关系；两个分析对象应采用同类型的数据。

相关图中点的分布情况反映出了两个分析对象间的相关性及其相关程度，典型的相关图有 6 种，如图 8-11 所示。

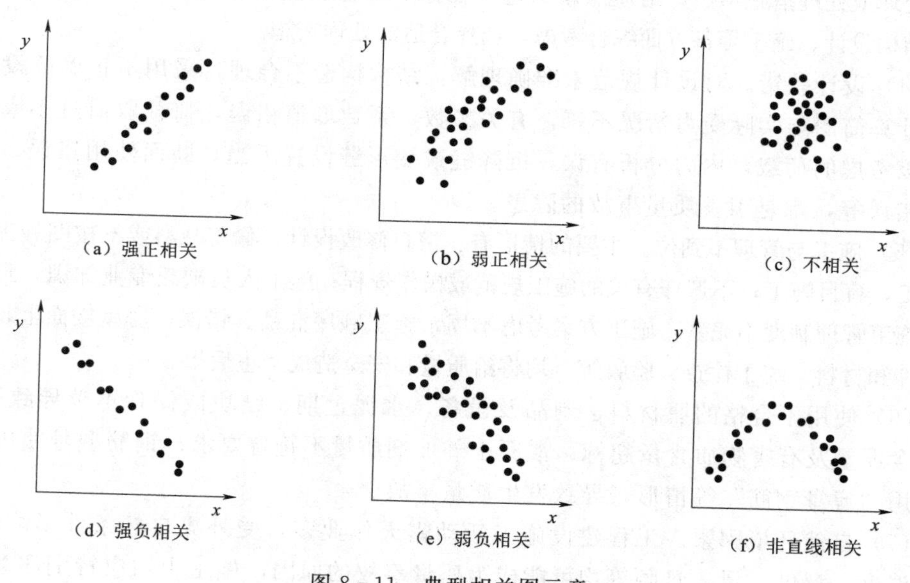

图 8-11　典型相关图示意

五、质量事故的原因

质量事故就是工程在建设中或投入运行后，由于设计、施工、材料、设备等原因造成工程质量不符合规程、规范或合同规定的质量标准，影响工程使用寿命或正常运行，或造成经济损失、人员伤亡或者其他损失的意外情况。导致工程质量事故发生的原因可以归纳为以下几方面。

（1）违背建设程序。基本建设程序是工程建设活动必须遵循的先后顺序，是多年工程建设的经验总结。违反基本建设程序的情形主要有：可行性研究不充分或者根本不进行可行性研究、违规承揽工程建设项目、违反设计顺序、违反施工顺序等。有些工程不按基建程序办事，例如未搞清地质情况就仓促开工；边设计，边施工；基础未经验收就进行上部施工；无图施工；不经竣工验收就交付使用等若干行为，常是导致重大工程质量事故的重要原因。

（2）违反法规行为。例如无证设计；无资质队伍施工；越级承揽设计任务；越级施工；工程招、投标中的不公平竞争；超常的低价中标；施工图设计文件未按规定进行审查，施工单位擅自转包、层层分包；施工图设计文件未按规定进行审查，施工单位擅自修改设计，不按设计图施工等情形，难以保证设计、施工质量。

（3）地质勘探失误或基础处理不当。未认真进行地质勘察或钻孔的深度、间距、布设范围不符合规定要求，地质资料不能全面反映实际的地基情况等，使得对地下情况不清，或对基岩起伏、土层分布误判，或未查清裂隙、软弱夹层、孔洞等地质构造，或对地下水位评价错误等。错误的地质资料会导致采用不恰当或错误的设计方案，造成建筑物不均匀沉降、失稳，从而使得上部结构或墙体开裂、破坏，或引发建筑物倾斜、倒塌等质量事故。对软弱土、回填土、杂填土、湿陷性黄土、膨胀土、土洞、岩层出露等不均匀地基未进行处理或处理措施不当，给质量事故埋下隐患。必须根据地基的实际特性，从地基处理、结构设计、施工等各方面综合考虑，选择合适的处理措施。

（4）设计差错。对设计规范未准确理解，结构构造不合理，采用不正确的设计方案，计算简图与实际受力情况不符，有关参数、系数取值错误，荷载取值过小或漏掉了应该考虑的荷载，内力分析有误，沉降缝或变形缝设置不当，断面使用错误，以及计算错误等，都是引发质量事故的隐患。

（5）施工与管理不到位。主要的情形有：擅自修改设计，偷工减料或不按图施工；仓促施工，盲目施工；不遵守有关的施工规范或操作规程；施工人员缺乏专业知识，野蛮施工；施工管理制度不完善，施工方案考虑不周，施工顺序混乱、错误；房屋楼面上超载堆放构件和材料；疏于检查、验收等，均将给质量和安全造成严重后果。

（6）使用不合格的原材料、制品及设备。水泥过期、结块或保管不善导致受潮；骨料含泥量及有害物质含量超标；混凝土外加剂质量不符合要求；钢筋型号使用错误或使用“瘦身钢筋”等情形，导致发生质量事故。

（7）自然环境因素。工程建设施工活动露天作业多，受外界自然条件影响较大，空气温度、湿度、风、日晒等均可能成为质量事故的原因，施工中均应特别注意并采用有效的措施预防。

六、质量事故的处理原则和方法

1. 质量事故的处理原则

质量事故报告和调查处理，既要及时、准确地查明事故原因，明确事故责任，使责任人受到追究；同时又要总结经验教训，落实整改和防范措施，杜绝类似事故再次发生。为此，事故处理要实行“四不放过”，即事故原因未查明不放过，责任人未处理不放过，整改措施未落实不放过，有关人员未受到教育不放过。对于质量事故造成的损失，若质量事故是由施工单位造成，则由施工单位承担相应的费用及损失；若不是施工单位的原因，则施工单位可就该质量事故对本单位造成的损失向建设单位提出索赔；若是设计单位、监理单位的责任，则建设单位可依据设计合同、监理合同中相应条款，向责任单位提出赔偿。

2. 施工质量事故处理的程序

施工质量事故发生后，一般应按以下程序进行处理。

(1) 出现施工质量缺陷或事故后，应停止质量缺陷部位及其有关部位和下道工序的施工，需要时，还应采取适当的防护措施。同时，要及时上报主管部门。

(2) 进行质量事故调查，主要目的是明确事故的范围、缺陷程度、性质、影响和原因，为事故的分析处理提供依据。调查力求全面、准确、客观。

(3) 在事故调查的基础上进行事故原因分析，正确判断事故原因。事故原因分析是确定事故处理措施方案的基础。正确的处理来源于对事故原因的正确判断。只有提供充分的调查资料，进行详细、深入的分析后，才能由表及里、去伪存真，找出造成事故的真正原因。

(4) 研究制定事故处理方案。事故处理方案的制定应以事故原因分析为基础。如果某些事故一时认识不清，而且事故一时不致产生严重的恶化，可以继续进行调查、观测，以便掌握更充分的资料数据，做进一步分析，找到原因，以利制定方案。

(5) 按确定的处理方案对质量缺陷进行处理。发生的质量事故不论是否由施工承包单位方面的原因造成，质量缺陷的处理通常都是由施工承包单位负责实施。如果不是施工单位方面的责任原因，则处理质量缺陷所需的费用或延误的工期，应给予施工单位补偿。

(6) 在质量缺陷处理完毕后，应组织有关人员对处理结果进行严格的检查、鉴定和验收。

3. 质量事故处理的方法

工程施工中出现质量事故，应根据其严重程度以及对工程影响的大小，可以采取以下几种措施：

(1) 不处理。某些工程质量问题虽然不符合规定的要求和标准，但根据相关检测单位和设计单位的分析、论证，认为对工程的功能及安全影响不大，则可不做专门处理。通常不用做专门处理的情况有以下几种：不影响结构的安全和正常使用；有些质量问题，经过后续工序可以弥补；经法定检测单位鉴定为合格；出现的质量问题，经检测鉴定未达到设计要求，但经原设计单位核算，仍能满足结构安全和使用功能的。

(2) 修补处理。这是最常用的一种处理方法，通常是某一分部、分项的质量虽然没有达到规范、标准或设计的要求，存在一定的缺陷，但是可以通过修补的办法予以补救而并不影响工程的外观和正常运行。

资源 8-4-1
长江三峡工程施工质量控制

(3) 返工处理。工程质量未达到规定的标准和要求，存在严重的质量问题，对建筑物的使用及安全存在严重的威胁，而且无法通过修补处理措施来纠正的质量事故，必须采取返工措施。

4. 质量事故处理的鉴定验收

事故处理的质量检查鉴定，应严格按照施工验收规范及有关标准的规定进行，必要时还应通过实际量测、试验和仪表检测等方法获取必要的数据，才能对事故的处理结果做出确切的检查和鉴定结论。

思　考　题

8-1　施工进度的控制方法有哪些？
8-2　施工进度计划实施中的调整方法有哪些？
8-3　施工成本管理的措施有哪些？
8-4　制定施工成本计划应遵循的原则有哪些？
8-5　如何设置质量控制点？
8-6　简述施工质量控制的任务和主要内容。
8-7　简述质量事故的处理原则及处理方法。
8-8　造成质量事故的原因有哪些？

参 考 文 献

[1] 袁光裕，胡志根. 水利工程施工［M］. 6版. 北京：中国水利水电出版社，2016.
[2] 钟汉华，冷涛，刘军号，等. 水利水电工程施工技术［M］. 3版. 北京：中国水利水电出版社，2016.
[3] 颜宏亮. 水利工程施工［M］. 西安：西安交通大学出版社，2015.
[4] 马振宇，贾丽炯. 水利工程施工［M］. 北京：北京理工大学出版社，2014.
[5] 姜国辉，王永明. 水利工程施工［M］. 北京：中国水利水电出版社，2013.
[6] 颜宏亮，于雪峰. 水利工程施工［M］. 郑州：黄河水利出版社，2009.
[7] 侍克斌. 水利工程施工［M］. 北京：中国农业出版社，2005.
[8] 王海雷，王力，李忠才. 水利工程管理与施工技术［M］. 北京：九州出版社，2018.
[9] 杨康宁. 水利水电工程施工技术［M］. 北京：中国水利水电出版社，1997.
[10] 席浩，牛宏力，等. 水利水电工程施工技术全书：第三卷 混凝土工程 第七册 混凝土施工［M］. 北京：中国水利水电出版社，2016.
[11] 梅锦煜，郑道明，郑桂斌，等. 爆破技术［M］. 6版. 北京：中国水利水电出版社 2017.
[12] 杨国梁，郭东明，曹辉. 现代爆破工程［M］. 北京：煤炭工业出版社，2018.
[13] 欧育湘. 炸药学［M］. 北京：北京理工大学出版社，2014.
[14] 夏可风. 水利水电工程施工手册：第1卷 地基与基础工程［M］. 北京：中国电力出版社，2004.
[15] 李良训. 市政管道工程［M］. 北京：中国建筑工业出版社，2004.
[16] 边喜龙. 给水排水工程施工技术［M］. 北京：中国建筑工业出版社，2005.
[17] 徐至钧. 管道工程设计与施工手册［M］. 北京：中国石化出版社，2005.
[18] 白建国，戴安全，吕宏德. 市政管道工程施工［M］. 北京：中国建筑工业出版社，2007.
[19] 马保松. 非开挖工程学［M］. 北京：人民交通出版社，2008.
[20] 邢丽贞. 给排水管道设计与施工［M］. 北京：化学工业出版社，2009.
[21] 蒋柱武，黄天寅. 给排水管道工程［M］. 上海：同济大学出版社，2011.
[22] 雷彩红. 市政管道工程施工［M］. 北京：北京大学出版社，2016.
[23] 孙凤海，杨辉. 城市给水排水基础与实务［M］. 北京：中国建筑工业出版社，2016.
[24] 邹宇，杨甲奇. 市政管道工程［M］. 成都：西南交通大学出版社，2016.
[25] 白建国. 市政管道工程施工［M］. 4版. 北京：中国建筑工业出版社，2019.
[26] 袁文华. 地下工程施工技术［M］. 武汉：武汉大学出版社，2014.
[27] 姜玉松. 地下工程施工［M］. 重庆：重庆大学出版社，2014.
[28] 魏璇. 水利水电施工组织设计指南［M］. 北京：中国水利水电出版社，2009.
[29] 水利电力部水利水电建设总局. 水利水电工程施工组织设计手册：第3卷 施工技术［M］. 北京：中国水利水电出版社，1996.
[30] 方朝阳. 水利工程施工监理［M］. 新1版. 北京：中国水利水电出版社，2013.
[31] 卢修元. 工程建设监理［M］. 北京：中国水利水电出版社，2015.

参考文献